Ferdinand Braun
Der junge Mathematiker und Naturforscher.
Einführung in die
Geheimnisse der Zahl und der Wunder der Rechenkunst

SEVERUS Verlag

Braun, Ferdinand: Der junge Mathematiker und Naturforscher. Einführung in die
Geheimnisse der Zahl und der Wunder der Rechenkunst. 2018
Neuauflage der Ausgabe von 1876
ISBN: 978-3-95801-818-1

Korrektorat: Xenia Pfeifer
Satz: Xenia Pfeifer

Umschlaggestaltung: Annelie Lamers, SEVERUS Verlag
Umschlagmotiv: Designed by Bimbimkha / Freepik

Bibliografische Information der Deutschen Nationalbibliothek: Die Deutsche Nationalbibliothek verzeichnet diese Publikation in der Deutschen Nationalbibliografie; detaillierte bibliografische Daten sind im Internet über https://dnb.de abrufbar.

Der SEVERUS Verlag ist ein Imprint der Bedey & Thoms Media GmbH,
Hermannstal 119k, 22119 Hamburg

SEVERUS Verlag, 2018
http://www.severus-verlag.de
Gedruckt in Deutschland
Der SEVERUS Verlag übernimmt keine juristische Verantwortung oder irgendeine Haftung
für evtl. fehlerhafte Angaben und deren Folgen.

Ferdinand Braun

Der junge Mathematiker und Naturforscher

Einführung in die Geheimnisse der Zahl und der Wunder der Rechenkunst

Inhalt

Heute grosse Vorstellung
Kampf der Brüche.

Vorwort

„Was will das Buch? Liegt ein Bedürfnisse nach ihm vor?" – auf diese Fragen, welche sich uns gegenüber einem neuen Weltbürger auf dem Büchermarkte aufzudrängen pflegen, habe ich nur die eine Antwort: Das Buch will zum Nachdenken anregen – ein gewiss hinlänglich begründeter Zweck! Auf welchem Gebiete, mit welchen Mitteln der Zweck angestrebt wird – darauf kommt es zunächst nicht an. Insofern also bittet der „junge Mathematiker" nicht um Entschuldigung, dass er so frei ist, zu existieren.

Ob aber seine Form so gehalten ist, dass er sich leicht in das Leben, in die geselligen Kreise einführen wird, ob er ein gern gesehener Gast zu werden verspricht? Hier muss ich allerdings gestehen, gesellschaftlichen Schliff besitzt er nicht; mit schönen Redensarten sich einschmeicheln, dies kann er, will und soll er nicht. Der junge Mathematiker ist trotz seiner Jugend schon ziemlich ernst, er will anderen, wissbegierigen Jungen etwas erklären, aber sie nicht etwa nur Schnurrpfeifereien lehren; diese wären lediglich Mittel zum Zweck. Nun fragt sich, ob denn ein derartiges Unternehmen, eine sozusagen populäre Mathematik für die Jugend, durchführbar ist oder ob sie nicht vielmehr eine sachliche Unmöglichkeit sei? –

Die von mir gewählte Form der Unterhaltung kann Manches in einer Schärfe aufklären und betonen, wie es bei jeder anderen Darstellungsweise kaum möglich wäre. Ob dieselbe aber gefällig ist? Die lockere, für Autor und einen großen Teil des Publikums bequemere Form, welche einfach Kunststückchen lehrt ohne Angabe der Erklärung, oder Gleichungen ausgibt und die Richtigkeit der Lösung hinterher beweist, aber den Gang der Lösung verschweigt, würde vielleicht mehr Anklang finden – ich habe sie vermieden. Wer Kunststückchen lernen will, mit denen er prahlen und unterhalten, wobei er – mit seinen von ihm selbst nicht verstandenen Produktionen – bewundert sein will, der lasse sich von einem anderen dazu abrichten. Mein Zweck ist Belehrung.

Die Vorkenntnisse habe ich möglichst zu beschränken gesucht, selbst die bloße Bezeichnung von Zahlen durch Buchstaben möglichst vermieden(ausgenommen die 22te und 23teUnterhaltung und den zweiten Teil) – aber was ich und vor allem, verlange, ist Aufmerksamkeit. Ich will mein kleines Publikum hinaufführen auf die Höhe, nicht ihm in das Flache folgen. Daher oft neben einladenden Titeln auch gleich von vornherein eine derbe Aufforderung zur Aufmerksamkeit.

Lineal und Zirkel zur Hand – nicht nur lesen! Der echte Junge – und nur für diesen schreibe ich – merkt auch bald, ob er mit leichten Phrasen und Spielereien abgefertigt wird, bei denen er nichts lernt oder ob er wahren Nutzen und gerade durch die Anstrengung seine Befriedigung hat. Die erstere Darstellungsweise wird bald langweilig, während die letztere, trotz der raueren Form, je länger je mehr einladet. Absichtlich sage ich, trotz der raueren Form. Es gibt – wenigstens lehrt mich meine Erfahrung dies – eine leichte, flüssige Schreibweise, welche sich glatt liest, aber den Übelstand hat, dass man hinterher kaum noch weiß, was man gelesen hat. Das Einzelne, das Wesentliche, welches zu merken ist, hebt sich zu wenig ab, man hört dies Alles, aber der Leser wird nicht aus einer gewissen angenehmen Träumerei erweckt. Ich weiß nicht, ob ich diesen angenehm zu lesenden Stil schreiben kann; aber wenn ich es könnte, so würde ich ihn absichtlich in diesem Büchlein vermieden haben.

Ich brauche für meine Zwecke eine etwas eckige, Markierte Form. „Dies merke" – das muss bald hier, bald dort heraustreten. Und der Junge gewöhnt sich daran, er lernt dabei, und unwillkürlich wird er ein Buch, aus dem er etwas behalten hat, demjenigen vorziehen, von welchem er nur sagt: „Ich habe zu Haus ein Buch, darin steht das Alles. Aber wie es ist, das vergesse ich immer wieder." Wenn er sich dann die Mühe gibt, aus solch einem Buche das Wesentliche sich einzuprägen, so hat er die drei – und vierfache Arbeit. Der rechte Junge will außerdem auch etwas Eingehenderes, sogar auf die Gefahr hin, dass es trockener wird, d.h. er will sich über eine Sache –, welche einmal seine Aufmerksamkeit in Anspruch genommen hat, klar werden. Noch ein Wort über die Darstellung ich habe absichtlich im Allgemeinen vermieden, die Einleitungen mit vielen hübschen Worten, die sich angenehm lesen, auszustatten. Ich setze voraus, dass der Junge an ein Kapitel herangeht mit dem Wunsche, etwas zu lernen. Im Anfang ist er frisch – wozu ihn erst einschläfern, dass er müßig die Hände in den Schoß legt? Nein, gleich heran mit Bleistift und Papier, Zirkel und Lineal und gerade die erste Kraft gleich ausnutzen; lieber in der Mitte oder am Ende einen Ruhepunkt.

Ein anderes endlich ist der Stoff. Als ich von der Verlagshandlung aufgefordert wurde, ein Buch zu schreiben, welches in gefälliger Form zu mathematischem Denken anregen sollte, habe ich nur nach längerem Zögern die Arbeit übernommen. Ob ich, der von Natur aus wenig Interesse für die verschiedenen Kunststückchen, das Mittel zum Zweck, besitzt, geeignet sei zur Bewältigung jener Aufgabe, erschien mir zweifelhaft. Infolge dieser meiner Eigentümlichkeit mag das Buch schwerfälliger und ernster geworden sein, als vielleicht zweckmäßig sein möchte, In der Tat hat sich die ursprünglich beabsichtigte Anlage wesentlich geändert. Aus dem jungen Mathematiker ist ein junger Mathematiker und Naturforscher geworden. Das Büchlein soll den nachdenkenden Jungen – und vielleicht auch mancher Ältere wird es gern hinnehmen – darauf aufmerksam machen, wie durch alle Zweige der Naturerkenntnis sich Zahlengesetzmäßigkeiten hindurchziehen. Ich durfte natürlich nicht den induktiven Weg betreten, sonst hätte jede Unterhaltung ein Buch für sich werden müssen. Man findet es möglicherweise bedenklich, dass ich hier, in den naturwissenschaftlichen Unterhaltungen überall, gleich nach den höchsten Resultaten gegriffen habe. Dieselben werden zu leicht geboten und die Gefahr einer Verflachung liegt nahe. Der Junge scheut vielleicht, wenn er sich mit dem einzelnen Fache beschäftigen will, vor dem beschwerlichen Wege zurück, der ihn zum Gipfel führt.

Ob er weiß, wie der Weg geht, ist ihm dann gleichgültig, wenn er die Aussicht von dem Gipfel schon genossen hat. Hieran habe ich wohl gedacht. Aber ich glaube überall angedeutet zu haben, dass manche lohnende Aussicht, welche der Weg·bietet, uns verschlossen bleibt, dass wir an vielen interessanten Punkten vorübergehen müssen, da nur eine tiefere mathematische Bildung dieselben zugänglich macht. Wenn ich nach meinen Erfahrungen an mir und auch Anderen urteilen darf, so liegt in solchen gelegentlichen Hinweisen auf höhere und schwierigere Disziplinen, welche Aufklärung über das Einzelne geben, eine eigentümliche Anregung. Diese aber gleicht – eine vortreffliche Eigenschaft, wenn sie richtig benutzt wird – einer menschlichen Schwäche, der Neugierde, welche sich mit der Zeit, während deren sie nicht befriedigt wird, zu steigern pflegt.

Alles in Allem hoffe ich, dass der Blick, den ich vom Gipfel eröffne, mehr einer getreuen Abbildung, als einer in Natur gesehenen großartigen Aussicht entspricht, und dass er, der ersteren gleich, nur noch mehr in der Absicht bestärkt, den herrlichen Aussichtspunkt mit eigener Anstrengung zu erklimmen.

Im Übrigen glaube ich, dürfte der zwar bequeme Weg zu dem Panorama immerhin noch so gewählt sein, dass die Arbeit nicht zu leicht, die Anstrengung nicht zu gering gemacht wird. So liegt in dem verständigen Gebrauche des Buches immerhin noch genug eigenes Verdienst.

Dass ich dem Leser noch ziemlich viel Mühe zumute, wird Mancher mir zum Vorwurf machen. Ich will mir denselben gern gefallen lassen. Ob ich mich mit der Jugend auf solche Weise richtig abfinde, muss der Erfolg zeigen.

Es wird wohl nur ein bescheidener Leserkreis mir zu Teil werden, aber – und dies ist meine Absicht – der bessere!

Leipzig, am 18. Oktober 1875.

Der Verfasser.

Erste Abendunterhaltung

Wie eine junge Spielergesellschaft Bankrott macht und wie ihr wieder aufgeholfen wird. – Was dem jungen Johann auf der Wanderschaft passiert ist – Wie erst der Schneider, dann die Gäste, schließlich der Wirt ein langes Gesicht machen.

Es ist heute ein hoher Tag in dem Hause, in welches ich Euch liebe Freunde einführen will: Sonntag und Familienfest! Max feiert seinen Geburtstag und hat sich einen Kreis seiner besten Freunde eingeladen.

Im Wechsel heiterer Spiele sind die Nachmittagsstunden hingeschwunden.

Aber allmählich fangen auch Spiele an, eintönig zu werden. Zu Spaziergängen, zur Erholung im Freien ist noch nicht die Zeit, denn hoher Schnee liegt auf Gärten und Feldern. Erst wenige Wochen sind seit Weihnachten vergangen, die paar Stunden, an welchen die Sonne trübe durch die Schneewolken scheint, sind schnell vorüber, das Spiel, selbst auf dem geräumigen Vorsaale, hört bald auf – womit soll man die langen Winterabende ausfüllen? An Werktagen wohl, da gibt es für die Schule zu schaffen, Vokabeln zu lernen, Karten zu zeichnen, Exempel zu rechnen; aber an Festabenden will man doch etwas Anderes – und noch dazu ist heute Gesellschaft! – Doch seht da kommt der Vater aus dem Lesemuseum zurück; jetzt ist uns geholfen! Der weiß immer Spiele, die wir noch nicht kennen.

„Papa, ich bin in großer Verlegenheit; die Nahrung für meine Gäste ist mir ausgegangen!"

„Was tausend, schon Nahrungssorgen? Ist denn die Mutter nicht da?", fragte der Vater, welcher wohl merkte, wo es hinaus sollte, auf den Scherz eingehend.

„Nein Papa, ich meine die geistige Nahrung."

„Ach so, Du Schelm! Also den geistigen Unterhalt könnt Ihr, jungen Leute, Euch nicht erwerben." „Ganz recht, ich kann meine Gäste nicht weiter unterhalten; denn Alles, was wir wussten, haben wir durchgespielt; bitte, hilf mir, spiele mit uns, lehre uns etwas Neues!"

„Kinder, habt Ihr heute schon den ganzen Nachmittag verspielt, so habt Ihr Alle damit genug verloren. Es geht Euch nach einer bekannten Redensart wie den Spielern, nur dass Ihr nicht Euch gegenseitig etwas abgewinnt, sondern dass Ihr Alle verliert; wenn auch nicht Geld, so doch Zeit. Doch ich will mich der armen Spielergesellschaft erbarmen und es findet sich wohl eine Beschäftigung, bei welcher Ihr mit leichter Arbeit Alle wieder gewinnen könnt. So vermag ich Euch vielleicht vor einem geistigen Bankrott zu bewahren. Ich will Euch helfen, die Zeit nützlich und doch angenehm ausfüllen, wenn Ihr wohl aufmerken wollt."

„Ach, etwas erzählen, vom Bären, vom Elefanten, – das wird nett.“

„Ich will Euch wohl etwas erzählen, aber eine Geschichte, bei der Ihr selbst mithelfen müsst.“

Alle waren begierig, welcher Anteil ihnen an der Erzählung zufallen solle. Rasch hatte Otto, des Festgebers jüngerer Bruder, Vaters Schlafrock und Hausschuhe herbeigeholt, sie rückten um den Tisch und der Vater begann: „Ich habe vorher einiges aus der Jugend eines Mannes gelesen, der arm geboren, sich durch eigne Kraft zu Vermögen und Ansehen emporgearbeitet hat. Und wisst Ihr, wie er dazu gekommen ist? Einfach dadurch, dass· er schon als Knabe an Nichts vorüberging, ohne es aufmerksam zu betrachten und dass er nicht eher vom Nachdenken über eine Sache abließ, als bis ihm Alles klar und übersichtlich geworden. Kam er bei einer Maschine vorbei, so fragte er bescheiden, wozu sie diene, wie sie im Inneren aussehe, ließ sich wohl auch, wenn es anging, die einzelnen Teile zeigen und dachte dann nach, ob er alles verstanden habe. War er noch nicht so weit, so fragte er auch andere Leute, welche damit Bescheid wussten, ging gelegentlich wieder hin, sah sich nochmals die einzelnen Teile der Reihe nach an, überlegte sich, was er verstehe und was noch nicht. Und weil die Leute sahen, dass er aufmerksam war und nicht bloß neugierig, so gaben sie ihm gern Auskunft. Besonders aber gefiel ihnen, dass er nicht missmutig davon ging und sagte ‚ich verstehe das nicht‘, sondern dass er ganz bestimmt fragte, ‚wozu ist der oder jener Teil und warum ist er gerade so gearbeitet und nicht anders?‘ Denn daran erkannten die Leute, dass er nachdachte; und merkt Euch, wenn man erst weiß, bis wieweit man etwas verstanden hat und wo die Stelle ist, welche einem nicht klar ist, so hat man schon halb gewonnen. Es ist oft besser, man versteht eine Sache noch nicht, weiß aber, weshalb man sie nicht versteht, als dass man sie oberflächlich erfasst und nicht an die Schwierigkeiten gedacht hat, auf welche weiteres Nachsinnen häufig führt. – Johann, so hieß der Knabe, war also ein gern gesehener Gast bei jedem Handwerker im

Orte und es dauerte nicht lange, so nützte er selbst schon den Leuten.

Eines Tages kam er zu dem Schreiner seines Dorfes, als dieser nachsinnend vor einem viereckigen Brette stand. ‚Guten Morgen, Meister Gotthold, so nachdenklich?'

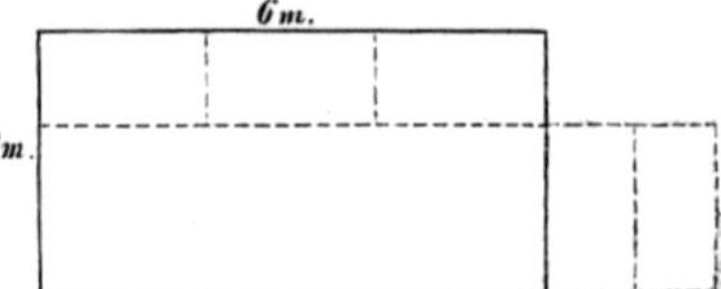

Fig. 2 Die geleimten Bretter

‚Guten Morgen auch, Johann! Ich weiß nicht, wie ich mir am besten helfe. Ich brauche zwei Bretter, eins von 8 Meter Länge und 2 Meter Breite und eins von 4 Meter Länge und 4 Meter Breite, habe aber nur zwei, (Fig. 2) deren jedes 6 Meter lang und 3 Meter breit ist' Was meint Ihr, wie man sich da helfen soll?"

„Sehr einfach", rief Otto, „Der Meister sägt einen Meter breit von dem Brette ab, so ist es nur noch zwei Meter breit und aus diesem Stücke, welches einen Meter breit und 6 Meter lang ist, sägt er wieder zwei Stücke, von 2 Meter Breite und leimt sie an das Brett, so bekommt er eins von 2 Meter Länge. (Fig. 2.)"

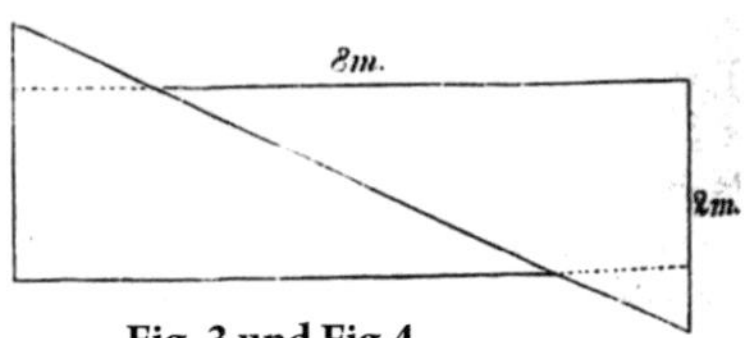

Fig. 3 und Fig. 4

Vater: „Wisst Ihr, was der Meister sagen würde? ‚Das ist mir zu viel Leimerei, das hält schlecht.'"

Otto: „Dann muss er noch eins von seinen anderen Brettern verschneiden."

Vater: „Aber er hat nur zwei Bretter und braucht zwei andere. Das wird wieder zu viel Leimerei. – Wisst Ihr, was ihm Johann sagte? ‚Meister Gottbold', sagte er, ‚sägt das Brett quer, nach der Diagonale (Fig. 3.) durch, schiebt eine der beiden Hälften nach rechts (Fig. 4) oder links (Fig. 5) und leimt sie dann zusammen. '"

Otto: „Dann hätte ich mir doch gleich ein Brett von 9 Meter Länge gemacht.“

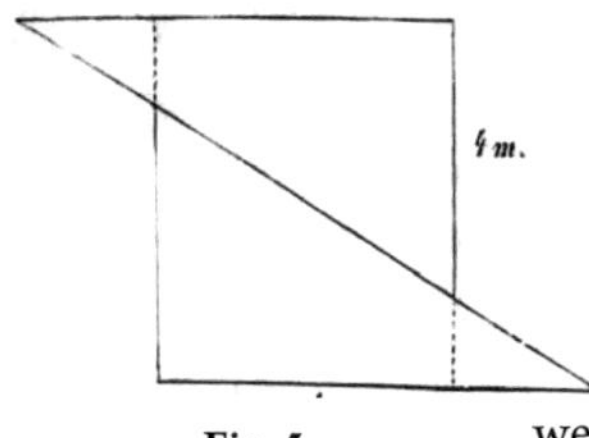

Fig. 5

Vater: „Probiere es! Du wirst finden, wenn das Brett 2 Meter breit sein soll, so kann es höchstens 8 Meter lang werden und soll es 4 Meter breit werden, höchstens 4 Meter lang werden. (S. Anhang Nr. 1.).“

„Ein andermal war Jemand krank im Dorfe und der Arzt, der in der Stadt wohnte, musste schleunigst geholt werden. Die Landstraße führte weit um und der Feldweg war nicht zu benutzen, weil er über ein Wasser führte, augenblicklich aber die Brücke abgerissen und noch nicht wieder neu aufgeführt war. Johann, der sich besann, dass am Ufer Bretter lagen, schlug den Feldweg ein in der Hoffnung, er werde mit Hilfe der Bretter schon

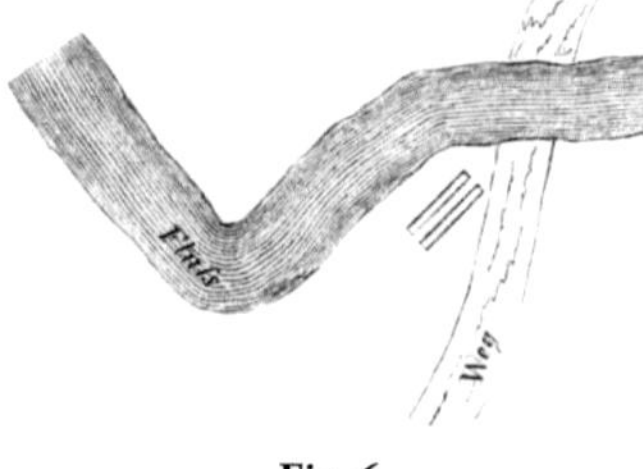

Fig. 6

über den Fluss kommen. Als er aber zum Flusse kommt, sieht er zu seiner großen Betrübnis, dass die Bretter nur eben so lang sind als der Fluss breit ist. Sie gleiten gerade mit dem Rand das steile Ufer herunter, ohne aufzuliegen. Zum Durchwaten ist das Wasser zu reißend und gerade vor ihm liegt die Stadt. Soll er, so nahe am Ziel, wieder umkehren? Handwerkzeug hat er nicht bei sich, – trotzdem weiß er sich zu helfen. Wisst Ihr wie? (Anhang, Nr. 2.)

Bei einem Spaziergang kam er an einem Garten vorbei und sah einen Gärtner beschäftigt ein Beet abzustecken. Ärgerlich warf der Mann die Absteckschnur hin und rief: ‚So geht es nicht, die Schnur muss länger sein oder ich muss sie zerschneiden‘.

‚Was ist denn‘, fragte Johann freundlich, indem er näher trat, ‚kann ich vielleicht helfen?‘

‚Ihr?', antwortete verächtlich der Gärtner, der Johann nicht

kannte, ‚Ihr werdet mir nichts nützen können. Hier diese Figur (Fig. 7) will ich auf dem Beete abgehen, muss aber erst die Schnur überall ziehen, um am Beete zu sehen, wie es sich im Großen macht. Dabei hatte ich nicht daran· gedacht,

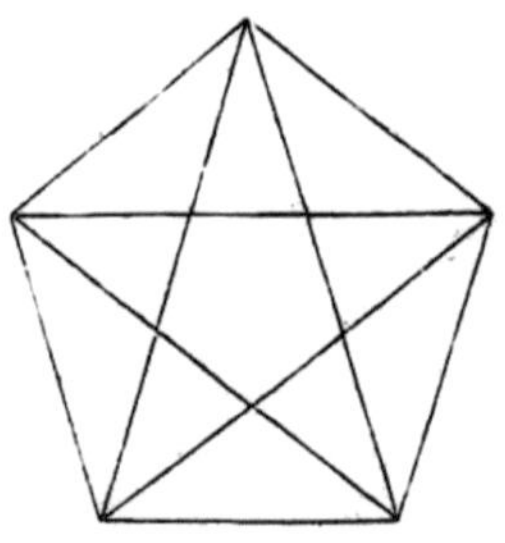

Fig. 7

dass ich die Schnur an einzelnen Stellen doppelt nehmen muss. Nun ist sie zu kurz, mehr habe ich nicht, das Haus ist zu weit weg und zerschneiden mag ich die Schnur auch nicht. Habt Ihr vielleicht Schnur bei Euch, die Ihr mir leihen wollt, so könnt Ihr mir damit einen Gefallen tun.'

‚Leider nicht. Aber die Schnur würde doch ausreichen, wenn sie nirgends doppelt liefe?'

‚So habe ich sie abgemessen, aber das ist ein Fehler gewesen.'

‚Vielleicht geht es doch', sagte Johann. ‚Darf ich einmal probieren'

In der Tat, es dauerte nicht lange, so war zum großen Erstaunen des Gärtners die Aufgabe gelöst. Johann zog nämlich die Schnur wie Ihr nebenan seht. Geht der Richtung

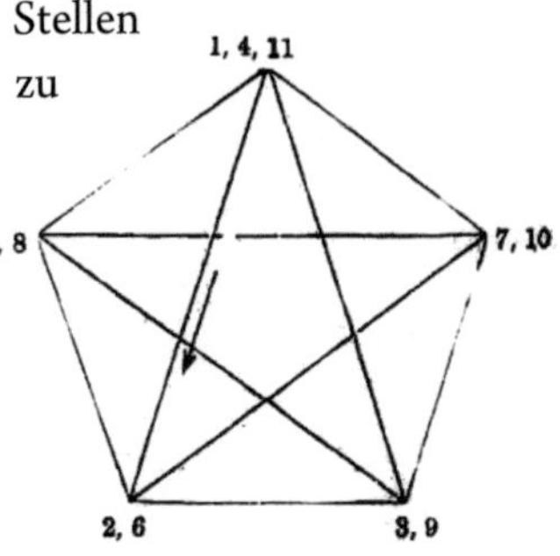

Fig. 8

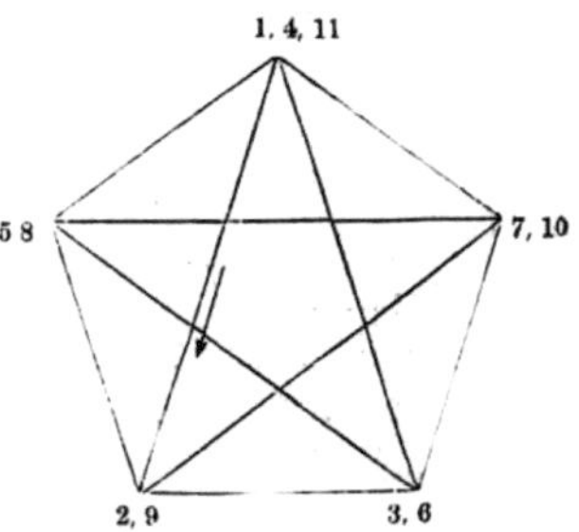

Fig.9

der Pfeile nach, indem Ihr anfangt mit dem Punkte 1, dann zu 2, von da nach 3. Von 3 kommt Ihr wieder zum Punkt 1 zurück, der deshalb auch mit 4 bezeichnet ist usw.(Fig. 8.) Der Gärtner, Anfangs erfreut, ärgerte sich doch insgeheim, dass er nicht selbst auf die Lösung gekommen war und fing an zu mäkeln. ‚So hätte ich es wohl auch gekonnt, – aber Ihr habt zwei von den äußeren Linien unmittelbar aus einander gemacht, von 1 nach 5 und von da nach 6. Ich hatte mich damit abgemüht, dass nie zwei äußere Seiten unmittelbar einander folgen sollten. So werdet Ihr es wohl auch nicht zu Recht bekommen. Wenn Ihr das könnt, hier die halbe Mark soll Euer sein.'

Johann würde niemals für seine Hilfe Geld angenommen haben. Da er aber sehr wohl den Neid des Gärtners merkte, ging er auf dessen Vorschlag ein und setzte nur noch hinzu: ,Ich kann gegen Euren Einsatz kein Geld gegen setzen. Damit wir aber doch Beide etwas wagen, verpflichte ich mich, falls ich die Aufgabe nicht löse, heute Nachmittag, wo ich freie Zeit habe, Euch hier bei der Arbeit zu helfen. ' Johann, dem nun auch der Schelm im Nacken saß, stellte sich anfangs ungeschickt an, die Lösung wollte nicht kommen und schon freute sich der Gärtner seines billigen Gehilfen. ,Seht Ihr, jetzt könnt Ihr es auch nicht; nun denn, so will ich mein Geld wieder einstecken und Euch gleich andere Arbeit anweisen.' ,Jetzt ist Zeit', dachte Johann. ,Einen Augenblick noch,', sagte er, – ,hier ist die Figur', (Fig.9) nahm die verdienten 50 Pfennige und ließ den Gärtner mit langer Nase stehen. –

Johann war allmählich größer geworden, er hatte Schlosserei gelernt und ging, nachdem seine Lehrjahre vorüber waren, auf die Wanderschaft. Ermüdet kommt er spät abends in der Herberge an und setzt sich still in eine Ecke, um sein einfaches Abendbrot zu verzehren. Am Tische nebenan sitzen zwei Leute, welche sich angelegentlich unterhalten. Wie er aus dem Gespräche entnehmen konnte, handelte es sich um die

Fig. 10

Teilung eines Grundstückes.

Vier Leute hatten zusammen ein Grundstück von nebenstehender Gestalt gekauft; der in der Figur schraffierte Teil war von einem Gebäude eingenommen und es sollte der um dasselbe befindliche

Obstgarten gleichmäßig geteilt werden. Jeder war misstrauisch auf die Anderen; sie wollten alle nicht nur gleich große, sondern auch gleich gestaltete Grundstücke. Um jedes Grundstück sollten Zäune gezogen werden und Keiner wollte mehr bezahlen als der Andere, Alle zusammen aber möglichst wenig. Wie sollte man es machen?

Die Männer fingen an mit Kreide auf – den Tisch zu zeichnen. ,Ach‘, meinte der eine endlich, nachdem sie viel probiert hatten, ,zerlegt Euch doch Euer Grundstück in lauter Dreiecke. Seht, so bekommt Ihr aus Euren drei Quadraten zwölf Dreiecke, und da Euer vier sind, so erhält Jeder drei Dreiecke. ‘ Als sie aber die Zeichnung ausführten, sahen sie bald, dass sie damit keine gleichgestalteten Teile bekamen.

Johann, den die Sache interessierte, machte ihnen einen anderen Vorschlag. Ratet einmal, welchen? Er sagte sich, hier werden die Hecken unnötig lang und also auch unnötig teuer. Hätte ich Dreiecke zu teilen, so würde ich auch wohl die einzelnen Teile aus Dreiecken bestehen lassen. Hier soll ich Quadrate teilen, was werde ich also tun?

Max: ,Natürlich mache ich‘ – nun ich will Euch nicht erzählen, was Max meinte. Ihr möget es nun selbst erraten. (Anhang, Nr. 3.) Die Lösung, welche Johann gab, gefiel den Umsitzenden, und so sahen sich denn zwei Andere veranlasst, ihn um seinen Rat zu fragen.

,Wir wollen zwei Grundstücke tauschen. Ich habe, ‘ sagte Mayer, ,Weingärten in der Ebene und einen Weingarten an einem Bergabhange. Dagegen mein Nachbar Bergmann, besitzt an diesem Bergabhange seine meisten Besitzungen, nur einen kleineren Garten hat er in der Ebene. Tauschten wir den Garten Bergmanns in der Ebene mit meinem Garten am Bergabhange, so hätte Jeder sein Besitztum zusammen liegen und es wäre für uns Beide besser. Doch soll keiner von uns zu Schaden kommen. Mein Garten am Bergabhange ist gerade so breit, wie der meines

Nachbars in der Ebene, aber dafür doppelt so lang, wie viel muss er mir herausbezahlen, wenn wir den Tausch machen ?'"

Otto: „Dazu muss man doch wissen, wie viel der Garten in der Ebene kostet; ist er z.B. 1000 Mark wert, so muss Bergmann noch 1000 Mark herausbezahlen. Denn er bekommt ein Stück, welches so groß ist, wie sein Garten in der Ebene, dafür gibt er letzteren her, welcher 1000 Mark wert ist; und dann bekommt er nochmal ein ebenso großes Stück, macht also wieder 1000 Mark."

„Das wäre richtig", sagte ein Gast, „aber die Bearbeitung des Bodens auf dem Berge ist doch teurer und so würde Bergmann einen schlechten Tausch machen."

„Und ob der Boden auf beiden gleich gut ist?", warf ein Anderer dazwischen.

Vater: „Den Boden hielten Beide für gleich gut; diese Frage sollte also nicht weiter in Betracht kommen. Was die verschieden kostspielige Bearbeitung betrifft, so wollen wir vorerst auch davon absehen. Zunächst fragt sich, auf welchem der beiden Gärten können mehr Stöcke stehen?"

Alle: „Natürlich auf dem großen Acker Bergmanns."

Vater: „Fehlgeschossen wisst Ihr was Johann sagte? Er fragte die Beiden, ob sie nicht einen Aufriss ihrer Grundstücke bei sich hätten.

Otto: „Was ist ein Aufriss?"

Vater: „Seht Euch umstehende Zeichnung an! Die Fläche ABCD stellt den Garten von Bergmann vor, die Fläche EFGH den Garten von Mayer. Beide sind gleich breit, aber das Stück EF ist doppelt so lang als AB. In die Figur sind die Längen, welche ein Feldmesser abgemessen hat, eingetragen."

Max: „Aber da sind noch andere Linien eingezeichnet, was bedeuten diese?"

Vater: „Die Linie AB ist verlängert und bedeutet die waagrechte Richtung oder die horizontale. Wenn statt der Felder hier eine große Wasserfläche wäre, so würde die verlängerte Linie AB die Oberfläche dieses Wassers darstellen. Auf diese Waagrechte sind vom Anfang und Endpunkt des Stückes am Berge lotrechte Linien gezogen. Johann besah sich den Aufriss, welchen einer der Zweie bei sich hatte und sagte dann: ‚Auf beiden Grundstücken wächst gleich viel Wein. Wenn Ihr also nicht berücksichtigen wollt, dass der Garten am Berge schwerer zu bearbeiten ist, dafür aber mehr Sonne hat, so rauscht Ihr einfach und dann hat keiner verloren und keiner gewonnen.'

Wie kam er zu diesem Ausspruch? Sehr einfach. Die Linie JK ist eben so groß, wie AB. Nun denkt Euch auf JK stünden im Abstande von je 1 Meter Weinstöcke, so stünden darauf 41. (Es ist kein Druckfehler: weshalb 41? s. Anhang Nr. 4.) Ferner denkt Euch die Stöcke sehr lang, etwa wie die vertikalen Linien in Figur 12."

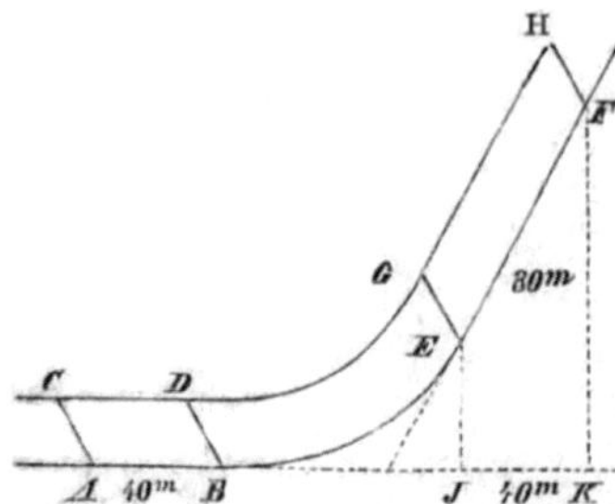

Fig. 11 Aufriss der zwei Gärten

Wenn der Weingarten nicht waagrecht liegt, wie M, sondern schief wie EB, so wird zwar der Garten größer, aber trotzdem können nicht mehr Stöcke darauf stehen. – Die Linie JK nennt man die Horizontalprojektion; den Winkel, den das Feld mit der Horizontebene oder der Waagrechten bildet, den Neigungs – oder Böschungswinkel.

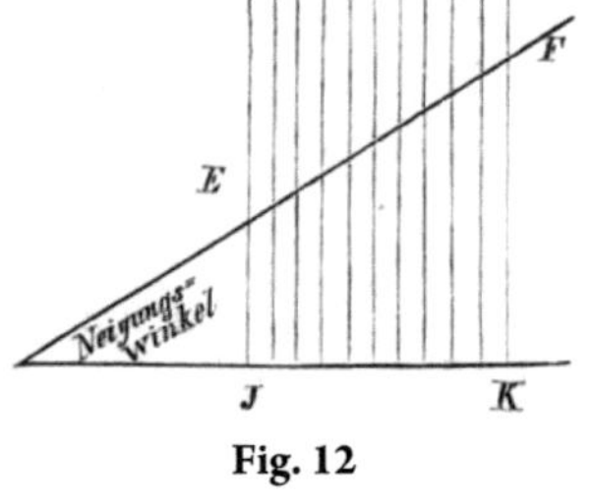

Fig. 12

Max: „Aber wie bestimmt man denn die Horizontalprojektion? Man kann doch keinen Schnitt durch den Berg machen."

Vater: „Die Feldmesser messen den Neigungswinkel und die Länge des Feldes. Dann zeichnet man sich den Winkel zu Hause wieder hin und trägt darauf die Länge des Feldes in verkleinertem Maßstabe an, zeichnet sich die Figur und misst die Horizontalprojektion. Wenn man also statt jeden Meters, den man gemessen hat, einen Millimeter macht, wievielmal größer ist dann in Wirklichkeit die Horizontalprojektion als die, welche der Feldmesser zu Hause gezeichnet hat? Rechnet Euch das aus!

Überlegt Euch noch folgende Frage: Wie müssten unsere Bäume wachsen, wenn auf gleich großen Stücken ebenen und abhängigen Bodens gleich viel Stück in gleichem Abstande voneinander stehen könnten? (Antwort im zweiten Abend.)

Des anderen Morgens stand Johann früh auf und ging seines Weges weiter. Die Luft war so frisch, der Himmel so blau, die Sonne ging eben so heiter auf, Johann Maxschierte, recht bis ins Innerste vergnügt, hinein in den schönen Morgen. Es war ihm leicht zu Sinnen, es war ihm wirklich leicht, zu sinnen. Plötzlich als ihm eben ein Wagen begegnet, gleitet ein Lächeln über seine Züge; er bleibt auf der Landstraße stehen, zieht sein Notizbuch heraus und fängt an eifrig zu zeichnen. Was er gezeichnet, Ihr seht es neben an. Für was haltet Ihr es?

Könnt Ihr mir danach sagen, wie ungefähr die Gegend aussah, in welcher Johann

Fig. 13

sich befand und nach welcher Weltgegend er ging ?

Das Notizbuch sollte noch keine Ruhe haben. Als der Weg über einen kleinen Hügel führt, sieht Johann sehr erstaunt nach einer Wiese, auf welcher sehr verschlungene Wege, beiderseits mit hohen Hecken umgeben, hinführen. Er sinnt einige Zeit nach, dann fängt er laut an zu lachen.

‚Aha, jetzt habe ich es.' Johann sah nämlich auf der Wiese vier hübsche Landhäuser, deren Äußeres schon die Wohlhabenheit der Besitzer verriet.

Von den drei Häusern B C D führten Wege, mit hohen Hecken umgeben, in der Weise, wie Ihr nebenan seht, nach den drei Brunnen b c d.

Was glaubt Ihr, hat Johann für eine Geschichte herausgelesen?

‚Guten Morgen, Gevatter', ruft unser Wanderer im nächsten Dorfe einem Schneider zu, der im offenen Fenster sitzend zu seiner eifrigen Arbeit frische Luft genoss. ‚Potz tausend, es

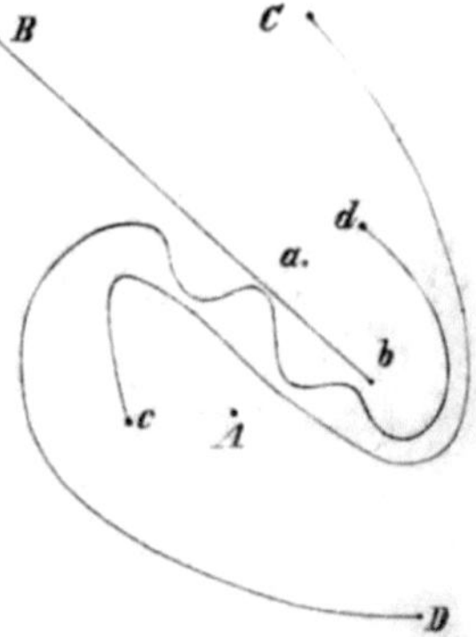

Fig. 14

sieht ja bei Euch aus, wie in einem Kerker mit Ketten; ordentlich gruselig, ist doch sonst nicht Schneiderart', sagte Johann spöttisch, indem er auf eine Schere zeigte, welche im Fensterrahmen an einer eisernen Kette hing. ‚Erst eine Schleife um die eine Handhabe, dann die Kette durch die andere Handhabe gesteckt und schließlich mitten in ein Kettenglied einen breitköpfigen Nagel geschlagen, man meint ja, Ihr hättet Angst, Eure Frau könnte Euch, wenn Ihr im Zimmer sitzet, den Hals mit der Schere abschneiden. Hier am Fenster seid Ihr wohl sicherer, da sind Zeugen zugegen. ' ‚Lasst Euren Spott! Ich will Euch sagen, die ganze Verbastionirung ist wegen der Dorfjugend. Liegt die Schere da, kommt einer von den Sakramentsjungen – pautz, haben sie die Schere versteckt. Ist sie angebunden mit Faden, locken mich die Schlingels von der Arbeit, – gleich ist der Faden abgeschnitten und die Schere wieder weg. Ich kann so viel Zeit nicht missen, bei meiner großen Kundschaft. Jetzt habe ich es den Bengeln vertrieben, seht es Euch einmal an, da arbeiten sie wohl vergebens daran.'

Fig. 15

‚Ein schöner Gedanke, sehr geistreich, Euer würdig. Aber wisst Ihr, Gevatter, wenn ich unter der Dorfjugend wäre, die Schere sollte bald vom Haken sein.‘ ‚Werden der Herr wohl bleiben lassen‘, erwiderte spitz der auf seine Erfindung stolze Schneider. ‚Was gilt die Wette? Gevatter Schneider, Ihr seid ein Mann mit einem Geist, spitz wie Eure Nadel, Ihr gefallt mir, tauschen wir unsere Gedanken bei einem Glase Bier aus; für mich ist so wie so Zeit zum Frühstück und Eure Konstitution kann es am Ende auch vertragen. Mache ich die Schere los, so bezahlt Ihr das Frühstück, sonst ich. ‘

‚Es gilt.‘ – Eins, zwei, drei und Johann hatte die Schere frei von der Kette in der Hand, die Kette war unverletzt, der Nagel stak noch eben so fest in der Wand wie früher, – nur der Schneider war wankend in seinem Selbstvertrauen. (Wie hat Johann es gemacht? S. Anhang, 5.)

‚Lasst Euch nicht der kleinen Niederlage verdrießen‘, redete Johann auf dem Wege zur Schenke dem Schneider zu, ‚die Hauptsache ist und bleibt, dass ein Mensch überhaupt nachdenkt. Und das ist bei Euch der Fall. Die Buben werden schon das Kunststück nicht herausbekommen.‘ (Im Wirtshause fing allmählich

Johann an, seinen neuen Freund durch die genaue Kenntnis der Gegend in Erstaunen zu setzen. ‚Es sind hier sonderbare Leute in der Gegend. Dass vier Brüder ein Besitztum erben und, da sie alle Geld haben, Jeder sein eigenes Haus bewohnt, das ist am Ende natürlich. Daneben hat aber Jeder die sonderbare Idee, dass er krank sei und jeden Morgen Wasser aus einem bestimmten Brunnen trinken müsse. Auch das lasse ich mir noch gefallen. Dass aber die Brüder sich gegenseitig misstrauen und Jeder glaubt, der Andere wolle ihn stören, ihm seinen Brunnen verderben, um ihn so ums Leben und dessen Vermögen an sich zu bringen das finde ich sonderbar.‘

‚Ihr habt wohl unterwegs schon Leute getroffen und Euch erzählen lassen über die vier komischen Käuze.‘

‚Bewahre, ich habe Niemanden gesprochen.‘

‚Woher wollt Ihr denn sonst – die Geschichte kennen, woher wollt Ihr wissen, dass es Brüder sind, welche glauben krank zu sein und alles das, was Ihr mir erzählet? Habt Ihr auswärts schon davon gehört?‘

‚Niemals ein Sterbenswörtchen. O, ich weiß noch mehr. Der Vater hat im Testament die Bedingung gemacht, dass das Grundstück nicht geteilt, sondern von allen zusammen verwaltet und der Gewinn geteilt werden soll. Schon der Vater hielt die vier Quellen für besonders heilkräftig und wollte, dass dieselben nicht in andere Hände übergingen.‘

‚So kanntet Ihr den Vater?‘

‚Durchaus nicht. Aber seht Euch hier die Zeichnung in meinem Notizbuch an. Ich will Euch noch mehr erzählen. Zuerst hat dieser, den ich mit C bezeichnet habe, hier gewohnt. Die Häuser A, B und D waren vermietet. A ist von allen der beste, B und D die schlimmsten. Nach ihm zogen B und D ein. Anfangs vertrugen sich dieselben ganz leidlich, allmählich Fingen sie wegen Kleinigkeiten und eingebildeter Nachstellungen an sich zu entzweien. B ist sehr heftig. Er zog sich seinen abgeschlossenen

Weg von seinem Wohnhaus zu seinem Brunnen b. Darauf legte C
sich seinen Weg an nach c. D ist der schlimmste und deshalb auf A,
den vernünftigsten, sehr böse zu sprechen.'

‚Ihr kennt Alles sehr genau, es ist so. Wart Ihr schon früher in
dieser Gegend?'

‚Nein'; antwortete Johann, ‚ich kann dies einfach aus der Anlage,
wie ich sie gezeichnet habe, erraten. Überlegt nur! Dass vier
Sonderlinge hier wohnen, sieht Jeder auf den ersten Blick. Sie haben
getrennte Wege, jeder zu einem Brunnen. Weshalb? Getrennte
Wege – weil sie sich nicht begegnen wollen. Zu den Brunnen –
jedenfalls, weil sie sich eine Krankheit einbilden. Jeder Brunnen ist
wieder eingezäunt, weil Keiner dem Andern traut. Es sind Brüder;
denn dass vier Leute an demselben Orte wohnen, die mit derselben
wirren Idee behaftet sind, kann sich nur aus so naher Verwandtschaft
erklären, also daher, dass der Vater schon ähnliche Ideen gehabt
hatte. Es müssen außerdem Brüder sein, weil sie auf demselben
Grundstücke wohnen, jeder muss gleichen Anspruch darauf haben,
sonst würde der Andere nicht dulden, dass seine drei ihm
unleidlichen Brüder auf demselben Grundstücke wohnten – das ist
nur möglich durch testamentarische Anordnung. B hat seinen Weg
zuerst angelegt, denn er ist der geradeste. C hat aber vorher da
gewohnt und ist gutmütiger, denn sonst hätte C auch dem anderen
Bruder nicht getraut und sich natürlich zuerst den geradesten Weg
ausgesucht. Er hat es mehr aus komischer Manier nachgemacht,
sonst hätte er den unnötigen Bogen vermieden. Dass D schlecht mit
A steht, ist offenbar, denn er wollte ihm durch den geschlängelten
Weg zu möglichst großem Umwege nötigen. A ist der vernünftigste,
denn er kümmert sich am wenigsten um Alle. Und wenn er sie ärgern
will, wisst Ihr was er macht? Er baut einfach einen Bogen über die
drei Wege und ist so am kürzesten bei seiner

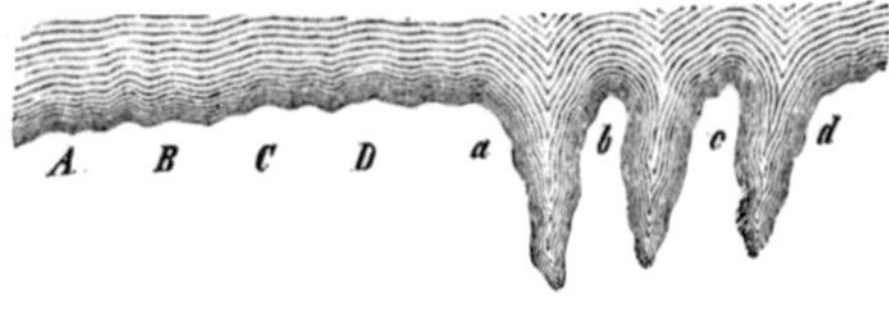

Fig. 16

Quelle. – Noch eins will ich Euch sagen. Der übrige Teil der Felder ist verpachtet. Woraus schließe ich dies? Einfach, wenn sie ihn selbst bestellten, so vergingen die Flirren. Wer arbeitet, kommt nicht auf solche Gedanken.'

,Ihr habt mich da was Schönes gelehrt', fuhr der Schneider fort, ,so will ich Euch auch etwas lehren. Vier Männer bewohnen die Häuser A, B, C, D (Fig. 16; nur fehlen die Meerbuchten zwischen a, b, c, d) und jeder hat ein Gartenhäuschen, A das Häuschen a, B das Häuschen b usw. Jeder will einen Weg von seinem Hause nach seinem Gartenhäuschen anlegen, aber Keiner den Weg des Andern kreuzen, wie machen sie das?' (S. Anhang, 6.)

Johann hatte es sofort erraten. ,Gut,', fuhr der Schneider fort, als er Johanns Lösung sah, ,nun ist aber zwischen je zwei Gartenhäuschen Wasser, welches nur mit großen Unkosten zu überbrücken ist. Wie machen sie es jetzt?' Auch dies machte Johann kein Kopfzerbrechen, eben so wenig wie Euch. (Die Lösung s. Anhang Nr. 7.) .

Während dieser Unterhaltung hatten sich nach und nach mehr Leute in der Gaststube eingefunden. Als sie des Schneiders ansichtig wurden, dauerte es auch nicht lange, dass sie anfingen ihn zu hänseln.

,Nun Bruder Dürr, auch wieder mal hier? Die Geschäfte müssen gut gehen.'

,Habt Ihr zu viel Geld und wollt wieder Karten spielen?', fragte ein Zweiter.

,Heute hat er einen Fremden, dem er das Geld mit allerlei Kunststückchen abnimmt', fing ein Dritter an. ,Seht wie sie die Köpfe zusammenstecken, die spielen nicht um Bohnen.'

,Wollen wir nicht ein Spiel machen, Herr Oberbekleidungskünstler?', wandte sich der Wirt an den Schneider. ,Nein, ich spiele nicht mehr um Geld', antwortete dieser kurz.

‚Aha'; meinte der Andere, ‚verschärftes Gebot der Frau Gemahlin. Er spart noch an den Kosten für die neue Kette an der Schere.'

So ging die Spöttelei hin und her, bis sich endlich der arme Schneider wieder zum Spielen verleiten ließ. Er hatte wohl früher gern mitgetan, nachdem er aber fast immer Unglück gehabt, so hatte er es sich feierlich abgeschworen. Doch was hilft da Schwur!

Die Gesellschaft fing also an zu karten, der Schneider gewann wohl ab und zu, aber im Ganzen wanderte doch alles Geld zum Wirt und einem der Hauptspötter. Auch die anderen Gäste verloren mehr und mehr. Die Barschaft des Schneiders ging arg auf die Neige, er weigerte sich entschieden, weiter zu spielen und die Anderen, welche verloren hatten, schlossen sich ihm an.

‚Ihr werdet betrogen,' flüsterte Johann dem Schneider ins Ohr. ‚Der Wirt und einer der Gäste spielen unter einer Decke.'

‚Es ist mir unangenehm', sagte der Wirt, der das Misstrauen der Gäste merkte und sich in ein gutes Licht stellen wollte, ‚dass ich meinen lieben Kunden auf solche Weise das Geld abnehme. Macht einen Vorschlag zu einem anderen Spiele, ich will Euch gern Gelegenheit geben das Verlorene wieder zu gewinnen.'

Der Wirt sah wohl, dass es den Leuten, nachdem sie so viel verloren hatten, nicht sehr ums Weiterspielen zu tun war. Außerdem, wenn sie noch einige Mal verloren, so war ihr Geld weg. Sie konnten, bis auf den Helfershelfer, nicht mehr lange mittun, während er es mit seinem Gewinn länger aushalten konnte.

‚Schurke', dachte Johann, ‚das sollst du nicht zweimal gesagt haben.' ‚Ich bin unbeteiligt an Allem', fing er an, ‚denn meine Rechnung geht auf Rechnung des Schneiders. So schlage ich vor, lassen wir den Zufall entscheiden. Es sind Eurer sieben, stellen wir uns in einen Kreis, ich zähle immer drei ab, jeder dritte Mann tritt aus und ist von der Zeche frei. Die beiden Letzten, welche übrig bleiben, teilen sich in die ganze Zeche. Sollte einer von denen, welche gewonnen haben, dabei sein, so gibt er außerdem seinen Gewinn, der allgemein verteilt wird, wieder heraus. So setzen alle gleichviel aufs Spiel und wenn der Zufall einen der Glücklichen trifft, so hat er die Unterhaltung gehabt und darum war es Euch ja doch nur zu tun.'

Der Wirt machte zwar ein saures Gesicht dazu, aber er durfte sich doch nicht den Anschein geben, als sei ihm am Geldgewinn etwas gelegen Alle sieben stellten sich also im Kreise auf, Johann fing beim Wirte an zu zählen, – und was war das Resultat? Der Wirt und sein Helfershelfer blieben zurück. Der Verabredung nach musste also Jeder der beiden seinen Gewinn wieder herausgeben und sich Beide in die Zeche teilen.

Jetzt erhoben Beide Einsprache, das sei abgekartet, man solle es nochmals machen. Die Anderen wollten davon nichts wissen. Doch Johann beruhigte sie.

‚Gut fangen wir nochmals bei einem anderen an und zu allem Überfluss will ich auch in der entgegengesetzten Richtung zählen.' Johann fing nochmals an und wieder blieben die Beiden übrig.

Wohin hatte Johann den Gehilfen des Wirtes gestellt und bei wem sing er zum zweiten Male an zu zählen?

‚Ja', eiferte der Wirt, ‚Ihr fangt immer bei mir oder bei dem anderen Gewinner an und dann bleiben wir Beide darin. Ihr habt gut zählen ihr habt nichts dabei zu verlieren.

‚Gut, so stelle ich mich selbst noch dazu und fange bei mir selbst an zu zählen. Seid Ihr damit einverstanden?'

Nun war der Wirt vollständig sicher. Und als Johann zum dritten Mal gezählt hatte, blieben wieder der Wirt und sein Genosse zurück. Da half allerdings kein Streiten mehr. Der betrügerische Gewinn war wieder weg und die Zeche hatten sie noch obendrein am Halse. Die Gäste aber zogen froh ab und überlegten sich lange vergebens, wie es Johann wohl angefangen hatte. Ob es Euch wohl auch so schwer fällt? Der arme Schneider aber in seiner Freude gelobte sich fest, das sei sein letztes Glückspiel gewesen. Er begleitete seinen neuen Freund noch ein weites Stück die Landstraße entlang und sprach mit dem gelehrten wandernden Gesellen Vieles und Tiefes von Können und Wissen – wie Schneider eben zu sprechen pflegen. Als sie Abschied von einander nahmen, da war Johann ganz dumm zu Mute – die beiden hatten ihre Gedanken ausgetauscht.

Otto: „Das war eine hübsche Geschichte. Und wie ging es Johann weiter?"

Vater: „Davon vielleicht ein andermal, falls ich mehr von ihm zu lesen bekomme. Für heute ist es genug, es ist schon spät geworden. Wenn Ihr aber einen Nutzen von der Geschichte haben wollt, so überlegt Euch Alles nochmals ordentlich und versuchet selbst die Aufgaben zu lösen, welche Johann gelöst hat."

Einer der Gäste: „Aber wir wissen dann nicht, ob wir die richtige Lösung gefunden haben."

Max: „Wenn wir doch mehr solcher Aufgaben hätten!"

Vater: „Wenn es Euch Vergnügen macht, so können wir ja öfter an Sonntagabenden zusammen kommen. Gibt es auch nicht immer solche Geschichten zu erzählen, so finden sich doch Aufgaben, welche wir zusammen lösen können oder es gibt auch sonst genug des Interessanten und Belehrenden zu besprechen."

So beschlossen sie denn jeden zweiten Sonntagabend eine solche Unterhaltung anzustellen und „Gäste sind willkommen." Auch Euch, wenn es Euch Vergnügen macht, liebe Leser, möchte ich als Gäste einführen in dies Haus, wo selbst die Erholungszeit und der angenehme Zeitvertreib der Belehrung dienen sollten. Zwar werdet Ihr nie durch ein Buch das ersetzt bekommen, was der Familie zu Teil ward, das freie Wort. Und manches, was gesprochen, lebendig, einfach und übersichtlich ist, wird gedruckt schwerfällig, weil der leichte Fluss der Sprache, das Nebeneinander von Hören und Sehen hier wegfällt. Beim freien Sprechen kann der Zuhörer das, was er hört, gleichzeitig in der Figur verfolgen Ihr müsst Euch dazu bequemen, erst zu lesen, dann die Figur zu vergleichen, dann wieder zu lesen und so fort. Aber auch hier könnt Ihr die Lebhastigkeit der Darstellung erhöhen, wenn mehrere sich zusammen tun. Während der Eine vorliest, verfolgen die Anderen die Figur und erklären sie dann dem Vorlesenden. Und noch eines erstrebet stets, was Ihr von unserem Freunde Johann lernen könnt: die Ausdauer. Nicht nachlassen mit dem Denken, bis man eine Sache vollständig verstanden hat.

Um Euch aber gleich vollständig in unsere Unterhaltung einzuführen, will ich Euch auch die Scherzaufgabe stellen, welche der Vater seinen Zuhörern für den nächsten Abend gab. Es sollen drei Hasen gezeichnet werden, von denen jeder zwei getrennt sichtbare Ohren, alle drei Hasen zusammen aber nur drei Ohren haben.

Auch wer nicht gut zeichnet, wird doch angeben können, wie es zu machen ist. Ich füge noch hinzu, dass die Hasen keine Gruppe bilden, wie sie in der Natur vorkommt. – Damit auf Wiedersehen den nächsten Abend!

Zweite Abendunterhaltung

*Warum weniger Bäume auf den Bergen als in der Ebene wachsen und
warum die Seiltänzer keine Knoten in die Drähte machen. – Wozu
Zündhölzchen gut sind, wenn sie nicht brennen wollen. – Dass die
Kartenkunststücke nichts sind als Rechenexempel – Wann drei Hasen
nur so viel hören als sonst anderthalb.*

Die Gesellschaft ist heute Abend weniger zahlreich. Außer Max, der
vor vierzehn Tagen seinen vierzehnten Geburtstag gefeiert hatte und
seinem zwei Jahre jüngeren Bruder Otto (wie alt ist derselbe
demnach? – Anhang 8), waren zu Besuch nur zwei Freunde da,
Gustav und Adolf. Dagegen war etwas mehr Abwechslung in die
Gesellschaft gekommen, denn auch ein Mädchen befand sich im
Kreise der Zuhörer. Es ist die lernbegierige Anna, welche am
Geburtstagsabende ihres Bruders selbst zu Besuch in das Haus einer
Freundin gebeten war – ein gar munteres, aufgewecktes Kind. Ein
Jahr älter als Otto wollte sie stets den Vorrang vor ihm haben,
während er als Junge nicht hinter ihr zurück sein und stets selbst

kommandieren wollte. So entspann sich immer zwischen ihnen ein harmloser Streit, der die gute Folge hatte, dass sie auch beim Lernen sich gegenseitig zu überflügeln suchten.

„Zunächst", begann der Vater, „will ich sehen, ob Ihr Euch das, was ich vor vierzehn Tagen erzählte, auch nochmals überlegt habt. Ich habe Euch dort gefragt: Wie müssten unsere Bäume wachsen, wenn auf einem Morgen Land, welches an einem Bergabhange liegt, ebenso viel Bäume wachsen könnten wie auf einem Morgen Land in der Ebene?"

Anna: „Dann müssten unsere Bäume auf dem Bergabhange gerade so dicht wachsen.

Vater: „Die Bäume sollen beide mal gleich weit voneinander abstehen."

„Siehst du, schon die erste Antwort falsch", rief Otto dazwischen.

Max: „Es würden auf dem Acker Land am Bergabhange dann ebenso viel sich befinden, wenn die Bäume stets senkrecht gegen den Boden wüchsen, also, wenn sie, wie man sagen würde, schief gegen den Berg stünden, so, wie ich hierzeichne (Fig.18.) Denn ich brauche mir nur ein Stück Wald zu denken in der Ebene und es dann zu drehen, so bleibt offenbar die Anzahl der

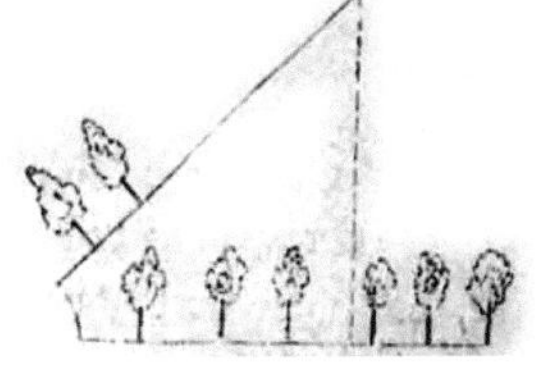

Fig. 18

Bäume dabei umgeändert, aber sie kommen nun schief zu stehen. Ständen die Bäume schief, so könnten sechs darauf stehen, in Wirklichkeit aber werden, wie ich es hier gezeichnet habe (und wie Fig. 19 zeigt), nur drei darauf Platz finden."

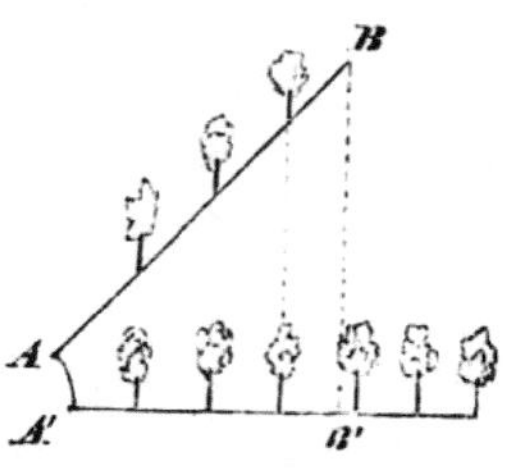

Fig. 19

Vater: „Gut! Nun merket Euch gleich Folgendes! Jedermann, der Felder besitzt, muss von denselben jährlich an den Staat eine gewisse Summe Geldes bezahlen, welche man Bodensteuer nennt und deren

Größe sich nach dem Ertrag des betreffenden Feldes richtet. Wird ein Mann für das Feld am Bergabhange eben so viel Steuer zu zahlen haben, als wenn das Feld in der Ebene läge?"

Alle: „Nein!"

Vater: „Also die Steuern werden bemessen nicht nach der Größe des Feldes AB, sondern nach der Größe von – „

Otto: „A' B', der sog. Horizontalprojektion.

Vater: „Recht so! Jetzt will ich Euch eine Aufgabe stellen, nach deren – Lösung ich den nächsten Abend fragen werde. Eine Seiltänzergesellschaft will einen Raum von umstehender Gestalt (Fig. 20) mit Drähten umziehen. Das Sechseck in der Mitte soll die Arena, d.h. der Raum werden, auf welchem die Gesellschaft ihre Künste zeigt. In jedes der sechs viereckigen Felder A,B . . . F soll eine hübsche verzierte Säule kommen, welche durch die um sie gezogenen Drähte vor Beschädigung geschützt ist. Die sechs Dreiecke um die Arena sind als Zuschauerräume berechnet. Die Künstler schlagen sich zunächst in jede Ecke einen Pfahl. Dazu brauchen sie wieviel Pfähle? Dann wollen sie um die Pfähle den Draht ziehen. Die Gesellschaft besitzt einen langen Draht, der immer zu solchen Zwecken dienen muss. Da sie aber an einem Orte diese Figur, am anderen eine andere abstecken, bald einmal größere, bald einmal kleinere, so darf der Draht nicht zerschnitten werden. Er würde sonst in Kurzem aus so viel Knoten und einzelnen kleinen Stücken bestehen, dass er des schlechten Aussehens wegen nicht mehr zu gebrauchen wäre. Aus demselben Grunde darf auch der Draht nirgends doppelt laufen. Ihr sollt mir nun sagen, wie sich die Seiltänzer helfen."

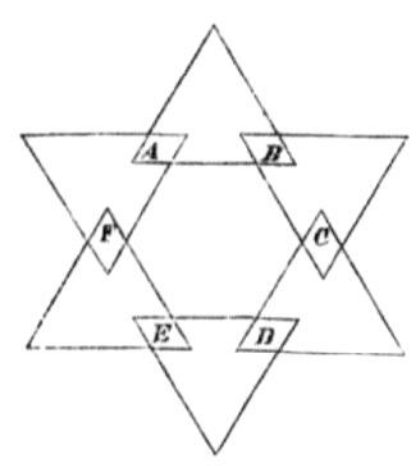

Fig. 20

Anna: „Man muss also die Figur in einem Zuge machen, ohne irgendwo doppelt zu gehen?"

Vater: „Ganz recht. Was meint Ihr nun zu folgender Aufgabe? Ihr wisst Alle, dass man zwei schiffbare Flüsse häufig durch einen Kanal verbindet, um vom einen die Schiffe auf den andern bringen zu können. Solche Kanäle werden möglichst eng gemacht, damit ihre

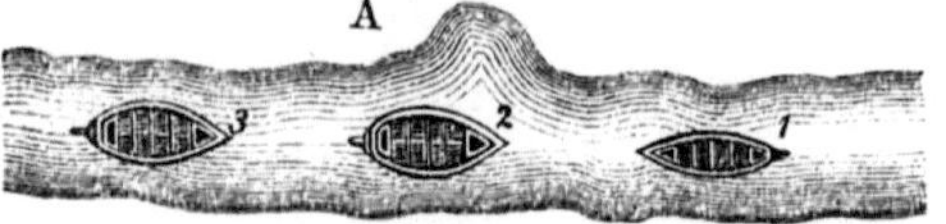

Fig. 21

Anlage nicht zu viel Geld kostet. Ihr seht hier einen Kanal, der so eng ist, dass niemals zwei Schiffe neben einander gehen können. Damit es doch zwei Fahrzeugen möglich ist, einander auszuweichen, werden in bestimmten Entfernungen von einander Buchten angelegt. In der Bucht A hat nur ein Schiff Raum; es begegnen sich aber einmal zwei Schiffe, welche nach derselben Richtung fahren, mit einem dritten. Der

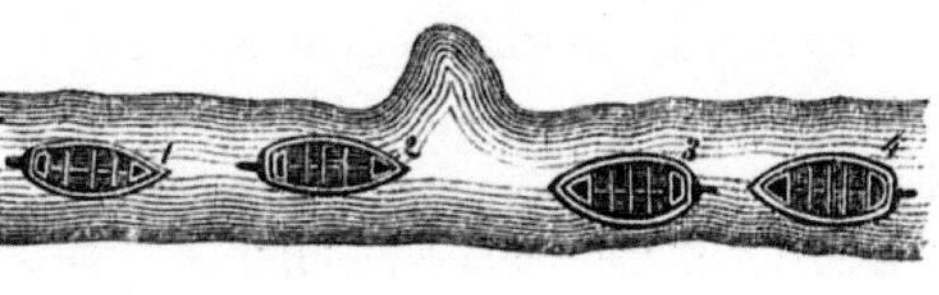

Fig. 22

Besitzer der beiden Schiffe verlangt vom Besitzer des Schiffes 1, er solle zurückfahren bis an den Anfang des Kanals, denn er mit seinen zwei Schiffen gehe doch vor, er würde ja doppelt so viel Schaden haben als der Besitzer von 1.

Dieser dagegen sagte: ‚Hättet Ihr nur ein Schiff wie ich, so kämen wir Beide nicht in Verlegenheit.' Ihr seid Schuld an der ganzen Verwirrung, also müsst Ihr den Schaden tragen.' Bald aber einigten sich dieselben und fanden einen einfachen Ausweg. Ratet wie!

Diese Aufgabe wird Euch nicht schwer fallen. Habt Ihr sie gelöst, so werdet Ihr mir auch sagen können, wie man es anzufangen hat, wenn sich vier Schiffe begegnen, von denen je zwei nach derselben Richtung fahren (Fig. 22).

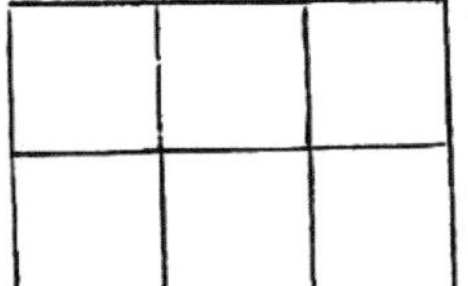

Fig. 23

Nun einige andere Aufgaben! Ein Mann hatte sechs quadratische Gärten.

Er will drei derselben, welche Obstgärten sind, mit der anstoßenden Wiese vereinigen und sich statt der drei einen einzigen fünfeckigen Garten anlegen. Er nimmt also von den Zäunen, welche obige sechs quadratische Gärten einschließen, fünf hinweg. Dann sollen noch 3 quadratische Gärten übrig bleiben; wo und wie er die fünf weggenommenen Zäune zusammenstellt, kommt nicht in Betracht.

Die Hauptsache ist: fünf Zäune so wegzunehmen, dass drei Quadrate bleiben. Wie macht er das? Um Euch die Auflösung zu erleichtern, wollen wir uns die Zäune durch Zündhölzchen darstellen."

Anna: „Sehr einfach, das mache ich so: (Fig. 24)."

Vater: „Dann bleibt noch der Zaun AB stehen, welcher den vollständigen Zusammenhang dieses Gartens mit der anstoßenden Wiese hindert. Das darf nicht sein."

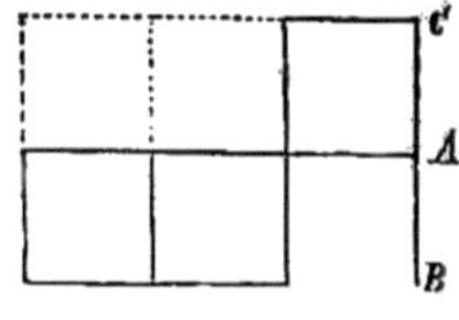

Fig. 24

Anna: „So mag ihn der Mann auch noch wegnehmen; dann ist es ja umso günstiger für ihn, er behält noch einen Zaun übrig.

Fritz: „Aber, Anna, wenn der Mann doch keinen Raum hat den langen Zaun aufzuheben!"

Anna: „So mag er ihn an den Zaun AC anlehnen oder anbinden.

Vater: „Das sieht nicht hübsch aus."

Anna: „Anders kann ich ihm nicht helfen. Wie ich es auch probiere, es bleibt noch ein Zaun übrig."

Vater: „Ihr seht, dass die Aufgabe leicht wäre, wenn Ihr sechs Hölzchen wegnehmen dürftet. Einzelne von diesen Hölzchen vertreten aber zwei Zäune, nämlich solche" –

Otto: „welche zwei Gärten voneinander trennen."

Vater: „Seither habt Ihr immer unter Euren Hölzchen welche gehabt, die zwei Zäune vertreten. Versuchet es einmal solche Hölzchen auszuschließen!"

Max: „Ich habe es."

Vater: „Gut, so magst Du es uns nächsten Abend sagen. Versuchet jetzt folgende Aufgabe! Von den Hölzchen, welche angeordnet sind, wie hier neben gezeichnet ist (Fig. 25), sollen sechs

Fig. 25

weggenommen werden und noch drei Quadrate übrig bleiben. Versuchet die Hölzchen erst wieder so zu ordnen, wie sie bei der vorigen Aufgabe lagen, so werdet Ihr die Lösung ganz von selbst finden.

Ebenso wird Euch leicht gelingen von der Fig. 26 7 Seiten wegnehmen, so dass noch 3 Quadrate übrig bleiben. Ihr könnt es in dreifacher Weise machen.

Alle Aufgaben, in denen 6 Quadrate vorkommen, könnt Ihr leicht lösen, indem Ihr stets zunächst die erste Figur (Fig. 23)

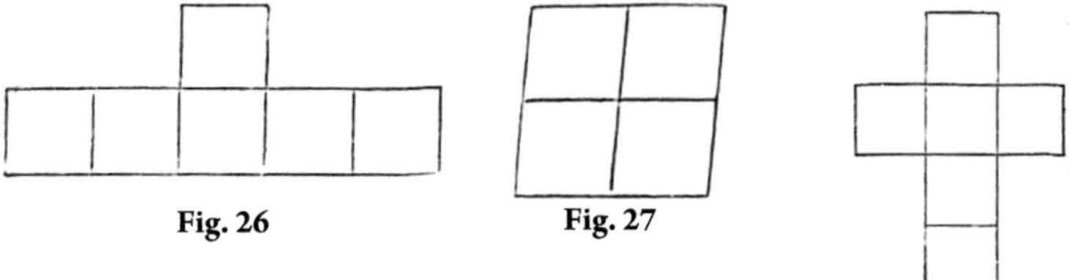

Fig. 26

Fig. 27

Fig. 28

herstellt. Versucht noch von dem Kreuz in Fig. 28 7 Hölzchen so wegzunehmen, dass 3 Quadrate übrig bleiben.

Von den vier Quadraten der Fig. 27 sollen zwei Hölzchen weggenommen werden und noch zwei Quadrate übrig bleiben, wie macht Ihr das?

Zum Schluss noch eine schwere Aufgabe. Ich habe hier ein Blatt Papier mit 64 quadratischen Feldern. Wie kann ich aus den 64 Feldern 65 machen, ohne ein Feld hinzuzufügen? Wenn Ihr die Frage beantworten wollt, müsst Ihr das große Quadrat in vier

Teile zerschneiden, von welchen je zwei einander gleich sind und diese Stücke zu einem Rechteck zusammensetzen.

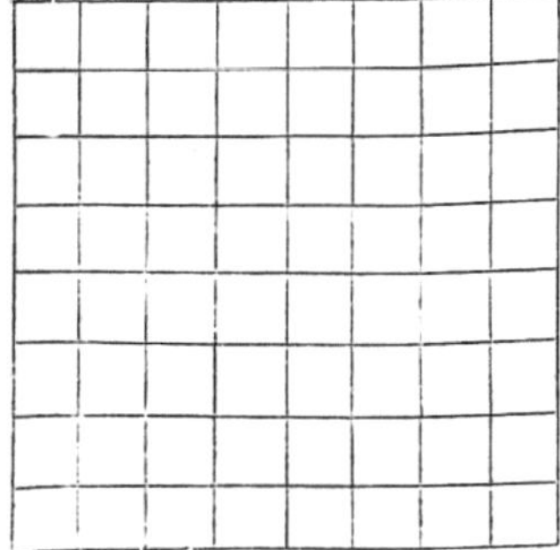

Fig. 29

Gustav: „Diese Aufgabe beruht natürlich auf Täuschung, denn man kann doch aus 64 Feldern nicht 65 gleichgroße machen. Ich kenne einen ähnlichen Scherz welcher aber hübsch nur mit Karten zu machen ist." – Gustav stellte nun die Aufgabe: „Wie kann ich aus diesen drei Reihen von je 4 Karten, d.h. aus diesen 12 Karten scheinbar 16 machen?

Wenn ich die Karten so ordne, dass ich nicht nur in jeder Horizontalreihe, sondern auch in jeder Vertikalreihe 4Karten zähle, so habe ich doch dasselbe erreicht, als wenn ich 16 Karten hätte. Denn auch die könnte ich so ordnen, dass ich von rechts nach links und von oben nach unten in jeder Reihe 4 zähle."

Gustav legte die drei König auf die drei As, so dass letztere von ersteren nicht ganzbedeckt wurden. „Das hätte sich mit Hölzchen," sagte der Vater, „noch vielhübscher machen lassen. Da die Karten aber einmal da sind, so will ich Euch einige Kunststücke damit zeigen. Es sind keine Zauberstückchen, zu welchen große Geschicklichkeit und Fingerfertigkeit gehört, sondern Ihr werdet sehen, dass alles weiter Nichts ist als einfaches Exempel, meistens so einfach, dass ein Jeder von Euch sofort das Stückchen durchschauen würde, wenn ich das Exempel wirklich mit Zahlen

Fig. 30

31

machen wollte. Dadurch, dass man statt der Zahlen Karten nimmt, bringt man etwas Ungewohntes hinein und verwirrt die Leute, so dass sie den wahren Grund oft nicht leicht einsehen."

„Ich habe hier ein Spiel von 32 Karten. In den Karten gilt das As 11, der König 4, die Dame 3, der Bube 2 und alle übrigen Karten zählen so viel als sie Augen haben. Ziehe Dir, Adolf, nun 3 von diesen Karten, ohne dass Du sie mich sehen lässt und merke Dir wieviel sie zusammen zählen. Nun lege jede verdeckt vor Dich hin und lege auf jede Karte noch so viel Karten darauf, dass der Wert Deiner Karte und die Anzahl der ausgelegten Karten in jedem Häuschen 15 ist. Wenn noch Karten übrig bleiben, so gib mir dieselben, wenn nicht, so sage mir, wie viele zu wenig da waren. Ich werde Dir dann sagen, wie viel die von Dir ausgewählten Karten zusammen zählen."

Ich will es Euch an einem Beispiele erläutern.

Adolf wählte As, König und Dame. As zählt 11, es fehlen an 15 noch 4, folglich werden auf das As noch 4 Karten, auf deren Augen und Zahlenwert es nun gar nicht ankommt, gelegt. König zählt 4, 15 weniger 4 ist 11, also werden noch 11 Karten zum König gelegt. Dame zählt 3, also bekommt sie noch 12 Karten.

Der Vater bekam noch zwei Karten von Adolf. Er zählte die zurückgegebenen Karten (2), addierte dazu 16, gibt zusammen 18 und sagte, die gezogenen Karten zählten zusammen 18. Hatte er Recht? Hätte er drei Karten bekommen, so wäre die Summe 19 gewesen, bei 4 Karten 20 usw.

Wenn aber die Karten nicht ausreichen zum Zudecken, wie dann?

Dann zählt man von 16 so viel ab, als Karten fehlten; z.B. Adolf wählte Bube, Dame, Sieben. Er hat noch 29 Karten (32 − 3) zum Zudecken. Bube zählt 2, also müssen auf ihn noch 13 Karten gelegt werden; es bleiben also noch 16 Karten übrig. Davon werden 12 auf die Dame gelegt, weil diese 3 zählt und 3+12 = 15 ist; so bleiben noch 4 Karten. Auf die Sieben müssten noch 8

Karten gelegt werden, es sind bloß noch 4 da, also fehlen 4. Zählt Ihr diese Zahl von 16 ab, so bekommt Ihr als die Summe des Wertes der gezogenen drei Karten 12.

In der Tat, Bube zählt 2, Dame 3, Sieben 7 – zusammen 12.

„Wie erklärt sich dieses Kunststück?" fragte Gustav.

Vater: „Äußerst einfach. Denkt Euch, ich sage zu Jemand, er solle sich eine Zahl denken, welche kleiner ist als 45. Nun sage ihm, ‚zähle zu Deiner gedachten Zahl so viel hinzu, dass Du 45 bekommst Sage mir wie viel Du hinzugezählt hast'. Sagt er mir, ich musste 10 hinzuzählen, so weiß ich, dass er sich 35 gedacht hat; hat er 15 hinzuzählen müssen, so hat er sich 30 gedacht.

Alle: Das ist kein Kunststück, das können wir auch. Denn wenn er sich 35 gedacht hat, so musste er noch 10 hinzuzählen, um 45 zu bekommen, und hatte er sich 30 gedacht, so brauchte er noch 15.

Vater: So denket Euch jetzt, ich lasse Jemand sich eine Zahl merken, welche kleiner ist als 45; dann gebe ich ihm irgendwelche Karten und sage ihm, er solle sich so viel Karten daraus abzählen, als die Zahl angibt, die er sich gedacht hat.

Wenn er sich z.B. die Zahl 17 gedacht hat, so zählt er sich 17 Karten ab.

Jetzt gebe ich ihm einen anderen Pack Karten, von dem ich weiß, dass er aus 45Karten besteht und fordre ihn auf, zu seinen 17 Karten so lange Karten hinzuzuzählen, bis er im Ganzen 45 Karten hat. Den Rest lasse ich mir geben; wieviel bekomme ich dann?"

Anna: „17, soviel nämlich als er in seinem Päckchen bereits hatte. Waren es 17, so musste er noch 28 hinzufügen, um 45 zu bekommen, folglich blieben von den 45 Karten gerade wieder 17 übrig."

Vater: „Wenn ich ihm aber statt der 45 Karten nur 29 gebe, wie viel gibt er mir dann zurück?"

Anna: „Natürlich 16 weniger, da 29 um 16 weniger ist als 45, ich ihm also 16 Karten weniger gegeben habe."

Vater: „Wenn er mir also 1 Karte wieder – gibt, so hat er 16+1 d.h. 17 Karten in seinem Päckchen gehabt. Wenn er mir 2 Karten wiedergab, so hat er 16+2, d.h. 18 Karten gehabt usw.

Ihr werdet bei einigem Nachdenken jetzt das Kunststück verstehen. Ich gab Adolf 32 Karten und ließ ihn von demselben drei ziehen, so behielt ich noch 29.

Den Wert jeder Karte sollte er zu 15 ergänzen, d.h. er sollte den Wert der drei Karten zu 45 ergänzen oder er sollte zu einer gedachten Zahl (etwa von Karten), welche höchstens 33 sein konnte (wenn er welche Karten zog ?), also stets kleiner als 45 ist, solange Karten hinzuzuzählen bis er im Ganzen 45 hatte. Hätte ich ihm ein Spiel von 45 Karten gegeben, so hätte ich nur zu zählen brauchen, wie viel Karten er mir zurückgab. Dann wäre die Anzahl dieser gedachten Karten gleich der gedachten Zahl, d.h. gleich dem Gesamtwert der von ihm gezogenen drei Kartengewesen. Statt 45 Karten gebe ich ihm aber nur 29, also 16 weniger; folglich gab er mir auch 16 weniger zurück, d.h. ich muss zu der Zahl der mir zurückgegebenen Karten noch 16 addieren, so bekomme ich den Gesamtwert der von Adolf gezogenen drei Karten. Reichen aber die 29 Karten nicht aus, sondern fehlen vielleicht noch 5, so sagt mir dies, dass er bis 34 hätte fortzählen müssen, d.h. es hätten an 45 noch 11 gefehlt oder er hat sich 11, d. i. 16 – 5 gedacht.

Merket Euch also: Ich hätte einfach Adolf auffordern können, sich eine Zahl zu denken, welche kleiner ist als 45, ihm dann 29 Karten geben und ihn auffordern können, so lange von diesen Karten wegzunehmen, bis seine gedachte Zahl plus der Zahl der abgenommenen Karten gleich 45 ist. Nur um den wahren Zusammenhang zu verhüllen, lasse ich ihn drei Karten ziehen, und der Wert dieser Karten ersetzt die gedachte Zahl.

Ihr seht ferner ein, dass es gar nicht darauf ankommt, ob die 32 Karten richtig sind, wenn nur die Zahl derselben stimmt. (Eine andere Erklärung mit Hülfe von Algebra s. im Anhang;

desgleichen im zweiten Teil einige ähnliche Kartenkunststücke, welche zur näheren Erläuterung dienen sollen).

Ich werde Euch jetzt ein Stückchen zeigen, welches sich in ganz anderer Weise erklärt. Ich lege hier 20 Karten hin, je zwei zusammen in ein Häufchen. Merkt Euch eines dieser Häufchen! Ich lege die Häufchen in beliebiger Reihenfolge zusammen und achte nur darauf, dass immer die Karten eines Häufchens zusammenbleiben. Jetzt lege ich die 20 Karten in 4 Reihen, so dass stets 5 in eine Reihe kommen. Wenn Ihr mir dann sagt, in welcher der 4 Reihen die Karten des Häufchens liegen, so werde ich Euch sagen, welche Ihr Euch gedacht habt.

Die Erklärung ist einfach.. Ich schreibe hier mit Kreide auf den Tisch die Worte:

Der Sinn dieses Spruches, der nichts zur Sache tut, ist, wenn ich

statt cocis lese co(e)cis: Der Stumme $\left.\begin{array}{l}\text{Mutus} \\ \text{Dedit} \\ \text{Nomen} \\ \text{cocis}\end{array}\right\}$ gab den Namen den

Blinden. Nun fange ich an, die Karten so zu legen, dass immer zwei auf einander folgende Karten auf denselben Buchstaben zu liegen kommen. Zuerst lege ich auf die beiden m je eine Karte, dann auf die beiden u, nachher auf die beiden t usw. Sagt Ihr mir, Eure beiden Karten lägen in der ersten und dritten Reihe, so können es nur die beiden sein, welche auf dem Buchstaben m liegen, also die erste der ersten und die mittelste der dritten Reihe; liegen beide in der ersten Reihe, so können es nur die beiden sein, welche auf dem u liegen usw. Das ganze Kunststück kommt darauf hinaus, dass ich die Karten nach einer vorher bestimmten Anordnung lege. Natürlich schreibt man bei der Ausführung nicht die Worte wirklich hin, denn dadurch würde man sofort das Geheimnis verraten, sondern man denkt sich dieselben nur und legt immer an die passenden Stellen die betreffende Karte.

Beachtet, wie die Namen gewählt sind; so nämlich, dass je zweien Namen niemals mehr als zwei Buchstaben gemeinsam sind. Weshalb ist dies nötig?

Während dies Beispiel darauf beruht, dass man die Karten nach einer bestimmten Ordnung von vornherein legt und diese Ordnung, welche man zur Unterstützung des Gedächtnisses sich durch die vier lateinischen Worte einprägt, umgekehrt wieder zur Erkennung der Karten benutzt, sollt Ihr in einem anderen Beispiel sehen, wie man auf einfache Zahlen gesetzte Kartenkunststücke gründen kann. Die Karten sind immer nur ein Mittel, den einfachen wahren Grund zu verdecken.

$a_1\ a_2\ a_3\ a_4\ a_5$

$b_1\ b_2\ b_3\ b_4\ b_5$

$c_1\ c_2\ c_3\ c_4\ c_5$

Ich habe hier 15 Zeichen hingeschrieben, welche ebenso viel verschiedene Karten vertreten sollen; in der ersten Reihe von links nach rechts (der ersten Horizontalreihe) stehen lauter a, in der zweiten nur d, in der dritten nur o. Die Zahlen (Indices) an den Buchstaben deuten die Stellung in der Horizontalreihe an.

Merke Dir irgendeines dieser Zeichen, etwa a_5. Ich frage Dich in welcher Horizontalreihe dasselbe liegt, raffe die fünf Karten einer der 3 Reihen zusammen, dann lege ich die Karten der Reihe, welche Du angegeben hast (also hier die erste Reihe), darauf und darauf die letzten fünf Karten. Dadurch ist die Reihe, in welcher Deine Karte lag, in die Mitte gekommen. Hätte ich zuerst die Reihe b genommen, so hätte ich in dem vor mir liegenden Haufen die Karten folgendermaßen geordnet:

$$b\ b\ b\ b\ b \mid a_1\ a_2\ a_3\ a_4\ a_5 \mid c\ c\ c\ c\ c$$

Von den b und c habe ich die Zahlen weggelassen, weil es auf deren Ordnung jetzt gar nicht mehr ankommt. Den Kartenhauer lege ich wieder offen hin, aber so, dass ich immer drei unter einander lege und dadurch fünf Vertikalreihen bilde; so wie die Pfeile hier andeuten.

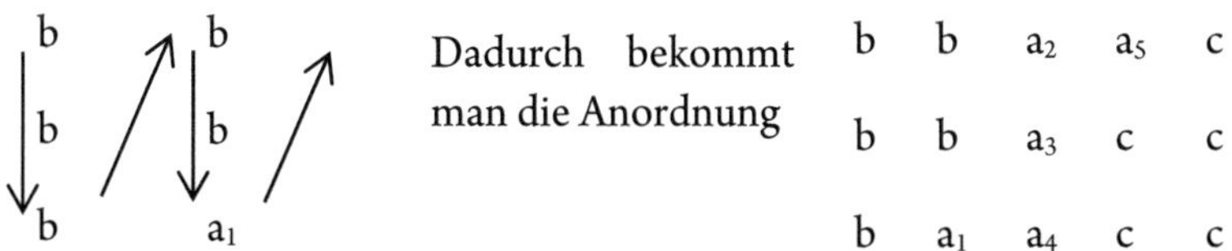

Dadurch bekommt man die Anordnung

b	b	a_2	a_5	c
b	b	a_3	c	c
b	a_1	a_4	c	c

Du kannst von hinten oder vorn mit dem Ausbreiten des Kartenhaufens anfangen, Du siehst, immer liegen die c, welche vorher in der ersten Reihe lagen, auf drei Horizontalreihen verteilt. – Ich frage Dich wieder, in welcher Horizontalreihe Deine Karte liegt und nehme beim Aufraffen diese Reihe wieder in die Mitte.

Hebe ich die zweite Reihe zuerst auf, so haben die Karten im Haufen nunmehr die Reihenfolge:

$$b \; b \; a_3 \; c \; c \mid b \; b \; a_2 \; a_5 \; c \mid b \; a_1 \; a_4 \; c \; c$$

Lege ich sie nochmals wie vorher um, so habe ich jetzt die Folge:

b	c	b	c	a_4
b	c	a_2	b	c
a_3	b	a_5	a_1	c

Vorher lagen noch a_2 und a_5 in einer Horizontalreihe, beide sind jetzt in zwei verschiedenen Reihen, und wenn ich Dich jetzt nochmals frage, in welcher Horizontalreihe Deine Karte liegt, so darf ich gewiss sein, dass es stets die dritte in dieser Reihe ist.

Das Kunststück lässt sich noch etwas verfeinern, wenn ich nach dieser Frage nochmals die Karten so zusammenraffe, dass wieder die von Dir angegebene Reihe als die zweite aufgenommen wird. Die gesuchte Karte liegt dann genau in der Mitte des ganzen Haufens. Denn Du siehst, die erste Reihe hat 5 Karten, dann kommt Deine Reihe, in welcher Deine Karte die dritte ist; Deine Karte wird also im Haufen die achte, d.h. sie ist von den 15 Karten des Haufens die mittelste, die Achte, Du magst anfangen von hinten oder von vorn zu zählen.

Wenn Du willst, kannst Du die Leute noch mehr irre machen. Nachdem Du die Karten zweimal umgelegt und dreimal gefragt hast, in welcher Reihe die Karte liegt, kennst Du dieselbe schon, Du merkst Dir dieselbe, raffst die Karten entweder beliebig oder scheinbar nachdenklich in einer gekünstelten Ordnung auf, lässt mischen, nimmst dann dieselben auf, so dass Du die Bilder siehst, zählst scheinbar nachdenklich ab oder verteilst die Karten in beliebige Häuschen etwa zu je 3 oder 5 und gibst, sobald Du zu der Dir bekannten Karte kommst, dieselbe als die gedachte an.

Überzeuge Dich in derselben Weise, wie ich Dir eben zeigte, dass das Kunststück immer zutrifft, auch wenn Du Dir ein anderes a, z.B. a_1 oder a_2 gemerkt hast.

Hast Du Dich davon für die Karten einer Horizontalreihe überzeugt, so hast Du es für alle getan. Denn nachdem Du zum ersten Male die Karten aufgerafft hast, liegt ja immer die angegebene Reihe in der Mitte des Häufchens; von da ab ist es also vollständig gleichgültig, in welcher Reihe vorher die gedachte Karte lag.

Das Kunststück ist also einfach folgendes: Ich lege 15 Karten in drei Horizontalreihen auf, so dass je 5 Karten in einer Reihe liegen, lasse Jemanden von der Gesellschaft sich eine Karte merken und frage, in welcher Horizontalreihe dieselbe liegt. Dann raffe ich jede Reihe für sich zusammen und achte nur darauf, dass die angegebene Reihe zu zweit genommen wird, lege die Karten wieder hin, je 3 der Reihe nach untereinander, so dass ich wieder 5 Vertikalreihen oder 3 Horizontalreihen bekomme und wiederhole meine Frage.

Die bezeichnete Horizontalreihe kommt wieder in die Mitte des Haufens, ich lege nochmals in derselben Weise die Karten auf, frage wieder nach der Horizontalreihe, welche die gedachte Karte enthält und kann nun entweder die dritte Karte der zuletzt genannten Reihe als die gedachte erklären, oder die Karte nochmals in der früheren Weise, die bezeichnete Reihe zu zweit, zusammenlegen und von vorn oder hinten die achte abzählen, – so ist dies die gedachte Karte, oder endlich mir die Karte merken und, nachdem ich habe mischen lassen, dieselbe aus dem Haufen herausfinden.

Der eigentliche Kunstgriff des Stückchens steckt darin, dass man jede beliebige von den 15 Karten durch geeignetes Umlegen in die Mitte bringen kann. Ich habe hier wieder meine Karten und nehme an, ich merke mir eine Karte der Reihe a; da ich beim Zusammenlegen vor die Reihe a eine andere Reihe von Karten lege, so wird die erste Karte der Reihe a die 6te im Haufen, die zweite die 7te, die 3te die 8te, die 4te die 9te. Lege ich

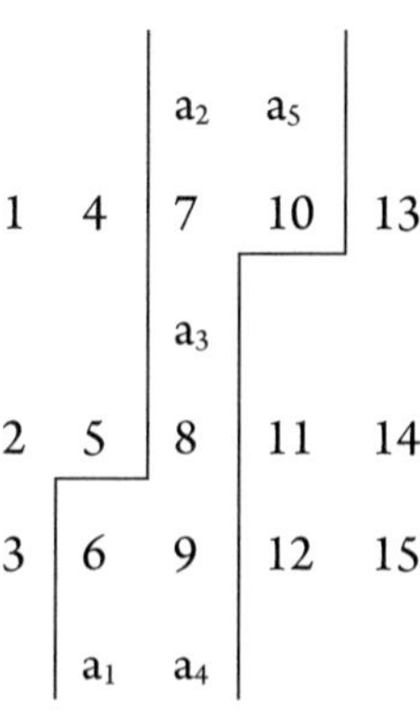

jetzt die Karten, indem ich von oben nach unten zähle, dann in die zweite Vertikalreihe gehe etc., so bekomme ich die links stehende Anordnung: In dieser bezeichnen die Zahlen die Lage, welche die Karte im Haufen hatte; es ist also die 7te, 8te und 9te Karte bereits in der mittelsten Vertikalreihe. Die Nummern 6 bis 10 sind die, welche vorher in der Reihe a lagen. Wird jetzt angegeben, die gedachte Karte liege in der zweiten Horizontalreihe, so kann es nur die Nummer 8 sein; diese bleibt aber an ihrer Stelle (in der Mitte), wenn ich die Karten nochmals zusammenraffe und auseinanderlege.

Nur zwischen 6 und 9, sowie 7 und 10 ist noch eine Verwechselung möglich.

Ist eine der Karten 6 und 9 die gedachte, so werden diese im zusammengerafften Haufen beziehungsweise die 7te oder 8te, kommen bei neuem Legen also wieder in die mittelste Reihe, d.h. sie sind jedes Mal in ihrer Horizontalreihe die mittelste (dritte) Karte.

Ist dagegen eine der Karten 7 und 10 die gedachte, so kommt ja in Folge meiner Frage nach der betreffenden Horizontalreihe wieder die 7 und 10 beziehungsweise als die 8te und 9te in den Haufen, sie kommen also bei neuem Legen wieder in die mittelste Vertikalreihe, so dass sie auch wieder in ihrer Horizontalreihe die mittelsten Karten sind.

(Mehrere ähnliche Kunststücke und deren Erklärung findet ihr im zweiten Teile.)

Vater: „Die Karten lassen sich hübsch benutzen, um durch dieselben verschiedene Personen zu bezeichnen. Ihr habt Euch das Kunststück überlegt, welches Johann in der Dorfschenke ausführte, wie ich Euch am letzten Abend erzählte. Könnt Ihr mir dasselbe erklären? Wir wollen es mit Karten wiederholen."

Die Gesellschaft bestand aus sieben Spielern. Johann wollte, dass beim Abzählen der Wirt und sein Helfershelfer übrig blieben. Diese beiden sollen durch zwei schwarze Karten vorgestellt werden, die fünf anderen durch fünf rote.

Max: „Ich lege mir die sieben Karten in beliebiger Reihenfolge zu einem Kreis zusammen, fange mit irgend einer Karte an zu zählen und schiebe immer die dritte aus der Reihe heraus. Es bleiben zwei beliebige Karten schließlich liegen, diese müssen also durch schwarze Karten ersetzt werden; man findet, dass dies die erste Karte ist, bei welcher man anfängt zu zählen und die vierte. Folglich muss ich die 7 Spieler anordnen, wie ich hier getan habe.

Vater: „Der Wirt war aber damit nicht

Fig. 31

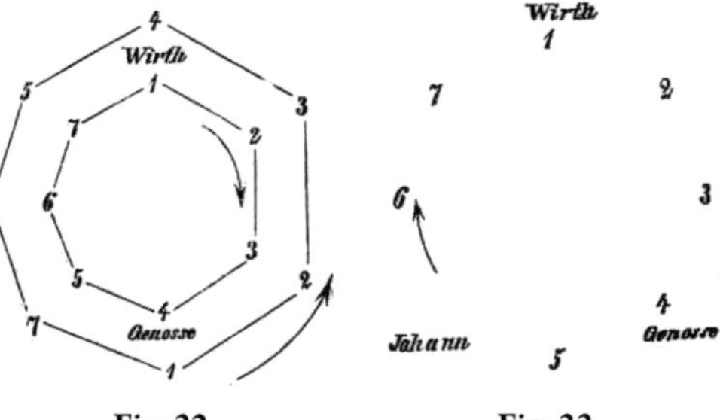

Fig. 32

Fig. 33

40

zufrieden.“

Max: „Johann fing deshalb mit dem Genossen zu zählen an. Hätte er aber in derselben Richtung weiter gezählt wie vorher und wie der Pfeil angibt, so wäre zwar der Genosse übrig geblieben, nicht aber der Wirt. Scheinbar änderte er das Spiel dadurch, dass er auch die Richtung nach welcher er zählte, änderte, in Wirklichkeit blieb es dadurch gerade beim Alten. Vorher waren zwischen dem Wirt und dem Genossen 2 Mann, hätte er in derselben Richtung weiter gezählt, so wären aber zwischen dem Genossen und dem Wirt 3 Mann gewesen. Indem er die Richtung umkehrte waren jetzt wieder zwischen beiden 2 Mann, also der Wirt wieder der vierte Mann im Kreise.“

Vater: „Das ist gut! Aber zum dritten Mal fing doch Johann bei sich selbst an zu zählen, so musste er doch selbst übrig bleiben.“

Max: „Nein, da er sich selbst hinzugestellt hatte, so war die ganze Sachlage geändert; es waren ja jetzt acht Mann im Kreise.“

Vater: „Richtig, und wo stellte er sich hin?“

Max: „Er stellte sich zwischen 5 und 6. So wie Fig.33 zeigt.“

Vater: „Wer hat erraten, was Johann in sein Notizbuch zeichnete?“

Gustav: „Er hat den Schatten gezeichnet, welchen der Wagen, die Bäume an der Landstraße und sein eigener Körper auf die Wiese warfen. Wenn man recht schräg auf die Zeichnung sieht, so verkürzen sich die langen Schatten.“

Vater: „Und nach welcher Richtung geht Johann?“

Gustav: „Wenn es Anfang Mai wäre und es wäre schon 1 ½, Stunden nach Sonnenaufgang, so stände die Sonne genau im Osten. Der Schatten der Bäume fällt gerade senkrecht gegen die Landstraße, folglich würde die Landstraße von Norden nach Süden gehen. Da der Schatten nach Westen fällt, so muss auch Johann nach Westen blicken, sonst könnte er den Schatten nicht sehen. Dann ist zur rechten Hand Johanns Norden; das Fuhrwerk fährt von links nach rechts, fährt also nach Norden. Johann selbst kam dem Fuhrwerk entgegen, er geht also nach Süden.

Vater: „Das hattest Du Dir gut überlegt. Wer von Euch hat die Scherzaufgabe lösen können."

Auch diese hatte der im Zeichnen geschickte Gustav sehr hübsch gelöst; hier ist sie:

Dritte Abendunterhaltung

Die Gesellschaft findet, dass auch die Spiele mit Zündhölzchen nichts sind, als einfache Rechenexempel – Warum man aus 64 Äckern nur aus dem Papier 65 machen kann. – Allerlei Schnurrdiburr. – Die kleine Anna wird ärgerlich. dass sie so schlecht raten kann. – Wie man aus Kirmes Mathematik treibt und warum der Bauerjunge nicht mit zwei Ohrfeigen genug hatte.

Vater: „Wer hat unserer Seiltänzergesellschaft vom vorigen Abend helfen können?"

Gustav: „Ich habe es; hier ist die Lösung (Fig. 36). Aber aus freier Hand die Figur hübsch zeichnen ist nicht leicht, man muss darauf achten, dass die Linien, welche ich in der Zeichnung punktiert habe, in eine gerade Linie fallen; sonst bekommt man ganz schiefe und verzerrte Dreiecke. Am besten legt man die fertige Figur beim Zeichnen neben sich."

Vater: „In derselben Art lassen sich noch mancherlei andere Aufgaben lösen, welche beim ersten Anblick gar nichts mit einander gemein zu haben scheinen. Z.B. die umstehende Figur (Fig. 37) in einem Zuge zu zeichnen.“

Anna: „Ja, hier sind auch wieder 6 gleichseitige Dreiecke, aber woher kommt – der Stern in der Mitte?“

Otto: „Und die 6 kleinen Dreiecke nochmals mitten?“

Vater: „Denkt Euch nur die 6 gleichseitigen Dreiecke der ersten Figur allmählich, ohne eines zu drehen, an einander geschoben, bis sie mit den 6 Ecken A, B, C, D, E, F zusammenstoßen, so bekommt Ihr die zweite Figur.“

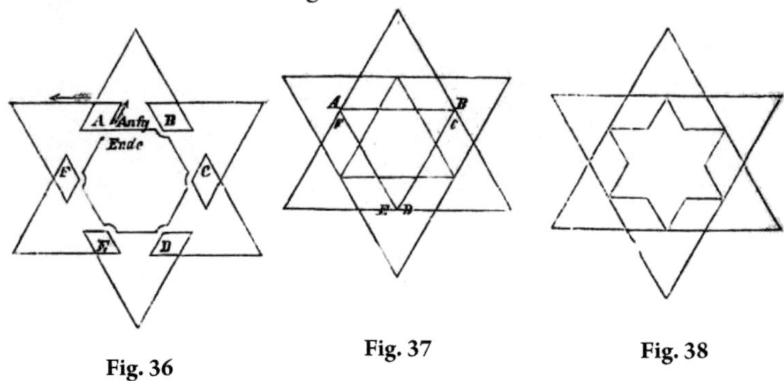

Fig. 36

Fig. 37

Fig. 38

Am besten werdet Ihr den Zusammenhang beider Figuren übersehen, wenn Ihr Euch aus starkem weißem Papier schmale Streifen schneidet und Euch daraus 6 gleichseitige Dreiecke klebt. Dieselben dürfen aber nicht zu klein sein, damit die Seiten derselben etwas biegsam sind. Ihr müsst jetzt angeben können, wie man die Fig. 37 in einem Zuge macht. Bei der Auslösung dieser Aufgabe werdet Ihr noch auf eine andere hübsche Figur kommen, welche Ihr in einem Zuge zeichnen könnt, nämlich die Fig. 38. (Die Lösung siehe im Anhang.)

Vater: „Wer hat unseren Schiffern helfen können?“

Anna, Otto gleichzeitig: „Ich.“

Vater: „So soll Anna den 3 Schiffen helfen.“

Anna: „Schiff 2 und 3 fahren so weit zurück, dass Schiff 1 in die Bucht kann, worauf 2 und 3 an ihm vorüber fahren und 1 seinen Weg gleichfalls fortsetzt."

Vater: „Und bei 4 Schiffen, Otto?"

„In dem schwierigeren Fall mit den 4 Schiffen", hob Otto bedeutsam an, „fährt 3 in die Bucht, 4 und 2 fahren an ihm vorüber und 3 fährt in deren Rücken wieder aus der Bucht. Dann fahren 1 und 2 rückwärts an der Bucht vorbei, 4 legt sich in die Bucht, lässt 1 und 2 vorüber und setzt dann s einen Weg frohgemut fort."

Vater: „Hier habe ich wieder mit Zündhölzchen meine 6 quadratische Gärten vorgestellt

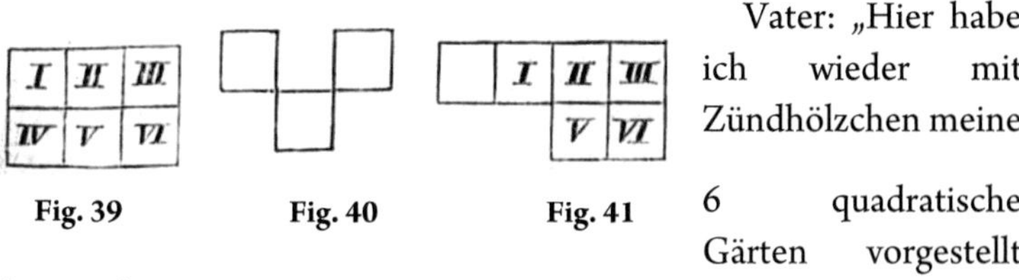

Fig. 39   Fig. 40   Fig. 41

(Fig. 39). Wie könnt Ihr 5 von den Zäunen wegnehmen, so dass noch 3 Gärten bleiben?

Mai: „So!" (Fig. 40.) .

Vater: „Und wie nehmt Ihr von den Hölzchen hier (Fig. 41) sechs weg, – so dass 3 Quadrate bleiben."

Max: „Ich kann diese Aufgabe auf die vorhergehende zurückführen, indem ich erst wieder die frühere Figur herstelle. Ich kann mir Fig. 41 dadurch aus Fig. 39 entstanden denken, dass das Quadrat IV in die obere Reihe gerückt ist; schiebe ich es

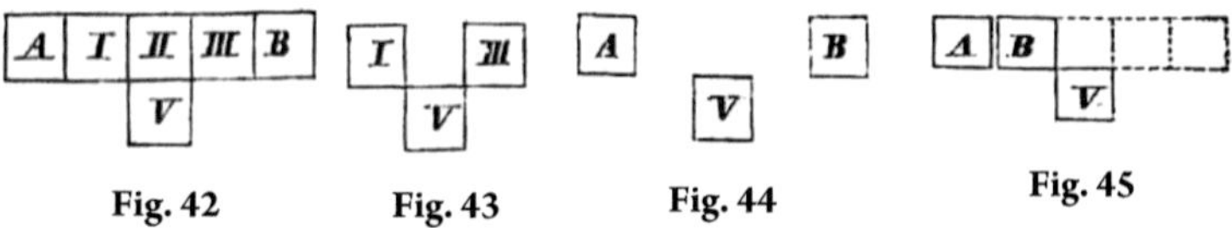

Fig. 42   Fig. 43   Fig. 44   Fig. 45

wieder herab, so bleibt ein Hölzchen übrig, welches ich wegnehme, und ich erhalte Fig. 39. In dieser habe ich noch fünf Hölzchen wegzunehmen, ganz wie früher, damit ist die Auflösung fertig, da ich im Ganzen 6 Hölzchen weggenommen habe.

Vater: „Hier (Fig. 42) sollen 7 Hölzchen weggenommen werden und noch 3 Quadrate bleiben. Wie?“

Gustav: „Wird das Quadrat A unter I, B unter III gerückt, so bleiben2 Hölzchen und ich habe wieder die frühere Figur. In dieser 5 Hölzchen weggenommen, bleiben die 3 Quadrate I, III, V (Fig. 43).

Adolf: „Ich habe noch eine andere Auflösung, nämlich so, dass A, B und V übrig bleiben (Fig. 44).“

Gustav: „Diese Lösung ist hübscher, denn sie ist etwas Neues. Aber sie lässt sich aus meiner Lösung leicht herstellen; ich darf nur mein Quadrat 1 und III, nachdem ich die 7 Hölzchen weggenommen habe, um ein Quadrat weiter nach rechts, beziehungsweise links schieben.

Adolf: „Davon ist aber in der Aufgabe nichts gesagt; es ist nicht gestattet.“

Gustav: „Wohl; ich meine nur, ich schiebe die Quadrate in Gedanken weiter, so sehe ich doch ein, wie Deine und meine Lösung zusammenhängen.“

Vater: „Dein Gedanke, Gustav, ist sehr gut. Ihr könnt aber alle diese Aufgaben noch in ganz anderer Weise lösen und ich will Euch den einfachsten Weg, der stets leicht und sicher zum Ziele führt, lehren. Vergleichet einmal die Lösung, welche Gustav von der letzten Aufgabe brachte (Fig. 43), mit der Lösung Adolfs (Fig. 44). Was haben die Figuren gleiches?“

Otto: „Es sind noch drei Quadrate übrig geblieben.“

Anna: „Das versteht sich von selbst, so lautete ja die Aufgabe. Wäre das nicht, so wäre die Aufgabe nicht gelöst.“

Otto: „Den Unterschied weiß ich wohl; bei der einen Figur stoßen die, Quadrate mit den Ecken zusammen, bei der anderen nicht.

Max: „Die Übereinstimmung besteht darin, dass keins der 3 Quadrate mit einem anderen eine Seite gemeinsam hat.“

Vater: „Richtig! Ist das wohl wesentlich oder wäre auch eine
Lösung möglich, bei welcher zwei Quadrate mit einer Seite neben
einander liegen?"

Gustav: „Allerdings ist es wesentlich; es dürfen nicht zwei
Quadrate mit einer Seite zusammenstoßen. Denke ich mir nämlich
die Quadrate zusammengeschoben (Fig. 45), bis zwei neben
einander liegen, so würde ein Hölzchen überflüssig, also müsste ich
statt sieben Hölzchen wie verlangt wurde, deren acht wegnehmen.

Vater: „Jetzt bist Du auf dem richtigen Weg. Lernt hierbei, wie
man dieselbe Sache von ganz verschiedenen Seiten aus betrachten
kann! Es geht Euch wieder ebenso, wie bei den Kartenkunststücken;
Ihr lasst Euer Denken beeinflussen durch die Form, in welche Euch
Jemand eine Aufgabe stellt. Sobald Ihr eine Figur seht, so ist sofort
Eure ganze Aufmerksamkeit von der Figur, so wie sie Euch geboten
wird, gefesselt. Überlegt doch einmal, ob diese Figur nicht nur ein
Mittel sein kann, Eure Gedanken in falsche Bahnen zu lenken, um
Euch verwirrt zu machen! Überlegt Euch erst einmal, was Euch Alles
mit der Figur gegeben, wie dieselbe entstanden ist und ob Euch nicht
dieselbe Aufgabe in ganz anderer Form gestellt werden könnte!

Ich will Euch dies sofort erläutern und gebe Euch deshalb
folgende Aufgabe: Hier habt Ihr 17 gleich lange Hölzchen Ihr sollt
von den Hölzchen 5 hinwegnehmen und aus dem Rest der Hölzchen
drei Quadrate bilden."

Alle: „Das kann ich. Es bleiben zwölf Hölzchen, hier sind die
Quadrate."

Vater: „Ich habe Euch diesmal die Aufgabe leicht gemacht, indem
ich Euch gleich die Zahl der Hölzchen nannte. Hätte ich Euch nur
ein Häuschen hingelegt, ohne die Anzahl hinzuzufügen und Euch
sonst ganz dieselbe Aufgabe gestellt, so würden manche von Euch
erst nach längerem Probieren auf die Lösung gekommen sein.
Versuchet es, gebt einem Freunde 16 Hölzchen (ohne ihm die Zahl
zu nennen und so, dass er nicht gesehen hat, als Ihr dieselben

abzähltet), fordert ihn dann auf, 5 Hölzchen wegzunehmen und aus dem Rest drei Quadrate zu machen!

Wie stehen die drei Quadrate, welche Ihr aus den 12 Hölzchen gelegt habt, zu einander? Können dieselben eine Seite gemeinsam haben?"

Alle: „Nein, sie dürfen höchstens mit den Ecken zusammenstehen."

Vater: „Ich gebe Euch die Hölzchen jetzt nicht mehr in einem Haufen, sondern lege dieselben vorher in einer Figur zusammen, zu den früheren 6 Quadraten (Fig. 39) und verlange wieder, dass Ihr 5 Hölzchen wegnehmt und 3 Quadrate übrig lasst. Zunächst müsst Ihr überlegen: Was hat die Anzahl der Quadrate, welche bleiben sollen, mit der Anzahl Hölzchen zu tun, die wir wegnehmen? Ein Zusammenhang muss jedenfalls da sein. Zählt Ihr aber sämtliche Hölzchen, welche in der Figur liegen, so findet Ihr, dass es 17 sind. Davon sollen 5 weggenommen werden, es bleiben also 12 liegen. Diese 12 sollen 3 Quadrate bilden, folglich müssen alle 3 Quadrate mit ihren Seiten frei stehen. Sollten aber 6 weggenommen werden und dennoch 3 Quadrate bleiben, so müsste ein Quadrat frei sein, 2 dagegen mit einer Seite zusammenstoßen. Die Rechnung würde sich folgendermaßen machen:

11 Seiten sollen bleiben	
1 freies Quadrat hat	4 Seiten
2 Quadrate, welche mit einer Seite aneinanderstoßen, haben zusammen	7 Seiten
	Summe 11 Seiten

Die Lösung kann also sein (Fig. 46):

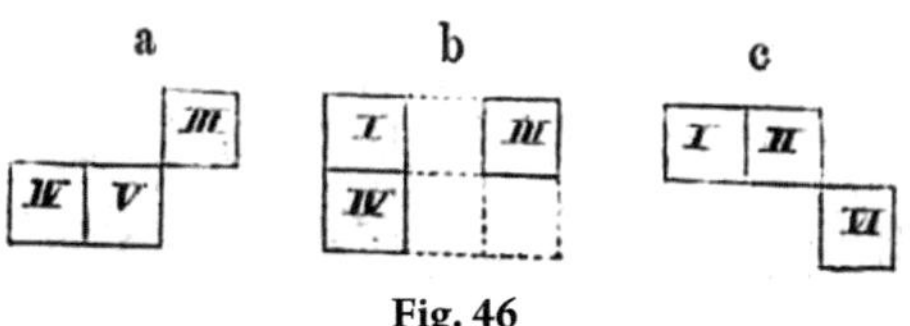

Fig. 46

Wie macht sich die Rechnung zu der zweiten Aufgabe, welche ich ich Euch stellte?" (Fig. 42.)

Otto: „Es sind zusammen 19 Seiten, 7 sollen weggenommen werden, bleiben also 12 Seiten, aus denen 3 Quadrate zu legen sind; folglich muss jedes Quadrat frei sein."

Gustav: „Ich sehe jetzt auch ein, aus welchem Grunde Adolf und ich verschiedene Lösungen bekamen (Fig. 43, 44), einfach, weil wir aus 12 Seiten 3 Quadrate herstellen mussten.

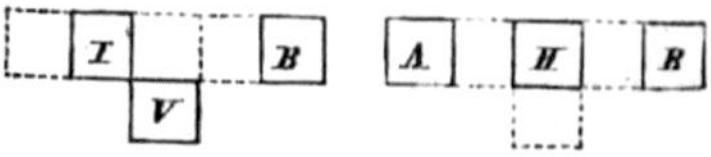

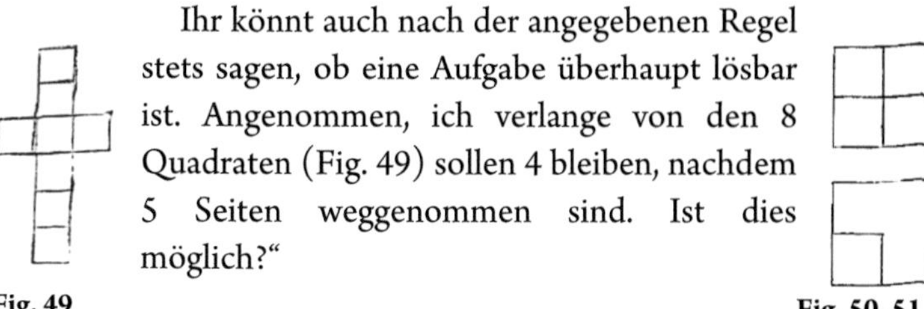

Fig. 47

Es gibt noch mehr Lösungen. Jede Figur, bei welcher drei freie Quadrate bleiben, ist richtig (Fig. 47)"

Vater: „Es wird Euch nicht schwer fallen, die scheinbar verwickeltsten Aufgaben mit der größten Sicherheit zu lösen.

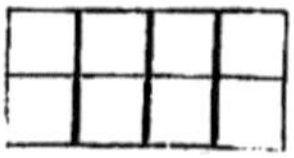

Fig. 48

Es sollen (Fig. 48)

1) 7 Seiten weggenommen werden und noch 34 Quadrate bleiben;

2) 6 Seiten weggenommen werden und noch 4 Quadrate bleiben.

Von dem Kreuz (Fig. 49) sind 10 Hölzchen wegzunehmen; es sollen noch 4 Quadrate bleiben.

Ihr könnt auch nach der angegebenen Regel stets sagen, ob eine Aufgabe überhaupt lösbar ist. Angenommen, ich verlange von den 8 Quadraten (Fig. 49) sollen 4 bleiben, nachdem 5 Seiten weggenommen sind. Ist dies möglich?"

Fig. 49

Fig. 50, 51

49

Adolf: „Im Ganzen hat die Figur 22 Seiten, 5 davon bleiben 17. 17 Seiten sind aber zu viel für 4 Quadrate, folglich ist die Aufgabe unsinnig.

Vater: „Vorigen Abend gab ich Euch auch diese Figur (Fig. 50). Ihr solltet zwei Hölzchen wegnehmen, so dass 2 Quadrate bleiben. Löset diese Aufgabe nach obiger Regel, also systematisch, d.h. ohne herumprobieren.“

Otto. Es liegen in der Figur 12 Hölzchen, 2 davon bleiben 10. 10 Seiten sind aber stets zu viel für 2 Quadrate, folglich ist die Aufgabe unsinnig.“

Anna. Gut nachgesprochen!“

Vater: „Kannst Du es besser, Anna? Nein? Dann darfst Du auch nicht spotten.“

Max: „Für zwei kleine Quadrate wären es allerdings zu viel Seiten, folglich muss ein größeres Quadrat dabei sein. Das kleinste Quadrat, welches sich mit gleich langen Hölzchen legen lässt, hat aber 8 Hölzchen, wenn es einmal mit 4 einfachen nicht mehr geht. Folglich bleiben für das zweite Quadrat noch 2 Seiten zur Verfügung. 2 Seiten muss es demnach mit dem großen Quadrat gemeinsam haben, d.h. die Lösung ist so (Fig. 51).“

Vater: „Hier noch ein Beispiel! Von den 8 Quadraten, welche Ihr in Fig. 48 seht, sollen 5 Quadrate bleiben, wenn Ihr 4 Hölzchen wegnehmt (Anhang, Nr. 10). –

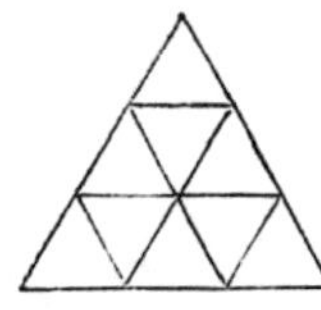

Fig. 52

Fig. 53, Fig.54

Schwieriger werden die Aufgaben, wenn man die Figuren nicht aus Quadraten, sondern aus Dreiecken zusammensetzt. In der nebenstehenden Figur 52, welche aus lauter gleich – seitigen Dreiecken besteht, sollen 5 Seiten weggenommen werden, und 5 Dreiecke übrig bleiben. – Wie überlegt Ihr Euch?“

Otto: „Zunächst zähle ich, wieviel Seiten überhaupt da sind – 18. Werden davon 5 hinweggenommen, so bleiben 13. Die Aufgabe ist demnach, aus 13 Seiten 5 Dreiecke zumachen.“

Vater: „Nun bedeutet, dass Ihr immer eine Seite spart, wenn Ihr zwei Dreiecken eine gemeinsame Seite gebt. Es hat nämlich:

1 einzelnes Dreieck	3 Seiten
2 mit einer Seite zusammenstoßende Dreiecke	5 „ (Fig. 53),
3 „ je einer „ „ „	7 „ (Fig. 54),

und so kommen für jedes folgende daran stoßende Dreieck immer 2 Seiten hinzu.

Ihr sollt, wie uns Otto eben richtig sagte, 13 Seiten auf 5 Dreiecke verteilen. Am besten fangt Ihr immer mit 3 Seiten an, denn das erste Dreieck, welches Ihr legt, muss immer so viel Seiten bekommen. Dann bleiben noch 10 Seiten, die auf 4 Dreiecke zu verteilen sind. Legt Ihr nochmals ein Dreieck einzeln und dann drei zusammen, so habt Ihr dazu 3+7, d.h. 10 Seiten nötig: Die Lösung ist also

entweder:

2 einzelne Dreiecke.	6 Seiten
3 zusammenhängende Dreiecke	7 Seiten
5 Dreiecke	13 Seiten,

oder:

1 einzelnes Dreieck	3 Seiten
2 zusammenhängende Dreiecke	5 Seiten
2 zusammenhängende Dreiecke	5 Seiten
5 Dreiecke	13 Seiten.

Die verschiedenen Lösungen, welche jetzt noch möglich sind je nach den Dreiecken, welche Ihr auswählt, werdet Ihr leicht finden. (Lösung im Anhang Nr. 12.)"

Max: „Ich kenne noch andere Aufgaben, welche man mit Streichhölzchen oder auch Geldstücken ausführen kann.

Ich habe hier 10 Hölzchen in eine Reihe neben einander gelegt. Es soll eins dieser Hölzchen nach dem anderen auf ein anderes gelegt werden, so dass zuletzt nur noch 5 Häuschen, jedes mit zwei Hölzchen übrig bleibt."

Anna: „Aber das ist ja entsetzlich einfach."

Max: „Halt! Das schlimme Ende kommt nach. Du darfst niemals mehr als zwei Stück überspringen, aber auch niemals weniger."

Anna: „Und ein Häufchen mit 2 Hölzchen gilt als ein einziges?"

Max: „Nein, es gelten immer so viel Hölzchen als liegen, also ein Doppelhölzchen für 2; außerdem darfst Du nach rechts und links verlegen und anfangen, wo Du willst."

Anna: „So werde ich schon dahinter kommen."

Anna und die Anderen probierten nun viel herum, bald wurden die Hölzchen nach rechts bald nach links verlegt, bald am Ende bald in der Mitte angefangen, aber immer wieder kam eine Stelle, wo es nicht weiter ging.

„Ihr macht einen großen Fehler", sagte der Vater, nachdem er eine Zeit lang den vergeblichen Bemühungen zugesehen hatte. „Ihr verschwendet Zeit und Arbeit durch Euer ungeregeltes Probieren und dies ist ein Fehler, hier sowohl als im Leben. Schreibt Euch mit Bleistift auf ein Blatt Papier die Nummern 1 bis 10, legt über jede Nummer ein Hölzchen und dann fangt wieder von neuem an. So überseht Ihr leicht, woher die jedesmalige Lage Eurer Hölzchen gekommen ist und Ihr gewinnt dadurch bessere Einsicht in den Gang des Spieles. Wollt Ihr noch regelmäßiger zu Wege gehen, so schreibt Ihr Euch auf ein Blatt daneben, welche Hölzchen Ihr verlegt habt und wohin; kommt Ihr zu einem

Fehler, so habt Ihr vielleicht nur das letzte oder die beiden letzten Hölzchen nochmals zurückzulegen und Ihr seht immer, wie Ihr nicht verlegen dürft. Damit werdet Ihr in jedem Falle sicherer zum Ziele kommen und Euch vor der Wiederholung von Fehlern bewahren. (Lösung im Anhang; Nr. 13.)

Ich will Euch noch ein zweites, derartiges und schwereres Exempel geben. Es sind 12 Hölzchen so zu verlegen, dass ein Hölzchen immer drei überspringt und am Ende 6 Doppelhölzchen entstehen. Jedes Doppelhölzchen zählt für 2, nur das letzte Hölzchen darf 3 Doppelhölzchen, nicht weniger und nicht mehr als 3 Doppelhölzchen, überspringen.

Weshalb lasse ich dem letzten wohl die Freiheit, 3 Doppelhölzchen zu überspringen?

Max: „Wenn gegen Ende schon überall Doppelhölzchen liegen, und nur noch 2 einzelne Hölzchen da sind, so kann das letzte natürlich nicht mehr 3 einfache überspringen, sondern jedes Hölzchen einzeln gezählt, nur 2, 4, 6 etc. Deshalb darf das letzte Hölzchen jedes doppelte als ein einfaches ansehen."

Vater: „Richtig; damit in der Regel, an die Ihr Euch beim Verlegen zu halten habt, die Dreizahl bleibt, habe ich diese Bedingung aufgenommen."

„Ihr habt den Grund noch nicht recht verstanden?", fragte der Vater, als ihn die Anderen mit etwas ungläubigen Gesichtern ansahen. „Probiert es nur, so wird es Euch dabei klar werden! – Nun aber zurück zu unseren Aufgaben! Ich muss doch sehen, ob Ihr fleißig waret. Wer hat aus den 64 Feldern 65 machen können?"

Die Lösung war nur Gustav gelungen (Fig. 55 u. 56). Er hatte das Quadrat in 4 Teile zerlegt, von denen je 2 gleich sind, und diese zu einem Rechteck zusammengelegt. Das Rechteck hat 13 Felder auf der Grundlinie und 5 in der Höhe, im Ganzen also 65 Felder. „Ihr seht", sagte der Vater, „sowohl in der Höhe wie in der Länge sind alle Felder vollkommene Quadrate, es sind wirklich 65 Felder aus den 64 geworden. Wie ist dies möglich?"

Gustav: „Es ist Täuschung, dass man dies Rechteck mit 65 Feldern vollständig ausgefüllt zu sehen glaubt. Wenn man es genau macht mit einem nicht zu kleinen Quadrate, so merkt man, dass mitten durch die Figur eine leere Stelle geht. Es ist ja auch gar nicht anders möglich, das 65te Feld muss doch irgendwo herkommen und die leere Stelle muss gerade so groß sein wie ein Feld.“

Vater: „Das ist recht schön und gut. Kannst Du mir aber sagen, wo der Fehler liegt?“

Gustav: „Ich kann doch aus 64 Feldern nicht 65 machen, wenn jedes der letzteren gerade so groß sein soll, wie eins der ersteren. Das ist unmöglich – da ist der Fehler.“

Vater: „Damit ist mir noch nicht gedient. Ich will überführt sein, ich will, dass mir nachgewiesen wird, an welcher Stelle der Ausführung mein Fehler sitzt. Dass das Ganze nicht ohne eine gewisse Betrügerei geht, genügt mir noch nicht; der Nachweis im Einzelnen ist zu führen. Habe ich betrogen beim Ausschneiden des Papiers, habe ich statt in einer geraden Linie zu schneiden Krümmungen geschnitten, habe ich an irgend einer Ecke keinen rechten Winkel gelegt, wo steckt der Fehler und

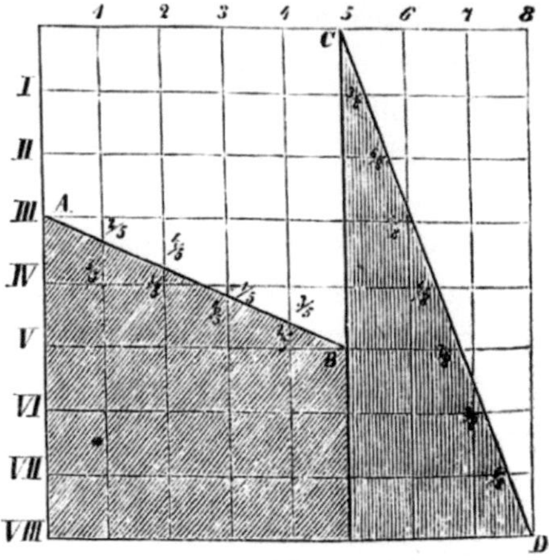

Fig. 55

wie kommt es, dass man denselben nicht so leicht merkt? Was ist der eigentliche Kunstgriff beim Stückchen? Diese Fragen sollt Ihr mir beantworten.

Niemand konnte eine genügende Antwort geben.

Da Ihr allein nicht damit zurecht zu kommen scheint, fuhr der Vater fort, so werde ich Euch helfen. Seht Euch dieses Quadrat an. Die Linie AB geht quer durch 10 Felder so durch, dass sie auf fünf Felder von links nach rechts, zwei Felder von oben nach unten schneidet. Angenommen ich hätte jedem Feld eine Seite von 1 Zentimeter gegeben (in der Zeichnung sind es nur 7mm), so würde AB auf, den einzelnen vertikalen Reihen abschneiden:

Auf dem Strich 1 $\frac{2}{5}$ cm

„ „ „ 2 $\frac{4}{5}$ cm

„ „ „ 3 $\frac{6}{5}$ cm

„ „ „ 4 $\frac{8}{5}$ cm

„ „ „ 5 $\frac{10}{5}$ cm

Die Linie CD steigt 8 Felder auf und geht dabei 3 Felder seitwärts, sie schneidet daher ab

auf der Linie I $\frac{3}{8}$ cm

„ „ „ II $\frac{6}{8}$ „

„ „ „ III $\frac{9}{8}$ „

„ „ „ IV $\frac{12}{8}$ „

„ „ „ V $\frac{15}{8}$ „

„ „ „ VI $\frac{18}{8}$ „

„ „ „ VII $\frac{21}{8}$ „

„ „ „ VIII $\frac{24}{8}$ „

55

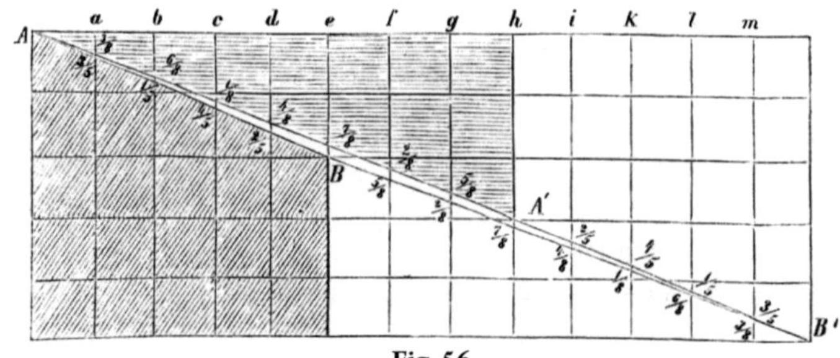

Fig. 56

Ich habe in der Figur 55 immer zugeschrieben die Bruchteile Zentimetern, welche über den nächsten Strich hinausragen, also von Strich 3 nicht $\frac{6}{5}$, sondern $\frac{6}{5}-1 = \frac{6}{5}-\frac{5}{5} = \frac{1}{5}$ usw.

Legt Ihr nun die 2 Stücke, welche durch den Strich AB entstehen, zusammen mit den beiden dreieckigen Stücken, wie in Fig. 56 geschehen ist, so seht Ihr, dass dieselben das Rechteck nicht genau ausfüllen. Ihr findet, dass an einem Zentimeter fehlen:

$$
1.\begin{cases}
\text{in der Linie a } \dfrac{1}{40} & \text{nämlich } 1-\dfrac{3}{8}-\dfrac{3}{5} \\[1.2em]
\text{in der Linie b } \dfrac{2}{40} & \text{nämlich } 1-\dfrac{6}{8}-\dfrac{1}{5} \\[1.2em]
\text{in der Linie c } \dfrac{3}{40} & \text{nämlich } 1-\dfrac{1}{8}-\dfrac{4}{5} \\[1.2em]
\text{in der Linie d } \dfrac{4}{40} & \text{nämlich } 1-\dfrac{4}{8}-\dfrac{2}{5} \\[1.2em]
\text{in der Linie e } \dfrac{5}{40}=\dfrac{1}{8} & \text{nämlich } 1-\dfrac{7}{8}
\end{cases}\Bigg\} 1
$$

$$
2.\begin{cases}
\text{in der Linie f } \dfrac{5}{40} & \text{''} \quad 1-\dfrac{2}{8}-\dfrac{5}{8} \\[1.2em]
\text{in der Linie g } \dfrac{5}{40} & \text{''} \quad 1-\dfrac{2}{8}-\dfrac{5}{5} \\[1.2em]
\text{in der Linie h } \dfrac{5}{40} & \text{''} \quad 1-\dfrac{7}{8}
\end{cases}\Bigg\} 2
$$

$$3. \begin{cases} i \ \dfrac{4}{40} \\[2mm] k \ \dfrac{3}{40} \\[2mm] l \ \dfrac{2}{40} \\[2mm] m \ \dfrac{1}{40} \end{cases} \qquad\qquad \begin{rcases} 1-\dfrac{2}{5}-\dfrac{4}{8} \\[2mm] 1-\dfrac{4}{5}-\dfrac{1}{8} \\[2mm] 1-\dfrac{1}{8}-\dfrac{6}{8} \\[2mm] 1-\dfrac{3}{5}-\dfrac{3}{8} \end{rcases} 3$$

Ihr erkennt, wie in der Gruppe 1 bis zum Strich e die Ränder der beiden zusammengesetzten Abschnitte immer weiter auseinander gehen. Von Strich e bis h bleiben sie stets in gleicher Entfernung und nähern sich von da wieder. Der Raum

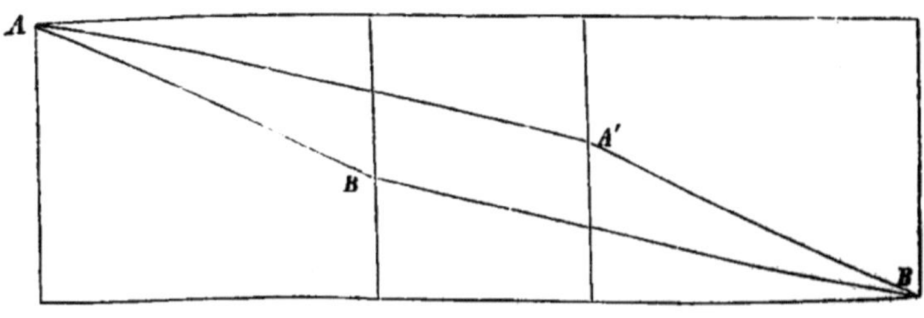

Fig. 57

AA' BB', welcher zwischen den einzelnen Ausschnitten bleibt, hat eine Gestalt, wie sie Fig. 57, übertrieben in die Breite gezogen, darstellt.

Und worin liegt der Kunstgriff, weshalb wird man so leicht getäuscht?

Max: „Die Feinheit liegt darin, dass die Fläche von einem Felde ausgedehnt wird über eine große Grundlinie. Statt ein Quadrat zu machen von einem Zentimeter Länge und Höhe, wird daraus eine Fläche, welche mehr als 13 cm. lang ist. Dieselbe wird dem entsprechend auch 13mal niedriger. Dazu kommt, dass sie gebildet wird von den Rändern des Papiers. Sieht man, dass dieselben nicht genau zusammenstoßen, so ist man im Zweifel, ob dies herrührt von einem Fehler in der Aufgabe selbst oder ob die Schuld nur an der unvollkommenen Ausführung liegt, dass der Papierrand nicht vollständig gerade ist, das Papier sich geworfen hat etc.

Vater: „Sind wir schon einmal bei Aufgaben, wo es sich um Täuschung handelt, so will ich Euch noch eine derartige stellen.

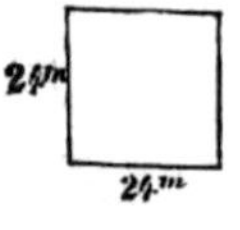

Fig. 58

Auf einem quadratischen Grundstücke (Fig. 58.) von 24m Länge und 24m Breite, soll ein Haus, 24m lang und 24m breit und ein Garten von derselben Größe, angelegt werden. Wie ist dies zu machen?“

Otto: „Das Haus muss auf Säulen gestellt werden, so dass der Garten darunter bleibt.“

Anna: „Dann wird etwas Schönes in dem Garten wachsen. Den könnte man noch beleuchten, damit es nur hell darin ist; allerdings die Lauben würde man sparen. Nein, der Garten muss oben auf dem Dache angelegt werden.“

Vater: „Der Garten soll weder unter noch über dem Hause, sondern neben demselben sein.“

Anna: „Dann möchte ich wohl wissen, wie dies gehen soll.“

„So“, sagte der Vater, und zog einfach einen Strich quer durch. Der schraffierte Teil, das Haus vorstellend, ist 24m lang und breit und der Garten gleichfalls (Siehe Anhang Nr. 14).

Anna: „Ja hättest Du uns gesagt, dass das Haus dreieckig sein darf, dann hätte ich es auch gekonnt.“

Vater: „Die Täuschung liegt eben darin, dass man nach der gewöhnlichen Anschauung sich ein Haus viereckig denkt und man bei der Stellung der Aufgabe nicht ausdrücklich das Gegenteil sagt. Nun so wende jetzt Deinen Scharfsinn besser an! Wir haben vorher Aufgaben gelöst, bei welchen von einer gegebenen Figur eine bestimmte Anzahl Seiten weggenommen werden sollten, so dass noch eine vorgeschriebene Anzahl einfacher geometrischer Figuren übrig blieb. Noch einfacher ist es irgendeine Figur herzustellen, wenn ich Euch eine bestimmte

Anzahl Seiten gebe. Ich verlange jetzt, dass Du mir mit diesen 6 gleich langen Hölzchen das größte mögliche Quadrat herstellst."

Anna versuchte sich vergebens an der Aufgabe; stets blieben 2 Hölzchen zu viel. Ärgerlich gab sie die Lösung aus. „So hätte ich es auch gekonnt", war ihre Antwort, als sie sah, wie einfach sich Max half (Anhang, Nr. 11).

„Nun denn", fuhr der Vater fort, „so beantworte mir die folgende Frage!"

Wie stellt man aus diesen vier Strichen (Fig. 59.) drei her, ohne einen derselben zu streichen?" Dabei machte der Vater vier Kreidestriche auf den Tisch.

Fig. 59

Auch hier besann sich Anna und die anderen lange, sie wollten zwei Striche verbinden und dadurch zwei in einen verwandeln, aber der Vater nahm ihre Vorschläge nicht an. Nachdem er lange hatte raten lassen, gab er die Lösung, welche Ihr im Anhange findet (Anhang, Nr. 15).

„Ja diese Aufgaben sind auch alle so, dass sie Niemand erraten kann", begann Anna missmutig.

Vater: „So will ich Dir eine einfache Teilungsaufgabe stellen, die kannst Du doch! Jemand sagte zu seinem Freunde: Heute Abend esse ich die Summe, welche Du erhältst, wenn Du die Hälfte von eins, die Hälfte von zwei und die Hälfte von drei addierst. Was aß er?"

Anna: „Das ist wieder nicht zu raten. Er hätte drei gegessen; was soll dies heißen, hat er vielleicht die DREI gegessen, welche Du hier auf den Tisch geschrieben hast? Dann profit Mahlzeit! Hätte er sie nur schon früher verzehrt!"

Vater: „Mit Deinem Missmut richtest Du Nichts aus; es nützt Nichts, sich darüber ärgern, wenn man etwas nicht gekonnt hat. Suche es lieber ein andermal besser zu machen! Nun ich will Dir sagen, dass er drei Eier aß. Nämlich

59

die Hälfte von Eins ist Ei

die Hälfte von Zwei ist Ei

die Hälfte von Drei ist Ei

er aß also Ei+ Ei+ Ei = 3 Eier.

Damit Du, kleiner Hitzsporn, Deinen Ärger vergisst, will ich Dir an einer Anekdote zeigen, dass selbst großen Männern bisweilen durch solche Spitzfindigkeiten ein arger Streich gespielt worden ist. Ein Bischof, dessen Name mir entfallen ist, wurde in einer Gesellschaft von anderen Tischgenossen sehr arg aufgezogen und ihm mit allerhand Sticheleien fortwährend Schabernack gespielt. Ein Hauptspötter war der Bischof von Clesel. Nachdem die Sticheleien, welchen der Verspottete fortwährend die größte Ruhe entgegengesetzt hatte, eine Zeit lang gedauert hatten, stand der Betroffene schließlich auf und schrieb mit Kreide in großen Zügen auf den Tisch

ESEL

‚Meine Herren' fragte er, ‚wie machen Sie hieraus am einfachsten ein Wort, welches so viel bedeutet wie 150 Esel? '

Als man keine Antwort gab, schrieb er einfach das römische Zahlzeichen für 150, nämlich CI vor, so dass es jetzt hieß

CLESEL.

Obschon dies ein einfaches Wortspiel, ohne innere Bedeutung ist, so hatte er doch die Lacher auf seiner Seite. Der Hieb war nicht mehr zu parieren."

„Eine ähnliche Anekdote kenne ich auch, aber sie ist eigentlich noch feiner", sagte Gustav. „Hier beruht alles darauf, dass der Sinn durch die Betonung geändert wird und da die Anekdote, wenn auch sehr locker mit Zahlen zusammenhängt, so darf dieselbe vielleicht auf Einlass hoffen in die ernsten Kreise, welche die

Zahlen um uns gezogen haben. Friedrich II., dem Großen, wurde einst bei Gelegenheit eines Gespräches über Kaltblütigkeit gesagt, der Philosoph Moses Mendelssohn, welcher in Berlin wohnte, besitze diese Eigenschaft im höchsten Maße. Friedrich, welcher große Lust verspürte, den ruhigen Philosophen auf die Probe zu stellen, ließ ihn deshalb zur Tafel laden. Als Mendelssohn sich setzte, fand er unter seiner Serviette einen Zettel von der Hand Friedrich's II, auf welchem klar und deutlich geschrieben stand: Der Philosoph Moses Mendelssohn ist ein Esel. Friedrich II.

Friedrich, welcher Mendelssohn scharf beobachtete, konnte nicht die geringste Veränderung an dessen Zügen sehen; sondern sehr gelassen steckte der Philosoph den Zettel in die Brusttasche. Der König, welchen dies ärgerte, kam nach einiger Zeit zu ihm hin und fragte ihn, was er denn vorher in die Tasche gesteckt habe. ‚Es lag ein Zettel auf meinem Teller‘, lautete die einfache Antwort. ‚Nun, was stand denn darauf?‘ examinierte Friedrich weiter. ‚Nichts von Belang Majestät!‘ ‚So lese Er doch einmal den Zettel vor‘, drang der König weiter in ihn, um den Philosophen in Verlegenheit zu setzen. Mit der größten Gelassenheit holte Mendelssohn den Zettel aus der Brusttasche und las Wort für Wort mit gleichmäßiger Betonung: ‚Der Philosoph Moses Mendelssohn ist ein Esel, Friedrich der zweite.‘

Vater: „Es scheint, wir kommen auf sprachliche Gegenstände, so möchte ich doch wohl sehen, wie Ihr Euch entscheidet über folgenden Punkt. Was ist richtiger“, fragte der Vater, indem er die hier groß gedruckten Worte scharf betonte, „fünf und sieben **gibt** elf oder **sind** elf?“

Otto: „Es ist richtiger zu sagen: es gibt elf, denn es sind noch nicht elf; sie werden es erst, wenn man die Addition wirklich ausführt.

Gustav: „Nein, es sind elf; der Wert ist genau derselbe, mag ich die Addition ausführen oder nicht; a+b ist gleich b+a, gleichgültig ob ich a und b addieren kann oder nicht.

Da fiel Anna lachend ein: „Haha, wir sollen schon wieder an der Nase herumgeführt werden; fünf und sieben gibt ja zwölf. Der Vater hat nur absichtlich getan, als ob es darauf ankäme, zu entscheiden, ob das Wort, gibt' oder, sind' richtiger sei und dadurch das Falsche verdeckt."

Otto: „Solche Schnurrpfeifereien kenne ich auch. Als wir einmal auf einer Kirmes waren, wettete ein Bauer mit einer ganzen Gesellschaft, er wolle ihnen beweisen, dass 7 von 8 ausgehe. Er wurde ausgelacht, die Wette kam zu Stande, dann schrieb der sich sehr klug dünkende mit Kreide 8 an den Querbalken der Türe, 7 auf die Türe und machte dieselbe auf; so gehe 7 von 8 auf. Es ist eben nichts weiter als ein Bauernwitz.

Darauf versprach ein Anderer einem Burschen einen Krug Bier, wenn er drei Ohrfeigen von ihm aushalte. Der Junge erklärte sich damit einverstanden, erhielt auch regelrecht zwei Ohrfeigen, als es aber zur dritten kommen sollte, hielt der Freigebige mit seinen schallenden Geschenken inne. So soll er den dritten Streich und seinen Krug Bier noch heute erhalten."

Vater: „Es gibt noch viele derartige spaßhafte Rechenexempel oder Spitzfindigkeiten. Doch genug davon! Nun auch wieder einmal etwas Ernsthaftes!"

Löst mir für den nächsten Abend die Aufgabe, Tausend ohne Null, aber mit Zahlen zu schreiben und zwar so, dass nur ein einziges der Zahlzeichen von 1 bis 9 in dem Ausdrucke vorkommt.

Noch eine einfache Rechenaufgabe! Sechs Arbeiter haben zusammen 600 Kilogramm von einem Dorfe in die Stadt zu bringen; jeder Mann kann nicht mehr als 100 Kilogramm tragen. Die 6 Arbeiter brauchen dazu 1 Stunde; in wie viel Zeit werden 3 Arbeiter die Aufgabe lösen?

Alle: „Sie brauchen die doppelte Zeit, also 2 Stunden."

„Falsch“, sagte der Vater, „überlegt es Euch besser! Wenn wir wieder zusammen kommen, werdet Ihr mir hoffentlich die richtige Antwort geben können.“

Dann will ich Euch in die wahren Wunder der Zahlen einführen und Euch zeigen, wie man mittels derselben anderen Personen Geheimnisse entlocken kann.

Der Nachtwächter stellt dem Rechenmeister eine schwerverständliche Aufgabe.

Vierte Abendunterhaltung

Man kommt zu den richtigen Zahlengeheimnissen, aber nur auf allerlei Umwegen. – Vorproben – Der Nachtwächter und der Rechenmeister – Wie man gedachte Zahlen errät. – Das x und n nur Abkürzungen sind, die nach viel aussehen und wenig bedeuten. – Das Stundenorakel und die magische Treppe. Wein und ein schlauer Diener regen zum Nachdenken an. – Wer war klüger, der Herr oder der Diener?

„Also heute Abend sollen wir in die wahren Geheimnisse der Zahlen eingeführt werden. Darauf bin ich doch begierig", sagte Otto, als ein kalter Februartag die lustige Gesellschaft wieder versammelt hatte. „Natürlich Anna, Für Dich wird es jetzt zu schwer werden, jetzt handelt es sich um tieferes Verständnis."

„So gut, wie Du Herr Luftikus, werde ich wohl noch mitkommen“, erwiderte Anna. „Und ich will schon hübsch aufmerken, damit ich lerne, Dir Deine Geheimnisse mathematisch abzufragen. Dann werde ich immer wissen, wieviel Geld Du hast und wo Du Dich herumgetrieben hast, oh, ich will Dir schon auf die Fährte kommen, Brüderchen!“

„Hoho, seht mir doch meinen Vormund an – und wenn ich Dir nun falsche Antworten gebe?“

„Die Mathematik wird schon Alles an den Tag bringen, warte nur, das gibt eine Freude!“

„Sachte, Kinder“, unterbrach der Vater das Zwiegespräch, „so rasch geht es nicht. Ehe ich Euch in meinen Zauberpalast einlasse, muss ich sehen, ob Ihr dessen würdig seid. *Μηδείς ἀγεομέτ ρητος εἰσίτω μοῦ τὴν στέγην* – ‚Kein der Geometrie Unkundiger trete unter mein Dach;‘ diese Worte, welche der griechische Philosoph Plato an die Türe seines Hörsaales schrieb, sind auch die Aufschrift auf der Eingangspforte zu meinem mathematischen Heiligtume. Zwar verlange ich nicht viel Mathematik und für das Meiste werdet Ihr mit Eurem Rechnen auskommen, wenn Ihr Euch dann auch von Manchem nur durch die Probe an Beispielen überzeugen könnt. Dass Ihr aber würdig seid, einzutreten, will ich daran erkennen, ob Ihr ordentlich aufmerkt und Euch ein wenig Überlegung nicht sauer werden lasst. Und zunächst muss ich sehen, ob Ihr die Aufgaben von vorigen Abend gelöst habt. – Wieviel Zeit brauchen die drei Arbeiter, um die 600 Kilogramm in die Stadt zu bringen, Anna?“

Anna: „Sie brauchen statt 2 Stunden deren 3. Zunächst bringen sie 300 Kilo weg, macht eine Stunde. Nun müssen sie eine Stunde zurückgehen und können dann erst nach Ablauf der dritten Stunde wieder mit dem Reste der Last in der Stadt sein.“

Vater: „Gut! Und wie schreibst Du tausend ohne Null und gebrauchst dabei nur ein einziges Zahlzeichen, Otto?“

Otto: „Ich schreibe es $999\tfrac{9}{9}$ oder $999\tfrac{99}{99}$ usw.

Vater: „So erkläre ich Euch für würdig, in die Vorhallen einzutreten. Hier gibt es aber neue Proben zu bestehen. Wer Meister werden will, muss erst Geselle sein, wer zum Schweren will, muss erst das Leichtere können. Ich werde Euch hier, wie es im Märchen geschieht, erst ein paar Aufgaben stellen.

Ein Rechenmeister kommt spät abends nach Hause und fragt einen Nachtwächter, welcher ihm begegnet, wie viel Uhr es sei. Aha, denkt unser Wächter, wollen wir doch einmal sehen, was der Rechenmeister kann. ‚Nehmen Sie‘, sagt er, $\frac{1}{2}$, $\frac{1}{3}$ und $\frac{1}{4}$, so haben Sie die Zeit, die es über Mitternacht ist.“

Gustav: „Wie ist dies zu verstehen? Es fehlt noch etwas. Durch Addition dreier Brüche kann man doch niemals eine Zeit bekommen.“

Anna: „Ach, Du Umstandskrämer, es ist doch so einfach! Ich verwandle alles in Zwölftel und addiere, so bekomme ich $\frac{6}{12} + \frac{4}{12} + \frac{3}{12} = \frac{13}{12} = 1\frac{1}{12}$, es ist also 1 Uhr vorüber.“

Gustav: „So, woher weißt Du denn, dass die Eins ein Uhr bedeutet und was machst Du mit $\frac{1}{12}$?“

Vater: „Gustav hat ganz recht. Der Nachtwächter hat sich eben ausgedrückt wie es seinem sprichwörtlich gewordenen geistigen Standpunkte entspricht. Das ungebildete Volk fühlt nur, ohne sich darüber klar zu sein, dass es zwei eng zusammenhängende Begriffe vermengt und hilft sich dadurch, dass es einen dritten noch unbestimmteren Ausdruck wählt. Dass er nicht sagen dürfe, ‚nehmen Sie $\frac{1}{2}$ Uhr und $\frac{1}{3}$ und $\frac{1}{4}$ Uhr,‘ fühlte der Wächter sehr wohl. Zu der Höhe des Ausdrucks: ‚nehmen Sie $\frac{1}{2}$ Stunde und $\frac{1}{3}$ und $\frac{1}{4}$ Stunde, so haben Sie die Anzahl Stunden – in Ganzen und Bruchteilen –, welche seit Mitternacht verflossen sind‘ schwingt sich das Volk nicht auf. Es weiß wohl, ist aber nicht im Stande von selbst auszudrücken, dass $1\frac{1}{12}$ Stunden nach Mitternacht in die Sprache des täglichen Lebens übersetzt, 1 Uhr 5 Minuten

Morgens heißt. So hilft es sich durch einen möglichst unbestimmten Ausdruck und überlässt es dem Anderen, wie er sich über die Unbestimmtheit hinweghilft. Sicherlich würde es aber unser Nachtwächter dem Rechenmeister sehr verdacht haben, wenn er ihm die Antwort schuldig geblieben wäre oder wenn er ihm gar gesagt hätte: ‚Lieber Freund und Stundenverkünder, was Ihr mir da sagt, ist ein Unsinn, das verstehe ich nicht' – würde es doch Jedermann, dem es der Nachtwächter auseinander setzt, begriffen und für ein sehr schönes Resultat eines selbst zur Nachtzeit denkenden Kopfes gehalten haben. Dagegen kommen auch Exempel vor, welche derjenige, der sich klar ist über das Rechnen, sofort als unsinnig und deshalb jeder Lösung unfähig zurückweist, während die sogenannten ‚geläufigen Rechner' sofort anfangen zu rechnen und auch Resultate bekommen, nur dass Jeder ein anderes und alle zusammen einen Unsinn erhalten. Ich will Euch später einmal erzählen, wie unser Rechenmeister sich für allerhand Schabernack rächte und die ganze Stadt in Aufregung brachte. (Vgl. 20. Abend.)

Nun noch ein anderes Stückchen von dem Rechenmeister, welches Ihr leicht selbst wiederholen könnt. In einer Schenke sitzen einige Leute, welche würfeln. Sie werfen zunächst mit drei Würfeln, zählen die Summe der geworfenen Augen, drehen einen Würfel um und zählen die Augen auf der Unterseite desselben hinzu, werfen dann nochmals mit diesem letzten Würfel und zählen die jetzt gefallenen Augen zur vorigen Summe. Unser Rechenmeister, welcher hinzukam, als der letzte Wurf bereits geschehen war und welcher nur die Art des Spieles kannte, von allem Vorhergehenden aber nichts gesehen hatte, wurde spöttisch gefragt, wie viel der Spieler im Ganzen geworfen habe. Aber ohne in die mindeste Verlegenheit zu kommen, nannte er sofort zum großen Erstaunen der Würfelnden die Summe. Wie war dies möglich?

Es ist ein einfaches Rechenexempel und Ihr müsst nur beachten, dass die Würfel so eingerichtet sind, dass immer die Augen auf zwei entgegengesetzten Seiten zusammen 7 betragen. Was macht nun der

Spieler? Zwei Würfel bleiben liegen, deren Augen stehen also da; vom dritten wird Ober – und Unterseite zusammengezählt, macht 7, mag er gefallen sein wie er will. Dann wird dieser nochmals geworfen und neben die anderen gestellt. Der Rechenmeister braucht nur die Augen der Würfel, welche stehen, zusammenzuzählen, 7 hinzuzufügen, so hat er die gewünschte Summe z.B.

<table>
<tr><td>Die Spieler zählen</td><td></td><td>Der Rechnungsmeister</td></tr>
<tr><td>1. Würfel</td><td>5</td><td>zählt es fehlen 5+3+1 = 9</td></tr>
<tr><td>2. Würfel</td><td>3</td><td>Ober – und Unterseite eines Würfels dazu = 7</td></tr>
<tr><td>3. Würfel, oben

also unten</td><td>$\left.\begin{matrix}2\\5\end{matrix}\right\}=7$</td><td>Zusammen   5+3+1+7 = 16</td></tr>
<tr><td>3. Würfel nochmals</td><td>1</td><td></td></tr>
</table>

Summa   16

Gustav: „Die Sache ist ganz klar. Der Unterschied zwischen der Rechenweise der Spieler und des Rechenmeisters besteht darin, dass die Spieler einzeln Ober – und Unterseite eines Würfels rechnen, während der Rechenmeister diese gleich zusammen als 7 nimmt. Wenn er zu würfeln hätte, so würde er den Würfel gar nicht umkehren, sondern einen beliebigen nehmen, für diesen 7 hinzuzählen und nochmals mit ihm werfen."

Vater: „Ganz recht. Wenn es darauf ankäme, eine möglichst hohe Summe zu werfen, welchen Würfel würde man umkehren?"

Max: „Stets denjenigen, welcher die kleinste Anzahl Augen hat. Denn welchen ich auch wenden mag, er kann mir bei dem Wenden nicht mehr und nicht weniger als 7 Augen liefern, wohl aber habe ich die Aussicht, beim nochmaligem Werfer eine größere Zahl oben zu bekommen.

Vater: „So habt Ihr jetzt schon einige Zahlenkunststückchen kennen gelernt. Ich will Euch nun lehren, eine Zahl zu erraten, welche sich Jemand gedacht hat.

Ihr lasset die gedachte Zahl, es sei zunächst eine gerade, mit 3 multiplizieren, *Nr. 1.* was herauskommt mit 2 dividieren, was dabei entsteht wieder mit 3 multiplizieren, hier herein mit 9 dividieren und Euch sagen, welche Zahl dadurch entstanden ist. Diese Zahl doppelt genommen ist die gedachte.

Der Grund ist leicht einzusehen, wenn Ihr beachtet, dass es für das Resultat gleichgültig ist, in welcher Reihenfolge eine Zahl mit anderen Zahlen multipliziert oder dividiert wird, und dass auf einander folgende Multiplikation und Division mit derselben Zahl sich aufheben. Ob Ihr z.B. 12 erst mit 2 dividiert und dann mit 3 multipliziert, oder erst mit 2 multipliziert und dann mit 2 dividiert ist ohne Einfluss auf das Resultat. Ferner, wenn Ihr 12 mit 3 multipliziert und in die entstandene Zahl wieder mit 3 dividiert; so heben sich die beiden Operationen auf. Der ganze Kunstgriff bei allen diesen Rechnungen ist nun der, entgegengesetzte Operation hinter einander, (aber nicht unmittelbar hinter einander, damit der Gefragte den Kunstgriff nicht merkt) auf die gedachte Zahl anwenden zu lassen, so dass am Ende eine Zahl herauskommt, welche in einem einfachen Verhältnisse zur gedachten Zahl steht, z.B. das Doppelte, die Hälfte etc. derselben beträgt. Dass es möglich ist, aus der zuletzt genannten Zahl wieder rückwärts die gedachte Zahl zu berechnen, seht Ihr ein. Ihr habt ja weiter nichts nötig als mit der genannten Zahl der Reihe nach das Entgegengesetzte zu tun von dem, was Ihr vorher den Freund machen liest z.B. Ihr sagt Jemand: ‚Denke Dir eine Zahl, multipliziere sie mit 2, was kommt heraus?‘ Ist die Antwort 15, so dividiert Ihr jetzt mit 3 in 15 und müsst wieder zur gedachten Zahl zurückkommen.“

Anna: „Diese Kunst wird aber Jeder sofort merken.“

Vater: „Ja, und deshalb macht Ihr dies nicht nur ein einziges Mal, sondern mehrere Mal. Also z.B. Ihr lasst die gedachte Zahl mit 3 multiplizieren, was kommt mit 2 dividieren und was dabei entsteht durch 3 teilen. Das schließliche Resultat dieser drei Rechnungen lasst Ihr Euch sagen, so könnt Ihr verfahren, wie Euch das folgende Beispiel erläutert.

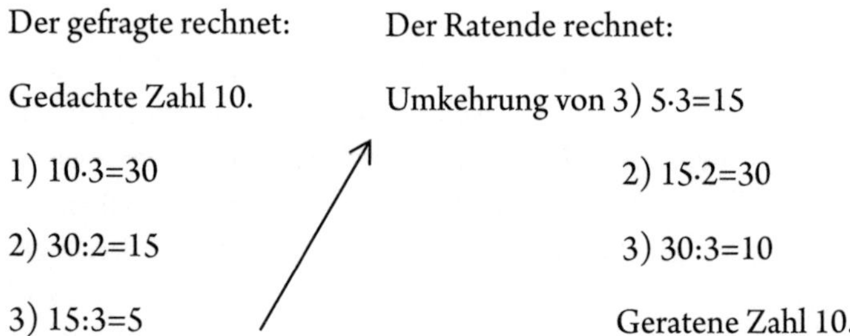

Der gefragte rechnet:	Der Ratende rechnet:
Gedachte Zahl 10.	Umkehrung von 3) $5 \cdot 3 = 15$
1) $10 \cdot 3 = 30$	2) $15 \cdot 2 = 30$
2) $30 : 2 = 15$	3) $30 : 3 = 10$
3) $15 : 3 = 5$	Geratene Zahl 10.

Kommt heraus 5

Ihr seht, der .Ratende multipliziert immer, wo der Gefragte dividiert, er dividiert, wo der andere multipliziert, er würde subtrahieren, wenn der Gefragte –"

Otto: „Addiert und addieren, wenn der Gefragte subtrahiert hätte."

Vater: „So könnt Ihr Euch selbst solche Rechenweisen machen, z.B. – ich stelle beliebig eine Anordnung zusammen, nur muss ich mich vor Divisionen hüten, welche leicht einmal nicht ausgehen könnten – Ihr lasst die gedachte Zahl mit 5 multiplizieren, 7 hinzuzählen, mit 3 multiplizieren, 17 abzählen und Euch den Rest nennen.

Der Gefragte rechnet	Der Ratende rechnet:

Gedachte Zahl 11   Umkehrung von 4) 196+17 = 186

1) 11·5   = 55   „   „   3) 186:3   = 62

2) 55+7   = 62   „   „   4) 62 – 7   = 55

3) 62·3   = 186   „   „   1) 55:5   = 11

4) 186 –   = 169   Geratene Zahl 11
    17

Anna: „Aber das würde doch zu lange dauern, es überrascht nicht mehr und man wird auch bald merken, wo der Hase im Pfeffer liegt."

Vater: „Du möchtest lieber ein Rezept, wonach man ein für alle Mal gehen kann. Du sollst auch dieses haben, aber nur Geduld. Erst die Arbeit, dann der Lohn! Zuvor eine andere Betrachtungsweise! In dem Beispiel, welches ich Euch vorher gab (Nr. 2) habe ich die Zahl einmal mit 3 multiplizieren und dann wieder mit 3 dividieren lassen. Diese Rechnungen heben sich also auf, und es bleibt nur die Division mit 2 übrig. In Wirklichkeit hat also der Gefragte weiter nichts getan, als seine Zahl mit 2 dividiert, alles andere ist Hokuspokus, um die Sache zu verdecken. Also habe ich weiter nichts zu tun, als die von ihm genannte Zahl mit 2 zu multiplizieren, was auch, wie Ihr seht, stimmt und immer stimmen muss.

Otto: „Wenn ich also schlau sein will, so rechne ich mir vorher gar nicht die einzelnen Zahlen aus, sondern ich schreibe der Reihe nach hin, mit welchen Zahlen multipliziert oder dividiert worden ist. Also z.B. hier:

$$(10·3:2):3$$

Vater: „Richtig; schreibe es lieber

$$\frac{10 \cdot 3}{2} : 3$$

Da Du weißt, dass ein Bruch durch eine Zahl dividiert wird, indem man den Nenner desselben mit dieser Zahl multipliziert, so kannst Du hierfür schreiben

$$\frac{10 \cdot 3}{2 \cdot 3}$$

Denn es ist gleichgültig, ob Du erst mit 2 und dann mit 3 dividierst oder gleich mit dem Produkt beider, nämlich mit 6."

Otto: „Nun hebt sich noch 3, also wird das Ganze gleich $\frac{10}{2}$, d.h. was herauskommt, ist die Hälfte der gedachten Zahl."

Vater: „Siehst Du, da hast Du schon das ganze Geheimnis heraus. Damit Du nun auch nicht irre wirst und vielleicht denkst die Drei sei die gedachte Zahl gewesen und mit zehn multipliziert worden, so wollen wir statt der 10 in unsere Formel schreiben ‚gedachte Zahl'. Dadurch haben wir gleichzeitig den Vorteil, zu sehen, dass diese Regel nicht nur für 10, sondern für jede Zahl gilt. Also jetzt haben wir:

$$\frac{(\text{Gedachte Zahl}) \times 3}{2 \times 3} = \text{Genannter Zahl}$$

oder stattdessen

$$\frac{\text{Gedachte Zahl}}{2} = \text{Genannte Zahl}$$

Und nun nur noch einen Schritt weiter! Die gedachte Zahl soll doch erraten werden; eine solche Größe, welche man sucht, pflegt man in der Algebra, d.h. der Buchstabenrechnung mit x zu bezeichnen. Zur Abkürzung und nur deshalb wollen wir also immer dafür einfach x setzen. Also wo Ihr von jetzt ab heut Abend noch ein x seht, heißt dies immer so viel als ‚gedachte Zahl'. Und die genannte Zahl wollen wir auch zur Abkürzung, damit wir nicht zu viel zu schreiben haben, mit n (von nennen) bezeichnen.

Otto: „Das sieht so viel hübscher aus und macht sich recht gelehrt, fast wie Algebra"

$$\frac{x}{2} = n$$

Vater: „Prahlhans! Ja, es macht sich nicht nur wie Algebra, sondern es ist Algebra. Die Buchstaben in derselben stehen nur zur Abkürzung und man nimmt nicht Zahlen, sondern Buchstaben, weil eine Zahl immer nur einen einzigen Wert hat, während der Buchstabe andeuten soll, dass man für denselben alle möglichen Zahlen setzen kann. In der Tat, die Formel, welche wir aufgestellt haben, gilt ja nicht nur für 10 als gedachte Zahl, sondern für jede beliebige Zahl, welche sich Jemand denken kann, d.h. für alle. Aber allerdings sie sagt auch sehr wenig, nämlich nur?

Anna: „Dass wenn Jemand eine Zahl durch 2 teilt und was herauskommt nennt, die genannte Zahl die Hälfte der gedachten ist."

Vater: „Gut! Jetzt wollen wir unser erstes Zahlenkunststück noch vervollständigen, so schreiben wir

$$\frac{x \cdot 3}{2 \cdot 3} = \frac{x}{2} = n$$

so heißt dies auf gut Deutsch: Irgendeine Zahl x (wie man im täglichen wohl auch sagt, x eine Zahl) mit 3 multipliziert und dann mit 2 und 3 in beliebiger Reihenfolge dividiert, ist gleich der gedachten Zahl x dividiert durch 2; und dies $\frac{x}{2}$ ist die genannte Zahl.

Ich gehe jetzt zurück auf das erste Kunststück, Nr. 1; dort wurde eine Zahl, welche zunächst gerade sein soll, mit 3 multipliziert, darein mit 2 dividiert, wieder mit 3 multipliziert und in das Ganze mit 9 dividiert. Die jetzt gewonnene Zahl liest Ihr Euch nennen."

Otto: „Das ist wieder sehr einfach; ich habe zweimal mit 3 multiplizieren und dafür einmal mit 9 dividieren lassen. Diese Rechnungen heben sich also auf und es bleibt nur die Division mit 2 übrig. Also muss die genannte Zahl halb so groß sein als die gedachte."

Gustav: „Oder ich habe

$$\left[\left(\frac{x \cdot 3}{2}\right) \cdot 3\right] : 9 = \text{Genannte Zahl} = n$$

Dies gibt aber

$$\frac{x \cdot 3 \cdot 3}{2} : 9 = \frac{x \cdot 3 \cdot 3}{2 \cdot 9} = \frac{x}{2} = n$$

Vater: „Ich sagte vorher, man müsse mit den Divisionen vorsichtig sein, da es leicht kommen könne, dass dieselben nicht aufgehen. Hier lasse ich aber ganz wohlgemut mit 9 dividieren. Bin ich denn sicher, dass dies immer geht?"

Max: „Da die gedachte Zahl bereits zweimal mit 3, im Ganzen also mit 9 multipliziert ist, so muss in der so erhaltenen Zahl auch immer 9 ohne Rest aufgehen."

Vater: „Ganz recht. Trotzdem werdet Ihr diese Eigenschaft des Kunststückchens, welche Euch von vornherein bekannt war, etwas verdecken. Also Ihr werdet Euch z.B. in folgender Form unterhalten:

A.: „Denke dir eine gerade Zahl."

B.: „Gut." $\qquad x$

A.: „Multipliziere sie mit 3!"

B.: „Ist geschehen." $\qquad 3 \cdot x$

A.: „Teile, was dabei herauskommt mit 2!"

B.: „Weiter." $\qquad \dfrac{3 \cdot x}{2}$

A.: „Multipliziere wieder mit 3!"

B.: „Ist geschehen."

$$\frac{3 \cdot x}{2} 3 = \frac{3 \cdot 3 \cdot x}{2}$$

A.: „Teile hier herein mit 9! Geht es?"

B.: „Wirklich – geht gerade auf."

$$\frac{3 \cdot 3x}{2} : 9 = \frac{3 \cdot 3 \cdot x}{2 \cdot 9}$$

A.: „Das ist prächtig (obschon er wusste, dass es gehen musste) – was kommt heraus?"

B.: „Gerade 5."

$$\frac{x}{2} = \text{Genannte Zahl n}$$

A.: „Du hattest Dir die Rechnung leicht gemacht, Deine Zahl war 10

$$\frac{x}{2} 2 = n \cdot 2 = x$$

Wenn sich B eine ungerade Zahl gedacht hat, so wird er bei 3) sagen, es gehe 2 nicht ohne Rest auf. Dann lässt man zu dem in 2) erhaltenen Resultate 3 addieren und zieht schließlich nach Verdoppelung der in 6) genannten Zahl noch 1 von der erhaltenen Zahl ab."

Gustav: „Wodurch erklärte sich dies?"

Vater: „Schreibe wieder in einer Formel hin, was Du der Reihe nach mit x hast vornehmen lassen, so findest Du:

$$\left[\left(\frac{3x+3}{2}\right) \cdot 3\right] : 9 = \frac{(3x+3) \cdot 3}{2 \cdot 9} = \frac{3(x+1) \cdot 3}{2 \cdot 9} = \frac{x+1}{2} = n$$

Also ist 2n = x+1, oder die genannte Zahl verdoppelt gibt 1 mehr als die gedachte Zahl."

Es lassen sich so die mannigfachsten Arten, eine Zahl zu erraten, bilden, und die Gesellschaft unterhielt sich noch lange mit derartigen Aufgaben. Wir wollen ihr nicht weiter in diese Einzelheiten folgen. Im zweiten Teile dieses Buches findet Ihr mehrere der hübschesten

Methoden und verschiedene Anwendungen derselben zusammengestellt mit Erklärung.

Hier nur noch eine einfache Art, welche Ihr aus der Form der Unterhaltung erlernen werdet.

Vater: „Denke dir eine Zahl.“

Otto: „Ist geschehen.“ x

Vater: „Verdoppele dieselbe.“

Otto: „Gut.“ $2x$

Vater: „Zähle 5 hinzu!“

Otto: „Habe ich.“ $2x+5$

Vater: „Multipliziere mit, zähle 10 hinzu.“

Otto: „Ich bin fertig.“ $(2x+5)5 = 10x+25$
$$10x+25+10 = 10x+35$$

Vater: „Multipliziere alles mit 10! Was kommt heraus?“ $(10x+35)10 = 100x+350$

Als Otto die Zahl nannte, wusste der Vater, wie Ihr aus der nebenstehenden Rechnung erkennt, dass er 350 abzuziehen hatte, so blieb ihm eine Zahl, welche 100 mal größer ist als die gedachte. Wenn also Otto 850 nannte, so war $850 - 350 = 500 = 100$ mal der gedachten Zahl, also 5 die gedachte.

„Aber“, fragte Anna, als der Vater das Kunststück auseinander setzte, „wenn Otto nun 857 statt 850 gefunden hätte, so hättest Du nach Abzug von 350 noch 507 behalten, was hättest Du mit dieser Zahl angefangen.“

Vater: „Eine solche Zahl kann mir Otto niemals nennen. Die Rechnung .ist schon so eingerichtet, dass immer nach Abzug von 350 eine ganze Zahl von Hunderten bleibt. Versuche es nur selbst mit welchen Zahlen Du immer willst."

Gustav: „Wenn sich aber Otto einen Dezimalbruch gedacht hätte, so könnte es doch vorkommen?"

Vater: „Sehr gut, und ich würde denselben finden, wenn ich mit 100 in die zuletzt genannte Zahl dividierte, also wenn 507 blieb, wie Anna eben vorschlug, so hätte sich Otto 5,07 gedacht."

Gustav: „Also kann man so auch Dezimalbrüche erraten."

Vater: „Das kannst Du, und wenn es bequem sein soll, wirst Du denselben   nicht   mehr   als   2   Stellen   geben. Solche Stückchen könnt Ihr auch anwenden, um allerlei anderweitig interessante Zahlen zu erraten, z.B. den Geburtstag von Jemand. Ihr müsst zu dem Ende den Monat durch die Zahl desselben ausdrücken lassen, also z.B. den 12. Juni als den 12ten Tag des 6ten Monats auffassen oder, wie man im täglichen Leben tut, dafür schreiben 12/6. Diese beiden Zahlen könnt Ihr dann in folgender Weise erraten.

Ihr lasst das Datum x des Geburtstages verdoppeln (gibt 2x), 5 addieren (2x +5), mit 5 die Summe multiplizieren, gibt (2x+5)5; dazu die Monatszahl y addieren, gibt $(2x+5)5+y = 10x+25+y$, vom Ganzen 25 subtrahieren, gibt $10x+25+y—25 = 10x+y$, und diese Zahl   Euch   nennen. Damit habt Ihr Alles zur Rechnung und Erklärung. Angenommen, der Geburtstag sei der 17/8., so ist hier $x = 17$, $y = 8$, also wird die genannte Zahl

$$n = 10x+y = 17 \cdot 10+8 = 178.$$

Schneidet Ihr die letzte Zahl ab, so habt Ihr 17/8 oder direkt den gesuchten Tag. Der Kunstgriff beruht darauf, dass man die Monatszahl auf die Stelle der Einer, das Datum im Monat auf die Zehnerstelle bringt.

Gustav: „Wenn aber die Monatszahl größer als 9 ist, so rückt dieselbe doch von selbst schon mit einer Ziffer in die Zehner hinein."

Max: „Dann fragt man einfach vorher, ob der Betreffende in den 9 ersten Monaten des Jahres geboren ist; wenn nicht, so unterlässt man das Stückchen."

Gustav: „Wozu dies? Wenn er in einem der drei letzten Monate geboren ist, z.B. den 17/11, so erhalte ich als Zahl genannt

17·10+11 = 170+11 = 181.

Beim zehnten Monat· wird die erhaltene Zahl auf 0 endigen, dann ziehe ich 10 ab und die Anzahl Zehner gibt mir der Datum; endigt dieselbe auf 1, so zieht man 11, nur wenn sie auf 2 endigt 12 ab. Stets gibt mir die Anzahl Zehner, welche dann noch bleiben, das Datum."

Vater: „Ihr braucht Eure Geheimnisse gar nicht vorher· zu verraten. Lasst nur erst einfach rechnen! Endet die genannte Zahl auf 0, so ist der Gefragte stets im 10ten Monat, im Oktober, geboren. Nur wenn die letzte Ziffer eine 1 oder 2 ist, fragt Ihr weiter; Ihr wüsstet jetzt, sagt Ihr, dass er in den beiden ersten oder den beiden letzten Monaten des Jahres das Licht der Welt erblickt habe; aber es seien noch zwei Möglichkeiten, z.B. wenn er 181 genannt hat, entweder der 18/1 oder der 17/11. Sagt er Euch, in den beiden letzten Monaten, so trennt Ihr die zweite Zahl von hinten, z.B. 8 in 7 und 1, 5 in 4 und 1, also z.B.

$$51 \text{ in } \frac{4}{11}, \ 92 \text{ in } \frac{8}{12}, \ 281 \text{ in } \frac{27}{11}$$

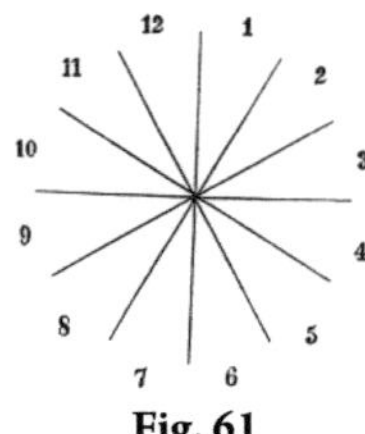

Fig. 61

und setzt die 1 der letzten Ziffer vor, indem Euch diese beiden jetzt die Monatszahl geben.

Gustav. Ich kenne noch eine andere Art Zahlen zu erraten, mit Hilfe von Karten. Man benutzt sie gewöhnlich, um das Alter von Leuten zu erfragen.

Vater: „Dieselben beruhen auf einem sehr einfachen Kunstgriff. Immerhin ist es aber etwas umständlich, wenn auch sehr leicht, sich solche Karten anzufertigen. Ich will Euch aber ein anderes Verfahren zeigen, wie Ihr auf die einfachste Weise eine gedachte Zahl nennen könnt. Denkt Euch eine dieser Zahlen von 1 bis 12; ich werde dann mit einem Bleistift auf eine Reihe dieser Zahlen deuten, indem ich gleichzeitig dieses Hindeuten Euch hörbar mache durch ein Klopfen mit dem Stifte auf den Tisch; bei jedem Schlag, welchen ich tue, zählt Ihr um eins von Eurer gedachten Zahl aus weiter, diese nicht mehr mitgezählt. Sobald Ihr so weiter gezählt habt bis auf 20, ruft Ihr statt zu zählen: ‚Halt!‘ und ich werde dann mit meinem Bleistift gerade auf der von Euch gedachten Zahl sein.“

Man versuchte das Kunststück und war sehr erstaunt über die Sicherheit, mit welcher es gelang.

Der Vater erklärte Ihnen, dass er zunächst in beliebiger Reihenfolge, aber scheinbar nachdenklich auf 3 Zahlen schlage, den 9ten Schlag aber auf die Zahl 12 fallen lasse und nun von 12 aus rückwärtsgehe, der Reihe nach auf 11, 10 etc.

So sei er von selbst auf der gedachten Zahl, wenn der Andere bis 20 gezählt habe.

Otto: „Doch eine merkwürdige Eigenschaft der Zahl 12!“

Vater: „Keineswegs! Das ganze Geheimnis ist hier wieder, ebenso wie bei den Kartenkunststückchen, dass ich den äußerst einfachen wahren Grund durch die Form der Ausführung verdecke. Wenn ich diese wegnehme, so fällt auch der Schleier, der über dem Ganzen hängt.“

Der Vater schrieb die Zahlen von 1 bis 20 in eine Reihe. „Nun denkt Euch irgend eine dieser Zahlen, etwa 7 und es wird Euch aufgegeben von 7, diese nicht mehr mitgezählt, bis 20 fortzuzählen bei jedem Schlage, welchen ich tue, so habt Ihr noch, da zwanzig mitgezählt wird, 13 weiterzuzählen. Ich fange unterdessen an, die Reihe herunter zu gehen von 20 ab. Wenn ich von da 13 herunter gegangen bin, so muss ich gerade auf 7 gekommen sein. Während dessen seid Ihr durch das Weiterzählen auf 20 gekommen und gabt mir durch Euer ‚Halt!' diesen Moment von selber an. Es ist also nur die Eigenschaft benutzt, dass zwischen 7 bis 20 ebenso viel ganze Zahlen liegen als zwischen 20 und 7. Damit ich mich nicht so leicht verrate, schreibe ich die Zahlen von 20 bis 12 nicht hin, sondern denke mir dieselben nur, mache 8 leere Schläge, scheinbar natürlich von Bedeutung, mit dem 9ten bin ich von 20 angefangen auf 12 gekommen und jetzt gehe ich die Reihe herab. Auch hier wieder macht die Anordnung der Zahlen in Gestalt eines Zifferblattes einen geheimnisvollen Eindruck.

Otto: „Dann braucht man gar nicht das Zifferblatt, sondern ich verlange nur, der Andere soll bei jedem Schlage, welchen ich tue, von seiner Zahl aus weiter zählen und wenn ich zu 20 gekommen bin halt! rufen. Ich zähle unterdessen die Anzahl Schläge mit und ziehe diese dann von 20 ab."

Anna: „Oder ich zähle gleich rückwärts von 20 mit, so kann ich mir sogar das Rechnen ersparen."

Vater: „Ja, das ist das ganze Geheimnis und so könnt Ihr es bei jeder beliebigen Zahl machen.

Ich will Euch noch ein anderes Stückchen zeigen, welches im höchsten Maße überraschen wird, weil Ihr auf die gedachte Zahl kommt, indem Ihr dem Gefragten alles selber überlasst.

Fig. 62

Ihr braucht dazu die nebenstehende Treppe. Lasst sich Jemanden eine Zahl denken von 0 bis 10, diese Zahl 3mal nehmen und dann 9 hinzuzählen. Dann befehlt Ihr ihm auf einen Schlag mit dem Bleistift von seiner gedachten Zahl aus bei jedem Bleistiftschlage eins weiter zu zählen bis zu der berechneten und wenn er bei dieser ist halt! rufen. Ihr seid dann mit dem Bleistifte auf der von ihm gedachten Zahl angekommen.

Um dies auszuführen lasst Ihr die ersten 9 Schläge mit dem Bleistifte in beliebiger, scheinbar aber gewählter Reihenfolge auf 9 verschiedene Zahlen fallen, der 10 muss aber auf 0 kommen. Von da aus zählt Ihr weiter den folgenden Schlag auf 1, den zweiten auf die unter 1 gelegene leere Stelle, den 3. auf 2, den 4. auf die unter 2 gelegene leere Stelle usw., so werdet Ihr sicher, sobald der Gefragte halt! ruft, auf der von ihm gedachten Zahl sein.

Wollt Ihr es noch mysteriöser einkleiden, so lasst ihn seine Zahl nicht einfach 3mal nehmen und 9 hinzuzählen, sondern gebt ihm auf: ‚Multipliziere Deine Zahl mit 6, zähle 8 hinzu, multipliziere das Ganze mit 10, teile mit 2, füge 50 hinzu und teile endlich mit 10.' Bis zu der Zahl, welche er so erhalten hat, soll er von seiner gedachten Zahl aus zählen, indem er beim ersten Bleistiftschlage gleich eins weiter zählt. Ihr überseht, dass er durch diese längere Rechnung auch wieder seine mit 3 multiplizierte und um 9 vermehrte Zahl bekommen hat. Wer von Euch sich jetzt an die Buchstaben gewöhnt hat, wird gleich aus der Formel ablesen können, wie der Andere rechnen soll. Es ist

$$\frac{\frac{(6x+8)\,10}{2}+50}{10} = 3x+9$$

Wenn Ihr ihn so habt rechnen lassen (nicht aber, wenn Ihr ihn habt einfach seine Zahl 3mal nehmen und 9 addieren lassen, weil er es sonst leichter merken wird), so sagt ihm, Ihr wollet ihm auch seine berechnete Zahl abzählen. Er solle die Schläge zählen, welche Ihr mit dem Bleistift tut, indem Ihr die Treppe ganz regelrecht hinaufginget. Beim ersten Schlag solle er 8. zählen, beim folgenden drei weitere und so immer mit 3 fort. Wenn er an der berechneten Zahl wäre, so wäret Ihr an dem obersten Ende der Treppe angelangt, wo ‚Alle' steht. Dies sei eine kleine Beigabe, welche die Treppe zum

Schnellrechnen gewähre. Ihr lasst dann den ersten Schlag auf die Zahl fallen, auf welcher die gedachte Zahl steht und geht mit jedem folgenden Schlage einfach eine Stufe höher, nicht wie vorher, wo Ihr immer abwechselnd eine Zahl und eine leere Stelle berührtet. Die Rechnung wird immer stimmen. Indem Ihr selbst mitzählt, könnt Ihr auch gleichzeitig die berechnete Zahl nennen."

Anna: „Das Stückchen ist nett, wir wollen es die magische Treppe taufen."

Otto: „Und wie erklärt sich dasselbe?"

Vater: „Die Lösung zu finden mag Eurem Scharfsinn vorbehalten bleiben. Wenn Ihr richtig verstanden habt, was wir heute Abend besprochen, so müsst Ihr es selbst erklären können.

Und da wir doch einmal dabei sind, uns Aufgaben zu überlegen, so will ich gleich noch einige andere daran anschließen, welche Ihr mir für den nächsten Abend lösen sollt.

In einer Festung (Fig. 63) befanden sich 300 Mann. Der Hauptmann bekam den Auftrag die Truppen so zu verteilen, dass auf jeder Seite möglichst viel Mann zur sofortigen Verteidigung bereit seien. Es gelang ihm dies in einer, wie er glaubte, sehr anerkennenswerten Weise; er brachte nämlich auf jede Seite 100 Mann. Wie erstaunte er aber, als der Oberkommandant ihn zwar nicht tadelte, aber verlangte, es müssten auf jeder Seite 125 Mann stehen! Vielleicht seid Ihr sogar noch glücklicher als selbst der Oberkommandant! Wie hatte der Hauptmann, wie der Kommandant die Soldaten gestellt? (Die Lösung im Anhange).

Scheinbar gar nicht mit dieser hängt eine viel gemütlichere Aufgabe zusammen. Ein Herr hat 32 Flaschen Wein in einen viereckigen Korb—gestellt. Sein Diener hatte aber auch Interesse an gutem Wein und es ging dem Herrn wie jenem Wirt, welcher einem Gaste auf die Bemerkung, es gehe doch nichts über einen guten Wein, die Antwort gab: ‚Entschuldigen Sie, meine Kellner gehen darüber.' Um vor den Schlichen des Dieners sicher und

Fig. 63

doch nicht in die unangenehme Lage versetzt zu sein, bei jedesmaligem Nachsehen sämtliche Weinflaschen zählen zu müssen, hatte sich der Herr eine solche Anordnung der Flaschen ausgedacht, dass in jeder Reihe 9 standen, wie Ihr nebenan seht (Fig. 64). Er braucht dann statt sämtlicher Flaschen nur eine beliebige Reihe zu zählen, und da er voraussichtlich bald einmal diese, bald jene Reihe zählen würde, so konnte der Diener nicht wagen, die 9—Zahl in irgendeiner der Reihen aufzuheben. – Doch der Herr hatte sich sehr getäuscht. Dem schlauen Diener gelang es, unbemerkt die Flaschenzahl auf von 32 auf 30, 28, 24 und selbst 20 zu vermindern; stets standen in jeder Reihe nach wie vor 9 Flaschen. Wie hat er es angefangen? (Lösung im Anhang).

1	7	1
7	(32)	7
1	7	1

Fig. 64

Zum Schlusse noch eins. Ein Weinhändler will in seinem Schaufenster 8 Reihen mit Flaschen ausfüllen, so dass in jede Reihe 8 Flaschen kommen. Es stehen ihm aber nur 8 verschiedene Weinsorten zur Verfügung. Stellt er alle Flaschen derselben Sorte neben einander, so sieht dies sehr ärmlich aus, stellt er sie unter einander, so fällt einem auch wieder sofort die geringe Zahl der Sorten auf. Außerdem möchte er, dass Jeder, er sehe hoch oder niedrig, von links nach rechts oder von oben nach unten alle 8 verschiedenen Sorten sieht. Schließlich kommt er auf den Gedanken, dieselben so anzuordnen, dass in jeder Horizontal – und Vertikalreihe alle 8 Sorten vertreten sind. Wie hat er die Flaschen zu stellen?“

Fünfte Abendunterhaltung

Mathematik lehrt eigentlich dasselbe wie jede andere Wissenschaft, nämlich die Übersicht behalten. – Überall dasselbe: Vom Schaufenster eines Weinhändlers bis zu den orientalischen Zauberformeln ist nur ein Schritt. – Abrakadabra – Die magischen Quadrate.

„Die Aufgaben, die Du uns neulich gabst, sind aber sehr leicht", sagte Anna, als unsere Freunde wieder versammelt waren. „Nur die letzte hat mir Schwierigkeit gemacht und ich weiß nicht, ob ich dieselbe richtig gelöst habe."

Vater: „Ich habe Euch dieselbe nicht ohne guten Grund gegeben. Dieselbe erweckt den Anschein, dass sie nur durch langes und unsicheres Probieren zu lösen sei, und ist ein vortreffliches Beispiel, bei dem Ihr lernen könnt, an eine komplizierte Aufgabe nicht sofort heran zu gehen sondern sich dieselbe erst im Großen und Ganzen zu überlegen. Ihr macht es ja ebenso, wenn Ihr Euch das Bild eines Landes verschaffen wollt. Würdet Ihr Euch gleich in das Einzelne verlieren, so erginge es Euch, als ob Ihr lernen wolltet Euch in einem Walde zu Recht zu finden, indem Ihr Euch jeden Baum der Reihe nach Recht genau anseht. Ihr würdet es nur nach langem Umherirren lernen, wenn Ihr stets im Gewirre der Bäume stehen bleibt, leicht dagegen, wenn es Euch möglich ist, von einem höheren Punkte aus das Ganze zu übersehen, von wo aus die Einzelheiten zurücktreten. Ebenso wenn Ihr Euch mittels einer Karte ein Bild von einem ausgedehnten Lande verschaffen oder wenn Ihr Euch am gestirnten Himmel orientieren wollt, ebenso endlich wenn Ihr an die Lösung einer mathematischen Aufgabe gehen wollt. So verschieden die Gegenstände zu sein scheinen, so gleichartig ist dem eigentlichen Ziele nach die Arbeit. Hier wie dort ist neben dem Erlangen gewisser Kenntnisse die Hauptsache der Weg, auf welchem Ihr Euch dieselben erwerbt. Ihr sollt lernen in ein scheinbar sehr verwickeltes Durcheinander Einfachheit zu bringen; je länger, je mehr muss Euer Geist das Verwickelte zerlegen, aus dem anfangs verwirrenden Bilde muss sich ein einfacheres abheben, wie aus dem Bilde einer Karte sich die Hauptströme und Gebirge abheben zu einem einfachen Bild, welches Ihr Euch zunächst fest einprägen müsst, damit Ihr von ihm ausgehend Euch allmählich weiter in die Einzelheiten verlieren könnt, ohne Gefahr zu laufen, den Ariadnefaden aus der Hand zu verlieren, welcher Euch stets zurecht hilft, wenn Ihr daran seid, über der Menge der Einzelheiten die großen Züge des Ganzen zu vergessen. Dies gilt in allen Gebieten des Wissens und die Aufgaben, welche wir heute besprechen wollen, werden die Fähigkeit sich zurecht zu finden und den Geist stets über dem Einzelnen zu halten wesentlich fördern helfen, falls Ihr dieselben so benutzt, dass Ihr eine Aufgabe nicht für erledigt haltet, wenn Ihr die Lösung einseht oder auch selbst gefunden habt, sondern wenn Ihr von Zeit zu Zeit immer wieder dazu zurückkehrt und nicht eher ruht, als bis ein vollständiges und durchsichtiges Bild der Aufgabe vor Eurem Geiste steht. Erst dann habt Ihr die Aufgabe wirklich durchschaut, wenn sie Euch so einfach erscheint, dass Ihr nicht begreifen könnt, dass sie Euch früher so viel Schwierigkeiten machte. Dazu ist freilich oft viel Zeit und nicht geringe Mühe nötig, doch ist das Ziel der Arbeit lohnend. Es ist für Euch ein Gedankengang im Kleinen, wie ihn der menschliche Geist seit Jahrtausenden geht und vorzugsweise im Gebiete der Mathematik und Naturwissenschaften. Das Endziel ist, soweit zu kommen, dass die ganze unendlich mannigfaltige Welt der Erscheinungen sich klar in ihrem inneren Zusammenhang durchblicken lässt. Im Gebiete der Naturwissenschaft sehen wir, um beim Bilde einer Gegend stehen zu bleiben, unzählige kleine Wege, Baumgruppen, Hecken, Bäche. Wir messen ein Stückchen Gegend nach dem andern ab, zeichnen es in Karten, stellen andere Stücke der Gegend daneben, vergleichen wieder, verbessern noch vorhandene Fehler, zeichnen davon wieder Karten, welche nur das Wichtigste enthalten und erheben uns allmählich dahin, dass wir ein Bild der ganzen Gegend bekommen. Und ohne dass es uns möglich ist, jemals diese ganze Gegend wirklich so zu überblicken, so können wir doch schließlich mit der größten Sicherheit behaupten, dass dieselbe dem Bilde entsprechen muss, welches wir uns von ihr nach sorgfältiger langer Messung entworfen haben. In jeder Gegend wird es aber Strecken oder ganze ausgedehnte Gebiete geben, welche wir nicht ohne weiteres betreten können. Es werden mehrere Flüsse durch einen See unterbrochen und es wird dann häufig schwierig, oft vielleicht unmöglich sein, zu sagen, wie viel vom Wasser des einen Flusses aus dem anderen stammt. Solche Gebiete gibt es auch in der Naturwissenschaft. Es treten Erscheinungen auf, welche dem abfließenden Strome in unserem Bilde gleichen. Wir sehen, dass dieselben mit anderen zusammenhängen, dass mit der Änderung der einen sich auch die andere ändert, wie der Wasserreichtum des abfließenden Flusses mit den Wassermengen, welche die anderen dem See zuführen. Wir können auch gewisse Gesetze aufstellen, wie hier dass ebenso viel Wasser durch einen Strom abfließt, als die anderen hinzuleiten. Den inneren wahren Zusammenhang ins Einzelne durchzuführen und zu sagen: diese Wasserteilchen rühren vom Flusse A, diese vom Flusse B ist oft nicht möglich. So auch im Gebiete der Naturwissenschaft. Hier ist es, wo die Mathematik eingreifen muss. Sie entwirft sich bestimmte einfache Vorstellungen, welche sich in dieser einfachsten Form nicht prüfen lassen, verfolgt dieselben rechnend bis sie zu Resultaten kommt, welche eine solche Gestalt haben, dass sie durch die Erfahrung geprüft werden können. Stimmen alle Folgerungen, welche sich aus den Voraussetzungen ableiten lassen, mit der Wirklichkeit überein, so schließt man, dass die zu Grunde gelegten einfachen Vorstellungen richtig sind und ersetzt die oft sehr komplizierten Erscheinungen, welche sich ohne Weiteres zwar beobachten lassen, in welchen sich aber keine Gesetzmäßigkeit, keine Einfachheit zeigt, durch die einfachere Vorstellung, welche der direkten Beobachtung nicht zugänglich ist. So erhebt man sich auch hier wieder zu einem einfachen, alles umfassenden Gedanken.“

Gustav: „Ich verstehe Dich noch nicht recht. Was würde z.B. die Mathematik in dem gewählten Beispiele mit dem See tun?“

Vater: „Der Mathematiker würde sich vielleicht vorstellen, dass ein Wasserteilchen im See eine Geschwindigkeit bekommt, deren Größe und Richtung bestimmt ist durch ein einfaches Gesetz von der Geschwindigkeit eines benachbarten 2ten, dieses wieder nach demselben Gesetze von einem anderen 3ten und so fort, bis er schließlich in Gedanken von dem Wasserteilchen im See kommt zu Wasserteilchen im einströmenden Flusse. Dies verfolgt er, wenn 2 oder mehr Flüsse einströmen zu jedem Flusse zurück und wird so einen verschiedenen Einfluss der Geschwindigkeit des Wassers in den Flüssen auf irgend ein Wasserteilchen im See erhalten, je nachdem er um mehr oder weniger Wasserteilchen fortgehen muss bis zu dem betreffenden Flusse. So werden alle einzelnen

Wasserteilchen im See Geschwindigkeiten haben, welche nach Größe und Richtung verschieden sind und er kann für ein beliebiges Wasserteilchen die Bahn, welche es beschreibt, berechnen. Dann erweitert er diese Betrachtung mittels besonderer Rechenmethoden in Gedanken auf alle Wasserteilchen und kann nun bestimmen, wieviel Wasser von dem einströmenden Flusse 1, 2, 3 in den abströmenden 1 oder 2 etc. kommt, wie sich dies ändert für die einzelnen abführenden Flüsse, wenn einer der zuführenden Flüsse mit seiner Zufuhr wechselt, wie es zusammenhängt mit dem ganzen Wasserstande des Sees etc.

Gustav: „Dann muss er aber doch, wenn er die Geschwindigkeit irgend eines Wasserteilchens durch die Geschwindigkeit anderer ausdrücken will, schließlich die Geschwindigkeit des Wassers in den zuführenden Flüssen kennen."

Vater: „Das ist der Zweck. Wenn er die Rechnung soweit durchgeführt hat so ist er dem Ziel sehr nahe. Will er sich mit einem mittleren Wert begnügen, so nimmt er an, in dem Flusse ströme alles Wasser gleich schnell und drückt sich die Geschwindigkeit aus der Wassermenge aus, welche der Fluss in einer bestimmten Zeit dem See zuführt. Will er dies nicht, so lässt sich auch hier wieder die verschiedene Geschwindigkeit des Wassers nahe am Boden und am Ufer und in der Mitte berechnen und dies in der Rechnung berücksichtigen Aber Ihr dürft das Bild nicht zu weit verfolgen. Es ist dies nur ein Beispiel, ja man kann nicht einmal behaupten, dass die Mathematik soweit wäre in dem gewählten Beispiele schon alle Aufgaben, welche sich daran knüpfen, lösen zu können. Ihr solltet nur eine ungefähre Vorstellung bekommen, wie man die wechselnden Erscheinungen durch eine einzige Vorstellung verbinden und aus derselben erklären kann.

Nun aber zurück zu unserer Aufgabe!

Am sichersten werdet Ihr dieselbe lösen, wenn Ihr Euch die 8 Weinsorten durch 8 Buchstaben oder Zahlen ersetzt. Denkt Euch eine Reihe Papierstreifen I, II, III etc. und darauf die Zahlen von 1 bis 8 geschrieben; also

auf I 1 2 3 4 5 6 7 8

auf II 1 2 3 4 5 6 7 8

auf III 1 2 3 4 5 6 7 8 etc.

Wären die einzelnen Streifen um einen Zylinder von passendem Durchmesser, z.B. eine runde Pappschachtel herum gelegt und 2 Enden desselben Streifens auf einander geklebt, so dass jeder Streifen einen Ring bildet, so habt Ihr weiter nichts zu tun, als den Streifen II und mit ihm alle unter demselben gelegenen gegen I um eine Ziffer nach rechts (oder links) zu rücken, desgleichen III und die unter ihm folgenden gegen II usw. Dadurch käme die 1 von II unter die 2 von I zu stehen und die 8 von II unter die 1 von I; die 1 von III unter die 3 von II usw.

Schneidet ihr dann im Gedanken die Streifen irgendwo der Länge nach durch, so hättet Ihr, wenn Ihr den Schnitt bei I, 1 vorbei legt und die Papiere wieder aufrollt, folgende Anordnung

1 2 3 4 5 6 7 8

8 1 2 3 4 5 6 7

7 8 1 2 3 4 5 6 etc.

Schreibt Euch nur einfach die Zahlen hin, rückt die 2. Reihe um eine Stelle nach rechts und was am rechten Ende nicht mehr Platz findet, schreibt Ihr an das linke Ende, so wird Euch dies beim Schreiben sofort klar werden.

Ihr seht die erste Forderung ist erfüllt, in jeder Horizontal—
und jeder Vertikalreihe kommen alle 8 Sorten vor. – Ferner, da Ihr
den Zylinder an 8 verschiedenen Stellen durchschneiden könnt,
so sind mindestens 8erlei verschiedene Anordnungen möglich. Da
Ihr ferner auch statt nach rechts die Reihen nach links verschieben
könntet, so wären wieder 8 verschiedene Arten möglich.
Außerdem könntet Ihr wieder je 2 Horizontalreihen oder 2
Vertikalreihen mit einander vertauschen und dies bei jeder
Anordnung wiederholen – welche ungeheure Mannigfaltigkeit!

Adolf: „Noch eins ist auffallend. Bei der Bezeichnung mit
Zahlen stehen in jeder Horizontal— und Vertikalreihe gleiche
Summen.“

Vater: „Dies ist eine unmittelbare Folge der verlangten
Anordnung. Ja, Ihr könntet statt der 1 2 . . . 8 jede beliebige Zahlen
wählen, so würde diese Eigenschaft bleiben. Ersetzt die Zahlen
durch Buchstaben, so hättet Ihr z.B. die Anordnung

a b c d e f g h

h a b c d e f g

g h a b c d e f

und Ihr könntet für die Buchstaben Zahlen einführen, wie Ihr wollt,
gerade und ungerade, ganze und gebrochene, Dezimalbrüche und
andere Brüche etc., immer würde die Summe jeder Horizontal—
oder Vertikalreihe denselben Wert haben.

Noch mehr! Rückt jede Reihe nur um eine Stelle ein und lasst
die am Ende überschließenden Buchstaben weg, so bekommt Ihr:

a b c d e f g h

a b c d e f g

a b c d e f

a b c d e

a b c d

a b c

a b

a

Hier könnt Ihr von jedem a aus, indem Ihr nach rechts oder nach oben geht, auf scheinbar unendlich vielfache Weise die Folge abcdefgh lesen.

Diese Buchstaben lesen sich schlecht; lasst Ihr aber mehr Vokale mit Konsonanten wechseln, so könnt Ihr von jedem a aus nach dem h dasselbe Wort lesen. Solcher Buchstabenanordnung hat man früher eine besondere Zauberkraft zugeschrieben und man trug namentlich im Orient derartige ‚magische Tafeln' als Schutzmittel gegen Fieber. Ähnlicher Aberglaube steckt noch vielfach in unserem."

Lotte: „Die bekannteste orientalische Tafel ist die der Abrakadabra, welches Ihr in obiger Anordnung schreiben könnt:

ABRACADABRA

ABRACADABR

ABRACADAB

ABRACADA

ABRACAD

ABRACA

ABRAC

Aus diesen abergläubischen Spielereien haben sich im Laufe der Zeit, indem man für die Buchstaben Zahlen setzte, ganz interessante Aufgaben gebildet, welche auch noch die Mathematiker des 16. und selbst des 18. Jahrhunderts beschäftigt haben; es gibt eine ganze Reihe mathematischer Untersuchungen, welche derartige Aufgaben behandeln.

Man verlangte nämlich nicht nur, dass die Horizontal – und Vertikalreihen gleiche Summen geben, denn dies wäre leicht zu erreichen, sondern dass auch die beiden Diagonalen dieselbe Summe ergeben. Ein solches ‚magisches Quadrat', gebildet aus den Zahlen 1 bis 9, mit Ausnahme der 5, seht Ihr hier. Die sich stets wiederholende Summe (auch nach der Linie AC und BD – den beiden Diagonalen) ist 40.

Später stellte man sich die Aufgabe schwieriger und verlangte z.B. alle Zahlen von 1 bis 49 in ein 49feldriges Quadrat so einzuordnen, dass in jeder Horizontal –, jeder Vertikal – und jeder Diagonalreihe dieselbe Summe steht.

Die erste Frage ist: Wie groß muss jedes Mal diese Summe sein?"

Max: „Auf dem ganzen Quadrat stehen alle Zahlen von 1 bis 49; diese verteilen sich z.B. auf 7 Vertikalreihen,

A							B
9	8	7	6	4	3	2	1
8	6	4	2	8	6	4	2
7	4	1	8	2	9	6	3
6	2	8	4	6	2	8	4
4	8	2	6	4	8	2	6
3	6	9	2	8	1	4	7
2	4	6	8	2	4	6	8
1	2	3	4	6	7	8	9
D							C

Fig. 66

also kommt in jede Vertikalreihe der 7te Teil der ganzen Summe, welche man erhält, wenn man alle Zahlen von 1 bis 49 zusammenzählt."

Otto: „Hu, eine lange Arbeit!"

Vater: „Wenn man gedankenlos rechnet, ja. Sonst aber sehr einfach. Denkt Euch alle Zahlen von 1 bis 49 der Reihe nach hingeschrieben und fasst die erste und letzte (1+49) zusammen, die zweite und zweitletzte (2+48) etc., so geben dieselben zusammen immer 50. So könnt Ihr dies 24 mal tun und es bleibt dann noch eine Zahl, die mittelste, 25 übrig. Die ganze Summe ist also 50·24+25 = 1225. Diese ganze Summe auf 7 Reihen verteilt, macht für jede Reihe 175.

Wir wollen mit dem einfachsten Beispiele anfangen.

Für die ungeraden Quadrate (wie 9, 25 etc.) hat der französische Mathematiker Bachet, welcher zu Ende des 16. und Anfang des 17. Jahrhunderts lebte, eine sehr hübsche Regel gegeben, welche sich dadurch empfiehlt, dass

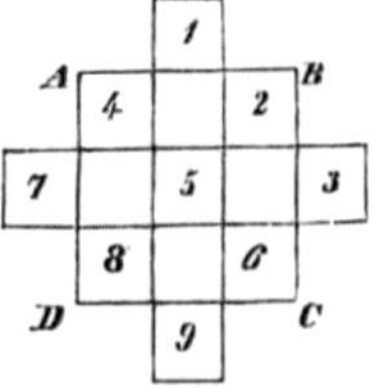

Fig. 67

sie leicht zu behalten ist. Angenommen, es soll das magische Quadrat 9 gemacht werden, so teilt man sich zunächst ein Quadrat ABCD in 9 gleiche Felder und verlängert die Linien über die Teilpunkte so hinaus, dass man auf die ursprünglichen kleinen Felder wieder andere setzt, welche treppenförmig zulaufen, indem jede folgende Reihe 2 Felder weniger hat, so wie Ihr hier (Fig. 67) seht.

Gustav: „Man legt dadurch um das erste Quadrat gleichsam ein zweites, dessen Seiten den Diagonalen des ersten Quadrates parallel sind."

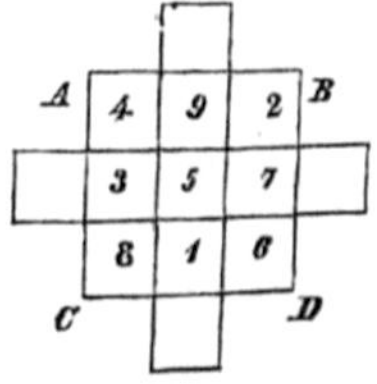

Fig. 68

Vater: „Bedienen wir uns gleich des Ausdrucks Diagonale, so ist das Nächste, dass man alle Zahlen von 1 bis 9 in ihrer natürlichen Reihenfolge in die Felder schreibt, welche in der Richtung der Diagonale des ursprünglichen Quadrates liegen. Die Zahlen, welche bereits im Quadrate ABCD liegen, also 2, 4, 5, 6, 8 bleiben ungeändert. Aber diejenigen, welche sich noch außerhalb derselben befinden, werden verschoben und zwar jede um 3 Felder, entweder nach rechts oder links, oben oder unten, wie es gerade erforderlich ist, damit sie in ein leeres Feld gerät. Dies ist in Fig. 68 ausgeführt. Es kann dabei niemals eine Zweideutigkeit entstehen; 1 wird drei Felder nach unten, 3 drei Felder nach links gerückt etc."

Otto: „Wie aber, wenn man ein Quadrat machen will, das je 4 Felder in einer Reihe hat?"

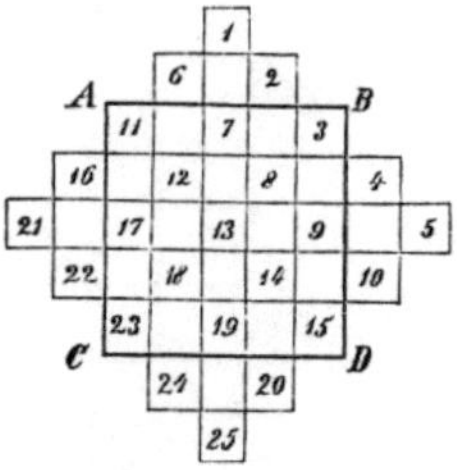

Max: „Du hast ja gehört, dass diese Regel nur für die ungeraden Quadrate gilt, also nur für diejenigen, welche in einer Reihe eine ungerade Zahl von Feldern haben."

Vater: „Und bei anderen ungeraden Quadraten würdest Du ebenso verfahren. Nur musst Du immer so viel Felder der außerhalb des gesuchten Quadrates liegenden Zahlen in ihrer Zeile verrücken als die Seite des Quadrates Felder hat, also bei einer 5 teiligen Seite (25 Felder) um 5, bei einer 7teiligen um 7 usw.

Fig. 69

Wir können zur Übung noch das magische Quadrat mit 25 Feldern konstruieren (Fig. 69 u. 70), wie Ihr hier seht. .

Welches muss die Summe einer jeden Reihe sein?

11	24	7	20	3
4	12	25	8	16
17	5	13	21	9
10	18	1	14	22
23	6	19	2	15

Fig. 70

Otto: „Die 25 ersten Zahlen kann ich in 12 Gruppen zusammenfassen, deren jede die Summe 26 ergibt, nämlich 1 +25, 2+24 etc. und so bleibt noch 13 alleinstehen. Also ist die Summe: $26 \cdot 12 + 13 = 345$.

Dies auf 5 Reihen verteilt

94

macht für jede Reihe 65. Dies muss also die Summe jeder Reihe horizontal, vertikal und diagonal (der Quere nach) sein."

Vater: „So wirst Du mir noch viel leichter die Summe einer Reihe für das 9 – felderquadrat angeben können."

Fritz: „Hier mache ich 4 Zahlengruppen, jede zu 10; 5 in der Mitte der Reihe bleibt stehen, die Summe ist 45; diese auf 3 Reihen verteilt macht für jede 15."

Vater: „Überzeuge Dich an den Quadraten, dass Deine Rechnung stimmt!

Du wirst leicht noch mehr finden.

Suche das mittelste Feld auf, so siehst Du, dass der konstruierte Quadrat nichts anderes ist, als eine bestimmte Anordnung nach der Regel, welche Zahlenreihen zu addieren lehrt; z.B. bei dem magischen Quadrate von 5 steht auf dem mittelsten Felde die mittelste Zahl der Reihe von 1 bis 25, nämlich 13. Zahlen, welche gleichweit von 13 abstehen, betragen zusammen immer 26; z.B. 5 und 21, 18 und 8, 11 und 15 etc."

Gustav: „Weshalb gelingt aber die Lösung der Aufgabe gerade dann, wenn man die Zahlen in der von Dir angegebenen Ordnung schreibt und weshalb muss man zur Ausfüllung der im Quadrate leer gebliebenen Stellen eine Zahl gerade um fünf Felder verrücken?"

Vater: „Ihr sollt in jede Linie die Summe 65 verteilen. 65 kannst Du zusammensetzen aus:

$$1+2+3+4+5 = 15 \text{ und}$$
$$0+5+10+15+20 = 50$$

Wenn es Dir gelingt, solche Zahlen in Vertikal – und Horizontalreihen anzubringen, welche aus diesen 10 Summanden bestehen, so ist die Aufgabe gelöst, und wenn es gelingt, dies ohne Probieren auf einem sicheren Wege zu erreichen, so ist die Aufgabe systematisch gelöst. Dies letztere leistet in der Tat die von Bachet gegebene sehr geistreiche Methode. Um den inneren

Zusammenhang derselben klarer darzulegen, wollen wir die Zahlen von 1 bis 25 schreiben

$$0+1, \quad 0+2, \quad 0+3, \quad 0+4, \quad 0+5;$$

$$5+1, \quad 5+2, \quad 5+3, \quad 5+4, \quad 5+5;$$

$$10+1, \quad 10+2, \quad 10+3, \quad 10+4, \quad 10+5;$$

$$15+1, \quad 15+2, \quad 15+3, \quad 15+4, \quad 15+5;$$

$$20+1, \quad 20+2, \quad 20+2, \quad 20+4, \quad 20+5;$$

nun schreibt man in die schrägen Reihen (Fig. 71) lauter Zahlen, welche einen und nur diesen Summanden gemein haben; so haben dieselben in der ersten Reihe von links nach rechts 0 gemein, in der zweiten 5, in der dritten 10 etc. Die Zahlen der obersten schrägen Reihe von rechts nach links haben 1, die der zweiten 2, der dritten 3 gemein usw. Diejenigen Felder und nur diejenigen Felder, welche derselben schrägen Reihe angehören, haben einen gemeinsamen Summanden. Zwei oder mehrere Felder aber, welche in derselben Horizontal – oder Vertikalreihe liegen, können niemals derselben schrägen Reihe angehören und haben deshalb gar keinen Summanden gemeinsam. Ihr überzeugt Euch davon leicht durch den Augenschein und seht, dass sich 2 solcher Felder immer um 1+5 unterscheiden. Innerhalb derselben Vertikalreihe dürft Ihr also Zahlen verschieben, wie Ihr wollt, stets kommt jeder der einzelnen Summanden nur einmal vor. Füllt Ihr eine der fünffeldrigen Reihen aber so aus, dass sowohl von den ersten als von den zweiten Summanden jeder nur einmal vorkommt, so bekommt Ihr alle ersten Summanden

$$1+2+3+4+5 = 15$$

und alle zweiten Summanden $0+5+10+15+20 = 50$ jeden einmal, also gerade 65 als Summe, wie verlangt wurde, nicht mehr und nicht weniger. Also wohl gemerkt: Nr. 1. In keiner

Horizontal – noch Vertikalreihe darf ein erster oder zweiter Summand mehr als einmal vorkommen! Das ist die Aufgabe und die Kunst!

Soweit ist Alles gut. In einer Vertikalreihe darf ich jetzt die Zahlen beliebig verschieben, es ändert sich dadurch die Summe derselben nicht; in einer Horizontalreihe desgleichen – die Horizontalreihe bleibt richtig, wenn sie es vorher war. Die mittelste Horizontalreihe und die mittelste Vertikalreihe sind damit richtig gebildet, die beiden Diagonalen auch, wie Ihr leicht berechnen könnt.

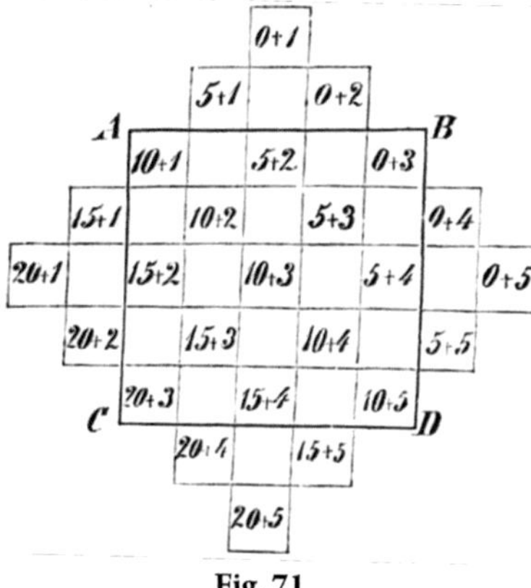

Fig. 71

Jetzt kommt aber das Schlimmere.

Indem ich Zahlen in einer Vertikalreihe verschiebe, bringe ich doch auch in die Horizontalreihe andere Zahlen; kommt dadurch keine Wiederholung vor? z.B. ich will die mittelste Vertikalreihe herstellen, so dass alle Felder innerhalb des Quadrates ausgefüllt sind. Die Zahlen, welche in derselben stehen, wiederholen weder den ersten noch den zweiten Summanden, diese sind gut und müssen es auch sein, denn das liegt in der Schreibweise nach schrägen Linien, wie ich Euch zeigte. Ob ich also das 0+1 unter das 5+2 setze oder unter das 10+3, oder ob ich endlich noch das 5+2 mit dem 15+4 vertausche, kurz und gut, ob ich dieselben stelle, wie ich will, das bleibt sich für die Vertikallinie ganz gleich, die ist ein für alle Mal richtig. Eine andere Frage ist aber die, ob ich mir nicht dadurch in die schöne Ordnung, welche ich bis jetzt habe, die größte Störung bringe, so dass alles aussieht, wie Kraut und Rüben und ich mich nicht mehr zurechtfinde in meinem eigenen Bauwerk. Und das würde in der Tat eintreten. Denn Nr. 1 sagt mir: Bringe mir niemals in dieselbe

Horizontal – oder Vertikalreihe Zahlen, deren erster oder zweiter Summand gleich ist! Und nun kommt Nr. 2 und sagt mir: Wenn Du klug bist, so mache Dir nicht unnötige Schererei und tausche mir keine Zahlen aus zwei verschiedenen Vertikal – oder Horizontalreihen! Denn bis jetzt ist Alles fein säuberlich so zugerichtet, dass in derselben Vertikalreihe nur Zahlen sind, welche Du darin brauchen kannst. Fängst Du aber erst das Borgen und Vermengen an, dann wirst Du bald sehen, wo die Ordnung hinkommt!

Nun gesetzt, ich wollte mein 0+1 gleich unter dem 5+2 anbringen und sehe mich um, ob denn in derselben Horizontalreihe (denn nach der Vertikalreihe, in der ich verschiebe, brauche ich gar nicht zu sehen) schon einmal eine 1 oder 0 vorkommt, so sehe ich, dass beide schon vertreten sind, nämlich links am äußersten Ende steht 1 und rechts am äußersten Ende steht 0; und das ist auch ganz in Ordnung und konnte ich mir vorher sagen, wenn ich mir das Ding angesehen hätte. Denn das 0+1 gehört der Reihe 1 und der Reihe 0 an. Gehe ich aber mit meinem einen Finger, wo das Blättchen 0+1 angeklebt sein soll, drei Felder herunter und ein guter Freund geht am Rande die schönere Treppe herab, so wird er mir, wenn ich nach 3 Feldern schon Halt machen will, sagen: ‚Jetzt sind wir noch auf gleicher Höhe. Das darf aber nicht sein, denn da steht überall links noch 1 und rechts noch 0.‘ Und da diese Treppen 5 Stufen haben, die oberste mitgerechnet, so muss ich wenigstens 6 Felder – oder das oberste nicht mitgerechnet – 5 Felder weiter gehen von der Spitze aus, so bin ich erst an einer Horizontallinie, welche unter den Treppenstufen mit 0 und 1 liegt; Also, mein Freund, 5 Stufen müsst Ihr weiter gehen, denn so viel sind es auch, wenn Ihr links herunter geht und gerade 5 sind es, weil 25 Zahlen in 5 gleiche Reihen zu verteilen sind. Wären 49 in 7 Reihen zu verteilen, so hätte jede Treppenstufe 7 Zahlen und ich müsste 7 Felder weiter gehen.“

Otto: „Aber wenn ich nun 5+1, welches in dem Feld neben dem 0+1 steht (vgl. Fig. 71), versetzen will, so hat doch die Treppe von da an nur noch 4 Stufen nach unten, also gehe ich nur 4 Felder herab."

Vater: „Wenn es nur gälte, unter die 1en zu kommen, so wäre dies gut, abgesehen davon, dass auf dem 4ten Felde unter dem 5+1 schon eine Zahl sitzt, welche wir wegen der aufgestellten Hausordnung nicht von ihrem Platz verdrängen dürfen. Aber sieh einmal an, was auf der anderen Seite, rechts, wieder die Fünfen so regelrecht ihre 5 Stufen ausfüllen, dass da gar nichts gegen hilft, wir müssen noch unter sie und uns festsetzen unter dem 15+3.

Und so geht es, Ihr mögt von oben nach unten oder umgekehrt von links nach rechts oder rechts nach links gehen – überall kommt dasselbe heraus. Denn ein oben und unten, rechts und links gibt es für die Zahlen nicht. Das sind eben komische Käuze."

Gustav: „Da gibt es also nur ein einziges Verfahren, um solch' ein magisches Quadrat zu machen."

Vater: „Nicht doch. Ich habe Euch hier nur eins angeführt, welches wegen der Art und Weise, wie es sich die Aufgabe vorstellt, sehr interessant ist. Die Grundidee ist so hübsch, nämlich die Zerlegung der Summe 65 in 10 Summanden, aus welchen man dieselbe in der verschiedensten Weise erhalten kann; dann ferner, diese Summanden so hübsch anzuordnen, dass in jeder Reihe diese 10 vorkommen.

– Aber es gibt noch vielerlei andere Arten und ich will Euch noch eine anführen, welche Euch zeigt, wie man meistens derartige Aufgaben gelöst hat.

Man setzt bei dieser Methode das gesuchte magische Quadrat aus 2 Quadraten zusammen, welche man sich gleichsam auf einander gelegt denkt. Die beiden Summanden, in welche nach der Bache'schen Methode jede Zahl zerlegt wurde, werden hier auf besondere Quadrate verteilt. Nehme ich das 25feldrige Quadrat, so zerlegt man sich alle Zahlen bis 25 in die zwei Summanden reihen

$$1, 2, 3, 4, 5 \text{ und}$$
$$0, 5, 10, 15, 20$$

und konstruiert sich

1) ein magisches Quadrat mit den Zahlen 1 bis 5. Die Summe jeder Vertikalreihe soll ebenso groß sein als die einer Horizontal – oder Diagonalreihe;

2) ein eben solches Quadrat mit den Zahlen 0, 5, 10, 15, 20;

3) setzt man die beiden Quadrate zu einem einzigen zusammen, indem man die Zahlen in entsprechenden Feldern addiert.

Sind die beiden ersten Bedingungen erfüllt, so versteht es sich von selbst, dass auch das durch Addition zusammengezogene Quadrat ein magisches sein muss.

Das erste Quadrat bildet man, indem man die Zahlen 1, 2, 3, 4, 5 in beliebiger Reihenfolge in eine Horizontalreihe schreibt; man schreibt in derselben Ordnung dieselben Zahlen in die zweite Horizontalreihe, nur beginnt man mit derjenigen, welche auf die mittelste Zahl folgt, also in unserem Falle.(Fig. 72) mit der 3. Es kommt also 3, 1, – hier bricht die Reihe zwar ab, doch denkt man sich (und so bei allen derartigen Beispielen) die Reihe kreisförmig in sich geschlossen und fährt deshalb mit den Zahlen 2,4, 5 fort. Ebenso leitet man aus der zweiten Reihe die dritte ab usw. Die

2	4	5	3	1
3	1	2	4	5
4	5	3	1	2
1	2	4	5	3
5	3	1	2	4

Fig. 72

10	15	5	0	20
5	0	20	10	15
20	10	15	5	0
15	5	0	20	10
0	20	10	15	5

Fig. 73

Bildung des zweiten Quadrates (Fig. 73) aus den Zahlen 0, 5, 10, 15, 20 folgt nahezu demselben Gesetz. Die Reihenfolge der Zahlen in der ersten Reihe ist willkürlich. Die zweite Horizontalreihe wird aber mit dem mittelsten Gliede, also der 5, begonnen – nicht, wie bei dem ersten Quadrat, mit dem auf das mittelste Glied folgenden. Die einzelnen Zahlen folgen wieder in derselben Reihenfolge.

Aus diesen beiden Quadraten folgt dann das gesuchte magische, wie Ihr nebenan seht. (Fig. 74.) Bildet Euch das magische Quadrat mit 25 Feldern, indem Ihr der ersten Horizontalreihe des ersten Quadrates die Folge 5, 3, 1, 4, 2, derjenigen des zweiten die Folge 5, 15, 0, 10, 20 gebt. Es knüpft sich daran eine interessante Bemerkung (vgl. Anhang)."

12	19	10	3	21
8	1	22	14	20
24	15	18	6	12
16	7	4	25	13
5	23	11	17	9

Fig. 74

Gustav: „Demnach kann man magische Quadrate in verschiedener Weise erhalten. Und bei einem Quadrate von 49 Feldern bildet man das erste mit den Zahlen 1, 2, 3, 4, 5, 6, 7, das zweite mit der Reihe 0, 7, 14, 21, 28, 35, 42?"

Vater: „Ganz recht! Ganz allgemein, z.B. bei 13·13 = 139 feldrigen Quadrat das eine aus

$$1, 2, 3, \dots 13, \text{ das andere aus}$$

$$0 \cdot 13, 1 \cdot 13, 2 \cdot 13 \dots 12 \cdot 13.$$

Max: „Gelten diese Regeln auch für Quadrate mit einer geraden Anzahl von Feldern?"

Vater: „Nein, hier muss man anders verfahren. Wir müssen dazu erst einige Benennungen kennen lernen.

In einer Zahlenreihe z.B. 1, 2, ... 14 oder allgemein 1, 2, ... n, wo n jede beliebige Zahl bedeuten kann, nennt man Zahlen, welche

gleich weit von beiden Enden abstehen, komplementäre; also z.B.
1 und 14, 2 und 13 etc. sind komplementär.

Welches würden komplementäre Glieder in der Reihe

$$0, 14, 2 \cdot 14, 3 \cdot 14, \dots 13 \cdot 14$$

sein?

Otto: „0 und 13·14, 14 und 12·14 etc."

Vater: „Ferner 2 Horizontalreihen, welche gleich weit von den
beiden horizontalen Seiten des Quadrates abstehen, nennt man
korrespondierende. Ebenso zwei Vertikalreihen, welche gleich weit von den äußersten Vertikalseiten des Quadrates abstehen. Nennt mir korrespondierende Horizontalreihen in nebenstehendem Quadrat! (Fig. 75.)"

	A	B	C	D	E	F	
I	1	5	4	3	2	6	I
II	6	2	4	3	5	1	II
III	6	5	3	4	2	1	III
IV	1	5	3	4	2	6	IV
V	6	2	3	4	5	1	V
VI	1	2	4	3	5	6	VI
	A	B	C	D	E	F	

Fig. 75

Otto: „Die Reihe I und VI, II und V, III und IV."

Vater: „Nun auch korrespondierende Vertikalreihen."

Anna: „A und F, B und E, C und D."

Vater: „Was wird man endlich in irgend einer Linie unter korrespondierenden Feldern verstehen?"

Gustav: „Wieder die beiden äußersten und diejenigen, welche gleich weit von denselben abstehen."

Vater: „Also z.B. in der Diagonale AF?"

Anna: „1 und 6, 2 und 5, 3 und 4.

Otto: „Das sind ja auch gleichzeitig komplementäre Zahlen; in der Zahlenreihe 1 bis 6 würden dieselben gleichweit von den beiden Enden abstehen."

Vater: „Dies ist eine Übereinstimmung, welche in der Anordnung des Quadrates liegt. Ihr merkt schon, dass die komplementären Zahlen und die korrespondierenden Felder eine wichtige Rolle spielen werden.

Man macht sich auch hier wieder 2 Quadrate; z.B. beim magischen Quadrate für 6 füllt man das erste aus mit den Zahlen

$$1, 2, 3, 4, 5, 6,$$

das zweite mit den Zahlen

$$0, 1 \cdot 6, 2 \cdot 6, 3 \cdot 6, 4 \cdot 6, 5 \cdot 6 \text{ oder}$$

$$0, 6, 12, 18, 24, 30.$$

Um das erste zu machen, füllt man zunächst beide Diagonalen mit der Reihe 1, 2, . . . 6, indem beide Reihen mit derselben Zahl an derselben Seite beginnen.

Dann füllt man eine Vertikalreihe z.B. AA mit der Zahl, welche schon darin Vorkommt und der komplementären Zahl, also die Reihe AA mit 1 und 6 und achtet darauf, dass beide Zahlen gleich oft, also jede dreimal darin ist. Hat man die Reihe AA ausgefüllt, so geht man zu der korrespondierenden Vertikalreihe, also zu –?“

Otto: „FF über.“

Vater: „Und setzt dort immer in dieselbe Horizontallinie die komplementäre Zahl zu derjenigen, welche in der Vertikalreihe AA steht. Also wo dort 1 ist, kommt hier –?“

Anna: „6 und umgekehrt.“

Vater: „Dann verfährt man ebenso mit allen anderen Vertikallinien.

Hat man das erste Quadrat fertig, so geht es an das zweite (Fig. 76), welches ganz ähnlich wie das erste angefangen wird. Das erste wird also sein –?“

Gustav: „Dass man die Diagonalen ausfüllt mit der Reihe 0, 6,12, 18, 24, 30.“

Vater: „Aber einen Unterschied müsst Ihr dabei beachten. Im ersten Quadrat standen immer auf der Diagonale in derselben Vertikallinie gleiche Zahlen, hier kommen die gleichen Zahlen auf dieselbe Horizontallinie zu stehen. Ihr fangt also beide Diagonalen von oben an.

Dieser Unterschied setzt sich noch weiter fort. Während Ihr im ersten Quadrat die Vertikallinien ausfülltet mit den Zahlen, welche bereits in derselben standen, und deren komplementären, füllt Ihr jetzt die Horizontallinien des zweiten Quadrates ebenso aus. Und noch eine Regel müsst Ihr merken.

Ehe Ihr anfangt die Horizontallinien auszufüllen, sehr Ihr zu, ob im ersten Quadrate zwei korrespondierende Horizontalen in derselben Vertikalen komplementäre Glieder haben. Ihr fangt also damit an, I mit IV zu vergleichen und seht, dass in der Tat I, B und VI, B komplementär sind, wo ich mit I, B das Feld bezeichne, in welchem sich die Reihen I, I und B, B schneiden; ebenso mit VI, B das Feld, wo –?“

Otto: „Die Reihen VI, VI und B, B sich schneiden.“

Vater: „Es stehen auf I, B und VI, B die komplementären Zahlen 5 und 2. Dann müsst Ihr an diejenigen Stellen, welche in der ersten Horizontallinie mit 5 und 2 versehen sind, im zweiten Quadrat dieselbe Zahl setzen. An die mit * versehenen Felder setzt Ihr also 30. Da I und VI außerdem immer komplementäre Zahlen in derselben Vertikalen enthalten, so kommen auf VI, B und VI, E in Folge dessen 0 und 0 zu stehen.

Auch die Reihe II und V des ersten Quadrates enthalten die

	A	B	C	D	E	F	
I	0	30*	30	0	30*	0	I
II	24	6	24	24	6	6	II
III	18	18	12	12	12	18	III
IV	12	12	18	18	18	12	IV
V	6	24	6	6	24	24	V
VI	30	0	0	30	0	30	VI
	A	B	C	D	E	F	

Fig. 76

104

komplementären Felder II, C und V, C; es steht auf ihnen 4 und 3. Diese Zahlen kommen in der Reihe II vor als die 3te und 4te, sie bekommen also beide die gleichen Zahlen 24 (6 darf nicht gesetzt werden, weil es sonst 4mal in derselben Reihe vorkäme, was gegen die Regel ist, wonach die komplementären Zahlen in jeder Reihe, welche ausgefüllt wird, gleich vielmal sein sollen). Die zugehörigen 3ten und 4ten Felder in V bekommen die komplementären zu 24, also 6.

Endlich haben III und IV im ersten Quadrat gleich in der Reihe A zwei komplementäre Zahlen 6 und 1. Diese kommen in der Reihe III vor als 1tes und 6tes, beide Felder werden also ausgefüllt mit 18. Die korrespondierenden in IV bekommen jedes die Zahl 12.

Nun ist nur noch übrig, die Horizontalreihen eine nach der anderen auszufüllen. Man fängt mit der obersten an, achtet darauf, dass jede der beiden Zahlen gleich oft, hier also 3 mal vorkommen muss, füllt immer das entsprechende Feld der korrespondierenden Horizontalreihe mit der komplementären Zahl (welche sich mit der ersten zu 30 ergänzt) aus und erhält so das 2te Quadrat in der Form Fig. 76.

1	35	34	3	32	6
30	8	28	27	11	7
24	23	15	16	14	19
13	17	21	22	20	18
12	26	9	10	29	25
31	2	4	33	5	36

Fig. 77

Endlich beide Quadrate addiert Stelle für Stelle gibt das gesuchte Fig. 77.“

Gustav: „Lassen sich nach dieser Regel alle geraden Quadrate bilden?“

Vater: „Ja. Dass die Regel das Verlangte leistet, davon kann man sich immer leicht nachträglich überzeugen. Aber einen allgemeinen Beweis führen ist sehr umständlich.

Das Ganze beruht auf Zahlengesetzen, auf der sogenannten Zahlentheorie.

Diese ist ein besonderer Zweig der Mathematik, welcher sich damit beschäftigt, die Eigenschaften der Zahlen, den gegenseitigen Zusammenhang, in welchem dieselben stehen, zu finden, z.B. die Teilbarkeit derselben durch andere Zahlen untersucht und dgl. mehr. Davon einige Beispiele den nächsten Abend.“

Sechste Abendunterhaltung

Einiges von den Zahlen. – Falsche und wahre Zahlenwunder. – Die Gesellschaft macht ein neues Zahlensystem, obschon es Otto nicht für nötig hält. Als er sieht, dass es auch einen praktischen Nutzen haben kann gibt er nach, und wie es fertig ist, begreift er nicht. dass man so dumm ist, es nicht öfter zu benutzen. Wie man stets,gerad oder ungerade gewinnt – schon eher etwas für Otto. – Wer von 40 Nüssen die letzte wegnimmt hat alle gewonnen. Wie man dies anzufangen hat – nochmals etwas für Otto.

Vater: „Für heute hatte ich Euch Einiges ans der Zahlentheorie versprochen, also die Unterhaltung über einige merkwürdige Eigenschaften von Zahlen oder ganzen Gruppen von Zahlen. So fremd Euch auch der Name ‚Zahlentheorie‘ klingen mag, so ist Euch doch die Sache nicht so ferne gelegen, im Gegenteil sind Euch gewisse einfache Sätze aus derselben bekannt. Ihr wisst z.B., dass eine Zahl ohne Rest durch 2 teilbar ist, wenn die letzte Ziffer diese Eigenschaft hat."

Otto: „Ja, und durch 4ist sie teilbar, wenn die 2 letzten Zahlen, durch 8, wenn die 3 letzten Zahlen durch 8 teilbar sind."

Vater: „Ihr kennt auch das Merkmal für die Teilbarkeit durch 3 und 9."

Anna: „Ja wohl. Die Zahlen sind teilbar durch 3 oder 9, wenn es die Quersumme ist."

Vater: „Was versteht man unter Quersumme?"

Otto: „Die Summe, welche man erhält durch Addition aller Ziffern der Zahl."

Vater: „Kann es vorkommen, dass diese Regeln einmal nicht zutreffen; dass also vielleicht die beiden letzten Ziffern einmal durch 4 teilbar sind, während die ganze Zahl diese Teilung nicht ohne Rest zulässt?"

Gustav: „Nein! Denn diese Regeln lassen sich ganz genau beweisen, dieselben müssen immer gelten."

Vater: „Gut! Ich nehme an, dass Euch die Beweise geläufig sind und rede deshalb hier nicht weiter davon. Ihr könnt von den Regeln auch oft im Leben einen zweckmäßigen Gebrauch machen. Z.B. ich habe eine wissenschaftliche Zeitschrift, von welcher jedes Jahr 3 Bände erscheinen; jeder Band ist für sich gebunden und trägt am Rücken seine Nummer. Dem letzten Bande eines Jahrganges ist immer ein Inhaltsverzeichnis des ganzen Jahrganges angehängt. Ich will irgendetwas nachsehen, von dem ich mich nur entsinne, dass es im 140. bis 150. oder im 117. bis 129. Bande erschienen ist. Sehe ich dann alle Bände nach?"

Otto: „Nein, nur die Bände mit Inhaltsverzeichnis."

Vater: „Oder, wie man auch sagt, die Registerbände. Woran erkenne ich aber die Bände vom 140. bis 150ten, welche Register enthalten?"

Otto: „Ich ziehe einen heraus und sehe nach, ob er ein Registerband ist; wenn nicht, den folgenden, und wenn dieser es nicht ist, den dritten. Von da an zähle ich immer drei Bände weiter."

Vater: „Und wenn ich einmal die Nummer vergessen habe, vielleicht weil mich Jemand wegrief, oder wenn ich zu der anderen Abteilung vom 117. bis 129. Bande übergehe, so fange ich auch dort dies lange suchen wieder von neuem an?"

Max: „Es ist viel einfacher; alle Bände, deren Nummer durch 3 teilbar ist, sind Registerbände. Also zähle ich nur, was ja sehr rasch geht, die Quersumme der Nummern, ist dieselbe 3, 6, 9, 12 etc., so gehört dieselbe einem Registerbande zu."

Vater: „Ganz ähnlich würde man es bei Zeitschriften machen, welche jährlich I in 4 Bänden, z.B. vier Quartalabteilungen erscheinen.

Ihr könnt auf diese Teilbarkeitsregeln sofort einige kleine Kunststücke gründen; z.B. Ihr verpflichtet Euch, von einer 6zifferigen Zahl, welche durch 9 teilbar ist, und von welcher eine Zahl gestrichen ist, diese Zahl zu erraten. Es wäre Euch etwa gegeben

7536.4

und zu erraten, welche Zahl an Stelle des Punktes gestanden hat. Bildet Ihr die Quersumme der vorhandenen Zahlen, so findet Ihr 25, die nächste durch 9 teilbare Zahl ist 27, also hat an Stelle des Punktes eine 2 gestanden. Die Zahl war 753624. Es knüpfen sich noch allerlei andere merkwürdige und auf den ersten Blick überraschende Zahlenresultate an solche einfache Kunstgriffe. Z.B. die Zahl 37 hat die Eigenschaft, mit den Gliedern der arithmetischen Progression;

$$3 \; 6 \; 9 \; 12 \; 15 \; 18 \; 21 \; 24 \; 27$$

multipliziert, Produkte zu geben, welche aus drei gleichen Ziffern bestehen. Die Quersumme dieser Produkte ist gleich der Zahl, mit welcher 37 multipliziert wurde, nämlich

37	37	37	37	37	37	37	37	37
3	6	9	12	15	18	21	24	27
111	222	333	444	555	666	777	888	999
Quersumme 3	6	9	12	15	18	21	24	27

Otto: „Eine merkwürdige Zahl und eine sonderbare Zahlenreihe!"

Vater: „Die Sache ist höchst einfach und es ist weiter gar Nichts, als um eine sehr kleinliche Sache viel Lärm gemacht. Wenn ich Euch sagen wollte: ‚Seht einmal, wie kurios! Wenn ich 37 mit 3 multipliziere, so bekomme ich eine Zahl, welche aus drei 1 besteht, nämlich 111,' so würdet Ihr wahrscheinlich dabei gar nichts Ausfallendes finden. Und auf diesem einfachen, wenn man will, zufälligen Umstande beruht Alles."

Gustav: „Jetzt merke ich es. Wenn 37 mit 3 multipliziert 111 gibt, so muss es natürlich mit 6 multipliziert, dasselbe geben, als wenn ich 111 mit 2 multipliziere. Denn 37.6 ist gleich 37.3.2. So bekomme ich nun 222; multipliziert man mit 3, so erhält man einfach 333 usw."

Vater: „Ja gewiss, das ist das ganze Geheimnis. Da auch zufällig 111 zur Quersumme 3 hat, also die Zahl, mit welcher 37 multipliziert ist, so muss $37 \cdot 6 = 111 \cdot 2$ zur Quersumme 6 geben usw."

Otto. Natürlich; denn 111 mit 2 multiplizieren heißt ja weiter nichts als zu 111 nochmals 111 zählen; also nimmt die Quersumme wieder um 3 zu. Gehe ich zu $111 \cdot 3$ über, so habe ich zu $222 = 2 \cdot 111$ wieder 111 addiert, dies gibt jetzt 9 zur Quersumme usw.

Vater: „Seht Ihr, jetzt fällt der Schleier. Ja, Ihr braucht nur noch etwas weiter zu gehen in den Multiplikationen, so hört die schöne

Regel teilweise wenigstens auf. Bildet Ihr nämlich 37·30, so ist dies gleich 37·3·10 = 111·10 = 1110. Hier ist die Quersumme wieder 3 und nicht mehr die Zahl, mit der 37 multipliziert wurde, also nicht 30."

Gustav: „Dafür muss aber von jetzt an die Quersumme wieder die Werte 3, 6, 9, 12 etc. durchlaufen. Denn 37·30 hat zur Quersumme 3. Nun ist

$$37·33 = 37(30+3) = 37·30+37·3 = 1110+111.$$

Jede Multiplikation mit einer um 3 größeren Zahl heißt so viel als zu der schon vorhandenen nochmals 111 hinzuzufügen. Dadurch steigt in jedem folgenden Gliede die Quersumme wieder um 3.

Also	Quersumme
37·30 = 1110	3
37·33 = 1110+111 = 1221	6
37·36 = 1221+111 = 1332	9
37·39 = 1332+111 = 1443	12 usw.

Vater: „So könnt Ihr Euch selbst derartige Beispiele bilden; z.B. die Zahl 3367 hat die Eigenschaft, mit der Zahlenreihe 33, 66, 99, 132, 165, 198 usw. multipliziert, Zahlen zu liefern, in deren jeder sich dasselbe Zahlzeichen sechsmal wiederholt.

$$3367·33 = 111111$$
$$3367·66 = 222222$$
$$3367·99 = 333333$$
$$3367·132 = 444444$$
$$3367·165 = 555555$$
$$3367·198 = 666666$$
$$3367·231 = 777777$$

$$3367 \cdot 264 = 888888$$
$$3367 \cdot 297 = 999999$$

Max: „Der Grund dieser ganzen Reihe liegt wieder einfach in dem ersten Gliede derselben, darin nämlich, dass das erste Produkt 111111 ist. Indem ich dann mit 66 statt mit 33 die Zahl 3367 multipliziere, mache ich nichts anderes, als wenn ich 111111 mit 2 multiplizierte usw."

Vater: „Schreibt Euch 37 zweimal neben einander und trennt die Zahlen durch eine Null, nehmt also 370375 multipliziert es mit 3, so gibt dies auch 111111 zum Produkt. Also muss auch wieder 37037 mit der Reihe 3, 6, 9, 12, 15 etc. multipliziert ein solches Gesetz zeigen. In der Tat .

	Halbe Quersumme
$37037 \cdot 3 = 111111$	3
$37037 \cdot 6 = 222222$	6
$37037 \cdot 9 = 333333$	9
$37037 \cdot 12 = 444444$	12
$37037 \cdot 15 = 555555$	15
$37037 \cdot 18 = 666666$	18
$37037 \cdot 21 = 777777$	21
$37037 \cdot 24 = 888888$	24
$37037 \cdot 27 = 999999$	27

Doch damit genug! Die Beispiele ließen sich sehr häufen. Den Grund derselben seht Ihr ein, und das genügt für uns.

Ihr sollt aber auch lernen, wie man Zahlengesetzmäßigkeiten nicht suchen darf.

Ihr findet bisweilen solche scheinbare ‚Zahlenkunststücke‘ oder ‚Zahlenwunder‘ angegeben, welche sehr bald aufhören eine bestimmte Regel zu zeigen, sondern nur noch mit Zwang dieselbe erkennen lassen. Ich führe Euch eines an, welches ich gelesen habe.

‚Besonders merkwürdige Eigenschaft der Zahl 8, wenn sie als Multiplikator gebraucht wird.‘ Wenn man die Zahlen von 1 bis 8 nacheinander mit 8 vermehrt und die Ziffern, welche daraus entspringen, zusammenzählt, so wird die Summe in einer umgekehrten Ordnung ebendieselben Zahlen hervorbringen, wie sie nach der ersten Reihe mit 8 multipliziert wurde, also immer kleiner

1	mal	8	gibt	8	Summe	der	Ziffern	des	Produkts	8
2	„	8	„	16	„	„	„	„	„	7
3	„	8	„	24	„	„	„	„	„	6
4	„	8	„	32	„	„	„	„	„	5
5	„	8	„	40	„	„	„	„	„	4
6	„	8	„	48,	8+4 = 12; 1+2 = 3				„	3
7	„	8	„	56,	5+6 = 11; 1+1 = 2				„	2
8	„	8	„	64,	6+4 = 10				„	1

Aber dieses ‚Zahlenwunder‘ geht ungezwungen nur bis 5·8. Bis dorthin hat dasselbe auch einen einfachen Grund. Fängt man nämlich mit 8 an, multipliziert dies mit 2, d.h. mit anderen Worten zählt man 8 hinzu, so kann man 8 auffassen als 10—2, d.h. 1 Z – 2 E (1 Zehner – 2 Einer). Zählt man aber zu 8

oder   0Z+8E

hinzu   1Z –E
____

Summa   1Z+(8-2)E

so fällt die Zahl der Einer um 2, die Zahl der Zehner steigt aber um 1; die ganze Quersumme fällt also um 1. Von 8 ist die Quersumme 8, also von 8+8 um 1 geringer oder 7. So steigt auch bei der folgenden Addition von 8 die Zahl der Zehner, d.h. die Ziffer der ersten Stelle wieder um 1, die der Einer dagegen oder die letzte Ziffer nimmt um 2 ab und so geht es fort, bis die Zahl der Einer auf Null gekommen ist, das tritt aber ein nach 5maliger Addition von 8 zu 8, d.h. bei der Zahl 40. Damit ist die Regelmäßigkeit zu Ende; denn sobald ich wieder 8 addiere, steigt weder die Zahl der Zehner um 1, noch fällt die der Einer um 2, d.h. die Umstände, welche den Grund zu der wahren Regelmäßigkeit abgaben, sind nicht mehr vorhanden, und damit hört dieselbe auf. Aus dem 8+4 = 12 und aus 12 wieder als 1+2 die Zahl 3 zu finden, welche in die Reihe passt, ist einfach eine sinnlose Spielerei, ein Selbstbetrug. Weit davon entfernt, dass solche Spielereien uns etwas aufdecken könnten und auf einen Zusammenhang zwischen den verschiedenen Eigenschaften der Zahlen, z.B. der Quersumme eines Produktes und einem oder mehreren Faktoren desselben bringen könnten, werden dieselben höchstens auf oberflächliche Zufälligkeiten führen, auf scheinbare Gesetzmäßigkeiten, welche sich niemals durchgängig bestätigen, und wenn zu irgendetwas, so können uns solche ‚interessante Zahlenwunder' dahin führen, dass wir ganz und gar irre werden an einem wahren Inneren Zusammenhange zwischen den Eigenschaften von Zahlen und dass wir in dem Gebiete, wo wirkliche, in der Natur der Zahlen begründete und deshalb durchgängige, stets geltende Gesetze sich finden, ein wildes Chaos ohne alle Regelmäßigkeit erblicken. – Bei der Naturbetrachtung sind wir darauf angewiesen, die wahren Gesetze selbst durch Probieren, allerdings gepaart mit Überlegung, zu finden und hier wird es uns oft so gehen, ist es in der Tat so gegangen und geht es noch heute so, dass man eine solche scheinbare Regel für ein Gesetz hält. Die Natur tritt uns eben als etwas Fremdes gegenüber. Die Zahlen dagegen haben wir uns selbst geschaffen, hier wissen wir, was jede Zahl bedeutet und hier müssen wir uns von der Natur der Zahl aus zu Recht finden. Es ist, als wenn wir selbst ein Haus gebaut hätten; da kennen wir den Zweck eines jeden Steines, jeder Treppe, jeden Zimmers. Da müssen wir, selbst wenn der Bau noch so groß ist, uns von selbst aus einem Teil des Gebäudes zum anderen finden können und überall wissen, wie die Teile zusammenhängen. Die Natur aber tritt uns entgegen, wie dem Altertumsforscher die Ruine eines ihm unbekannten Gebäudes. Hier muss er Stücke im Gedanken ersetzen, Teile verbinden, den Zweck von Manchem erraten – dabei wird er sich leicht einmal irren und einen Zusammenhang, eine Verbindung vermuten, wo in der Tat der Erbauer keine gemacht hatte. Sind wir aber gewiss, dass auch hier ein großer, einheitlicher Plan existierte, so muss fortgesetztes Forschen denselben auch finden lassen – nur der Weg der Forschung ist ein anderer. Die Mathematik folgert aus dem Plan des Ganzen den Zusammenhang des Einzelnen, die Naturforschung schließt aus dem Einzelnen, dem ohne oder in losem Zusammenhang Erblickten auf den Plan des Ganzen. Deshalb wird die Mathematik auf ihrer höchsten Stufe möglichst allgemein gültige Sätze und Beweise anstreben. Dazu sind wir hier nicht im Stande. Aber ich will Euch einige solcher Beispiele aus der Zahlenlehre geben, welche sich ganz allgemein beweisen lassen, wobei wir uns aber auf den Beweis an einzelnen Fällen beschränken müssen."

Der Vater schrieb ihnen hin $\frac{1 \cdot 2 + 1}{3}$ und forderte sie auf dies auszurechnen. Die einfache Antwort ist natürlich, dass der Bruch gleich 1 ist, also die Zähler durch den Nenner ohne Rest teilbar ist. Dasselbe ist der Fall mit dem Bruch

$$\frac{1 \cdot 2 \cdot 3 \cdot 4 + 1}{5} = \frac{25}{5}$$

„Schreibt Euch", sagte er, „das Produkt aller natürlichen Zahlen von 1 bis zu derjenigen, welche um 1 kleiner ist als irgend eine Primzahl (d.h. einer ganzen Zahl, welche durch keine kleinere ganze

Zahl ohne Rest teilbar ist) hin, addiert 1 hinzu, so ist die entstehende Summe immer durch diese Zahl teilbar. Die kleinsten Primzahlen sind 3, 5, 7, 11, 13, 17, 19, 23 usw.

Wollt Ihr diese Regel z.B. für 7 probieren, so schreibt Ihr

$$\frac{1 \cdot 2 \cdot 3 \cdot 4 \cdot 5 \cdot 6 + 1}{7}$$

Die Division muss ohne Rest aufgehen. Statt des langen Produktes $1 \cdot 2 \cdot 3 \cdot 4 \cdot 5 \cdot 6$ schreibt man zur Abkürzung 6! und liest es ,6 – Fakultät' so müsste $\frac{6!+1}{7}$ eine ganze Zahl sein.

Was würde 5! ausgeschrieben sein?"

Anna: „$1 \cdot 2 \cdot 3 \cdot 4 \cdot 5$."

Vater: „Und was würde 47! heißen?"

Anna: „Das alle ganze Zahlen von 1 bis 47 mit einander multipliziert sein sollen."

Vater: „So überzeugt Euch noch, ob wirklich die Divisionen

$$\frac{10!+1}{11} \, , \, \frac{12!+1}{13} \, , \, \frac{16!+1}{17} \, , \, \frac{18!+1}{19} \, , \, \frac{22+1}{23}$$

ohne Rest aufgehen. –

Nun einen anderen bemerkenswerten Satz! Ihr wisst, dass man eine Zahl, mit sich selbst multipliziert, das Quadrat derselben nennt."

Otto: „Ja wohl, also z.B. statt $7 \cdot 7$ schreibt man zur Abkürzung 7^2 und liest dies ,Quadrat von 7' oder ,7 hoch 2'.

Vater: „Es lassen sich nun leicht Gruppen von je drei Zahlen finden, welche so beschaffen sind, dass das Quadrat der ersten plus dem Quadrat der zweiten gleich ist dem Quadrat der dritten. Beispielsweise:

$3^2 + 4^2 = 5^2$, nämlich $9 + 16 = 25$

Die Gruppe der drei Zahlen wäre also?"

Otto: „9, 16 und 25."

Vater: „Nein; dies sind die Quadrate von den Zahlen, welche die Gruppe bilden und Ihr dürft mir diese Quadrate nicht mit den Zahlen verwechseln."

Otto: „Ich habe mich versehen, die Zahlen sind 3, 4 und 5."

Vater: „Gut! Bilde nun das Produkt der 3 Zahlen, so ist derselbe 60, also das Produkt derselben teilbar durch 60 ohne Rest. Dieser Satz hat eine ganz allgemeine Geltung."

Gustav: „30, 40 und 50 wären auch solch eine Gruppe; nämlich
$30^2+40^2 = 50^2$; $900+1600 = 2500$

und wirklich ist $\frac{30 \cdot 40 \cdot 50}{60} = 1000$, also ohne Rest teilbar."

Max: „Das wäre weiter nichts Wunderbares, nicht einmal etwas Neues; denn Du hast nur die Zahlen 3, 4 und 5 jede mit 10 multipliziert. Dadurch wird die Summe der Quadrate auf das 100fache und das Produkt der 3 Zahlen einfach auf das 1000fache erhöht."

Gustav: „Halt! ich habe noch andere Zahlen. 9, 12 und 15.

$$92+122 = 152 \qquad \frac{9 \cdot 12 \cdot 15}{60} = 27."$$
$$81+144 = 225$$

Max: „Wieder nichts Neues! Du hast alle Zahlen der ersten Gruppe 3, 4, 5 mit 3 multipliziert. So bekommst Du $(3 \cdot 3)^2 (3 \cdot 4)^2 = (3 \cdot 5)^2$ und dies geht einfach aus $5^2+4^2 = 5^2$ hervor, wenn man durchgängig mit 32 multipliziert. Das Produkt wird natürlich

$$\frac{(3 \cdot 3)(3 \cdot 4)(3 \cdot 5)}{60} = 3^3 \cdot \frac{3 \cdot 4 \cdot 5}{60} = 27 \text{ "}$$

Vater: „Karl hat Recht. Es könnte scheinen, als ob mein ganzer Satz nur eine einfache Spielerei mit der bei der Gruppe 3, 4, 5 gefundenen, vielleicht zufälligen Übereinstimmung wäre.

Nun, ich will Euch helfen, indem ich Euch Beispiele sage, welche sich nicht aus der Gruppe 3, 4, 5 durchs Multiplikation bilden lassen.

$$\begin{cases} 12^2 + 5^2 = 13^2 \\ 144 + 25 = 169 \end{cases} \qquad \dfrac{12 \cdot 5 \cdot 13}{60}$$

$$\begin{cases} 80^2 + 5^2 = 82^2 \\ 6400 + 324 = 6724 \end{cases} \qquad \dfrac{80 \cdot 18 \cdot 82}{60} = ?$$

Versuchet noch die folgenden Gruppen:

$$(40, 9, 41); \ (60, 11, 61); \ (70, 24, 74); \ (84, 13, 85).$$

Noch ein anderes Gesetz! Wenn man 7 2mal mit sich multipliziert, so nennt man diese Zahl das Quadrat von 7 und schreibt es 7^2. Statt $7 \cdot 7 \cdot 7$ schreibt man 7^3, für $7 \cdot 7 \cdot 7 \cdot 7$ schreibt man 7^4. Man deutet also immer durch die neben die 7 etwas erhöht gesetzte Zahl an, wie oft mal die betreffende Zahl mit sich selbst multipliziert werden soll. Diese kleiner geschriebene, außerhalb der Linie gesetzte (exponere) Zahl, nennt man den Exponenten. Merkt Euch dieses Wort, so werdet Ihr den folgenden Satz verstehen können.

Nimm irgend eine ganze Zahl, welche nicht teilbar ist durch irgend eine beliebig gewählte Primzahl (ohne dass deshalb die erste selbst eine Primzahl zu sein brauchte), gib derselben diese um 1 verminderte Primzahl zum Exponenten, ziehe 1 ab, so ist dieser Ausdruck durch jene Primzahl teilbar; z.B. 9 ist eine durch die Primzahl 5 nicht teilbare Zahl. Diese beiden Zahlen wähle ich. Die 9 soll zum Exponenten die um 1 verminderte Primzahl erhalten – also soll ich bilden 9^{5-1}; davon 1 subtrahieren, gibt 9^{5-1}, so wird behauptet, dass dieser Ausdruck durch die Primzahl 5 teilbar ist. In der Tat

$$\frac{9^{5-1} - 1}{5} = \frac{9^4 - 1}{5} = \frac{9 \cdot 9 \cdot 9 \cdot 9 - 1}{5} = \frac{6561 - 1}{5} = \frac{6560}{5} = ?$$

Oder

$$\frac{17^{5-1}-1}{5} = \frac{17^4-1}{5} = \frac{83520-1}{5} = \frac{83520}{6} = ?$$

$$\frac{27^{7-1}-1}{7} = \frac{27^6-1}{7} = \frac{387420489-1}{7} = ?$$

$$\frac{25^{3-1}-1}{3} = \frac{25^2-1}{3} = \frac{625-1}{3} = ?$$

$$\frac{33^{5-1}-1}{5} = \frac{33^4-1}{5} = \frac{118521-1}{5} = ?$$

Falsch dagegen wäre es auf $\dfrac{33^{10-1}-1}{10}$ die Regel anwenden zu wollen. Weshalb?"

Anna: „Weil der Nenner, die Zahl, mit welcher dividiert werden soll, stets eine echte Primzahl sein muss."

Vater: „In der Tat würdet Ihr bei diesem Beispiel finden:

$$\frac{33^9-1}{10} = \frac{46411484401953-1}{10}$$

welche Division offenbar nicht aufgeht.

Versuchet noch folgende Beispiele:

$$\frac{6^{5-1}-1}{5} \; ; \; \frac{4^{3-1}-1}{3} \; ; \; \frac{3^{7-1}-1}{7} \; ; \; \frac{2^{11-1}-1}{11}$$

$$\frac{9^{7-1}-1}{7} \; ; \; \frac{11^{5-1}-1}{5} \; ; \; \frac{3^{13-1}-1}{13} \; ; \; \frac{2^{17-1}-1}{17} \; ;$$

$$\frac{3^{19-1}-1}{19} \; ; \; \frac{12^{7-1}-1}{7} \; ; \; \frac{2^{47-1}-1}{47} \; ; \; \frac{2^{53-1}-1}{53}$$

Die Berechnung der hohen Potenzen von 2 wird Euch nicht schaden. Bei einer anderen Gelegenheit werden wir an dieselben eine interessante Geschichte zu knüpfen haben. Hebt Euch Eure Rechnung bis dahin auf. –

Mit den Primzahlen könnt Ihr durch Multiplikation alle möglichen ganzen Zahlen zusammensetzen. Dazwischen hinein kommen aber immer wieder größere Primzahlen, so dass sich die Zahl derselben immer mehr erweitert, zu je größeren Zahlen man fortgeht. Wollt Ihr solche höhere Primzahlen ausdrücken durch kleinere, so müsst Ihr auch noch Addition und Subtraktion zur Hälfte nehmen. Unser Zahlensystem ist, wie Ihr wisst, nicht gerade zum glücklichsten gewählt. Es wird aber das Zehnersystem fast überall, bei den verschiedenartigsten Völkern, welche nie im Verkehr mit einander gestanden haben, angetroffen. Der Grund, dass man fast überall gerade auf dieses System gekommen ist, liegt darin, dass sich der auf niederer Kulturstufe stehende Mensch seiner 10 Finger bediente, um damit das nötigste zu rechnen. Als man auf eine höhere Stufe kam, als sich ein anderes zweckmäßigeres Zeichensystem für die Zahlen ausgebildet hatte, sah man wohl ein, dass es besser sein würde, wenn man eine größere Einheit – wie jetzt unser Zehner – erst bildete, sobald man zu einer Zahl gekommen ist, in welcher möglichst viele andere Zahlen ohne Rest aufgehen. Unsere 10 ist nur teilbar mit 2 und 5; nähme man statt der 9 Zahlzeichen deren 11, bezeichnete also vielleicht 10 Einheiten mit 2, elf mit z, zwölf erst mit 10, so würden in der größeren Einheit enthalten sein die Faktoren 2, 3, 4, 6, also doppelt so viel Zahlen. Was würde man dadurch erreichen?"

Gustav: „Es würden weniger oft Brüche bekommen."

Otto: „Aber unsere schöne einfache Rechnung würde wegfallen."

Vater: „Keineswegs. Dies ist nur Täuschung. 10 mal 10 würde in beiden Fällen als 100 bezeichnet werden, allerdings stellt es nach unserem jetzigen Systeme $12 \cdot 12 = 144$ Einheiten dar. Die natürliche Zahlenreihe würde einfach folgendermaßen aussehen:

1	2	3	4	5	6	7	8	9	z	e	10	Zwölfer Zehner } System
									10	11	12	

11	12	13	14	15	16	17	18	19	1z	1e	20	Zwölfer Zehner } System
13	14	15	16	17	18	19	20	21	22	23	24	

Wir wollen uns hier damit nicht lange aufhalten, sondern zu einer Aufgabe übergehen, welche man als die Grundlage gleichsam eines neuen Zahlensystems auffassen kann. Es handelt sich nämlich um folgende Frage: Welche Zahlen muss man in den Grundzahlen eines Systems rechnen, wenn es so beschaffen sein soll, dass aus diesen, möglichst wenigen Grundzahlen alle anderen Zahlen durch bloße Addition und Subtraktion gebildet werden können."

Otto: „Aber was nützen uns solche Aufgaben? Wir haben ja ein für alle Mal unser gutes Zahlensystem, ein anderes brauchen wir nicht."

„Wenn Du", entgegnete der Vater, „bei jeder geistigen Beschäftigung nach dem Zweck fragst, so verkennst Du damit den eigentlichen Zweck derselben. Der wahre Zweck liegt in ihr selbst, d.h. in Übung und Schärfung des Geistes. Die sog. praktischen Zwecke liegen uns fern; der Nutzen nach dieser Seite kommt ganz von selbst. Willst Du ihn aber durchaus auch bei dieser Aufgabe einsehen, gut, so denke Folgendes: Einem Mechaniker wird die Aufgabe gestellt, Gewichtssätze, d.h. eine Anzahl Gewichte, z.B. Kilogrammstücke, herzustellen, so, dass man mit einer möglichst geringen Anzahl alle ganzen Kilogramme bis zu einer möglichst großen Anzahl hinauf wägen kann. Wie hat er diese Aufgabe zu lösen? Die Frage in dieser Form kann doch offenbar unter Umständen von Wichtigkeit sein; wenn es sich z.B. um Gewichtsstücke handelt, welche nur mit großen Unkosten herzustellen sind, etwa wie die großen Gewichte, welche man aus Platin herstellt, einem Metall, das mehr als viermal so teuer ist als Silber, oder bei Gewichten, wie dieselben für wissenschaftliche

Zwecke in Form von Kugeln aus Bergkristall geschliffen werden. Und wenn Dir dies noch nicht genügt, so will ich die Aufgabe Deinem Geschmacke mehr anpassen, indem ich dieselbe in eine andere Form kleide:

Einem armen, aber gescheiten Lehrling, welcher erst seit Kurzem in einem Geschäft war, begegnete eines Tages das Unglück, dass er ein steinernes Gewichtstück von 40 Kilo fallen ließ. Es zersprang in vier Teile, und betrübten Herzens nahm der arme Junge die harten Vorwürfe seines Lehrmeisters hin. Er überlegte hin und her, wie er, der ohne Mittel war, den Schaden ausbessern sollte. Um zu sehen, ob nicht die Bruchstücke noch zu etwas brauchbar seien, wog er jedes einzeln – und, o Glück, jedes Stück wog eine ganze Zahl von Kilogrammen. Dennoch verbrachte er eine schlaflose Nacht. Wie aber erstaunte sein Lehrherr, als anderen Morgens der Junge freudestrahlend vor ihn hintrat und ihm mitteilte, der Bruch sei so günstig erfolgt, dass er mit den Stücken alle ganzen Kilogramme von 1 bis 40 wägen könne! Überlege, ob und wie dies möglich war!“

Otto: „Aber ich sehe noch nicht recht ein, was diese Aufgabe mit unserem gesuchten Zahlensystem zu tun hat.“

Vater: „Die wenigen Gewichtsstücke stellen die gesuchten Primzahlen vor. Sie sind unzerlegbar, unteilbar, wie unsere Primzahlen. Dadurch, dass man zwei oder mehrere dieser Gewichte auf dieselbe Waagschale legt, addiert man diese Primzahlen. Man subtrahiert sie, –“

Otto: „Wenn man sie auf verschiedene Schalen legt.“

Vater: „Durch diese Operationen sollen bis zu möglichst großen Zahlen hinauf alle ganze Kilogramme gewogen werden, – durch die Addition und Subtraktion der Primzahlen sollen alle ganzen Zahlen bis zu einer möglichst großen Zahl gebildet werden.“

Otto: „Jetzt ist mir die Ähnlichkeit offenbar.“

Vater: „So denke Dir zunächst 2 Gewichtsstücke. Das erste muss natürlich 1 sein; wählte man als zweites wieder 1, so ließe sich nur im Ganzen daraus 2 darstellen.

Nimmt man als die andere Zahl oder das andere Gewicht 2 Kilo, so kann man mit beiden 1, 2, 3 Kilo wägen. – Nimmt man ein 3 Kilostück, so lässt sich herstellen 1, 3—1 = 2, 3, 3+1 = 4. Nähme man 4Kilo, so könnte man wägen 1, 4—1 = 3, 4, 4+1 = 5 Kilo, es ließen sich nicht 2 Kilogramm wägen. Dies ist also schon zu groß. Die beiden günstigsten Gewichtsstücke sind also 1 und 3 Kilo.

Nun käme das dritte Stück an die Reihe. Sind es 4 Kilo, so ließe sich mit den beiden ersten, welche wir schon haben, bereits bis 4Kilo wägen; ferner mit dem 4 Kilostück noch 4+1 = 5,4+3—1 = 6, 4+3+1 = 8. Mit einem 5Kilogrammstück: 5, 5+1 = 6, 5+3—1 = 7, 5+3 = 8, 5+3+1 = 9. Ihr überzeugt Euch leicht, dass man auch ein 6, ein 7, ein 8, sogar ein 9 Kilogrammstück benutzen kann. Mit dem letzteren machte man 5 = 9—3—1, 6 = 9—3,7 = 9—3+1,8 = 9—1,9 = 9,10 = 9+1,11 = 9+3—1, 12 = 9+3, 13 = 9+3+1. Damit ließe sich also wägen bis 13 Kilogramm. Ist nun nicht ein 10 Kilogrammstück noch günstiger?“

Gustav: „Nein, damit lassen sich nicht mehr alle Kilogramme darstellen. Bis 4 liefern es die beiden ersten Stücke, 5 kann ich aber nur durch Differenz bekommen; es lässt sich aber aus 3, 1 und 10 nicht mehr herstellen.“

Vater: „Ihr seht, das Gewicht des gesuchten folgenden Stückes (9) minus der Summe der Gewichte, welche man mit den kleineren Stücken herstellen kann (4), darf um 1 größer sein als diese letztere Summe. Dann könnte ich durch dies 9—(3+1) gerade die 5 Kilo herstellen; das ist der günstigste Fall. Größer aber darf ich das gesuchte Gewicht nicht nehmen. Es muss also:

Gesuchtes Gewicht – Summe der kleineren Gewichte = Summe der kleineren Stücke+1 sein.“

Max: „Lass mich, bitte, jetzt weiter rechnen! Die Summe der drei kleinsten Gewichte ist jetzt 13. Also ist

Gesuchtes Gewicht – 13 = 13+1 = 14.

Wenn ich vom gesuchten Gewicht 13 abziehe, so bleibt 14, d.h. es ist um 13 größer als 14 oder es ist 27.

Gesuchtes Gewicht – 13+13+1 = 2·13+1.

So geht es weiter. Mit dem 27+9+3+1 kann ich 40 Kilo wägen. Das nächste folgende Gewicht wird also = 2·40+1 = 81 Kilo."

Vater: „Brechen wir damit ab! Ihr seht, Ihr könnt mit 4 Gewichten bis zu 40 Kilo, mit 5 bis 81 wägen. Betrachtet nochmals die Zahlen der Gewichte:

	Summe
Das erste = 1	1
„ zweite = 1·2+1 oder 3	4
„ dritte = 4·2+1 „ 9	13
„ vierte = 13·2+1 „ 27	40
„ fünfte = 40·2+1 „ 81 etc.	

Die einzelnen Gewichte bilden also die Reihe 1, 3, 3^2, 3^3, 3^4, und Ihr seht, dass man mit diesen Zahlen als Grundzahlen ein Zahlensystem machen könnte, in welchem nur diese Zeichen vorkommen, durch Addition und Subtraktion mit einander verbunden. Alle Zahlen, welche sonst, in unserem gebräuchlichen System, aus Faktoren, also aus mit einander multiplizierten Zahlen beständen, wären in diesem als Summen der Primzahlen dargestellt."

Otto: „Mir geht nun das Praktische der Sache mehr im Kopfe herum. Warum wägt man nicht in Wirklichkeit mit solchen Stücken?"

Vater: „Weil es zu umständlich ist. Einmal die Abwechslung von Addition und Subtraktion verwirrt; man will, dass man nur Gewicht auf eine Schale zu legen und diese einfach zu addieren hat. Ferner lässt sich zeigen, dass man mit Gewichten von der

Größe 1, 1, 2, 5, 10, 10, 20, 50 und so immer nach den Zahlen 1, 1, 2, 5 am raschesten wägen kann."

Otto: „Wie kann man aber so etwas beweisen?"

Vater: „Es gründet sich auf besondere Rechnungsarten, bei welchen man davon ausgeht, dass alle verschiedenen Anzahlen Kilogramme durchschnittlich gleich oft abgewogen werden müssen.

Nun zur Belohnung noch einige leichte Kunststückchen. Ihr verteilt zwischen Euch und einm Freunde Gegenstände, von welchen er in der einen Hand eine gerade, in der anderen eine ungerade Anzahl hat, und er fragt Euch: rechts oder links. Angenommen, er habe in der einen Hand 3 Nüsse, in der anderen 2, natürlich wollt Ihr die 3, obschon es gegen die Freundschaft ist. Wie aber erraten, ob dieselben rechts oder links sind? Nichts einfacher als dies. Ihr sagt ihm, er solle die Anzahl links mit 2, rechts mit 3 multiplizieren, lasst Euch die Summe nennen – oder auch nur sagen, ob dieselbe gerade oder ungerade ist. Ist dieselbe ungerade, so hat er rechts die ungerade Zahl, ist sie gerade, so hat er rechts die gerade Zahl gehabt; z.B. er habe

links	rechts		
6	5		
$6 \cdot 2$	$+$	$5 \cdot 3 = 27;$	ungerade Zahl, rechts ungerade Anzahl Gegenstände
5	6		
$5 \cdot 2$	$+$	$6 \cdot 3 = 28;$	gerade Zahl, rechts gerade Anzahl

Ihr seht nämlich, dass immer die Multiplikation mit 2 (überhaupt einer beliebigen geraden Zahl) eine gerade Zahl liefern muss; die Multiplikation mit der ungeraden, in unserem Beispiele mit 3, gibt aber eine gerade, wenn schon die Anzahl Gegenstände in der Hand eine gerade ist; ist dieselbe eine ungerade, so wird auch die Zahl ungerade."

Gustav: „Ich brauche mir also nur zu merken die Hand, deren Inhalt ich mit der ungeraden Zahl multiplizieren ließ. Wird mir eine ungerade Zahl genannt, so war in dieser gleichfalls eine ungerade Anzahl, wird eine gerade genannt, so war eine gerade Anzahl von Gegenständen in derselben."

Vater: „Ganz in Ordnung. – Noch ein einfaches Stückchen. Wenn Du mir, Otto, eine willkürliche Reihe von Zahlen angibst und ich eben so viel Reihen darunter schreiben darf, so will, schon ehe Du mir Deine Zahlen gesagt hast, die Gesamtsumme angeben. Sage mir also, wie viel Zahlen willst Du schreiben und wie viel Stellen wird jede Zahl enthalten."

Otto: „Alle Zahlen sollen gleichviel Stellen haben?"

Vater: „Nimm es vorerst so!"

Otto: „So will ich 4 fünfstellige Zahlen schreiben."

Vater: „Dann wird die Summe 399996 sein."

Nun schrieben sie abwechselnd, erst Otto dann der Vater. Zwei solcher Zahlen sind immer zusammengefasst durch die Klammer:

$$
\begin{array}{rl}
\left.\begin{array}{r} 56325 \\ 43674 \end{array}\right\} &= 99999 \\[2ex]
\left.\begin{array}{r} 80919 \\ 19080 \end{array}\right\} &= 99999 \\[2ex]
\left.\begin{array}{r} 99274 \\ 725 \end{array}\right\} &= 99999 \\[2ex]
\left.\begin{array}{r} 13860 \\ 86139 \end{array}\right\} &= 99999
\end{array}
$$

Summe 399996 | 399996

„Ihr seht", sagte der Vater, „hier neben gleich die Erklärung. Otto wollte lauter fünfstellige Zahlen schreiben, die größte fünfstellige Zahl, welche er also niemals überschreiten kann, ist 99999. Ihr seht die zweite Zahl, welche ich immer beischrieb, ergänzt die erste von Otto geschriebene zu 99999. Vier Zahlen wollte Otto schreiben, ich konnte dadurch also immer die Summe

4. 99999, d.h. 399996 bekommen. Hätte er 5 Zahlen schreiben wollen, so hätte ich vorher die Summe 5. 99999 bilden müssen.

Max: „Die Regel ist also allgemein die, dass man jedes Mal unter seine Zahl Zahlen schreibt, welche sich mit der geschriebenen zu der höchsten Zahl ergänzen, die mit der betreffenden Anzahl Stellen geschrieben werden kann.

Hätte also Otto 7 3stellige Zahlen schreiben wollen, so hätte man immer eine Zahl darunter schreiben müssen, die mit der von Otto gegebenen zusammen 999 macht. Die ganze Summe wäre dann 999·7.“

Otto: „Müssen denn alle Zahlen, welche ich schreibe, dieselbe Anzahl Stellen haben?“

Vater: „Dies ist nicht nötig. Nur musst Du angeben, wieviel Stellen Du höchstens schreiben willst.“

Otto: „Aber bei dem Berechnen der Summe wird der Andere leicht auf den Kunstgriff aufmerksam werden, wenn er mich rechnen sieht.“

Max: „Rechne es doch einfach im Kopfe. Statt 99999 mit 4 zu multiplizieren nimmst Du 100000 mal 4 und ziehst dann 4 ab; oder statt 999·7 nimmst Du 1000·7 – 7 = 6993. Auch die Zahl, welche Du hinschreibst, findest Du leicht; z.B. zu 56325 die Ergänzung zu 99999 zu sinden. Du ziehst einfach jede Ziffer der Zahl 56325 von 9 ab und schreibst, was bleibt, darunter. Also

$$\begin{array}{r} 99999 \\ \underline{56325} \\ 43674 \end{array}$$

Vater: „Ihr werdet Euch leicht zurecht finden und allerlei kleine Änderungen damit vornehmen können; z.B. wenn Jemand angibt, er wolle 3 fünfziffrige und 2 zweiziffrige Zahlen schreiben, so könnt Ihr Euch die Aufgabe gleichsam in 2 zerlegen und als Summe schreiben:

$$3 \cdot 99999 + 3 \cdot 99 = 29997 + 198 = 30195$$

eine Zahl, welche weniger auffällig ist, weil die 9 nicht so oft in derselben vorkommt.

Zum Schlusse noch einen kleinen Kunstgriff, welcher Euch viel Vergnügen machen kann. Ihr spielt mit einem Freunde: von einer Anzahl Nüsse oder Münzen u. dgl. mehr darf jeder abwechselnd eine beliebige Anzahl, aber nicht mehr als eine vorgeschriebene Zahl, z.B. 7 auf einmal wegnehmen. Wer die letzten Nüsse wegnimmt, hat alle gewonnen."

Gustav: „Dann muss man es so einrichten, dass der Gegner beim letzten Wegnehmen noch mehr als 7 Stück vorfindet, z.B. 9.

Vater: „Und wenn er nun so bescheiden ist, nur ein Stück wegzunehmen von den letzten 9, so bleiben Dir noch 8, mehr als 7 darfst Du nicht wegnehmen, also gewinnt der Gegner."

Gustav: „Da habe ich mich geirrt, er muss beim letzten Wegnehmen gerade 8 Stück, also 1 mehr, als auf einmal wegzunehmen gestattet ist, vorfinden."

Vater: „Richtig, darauf kommt Alles an. Angenommen es lägen 40 Stück da, jedes Mal sind 7 wegzunehmen. Nun gehe stets um 8 Stück von 40 herab, so findest Du die Zahlen

$$40 \; 32 \; 24 \; 16 \; 8 \; 0$$

Fängst Du an und willst ganz sicher sein, so nimmst Du 1 weg. Der Gegner nehme darauf 3, so nimmst Du 4 und so immer, dass Deine Zahl sich mit der Zahl, welche der Gegner wegnahm, zu 8 ergänzt. Natürlich, wenn Du es öfters in derselben Weise machen wolltest, würde es bald gemerkt werden. Kennt der Gegner die Regel nicht, so lässt Du es im Anfang gehen, wie es gerade geht, nur gegen Schluss suchst Du auf eine der Zahlen obiger Reihe zu kommen. Zu dem Ende zählst Du immer leise mit, wie viel im Ganzen bereits weggenommen sind. Es seien z.B. 26, so nimmst Du 6, macht 32. Nun liegen noch 8, der Gegner mag nehmen wie er will, stets wirst Du Sieger."

Otto: „Wären es aber z.B. 43 Hölzchen und dürften nur höchstens je 7 genommen werden. Wie dann?"

Max: „So zähle ich wieder 7+1, d.h. 8 von 43 ab, schreibe mir heimlich die Reihe aus:

$$43\ 35\ 27\ 19\ 11\ 3$$

Fange ich an und will ganz sicher sein, so nehme ich gleich die 3 weg, und dann immer so, dass wir zusammen jedes Mal 8 nehmen. – Wenn aber der Gegner wegnimmt?"

Vater: „Nimmt er weniger als 3, z.B. 2, so nehme ich 1 und dann geht es wieder ebenso wie vorher. Nimmt er mehr .als 3, so nehme ich bis 11 weg. Nimmt er gerade 3 und kennt die Regel, so bin ich natürlich verloren."

Otto: „Aber das Aufschreiben der Reihe muss ihm doch ausfallen!"

Vater: „Wozu hast Du dies nötig? Statt 8 abzuziehen, so oft es geht, dividiere doch mit 8 in die ganze Zahl der Hölzchen der Rest ist 3, die Zahl, welche Du zunächst erreichen musst. Durch einmalige, zweimalige etc. Addition von 8 rechnest Du in Gedanken die Reihe aus."

Gustav: „Allgemein also heißt es: Die ganze Zahl Hölzchen oder Münzen, welche hingelegt sind, dividiere ich durch die um 1 vermehrte Zahl, welche angibt, wieviel Stück höchstens auf einmal weggenommen werden dürfen. Der Rest gibt mir an, welche Zahl ich mit meinem Gegner zusammen weggenommen haben muss, wenn mein Gegner an das Wegnehmen kommt. Gelingt dies nicht, so zähle ich zu dem Rest 1 und die Zahl, welche höchstens weggenommen werden darf, und sehe darauf, dass wir zusammen so viel Hölzchen weggenommen haben als diese Zahl angibt, wenn mein Gegner an das Spiel kommt usw. Habe ich einmal eine dieser Zahlen erreicht, so nehme ich einfach immer so viel, dass meine Zahl und die meines Gegners 1 mehr ist als die höchste Zahl, welche weggenommen werden darf."

Vater: „Ja, dies ist die Regel in ihrer allgemeinsten Form. Unterhaltet Euch damit, und Ihr werdet auch bei diesem Spiele, wenn Ihr mit den Bedingungen wechselt, lernen ein Spiel und überhaupt irgend eine scheinbar zufällige und verwickelte Erscheinung von vornherein klar zu übersehen. Auch für Diejenigen, welche die Regel kennen, ist es eine gute Übung, – nur müsst Ihr immer andere Zahlen nehmen und ausmachen, dass Alles im Kopf gerechnet wird. Also Bleistift und Papier oder Kreide, überhaupt Schreibmaterial ist verboten. Und damit Gott befohlen bis auf das nächste Mal!

Siebente Abendunterhaltung

Persischer, alter römischen julianischer Kalender. – Unsere Monatsnamen. – Änderung des Jahresanfanges auf den 1. Januar. – Regel für die Feier unseres Osterfestes – Gregorianischer Kalender. – Geschichtliches. – Kalenderrechnung – Mondzyklus: Goldene Zahl. Epakte. Sonnenzyklus: Sonntagsbuchstabe. – Tafel für Ostervollmond.—Regel zur Berechnung der Ostern. – Christus ist wahrscheinlich vor dem Anfange unserer Zeitrechnung geboren. – Warum die Türken älter werden als die Christen – Das Eierlesen und die Wette dabei.

Es ist heute Ostern und was ist natürlicher, als dass die Kinder von ihrem Vater eine Erklärung der Osterrechnung wünschen.

„Papa", sagte Gustav, „was bedeutet es denn im Kalender, wenn da steht Epakte, goldene Zahl, Sonnenzirkel und eine große Reihe von solchen Ausdrücken?"

„Kinder", sagte der Vater, „die Ausdrücke sehen nach viel mehr aus und klingen Euch viel fremdartiger und bedeutsamer, als sie eigentlich sind. Aber allerdings wenn Ihr vollständig die Kalenderrechnung verstehen wollt, so müsst Ihr doch schon etwas genauer zuhören. So gern ich es Euch erklären will, so wird uns doch die Unterhaltung für einen ganzen Abend damit ausgefüllt werden. – Was bedeutet denn überhaupt zunächst Jahr.´"

Otto: „Das ist sehr einfach; es ist eine Zeit von 365 Tagen."

Vater: „Aber woher kommt denn jedes vierte Jahr ein Jahr von 366 Tagen?"

Otto: „Da ist immer ein Tag eingeschaltet."

Vater: „Aber weshalb wird der Tag eingeschaltet? Ist das Jahr also zu verschiedenen Zeiten verschieden lang? Das würde also heißen, Gustav?"

Gustav: „Dass die Erde sich verschieden schnell zu verschiedenen Zeiten um die Sonne bewegt."

Vater: „Aber das ist nicht der Fall, sondern die Erde bewegt sich immer gleichmäßig um die Sonne und das Schaltjahr rührt nur davon her, dass die Umdrehung der Erde um die Sonne nicht eine ganze Zahl von Tagen beträgt, ja nicht einmal eine ganze Zahl von Stunden, sondern genau genommen 365 Tage 5 Stunden 48 Minuten 47½ Sekunden.

Wie soll man sich nun dabei helfen? Nimmt man das Jahr wirklich so, wie es in der Natur gegeben ist, so wird in dem ersten Jahre der Jahresanfang vielleicht gerade auf 12 Uhr fallen, im zweiten Jahre auf 6 Uhr morgens, im dritten auf beinahe 12 Uhr Mittags und so wird der Jahresanfang immer auf verschiedene Zeiten geraten. Um dies zu vermeiden hat man, so lange man überhaupt schon Zeitrechnung eingeführt hat, überall, bei allen Völkern und zu allen Zeiten ähnliche Kunstgriffe benutzt, nämlich die Anzahl Tage des Jahres abgerundet, von Zeit zu Zeit den Überschuss, den man, so zu sagen, zurückgelegt hatte, als einen ganzen Zeitraum für sich eingefügt oder, wie man es genannt, eingeschaltet.

Bei den Persern wurde das Jahr zu 365 Tagen 6 Stunden angenommen und das bürgerliche Jahr einfach auf 360 Tage abgerundet. Daraus machte man 12 Monate, jeden zu 30 Tagen und am Ende des letzten Monates wurden 5 Tage angehängt, sodass dieser damit 35 Tage hatte. Dabei vernachlässigte man aber alle 4 Jahre einen Tag, daher in 120 Jahren einen ganzen Monat und man schaltete deshalb nach 120 Jahren immer einen vollen Monat ein.“

Anna: „Aber da musste man doch den Jahresanfang im Laufe eines Jahrhunderts fortwährend verschieben.“

Vater: „Allerdings. Wenn der Jahresanfang in diesem Jahre am 1. Januar stattfände, so würde man ihn im nächsten Jahre auf den 2. Januar, im 3. Jahre auf den 3. Januar und ungefähr in diesem Maße immerfort verschieben. Der Übelstand würde bei uns heutzutage weniger groß sein, als wie damals. Weshalb wohl?“

Max: „Weil wir gedruckte Kalender besitzen und Jedermann lesen kann, während bei den Persern das Volk sich ohne diese Hilfsmittel behelfen musste und somit ohne einen Stand, welcher ganz besonders das Kalenderwesen pflegte, gar nicht in der Lage war, sich zurecht zu finden.“

Vater: „Aber es hat noch einen zweiten Übelstand, der darin besteht, dass ein Zeitraum von 120 Jahren zu lang ist, als dass er im Gedächtnis der großen Menge haften könnte. So erforderte der persische Kalender aus zwei Gründen einen Priesterstand, welcher sich mit dem Kalenderwesen beschäftigte, und sobald dieser schwand, wie es bei der Zerstörung des persischen Reiches eintrat, so war damit natürlich die Zeitrechnung vollständig im Argen.“

Adolf: „Haben denn die andern Völker einen zweckmäßigeren Kalender gehabt?“

Vater: „Ja wohl. Aber es ist überraschend, dass diejenigen, von denen uns im Übrigen die meisten Kenntnisse und der größte Einfluss auf unsere Bildung überkommen ist, gerade in der

Kalenderrechnung mit die unpraktischsten Völker waren. So haben die Römer, wie es scheint, sehr lange Zeit nur in der konfusesten Weise eine Zeitrechnung besessen. Von den ältesten Zeiten sind uns wenig Nachrichten erhalten, aber es scheint, dass die Römer 10 Monate im Jahre hatten. Sie fingen dasselbe mit dem März an und hatten 304 Tage. Der 1., 3., 5. und 8. Monat hatten 31, die anderen 30 Tage; wie der Rest des Jahres, welcher später mit 2 Monaten ausgefüllt wurde, eingeteilt und genannt wurde, weiß man nicht; es scheint, dass hier keine strengen Regeln galten. Die Zeitrechnung musste den Priestern überlassen bleiben, welche sich mit den Machthabern verständigten und das Jahr bald länger, bald kürzer machten, je nachdem ein Konsul länger im Amte bleiben, oder ein anderer früher sein Konsulat antreten wollte. So konnte es kommen, dass im Jahre 45 vor Chr. 67 Tage eingeschaltet werden mussten und es somit in diesem Jahre 15 Monate gab. Es ist dies das Jahr, in welchem zum ersten Male in die römische Kalenderrechnung durch Julius Cäsar eine bestimmte und für alle Zeiten fest vorgeschriebene Ordnung gebracht wurde. Julius Cäsar verordnete, dass das Jahr 365, jedes vierte Jahr aber 366 Tage haben sollte, und zwar sollte immer nach dem 23. Februar ein Tag eingeschaltet werden. Es würde also nicht der 29., sondern der 24. Februar der wahre Schalttag sein."

Gustav: „Aber dabei wird doch auch noch ein Fehler gemacht."

Vater: „Allerdings; es ist aber der Vorteil erreicht, dass immer nach einem kleinen Zeitraume, welcher jederzeit dem Volke im Gedächtnis bleibt, ein Schaltjahr folgt."

Gustav: „Aber da das Jahr doch nicht genau 365 Tage 6 Stunden hat, so wird ja wieder ein Fehler von 11 Minuten 12 Sekunden gemacht, also nach 129 Jahren wäre derselbe wieder zu einem Tage und einigen Minuten angelaufen."

Vater: „Hat nicht diese Kalenderrechnung doch vor der persischen einen Vorzug?"

Gustav: „Den einen Vorteil, dass der Frühlings – oder Jahresanfang nicht wie in der persischen um einen ganzen Monat, sondern im Verlauf von 120 Jahren nur um einen Tag schwankt. Aber der Fehler würde doch wieder derselbe sein, und es würde alle 128 Jahre ein Schalttag ausfallen müssen."

„Weshalb denn ausfallen?", fragte Otto.

Gustav: „Weil man 6 Stunden, statt 5 Stunden 48 Minuten, also 12 Minuten zu viel gerechnet hat."

Vater: „Aus der früheren Einteilung des römischen Jahres in 10 Monate erklärt sich ein anderer Umstand, der Euch wohl schon bei unseren Monatsnamen aufgefallen ist."

Max: „Ja, es ist mir aufgefallen, dass unser letzter, nämlich zwölfter Monat Dezember heißt, während doch der Name darauf hindeutet, dass es der zehnte Monat sein sollte."

Vater: „Du— hast das Richtige getroffen. Die Römer fingen ihr Jahr an mit dem März, und zählten von da ab bis zum Dezember 10 Monate; die beiden folgenden, welche somit in den Winter fielen, scheinen im Anfang gar nicht benannt worden zu sein und erst von Numa wurde der elfte und zwölfte als Januarius und Februarius hinzugefügt. Der Anfang des Jahres blieb aber am ersten März.

Allmählich merkte man, dass bei der Ausbreitung der römischen Herrschaft die neugewählten Konsuln bei den Armeen zu spät für die Feldzüge eintrafen und man ließ daher den Amtsantritt derselben auf den ersten Januar fallen.

Die Völker, welche den Julianischen Kalender (denn so nennt man den von Julius Cäsar eingeführten) annahmen, legten den Anfang des Jahres auf den ersten Januar, sodass damit für die Monate Quintilis bis Dezember der Name nicht mehr der Ordnung derselben im Jahre entsprach.

Gleich nach der Einführung des Julianischen Kalenders kam durch den Unverstand der Priester eine kleine Verwirrung. Sie fassten nämlich die Bestimmung, dass stets das vierte Jahr ein Schaltjahr sein sollte, so auf, dass sie das erste Jahr der Zeitrechnung schon mitzählten, wonach das vierte Jahr schon nach 3 Jahren kam. Natürlich wäre die richtige Zählweise welche?"

Max: „Man muss das Anfangsjahr als Otes zählen und wie es auch der Sinn der Rechnung verlangt, erst wenn 4 Jahre vollständig abgelaufen sind, dem letzten einen Tag zuzählen."

Vater: „Dieser Fehler wurde jedoch bald bemerkt und aufgehoben; aber es blieb der andere Fehler, dass man alle 129 Jahre einen Tag zu viel gezählt hatte. Derselbe betrug nach Verlauf von $3^3/_4$ Jahrhunderten schon 3 Tage. Die Kirchenversammlung zu Nicäa, 325 nach Chr., schaltete diese drei Tage aus und brachte für den Augenblick wieder Ordnung, aber sie hob den Fehler nicht vollständig auf.

Diese Ordnung war so wesentlich für die christliche Zeitrechnung, weil für die Bestimmung des Osterfestes eine ganz bestimmte Regel vorgeschrieben war. Nämlich wenn der Frühlingsanfang, d.h. die Zeit, wo die Sonne in dem Durchschnitt vom Erdäquator und Ekliptik steht, unverändert auf den 21. März fällt, wie man annahm, so nennt man den Vollmond, welcher auf diesen Tag oder unmittelbar darnach eintritt, den Frühlingsvollmond. Ostern sollte nun stets an einem Sonntage gefeiert werden und zwar an demjenigen, welcher zunächst nach dem Frühlingsvollmonde kommt."

Otto: „Und wenn der Frühlingsvollmond selbst auf diesen Tag fällt, so werden natürlich an diesem Tage die Ostern gefeiert werden?"

Vater: „Nein. Überlegt Euch doch! Es heißt, an dem Sonntag, welcher dem Frühlingssonntage zunächst folgt, soll Ostern gefeiert werden, d.h. also stets darauf, sodass, wenn der Frühlingsvollmond zusammenfällt mit dem 21. März und gleichzeitig dieser Tag ein Sonntag wäre, man doch erst den 28ten Ostern halten würde.

Der Unterschied zwischen der wahren Zeitordnung, welche der Himmel vorschreibt, und dem Julianischen Kalender, der alle

128 Jahre einen Tag vorging, wuchs natürlich in der folgenden Zeit fortwährend an, und musste nach Verlauf von abermals 11 Jahrhunderten so bedeutend geworden sein, dass er auch der rohesten Beobachtung nicht mehr entgehen konnte. Aber ernstlich scheint man auch erst dann auf den Fehler aufmerksam geworden zu sein, als derselbe eine sehr bedeutende Höhe erreicht hatte, nämlich im 14. Jahrhunderte.

Papst Sirtus IV. hatte die Absicht, den Kalender zu verbessern und ließ den berühmten Astronomen Johann Müller aus Königsberg, welcher bekannter ist unter dem Namen Johannes Regiomontanus, im Jahre 1475 aus Nürnberg nach Rom kommen. Derselbe starb aber schon im Jahre darauf, und so wurde die beabsichtigte Verbesserung wieder hinausgeschoben. Endlich brachte Papst Gregor XIII. in Verbindung mit den Gelehrten, welche er mit der Verbesserung beauftragt hatte, im Jahre 1582 einen neuen und verbesserten Kalender zu Stande.

Das Erste war natürlich, dass man die 10 Tage, zu welchen der Fehler angewachsen war, ausschaltete; es wurde deshalb verordnet, im Oktober 1582 sogleich vom 4. zum 14. Oktober überzugehen. Gregor der XIII. oder vielmehr die Versammlung von Gelehrten bedienten sich eines sehr einfachen aber gerade durch die Einfachheit brauchbaren Kunstgriffes, um, wenn auch nicht für immer denn das wird überhaupt eine Kalenderrechnung zu erreichen nicht im Stande sein, so doch wenigstens auf längere Zeit hinaus den Kalender soweit mit dem Himmel in Übereinstimmung zu bringen, dass Fehler, die irgendwie störend im bürgerlichen Leben sein könnten, vermieden sind. Er behielt die Anordnung von Cäsar bei, nämlich alle 4 Jahre ein Schaltjahr einzuschieben. Er bestimmte, damit man jene leicht erkennen könne, dass stets die Jahre, die durch 4 ohne Rest teilbar sind, Schaltjahre sein sollten. Dabei rückt aber der Anfang des Frühlings in 129 Jahren um einen Tag zurück, also in 387 Jahren um drei Tage. Angenommen, er rücke alle 4 Jahrhunderte um drei ganze Tage, so ließe sich dies in einfacher

Weise berücksichtigen. Denn immer nach Verlauf von 400 Jahren müssten 3 Tage ausfallen. Diese lässt man bei dem Gregorianischen Kalender weg in 3 Säkularjahren."

Otto: „Was heißt Säkularjahr?"

Vater: „Säkularjahre werden alle durch 100 teilbare Jahre, also z.B. 1700, 1800, 1900 genannt. Gregor bestimmte nun, obschon die Jahre 1700, 1800, 1900 durch 4 ohne Rest teilbar sind, so werden trotzdem diese Jahre, weil die mit 100 multiplizierte Zahl nicht durch 4 teilbar ist, nicht als Schaltjahr betrachtet; das macht in 3 Jahrhunderten drei Tage zusammen. Das Jahr 2000 ist dann wieder ein Schaltjahr. So ist wirklich bis auf eine kleine Abweichung genau erreicht, dass man die störenden Tage, welche sonst zu viel geworden wären, wieder ausgeglichen hat. Es bleibt dadurch der Frühlingsanfang während eines vollen Jahrhunderts auf demselben Tage, springt aber beim Übergang zu einem neuen Jahrhundert, wenn dort ein Schalttag ausfällt, um einen Tag. Man gleicht dies wieder durch eine andere Bestimmung aus."

Adolf: „Aber ein Fehler ist doch noch da, denn die Rechnung wäre nur richtig, wenn es nicht 387, sondern 13 Jahre mehr, also 400 Jahre wären."

Vater: „Diese Voraussetzung weicht aber so wenig von der Wahrheit ab, dass erst nach 3600 Jahren die Zeitrechnung um einen Tag falsch wird.

Der neue Kalender wurde in Italien, Spanien und Portugal sogleich am 4. Oktober, in Frankreich zwei Monate später angenommen. Das Jahr darauf brachte ihn in die katholischen Teile der Schweiz und das katholische Holland. 4 Jahre darauf wurde er in Polen und 1587 in Ungarn eingeführt. In Deutschland dagegen entspann sich ein lebhafter Streit und es kam die Sache auf dem Reichstage zu Augsburg 1582 zur Sprache. Die Protestanten weigerten sich den Kalender anzunehmen, weil nur die katholischen Fürsten befragt worden wären. Man schob vor, dass auch im Gregorianischen Kalender der Anfang des Frühlings im Laufe von 4 Jahrhunderten um 3 Tage verschoben werden müsse. Durch Leibnitz' Bemühungen wurde der Kalender auch von den protestantischen Ständen in Deutschland, Holland und der Schweiz anerkannt. Im Jahre 1700 fing man an, vom 18, Februar sogleich auf den 1. März zu zählen. Um aber doch etwas zu retten, änderte man die Namen vieler Heiligen und bestimmte, das war das Wesentlichste, dass das Osterfest astronomisch berechnet werden sollte und nicht eyklisch."

Otto: „Was heißt eyklisch?"

Vater: „Du wirst gleich die Erklärung hören. Durch die verschiedene Berechnungsweise kam heraus, dass die Katholiken und Protestanten nicht gleichzeitig das Osterfest feierten, sondern dass z.B. im Jahre 1724 die Katholiken am 16. und die Protestanten am 9. April Ostern hatten. Diese Abweichungen, welche umso störender wurden, je mehr durch die Ausdehnung des Verkehrs Katholiken und Protestanten an denselben Orten nebeneinander wohnten, wurden endlich doch so störend, dass man im Jahre 1777 namentlich auf den Vorschlag Friedrichs des Großen durch einen Reichstagsbeschluss den Gregorianischen Kalender ohne weitere Abänderungen als den sogenannten allgemeinen oder den allgemeinen verbesserten Kalender annahm. England fing im Jahre 1752, Schweden 1753 ebenfalls an, nach dem Gregorianischen Kalender zu rechnen; nur Russland und die morgenländischen Christen verweigerten entschieden die Annahme und rechnen noch heutigen Tages nach dem Julianischen Kalender. Daher erklärt sich, dass alle ihre Feste 12 Tage später fallen, als die unsrigen, und dass Briefe oder irgendwelche Nachrichten aus diesen Ländern nach einem sogenannten doppelten Stile gerechnet werden müssen. Man schreibt nämlich nicht nur das Datum nach dem Julianischen, sondern gleichzeitig auch das Datum nach dem im Ganzen übrigen Europa verbreiteten Gregorianischen Kalender, sodass eine Nachricht vom 1. März bezeichnet wird als 1./13. März, wobei also die beiden Zahlen bedeuten sollen das Datum nach dem

Julianischen und dem Gregorianischen Kalender. Die Männer der Wissenschaft sind übrigens so vernünftig, alle wissenschaftlichen z.B. astronomischen Angaben ohne weiteres nach dem neuen Kalender zu geben.

Nun holt einmal einen Kalender!"

Otto brachte den gewünschten herbei. Sie schlugen ihn auf und der Vater sagte: „Ihr seht hier eine Reihe von Zahlen im Anfang."

Seit	Erschaffung	der	Welt	nach	Jüdischer Rechnung	5636	Jahre
„	„		„	„	„	der Rechnung des Skaliger	5839	„
„	„			„	„	„	der morgenländischen Kirche	738 4	„
„	Anordnung des Julianischen Kalenders (46 v. Chr.).					1921	„
„	Kalenderreform Papst Gregor XIII. (1582).					294	„
„	Annahme des verbesserten Kalenders (1700).					176	„
„	der Einführung des allgemeinen (verbesserten Reichskalenders).					99	„
„	der Wiedererrichtung des Deutschen Reiches					5	„

Diese Zahlen müsst Ihr jetzt verstehen."

Otto: „Weshalb rechnen aber die verschiedenen Völker eine verschiedene Zeit seit Erschaffung der Welt?"

Vater: „Weil keins derselben Recht hat. Es sind alles unbegründete Mutmaßungen, welche sich höchstens beziehen können auf die Zeit, welche seit dem ersten Auftreten der Menschen auf der Erde verflossen ist. Die Welt steht sicherlich schon länger. Fraglich ist nur, ob man nach Millionen oder Milliarden von Jahren rechnen muss."

Gustav: „Aber hier daneben ist noch allerhand angegeben, nämlich Goldene Zahl, Sonnenbuchstaben, Epakte, die solltest Du uns doch auch erklären.“

Vater: „Wohl, ich werde es tun, aber Ihr müsst dabei etwas rechnen.

Zunächst nehme ich hier die Goldene Zahl. Die Goldene Zahl rührt davon her, dass man nicht bloß nach dem Umlauf der Sonne, sondern auch nach dem Umlauf des Mondes die Zeit einteilt, sie bezieht sich auf einen sogenannten Mondzyklus. Die Umlaufszeit des Mondes würde ein Monat sein; dieselbe beträgt 29 Tage 12 Stunden 44 Minuten. Denkt Euch nun, es wäre jetzt am 1. Januar gerade Vollmond, so werdet Ihr leicht berechnen können, dass im folgenden Jahre der Vollmond 11 Tage, nämlich $(365-2972 \frac{1}{2}\cdot) = (365-354)$ früher eintritt, und so würde der Vollmond immer bald bis 15 Tage vor, bald bis 14 Tage über den ersten Januar hinausfallen. Wenn Ihr Euch der Reihe nach von einem Jahre zum anderen ausrechnet, ‚wie alt‘ der Mond am 1. Januar sein würde, so würdet Ihr dazu kommen, dass erst nach 19 Jahren wieder Vollmond auf den ersten Januar fallen kann. Allerdings tritt der Vollmond auch nicht genau zu derselben Zeit ein. Da aber überhaupt der Eintritt eines Mondalters oder wie man sagt einer Mondphase kein bis auf Stunden, geschweige denn Minuten, bestimmter Zeitpunkt ist, so macht eine kleine Differenz nicht viel aus, und man begnügt sich damit, zu wissen, nach wieviel Jahren wieder der Mond ungefähr dasselbe Alter hat, wie am 1. Januar.“

Gustav: „Was für einen Nutzen hat man davon?“

Vater: „Man hat den Nutzen, dass man nur für eine Reihe von 19 Jahren sich in eine Tabelle zusammen zu schreiben braucht, das Alter des Mondes an den verschiedenen Tagen, so wird diese Tabelle, für 19 Jahre entworfen gültig sein für Jahrhunderte und Jahrtausende. Denn natürlich ist immer z.B. das 7. Jahr in der ersten Reihe in Bezug aus Alter des Mondes genau gleich mit dem 7. Jahre in der 2., 3. Reihe usw.

Die Goldene Zahl gibt an, das wievielte Jahr in einem solchen Zyklus das betreffende sein würde, wenn man als erstes Jahr rechnet ein Jahr, an welchem am ersten Januar Neumond war. Nun traf dies im Jahre 1 vor Chr. gerade ein. Dieses Jahr nimmt man als das erste in dem 19jährigen Mondzyklus. Also:

Jahr						Goldenen Zahl
Jahr	1	v. Chr.		Anfangsjahr oder 1. Jahr		1
„	1	unsere	Zeitrech-nung	2.	Jahr in dem Zyklus	2
„	2	„	„	3	„ „ „ „	3
„	4	„	„	4.	„ „ „ „	4
				.		.
				.		.
„	18	„	„	19.	„ „ „ „	19
„	19	„	„	20.	Jahr in dem Entschluss oder 1. Jahr im zweiten Entschluss	1

usw.

Ihr erseht aus der beistehenden Tabelle, wie man die goldene Zahl findet. Zählt nur von der Jahreszahl so oft 19 ab, als es möglich ist, so wird Euch immer durch den Rest bestimmt, das wievielte Jahr das betreffende in einem solchen Zyklus ist, wenn ich annehme, dass das erste Jahr unserer Zeitrechnung auch das erste Jahr in diesem Zyklus wäre. Nun ist aber das Jahr 1 vor Chr. das erste Jahr im Zyklus, ich muss also zur Jahreszahl noch eins addieren und so oft 19 davon wegnehmen, als möglich ist. Werdet Ihr die Rechnung wirklich so ausführen?"

Adolf: „Nein, sondern statt so oft zu subtrahieren, als denkbar ist, dividiere ich mit 19 in die um 1 vermehrte Jahreszahl. Was herauskommt zeigt mir, wieviel solcher 19jähriger Mondzyklen verflossen sind seit dem Jahr 1 vor Chr. und der Rest gibt mir an, das wievielte Jahr das betreffende in dem Zyklus ist."

Vater: „Gut. So würdet Ihr also die Regel haben: zählt eins zur Jahreszahl hinzu, dividiert durch 19, der Rest gibt die goldene Zahl."

Gustav: „Hat nun die goldene Zahl weiter gar keinen Nutzen?"

Vater: „Doch! Diese Zahl könnt Ihr sofort wieder benutzen, um eine zweite Größe zu bestimmen, welche Ihr im Kalender seht und welche für die Osterrechnung von Wichtigkeit ist, nämlich die Epakte. Was diese soll, werdet Ihr aus dem Folgenden sehen. Wenn am 1. Januar eines Jahres Neumond ist, so ist nach 354 Tagen wieder Neumond. Der Mond hat also am 1. Januar des folgenden Jahres ein Alter von 11 Tagen; diese Zahl, welche das Alter des Mondes am 1. Januar angibt, heißt die Epakte."

„Welche Epakte würde das Jahr 1 vor Chr. haben?", fragte Gustav.

Vater: „Da das Alter des Mondes am 1. Januar des Jahres 1 vor Chr. 0 ist, so würde es haben die Epakte 0, das Jahr 1 n. Chr., d.h. das Anfangsjahr unserer Zeitrechnung, das Geburtsjahr Christi, würde die Epakte 11 haben und die Goldene Zahl 2, das Jahr 2 die Epakte 22 und die Goldene Zahl 3, das Jahr 3 die Epakte 33 und die Goldene Zahl 4."

Adolf: „Aber wenn die Epakte das Alter des Mondes am 1. Januar bedeuten soll, so wird doch Niemand ein Alter von 33 Tagen zählen, sondern einfach von 3 Tagen, da nach 30 Tagen ja schon sowieso dasselbe Mondalter erreicht ist."

Vater: „Gut. Wenn Ihr diese Zahlen vergleicht und so nebeneinander schreibt wie hier

Goldene Zahl	Spalte
1	0
2	11
3	22

$$4 \qquad 33-30$$

$$5 \qquad 44-30$$

so seht Ihr ein, dass Ihr nur von der Goldenen Zahl 1 zu subtrahieren braucht, was dann bleibt mit 11 zu multiplizieren und davon 30 so oft abzuziehen, als möglich ist, der Rest ist die Epakte. Und woher kommt die Subtraktion von 30, Otto?

Otto: „Sie kommt davon, dass ein Mondumlauf 30 Tage ist, also man ganze Monate nicht mitzählt, sondern nur den Rest in einem neuen Monate."

Vater: „Fassen wir es nochmal zusammen, so ist

$$\begin{cases} \text{Anzahl 19jähriger Mondzyklen seit 1 v. Chr.} = \dfrac{\text{Jahreszahl}+1}{19} \\[2ex] \text{Rest} = \text{Goldene Zahl} = \text{Zahl des Jahres in diesem} \\ \qquad\qquad \text{19jährigen Mondzyklus.} \end{cases}$$

Ich erinnere Euch daran, dass der 19jährige Mondzyklus bedeutet?"

Otto: „Dass nach seinem Ablauf immer die Mondphasen wieder auf denselben Tag fallen, also z.B. das 8. Jahr des 12. Zyklus an demselben Tag dieselbe Mondphase hat, wie das 8. Jahr des 13, 14. oder 11, 10 … Zyklus."

Vater: „Dann rechnet Ihr weiter

$$\frac{(\text{Goldene Zahl}-1)\,11}{30}; \text{Rest} = \text{Epakte.}$$

Die Epakte wird gewöhnlich mit römischen Zahlzeichen geschrieben. Ihr erinnert Euch, dass die Epakte angibt"

Adolf: „Das Alter des Mondes am 1. Januar eines Jahres."

Vater: „Diese Epakte bildet die Grundlage für die Osterrechnung. Z.B. ein Jahr hat die Epakte XXVI, das heißt Otto?"

Otto: „Dass es am 1. Januar 26 Tage waren seit dem letzten Neumonde."

Vater: „Am 2. Januar wären es 27, am 3·28, am 4·29, also wieder am 5. Januar Neumond. 13 Tage darauf ist wieder Vollmond, d.h. am 18. Januar, wieder 30 Tage darauf ist zweiter Vollmond, d.h. 17. Februar; also hättet Ihr folgende Tabelle:

Epakte XXVI.

1ter Neumond am Tage nach dem 30.— XXVI Januar

1ter Vollmond, 13 Tage später, am   18. „

2ter   „   30 „   „   „   17. Februar

3ter   „   29 „   „   „   18. März

Frühlingsanfang......................21. „

1ter Vollmond nach

Frühlingsanfang 30 „   „   „   17. April

Wenn Ihr Euch diese Tabelle genau anseht, so werdet Ihr finden, dass ich nicht regelmäßig um gleiche Größen von einer Zahl zur anderen fortgegangen bin, sondern dass ich abwechselnd 30 und 29 Tage hinzuzählte. Weshalb?"

Max: „Ein Monat ist nicht vollständig 30 Tage, sondern ungefähr 29 ½ Tage, also würde ich, wenn ich 29 Tage stets rechnete, zu wenig, und wenn ich stets 30 Tage rechnete, zu viel zählen und so nimmst Du dadurch, dass Du abwechselnd 29 und 30 Tage zählst, das Mittel."

Vater: „Richtig und ich muss noch eins gleich hinzufügen. Bei diesem Zählen kann ich, je nach der Epakte, wohl einmal einen Tag zu weit zählen, indessen kommt es darauf nicht an, da durch die Vergleichung mit einer anderen Zahl, welche Ihr gleich sollt kennen lernen, die Unbestimmtheit, welche hier für das Osterfest entstehen könnte, wieder vollständig heraus geht.

145

In dem Jahre, welches ich eben angenommen habe mit der Epakte 26 fällt Ostern, wie Ihr seht, sehr spät. Wann aber ist Ostern? Bis jetzt habe ich mir nur bestimmt, auf welchen Tag Oster—Vollmond fällt, und da ich außerdem weiß, dass der Frühlingsanfang sich höchstens im Laufe eines ganzen Jahrhunderts um einen Tag verschieben kann, so ist mir damit hinreichend genau die Lage des Oster—Vollmondes nach dem Frühlingsanfang gegeben. Wenn ich nun aber wissen will, welches der erste Sonntag nach dem Oster—Vollmond, nach dem 18. April also in unserem Falle, ist, so muss ich noch einen Schritt weiter in der Kalenderrechnung gehen und dazu braucht man den Sonntagsbuchstaben. Der Sonntagsbuchstabe sieht Euch etwas mysteriös aus, beruht aber in der Tat auf weiter Nichts, als der Einkleidung eines ganz gewöhnlichen Gedankens in eine etwas fremdartige Form. Statt nämlich den ersten Januar, wie man gewöhnlich tun würde, mit einer Zahl zu bezeichnen, wird derselbe durch einen Buchstaben, nämlich A, der zweite Januar durch B und so fort bis zum 7. bezeichnet. Am 8. würde A sich wiederholen und so könnte ich mit 7 Buchstaben sämtliche Tage des Jahres bezeichnen. Fällt nun beispielsweise auf den 3. Januar Sonntag, so sagt man, der Buchstabe für den ersten Sonntag im Januar sei C und nennt ihn dann schlechtweg den Sonntagsbuchstaben. Es würde also z.B. bedeuten der Sonntagsbuchstabe F?"

Gustav: „Dass der erste Sonntag auf den 6. Januar fällt."

Otto: „Wozu ist denn überhaupt die Bezeichnung mit Buchstaben?"

Vater: „Einen kleinen Vorteil gewährt sie. Da ich nämlich nur 7 Buchstaben einführe, so hat jeder Sonntag das ganze Jahr hindurch denselben Buchstaben."

Otto: „Aber ich meine, es wäre doch sehr schwierig, aus einer Zahl nun Buchstaben zu berechnen."

Vater: „Überlege nur! Das Jahr hat 365 Tage, also 52 Wochen und 1 Tag. Hätte es genau 52 Wochen, so würde ein für alle Mal der Sonntagsbuchstabe immer derselbe bleiben, vorausgesetzt allerdings, dass alle Jahre gleich lang wären, d.h. dass niemals Schaltjahre dazwischen kämen. Im Allgemeinen rückt aber der Sonntagsbuchstabe um einen Tag fort. Daher rückt, wie Du wahrscheinlich schon bemerkt hast, Dein Geburtstag, welcher im ersten Jahre vielleicht auf Mittwoch fiel, im Folgenden auf Donnerstag und so wandert er immer von einem Jahr zum andern um einen Wochentag, in Schaltjahren aber um2 Wochentage. In 4 Jahren würde also der Sonntagsbuchstabe um 5 oder in 28 Jahren um 35 Buchstaben rücken. Wenn aber der Sonntagsbuchstabe um 35 Buchstaben gewandert ist, so ist er fünfmal um die sieben Buchstaben A bis P gerückt, und es würde also daraus folgen, dass nach 28 Jahren der Sonntagsbuchstabe wieder mit demselben Buchstaben bezeichnet wird, wie im ersten. Diesen Zeitraum von 28 Jahren nennt man den Sonnenzyklus, die Zahl welche angibt, das wievielte Jahr in diesem Zyklus das betreffende Jahr ist, nennt man den Sonnenzirkel.“

Otto: „Wie ungeschickt, einen so langen Zyklus von 28 Jahren zu nehmen!“

Vater: „Schlaukopf! Es ist der kürzeste, welchen man wählen kann. Es wird nämlich verlangt, dass man eine Anzahl Jahre oder einen ‚Zyklus‘ findet, nach dessen Ablauf der Sonntagsbuchstabe sich stets wiederholt, man mag anfangen, mit welchem Jahr man will.“

Otto: „Reichen dazu nicht 7 Jahre?“

Vater: „Nein. Angenommen, Du fängst an mit dem Jahre 5, so kommen in den nächsten 7 Jahren 2 Schaltjahre vor, der Sonntagsbuchstabe rückt also um 9 Stellen; ein andermal ist dazwischen nur 1 Schaltjahr, der Sonntagsbuchstabe rückt nur um 8 Stellen. Nimmst Du aber 4 Jahre, so kann darin immer nur ein Schaltjahr sein, in 8 Jahren nur 2 usw. Schreibe Dir nur die Zahl von

1 bis 8 hin und probiere es; nie wirst Du mehr als 2 Schaltjahre hineinbekommen, magst Du das 1., 2., 3. oder 4. Jahr als erstes Schaltjahr rechnen. In vier Jahren muss also sicher, das magst Du anfangen, wie Du willst, der Sonntagsbuchstabe um 5 Stellen rücken. Ist er um 5 Stellen gerückt, so hat er sich aber noch nicht wiederholt. – Nach 8 Jahren ist er um 10 Stellen gerückt, nie mehr und nie weniger, aber wiederholt sich noch nicht; so ist er gerückt

nach	12	Jahren	um	15	Stellen	$=2{\cdot}7+1$
„	16	„	„	20	„	$=2{\cdot}7+6$
„	20	„	„	25	„	$=3{\cdot}7+4$
„	24	„	„	30	„	$=4{\cdot}7+2$
„	28	„	„	35	„	$=5{\cdot}7$

Da erst 35 durch 7 teilbar ist, so muss ich solange fortgehen, bis der Sonntagsbuchstabe um 35 Stellen gerückt ist. Jetzt ist er sicher wieder am Anfang, also A.

Während wir seither das erste Jahr vor Christi als das erste rechneten für die Goldene Zahl und die Epakte, d.h. also für die Zahlen, welche mit dem Mondumlaufe zusammenhängen oder für die Mondzyklen, rechnet man als erstes Jahr im Sonnenzyklus das Jahr 9 vor Chr. Es hatte den Sonntagsbuchstaben A, welcher stets nach 28 Jahren wiederkehrt. Das Jahr 1876 ist mithin das 1885te Jahr im Sonnenzyklus wie Ihr findet, in dem Ihr einfach 9 zur Jahreszahl addiert. Wenn Ihr von dieser Jahreszahl im Sonnenzyklus so oft wieder 28 abzieht als möglich ist, so findet Ihr, wenn Ihr z.B. von 1885 hättet 28 abziehen sollen, dass seit dem Jahre 9 vor Chr. 67 solcher Sonnenzyklen verlaufen sind; bleibt dabei noch der Rest 9, so würde das heißen, dass das betreffende Jahr das 9te Jahr in dem letzten Zyklus ist oder dass sein Sonnenzirkel, wie man sich ausdrückt, 9 wäre. Vor neun Jahren war also A der Sonntagsbuchstabe.

Angenommen, ich wollte für das Jahr 1875 den Sonnenzyklus berechnen, so würde ich 8 hierfür finden, d.h. es wäre vor 7 Jahren, also im Jahre 1868, der Sonntagsbuchstabe A gewesen.

Überzeugt Euch von der Rechnung einfach durch folgende Tabelle.

	Sonntagsbuchstabe
1868	A
69	B
70	C,D
71	E
72	F
73	G
74	A,B
75	C

Dass es nämlich zwar das 8. Jahr im Sonnenzyklus ist, aber trotzdem vor 7 Jahren schon der Sonntagsbuchstabe A war, kommt einfach dadurch heraus, dass in den seit 1875 bis 1868 vergangenen Jahren zwei Schaltjahre vorkommen, in welchen der Sonntagsbuchstabe um zwei Stellen rückt. Für die Schaltjahre muss man also zwei Sonntagsbuchstaben einführen, von denen der erste gilt bis zum 29. Februar und der folgende vom 29. Februar bis zum Ende. Der historischen Entstehung nach müsste der erste Sonntagsbuchstabe natürlich bloß gelten –„

Otto: „bis zum 23. Februar.“

Vater: „Ihr könnt den Sonntagsbuchstaben noch einfacher durch eine andere Rechnung finden, die ich Euch wieder an einem Beispiele erläutern will.

Angenommen, wir suchten den Sonntagsbuchstaben für 1889, so sagt Ihr Euch, das Jahr 1889 ist das 1889+9 im Sonnenzyklus. Zählt davon 28 ab so oft Ihr könnt, d.h. dividiert durch 28, so findet Ihr den Rest 22, dies heißt wiederum, dass vor 21 Jahren der Sonntagsbuchstabe A war. Dazwischen sind 5 Schaltjahre gewesen und es bleiben somit 16 gewöhnliche Jahre. In diesen 16 Jahren ist der Sonntagsbuchstabe um 16 gerückt, in den 5 Schaltjahren nochmals um 10, im Gesamt um 26 Buchstaben. Wenn er um 21 gerückt ist, ist er wieder bei A, es ist also jetzt der 5. Buchstabe, nämlich E."

Max: „Was fängt man nun aber mit dem Sonntagsbuchstaben an?"

Vater: „Das ist sehr einfach. Angenommen derselbe sei E, so war der erste Sonntag im betreffenden Jahre der 5. Januar. Der Ostervollmond falle auf den 15. April, so sind, wenn es kein Schaltjahr ist, bis dahin

Januar	31	Tage
Februar	28	„
März	31	„
April	15	„
105		Tage, also vom ersten Sonntag

bis zum Ostervollmond, den 15. April, noch 100 Tage. Nun gibt

$$\frac{100 : 7 = 14}{\text{Rest 2.}}$$

Also 100 Tage sind 14 Wochen 2 Tage, oder es war 2 Tage vor dem 15. April wieder Sonntag, Ostervollmond fällt auf einen Dienstag, also ist Ostern den 20. April.

Beantwortet mir nochmals folgende Fragen. Was bedeutet:

Goldene Zahl	14?
Epakte	XXIII?
Sonnenzirkel	8?
Sonntagsbuchstabe	C?

Berechnet Ostern für das Jahr 1889. Aber rechnet so, wie ich Euch auseinander setzte, wenn es auch ein bisschen länger dauert, und fragt Euch immer wieder, was die einzelnen Zahlen bedeuten und weshalb man dieselben gerade so ausrechnet, wie ich Euch angab. Damit ihr sehen könnt, ob Ihr richtig gerechnet habt, gebe ich Euch noch eine Tafel, welche für unser Jahrhundert gilt und mit welcher Ihr nachträglich Euer Resultat vergleichen möget.

Goldenen Zahl	Ostervollmond und Sonntagsbuchstabe
1	13. April E
2	2. April A
3	22. März D
4	10. April B
5	30. März E
6	18. April C
7	7. April F
8	27. März B
9	15. April G
10	4. April C
11	24. März F
12	12. März D
13	1. April G
14	21. März C
15	9. April A
16	29. März D
17	17. April B

19   26. März A

Adolf: „Hier steht aber im Kalender noch eine Zahl, die Du nicht erklärt hast, nämlich die Römerzinszahl. Was heißt die?"

Vater: „Sie ist sehr unwesentlich und hat für unsere Kalenderrechnung gar keine Bedeutung. Sie ist unter Constantin eingeführt worden und bedeutet den Zyklus von 15 Jahren, nach deren Verlauf die Steuern und Schätzungen der Untertanen erneuert wurden. Der Beginn dieser Periode ist auf den 1. Januar 313 festgesetzt. Ihr findet sie immer, wenn Ihr zur Jahreszahl 3 hinzuzählt und durch 15 dividiert: der Rest gibt die Römerzinszahl.

Ich gebe Euch hier noch eine Formel, welche von unserem berühmten Mathematiker Gauß herrührt und in einfacher Weise die Ostern für jedes Jahr, aber allerdings nur für unser Jahrhundert zu berechnen gestattet.

Bezeichnet n das laufende Jahr unseres Jahrhundert (z.B. 75 für das Jahr 1875), bedeuten ferner a, b, c, d, e bezüglich die kleinsten Reste der Divisionen,

$$(n+14):19 \qquad (\text{Rest ist } a)$$

$$n:4 \qquad (\text{ „ „ } b)$$

$$(n+1):7 \qquad (\text{ „ „ } c)$$

$$(19a+23):30 \qquad (\text{ „ „ } d)$$

$$2(b+2c+3d+2):7 \qquad (\text{ „ „ } e)$$

so fällt Ostern auf den $(22+d+e)$ten März, oder den $(d+e-9)$ten April fallen.

Ihr seht darin überall die Zahlen 19, 28 = 47, 30, 11 wieder vorkommen.

Dies deutet darauf hin, dass das, was ich Euch hier auseinandergesetzt habe, dort einfach durch allgemeine Zeichen ersetzt ist, dass aber natürlich der Gedanke der Rechnung im Wesentlichen wieder mit unserer übereinstimmt.

Aber noch eins muss ich hinzufügen, dass nämlich Alles, z.B. die Goldene Zahl; astronomisch nicht genau ist, da es überhaupt nicht möglich ist, einen Kalender zu finden, der mit dem Himmel in vollständiger Übereinstimmung wäre, einfach aus dem Grunde, weil auch die sogenannten festen Punkte fortwährender Änderung unterliegen, welche bald zu bald wieder abnehmen. Im Übrigen ist auch unsre ganze Zeitrechnung historisch nicht einmal genau, sondern es ist höchst wahrscheinlich, dass Christus nicht im Jahre 1 unsrer Zeitrechnung, sondern 3 – 4 Jahre, vielleicht noch mehr vorher geboren wurde."

Adolf: „Aber wie kommt es, dass man nicht genau bestimmen kann, wann Christus geboren wurde."

Vater: „Es rührt davon her, dass man früher annahm, Christus habe wirklich mit dem dreißigsten Jahre seine Lehrtätigkeit begonnen, während man aus anderen geschichtlichen Daten schließen muss, dass der Sinn dieser Stelle nur heißen kann, nach Vollendung des 30ten Lebensjahres und da nicht mehr genau zu bestimmen ist, ob mit 33 oder 34 Jahren oder vielleicht noch zwei Jahre später, so geht damit eine Unsicherheit von im Ganzen ungefähr 3 Jahren in das Geburtsjahr Christi ein. Christus ist außerdem auch nicht den 25. Dezember geboren, wie man irrtümlich später dafür gesetzt hat, sondern im Anfange unseres Septembers, sodass am Anfange Septembers 1876 vielleicht schon 1880 Jahre seit der Geburt des Heilands verflossen sind.

Immerhin ist unsere Kalenderrechnung, für die ja außerdem der Anfang der ganzen Rechnung vollständig gleichgültig ist, noch wesentlich besser als die meisten übrigen Kalender, so z.B. als der mohammedanische. Der mohammedanische Kalender zählt von der Flucht Muhammeds, also vom 16. Juli 622 unserer Zeitrechnung an und richtet sich nur nach dem Laufe des Mondes. Sie zählen, wie man sagt, nach freien Mondjahren, während wir nachgebundenen Mondjahren zählen, d.h. wir berücksichtigen den Lauf der Sonne und auch den Lauf des Mondes. Eine Zeitrechnung, welche umgekehrt nur Rücksicht nimmt auf den Lauf der Sonne, nennt man eine Rechnung nach freien Sonnenjahren. Die Mohammedaner müssten im Jahre 1876 ihr 1254. Jahr anfangen, wie Ihr leicht durch Subtraktion findet, stattdessen haben sie den 25. Januar 1876 bereits ihr 1292 Jahr vollendet, denn bei ihnen hat das Jahr nicht 365, sondern 354 Tage, nämlich 12 Mondumläufe. Dadurch wird natürlich der Anfang des Jahres immer im Laufe von 40 Jahren durch das ganze Jahr hindurch wandern, ein Übelstand, der für das dortige Klima weniger von Belang ist, als bei uns, wo allerdings ein Weihnachtsfest mitten im Sommer gefeiert, uns höchst wunderbar vorkommen würde. – Ihr seht noch etwas anderes daraus, nämlich, dass die Türken älter werden als bei wir."

Otto: „Natürlich. Ein Mensch von 120 Jahren nach türkischer Rechnung ist nur 117 Jahre alt nach unserer Rechnung."

Vater: „Das durchschnittliche Lebensalter nach türkischer Rechnung würde also 1 ½, Jahre mehr sein. – Der Vorteil, den die Mohammedaner von ihrer Rechnung haben, ist nur der, dass sie niemals einzuschalten haben."

„Nun habt Ihr", sagte der Vater, „so ziemlich (denn es kommen noch vielerlei Korrektionen in Betracht) die Geheimnisse der Kalenderrechnung gelernt und ich möchte nur noch eine Frage Euch stellen, die Ihr mir für den nächsten Abend beantworten sollt. Wir wollen dann auch die Proben darauf machen.

Die Sitte unseres Eierlesens zu Ostern wurde früher mit allerhand Spielen verknüpft und es kam dabei gewöhnlich ein Wettspiel vor, welches denjenigen, der nicht damit bekannt ist, irreführen kann. Es wird .nämlich ein Korb hingestellt und 1 Meter von dem Korbe entfernt ein Ei hingelegt, von diesem wieder 1 Meter entfernt ein zweites Ei und sofort bis der Reihe nach 100 Eier in einer Linie neben einander liegen. Es wird nun folgende Aufgabe gestellt. Es soll ein Knabe das erste Ei holen und in den Korb zurücklegen, dann zu dem zweiten laufen, dieses in den Korb bringen und so fort, indem er den Weg zu jedem Ei hin und zurück machen muss, ohne jemals zwei Eier zu nehmen. Auf diese Weise soll er alle 100 Eier in den Korb legen. Während derselben Zeit bekommt ein anderer eine bestimmte Strecke vorgeschrieben, welche er so rasch als er laufen kann, hin und zurück durcheilen muss. Wie lang glaubt Ihr wohl, dass die Strecke sein darf, die dem zweiten vorgeschrieben wird, damit er doch noch Sieger bleibe, dass er nämlich doch noch früher zurückkomme, als der Andere mit dem Eierlesen fertig ist. Glaubt Ihr wohl, dass Ihr früher die Eier zusammengelesen habt, als bis der andere den Weg von $\frac{1}{4}$ Stunde hin und zurück durchlaufen hat?"

Alle: „Natürlich! Das wäre ja $\frac{1}{2}$ Stunde. So lange kann er angestrengt nicht laufen. Während dieser Zeit kann Jeder die Eier in den Korb gelesen haben."

Vater: „Ihr beurteilt die Aufgabe zu leicht. Überlegt es Euch! Versucht zu rechnen und wir wollen sehen, wer siegt. Ich behaupte, dass wenn wir 2 Uhr mittags anfangen, ich getrost einen Spaziergang machen darf bis zum nächsten Dorf, das $\frac{3}{4}$ Stunde entfernt ist, dass ich dort in aller Ruhe ein Glas Bier trinken kann und doch noch früher zurückkomme, als Ihr Eure Aufgabe gelöst habt."

Achte Unterhaltung

Das Eierlesen wird probiert. – Entfernungen nach Metern in Meilen und Stunden umzurechnen. – Unser Maßsystem. – Der Kreis und dessen Teilung. – Auch beim Wettlauf kommt unter Umständen Mathematik vor; nicht mit den Beinen, sondern mit dein Kopfe siegt man. – Wasserwellen Licht und Schall gehen stets den kürzesten Weg. – Das Ohr des Dionysius.

Heute ist die junge Gesellschaft früher versammelt, als seither, sollte doch das Eierlesen praktisch erprobt werden, und waren sie doch alle begierig, wer von ihnen Sieger sein würde. Schon am Nachmittage hatten sie sich im Garten beim Hause zusammengefunden, als der Vater zu ihnen kam und sie fragte: „Nun, habt Ihr Euch die Aufgabe überlegt und bleibt Ihr noch immer bei Eurer Behauptung?“

„Jawohl", riefen Alle. – „Während Du den Weg bis zum nächsten Dorfe hin und zurück machst, während der Zeit kann Jeder von uns ganz bequem die Eier gesammelt haben."

„Versuchen wir es", antwortete der Vater.

Sie legten von dem Korbe aus in der vorgeschriebenen Entfernung von je 1 Meter ein Ei hin und Fritz erbot sich, sämtliche 100 Eier unter den Bedingungen, welche gestellt waren, innerhalb höchstens 72 Stunde einzusammeln.

Es dauerte nicht viel über 1 Minute, so hatte er die 10 ersten Eier in den Korb gebracht. Er stand dann still und überlegte: Neunmal so viel liegen noch da, für die ersten 10 habe ich 1 Minute gebraucht, also werde ich, weil die folgenden weiter weg liegen, zwar mehr brauchen, aber in längstens ½, Stunde werden alle zusammen im Korbe sein.

„Wir wollen das Spiel nicht weiter fortsetzen", sagte der Vater, „denn Ihr würdet Euch leicht überzeugen, dass Ihr Euch sehr dabei verrechnet habt. Nehmen wir lieber ein Blatt Papier und versuchen zu rechnen. Ihr müsst zu den Eiern hin den Weg machen, den Ihr in Metern ausgedrückt erhaltet, wenn Ihr

$$1+2+3+\ldots+100 \text{ addiert.}$$

Wie zählen wir dies zusammen?"

Otto:

$$0+1+3+4+5+6+7+8+9 = 45$$

$$10+11+12+13\ldots\ +19 =$$

$$\left.\begin{array}{l}10+10+10+10\ +10\\ +0+1+2+3\quad\ +9\end{array}\right\} = 10\cdot10+45$$

Ebenso ist

$$20+21+22+23\ldots\quad 29 = 10\cdot20+45$$

So bekommt man Alles in Allem:

$$10 \cdot 10 + 10 \cdot 20 + 10 \cdot 30 + 10 \cdot 40 + \ldots + 10 \cdot 90 =$$

$$10(10 + 20 + 30 + \ldots + 90) = 10 \cdot 10(1 + 2 + 3 + \ldots + 9) = 10 \cdot 10 \cdot 45$$

Dazu kommt noch $10 \cdot 45$ und dann endlich noch 100 selbst als die letzte Zahl der ganzen Reihe. Alles zusammen gibt 5050m, der ganze Weg hin und zurück ist doppelt so groß, also 10100m."

Vater: „Ich habe Dich gewähren lassen, aber Du hast ungeschickt gerechnet."

Max: „Es ist ganz einfach wieder eine arithmetische Progression. Fasse ich das erste und das letzte, das zweite und zweitletzte Glied zusammen usw., so gibt es 50 solcher Doppelglieder, jedes hat die Summe 101, also ist die ganze Summe

$$101 \cdot 50 = 5050.$$

Dies ist der einfache Weg, der doppelte also 10100m."

Vater: „Der Eiersammler hat also 2.5050m zurückzulegen. Der Gegner muss also mindestens 5050m weit sein Ziel gesteckt bekommen.

Dabei wurde noch vorausgesetzt, dass der Eiersammler gar keine Zeit verwendet, um die Eier aufzulesen und wieder behutsam in den Korb zu legen. Dies noch berücksichtigt, darf man getrost sagen, dass der Gegner einen Weg von 24000 Fuß, d.h. ungefähr 1 Meile zurücklegen kann. Nun kann er aber nicht fortwährend laufen und so braucht er fast 2 Stunden, um hin und ebenso viel um zurückzukommen, im Ganzen also braucht er 4 Stunden Zeit."

Alle waren erstaunt über diese Lösung und gaben den Gedanken an eine wirkliche Ausführung auf. „Wie rechnest Du", fragte Max, den „Weg in Metern um in Stunden?"

Vater: „Wenn ich Dir dies erklären soll, so müssen wir zurückgehen auf unser Maßsystem. Ihr wisst, dass man lange Zeit die verschiedenartigsten Maße als Einheit vorgeschlagen hat, meistens Maße, welche nahezu der Länge eines Mannesfußes entsprachen. Merkwürdigerweise hat man diese Fuße meist in 12 Teile zerlegt, statt der wegen des 10 –teiligen Zahlensystems näher gelegenen Zehnteilung. Für diese vielen voneinander abweichenden Fußmaße, denn fast jede Stadt im heiligen römischen Reiche deutscher Nation hatte neben ihrem eigenen Kopf auch ihren eigenen Fuß und ihr eigenes Gemäß – wozu auch sollte sie sich nach den anderen richten? – kam ein Maß auf, welches in wissenschaftlichen Kreisen mehr Anwendung fand, die französische Toise.“

Otto: „Also hat sich die Welt wieder einmal gleich nach den Franzosen gerichtet?“

Vater: „Dies hatte seinen einfachen Grund. Es wurde damals in der Wissenschaft sehr lebhaft die Frage diskutiert, ob die Erde abgeplattet sei, wie der berühmte englische Physiker und Mathematiker Isaak Newton aus theoretischen Gründen schloss, oder ob sie, wie die Franzosen aus Messungen schlossen, die unter Cassini in der Mitte des 17. Jahrhunderts angestellt waren, im Gegenteil nach den Polen zu spitzer zulaufe. Dies ließ sich durch sog. Gradmessungen entscheiden, wovon Näheres ein andermal. Es kommt bei denselben darauf an, den Erdbogen, welcher zwischen 2 Orten liegt, deren geographische Länge dieselbe und deren geographische Breite sehr genau bekannt ist, möglichst genau zu messen. Hat man eine solche Messung möglichst in der Nähe des Äquators, eine andere möglichst in der Nähe des Pols gemacht, so lässt sich daraus ein Schluss ziehen auf die wahre Gestalt der Erde. Zu dem Ende gingen 1735 die französischen Gelehrten Bouguer, Condamine und Godin nach Peru, eine zweite Expedition unter Maupertius und OuTier nach Lappland.

Fern von allen wissenschaftlichen Hilfsmitteln mussten die Gelehrten in Peru eine sehr primitive Einheit wählen, eine einfache Eisenstange, mit sogar schief abgefeilten Enden. Und dieser Maßstab, auf den sie ihre sehr genauen Messungen bezogen, ist die nachmals so berühmt gewordene Toise du Perou. Sie wurde aber so wichtig, weil man die Messungen, welche mit derselben gemacht waren, in die Maße der anderen Länder übertrug und zu dem Ende beide Maße mit einander vergleichen musste.

Diese Toise war 6 Pariser Fuß, jeder zu 12 Zoll, der Zoll zu 12 Linien.

Man wollte statt dieses willkürlichen Maßes ein anderes, welches unveränderlich und nicht verlierbar sei, d.h. ein Maß, welches stets in seiner wahren Größe wiederhergestellt werden könnte, wenn es einmal dem Loose alles Irdischen verfallen sollte. Deshalb sollte das neue Maß auf die Größe der Erde bezogen werde. Einen Kreis durch die beiden Pole über die Erde gelegt (einen Meridiankreis) teilt man sich in 4 gleiche Teile, 4 Erdquadranten. Diesen dachte man sich wieder in Millionen gleiche Teile zerlegt und nahm einen solchen Teil als Maßeinheit, als Meter (mètre). Von der Toise von Peru trug man sich 3 Fuß 0 Zoll 11,296 Linien ab und glaubte damit den 10millionten Teil des durch Paris gehenden Erdquadranten zu haben. Man sah später ein, dass man dabei einen Fehler, welcher in den Messungen liegt, gemacht habe und ist überhaupt nach langen wissenschaftlichen Diskussionen von der Vorstellung zurückgekommen, dass ein Maßstab herzustellen ist, von dem man sicher weiß, dass er absolut unveränderlich und deshalb stets wiederherstellbar ist.

In der Tat hat nicht der Zusammenhang des Meters mit den Erddimensionen, sondern der einfache Zusammenhang der kleineren und größeren Längen –, Flächen und Gewichtsmaße mit der Einheit dem Metersystem den Eingang verschafft. Man teilt nämlich immer nach der 10 – zahl ein.

1m = 10dm (10 Dezimeter), 1dm = 10cm (Zentimeter), 1cm = 10mm (Millimeter). Die Unterabteilungen des Meters benennt man mit lateinischen Zahlwörtern, also $\frac{1}{10}$ heißt Dezimeter, $\frac{1}{100}$ Zentimeter, $\frac{1}{1000}$ Millimeter.

Die höheren Einheiten bezeichnet man mit griechischen Zahlwörtern. Also:

1 Dekameter = 10m

1 Hektometer = 10 Dekameter = 100m

1 Kilometer = 10 Hektometer = 100 Dekameter = 1000m

1 Myriameter = 10000m

Die Flächenmaße sind dann einfach Quadrate, deren Seiten durch eine Längeneinheit gebildet werden, z.B. 1 Quadratmeter = 100 Quadratdezimeter = 10000 Quadratzentimeter = 1000000 Quadratmillimeter.

Ebenso sind die Raummaße Würfel. 1000 Kubikzentimeter nennt man 1 Liter.

Die Gewichtseinheit ist das. Gewicht eines Kubikzentimeters voll Wasser bei 4° C, d.h. das Gewicht eines Würfels von 1cm Seitenlänge, gefüllt mit Wasser von 4° C.

Otto: „Weshalb gerade von 4°C.?“

Vater: „Wasser zieht sich nicht, wie z.B. Quecksilber im Thermometer, gleichmäßig mit der Temperatur zusammen. Denkt Euch 2 Thermometer neben einander, eines mit Quecksilber, eines mit Wasser gefüllt und in ein Gefäß mit Wasser getaucht. Ihr kühlt das Wasser immer mehr ab, indem Ihr Eis in das Gefäß werft. Anfangs fallen beide Thermometer gleichmäßig; etwa von 20° auf 10°, 8°, 5°, 4°. Nun kühlt Ihr noch weiter ab, so fällt das Quecksilberthermometer noch mehr, das Thermometer, welches mit Wasser gefüllt ist, steigt aber wieder, obschon das Wasser in demselben kälter wird. Mit anderen Worten: das Wasser dehnt sich von 4° C. an wieder aus oder in einen gegebenen Raum, z.B. ein Medizinglas, könnt Ihr am meisten Wasser bringen, wenn das Wasser 40 warm ist, nicht wärmer und nicht kälter. (Wie Ihr den Versuch wirklich ausführen könnt, vergl. Anhang.)“

Otto: „Wie berechnet man aber aus Metern die Meilen?“

Vater: „Dass ist nun sehr einfach. 1 Meridiangrad wird angenommen zu 15 geographischen Meilen, d.h. die Meile wird festgesetzt als $^1/_{15}$ Meridiangrad.

Der Erdquadrant ist nach den besten Messungen nicht 10 Millionen Meter, wie man bei der Abtragung von der Toise annahm, sondern 10000857m. Demnach wird die Länge eines mittleren Meridiangrades 111120m, 6 = 15 Meilen. Also 1 Meile = 7420m, 4 = 2 Stunden = 120 Minuten.

$$1m = \frac{120}{7420} \text{ Minuten}$$

1 Kilometer = 1000m = 16,1 Minute.

Ich gebe Euch hier noch einige der wichtigsten Maße.

1 geographische oder deutsche Meile =

3806,7 Toisen	2 Fuß = 1 Elle
7420,4 Meter	6 preuß. Fuß = 1 Toise
8096 Yards	12 Fuß = 1 Ruthe
22840 Pariser Fuß	3 engl. Fuß = 1 Yard.

23639,6 preußische Fuß

0,742 französische Meilen

0,978 österreichische Meilen

0,985 preußische Meilen

1,333 Seestunden

4,611 englische Meilen

6,956 russische Werst.

1 Toise = 1m, 949037

1par. Fuß = $\frac{1}{6}$ Toise = 0m, 3248394

1 par. Zoll = $\frac{1}{12}$ Fuß = 0m, 0270699

1 par. Linie = $\frac{1}{12}$ Zoll = 0m, 0022588

1 Meter = 0,513074 Toisen = 3,078444 par. Fuß
= 36,94133 pr. Zoll = 443,2959. par. Linien.

„Doch nach dieser Abschweifung zurück zu etwas Anderem. Sind wir schon einmal", fuhr der Vater fort, „im Garten versammelt, so kann ich Euch bei dieser Gelegenheit noch manches andere lehren."

„Da jetzt der Garten zu Recht gemacht wird, so sagt mir, in welcher Weise Ihr ein kreisförmiges Beet am besten herstellen würdet."

Gustav: „Ich schlage einen Pflock in die Erde, binde einen Faden daran, an dessen Ende einen Setzstock und gehe mit der Spitze desselben, indem ich den Faden straff spanne, um die Mitte herum; so bekomme ich einen Kreis."

„Richtig", sagte der Vater, „aber nun eine andere Frage. Angenommen, Ihr hättet die Schnur einen Meter lang genommen, wie groß glaubt Ihr, dass der Umfang des Kreises sein würde. Oder ich kann Euch die Frage erst in anderer Weise stellen. Ich habe hier einen Teller und dazu eine Schnur, gebt mir nun an, wie lang die Schnur sein muss, damit dieselbe um den Teller vollständig herumgelegt werden kann."

Alle, welche eine Antwort gaben, täuschten sich sehr, sie gaben nämlich immer die Schnur zu kurz an, und es war für sie überraschend, dass die Schnur mehr als dreimal so lang, als der Durchmesser des Tellers sein musste.

„Ihr seht daraus", sagte der Vater, „wie sehr man sich bei der Beurteilung vom Umfange kreisförmiger Gegenstände irrt. Es erklärt sich aus diesem falschen Urteil, dass die meisten Angaben, welche über die Dicke von Bäumen gemacht werden, indem man nicht den Durchmesser, sondern den Umfang anführt, so großes Staunen erregen, während doch ein Baum, den drei Leute eben umspannen können, nur einen Durchmesser hat, der etwa so groß ist, als die Länge eines Mannes, d.h. also 1,7 Meter.

Denkt Euch nun den Durchmesser des Kreises, der 100 Millimeter sein soll, als ein in Millimeter geteiltes Bandmaß, wie es die Schneider beim Anmessen benutzen, und geht mit diesem Bande um die Peripherie (so nennt man den Umfang) von dem gegebenen

Punkte A aus herum (Fig. 81), indem Ihr das Band sich immer eng an den Umfang anschließen lasst, so messt Ihr zunächst ein Stück A B ab, so groß als der Durchmesser, von B aus weiter nach C und von hier ein drittes ebenso großes Stück. Ihr würdet sehen, dass von dem letzten Punkte D bis zum Punkte A noch 14 Millimeter Weg sind. Das würde also heißen, dass die Peripherie wievielmal größer als der Durchmesser ist?"

Max: „Der Durchmesser ist 100 Millimeter, ich habe denselben dreimal abgetragen und es waren dann noch 14 Millimeter übrig, also ist die Peripherie $3^{14}/_{100}$ mal größer."

Vater: „Das, was ich Euch hier durch den Versuch oder, wie man sagt, empirisch gezeigt habe, lässt sich in der Tat durch Rechnung (theoretisch) nachweisen. Ja, Ihr würdet bei der Rechnung noch eine andere Eigentümlichkeit finden.

Denkt Euch den Kreis nicht 100 Millimeter, sondern 1000 Millimeter groß, so dass Ihr mit Bequemlichkeit wieder den Umfang auf 1 mm abmessen könnt, so würdet Ihr sehen, dass von dem Punkte D nach A zurück nicht 14, sondern 141 mm sind und nehmt Ihr

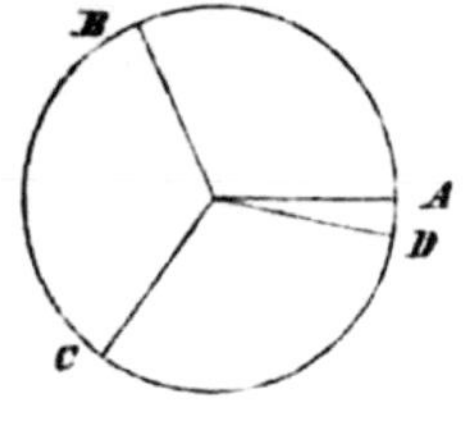

Fig. 81

den Durchmesser noch größer, so würdet Ihr immer finden, dass niemals Punkt A – mit einem Millimeterstrich zusammenfällt, sondern dass der Punkt A stets zwischen zwei benachbarten Strichen liegt. Mit anderen Worten: Ihr mögt den Durchmesser noch so groß nehmen, Ihr werdet niemals finden, dass die Peripherie ein einfaches Verhältnis zu dem Durchmesser hat. Man hat diese Zahl, welche für die Mathematik von großer Wichtigkeit ist und für welche man ihres häufigen Gebrauches wegen allgemein das Zeichen benutzt, bis auf über 400 Stellen ausgerechnet und gefunden, dass durch keinen endlichen Dezimalbruch das Verhältnis darzustellen ist, ein Resultat, das übrigens auch durch Rechnung von vornherein bewiesen werden kann.

Wenn Ihr Euch nun mit Euren Augen in den Mittelpunkt des Kreises denkt und Ihr seht einmal nach A, dann nach B, so werdet Ihr Euch, indem Ihr mit dem Auge dieses Stück AB der Peripherie durchlauft, um einen gewissen Winkel drehen müssen, nämlich um einen Winkelbogen, der gerade so groß ist, als der Durchmesser des Kreises.

In der höheren Mathematik pflegt man die Winkel in der Tat so zu messen. Im gewöhnlichen Leben aber hat man eine andere Einheilung. Man legt nicht den Durchmesser als Maß zu Grunde und teilt nach ihm die Peripherie, sondern man teilt die Peripherie, wie Ihr wisst, in 360 gleiche Teile und nennt einen solchen Teil einen Grad. Mit Hilfe geteilter Kreise ist es dann immer möglich, Winkel zu messen. Eine Teilung in Grade ist aber noch zu ungenau für die meisten Zwecke. Man teilt deshalb den Grad nochmals in 60 gleiche Teile, die man Minuten nennt, die Minute wieder in 60 Sekunden. Um Verwechselung mit der Zeitminute und Zeitsekunde zu vermeiden, nennt man diesen Teil wohl auch Bogenminuten und Bogensekunden.

Man bezeichnet einen Grad durch°, eine Minute durch einen Strich ('), die Sekunde durch 2 Striche ("). Unterabteilungen der Sekunde werden durch Dezimalbrüche ausgedrückt.

Es kommen somit auf den Kreis 360·60·60 = 1296000 Sekunden. Hätte der Kreis 1m Durchmesser, also nahezu 3m, 141 Länge, so würde die Sekunde einem Bogen von ungefähr $\frac{1}{400}$mm entsprechen. Ihr seht, es ist nicht möglich, solche Striche zu ziehen, da dieselben viel dicker ausfallen würden als der Raum, den eine Sekunde einnehmen soll. Größer als höchstens ein Meter Durchmesser kann man aber die Kreise nicht machen. Was nützte es auch, dem Kreise 10m. Durchmesser zu geben. Die Sekunde wäre jetzt $\frac{1}{40}$mm breit, immer noch eine ungemein kleine Länge, welche sich nur mittels des Mikroskops erkennen lässt. Dafür wäre aber der Kreis so groß schon geworden, dass ein besonderes Gerüste um denselben (wenn er vertikal stände) herumführen müsste, damit der Beobachter überall ablesen kann.

Man muss sich dann auf andere Hilfsmittel verlegen, welche aber hier anzuführen zu weit gehen würde.

So habt Ihr gelernt, wie man den Kreis zieht und auch einiges Wichtige und Interessante von demselben gehört.

Ihr wollt aber für Euren Garten auch, ein länglich rundes Beet machen. Wie fangt Ihr dies an? Angenommen, das Beet soll so lang werden, als die Linie A B (Fig. 82.), so schlagt Ihr von A und B gleich weit entfernt zwei Pflöcke ein, m und o, dann legt Ihr einen Faden um o herum und lasst denselben gespannt über m hinauslaufen, bis die beiden Hälften wieder im A zusammentreffen, knüpft dort einen Knoten und braucht jetzt nur, wie Ihr hier in der Figur seht, mit einem Holz den Faden straff zu spannen und stets so herum zu gehen. Eine solche Figur nennt man eine Ellipse. Der Punkt g ist der Mittelpunkt derselben."

Otto: „Aber g ist ja nicht von allen Punkten der Ellipse gleich weit entfernt."

Vater: „Das nicht. Aber jede Linie, welche durch g und die Ellipsenlinie hindurchgeht, wird durch g und die letztere in zwei gleiche Stücke geteilt.

Die Linie AB nennt man die große Achse, CD die kleine; die Linie g o und die gleichgroße g m heißt die Exzentrizität, weil sie angibt, um wieviel die Punkte o und m vom Mittelpunkt g entfernt, wie stark exzentrisch (ex centro) dieselben sind.

Je größer die Exzentrizität bei umgeänderter Fadenlänge ist, desto flacher wird die Ellipse und man kann sich dieselbe so beliebig der geraden Linie nähern lassen.

In der Tat, fiele m mit A, o mit B zusammen, so könnte ich keine Ellipse mehr zeichnen, dieselbe wäre in eine gerade Linie übergegangen.

Umgekehrt je näher die Punkte m und o dem Mittelpunkt rücken, desto gleichmäßiger rundet sich die Ellipse nach allen Seiten ab und Ihr seht leicht ein, wenn m und o zusammenfielen, so würde die Ellipse in den Kreis übergehen. Diese beiden Punkte m und o haben ein ganz besonderes Interesse, wie Ihr gleich merken werdet. Stellt Euch vor, es würde Euch die Aufgabe gegeben, von einem Punkt m aus nach dem andern o so zu gehen, dass Ihr unterwegs einmal irgendwo den Bogen der Ellipse trefft. Wie würdet Ihr in diesem Falle gehen, wenn Ihr möglichst kurz gehen wollt?"

Die Knaben schlugen verschiedene Lösungen vor, der Eine diese, der Andere jene Richtung und es dauerte nicht lange, so sahen sie ein, dass sie Alle genau denselben Weg zurücklegen würden, nämlich die ganze Länge des Fadens weniger der Strecke m o.

„Hier ist die Aufgabe einfach", sagte der Vater, „ich will Euch aber eine andere stellen, die scheinbar verwickelter ist.

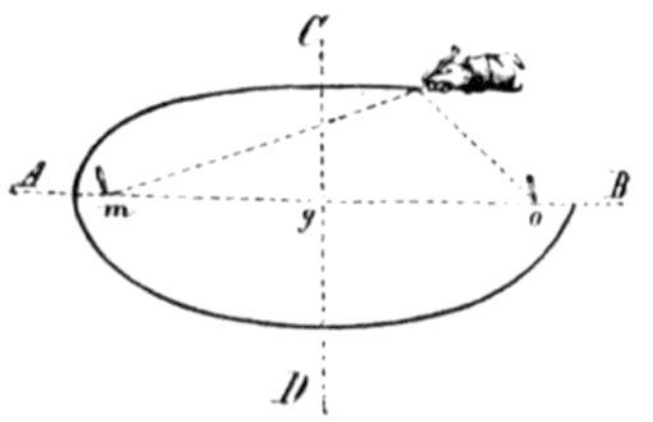

Zwei Knaben wetten mit einander, wer von Beiden vom Punkte A (Fig. 83) zunächst nach dem Punkte B gelangen würde, indem er gleichzeitig an den Bach, welcher bei A und B vorbeifließt,

Fig. 82

soll und als Beweis, dass er dort war eine mit Wasser gefüllte Flasche mit nach dem Dorfe B bringen soll."

Otto: „Zunächst würde ich von A aus nach dem Bache laufen und mein Wasser einfüllen und von da aus dann würde ich nach dem Punkte B gehen. Das ist offenbar am sichersten.

„Nein", meinte ein Anderer, „ich gehe schräg nach dem Bache zu, komme allerdings später dorthin, aber dafür habe ich dann vom Bache aus den kürzesten Weg nach B noch zu durchlaufen und kann dort noch früher hinkommen, als der Erste."

Vater: „Es wird Euch nicht leicht gelingen, ohne dass Ihr die Entfernungen mit dem Lineal ausmesst, die Aufgabe sicher zu lösen.

Denkt Euch aber, dass der Punkt B nicht vor dem Bache, sondern ebenso weit hinter dem Bache läge, also ersetzt ihn durch B^1! Wäre Euch jetzt die Aufgabe gestellt, von A nach B^1 möglichst rasch zu kommen, wie würdet Ihr laufen?"

Alle: „Natürlich auf der geraden Linie von A nach B^1."

Vater: „Gut, dann würdet Ihr also bei D an den Bach gelangen. Alle anderen Wege, wie z.B. von A nach B und dann von E nach B^1 wären länger, weil es gebrochene Linien sind. Nun liegt aber der Punkt B in Wirklichkeit vor dem Bache, geht Ihr von dem Punkte D nach B wieder zurück, so seht Ihr leicht ein, dass die Strecke DB ebenso groß ist als die Strecke DB^1.

Mit anderen Worten, Ihr müsst, um die Wette zu gewinnen, in der Linie ADB gehen. Und wenn Ihr jetzt den Transporteur anlegt, so werdet Ihr finden, dass der Winkel F^1DB gerade so groß ist als Winkel ADF! Ihr müsst also den Punkt D

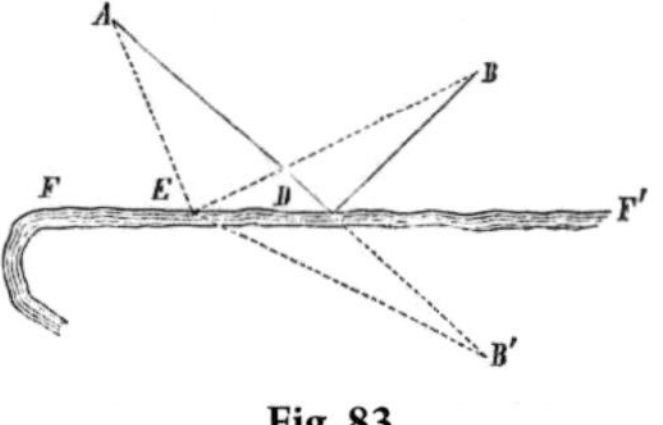

Fig. 83

so wählen, dass Ihr unter demselben Winkel gegen den Bach lauft, unter dem Ihr Euch wieder von demselben entfernt. Dann geht Ihr den kürzesten Weg. Und wohl bemerkt, es gibt nur einen einzigen Punkt mit dieser Eigenschaft auf der ganzen Strecke FF^1 und dieser liegt in der Verbindungslinie von A mit B^1.

An dieses einfache Beispiel schließen sich eine ganze Reihe von Aufgaben aus der Physik an. Was nämlich hier die Knaben, welche es sich überlegten, als ein Denkgesetz fanden, treffen wir wieder in der bewusstlosen Natur als ein Naturgesetz. So läuft ein gestoßener Körper stets so, dass er den kürzesten Weg zurücklegt. Ist zwischen dem Ort, von dem er ausgeht, und dem Ziel ein Hindernis, wie z.B. beim Billard die Bande, so wird der Körper von der Bande unter demselben Winkel zurückgeworfen, unter dem er auf die Bande auftraf. Wäre also der Bach ersetzt durch eine Bande und die Aufgabe gestellt, eine Billardkugel von A nach

B indirekt zu bringen, d.h. nicht auf dem unmittelbaren Wege AB, so ist dies bloß möglich, wenn Ihr die Kugel stoßt in der Richtung AD, und sie fliegt dann von selbst unter dem Winkel F^1DB, welcher gleich ist dem Winkel ADF nach B zurück."

Max: „Aber ich habe doch schon bemerkt, wenn ich Leute Billard spielen sah, dass eine Kugel fast senkrecht gegen die Bande antraf und nicht senkrecht zurückging, sondern schief."

Vater: „Das ist allerdings scheinbar eine Ausnahme von dem Satze, den ich anführte und wenn ich genau sein will, muss ich den Satz noch etwas ändern und hinzufügen, dass der Ball niemals seitlich angestoßen sein darf, sondern immer so, dass die Richtung des Stoßes durch den Mittelpunkt des Balles hindurchgeht.

Aber viel allgemeiner richten sich nach diesem Gesetze die Lichtstrahlen. Jeder Lichtstrahl gelangt nach einem anderen Punkte auf dem kürzesten Wege, d.h. auch wieder entweder direkt, in einer ungebrochenen geraden Linie; oder aber indem er von einem Spiegel zurückgeworfen wird, und dann gilt wieder das Gesetz, dass der Winkel, unter dem er zurückgeht, gleich ist dem Winkel unter dem er ausfällt.

Angenommen, Ihr setztet nun in den einen Punkt m der Ellipse ein Licht, so würden von dem Lichte aus Strahlen nach allen möglichen Richtungen ausgehen. Welche Strahlen würden nach der Zurückwerfung an der Ellipse nach o kommen?

Alle: „Es würden natürlich alle Strahlen, die von m ausgehen, wieder an den anderen Punkt o gelangen, da alle genau denselben Weg zurückzulegen haben, also keiner vor den übrigen ausgezeichnet ist."

Vater: „Man nennt deshalb diese beiden Punkte die Brennpunkte, weil die Lichtstrahlen, die von einem Brennpunkte ausgehen, im anderen wieder vereinigt werden und also an keinem anderen Punkte innerhalb der ganzen Ellipse so viel Licht und damit auch so viel Wärme vereinigt wird, als an diesen Punkten. Ihr könnt mit einer solchen Anordnung erreichen, während Ihr im Punkte m einen leuchtenden und wärmestrahlenden Körper habt, z.B. glühende Kohle, dass Ihr im Punkte o und nur im Punkte o einen anderen Körper durch die zurückgeworfenen Strahlen anzünden könnt.

Auch Schall – oder Wasserwellen folgen demselben Gesetze. Lasst Ihr in einer elliptisch gekrümmten Schale voll Wassers in den Punkt o Wasser tropfen, so würden von dem Punkt o aus die Wellen nach allen Richtungen ausgehen, an den Wänden zurückgeworfen werden und wieder im Punkte m sich vereinigen.

Es wird erzählt, dass Dionysius diese Einrichtung benutzt habe, indem er Gefangene in elliptisch gebaute Räume einsperren ließ. Während diese sich leise mit einander unterhielten, horchte er an einer anderen Stelle. Waren die Gefangenen im Brennpunkte dieser Ellipse, so wurde ihre Unterhaltung im anderen Brennpunkte gehört, wenn sie auch noch so vorsichtig geführt wurde; aber im ganzen anderen Raume des elliptischen Gebäudes hörte Niemand etwas von dem Gespräche.

Für heute damit genug! Den nächsten Abend wollen auch wir von diesen Gesetzen einige Anwendungen machen, welche harmloser sind als die Zwecke, zu denen Dionysius dieselben ausbeutete."

Neunte Abendunterhaltung

Spiegelbilder – Wie Gespenstererscheinungen gemacht werden. – Einiges aus der Lehre von der Perspektive. – Mit denselben Bäumen ein Bild zu zeichnen, welches einmal eine Allee von jungen, das andere Mal eine Allee von älteren Bäumen vorstellt. – Anleitung zur leichten Ausnahme von Gegenständen – Eine Gegend zu zeichnen welche sich in einem See spiegelt. – Wie bestimmst Du, in welcher Entfernung sich Leute von Dir befinden? – Die Höhe von Türmen zu messen. – Hundekurve. Radkurve. – Der Mond bewegt sich in Wirklichkeit nicht in einem Kreise um die Erde – Eine zweckmäßige Art von Fahrplänen

Ein Rat an meine Freunde. Nehmt Papier und Bleistift zur Hand und zeichnet Alles was vorkommt, nochmals selbst! Die Anleitung zum Aufnehmen von Gegenständen probiert wirklich; die Mittel, welche Ihr braucht, stehen Jedem zur Verfügung

„Ich hatte Euch den vorigen Abend gezeigt", begann der Vater heute, „dass ein gestoßener Körper oder der Schall oder Wasserwellen sich stets so bewegen, dass sie sich den kürzesten Weg aussuchen. Ich sagte Euch, dass dies auch beiden Lichtstrahlen der Fall sei. Ein Lichtstrahl, welcher auf eine ebene spiegelnde Fläche, z.B. eine Wasserfläche oder einen Spiegel auftrifft, muss also wie zurückgeworfen (reflektiert) werden?"

Otto: „So, dass der Winkel, unter welchen er auf den Spiegel trifft, dem Winkel gleich ist, unter welchem er denselben verlässt."

Vater: „Oder, wie man dies auch noch anders ausdrückt, so, dass der Reflexionswinkel gleich dem Einfallswinkel ist.

Wollen wir wieder zurückgehen auf die Zurückwerfung des Lichtes in einem Spiegel, so werdet Ihr aber noch etwas anderes beachten müssen. Wenn nur ein zurückgeworfener Lichtstrahl ins Auge trifft oder richtiger, wenn die Lichtstrahlen, die ins Auge treffen, genau gleichlaufend sind, wie z.B. die Strahlen eines Sternes, so bekommt Ihr dadurch niemals ein Urteil, wo sich der Punkt befindet, sondern nur ein Urteil über die Richtung, in welcher der Punkt erscheint. Treffen aber Strahlen, welche von demselben Punkt ausgehen, so auf das Auge, dass sie einen Winkel mit einander bilden, so ist man durch vielfache Übung dahin gelangt, dass man aus der Richtung der Strahlen zu einander einen Schluss macht auf die Stelle des Raumes, an welcher sich der leuchtende Punkt befindet.

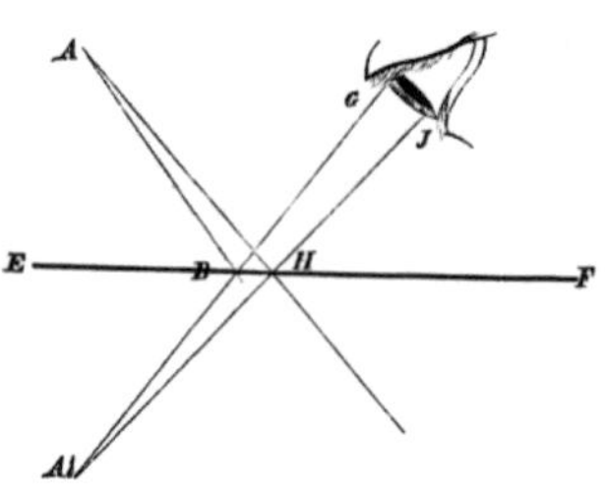

Fig. 85

Der Punkt A sei (Fig. 87) ein Licht, das über dem Spiegel EF liegt, und das Auge befinde sich irgendwo über dem Spiegel. Von A gehen alle möglichen Strahlen aus. Die Strahlen werden im Spiegel, wie ich es hier gezeichnet habe, zurückgeworfen, aber nur eine bestimmte Anzahl

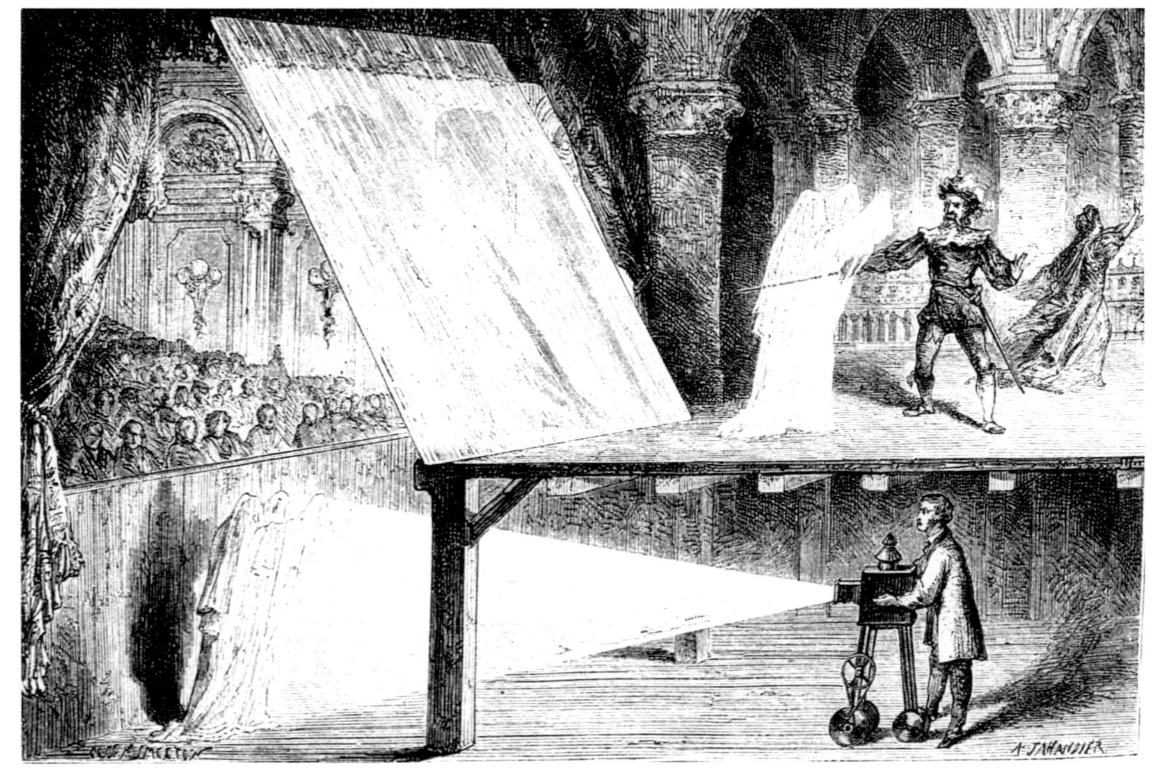

Geistererscheinung auf der Bühne, und deren
Erklärung unterhalb der letzteren (Fig. 86)

derselben wird ins Auge gelangen. Infolge des Strahles DG würdet Ihr glauben, einen Punkt unterhalb des Spiegels zusehen nach der Richtung DG. Weil gleichzeitig daneben wieder ein Strahl ist, welcher in etwas anderer Richtung zurückgeworfen wird, so werdet Ihr glauben, auch einen Punkt in der Richtung HJ dieses zweiten Strahles zu erblicken, und Ihr kommt in die Täuschung, als ob Ihr unterhalb des Spiegels einen Punkt A_1 hättet, welcher beide Strahlen HJ und DG aussendet und deshalb auf das Auge genau denselben Eindruck machen würde, als ein Punkt A_1 der im Durchschnittspunkt der beiden Strahlen liegt, da nur dann beide von ihm ausgehen können. Infolge unserer langjährigen Gewohnheit schließen wir wirklich, selbst wenn wir wissen, dass dazwischen ein Spiegel ist, mit der vollsten Überzeugungstreue auf einen Punkt A_1 welcher die beiden Strahlen erzeugen könnte.

Ihr seht, dass dieser eingebildete Lichtpunkt von uns eben so weit hinter den Spiegel versetzt wird, als der wirkliche Lichtpunkt vor dem Spiegel liegt.

Diese Täuschung könnt Ihr benutzen zu verschiedenartigen teilweise interessanten Erscheinungen. Benutzt Ihr nämlich nicht einen belegten Spiegel, sondern einfach ein Glas, so wird von der Vorderfläche des Glases eine bestimmte Anzahl Lichtstrahlen zurückgeworfen. Ihr könnt also ein reflektiertes Bild sehen; gleichzeitig aber auch, weil der Spiegel durchsichtig ist, seht Ihr durch ihn hindurch die hinter dem Spiegel befindlichen Gegenstände. So könnt Ihr im Fenster eines nicht zu hellen Zimmers deutlich oft Gegenstände, welche im Zimmer sind, gleichzeitig mit den Spiegelbildern sehen, welche von außerhalb des Zimmers im Freien befindlichen Gegenständen entworfen werden. Achtet darauf, so werdet Ihr leicht vielfach derartige Beispiele

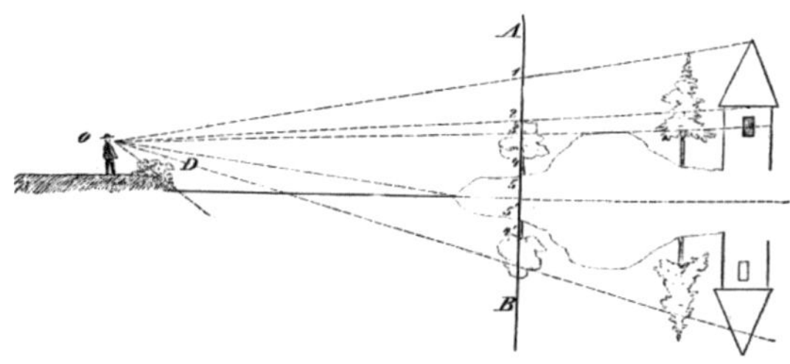

Fig. 87

finden! Liegt das Objekt, dessen Bild wir im Spiegel sehen, so, dass es von uns hinter den Spiegel an eine Stelle versetzt wird, wo sich ein wirklicher, durch die Glasplatte gesehener Gegenstand befindet, so werden sich dem Bewusstsein die beiden Bilder zu einem einzigen verschmelzen. Man benutzt dies auf der Bühne, um Geistererscheinungen zu erzeugen, indem man vor die Bühne eine große gleichmäßig geschliffene Spiegelplatte setzt, so wie Ihr es seht in Fig. 86. Wird eine Figur, die unterhalb der Bühne und vor dem Spiegelglas steht, stark erleuchtet, so glaubt Ihr eine Figur zu sehen ebenso weit hinter dem Spiegel als sie in Wirklichkeit vor demselben ist. Auf diese Weise kann man Geister und Gespenster hervorbringen, welche dann vielleicht durchbohrt werden usw.

Es gründet sich darauf auch eine einfache andere Aufgabe, nämlich das Zeichnen von Landschaften, in welchen große spiegelnde Wasserflächen vorkommen.

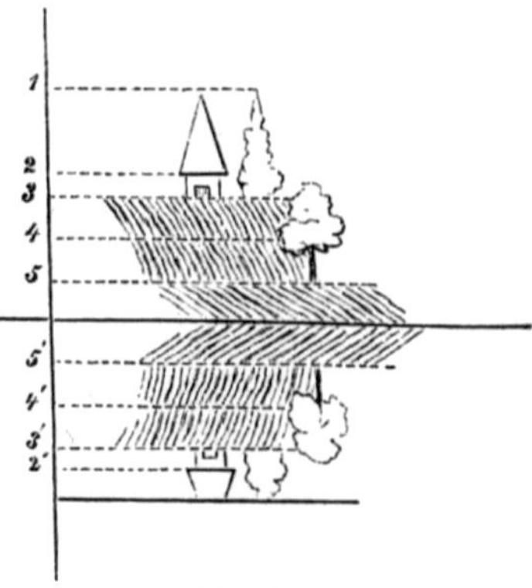

Fig. 88

Angenommen, Ihr hättet eine Gegend, wie ich sie hier gezeichnet habe (Fig.87 und 88) und solltet mir sagen, welche Gegenstände man bei A in dem Flusse gespiegelt sieht, so habt Ihr weiter Nichts zu tun, als das entgegengesetzte Ufer nochmals in derselben Größe unterhalb des Horizontes zu zeichnen. Schneidet Ihr nun mit zwei geraden Linien, die ausgehen vom Auge des Beobachters und von denen der erste nach dem diesseitigen, der zweite nach dem jenseitigen Ufer gezogen ist, in diese Figur ein, so kann der Mann nur diejenigen Gegenstände in dem Flusse gespiegelt sehn, welche innerhalb dieses Raumes fallen. Wollt Ihr also wissen, wie sich die Gegend von dem entgegengesetzten Ufer des Flusses aus ausnehmen würde, so habt Ihr damit die Möglichkeit, die Aufgabe einfach zu lösen, wie Ihr hier nebenan seht. Wird aber der Mann in Wirklichkeit die Gegend so zeichnen?"

Gustav: „Nein, Du hast uns die Gegend in einem Durchschnitt gezeichnet. Da der Mann aber vor den Gegenständen steht, diese sich also in verschiedener Entfernung von ihm befinden, so muss er die entfernteren scheinbar kleiner sehen, als die näher gelegenen."

Vater: „Kannst Du mir die Figur zeichnen, welche man von der Stelle A aus wirklich sieht."

Gustav wusste nicht darauf Antwort zu geben.

Vater: „Ich will es Euch an einem einfachen Beispiele erläutern.

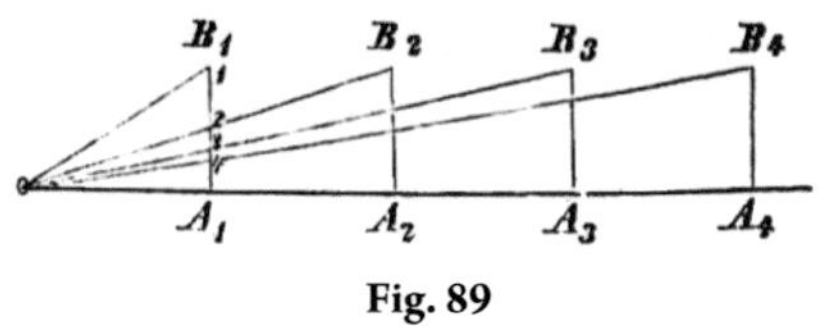

Fig. 89

Angenommen Ihr hättet auf ebener Straße (Fig. 89) im Abstande immer von etwa 100 Meter eine Reihe von gleich hohen Latten A_1B_1, $A_2 B_2$ usw.

Ziehe ich von dem Auge die Linien OB_1 OB_2 usw., so geben die Winkel $B_1 OA_1$ $B_2 OA_2$ etc. die sogenannte scheinbare Größe, d.h. die Größe, unter denen die einzelnen Latten einem Auge in O erscheinen. Diese Linien treffen, wie Ihr seht, in den Punkten 1, 2, 3, 4 die erste Latte. Soll die Figur so gezeichnet werden, wie sie dem Auge in O erscheint, so braucht Ihr weiter Nichts zu tun, als die erste Latte in ganz beliebiger Größe hinzuzeichnen, nehmt der

Einfachheit halber die Größe $A_1 B_1$. Die Punkte 2, 3, 4 usw. tragt Ihr Euch auf der Latte ab und stellt nun, damit nicht eins das andre

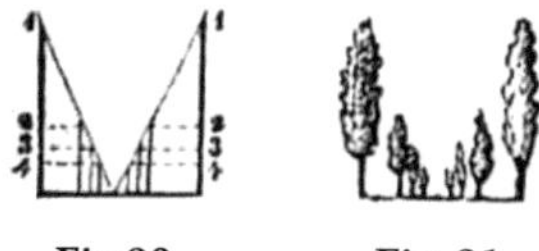

Fig.90   Fig. 91

verdeckt, die einzelnen Latten etwas neben einander, so seht Ihr schon, bekommt Ihr genau den Anblick eines Zaunes, wo die Latten, selbst wenn sie gleich groß sind, doch umso kleiner erscheinen, je weiter sie von dem Auge entfernt sind. Stellt Ihr daneben eine zweite Reihe, so habt Ihr schon, wie man sagt, ein perspektivisches Bild. Umgebt die kahlen Stöcke noch mit etwas Laubwerk und die Allee ist fertig (Fig. 90 und 91).

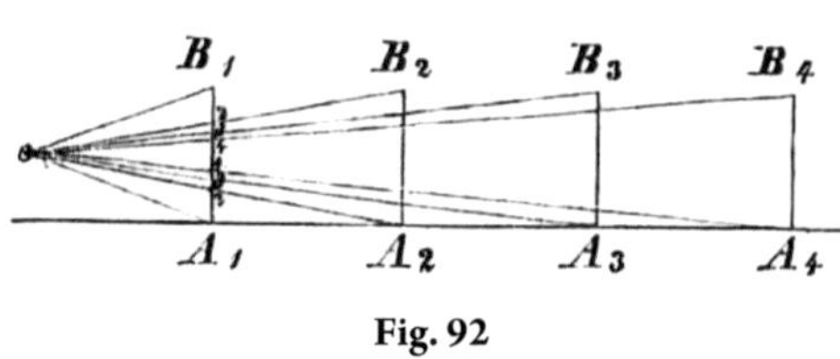

Fig. 92

Nun befindet sich aber das Auge im Allgemeinen niemals wirklich im Horizonte, sondern doch immer um Manneshöhe über demselben, und wenn Ihr damit die Zeichnung wiederholt (Fig. 92), so seht Ihr, wie die Striche nicht nur oben, sondern auch unten immer näher an einander herantreten und es würden also die Punkte, die in Wirklichkeit auf der Horizontallinie liegen, dem Auge umso mehr gehoben erscheinen, je weiter sich dieselben vom Auge befinden.

Otto: „Ja, so ist es ja auch in Wirklichkeit. Eine ebene Straße scheint immer in die Höhe zu gehen.“

Fig. 7   Fig. 94   Fig. 95

Vater: „In Fig. 93 habe ich die Linien 11, 22, 33, 44 wieder neben einander gezeichnet.

Umgebt dieselben wieder mit Laubwerk, so habt Ihr (Fig. 94) seine kleine Allee.“

Otto: „Und sogar eine allerliebste Allee von jungen Bäumen.“

Vater: „Woher kommt es, dass Du sie für junge Bäume hältst?“

Gustav: „Es rührt daher, dass Du in Fig. 89 das Auge 0 in die halbe Höhe eines Baumes gelegt hast. Die Bäume können also nicht größer sein, als die doppelte Höhe eines Menschen.“

Vater: „So ist es. Wiederholt die Zeichnung, indem Ihr das Auge 0 in Fig. 89 nur in ein Viertel der Höhe eines Baumes legt und Ihr werdet unwillkürlich, selbst wenn Ihr die Bäume genau ebenso zeichnet, dieselben für größer, für älter halten! Man denkt von selbst, wenn nicht ausdrücklich das Gegenteil gesagt oder in der Zeichnung angedeutet wird, dass man selbst auf der Straße stände, man versetzt sich also in den Fall, welchem einer der gewöhnlichste ist. Ihr seht, wie viele hübsche Aufgaben sich an diese einfachen Betrachtungen anschließen. – So z.B. wie Fig. 88 würde Euch eine Allee erscheinen, wenn Ihr auf dem Boden liegt. Ein solcher Anblick ist Euch ungewöhnlich. Es könnte aber auch eine Allee ebenso erscheinen, wenn Ihr aufrecht steht, die Straße aber fällt. Da dies der gewöhnlichere Fall ist, so werdet Ihr ohne Euer Zutun Euch dies Letztere denken.

Es erklären sich aus dieser Eigenschaft die sogenannten Gesichtstäuschungen. Alle Linien, welche in Wirklichkeit mit einander gleichlaufend sind, schneiden sich scheinbar in einem Punkte, welcher mit dem Auge in gleicher Höhe liegt und welchen man den Augenpunkt nennt. Eine ebene Straße wird Euch umso stärker anzusteigen erscheinen, je höher Ihr steht. Achtet darauf, wenn Ihr auf der Straße steht und vergleicht damit den Eindruck, welchen die Straße von dem oberen Stockwerk eines

Fig. 96

178

Hauses gesehen auf Euch macht. Wir sind an diese Täuschungen so gewöhnt, dass man niemals ein Bild, selbst wenn es absichtlich falsch gezeichnet ist, aber nur nach dieser Regel konstruiert ist, im Stande ist, als unnatürlich aufzufassen. Ich habe hier eine Zeichnung (Fig. 96), bei welcher ich absichtlich den Augenpunkt tiefer gelegt und scheinbar vor die Fläche des Papiers gerückt, während er in Wirklichkeit hinter der Fläche des Papiers liegen soll. Wenn Ihr so eine Gegend zeichnen wolltet, so würdet Ihr natürlich ein falsches Bild bekommen. Ich habe auch absichtlich die Gegenstände, welche entfernter sind, größer gezeichnet, als die näheren Gegenstände, aber immer die nahen in dem Maße kleiner, als sie dem Auge näher liegen und obschon ich damit absichtlich eine falsche Zeichnung aufgenommen habe, so würde doch Jemand, der das Bild sieht, für das Bild eine ganz natürliche Gegend setzen. Ihr seht, eigentlich ist meine Absicht, der Wanderer solle links vor der Gegend stehen, die Kirche im Vordergrunde klein sehen, die weiter zurückgelegenen Häuser größer, aber es ist keine ebene Gegend, ich kann nicht von links her sehen, sondern nur von rechts, und die Straße, welche die Häuser entlang geht, fällt sehr stark. Man hat solche Spielereien wohl als Antiperspektive bezeichnet, aber wenn man nicht vollständig verkehrte Bilder zeichnen will, so wird man zwar immer die Gegend falsch aufnehmen, aber trotzdem wird die Zeichnung für Einen, welcher nicht weiß, welche Gegend gemeint ist, den Eindruck von etwas durchaus Naturgemäßen machen. Nur wenn man ohne alle Perspektive zeichnet, wie dies die Chinesen tun, erscheint uns die Gegend befremdlich.

Jedes Bild, welches dem Auge von verschieden entfernten Gegenständen entworfen wird, denkt man sich auf irgend eine Ebene, die man in beliebiger Entfernung vom Auge hat, gezeichnet, oder wie man sagt, man denkt sich das Bild auf diese Ebene projiziert, und Ihr könnt diese Eigenschaft unseres Vorstellungsvermögens benutzend, einfache Gegenstände, wenigstens in den Umrissen aufnehmen. Stellt Euch vor, Ihr seht durch eine vertikal gestellte Glasplatte hindurch und zeichnet Euch auf derselben mit etwas Seife die Umrisse der Gegenstände, welche Ihr durch das Glas seht, so bekommt Ihr ein ganz naturgetreues Bild derselben.

Ganz ebenso macht Ihr es, wenn Ihr die Gegend, welche Fig. 87 im Durchschnitt vorstellt, so zeichnen wollt, wie dieselbe dem Beobachter am anderen Ufer erscheint. Denkt Euch durch den vordersten Baum eine vertikale Linie AB gezogen; dann vom Auge des Beschauers Linien nach den wichtigsten Punkten, der Spitze des Turmes, dem Anfang des Daches, dem oberen Ende des Raines vor den Tanne usw. Diese Linien schneiden in den Punkten 1, 2, 3 etc. die Linie AB. Zeichnet Euch darunter (Fig. 88) diese Punkte wieder auf eine Linie; in gleiche Höhe mit den Punkten kommen dann Turmspitze, Anfang des Turmdaches usw. zu liegen.

Darunter kommt nochmals dieselbe Zeichnung, aber verkehrt, die Turmspitze nach unten. Die Linie OD gibt die Grenze des noch vom Spiegelbild Sichtbaren. Ihr habt so in der einfachsten Weise ein ganz nettes, vor allem ein durchaus naturgetreues Bild entworfen. Übt auch selbst an solchen Aufgaben! Denkt Euch vielleicht im Wasser wieder einen kleinen Felsen liegend, welcher einzelnes verdeckt usw.

Statt die Umrisse von Gegenständen auf eine vor das Auge gehaltene Glasscheibe zu zeichnen, könnt Ihr ein Drahtgitter vorsetzen, die Punkte darauf Markieren und dann auf ein solches Netz von Linien etwa einen Tüpfelbogen, wie er zu Mustern zu Straminstickereien benutzt wird, übertragen. So habt Ihr damit eine, wenn auch etwas umständliche, doch ganz sichere Art, nach der Natur zu zeichnen."

Gustav: „Aber man kann dies doch mit viel einfacheren Mitteln erreichen, z.B. mit der Camera obscura.

Vater. Das ist sogar noch ein komplizierter Apparat. Ihr könnt es viel einfacher machen, indem Ihr Spiegelbilder benutzt. Nehmt eine durchsichtige Glasplatte, stellt sie schief, wie in Fig. 97 und seht von oben dagegen, indem Ihr unter die Glasplatte ein Blatt Papier legt (das Blatt Papier darf aber nicht zu hell liegen!) so seht Ihr in der Glasplatte gespiegelt die Gegend, gleichzeitig durch die Glasplatte hindurch das Papier und die Spitze des Bleistiftes. Das Bild der Gegend projiziert Ihr unwillkürlich auf das Papier und seht so in diesem Bilde die

Fig. 97

Gegend und die Bleistiftspitze zusammen auf der weißen Unterlage. Indem ihr nun mit der Spitze die Konturen nachfahrt, werdet Ihr ein ziemlich getreues Bild der Gegend bekommen.

Ja, Ihr könnt es noch einfacher machen. Statt des großen Stückes Spiegelglas nehmt Ihr einfach einen kleinen belegten Spiegel, der vielleicht 10 Millimeter Seitenlänge hat, klebt ihn mit etwas weichem Wachs, sog. Baum – oder Klebwachs, was Ihr in der Apotheke kaufen könnt, auf einen Draht und steckt diesen Draht durch den Kork einer Weinflasche.

Wenn Ihr den Spiegel in die richtige Lage bringt (nämlich mit der Vorderseite wieder schief gegen die Gegend, welche Ihr aufnehmen wollt, geneigt, wie in Fig. 97) und unter denselben ein Blatt Papier legt, so seht Ihr mit dem einen Auge in dem Spiegel ein Bild der Gegend, mit dem andern Auge die Spitze des Bleistiftes und könnt die Umrisse nachzeichnen. Aber eins ist dabei noch wesentlich. Ihr müsst nämlich von dem Gegenstande, welchen Ihr aufnehmen wollt, so weit entfernt sein, dass es keinen Unterschied macht, ob Ihr mit dem rechten oder linken Auge nach der Gegend seht."

Otto: „Macht dies überhaupt einen Unterschied?"

„Jawohl", sagte der Vater. „Setze Dich nur hier neben den Baum und sieh nach einem entfernten Baume! Hättest Du das linke Auge zu, so wirst Du ein anderes Stück vom Baume sehen, als wenn Du das rechte Auge zuhältst und wenn Du mit diesem Zudrücken einige Male abwechselst, so wirst Du, obschon es im Anfange etwas schwer hält, ganz leicht, was ich Dir sagte, erkennen können. Nur dadurch, dass unsere Augen bestimmte Stellung zu einander einnehmen und gewohnt sind, auf einen Gegenstand in bestimmter Entfernung sich stets so einzustellen, verschmelzen beide Bilder im Bewusstsein zu einem einzigen. Wir werden später vielleicht noch sehen, dass darauf der Gebrauch des Stereoskopes beruht."

„Wenn Ihr", fuhr der Vater fort, „eine Abbildung von einem Euch unbekannten Gegenstande, z.B. einem Baume seht, so werdet Ihr nicht im Stande sein, die wirkliche Größe desselben zu beurteilen. Um dies zu können, müssen auf das Bild Gegenstände gebracht werden von naher unabänderlicher und Euch bekannter Größe. Ihr seht daher immer bei solchen Bildern nebengesetzt irgendwelche Gruppe von Leuten, damit Ihr darnach die Höhe des Gegenstandes beurteilen könnt. Diese Gegenstände von Euch bekannter Größe würden in verschiedener Entfernung verschieden groß erscheinen, und Ihr könnt umgekehrt die sogenannte scheinbare Größe bekannter Gegenstände benutzen, um einen Schluss auf die Entfernung zu machen.

Man verwendet dies im Kriege, indem man die scheinbare Größe von Soldaten misst und aus einer Tabelle dann die Entfernung derselben abliest. Wenn man die Entfernung derselben kennt, so hängt damit wieder zusammen die Art und Weise, in welcher man auf dieselben zielen muss.

Wenn Ihr Euch einen besonderen Apparat herrichten wollt, so braucht Ihr weiter Nichts zu tun, als ein Blatt Kartenpapier, wie Ihr hier seht (Fig. 98), auszuschneiden und Euch an die eine Linie eine Millimeterteilung zu übertragen. Bindet Ihr an dieses Kartenblatt noch eine Schnur, in welche 500 Millimeter von dem Kartenblatt entfernt ein Knoten geknüpft ist, so habt Ihr Alles, was Ihr braucht. Ihr haltet das Blatt so (Fig. 99), dass der Knoten ans linke Auge kommt, gerade dahin, wo die Vertiefung des Auges anfängt und der Knochen des Jochbeines aufhört, zieht die Schnur straff an und seht nun nach einem Manne, indem Ihr den unteren Rand des Ausschnittes zusammenfallen lasst mit dem Fuße des Mannes. Nun lest Ihr ab, wieviel Millimeter er scheinbar hoch ist, so wisst Ihr daraus, da ein Mann im Durchschnitt 1700 Millimeter groß ist, in welcher Entfernung er sich von Euch befindet. Nehmt an, die Schnur wäre 1 Meter lang, so würde ein Mann in 1700 Meter Entfernung 1 Millimeter groß erscheinen. Da das Blatt in Wirklichkeit nur 0,5 Meter vom Auge entfernt ist, so ist der Mann, wenn er 1 Millimeter groß erscheint, 850, nämlich die Hälfte von 1700 Meter entfernt. Ihr könnt Euch leicht eine Tabelle anfertigen, wie Ihr sie bereits auf das Kartenblatt gedruckt seht.

Für Euch hat allerdings diese Abschätzung von Entfernungen keinen praktischen Zweck, aber es kann Euch das Spiel doch manche lehrreiche Unterhaltung gewähren.

Fangt damit an, dass Ihr die scheinbare Größe einer Linie, etwa eines Stabes von 1700 Millimeter Länge in verschiedenen Entfernungen messt und geht Euch dann diese Entfernung ab. Ihr messt Euch erst im Garten eine Strecke von

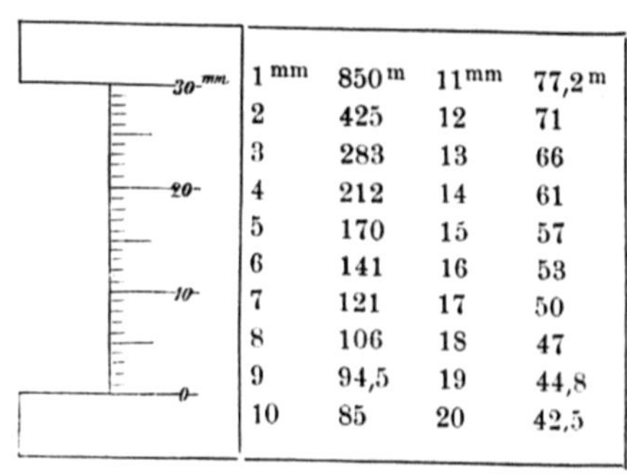

1^{mm}	850^{m}	11^{mm}	$77,2^{m}$
2	425	12	71
3	283	13	66
4	212	14	61
5	170	15	57
6	141	16	53
7	121	17	50
8	106	18	47
9	94,5	19	44,8
10	85	20	42,5

Fig. 98

vielleicht 10 Meter ab, seht zu, wieviel Eurer Schritte diesen 10 Metern gleich sind und habt dann Alles, um Euch aus der von mir gegebenen Tabelle die Entfernungen umzurechnen nach Euren Schritten.

Statt dieses Apparates, welcher zwar einfach, aber bei großer Entfernung nicht genau ist, weil Ihr kaum auf mehr als vielleicht ½, Millimeter genau abschätzen könnt, und ein halber Millimeter bei großen Entfernungen schon einen Unterschied von 400 Meter macht, richtet man es so ein, dass

Fig. 99

das Bild noch vergrößert erscheint, d.h. man nimmt ein Fernrohr (mit einem Operngucker geht es nicht!) und bringt an einer bestimmten Stelle desselben, diese auf Glas gefertigte Teilung an, man benutzt ein Okular – Mikrometer. In der Tat hat man mit Hilfe solcher Fernröhre in dem letzten Kriege 1870/71 mit großer Sicherheit die Entfernung von Truppenzügen, welche über eine Höhe gingen, bestimmt und darnach die Schussweite bemessen.

Umgekehrt könnt Ihr auch, wenn die Entfernung bekannt ist und Ihr die scheinbare Größe messt, einen Schluss machen auf die wahre Größe des Gegenstandes.

Denkt Euch wieder (Fig. 100) bei o das Auge, in einer Entfernung von vielleicht 1 Stunde einen großen Turm und in der Entfernung von vielleicht 3 Stunden einen Berg. Ihr stellt Euch so, dass die Turmspitze gerade mit der Spitze des Berges in eine Linie fällt, dann könnt Ihr die Höhe des Berges berechnen, sobald Ihr die Höhe des Turmes und aus der Landkarte die Entfernung des Turmes und Berges von Euch kennt.

Auch mit Eurem geteilten Kartenblatt könnt Ihr aus der scheinbaren Größe des Turmes und dessen Entfernung von Eurem Standpunkte die Höhe desselben bestimmen. Der Ansatz wäre:

$$\frac{\text{Wahre Größe des Turmes in mm}}{\text{Scheinbare Größe des Turmes in mm}} = \frac{\text{Entfernung des Turmes}}{\text{Entfernung des Blattes vom Auge}} =$$

$$\frac{\text{Entfernung des Thurmes in Metern}}{0{,}5}$$

Max: „Wird diese Messung aber nicht sehr ungenau? Wenn ich mich z.B. bei der Messung der scheinbaren Größe nur um 0,1 Millimeter irre, so macht dies bei den großen Entfernungen in der Höhe des Turmes vielleicht schon einen Fehler von über einem Meter.

Fig. 100

„Allerdings", sagte der Vater, „ist dies richtig. Aber Ihr müsst bedenken, dass Genauigkeit immer nur etwas Relatives ist und dass alle unsere Messungen nur darauf ausgehen, eine den Gegenständen angemessene Genauigkeit bis auf kleine Bruchteile zu erhalten. So ist z.B. eine Linie von 64 Metern allerdings eine sehr beträchtliche Länge, wenn man aber den Erddurchmesser genau messen könnte bis auf 64 Meter, so würde man sich in der Größe desselben um nicht mehr als $\frac{1}{100000}$ des ganzen Wertes irren und eine solche Genauigkeit ist schon so groß, wie man sie nur in den günstigsten Fällen erreichen kann. Eine Genauigkeit bis auf den 100000sten Teil würde nämlich heißen, dass Ihr Euch beim Messen der Entfernung von 1 Meile, also etwa von der Spitze eines Kirchturmes bis zur Spitze des Kirchturmes in einem anderen Orte, um nicht mehr als etwa 3 Zoll geirrt habt. Angenommen, Ihr seht den Turm auf einem Kartenblatte 10 Millimeter groß und irrt Euch um nicht mehr als $\frac{1}{10}$ Millimeter, so heißt dies, dass Ihr die scheinbare Größe und damit auch die wahre bis auf den 100sten Teil des Ganzen Wertes genau messt. Die meisten wissenschaftlichen Messungen gehen kaum so weit.

Die scheinbare Größe von Körpern, deren Entfernung man nicht messen kann, könnt Ihr in derselben Weise finden, also z.B. des Mondes, indem Ihr eine Münze, deren Durchmesser Ihr kennt, so lange dem Auge nähert oder entfernt, bis die Münze gerade den Mond verdeckt. In der Tat haben die Alten diese Methode benutzt und Archimedes fand mit derselben, dass der Sonnendurchmesser zwischen dem 164ten und 206ten Teile des rechten Winkels liege, also zwischen 27' und 33' 27", was dem neuerdings mit viel besseren Apparaten gefundenen Werte ziemlich nahekommt. Wenigstens ist der größte scheinbare Durchmesser der Sonne, welchen Archimedes fand, nur noch um den 60ten Teil verschieden von der Größe, welche wir heute annehmen."

Otto: „Was für einen Zweck hat es aber, die scheinbare Größe von der Sonne zu kennen?"

Vater: „Wir können daraus mehrerlei Schlüsse ziehen. Ihr wisst, dass die Erde im Winter der Sonne näher ist als im Sommer und Ihr würdet, wenn Ihr genau die scheinbare Größe der Sonne messt, umgekehrt daraus berechnen können, in welchem Verhältnis sich die Erde der Sonne bei ihrem Umlaufe um dieselbe nähert oder von ihr entfernt. Die Entfernungen würden sich umgekehrt verhalten wie die scheinbaren Größen und wenn man diese letzteren zu verschiedensten Jahreszeiten mit hinreichender Genauigkeit gemessen hätte, so könnte man die Bahn der Erde um die Sonne finden."

Otto: „Wollen wir dies nicht ausführen und uns so durch Zeichnung die Gestalt der Erdbahn aufsuchen?"

Vater: „Es bedarf dazu schon ziemlich genauer Messungen. Der größte scheinbar Durchmesser ist am 1. Januar, nämlich 32 ' 33", 7, der kleinste am 2. Juli 31' 29", 2. Die Änderungen sind allerdings $\frac{3}{100}$ des ganzen Wertes. Aber man braucht dazu doch schon ein Fernrohr mit Mikrometer. Die Zeichnung würde sogar noch misslicher werden und die Erdbahn kaum von einem Kreise mit bloßem Auge zu unterscheiden sein. Wenn der Halbmesser der gezeichneten Erdbahn 100 Millimeter groß wäre, so würde die größte und kleinste Entfernung der Erde von der Sonne nur um 3 Millimeter unterschieden sein. Ich will Euch aber einige. andere Aufgaben stellen, welche Ihr mit einfachen Zeichnungen recht wohl lösen könnt, während die Rechnung nur mit den Hilfsmitteln der sogenannten höheren Mathematik durchzuführen ist. Man nennt derartige, mit Zeichnung durchgeführte Auflösungen graphische (von $\gamma\varrho\acute\alpha\varphi\varepsilon\iota\nu$, schreiben, zeichnen)Konstruktionen.

Ein Herr geht mit seinem Hunde spazieren und der Hund läuft, wie es deren Art ist, bald rechts, bald links und entfernt sich so weit von dem Herrn. Auf einmal wird ihm gepfiffen, während der Hund rechts auf einer Wiese ist. Der Herr geht ruhig weiter und der Hund sucht den Herrn schnurstracks, wie er denkt, zu erreichen. In welcher Bahn bewegt sich derselbe?"

Otto: „Einfach in einer geraden Linie."

Vater: „Das würde richtig sein, wenn der Herr stehen blieb. Da er aber gleichzeitig fortgeht, so werdet Ihr, wenn Ihr es versucht zu zeichnen, leicht finden, dass der Hund einen ganz anderen Weg zurücklegt.

Ich will Euch noch eine andere Aufgabe stellen.

Was für eine Bahn legt der Nagel eines Rades zurück, während das Rad über einen horizontalen Boden fortrollt. Auch dies werdet Ihr leicht, wenn Ihr einen Kreis ausschneidet und an einem Lineal rollen lasst, herausfinden.

Die krumme Linie, welche entsteht und das Aussehen von Fig. 101 hat, nennt man eine Zycloide.

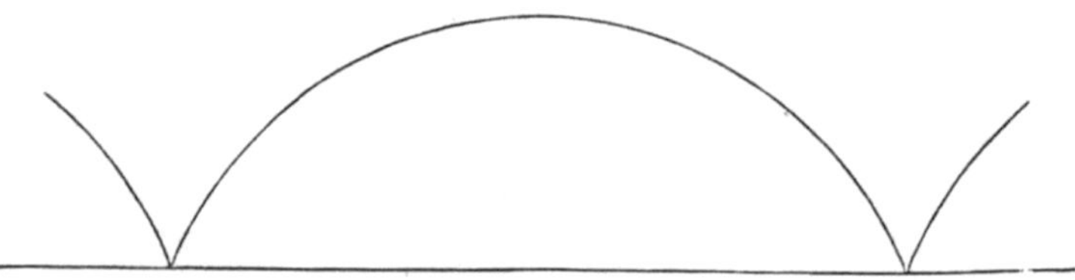

Fig. 101

Damit hängt noch eine andere Aufgabe zusammen. Welche durchläuft der Mond?"

Gustav: „Der Mond dreht sich in einem Kreise um die Erde."

Vater: „Ja das ist der gewöhnliche Ausdruck. Wenn Ihr es Euch näher überlegt, werdet Ihr finden, dass der Mond niemals einen Kreis beschreibt, sondern dass dies bloß eine Art ist, wie man die wahre Bewegung des Mondes auffassen kann. Die wahre Bewegung des Mondes kommt zu Stande, wenn Ihr den Mond sich um die Erde in einem Kreise drehen und dabei die Erde gleichzeitig in einem Kreise um die Sonne laufen lasst. Wenn Ihr in einem Kreise aus Papier einen zweiten kleineren Kreis, dessen Mittelpunkt die Erde vorstellt, rollen lasst und zuseht, welche Bahn ein Punkt dieses kleineren Kreises in Wirklichkeit beschreibt, so werdet Ihr auch wieder finden, dass das aussieht wie die Kykloide, welche Ihr Vorher hattet, nur dass die vorher geradlinige Bahn, auf der die Kykloide konstruiert war, wieder in sich gebogen ist. Man nennt dieselbe eine Epizykloide.

Solche graphische Darstellungen gewähren häufig eine Übersichtlichkeit, wie sie Zahlendarstellungen niemals bieten können. Z.B. bei Fieber ist es für den Arzt ein wesentliches Unterstützungsmittel, wenn er die Körperwärme des Patienten zu verschiedenen Zeiten bestimmt. Man trägt diese in eine Tabelle ein, wie Ihr hier neben seht (Fig. 102). Nur ist es hier nicht für die Körperwärme eines Kranken gemacht, sondern für die Euch interessanteren Temperaturänderungen irgendeines Ortes. Ihr findet immer verzeichnet die Temperatur um 6 Uhr morgens, 2

188

Uhr mittags und 6 Uhr abends. Macht Euch zu dieser Zeichnung eine Schilderung; etwa folgendermaßen:

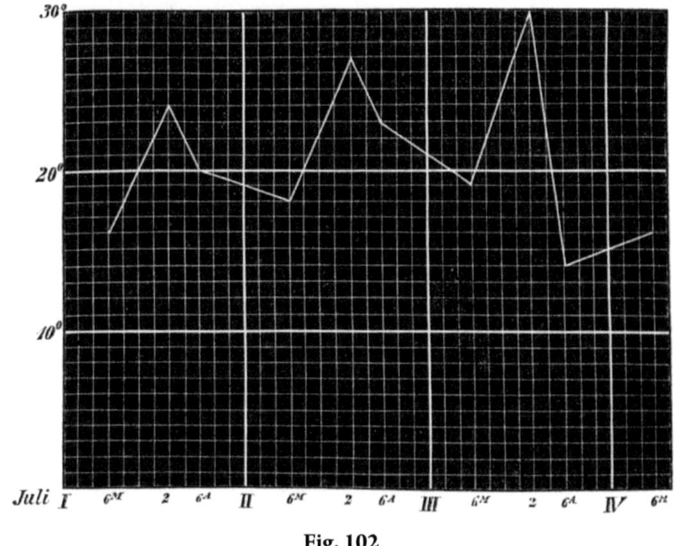

Fig. 102

Den 1. Juli morgens 6 Uhr waren 16°, die Wärme stieg bis 2 Uhr auf 24°, fällt dann wieder bis Abend auf 20° und die Nacht nochmals um 2°. Von da an steigt sie den zweiten noch höher; um 2 Uhr 27° im Schatten; eine drückende Hitze, alles wartet auf Gewitter. Aber immer noch kühlt es sich nicht ab, noch um 6 Uhr 23°. Die Nacht ist schwül und heiß, man weiß nicht, wie man schlafen soll. Den Morgen um 6 Uhr schon wieder 19°; klarer Himmel, die Sonne brennt furchtbar das Thermometer steigt und steigt – um 2 Uhr 30°. Da endlich bezieht sich der Himmel, ein furchtbares Gewitter bricht los, es wird fast unangenehm kühl, Abends nur noch 14°. Eine hübsche kühle Nacht. Aber hell scheint morgens wieder die Sonne und bereits um 6 Uhr sind wieder 16°. In diesen wenigen, trockenen Strichen eine ganze Schilderung.

In derselben Weise könnt Ihr auch – und dies wird Euch mehr

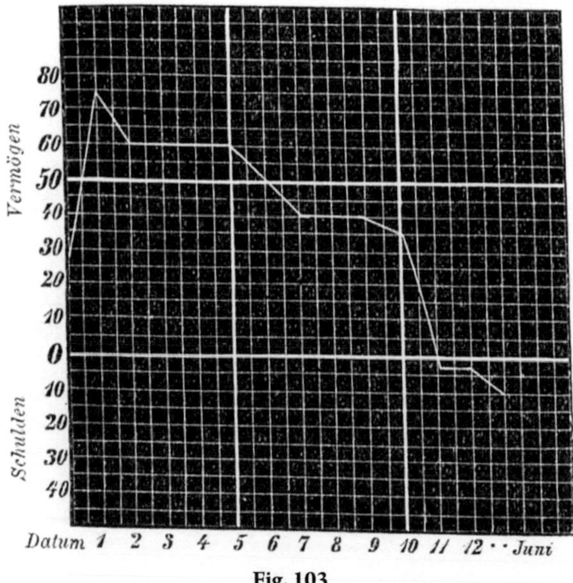

Fig. 103

Spaß machen – Euren Vermögensstand ausschreiben (Fig. 103).
Anfang Juli noch 25 Pfennige Rest vom Monat vorher, dazu 50
Pfennige Taschengeld, macht 75 Pfennige; viel Geld. Ein
Spaziergang am 2. reißt 15 Pfennige ab. Die Verdienste sind
schlecht, also müssen die Ausgaben beschränkt werden, der
Vermögensstand bleibt ungeändert bis zum 5.Juli. Für einen
Bleistift 10 Pfennige ab, den 6. also nur noch 50 Pfennige. Der Tag
ist heiß, die Kirschen sahen so hübsch aus – wieder 10 Pfennige
weg. Nimm Dich in Acht, es geht schlecht, Deine Kurve fällt stark;
7.und 8. –sparsam. 9. Juli: für 2 Stahlfedern 4 Pfennige – wo soll es
hin? Nun kommt der Geburtstag Deiner Schwester, o weh, alles
Geld geht hin und Dein Bruder muss noch 4 Pfennige leihen, den
19. Juli 4 Pfennige Schulden, Deine Kurve ist unter 0 usw. Siehe
selbst zu, wie Du wieder auf einen grünen nämlich einen positiven
Zweig kommst.

Von solchen graphischen Darstellungen macht man noch sonst vielfach einen nützlichen Gebrauch. So z.B. benutzen die Ingenieure nicht die gewöhnlichen gedruckten Pläne, sondern gezeichnete, aus denen dieselben sehen können, wo und wann sich zwei Züge treffen und nicht nur, wann dieselben von den Stationen abgehen. Fig. 104 stellt Euch einen solchen dar. Auf den horizontalen Linien (wie man sagt als Abszissen) sind die Zeiten (Uhr), senkrecht dazu (als Ordinaten die Entfernungen, welche der Zug nach Ablauf einer bestimmten Zeit zurückgelegt hat, aufgetragen. Verfolgt z.B. den Zug 1 und lasst Euch nicht abschrecken durch das scheinbar Verwickelte der Zeichnung. Der Zug 1 geht um 7h 30m (7 Uhr 30 Minuten) von Leipzig ab, wie Ihr unten ablest, denn jeder Zwischenraum zwischen 2 Strichen von oben nach unten bedeutet 10 Minuten Zeit. Er kommt der Reihe nach zu den Stationen Grimma, Döbeln, Meißen, Dresden. Grimma ist 34 Kilometer (es ist absichtlich ein kleiner Fehler in dieser Entfernung gemacht) von Leipzig. Geht an dem ersten horizontalen Strich nach links, so seht Ihr in der Tat, dass derselbe in einer Entfernung, welche 34 Kilometern entsprechen soll, angebracht ist. Ihr wollt wissen, wenn er nach Grimma kommt. Geht vertikal nach unten; von dem Punkt, wo die schief aufsteigende Linie l die erste stärkere horizontale Linie (Grimma entsprechend) schneidet, so sehr Ihr 8h 20m und noch ein Stückchen, welches

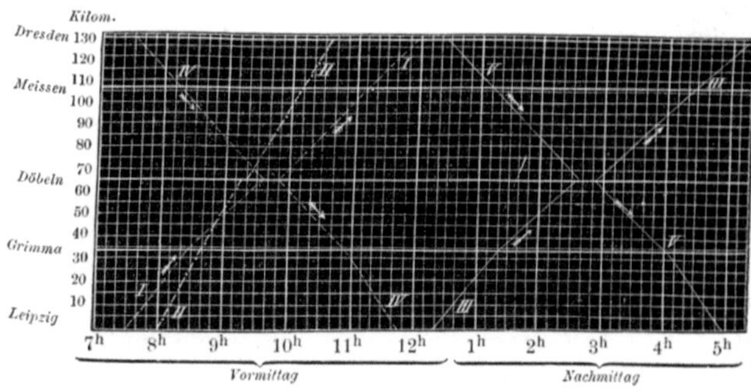

Fig. 104

191

ungefähr 8m gleichkommt, also 8h 28m. Von da geht er weiter; er entfernt sich mehr von Leipzig; er kommt nach Döbeln, um" –

Otto: „9h 35m."

Vater: „Und Döbeln ist wie weit von Leipzig?"

Otto: „Das lese ich wieder an der linken Seite ab, dort steht bei Döbeln 65, also 65 Kilometer."

Vater: „Jetzt macht aber die Linie, welche den Gang des Zuges vorstellt, einen horizontalen Strich. Was bedeutet dies?"

Gustav: „Der Zug bleibt jetzt eine Zeit lang in der Entfernung 65 Kilometer von Leipzig, während die Zeit wächst von 9h 35m bis 9h 50m, d.h. er hat in Döbeln 15 Minuten Aufenthalt."

Vater: „Gut. Dann geht er weiter und ist in Meißen?"

Max: „Um 11h 12m, wie ich unten ablese. Links steht 106, also ist er jetzt 106 Kilometer von Leipzig."

Otto: „Und er kommt um 11h 55m nach Dresden."

Vater: „Geht der Zug II schneller oder langsamer als I?"

Gustav: „Er geht schneller; er fährt um 8h von Leipzig ab und ist schon um 10h 34 in Dresden."

Vater: „Also je stärker die Linie in die Höhe steigt, desto rascher fährt der Zug. Denn stiege dieselbe ganz vertikal auf, z.B. von dem Strich 8h an, so würde dies heißen, dass er um 8h von Leipzig abgeht und auch um 8h nach Dresden gelangte, also gar keine Zeit brauchte. Also unser Zug II ist ein Schnellzug. Hat er irgendwo Aufenthalt?"

Otto: „In Döbeln 7 Minuten?"

Vater: „Noch mehr! Er holt den Zug I ein um 8h 55m, nämlich dort, wo –?"

Gustav: „Die Linien I und II sich schneiden."

Vater: „An welcher Stelle ist dies?"

Max: „47 Kilometer von Leipzig."

Vater: „Und er trifft den von Dresden abgehenden Zug IV um –?"

Otto: „9h 27m, 71 Kilometer von Leipzig oder 6 Kilometer hinter Döbeln.“

Vater: „Verfolgt im Einzelnen diese Züge! Ihr werdet leicht aus der Zeichnung entnehmen können, welche Strecke ein Zug in 10m zurücklegt. Ihr seht ferner, dass überall die Linien bei Döbeln eine Knickung haben. Was bedeutet dies? Damit Ihr Euch sicher zurechtfindet, gebe ich Euch hier denselben Fahrplan, den ich hier graphisch dargestellt habe, in der gewöhnlichen Form.

Entfernung (Kilometer)		I	III		IV	V
	Leipzig	7h 30m	12h 20	Dresden	7h 30m	12h 25m
34,0	Grimma	8 28	1 20	Meißen	8 16	–
65,5	Döbeln an			Döbeln an		
	ab	9 35⟩ 9 50⟨	2 34⟩ 2 54⟨	ab	9 35⟩ 9 50⟨	2 38⟩ 2 54⟨
106,3	Meißen	11 12	4 28	Grimma	10 54	4 2
128,5	Dresden	11 55	5 15	Leipzig	11 45	4 55

Solche graphische Darstellungen werden wir noch öfters benutzen und ich rate Euch deshalb, die, welche wir hier gehabt haben, Euch recht ordentlich anzusehen und womöglich selbst ähnliche zu machen.

Zehnte Unterhaltung

Pfingsten – Die Gesellschaft macht einen Ausflug, zu dem sich Viele einfinden, welche sonst nicht gekommen sind. Wenn Du auch zu diesen gehörst und glaubst, jetzt käme eine hübsche Geschichte, so kehre wieder um, überschlage das Kapitel und lege das Buch bei Seite, für dich ist es nicht geschrieben. Wenn es dich aber interessiert, zu sehen, wie auch die Pflanze nach bestimmten mathematischen Gesetzen gebaut ist, so komme mit. Du kannst Manches lernen. Du wirst die Pflanzen dann mit anderen Augen ansehen, als vorher.

Es sieht heute bei unseren Freunden nicht aus, als ob sie zu einer, wenn auch leichten, so doch immerhin wissenschaftlichen Unterhaltung sich gerüstet hätten. Im Gegenteil, es war sogar beschlossen, heute als am Pfingsttage, die gewohnte Unterhaltung auszusetzen und stattdessen einen größeren Ausflug ins Freie zu machen.

Es hatten sich mancherlei Gäste hinzugesellt, welche den Spott der Übrigen ertragen mussten. „An Abenden, wo es gelte zu überlegen, seien sie nicht da, wohl aber heute, da es sich darum handele, einen Ausflug zu unternehmen." Rasch war das Nötigste besorgt, Jeder hatte seine kleine Portion Unterhalt zu sich gesteckt, und in heiterer Stimmung zog die Gesellschaft aus über blühende Wiesen dem rauschenden Wald entgegen. Die Brust atmete freier in der reinen Luft. „Wie doch die Sprache", sagte der Vater, „so lebhafte Erinnerungen wachzurufen im Stande ist, nicht nur in der künstlerischen Naturschilderung, wo das Getöse der Waffen, der Hufschlag rennender Pferde, das Gepolter des den Berg herabrollenden Steines nachgeahmt wird, nicht nur auf der niederen Stufe der Sprachbildung, welche in unseren Landen nur noch das Kind einnimmt, wo der Name das bezeichnendste Merkmal des Gegenstandes angibt, der Hund als Wau–Wau, der Hahn als Kikeriki bezeichnet wird! Auch die entwickelte Sprache hat noch solche Erinnerungen und Anschauungen. ‚Wir sind im Freien', – frei ist der Gesichtskreis, frei der Weg, wir können gehen, wohin wir wollen, freier ist auch der Gedanke. ‚Der Wald rauscht uns entgegen', – in dem einfachen Satze liegt eine ganze Naturschilderung: ein Wanderer, denn er nähert sich dem Walde, es ist ein ehrwürdiger, alter Wald, nicht verkrüppeltes unansehnliches Gebüsch, – denn nur große Bäume rauschen; sie heben und senken sich, dem Drucke des Windes und der wiederaufrichtenden Kraft des Stammes in wechselndem Spiele folgend; und liegt nicht in dem einfachen Satze auch die Sehnsucht, mit welcher der Wanderer dem einladenden Schatten entgegeneilt? Hören wir nicht wieder in dem Rauschen uns wohlbekannte Weisen? ‚Der Wald rauscht uns entgegen', in den wenigen Worten, welche Fülle von Anregungen zu Erinnerungen des Gehör – und Gesichtssinnes, wenn wir uns einmal naturwissenschaftlich ausdrücken wollen! Wir füllen in Gedanken das Bild aus, welches der Dichter nur mit leisen Strichen andeutet. Daher wird uns eine Schilderung umso mehr anmuten, wird umso lebendiger sein, es werden desto mehr Einzelheiten, von welchen die Beschreibung nicht ausdrücklich spricht, von uns mehr oder weniger klar vorgestellt und in das Bild, welches unsere Phantasie entwirft, hineingetragen werden, je mehr solcher Erinnerungen in uns auftauchen, d.h. je mehr, je Schöneres und je tiefer ins Einzelne gehend wir gesehen haben. Und was ist der Anblick einer hübschen Gegend anders, als die vollendete Schilderung? Wird unsre Einbildungskraft nicht auch in den Naturgenuss umso mehr hineintragen, je mehr Einzelheiten in unserer Erinnerung auftauchen, mögen die Erinnerungen der Anschauung angehören, oder Erinnerungen sein an die überall die Naturgegenstände verbindenden Ideen, die Naturgesetze. Der Naturgenuss wird auf umso höherer Stufe stehen, je höher der Geist ausgebildet ist. Daher die Verschiedenheit, welche eine hübsche Gegend auf die verschiedenen Beschauer macht, je nach dem Stande ihrer Geistes – oder Gemütsbildung. Während dem Einen nur Erinnerungen aus dem Gemütsleben entstehen, werden dem Anderen, angeregt oft durch zufällige Einzelheiten, in unklarem Gefühle die Erinnerungen an die großen Allesbeherrschenden Naturgesetze auftauchen und sich in leichter Verbindung zu einem Gemälde zusammen tun, weniger dem Kreise der Anschauungen als dem Vorstellungsvermögen des Verstandes angehörig. Es wird ein Gemälde gleichsam aus dem ersten sich abheben, das bei der Menge nicht klar erfasster, weil nicht willkürlich nachgedachter, sondern unwillkürlich auftauchender Beziehungen noch flüchtig genug gezeichnet ist, um den Reiz des Unbestimmten und Phantastischen, des Leichtbeweglichen zu haben. So üben der stets wechselnde Eindruck des wogenden Meeres, oder der Anblick einer von leichtem Duft umflossenen fernen Gegend, oder der des gestirnten Himmels eine eigene Anziehung auf uns aus, weil sie durch das stets Wechselnde oder das Unbegrenzte die Phantasie anregen und ihr nicht, wie eine Gegend mit starren Formen, Halt gebieten, indem nur noch dem Verstande das Recht gelassen wird, mit dem scharf und bestimmt Gegebenen klar zu operieren. Man kann daher nicht der Ansicht derjenigen beistimmen, welche glauben, ein tieferer Einblick in die Natur zerstöre den Reiz des Schönen und Anregenden an derselben. Für einen Augenblick ist dies wohl möglich. So lange man beobachtend und messend die Einzelheiten untersucht, so lange hat nur der Verstand sein Recht, aber er wird geleitet von der Phantasie und das Resultat dient beiden wieder zur Anregung..."

„Gibt es denn", fragte Gustav, „in der Pflanzenwelt solche Gesetzmäßigkeiten, wo doch alle möglichen Formen da sind, wo eine Pflanze nicht einmal etwas in sich Abgeschlossenes ist? Eher könnte ich es mir noch denken bei den Tieren, wo jeder einzelne Teil ein wesentlicher Bestandteil des Ganzen ist. Aber der Pflanze kann ich doch viele Teile hinwegnehmen, ohne damit das Aussehen und Wesen der ganzen Pflanze zu ändern."

„Allerdings", sagte der Vater, „gibt es solche Gesetze, und zwar nicht nur allgemeine Gesetze, welche sich nur in Worten ausdrücken lassen, wie Ähnlichkeiten, sondern auch sogar Zahlengesetzmäßigkeiten lassen sich nachweisen und gerade dadurch wird die Ansicht, welche Du oben aufstelltest, wesentlich beeinflusst. Auch die Pflanze ist, wenn nicht immer, so doch häufig so gebaut, dass zwar der oberflächlich Sehende nicht wird erkennen können, ob bestimmte Teile fehlen, während gerade durch die Zahlengesetzmäßigkeiten für denjenigen, der damit bekannt ist, ganz bestimmte Merkmale vorliegen, nach denen er entscheiden kann, ob einzelne Teile willkürlich hinweggenommen sind, oder ob er die Pflanze unverletzt als Ganzes vor sich hat. Ich will Euch Einiges davon erzählen."

Die kleine Reisegesellschaft macht Halt an einem schattigen Waldesrande, von wo aus sich über die Gegend eine hübsche Aussicht bot.

Der Vater nahm eine Taubnessel und fragte: „Fällt Euch an dieser Pflanze irgendetwas Gesetzmäßiges auf?" (Fig. 106).

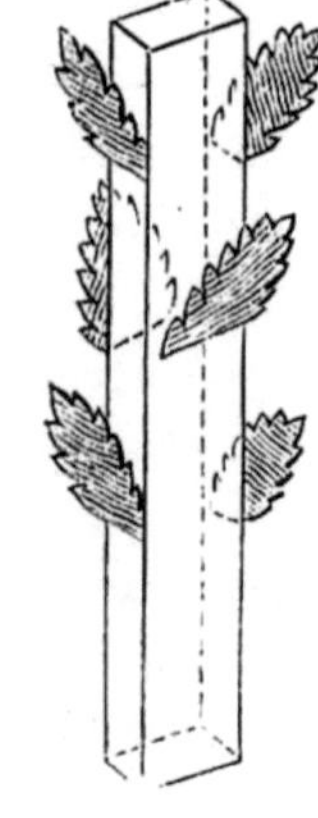

Fig. 106

Es dauerte nicht lange, so hatten sie die viereckige Form des Stängels, die Eigentümlichkeit, dass sich immer zwei Blätter in gleicher Höhe gegenüber standen und manches andere, was für uns hier nicht von Belang ist, aufgefunden.

„Nun denn", sagte der Vater, „zunächst merkt Euch, weil ich dieses Wort im Folgenden öfters gebrauchen werde, dass man zwei oder mehr Blätter, welche aus gleicher Höhe zusammenstehen einen Wirtel oder Quirl nennt. An unserer Taubnessel stehen sich immer zwei Blätter, die demselben Quirl angehören, gegenüber und Ihr müsstet, um von einem Blatte zum andern zu gelangen, Euch gerade um die Hälfte eines Kreises drehen. Man bezeichnet eine solche Blattstellung durch den Teil

Fig. 107

Fig. 108

des Kreises, um den man sich, von einem zum andern Blatt gehend, dreht, also hier durch ½ Ihr seht aber noch mehr. Die einzelnen Quirle wechseln wieder mit einander nach einem ganz bestimmten Gesetze ab, und zwar müsstet Ihr, wenn Ihr von einem Quirl zum darauf folgenden höheren gehen wolltet, Euch drehen um $\frac{1}{4}$ eines Kreises. Man deutet dies dadurch an, dass man $\frac{1}{4}$ hinzusetzt, und so könnte ich ohne viel Beschreibung einfach mit ein paar Zahlen die ganze Regelmäßigkeit, welche ich hier beobachtet habe, ausdrücken durch $\left(\frac{1}{2}\right)\frac{1}{4}$, wobei also der erste Bruch bedeuten sollte, dass zwei Blätter desselben Quirls um 180, und der zweite, dass zwei Quirle wieder gegeneinander um 90 Grad gedreht sind. Von oben gesehen würde sich die Blattstellung ungefähr so ausnehmen (Fig. 107). Ich habe hier zwei Blätter desselben Quirls vollständig ausgezeichnet und die zwei Blätter eines anderen Quirls nur punktiert. Wie würde nun eine Blattstellung, wie ich es Euch hierher zeichne (Fig. 108) zu bezeichnen sein.

Otto: „Die Blätter stehen alle in gleicher Höhe; ich drehe mich von einem zum anderen um $\frac{1}{3}$ eines Kreises, also würde ich die Blattstellung einfach als $\frac{1}{3}$ bezeichnen."

Vater: „Gut. Wenn nun mehr solcher Quirle übereinander ständen und ich bezeichnete die Stellung als $\frac{1}{3}\left(\frac{1}{3}\right)$ wie müssten die Blätter angeordnet sein?"

Gustav: „$\frac{1}{3}$ würde mir andeuten, dass ich es mit einem dreiblättrigen Quirle zu tun habe, der andere Bruch, dass immer von einem Blatt des einen zum nächsten Blatt des folgenden Quirles wieder eine Drehung um $\frac{1}{3}$ nötig ist. Es würde also (Fig.109) das Blatt II 2 gerade über dem Blatte I 2 sich befinde und so ständen wieder sämtliche Blätter in drei Reihen den Stängel herunter."

„Ihr seht hier noch", sagte der Vater, indem er ihnen eine Figur (Fig. 110) hinzeichnete, „eine Blattstellung $\left(\frac{1}{3}\right)\frac{1}{6}$. Wieder ein dreiblättriger Quirl und jeder Quirl gegen den anderen um $\frac{1}{6}$; des Kreises gedreht, sodass immer das erste Blatt, des unteren Quirles zwischen dem ersten und zweiten Blatte des darüber stehenden Quirles sich befindet. Bei solchen Stellungen von Wirteln gegeneinander ist es im Allgemeinen nicht schwer, die Gesetzmäßigkeiten zu finden."

Gustav: „Gibt es denn auch, sobald die Blätter einzeln, oder wie man sagt wechselständig stehen, solche einfache Beziehungen?"

Vater: „In der Tat, wenn man viele Pflanzen beobachtet, so lässt sich zeigen, dass die Natur das

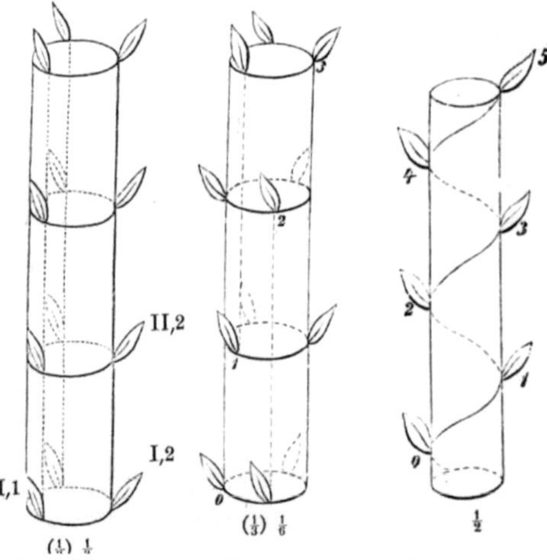

Fig. 109   Fig. 110   Fig. 111

allgemeine Gesetz befolgt, dass stets die Blätter gegen einander um gleichviel gedreht sind und dass auch gleichzeitig diese Drehungen, ausgedrückt in Bruchteilen eines ganzen Umfanges, die einfachsten Brüche sind, welche sich herstellen lassen. Die einfachste Blattstellung würde demnach sein?"

Otto: „$\frac{1}{1}$ d.h. ich müsste mich von einem Blatt zum folgenden immer um einen ganzen Kreis drehen oder die Blätter ständen alle auf derselben Seite des Stängels in einer Linie übereinander."

Vater: „Die folgende Blattstellung wäre $\frac{1}{2}$. Das würde heißen?"

Max: „Dass ich mich von einem Blatte zum folgenden um die Hälfte eines Kreises drehe, oder wenn ich mit irgend einem Blatte anfange und dies als Nummer 1 bezeichne, so würde das folgende Nr. 2 ihm direkt gegenüber und Nr. 3 wieder direkt über Nr. 1 stehen."

Vater: „Was würde nun bedeuten die Blattstellung $\frac{2}{5}$?"

Gustav: „Es würde heißen, dass ich mich von einem zum folgenden Blatt um $\frac{2}{5}$ eines Kreises drehe."

Vater: „Oder wenn ich das erste Blatt wieder als 1 bezeichnen und so fort nummeriere, so würde ich finden, dass wieder das

200

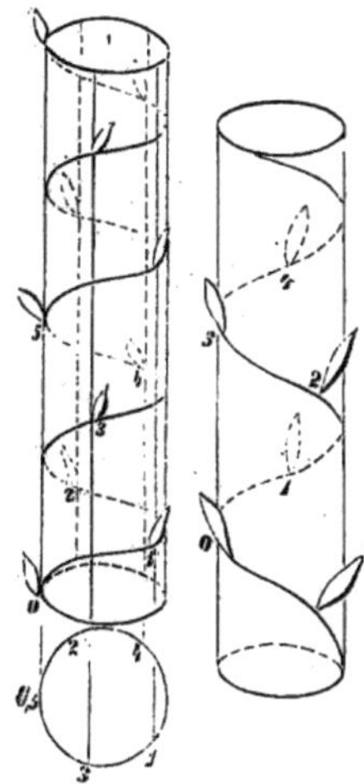

sechste Blatt mit dem ersten in einer Linie steht (Fig. 112). Bei der Blattstellung $\frac{1}{2}$ stand das dritte Blatt über dem ersten, beider Blattstellung $\frac{1}{2}$ das sechste Blatt. Lässt sich nicht der Nenner des Bruches gleich für die Nummer der Blätter verwenden?"

Max: „Ja, dann dürfte ich aber das erste Blatt nicht mitzählen. So gerechnet würde bei der Blattstellung $\frac{1}{2}$ das zweite über dem Anfangsblatte und bei $\frac{2}{5}$ das fünfte über dem Anfangsblatte stehen."

Fig. 112   Fig. 113

Vater: „Wir machen es also, wie man es in der Mathematik auch tut, indem man das Ausgangsglied nicht als Nr. 1, sondern als Nr. 0 bezeichnet. Dann seht Ihr hier (Fig. 113) aus dieser Figur, wie das 0., 2., 4ten und auf der anderen Seite das.1., 3., 5te Blatt übereinander stehen bei der Blattstellung $\frac{1}{2}$. Was würde nun die Blattstellung $\frac{1}{3}$ bedeuten? (Fig. 106)."

Gustav: „Dass das 3te Blatt wieder über dem 0ten stände."

Vater: „Wodurch unterscheidet sich aber eine Blattstellung etwa $\frac{1}{5}$ von der Blattstellung $\frac{2}{5}$?"

Gustav: „In beiden Fällen würde das 5. Blatt über dem 0ten stehen, aber bei der ersteren Stellung drehe ich mich von einem Blatte zum folgenden nur um $\frac{1}{5}$, bei der Blattstellung $\frac{2}{5}$ dagegen um $\frac{2}{5}$ eines Kreises."

Vater: „Und lässt sich denn der Zähler dieser Brüche nicht auch in der Worterklärung anbringen, ohne dass man nötig hat, auf Winkel zurückzugehen?"

Gustav: „Allerdings, denn wenn ich mich um je $\frac{1}{5}$ drehe, so komme ich zum 5ten Blatt, nachdem ich mich fünfmal um $\frac{1}{5}$, d.h. einmal um einen ganzen Kreis gedreht habe; bei $\frac{2}{5}$ aber komme ich zum fünften, wenn ich mich 5mal um $\frac{2}{5}$, d.h. um 2 ganze Kreise gedreht habe."

Vater: „Also könntest Du es aussprechen in der Form, dass in beiden Fällen das 5te über dem Anfangsblatt stände; dass ich mich aber im ersten Falle nur 1 Mal, im zweiten Falle 2 Mal um den Stängel drehen muss, wenn ich zu diesem 5ten Blatte gelangen will.

Man hat in dieser Weise viele Pflanzen untersucht und dabei gefunden, dass die Blattstellungen sich auseinander ableiten lassen nach einem sehr einfachen mathematischen Gesetze. Seht Ihr von der einfachsten Blattstellung, welche sich überhaupt denken lässt, nämlich $\frac{1}{1}$ ab und nehmt nur $\frac{1}{2}$ und $\frac{1}{3}$, so ist die nächstfolgende einfachste Blattstellung, welche beobachtet wird, s, wie Ihr sie z.B. am Lungenkrant (Pulmonaria officinalis) habt. Diese Blattstellung bekommt Ihr aus den beiden ersten, indem Ihr Zähler zu Zähler und Nenner zu Nenner addiert. Also $\frac{1}{2}$ und $\frac{1}{3}$ so addirt gibt $\frac{2}{5}$ Die nächst einfachste Blattstellung bekommt Ihr wieder durch eben solche Addition aus $\frac{1}{3}$ und $\frac{2}{5}$. Ihr bekommt also?"

Otto: „$\frac{3}{8}$"

Vater: „Die folgende würde sein $\frac{2}{5}$ und $\frac{3}{8}$ gleich $\frac{5}{13}$. Was würde dies in Worten bedeuten?"

Max: „Es würde heißen, dass das 13. Blatt über dem 0ten steht und ich mich, um zum 13. Blatt zu gelangen, 5mal um den Stängel drehen muss."

„Wie aber", fragte der Vater, indem er einen Kieferzapfen aufhob, „werdet Ihr Euch bei den verwickelteren Blattstellungen zurecht finden, wo es häufig nicht möglich ist, soviel Blätter zu verfolgen, als nötig wären, um das einfache Gesetz zu erkennen?

Ich behaupte, dass auch die Zapfen hier gebaut sind nach der Gesetzmäßigkeit $\frac{8}{21}$ d.h. die 21te Schuppe würde wieder über 0ten stehen und ich würde zu dieser gelangen, indem ich mich 8mal um die Achse drehe oder ich müsste von einer Schuppe zur anderen mich um $\frac{8}{21}$ eines Kreises drehen.

Wir wollen versuchen, uns diese Blattstellung einmal in anderer Weise klar zu machen und gewissermaßen mal selbst eine solche Stellung schaffen. Dächten wir uns einen Zylinder mit Papier beklebt und auf dem Zylinder 21 vertikale Striche in gleichem Abstande gezogen, so käme es darauf an, die 21 Blätter so zu verteilen, dass auf jede vertikale Linie ein, aber auch nur ein Blatt käme, da ja erst das 21.

mit dem 0ten auf derselben Linie liegen soll. Ist die Blattstellung $\frac{8}{21}$ wirklich so beschaffen, dass sie dieser Bedingung genügt? Statt ein Blatt auf einen Zylinder zu kleben, was zu umständlich sein würde, wollen wir umgekehrt dieses Blatt mit 21 Vertikalstrichen von dem Zylinder abgerollt und in der Ebene ausgebreitet denken. Wie aber helfen wir uns hier, wo wir kein Lineal haben, am Einfachsten, um uns dies zu versinnlichen?"

Der Vater sah in seiner Brieftasche nach und war so glücklich, ein sehr einfaches Mittel zu finden. Von einem Briefe, welcher auf kariertes Papier geschrieben war, benutzte er das letzte leere Blatt

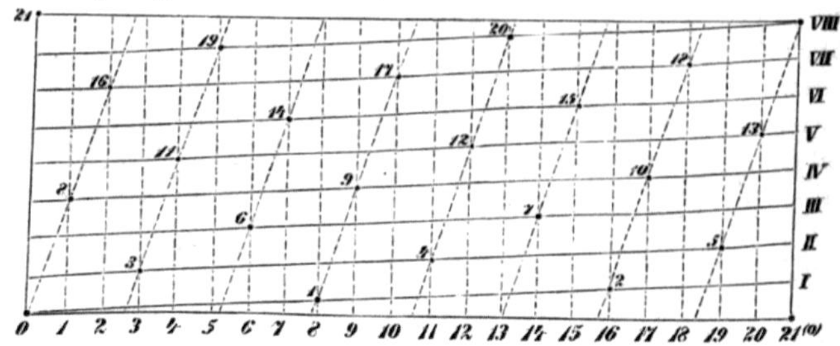

Fig. 114

203

und sagte, „die Striche hier, welche ins Papier eingedrückt sind, können uns sofort unsere vertikalen Linien vertreten (Fig. 114). Zählen wir uns 21 davon ab, bezeichnen den ersten mit 0 und so fort bis 21; desgleichen zählen wir uns 8 Reihen der Höhe nach ab und ziehen nun Striche so, wie Ihr es hier neben seht.

Wenn in der untersten Ecke links das 0te Blatt angebracht wird, so müsste ich das folgende Blatt 8 Striche weiter rechts zeichnen, denn der Abstand zweier Vertikallinien ist $\frac{1}{21}$ des ganzen Umfanges. Wir hätten dadurch also die beiden Blätter um $\frac{8}{21}$ des Kreisumfanges von einander gestellt. Das 2. Blatt käme etwas höher auf die 16. Vertikallinie von da ab zählen wir 8 Striche, wobei wir aber berücksichtigen müssen, dass, wenn das Blatt um den Zylinder herum gelegt wäre, der 21. Strich mit dem 0ten zusammensiele. Wir dürfen also immer die beiden Striche 21 und 0 nur als einen einzigen zählen. Ich behaupte nun, wenn ich die Blätter so anordne, dass ich immer ums Vertikallinien weiter gehe, ich alle 21 Blätter verteilen kann auf dies Rechtecke dass niemals zwei Blätter auf derselben Vertikallinie liegen, sondern dass erst wieder das 21. mit dem 0. auf dieselbe Linie zu liegen kommt.“

Sie führten es durch und fanden bestätigt, was der Vater gesagt hatte.

Gustav: „Das ist aber doch ein höchst merkwürdiges Naturgesetz. Gerade die Zahl $\frac{8}{21}$ also die Zahl, welche die in der Natur vorkommende Blattstellung bezeichnet, ist so beschaffen, dass wenn ich regelmäßig ums Striche fortgehe, wirklich erst das 21. über das 0. zu liegen kommt und vorher niemals zwei Blätter aus dieselbe Linie geraten.“

Vater: „Du täuschst Dich dabei. Man darf der Natur nicht zu viel beilegen; es ist dies einfach ein Zahlengesetz, was zunächst mit dem Bau der Pflanze gar nichts zu schaffen hat. Wenn Du irgend zwei nicht mit einander teilbare Zahlen oder, wie man sagt, zwei relative Primzahlen hättest, z.B. 7 und 15 und Du nähmst die kleinere Zahl 1, 2, 3 und so fort bis 15 Mal und zögst von diesen 15 Zahlen, welche Du so erhalten hast, 15 so oft ab, als möglich ist, so würden alle Zahlen von 1 – 15 als Rest bleiben, ohne dass eine einzige Zahl als Rest mehr als einmal vorkäme. Ihr könntet also auf 15 Vertikalreihen, indem Ihr immer um 7 Reihen weiter geht, 15 Blätter so verteilen, dass erst das 0. und 15. wieder auf dieselbe Vertikallinie fallen; dazwischen aber niemals 2 Blätter auf dieselbe Vertikallinie geraten. Dabei würdet Ihr 7·Reihen aufsteigen, d.h. Euch 7mal um den Stängel drehen. Überzeugt Euch davon durch Rechnung und Zeichnung! Du kannst die Probe an dem Beispiele, welches ich eben vorgeführt habe, leicht machen und kannst Dich mit Hilfe einer einfachen algebraischen Rechnung (siehe Anhang) auch ganz allgemein von der Richtigkeit des Satzes überzeugen. Du brauchst nur nachzuweisen, dass derselbe Rest unter den 15 niemals zweimal vorkommen kann. Sobald Du dies bewiesen hast, folgt ganz von selbst daraus, dass die 15 Reste auch wirklich die ganze Zahlenreihe von 1 bis 15 durchlaufen müssen. Du würdest sogar unter den einzelnen Resten wieder bestimmte Gesetzmäßigkeiten finden können. Es würden sich immer Gruppen herausheben lassen, welche sich um dieselbe Zahl voneinander unterscheiden und diese eigentümlichen arithmetischen Gesetze können wir uns am besten versinnlichen, indem wir uns wieder einer graphischen Darstellung, nämlich gerade mit solchen Carreaux, bedienen.

Wenn Ihr Euch die Figur, welche ich hier für die Blattstellung beim Kieferzapfen erhalten habe, näher anseht, so findet Ihr, dass immer eine Anzahl von Blättern, wie z.B. das 0. und 3., 6., 9. und 12., ebenso das 8., 11., 14., 17. und so immer Blätter, deren Nummern die Differenz 3 haben, in einer geraden Linie liegen oder dass diese Blätter eine Spirale bilden würden, wenn Ihr Euch das Papier wieder um den Zylinder herum gewickelt denkt. Auch noch andere Blätternummern, wie z.B. 13, 18, oder 5, 10, 15, 20, bei denen also die Differenz 5 ist, liegen in einer zweiten nach links aufsteigenden Spirale. Ihr seht endlich, dass auch die Blätter 0, 8, 16, 3, 11, 19 und alle diejenigen, bei denen die Differenz 8 ist in einer steiler ansteigenden Spirale verlaufen, und dies ist für uns das Wesentlichste. Nämlich die Anzahl der steilsten Spiralen, welche vorkommen, ist hier 8. Der Unterschied zwischen den Blattnummern auf einer solchen Spirale ist gleichfalls 8 und die Anzahl dieser Spiralen gibt an, wie oft man um den Stängel gehen muss, um wieder zu einem Blatt zu kommen, welches auf derselben Vertikalreihe mit dem Ausgangsblatt steht. Es gibt uns also die Anzahl dieser Spiralen an den Zähler von unserem Bruche $\frac{8}{21}$, der die Blattstellungen ausdrückt.

Wenn Ihr Euch dieses Gesetz klar gemacht habt, so braucht Ihr also gar nicht bei irgend einer Blattstellung so viel Blätter zu haben, dass Ihr im Einzelnen das Gesetz verfolgen könnt, sondern Ihr habt weiter nichts nötig, als bei einem Stückchen der Pflanze, worauf vielleicht bloß 6 oder 10 Blätter sind, die Anzahl der steilsten Spirale zu zählen, so habt Ihr daraus sofort einen Teil unseres Blattstellungsverhältnisses.

Wenn nun durch sichere Beobachtungen an vielen Pflanzen nachgewiesen ist, dass immer zum Zähler 8 der Nenner 21 gehört, so könnt Ihr mit leichter Mühe für jede Pflanze die Blattstellung angeben."

Max: „Aber wenn die Blätter nun sehr verwickelt werden, also sehr große Zahlen in dem Bruche vorkommen, so dächte ich, könnte man doch an einer Pflanze dies Gesetz nicht mehr sicher nachweisen, denn es werden Unregelmäßigkeiten, welche ja immer an einer Pflanze vorkommen, das Gesetz verdecken."

Vater: „Allerdings darf man dies Gesetz nicht zu weit ausdehnen und nicht, wie man es wohl getan hat, bis zu sehr verwickelten Blattstellungen verfolgen wollen. Zunächst ist nötig, dass niemals Drehungen des Stängels um seine eigene Achse vorkommen; es ist ferner nötig, dass die einzelnen Blätter, welche man betrachtet, wirklich derselben Achse und nicht vielleicht zwei Verästelungen des Stängels angehören und endlich wird, wenn die

Zähler in den Brüchen sehr groß werden, wie Du ganz richtig bemerkt hast, der Fehler, den man beim Abmessen begeht, so bedeutend, dass mit demselben Rechte mehrere Brüche das Blattstellungsverhältnis ausdrücken würden. Es ist ein Übelstand, welcher nicht nur die Botanik trifft, sondern welcher allgemein in den Naturwissenschaften gilt. Wahre Gesetzmäßigkeiten lassen sich nur dann erkennen und mit Sicherheit feststellen, wenn die Beobachtungsfehler, welche in jede, selbst in die genauesten Messungen eingehen, nicht im Stande sind, die Regelmäßigkeit zu verdecken; und so mag es sein, dass vielleicht noch Gesetze, die man sogar schon aufgestellt hat·oder an welche man denken könnte, in der Tat in der Natur gelten. Aber wir müssen sie so lange als unbewiesen annehmen, so lange nicht dieser Bedingung, die ich eben aufstellte, genügt ist. Häufig werden wir in Folge dessen davon absehen müssen, wirkliche Zahlengesetzmäßigkeit zu finden, sondern wir kommen zurück auf zwar allgemein durchgängige Gesetze, welche sich aber nur in Worten und nicht in der präziseren Sprache der Mathematik geben lassen."

„Gibt es denn auch solche Gesetze", fragte Gustav, „bei den Pflanzen?"

„Sogar eine große Zahl", war die Antwort, „und Ihr werdet z.B. leicht bei der Betrachtung von Pflanzen finden, dass alle Organe, welche blattähnlich gebildet sind, einen ganz ähnlichen Bau haben. So werden die Blütenblätter parallelläufig geadert sein, wenn es die Stängelblättern sind, die Adern werden dagegen netzartig durcheinander laufen an den Blumenblättern und Kelchblättern, wenn es an den Stängelblättern so ist. Doch brechen wir auf, wir können uns hiervon auch im Gehen unterhalten."

„Auch andere Beziehungen", fuhr der Vater fort, „welche auf bestimmte arithmetische Verhältnisse hinzudeuten scheinen, lassen sich wohl im Allgemeinen aussprechen, wenn man auch nicht im Stande ist, sie durch Zahlen zu belegen. So z.B. wird Euch aufgefallen sein, dass Pflanzen, welche kleine Blätter haben, wie etwa die

Fichten, dafür deren eine sehr große Anzahl besitzen; wogegen umgekehrt an Pflanzen mit wenig Blättern dafür die einzelnen ungemein mächtig entwickelt sind. Es lässt sich wohl vermuten, dass innerhalb gewisser Grenzen die Oberfläche der Blätter zu dem Inhalte der ganzen Pflanze in einem bestimmten, für alle Pflanzen gleichen Verhältnisse steht. Man hat solche Messungen neuerdings bei Tieren ausgeführt und ist hier in der Tat zu dem überraschenden Resultate gekommen, dass die sogenannte ausscheidende Oberfläche von kleinen Tieren zu dem Inhalte des Tieres fast genau in demselben Verhältnis steht, wie die ausscheidende Fläche bei größeren Tieren zu dem Inhalte derselben. Um dies zu erreichen, müssen bei größeren Tieren solche Organe dann nicht einfachflach ausgespannt sein, sondern sie besitzen eine große Anzahl von Vertiefungen und Labungen und Einbuchtungen. Denn Ihr wisst, dass bei kleinen Körpern, z.B. einer kleinen Kugel, die Oberfläche verhältnismäßig viel größer ist als bei einer größeren Kugel. Denkt Euch nur einen Würfel vielleicht von weichem Ton (Fig. 115), so könnt Ihr dem

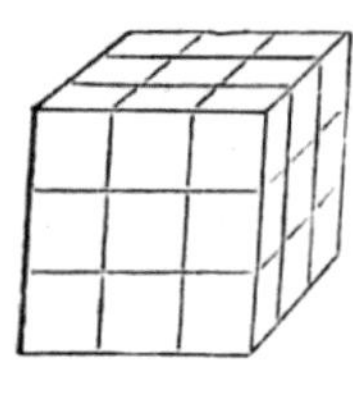

Fig. 115

Thon dadurch, dass Ihr wieder kleine Würfel ausschneidet, eine viel größere Oberfläche geben, während die Masse dieselbe bleibt. So sind z.B. im tierischen Körper die Blutkörperchen im Allgemeinen umso kleiner, d.h. sozusagen aus einem Würfel mit derselben Masse umso mehr kleine Würfel ausgeschnitten, je höher die Eigenwärme des Tieres ist. Ihr würdet also nicht sagen, dass Tiere mit großen Blutkörperchen höher entwickelt sind, sondern im Gegenteil, dass sie im Allgemeinen auf einer niedrigeren Stufe stehen, als Tiere mit kleinen Blutkörperchen. Indes ist auch dies Gesetz nur in Bausch und Bogen gültig und lässt sich nicht durchgängig mit der Körpertemperatur in Übereinstimmung bringen.

Interessant ist es, dass auch umgekehrt Fälle vorkommen, wo die Oberfläche möglichst klein ist. Die Natur baut je nach dem Zwecke entweder z.B. bei der Pflanze so, dass sie eine verhältnismäßig große Oberfläche schafft, oder auch wieder so, dass sie einem gegebenen Materiale eine möglichst kleine Oberfläche gibt. Es lässt sich z.B. mathematisch nachweisen, dass die Bienenzellen diejenige Form besitzen, bei welcher das wenigste Material zum Aufbau nötig ist.

Auch die Oberfläche von Flüssigkeiten folgt dem Gesetze, so klein als möglich zu sein. Ihr werdet bei Betrachtung von Seifenschaum oder Schaum auf Bier sehen, dass die einzelnen Lamellen immer je drei zusammenstoßen unter gleichem Winkel, so dass Winkel von 120° entstehen. Genau dieselbe Form habt Ihr auch bei den Bienenzellen, wo auch immer je drei Wände und nur drei Wände in einer Ecke sich berühren.“

Gustav: „Wozu aber braucht denn die Pflanze die große Blattfläche?“

Vater: „Es liegt darin nicht nur eine Notwendigkeit für die Pflanze, indem dieselbe zu ihrem Leben einer sehr mächtigen Wasserzufuhr bedarf, aus welchem sie das wenig darin enthaltene feste Material ausscheidet, sondern es liegt auch für uns darin indirekt ein sehr bedeutender Vorteil. Es zeigt sich nämlich, dass immer Gegenden, in welchen viel Wald ist, einen regelmäßigen feuchten Niederschlag haben, während bei Gegenden, wo die Bäume gefällt sind, zwar der feuchte Niederschlag für das ganze Jahr hindurch derselbe sein kann, aber er wird nicht gleichmäßig verteilt, er wird nicht, wie bei Waldboden, reguliert. Man hat eine hierher gehörige Beobachtung bei einem Bergwerke gemacht, dessen Pochwerke von einem durch mehrere kleine Bäche gebildeten Flüsschen getrieben wurden. Durch den großen Zuzug von Leuten brauchte man viele Häuser und damit viel Baumaterial, und zur Betreibung des Erzausschmelzens noch außerdem viel Brennmaterial. Aus beiden Gründen wurden in der unmittelbaren Umgebung dieses Bergwerkes bedeutende Waldmassen geschlagen. Zum großen

Erstaunen wollten die Wasserwerke nicht mehr ordentlich arbeiten und das Flüsschen wurde schwächer und schwächer. Man glaubte zunächst, es habe sich überhaupt der feuchte Niederschlag verringert, doch gaben zwei Instrumente, sogenannte Regenmesser, an, dass in beiden Jahren der Niederschlag im Ganzen sogar noch vermehrt war. Es hatte also früher der Wald das Flüsschen gleichmäßig gespeist, während später die Wassermassen, welche ein plötzlicher Regen zuführte, schnell vorüberrauschten, um dann zu Zeiten der Trockenheit wieder den Bach fast vollständig wasserleer zurückzulassen.

Auf der Insel Ascension verschwand eine sehr wasserreiche Quelle, weil in dem Gebirge, aus welchem die Quelle entsprang, viele Bäume gefällt worden waren. Nachdem man den Berg wieder bepflanzt hatte, erschien auch die Quelle nach einigen Jahren wieder. Dieses Beispiel, welches aussieht wie ein ad hoc ausgeführtes Experiment, ist uns von Boussingault, einem der zuverlässigsten Beobachter, mitgeteilt worden.

Unter solchen Gesprächen war die Gesellschaft wieder aus dem Walde zurückgekommen; der Abend senkte sich herab und mit ihm stille Ruhe auf die Fluren. Je näher die kleine Gesellschaft der Stadt kam, desto mehr Gruppen begegneten ihr, welche von Pfingstausflügen heim kehrten. Hier und da klang ein Abendlied in die Stille hinaus. Friede war eingezogen in das Gemüt, welches früh am Morgen aufgebraust war in heller Pfingstlust und ungestümer Frühlingsfreude.

Unter allen Heimkehrenden waren aber wohl wenige, welche mit solcher Befriedigung wieder einzogen, als unsere Freunde. Sie hatten bei heiterer Unterhaltung manches Neue gelernt, einen tieferen Blick in die Natur getan, sie hatten gesehen, dass aufmerksame Beobachtung im Stande ist, Gesetze nachzuweisen in Gebieten, wo der oberflächlich Sehende nur eine gesetzlose Mannigfaltigkeit zu erblicken glaubt. Was ihr Gemüt erfüllt, war die Ahnung, welche überall den Menschen durchbebt, wenn er mit Überlegung die Natur betrachtet, dass sie eine Welt nach ewigen unabänderlichen Gesetzen ist, die Ahnung, dass das Gesetz, welches sie heute kennen gelernt hatten, nur ein Glied in einer großen Reihe tiefer Gesetze sein müsse.

Und was sie zunächst gewonnen hatten ans der Naturerkenntnis, das war, und vielleicht sogar das Wertvollere war es, die Anregung, überall mit aufmerksamem Sinne, mit Nachdenken und mit Vergleichung die Natur zu beobachten. Gehet hin und tuet dasselbe!"

Fig. 8 Fig. **Kristallformen der Edelsteine.**
1. Diamant 2. Korund 3. Zirkon 4. Topas 5. Smaragd 6. Beryll 7. Turmalin 8.
Hyazinth 9. Amethyst 10. Granat 11. Bergkristall 12. Amazonenstein

Elfte Unterhaltung

Die mineralogische Ausbeute der Pfingstpartie wird besprochen. Auch hier finden sich durchgängige Gesetze: überall richtet sich die Natur nach den einfachsten Zahlen. – Wir fangen zur Abwechslung selbst einmal an, die Rolle der Natur zu übernehmen und Kristalle zu bauen. Die Gesellschaft findet so, dass sich alle Kristalle mit 6 verschiedenen Bausteinen erzeugen lassen und dass man mit einer einzigen Bauregel überall auskommt.

„Potz tausend, was habt Ihr denn Alles aufgestapelt", sagte der Vater, als er die vielen Steine sah, welche die Gesellschaft zusammengebracht hatte.

„Ja“, erwiderte Otto, „das ist unsere Ausbeute von unserer Pfingstfahrt her. Sieh mal, was ich hier für einen hübschen Quarz habe!“

„Aber meiner ist doch noch hübscher“, meinte Max, „denn bei Dir sind die Flächen alle so ungleich groß, während meiner aussieht, als ob er künstlich geschlissen wäre.“

„Da hier habt ihr ja auch Feldspat und Kalkspat“, sagte der Vater.

„Hier ist meiner auch wieder hübscher“, sagte Max. „Ich habe Glück gehabt, meiner ist nach allen Seiten gleich ausgedehnt, während Deiner lang und schmal ist.“

„Wenns weiter Nichts ist“, entgegnete Otto, „aus dem Kalkspat kann ich mir auch ein Stück machen, welches nach allen Seiten gleich aussieht; ich brauche nur mit dem Federmesser einzuschneiden, so spaltet er von selbst auseinander. So kann ich aus meinem Spat die verschiedenartigsten Stücke machen, lange und breite, wie ich will. Hier hört die Gesetzmäßigkeit auf!“

„O nein“, sagte der Vater, „im Gegenteil, hier zeigen sich Gesetze, welche noch viel strenger gelten, als im Gebiete des Lebenden und welche mit zu den am besten bewiesenen Gesetzen im Bereiche der ganzen Naturwissenschaften gehören.“

Otto: „Aber wie ist denn das möglich, wenn der Stein doch gar keine bestimmte Gestalt hat? Wenn ich z.B. hier aus meinem Kalkspat einmal lange, ein anderes Mal breite Stücke mache, so sehen sie doch ganz verschieden aus; wenn hier sogar an einem Quarz Flächen fehlen, die an anderen vorhanden sind, dann kann doch von Gesetzmäßigkeit nicht mehr die Rede sein.“

„Doch“, sagte der Vater, „bleibt noch eins, was Ihr zu übersehen scheint. Ihr seid nur gewohnt, aus das Aussehen im Großen und Ganzen zu achten. Überlegt Euch, ob nicht doch, Ihr mögt von dem Kristalle Stücke wegnehmen, wie Ihr wollt, immer in allen verschiedenen Teilen etwas sich wiederholt. Ich will Euch näher darauf hinleiten. Seht Euch die Kanten der Kristalle an, und Ihr werdet finden, dass stets der Winkel, den zwei Flächen mit einander bilden, derselbe bleibt. Ja wir müssen sogar, wenn wir Gesetzmäßigkeiten hier auffinden wollen, als das Erste das hinstellen, dass auf Länge, Breite und Dicke der Stücke gar nichts ankommt, sondern dass nur die Winkel maßgebend sind."

Otto: „Aber wie soll man sich dies erklären? Weshalb bleiben die Winkel gerade dieselben, während Länge und Breite beliebig wechseln?"

Vater: „Auch dies wirst Du begreifen, wenn Du die Eigenschaft, welche der Kalkspat in so ausgedehntem Maße zeigt, nämlich die Spaltbarkeit benutzest, um in der Vorstellung mit Hilfe dieser Eigenschaft weiter zu gehen. Wenn ich ein Stück Kalkspat zerschlage, so bekomme ich kleinere Teilchen, welche bei genügender Zersplitterung nur noch durch das Mikroskop sichtbar sind. Betrachtest Du diese Teilchen unter dem Mikroskop, indem Du Dir vielleicht denkst, Du hättest alle von nahezu gleicher Größe, z.B. Stücke, die zwischen zwei verschieden weiten Sieben liegen geblieben sind, so würdest Du sehen, dass nie ein anderes Stück vorkommt, als eins, das wieder die Winkel des Kalkspats hat, also niemals ein viereckiges oder rundes Bruchstück. Diese Stücke könntest Du Dir in Gedanken noch weiter zerlegen, wo die Kraft unseres Mikroskops schon nicht mehr ausreichend wäre, um sie sichtbar zu machen. In Gedanken steht Dir kein Hindernis entgegen, auch jetzt noch die Teilung fortzusetzen und Du siehst ein, Du könntest beliebig weit gehen. Indessen stellt man sich heut zu Tage vor, dass es letzte Teilchen gibt, welche nicht mehr weiter zerlegt werden können, wenigstens nicht mit den Mitteln, wie sie uns augenblicklich zu Gebote stehen, und man nennt diese letzten Teilchen die Moleküle."

Gustav: „Aber ein Molekül Kalkspat kann doch noch weiter zerlegt werden, ich kann es noch in Kohlensäure und Kalk zerspalten."

Vater: „Aber nur mit chemischen Mitteln! Du hast jedoch ganz Recht und wir wollen uns deshalb lieber so ausdrücken, dass die

Kristallmoleküle durch mechanische Mittel, also z.B. Schlagen und Stoßen nicht weiter zerfällt werden können. Gehen wir jetzt umgekehrt von diesen kleinsten Teilchen wieder zurück und versuchen, was wir denn damit alles bauen können, indem wir gleichsam die großen Kristalle jetzt selbst schaffen. Damit die Vorstellung noch mehr vereinfacht werde, will ich auch gleich auf ein Bild des täglichen Lebens zurückgehen und mir denken, es handle sich nicht um ein Gebäude, das mit kleinen Kalkspatkristallen aufgeführt werden soll, sondern wie es eben im Leben ist, mit rechteckigen Steinen, also kurz und gut mit Backsteinen. Wenn einem Maurer die Aufgabe gestellt würde, mit solchen Steinen ein Gebäude zu errichten und zwar so, dass er niemals einen einzelnen Stein zerschlagen darf, weil ja die Moleküle nach unserer Vorstellung nicht mehr teilbar sind, so wird er mit den viereckigen Backsteinen zwar die verschiedensten Formen bauen können, aber es wird immer eins dabei bleiben."

Otto: „Dass nämlich die Ecken stets rechte Winkel sind."

Vater: „Wenn Du dabei noch etwas voraussetzt."

Otto: „Natürlich, er darf im Innern keinen leeren Raum lassen, sondern muss Stein an Stein legen."

Vater: „Also er muss in einen gegebenen Raum möglichst viel Material bringen, – etwa wie beim

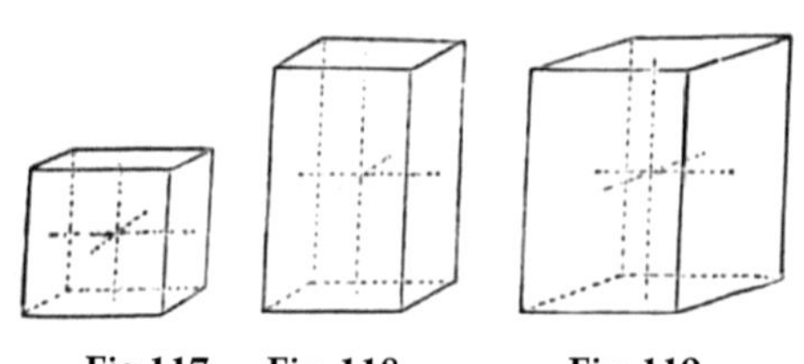

Fig.117 Fig. 118 Fig. 119

Holzsetzen. Auf diese Bausteine, mit welchen die Natur die Kristalle hergestellt hat, schließt man zurück aus der Form und aus dem Winkel, den die Krhstalle im Großen zeigen, und man nimmt sechs wesentlich verschiedene Bausteine an, oder wie man sagt, man unterscheidet sechs verschiedene Kristallsysteme.

Die 3 ersten Systeme stimmen darin überein, dass sämtliche Bausteine (Fig. 117 –119) rechtwinkelig sind, beim vierten und fünften kommen schiefe Winkel vor und schließlich beim sechsten sind die Bausteine sechsseitige Säulen (Fig. 120)."

Gustav: „Wenn ich aber mit solchen Bausteinen, z.B. von den 3 ersten Systemen, Kristalle ausführen will, so würden diese Kristalle doch alle an den Kanten unter rechten Winkeln zusammenstoßen. Wie kann ich denn diese Formen wieder unterscheiden oder mit anderen Worten, was gibt mir ein Recht, auf die Verschiedenheit der Bausteine zu schließen, die ich doch gar nicht sehe, sondern deren Formen ich mir nur in Gedanken konstruieren kann?"

Vater: „Der Unterschied, den die Bausteine dieser drei Systeme haben müssen, ist der, dass die Stücke des ersten Würfel wären, d.h. dass sie nach allen drei Richtungen im Raum, nach Länge, Höhe und Breite

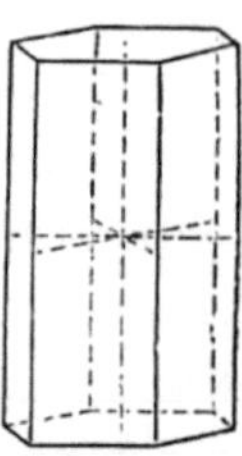

Fig. 120

gleich sind; die Bausteine des zweiten Systemes sind nur nach zwei Richtungen gleich groß, dagegen nach der dritten kürzer oder länger, so dass sie also die Form von einem Stück Balken hätten; die des dritten endlich sind nach allen drei Richtungen verschieden ausgedehnt, oder sie hätten die Form von unseren gewöhnlichen Backsteinen."

Gustav: „Damit sehe ich aber immer noch nicht ein, wie ich Kristalle, welche diesen drei Systemen angehören, unterscheiden soll, denn alle diese Kristalle müssen doch noch unter rechtem Winkel zusammenstoßen."

Vater: „Du hättest ganz Recht, wenn die Natur, um in dem Vergleiche fortzufahren, nur Häuser baute mit flachen Dächern, aber die Natur baut auch und teilweise mit besonderer Vorliebe Dächer, sogar recht kunstvolle Dächer. Nun denke Dir, einem Baumeister sei die Aufgabe gestellt, ein Dach zu bauen mit lauter Würfeln, so könnte er diese Aufgabe lösen,

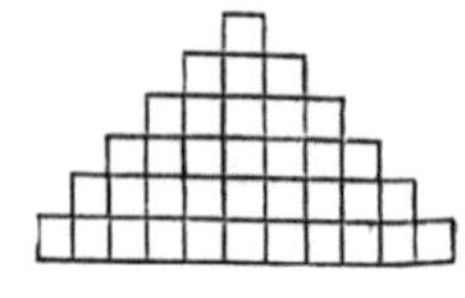

Fig. 121

wie Du hier siehst (vgl. Fig. 121). Wenn Du

den Bau von weitem betrachtest, so wirst Du die einzelnen Treppenstufen nicht mehr unterscheiden können, ebenso wie Ihr auch wisst, dass die Pyramiden treppenförmig gebaut sind, ob schon sie auf Zeichnungen immer mit geraden Linien begrenzt erscheinen.

Du könntest Dir auch vorstellen, dass die Bausteine immer kleiner und kleiner würden, aber Würfel blieben, so würde dadurch dasselbe erreicht werden.

Bei der Figur, wie ich sie hier gezeichnet habe, ist der Baumeister immer, wenn es einen Stein herunterging, auch gleichzeitig einen Stein in horizontaler Richtung weiter gegangen und so kommt es, dass der Winkel an der Ecke ein rechter ist.

Wenn Dir nun die Aufgabe gestellt würde, mit länglichen Backsteinen, also mit Bausteinen des zweiten Systems, ein solches Gebäude auszuführen und der Baumeister ging wieder um einen Stein herunter, wenn er einen Stein in horizontaler Richtung weiter geht, so würdest Du (Fig. 122) ein Dach bekommen, welches entweder flacher (Fig. 125) oder (Fig. 124) spitzer als ein rechter Winkel ist, etwa so wie ich es hier gezeichnet habe. .

An diesen Dächern unterscheidet man am Leichtesten die

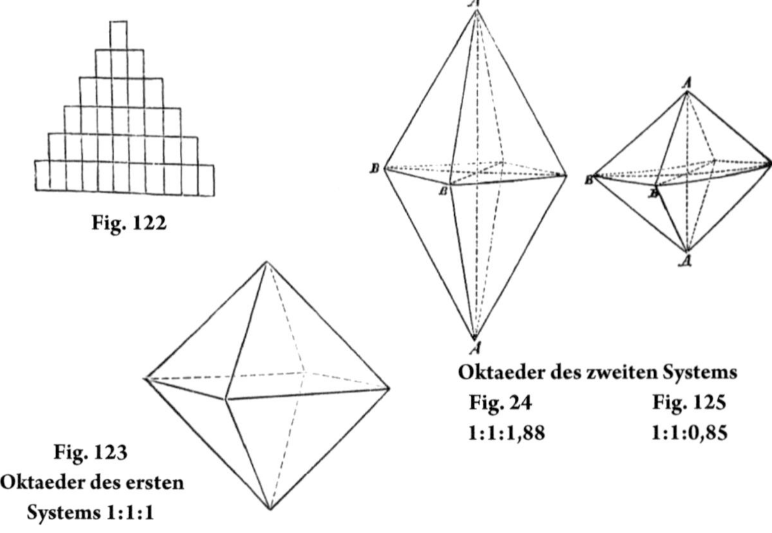

Fig. 122

Fig. 123
Oktaeder des ersten
Systems 1:1:1

Oktaeder des zweiten Systems

Fig. 24   Fig. 125
1:1:1,88   1:1:0,85

einzelnen Kristallsysteme und man nennt diese Dächer Oktaëder weil sie, wenigstens in den ersten drei Systemen, stets acht besitzen.

Ihr seht hier einige solcher Kristallzeichnungen, welche keiner näheren Erläuterung bedürfen (Fig. 123 –125).

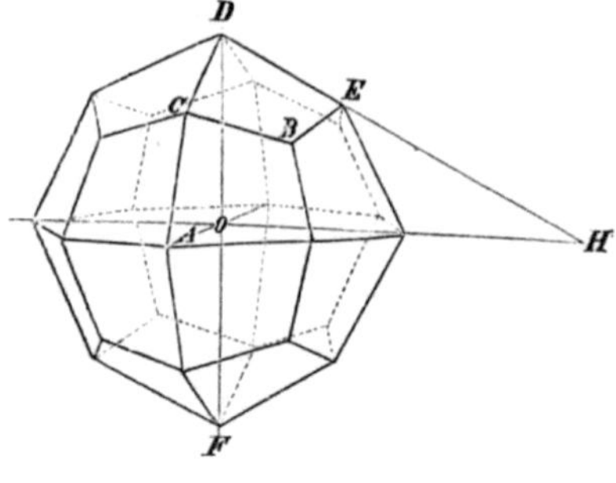

Fig. 126

Hier habt Ihr auch einen Kristall (Fig. 126), den Deltoidflächner, so genannt, weil er von Flächen begrenzt ist, welche wie aus zwei Deltas zusammengesetzt erscheinen und welcher dem ersten Systeme angehört."

Gustav: „Aber an diesem Deltoidflächner sind doch die Dächer, obschon Du gesagt hast, er gehöre zum ersten Systeme, nicht mehr unter einem rechten Winkel gegen einander geneigt, sondern unter einem viel stumpferen Winkel. Wie kann man sich eine solche Kristallform mit Würfeln zusammengesetzt denken?"

Vater: „Du wirst es selber erklären können, wenn Du Folgendes beachtest: Man denkt sich durch einen solchen Kristall drei Linien gelegt, welche sich in der Mitte schneiden würden und nennt diese nur gedachten Linien Achsen des Kristalls. Mit Hilfe dieser Linien gelingt es, einfache Gesetze in die große Mannigfaltigkeit von Kristallen zu bekommen, welche sich in der Natur vorfinden. Denke Dir eine dieser Flächen verlängert, bis dieselbe von beiden Achsen getroffen wird, so wie Du es hier mit Bleistift ausführen kannst, und miss dann die Länge der Achsen vom Mittelpunkt des Kristalles bis zum Durchschnittspunkt mit der Fläche, so findet sich bei allen Kristallen, so vielfache Messungen man auch gemacht hat, stets und zwar umso besser, je genauer man messen kann, das Gesetz bestätigt, dass die Winkel zwar gar kein einfaches Verhältnis zueinander besitzen, dafür aber die Länge der Achse vom Mittelpunkt bis zum Durchschnittspunkt mit der Fläche gerechnet stets in einem ganz einfachen Zahlenverhältnis zu einander stehen. – Du siehst, an diesem Kristalle würde bei der Größe, wie ich ihn gezeichnet habe, die Vertikalare 15 Millimeter sein, dagegen von der Mitte des Kristalles bis zum Durchschnittspunkt der Fläche mit der zweiten Achse 30 Millimeter. – Man kennt noch mehr solcher Formen und es findet sich, dass bei anderen, wie Du hier

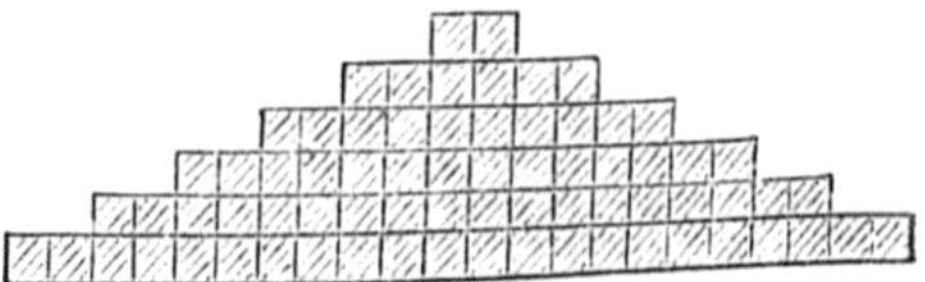

Fig. 127

eine solche siehst (Fig. 127), die zweite Linie 45 Millimeter ist, so dass also die Achsen statt im Verhältnisse 1:2, jetzt in 1:3 ständen. – Du siehst ferner: wenn die Achsen im Verhältnisse von 1:1 ständen, so würde dieser Körper übergehen in das Oktaëder, indem je drei Flächen in eine einzige zusammenfielen. Wie lässt sich dieses Gesetz mit unserer Vorstellung vom Bau der Kristalle in Übereinstimmung bringen?"

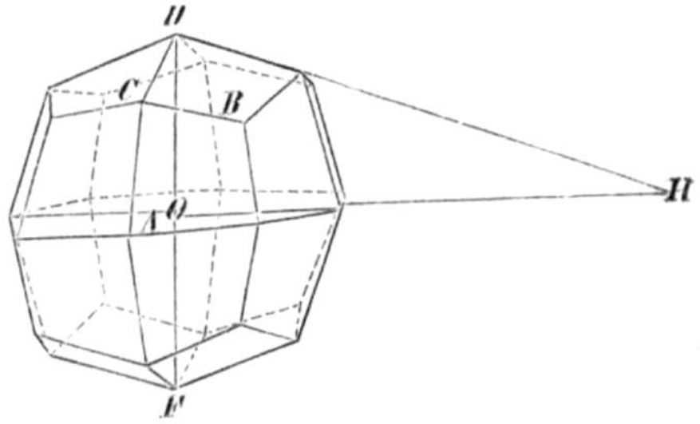

Gustav: „Das zu erklären würde mir keine große Schwierigkeit machen, denn ich brauche mir nur zu

Fig. 128

denken, dass der Baumeister nicht gehalten wäre, immer auf einen Baustein vertikal auch einen Baustein horizontal fortzugehen, sondern dass es ihm freistehe, je zwei oder drei Bausteine zu nehmen (Fig. 128). Während vorher auf 20 Bausteine vertikal auch 20 Bausteine horizontal kamen, gehen jetzt 40 und im folgenden Falle

60 horizontal auf 20 vertikal oder ich bekomme direkt den Satz, den Du mir eben sagtest. Wenn es aber dem Baumeister einmal gestattet ist, mit den Bausteinen fortzugehen in horizontaler und vertikaler Richtung, wie er will, so sehe ich jetzt wieder nicht ein, weshalb er mit bloßen Würfeln nicht auch einen Kristall bauen kann, welcher dem zweiten oder dritten Systeme angehören würde.“

Vater: „Du würdest Recht haben, wenn nicht die Natur selbst sich hier ein bestimmtes Gesetz vorgeschrieben hätte, was Du am einfachsten wieder übersehen wirst, wenn wir zurückgehen auf die Bausteine der einzelnen Systeme (vgl. Fig.117 bis 119). Aus Würfeln kannst Du durch Zusammenlegen ein Dach bekommen, dessen Länge doppelt so hoch ist, als die Breite, oder drei, vier Mal so hoch ist, oder auch im Verhältnisse 3:2 zur Breite steht und so fort. Die Bausteine, welche dem zweiten Systeme angehören, sind aber viel verwickelter gebaut, nämlich es kommen da bloß Verhältnisse vor, dass die Länge des Steines zur Breite steht im Verhältnisse 1:1,88 oder 1:1,11 und sofort, also Verhältnisse, welche wie 100:188 oder 100:111 sich verhalten, aber niemals Verhältnisse wie 1:1, 1:2 usw. Wenn mir aber die Bausteine so gegeben sind, dann siehst Du ein, müsste ich mit Würfeln, während ich 188 in die Höhe lege, 100 in die Breite legen, und solche verwickelte Gesetze kommen in der Natur nicht vor. Man findet an Kristallen desselben Systemes nur, dass es gestattet ist, die Zahl von Bausteinen, nach der man horizontal und gleichzeitig vertikal fortgeht, aus den einfachsten Zahlen des Systemes zusammenzusetzen.“

Gustav: „Und beim dritten Systeme sind dann also die Bausteine nach den drei verschiedenen Richtungen zu einander wieder in komplizierteren Verhältnissen ausgedehnt, also vielleicht die Breite zur Tiefe zur Länge wie 100:111:188.“

Vater: „Ganz richtig und die beiden folgenden Systeme vom ersten zu unterscheiden wird Dir keine Schwierigkeit machen, weil nur schiefe Winkel vorkommen. Endlich das letzte ist aus sechseckigen Säulen zusammengesetzt, es kommen dort also immer Winkel von 120 oder 60° vor, sind also auch leicht zu unterscheiden."

Gustav: „Dies alles ist mir jetzt klar. Ich möchte nur wissen, ob die Folgerung, welche ich ziehe, auch richtig ist. Angenommen, es handle sich um das zweite System und es sei die Höhe der Bausteine 1,88 mal größer als die Breite, so werde ich, wenn ich ein Dach damit baue, in dem ich stets auf einen Baustein horizontal einen Baustein vertikal weiter gehe, immer dahin geführt, dass, wenn ich ein Stück weit gebaut habe und mir nun die ganze Höhe und die ganze Breite, um die ich weiter gekommen bin, abmesse, diese auch immer wieder das Verhältnis 1:1,88 haben, wie Du vorher annahmst. Ist es nun dem Baumeister wieder gestattet, wenn es ihm einfällt, das Dach würde ihm zu einförmig, plötzlich abzusetzen und für je 1 Baustein vertikal vielleicht 2 horizontal fortzugehen?"

Vater: „Allerdings ist es ihm gestattet und Du siehst daraus (vgl. Fig. 129), dass die einzelnen Dächer, welche er so kombinieren kann, oder wenn wir gleich den Ausdruck einführen wollen, die einzelnen Oktaëder wieder in einem einfachen Verhältnisse zu einander stehen müssen. Die vertikale Achse des ersten Oktaëders hat zur horizontalen Achse ein komplizierteres Verhältnis, dafür aber müsste sich in dem zweiten Oktaëder dieses Verhältnis einfacher Weise wiederholen, also dass vielleicht nicht mehr wie 1:1,88, sondern 1:2·1,88, oder 1:3·1,88 etc. vorkäme.

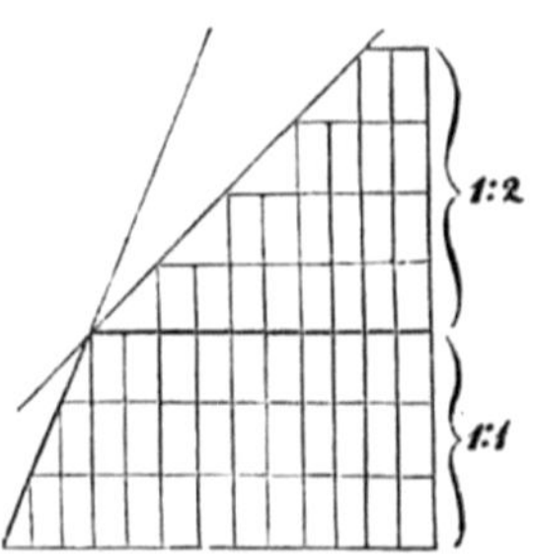

Fig. 129

Im unteren Teile des Kristalles rückt jede Reihe um je einen Bausteine ein; im zweiten Teil, wo das Dach flacher wird um je zwei.

Du hast einen ganz richtigen Schluss gemacht, der sich in der Tat bei den verschiedenartigsten und mannigfachsten Messungen, welche man ausgeführt hat, bestätigte.

Nun noch eins! Mit der Vorstellung, welche wir uns gebildet haben von dem Bau der Kristalle, seht Ihr jetzt auch sofort ein, dass die Größe der Flächen und die Länge des Kristalles gar nichts zur Sache tut, ja es kann sogar eine Fläche vollständig verschwinden. Seht Euch z.B. diese Zeichnung an (Fig 130). Ich habe seither die sogenannte ideale Kristallgestalt gezeichnet, d.h. die Form, welche man den Kristall—Molekülen beilegen könnte, wenn sie unendlich vielfach vergrößert wären. Dem Baumeister ist in Wirklichkeit aber über die Ausdehnung der Flächen gar nichts vorgeschrieben, er hat sich nur ans Gesetz zu halten, dass er auf einen Baustein in der einen Richtung stets zwei in der Richtung senkrecht darauf legen soll. So seht Ihr, kann er erst vielleicht

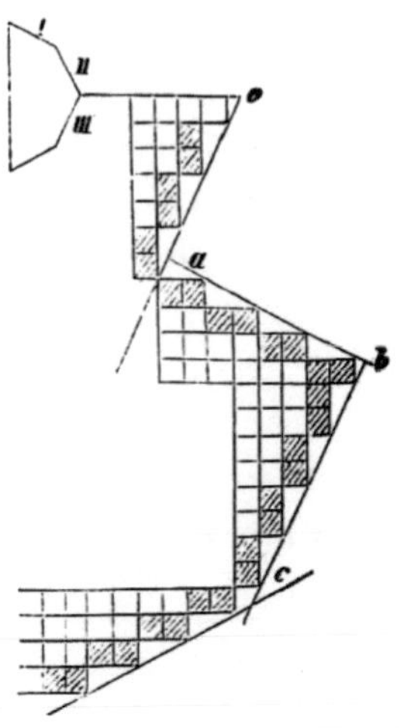

Fig. 130

ein Stück bauen wie von o bis u; auf einmal fällt ihm ein anders zu bauen und er bekommt die Fläche ab, dann rückt er wieder ein Stück und bekommt die Fläche b o usw. Die Fläche ab wäre parallel mit Fläche I der idealen Gestalt (welche einen Durchschnitt durch den idealen Deltoidflächner vorstellt), die Fläche bc aber parallel mit Fläche III der idealen Gestalt, so dass also in dem wirklichen Kristalle die Fläche II vollständig weggefallen wäre. Trotzdem hat der Baumeister Nichts getan gegen das ihm vorgeschriebene Gesetz.“

Max: „Also muss man auch in der Auffassung des Satzes, dass die Winkel an dem Kristalle stets gleich sind, vorsichtig sein, denn hier habe ich doch nicht mehr einen Winkel, den die Flächen I und II mit einander bilden, sondern einen Winkel, den I und III bilden, der in der idealen Gestalt gar nicht vorkommt.“

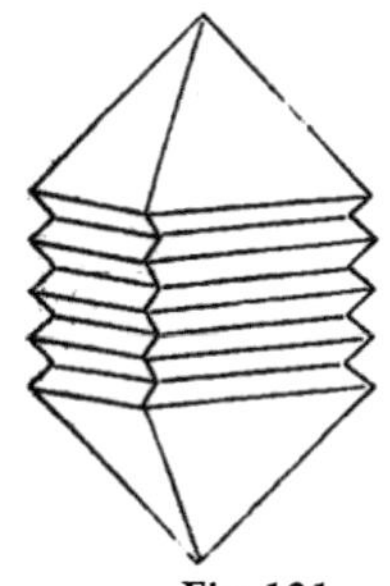

Fig. 131

Fig. 132

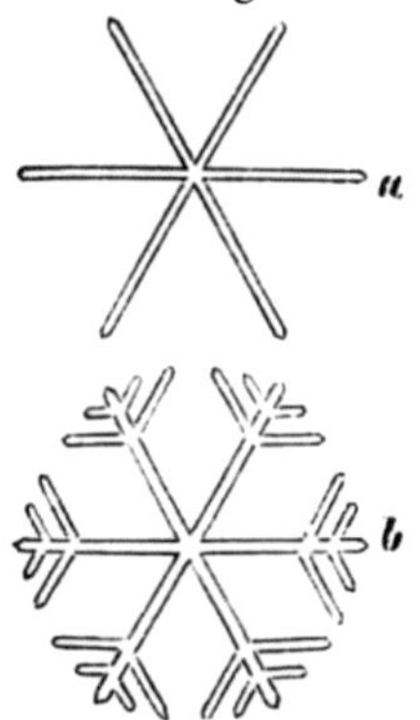

Fig. 133

Vater: „Allerdings ist dies eine Folge daraus und Ihr seht ein, wie schwierig es sein kann, aus sogenannten verzerrten Formen, wie sie die Natur bietet, die wirkliche Kristallgestalt abzuleiten. Es ist dies häufig nur möglich mit Hilfe der genauesten Messungen. Ihr seht, wenn Ihr diese Figur betrachtet, noch mehr. Es können an einem Kristalle einspringende Ecken vorkommen, wie sie die ideale Gestalt auch niemals bieten würde. Aber wenn nur diese einspringenden Ecken wieder einigermaßen regelmäßig gebaut sind, so müssen sie immer die Winkel der idealen Gestalt wiederholen. An dem regulären Kristall der Fig. 131 könnt Ihr deutlich erkennen, dass die einspringenden Ecken stets rechtwinklig sind.

Ihr Alle kennt die kleinen Treppen aus Kochsalz (Fig. 132). Dieselben sind zusammengelegt aus lauter kleinen Würfeln. Das Ganze ist kein einziger Kristall, aber die Kristalle, welche sich aneinander gereiht haben, haben sich doch nach dem Gesetze, welches wir aufstellten, richten müssen.

Ihr könnt mit Hilfe dieser Formen sofort die verschiedenartigsten Systeme unterscheiden. Wer von Euch sich aufmerksam Schneeflocken betrachtet hat, welche auf, dunklem Hintergrunde liegen, z.B. auf dem schwarzen Mantel, wird gesehen haben, dass dieselben ans

lauter kleinen Kristallnadeln bestehen, welche im Winkel von 60°
oder von 120° zusammenstoßen (Fig. 133). Ihr werdet daraus
sofort schließen?"

Max: „Dass der Schnee im 6. Systeme kristallisiert."

Vater: „Ihr seht daneben eine Zeichnung (Fig. 134) von
Kristallnadeln, wie dieselben entstehen, wenn man Salmiaklösung
verdampfen lässt. Zu welchem Systeme werden diese Kristalle
gehören?"

Gustav: „Höchst wahrscheinlich zum ersten, denn sämtliche
Nadeln stoßen unter rechten Winkeln zusammen."

Vater: „Ich möchte Euch nun noch auf Eins aufmerksam
machen, was Ihr auch leicht aus unserer oben entwickelten
Vorstellung schließen könnt.

Denkt Euch wieder einen Kristall,
vielleicht des ersten Systemes, so seht
Ihr, ist der Würfel nach allen
Richtungen gleich ausgebildet, es wird
also die eine Würfelfläche genau
dieselbe Eigenschaft haben, wie die
andere. Wenn Ihr nun einen Kristall
des ersten Systems, der also aus
Würfeln zusammengesetzt ist, habt
und derselbe nach einer Richtung hin
spaltbar ist, so werdet Ihr sofort
schließen, dass er auch noch nach zwei

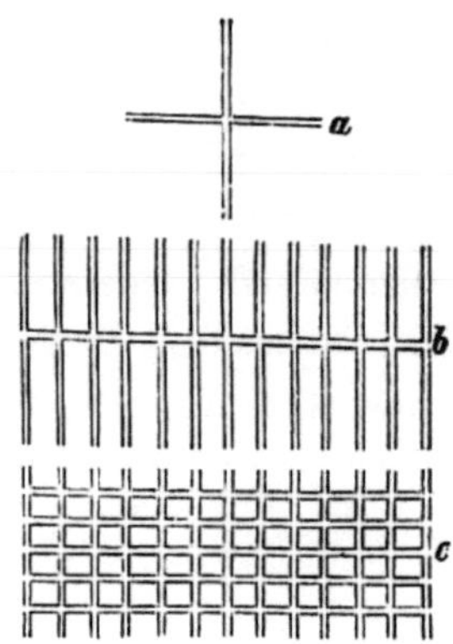

Fig. 134

anderen Richtungen spaltbar sein muss, weil diese anderen
Richtungen wesentlich mit der ersten übereinstimmen. Habt Ihr
dagegen einen zum zweiten Systeme gehörigen Kristall, so kann er
nach der einen Richtung spaltbar sein, während er nach den
beiden anderen diese Eigenschaft nicht oder in viel geringerem
Grade besitzt. Nämlich wenn Ihr Euch die Kristall—Moleküle als
längliche Säulen denkt, so wäre es möglich, dass die schmalen
Flächen sich leicht voneinander trennen (Fig. 118 und 129),

während die langen Flächen fester an einander haften. Umgekehrt wenn aber der Kristall spaltbar ist nach einer langen Fläche, so muss er auch spaltbar sein nach der anderen; ebenso würdet Ihr finden, dass im dritten Systeme der Kristall im Stande ist, sich nach drei zu einander senkrechten Richtungen ganz verschieden in Bezug auf die Spaltbarkeit zu verhalten. Indessen damit müssen wir uns begnügen, da ein tieferes Eingehen in diese Erscheinungen uns zu weit führen würde und auch nicht ohne ziemliche mathematische Kenntnisse möglich zu machen ist."

Ein paar einfache und lehrreiche Versuche über Kristallbildung wollen wir gelegentlich einmal später machen. Ihr werdet dabei lernen, wie man sich hübsche, gut ausgebildete Kristalle zieht und ich will Euch dann auch überraschende Versuche zeigen, in denen die Kristalle im Laufe weniger Sekunden um ganze Zentimeter wachsen. Für Euch, liebe Leser, habe ich dieselben im zweiten Teile zusammengestellt.

Kätzchen, Katzen, Säcke, Weiber – wie viele gingen nach Stötteritz

Zwölfte Unterhaltung

Ich gebe Euch wieder den alten Rat: Nehmt Feder und Papier zur Hand und rechnet mit! Das Kapitel fängt langweilig an, später wird es besser. Es handelt von folgendem: Wie man mit möglichst wenig Zeichen einen optischen Telegraphen einrichtet – leicht selbst zu machen. – Napoli und lipano – Mit ein wenig Überlegung erreicht man in 15 Minuten ebenso viel als 10 Andere in 100 Jahren. – Fünf Milliarden. – Woraus sich die unendliche Zahl der Kristallformen und der chemischen Verbindungen erklärt. – Wie oftmals mit 52 Karten 4 Spielern verschiedene Karten gegeben werden können. – Zur eigenen Übung des Scharfsinnes.

„Ich habe mir", fing Gustav den anderen Abend an, „nochmals Alles überlegt, was Du uns neulich mitgeteilt hast, aber ich verstehe eins noch nicht. Wenn auch die Kristalle sich sehr verschieden ausbilden

226

können, bald mehr, bald weniger verzerrt, so dächte ich, müsste trotzdem die Kristallographie eine sehr einfache Wissenschaft sein. Die wenigen Formen sind leicht wieder zu erkennen, wenn man von jeder einige Verzerrungen gesehen hat."

„Du bedenkst zweierlei nicht", entgegnete ihm der Vater. „Erstlich habe ich Euch nur wenige Formen genannt; so habe ich Euch vom ersten System nur drei Körper (Würfel, Oktaëder Deltoidflächner) angeführt, während derselbe 13 einfache oder sog. Grundformen umfasst. Immerhin würden sämtliche einfache Formen sämtlicher Systeme noch nicht ein halbes Hundert sein. Die Hauptsache aber bleibt, und dies ist der zweite Punkt, dass sich alle Formen desselben Systems an einer Kristallgestalt vorfinden können. Diese sog. Kombinationen können zu einer fast unermesslichen Zahl anwachsen"

„Nimm z.B. nur die 3 Körper: Würfel, Oktaëder, Deltoidflächner; wie viel verschiedene Gestalten lassen sich damit erzeugen? Jede kann mit zwei anderen zusammengestellt werden, also

Würfel	mit	Oktaëder	Oktaëder	mit	Würfel
„	„	Deltoid – flächner	„	„	Deltoid – flächner
Deltoid – flächner	mit	Würfeln			
„	„	Oktaëder			

Da also jede der Grundgestalten mit je einer der beiden anderen kombiniert werden kann, so wird jeder Kristall durch diese Zusammenstellung Veranlassung wieder zu 2 Kombinationen. Ihr seht aber ferner, dass ich dabei jede Kristallkombination doppelt gezählt habe, z.B. Würfel mit Oktaëder und dann nochmals Oktaëder mit Würfel. In Wirklichkeit habe ich somit nicht 2·3 Kombinationen, sondern nur halb so viele, also $\frac{2 \cdot 3}{2}$.

Außer den 3 Grundgestalten erhalte ich folglich noch 3 Kombinationen zu je 2Kristallen, und eine, auf welcher alle 3 Formen vorkommen, also zusammen schon 7 Körper."

Gustav: „Immerhin noch wenig Formen!"

Vater: „Nur Geduld, Du wirst schon genug bekommen. Die Zahl der Kombinationen steigert sich enorm, wenn man mehr Grundformen zusammenstellt. Um aber diese Berechnung klarer zu übersehen, müssen wir zuvor mit einer einfacheren Rechnung anfangen und allmählich zur Verwickelteren aussteigen.

Ich habe hier einen roten und einen gelben Lappen. In wievielerlei Weise kann ich dieselben nebeneinander legen?"

Otto: „In zweierlei; nämlich rot, gelb und gelb, rot."

Vater: „Nun nehme ich einen blauen hinzu; wievielerlei Weisen sind jetzt möglich?"

Otto: „Ich lege der Reihe nach einen der drei vorn hin; die beiden anderen, welche ich in ungeänderter Reihenfolge zusammenrücke, lassen sich dann jedes Mal noch in zweierlei Weise vertauschen, also bekomme ich im Ganzen sechs verschiedene Anordnungen, nämlich

Ursprüngliche Lage: r, gr, bl

r.	gr.	bl.	gr.	r.	bl.	bl.	r.	gr.
bl.	gr.		bl.	r.		gr.	r.	

Vater: „Statt der umständlichen Bezeichnungsweise rot, grün, blau wollen wir einfachere Zeichen setzen. Man bedient sich gewöhnlich der Zahlzeichen, wir schreiben also 1, 2, 3; setzen wir abwechselnd eine der drei Zahlen vornhin und vertauschen die beiden letzten. Beachtet, dass man die Zahlen, welche nicht versetzt worden sind, immer wieder in der ursprünglichen Folge schreibt; also z.B. aus 1|2, 3 bildet Ihr durch Vertauschung der beiden letzten Zahlen 1|3, 2. Jetzt geht Ihr wieder zurück zur Anordnung 1, 2, 3 und setzt 2 vor, so erhaltet Ihr 2, 1, 3, daraus durch Vertauschung 2, 3, 1 usw. – Wie viel Worte lassen sich – aus einem Konsonanten und zwei Vokalen bilden?"

Otto: „Sechs!"

Vater: „Nämlich 2·3, wie wir es mit Rücksicht auf die Bildungsweise schreiben wollen. Nehmen wir nun noch ein Zeichen mehr! Wie oft lassen sich die Zahlen 1, 2, 3, 4 versetzen (permutiren)?"

Gustav: „Hier können wir vier verschiedene Zahlen an den Anfang stellen; die drei letzten lassen sich dann jedes Mal 1·2·3 – mal vertauschen, also bekommen wir 1·2·3·4 = 24 verschiedene Anordnungen; z.B.

a	1	2	3	4	h	2	1	3	4	o	3	1	2	4	u	4	1	2	3
b			4	3	i			4	3	p			4	2	v			3	2
d		3	2	4	k		3	1	4	q		2	1	4	w		2	1	3
e			4	2	l			4	1	r			4	1	x			3	1
f		4	2	3	m		4	1	3	s		4	1	3	y		3	1	2
g			3	2	n			3	1	t			2	1	z			2	1

Vater: „Beachtet auch hier wieder, dass ich um eine neue Vertikalreihe anzufangen, stets wieder auf die ursprüngliche Anordnung 1, 2, 3, 4 zurückgehe und nicht etwa mit der letzten Kombination fortfahre.

Wie viel Kombinationen lassen fünf Zeichen zu?"

Max: „Ich kann der Reihe nach stets die fünf Zeichen versetzen und die vier anderen jedes Mal 2·3·4 Mal vertauschen; ich bekomme so 5 Reihen von je 1·2·3·4 Zeichen oder im Ganzen 1·2·3 4·5. verschiedene Kombinationen. Kürzer schreiben wir dies wieder 5! (Fünf—Fakultät).

Vater: „Ganz recht! Bei 6 Zahlen bekämt Ihr 6!, allgemein bei n Zahlen n! Kombinationen.

Wir wollen daran ein paar einfache Ausgaben knüpfen. Zwei Freunde, welche eine halbe Stunde voneinander entfernt wohnen, so aber, dass dieselben gegenseitig Ihre Wohnungen sehen können, wollen sich abends bisweilen kurze Nachrichten zukommen lassen. Sie geben sich deshalb Zeichen, indem sie vier bunte Laternen, eine rote, eine gelbe, eine grüne und eine blaue neben einander hängen, so dass jede Anordnung einen bestimmten Buchstaben bedeutet. Wie viel verschiedene Zeichen können dieselben damit herstellen?"

Otto: „1·2·3 4 = 24 verschiedene Zeichen, also gerade das Alphabet, wenn sie c und k nicht unterscheiden."

Vater: „Ihr könnt dieses Verfahren auch selbst verwenden. Ihr wollt eine Geheimschrift (sog. Chiffreschrift) bilden, so könnt Ihr sämtliche 24 Buchstaben durch die Verstellung von 4 Zahlen ausdrücken; ich habe oben, neben die Zahlen, welche Gustav hinschrieb, die entsprechenden Buchstaben geschrieben.

Setzt statt der Zahlen, welche sich langsam schreiben, Striche, z.B. – für 1, / für 2, \ für 3, | für 4, so habt Ihr eine leichtere Schrift, in welcher Ihr auch den Buchstaben durch Verbindung der Striche gefälligere Formen geben könnt.

Ihr bekämet dann z.B.

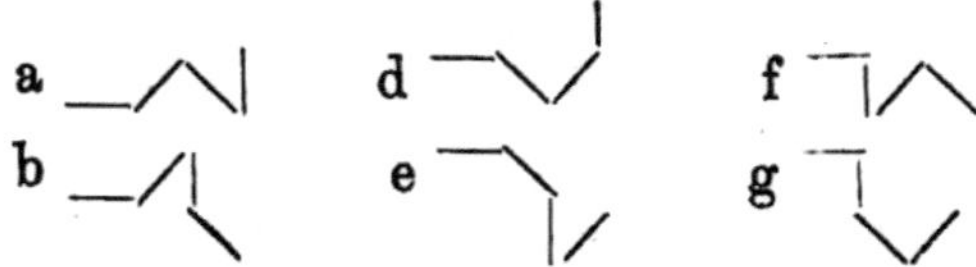

Ihr werdet leicht selber von diesen Andeutungen den mannigfachsten, anregenden und unterhaltenden Gebrauch machen können. Daher genug hiervon! Eine andere Frage! Wie viel zehnziffrige Zahlen lassen sich aus den 10 einfachsten Zahlzeichen 0 bis 9 bilden?"

Otto: „1,2,3....9·10 = 10!"

Vater: „Die Antwort war zu rasch; 10! verschiedene Kombinationen gibt es; diese sind aber nicht sämtlich 10 –ziffrige Zahlen."

Max: „Alle, welche mit 0 anfangen, können nur als neunziffrig gelten, also geht der 10te Teil derselben ab."

Vater: „Gut! 10! ist berechnet = 3628800

davon den 10. <u>Teil   = 362880</u>

bleibt 3265920

Bis jetzt war Alles schön und einfach. Jetzt will ich Euch aber eine Aufgabe stellen, über die Ihr erschrecken sollt. Bildet die 569te Permutation von lipano!"

Otto: „Soll dies für den nächsten Abend sein? 569 Permutationen, das ist viel."

Vater: „Wir wollen es gleich hier ausrechnen."

Otto: „Dann ist aber unser Abend vorüber."

Adolf: „Es ist gar nicht so schlimm, als es aussieht; eine ganze Anzahl Permutationen kann ich gleich übergehen. Es sind 6 Buchstaben, also damit 6! = 720 Permutationen möglich. Diese 720 Wörter lassen sich in 6 Reihen schreiben, jede zu 120 Worten; alle Worte einer Reihe fangen mit demselben Buchstaben an. Die 569te Permutation muss in der 5ten Reihe stehen. Das kommt ganz einfach heraus; nämlich in der ersten Reihe sind 120, in der zweiten ebenso viel etc., macht für 4 Reihen 480 Worte. In der 5ten Reihe ist dieselbe also das (569te—480te), d.h. das 89te Wort. Die 5te Reihe fängt an mit dem 5ten Buchstaben von lipano, also mit n; das erste Wort in derselbe ist also:

n | lipao

Von lipao sind wieder 5 Reihen Permutationen möglich, jede mit 24 Buchstaben. Die 89te Kombination muss in der 4ten Reihe stehen; drei volle Reihen machen nämlich 3·24 = 72 Worte, sie ist also die 89—72 = 17te Kombination der vierten Reihe. Sie fängt mit

231

dem vierten Buchstaben von lipao an, also mit a. Das erste Wort der vierten Reihe heißt sonach

$$\textbf{na} \mid \text{lipo}$$

Von lipo ist wieder die 17te Permutation zu suchen. Alle Permutationen gebildet gedacht, sind wieder 4 Reihen, jede mit $2 \cdot 3 = 6$ Buchstaben, vorhanden, die 17te Permutation ist also die 5te der dritten Reihe. Die dritte Reihe fängt mit dem 3ten Buchstaben von lipo an, d.h. mit p. Sonach heißt das erste Wort dieser Reihe

$$\textbf{nap} \mid \text{lio}$$

Hier ist wieder die 5te Permutation von lio zu suchen; dieselbe ist oli, also ist die gesuchte 569ste Permutation,

$$\text{napoli}$$

Überzeugt Euch", sagte der Vater, „wieder umgekehrt von der Rechnung, indem Ihr Euch die Frage vorlegt, die wievielte Permutation von lipano das Wort napoli sei.

Da der 5te Buchstabe der ursprünglichen Anordnung zu Anfang steht, so ist es jedenfalls zwischen der $4 \cdot 120$ und $5 \cdot 120$ten Permutation gelegen und wir merken uns, weil wir nach der Zahl fragen, gleich, dass die gegebene Permutation hinter der $4 \cdot 120 = \textbf{480}$ten liegt. Die $4 \cdot 120$te würde heißen

$$\textbf{n} \mid \text{lipao}$$

Von den hinter dem Strich stehenden muss wieder der 4te Buchstabe vornhin, wozu wieder wenigstens $3 \cdot 24$ Permutationen nötig sind; wir schreiben heraus $\textbf{3} \cdot \textbf{24}$. Diese, also die $(4 \cdot 120 + 3 \cdot 24 \text{ste})$ Permutation würde heißen na | lipo

Jetzt ist der dritte Buchstabe herauszusetzen, also liegt napoli auf der dritten Reihe, deren jede 6 Glieder hat; es gehen ihr also voraus wenigstens **2·6** Glieder. So sind wir gekommen bis zu

nap | lio

Bis jetzt hatten wir durchzumachen bereits 4·120+3·24+2·6 Glieder; von lio wieder den dritten Buchstaben vor, es gehen also voraus 2 Reihen, jede zu 2 Gliedern, macht nochmals **4** Worte, also haben wir jetzt

napo | li

Voraus gehen also dem gesuchten Worte

4·120+3·24+2·6+2·2 = 568 Permutationen,

d.h. napoli selbst ist die 569te Permutation."

Otto: „Was haben denn diese langweiligen Rechnungen für einen Zweck?"

Vater: „Wieder einmal die alte Frage nach dem Zwecke; Du möchtest wohl gern Geld damit verdienen? Nun, vielleicht interessiert Dich zu erfahren, dass man früher die Permutationsrechnungen benutzte, um neu entdeckte Wahrheiten, welche man aus Furcht vor dem Scheiterhaufen nicht offen aussprechen konnte, anderen – allerdings nur den Sachverständigen – mitzuteilen. Ein Jahr nach Entdeckung des Fernrohrs, im Jahre 1610, schrieb der hochberühmte und durch die Verfolgungen, welche er erleiden musste, leider auch traurig bekannte Galilei von Keppler Haec immaturu a me jam frustru leguntur o y.

Aus diesem Satze lässt sich durch Permutation ableiten:

Cynthiae tfiguras aemulatur mater amorum, d.h. Venus ahmt die Gestalten des Mondes nach, sie erscheint der Erde nicht immer voll beleuchtet, sondern wechselnd wie der Mond.

Ich will Euch ein anderes Beispiel anführen. Der englische Physiker Hooke machte gegen Ende desselben Jahrhunderts (1679) bekannt ceiiinosssttuv.

Daraus lässt sich durch Permutation bilden: ut tensio, sic vis, auf Deutsch: ,Wie die Spannung, so die Kraft.' Hooke gab damit das Resultat seiner Versuche über die Veränderung in der Gestalt eines Körpers, z.B. der Länge eines Drahtes durch angehängte Gewichte. Wir wollen einmal annehmen, die Regierung hätte unter dieser Form etwas Staatsgefährliches vermutet und einen Mathematiker (aber einen schlechten!) damit beauftragt, die betreffende Permutation, welche Hooke wollte, auszurechnen. Würde Hooke das Ende des Prozesses erlebt haben?

Ihr Alle denkt natürlich: ,Das wäre noch schöner; von den paar Buchstaben ist doch bald die entsprechende Permutation zu finden.' Ja wohl, wenn man zweckmäßig rechnet, ist es eine Kleinigkeit; wenn aber nicht, dann – prosit die Mahlzeit. Wer frisch darauf los zu permutiren anfängt und denkt: ,Ach, ein bisschen mehr Mühe macht Nichts; nur nicht erst lange überlegen,' der mag sehen, wie weit er kommt.

Wir wollen vernünftig sein und uns erst einmal mit Verstand ausrechnen, die wievielte Permutation denn ut tensio, sic vis von den gegebenen Buchstaben ist. Was wir dabei finden, wollen wir uns weiter ansehen.

Also:

ursprüngliche Anordnung ceiiinosssttuv.

Da tt, direkt auf einander folgt in der gesuchten Permutation uttensiosicvis so wollen wir dies tt als einen einzigen Buchstaben ansehen; im Ganzen wären danach 13! Permutationen möglich. Also 13 Reihen, jede mit 12! Worten; das Anfangsglied der 12ten Reihe ist u | ceiiinosssttv; diesem voraus gehen also 11 Reihen, jede mit 12! Permutationen, d.h. **12!11** Permutationen. Hinter dem Striche sind wieder 12 Glieder; sie geben 12 Reihen, jede mit 11! Permutationen. Das 11te Glied tt soll vorn hin, es kommt aber in die erste Stelle nur nachdem alle vorhergehenden daran gewesen sind, d.h. es gehen ihm voraus **11!10** Permutationen; jetzt sind wir bei

utt | ceiiinosssv

Wieder 11 Reihen mit je 10! Gliedern würden die Permutationen der hinter dem Strich stehenden Glieder geben; der 2te Buchstabe soll voraus, dazu sind nötig **10!1** Permutationen;

utte | ciiinosssv

Die Zeichen hinter dem Strich geben weiter permutiert wieder 10 Reihen mit je 9! Gliedern, 5te Buchstabe voraus, also wieder **9!4**

utten | ciiiosssv

9 Reihen jede mit 8! Gliedern, 6te Buchstabe voraus, also **8!5**

uttens | ciiiossv

Permutiert man das unter dem Strich Stehende, so erhält man wieder 8 Reihen mit je 7! Gliedern; der 2te Buchstabe voraus, also **7!1**

uttensi | ciiossv

7 Reihen zu je 6! Gliedern, 4te Buchstabe voraus, also **6!3**

uttensio | ciissv

6 Reihen mit 5 ! Gliedern, 4te Buchstabe voraus, also **5!3**

5 Reihen mit 4! Gliedern, 2te Buchstabe voraus, also **4!1**

uttensiosi | cisv

c steht schon in der richtigen Reihenfolge, muss aber als die erste Permutation seiner Reihe mitgezählt werden, also **1**

uttensiosic | isv

vis ist die 5. Permutation von isv, also ist der Satz ut tensio, sic vis, die (12!11+11!10+10!+9!4+8!5+7!1+6!3+5!3+4!+1+5)te Permutation von den alphabetisch geordneten Buchstaben des Satzes.

Rechnet man sich dies aus, so findet sich die ganze Summe zu 5,573,475,230, es ist also die ‚5 Milliarden 573 Millionen 475 tausend 230"te Permutation.

Das wollen wir uns nun ein wenig näher ansehen, umso mehr als die Zahl nahezu gleich kommt einer, welche Euch in der letzteren Zeit öfters zu Ohren gekommen sein wird, nämlich der Kriegsentschädigung, welche Frankreich nach Beendigung des Feldzuges 1870/71 an Deutschland zahlen musste. Diese belief sich auf 5 Milliarden, d.h. fünftausend Millionen Franken.

Wir wollen, um in der obigen Annahme fortzufahren, denken, der von der englischen Regierung ausgesuchte Mathematiker fange flugs an zu permutiren. Er bildet sich der Reihe nach alle Permutationen und irrt sich niemals; er schreibt sich neben jede Permutation die Nummer derselben, damit später das langweilige Zählen fortfällt. Es ist ein im Schreiben höchst gewandter Mann, denn er braucht, um eine Permutation zu bilden und hinzuschreiben, nur eine Sekunde und ebenso eine Sekunde für seine Nummer. Er braucht also im Ganzen, dank seiner großen Gewandtheit, nur 11,146,950,460 Sekunden.

Wie lang kann das sein? Eine Sekunde ist ja eine sehr, sehr kleine Zeit, da wird unser Mathematikus wohl mit ein paar Tagen oder höchstens Wochen fertig sein? Fehlgeschossen! Wenn er täglich 8 Stunden unausgesetzt schreibt, so müsste der geplagte Mann älter werden als Methusalem, nämlich mehr als 1000 Jahre hätte er zu arbeiten. Möglichst genau wären es 3,096,111 Stunden und wenn er täglich 8 Stunden schreibt, so gibt dies 387014 Tage. Dabei hat ihm noch ein guter Freund die Arbeit für alles, was unter ganzen Millionen liegt, nämlich für 950460 Sekunden, abgenommen, eine kleine Gefälligkeit, welche ihn bei 8stündiger Arbeitszeit auch noch 33 Tage kostete, Sonntag und, wenns nötig ist, auch Festtage mitgerechnet.“

Otto: „Da hätte ich nun gedacht, dies hätte mehr Arbeit gegeben; 950460 also fast 1 Million Sekunden mit 33 X 8 Stunden abgemacht, das ist für mich überraschend wenig.“

Vater: „Ja, so seid Ihr, wenn es einmal große Zahlen sind, dann glaubt Ihr, komme es auf eine Stelle mehr oder weniger auch nicht an. Gerade, wenn man es so zu Recht legt, findet sich dies recht auffällig. Ob 100,000,000 oder 1,000,000,000, das scheint Euch ziemlich gleich. Trotzdem könnte einer die erstere Zahl Sekunden in 10 Jahren abzählen, zur zweiten reicht sein Leben nicht, er brauchte ungefähr 100 Jahre.

Ihr seht, was wir mit ein wenig Überlegung in vielleicht 15 Minuten gefunden haben, dazu braucht der unüberlegt Rechnende eine unsäglich lange Zeit.

Wie groß glaubt Ihr wohl, müsse ein Blatt sein, welches für diese sämtlichen Permutationen Platz hätte.“

Otto: „Vielleicht so groß wie ganz Deutschland oder noch mehr.“

Vater: „O, was schießt Ihr schlecht! Das Blatt brauchte nicht größer zu sein als ungefähr 15 Minuten lang und ebenso breit.

Eine Permutation soll dabei den Raum von 40mm Länge und Zum Höhe, also 200☐mm einnehmen. Rechnet es Euch nun selbst aus! Nun aber zurück zu unseren Freunden, welche mit Laternen buchstabieren. Die vier Laternen reichten noch nicht aus; c und k waren noch nicht getrennt bezeichnet, außerdem fehlten Zeichen für die Zahlen. Wie werden sich dieselben jetzt helfen?"

Gustav: „Sie brauchen nur eine wegzunehmen und die drei anderen wieder zusammenzustellen."

Vater: „Und wie viel Kombinationen sind dadurch wieder möglich?"

Gustav: „Von den dreien wieder 1·2·3 = 6, von den zweien wieder 2, und endlich eine einzeln, macht nochmals 1."

Otto: „Von den einzelnen kann er doch wieder entweder eine blaue oder eine rote usw. aushängen, also jedenfalls 4 Zeichen damit geben."

Vater: „Auch mit den stets zu 2 kombinieren Laternen kann er mehr machen. Überlegen wir es uns der Reihe nach!

Wir fangen damit an, dass nur je eine Laterne hingehängt wird; dies gibt 4 Zeichen. Angenommen wir nennen die Laternen a, b, c, d, so geben die sogenannten Kombinationen zu Unionen (d.h. die Zusammenstellungen zu je 1)

Unionen   a b a d

Nun zu zweien, oder wie man es mit einem lateinischen Wort nennt, zu Amben; so kann er a mit b, c, d verbinden; dann b mit c, d; endliche mit d. Also

Amben		
ab	ac	ad
	bc	bd
		cd

Gustav: „Man darf also immer nur in den Buchstaben vorwärts gehen; man fängt an mit a und macht die ganze Reihe durch, dann kommt b usw."

Vater: „Zur Berechnung der Anzahl Amben, welche möglich sind, wollen wir aber lieber annehmen, man ginge von jedem Buchstaben auch rückwärts, so käme jede Kombination zweimal vor, man hätte nämlich

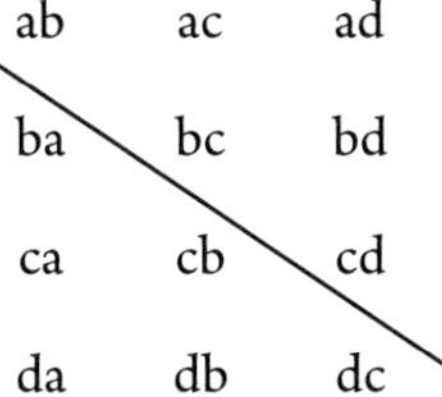

Der Unterschied zwischen den beiden Kombinationen derselben Buchstaben liegt nur in der Aufeinanderfolge; mit anderen Worten, von jeder Kombination kommen auch alle möglichen Permutationen vor. Hat man vier Elemente, so lässt sich aber jedes Element mit 3 anderen verbinden, also hat man, die wiederholtenGlieder mit eingeschlossen,

$$4(4-1)$$

Werden diese ausgeschlossen, so bleiben mir halb so viele, also

$$\frac{4(4-1)}{1\cdot 2}$$

allgemein bei n Gliedern $\frac{n\,(n-1)}{1\cdot 2}$

Aus diesen Amben entstehen die Kombinationen zu je 3 Gliedern (Ternen), wenn man vor die 4 (4 – 1) Glieder noch die (4 – 2) übrigen Elemente setzt, also z.B. mit ab noch zusammenstellt einmal c, einmal d. Somit entstehen aus jeder Ambe wieder so viel Ternen, als noch Elemente da sind, bei n Elementen folglich je n—2; es waren bereits vorhanden n (n – 1) Amben, man erhält daher n (u – 1) (u – 2) Ternen. Darin sind aber alle Kombinationen, welche durch Permutationen der drei Elemente einer Terne entstehen, enthalten, also 1·2·3mal zu viel. Mit Rücksicht darauf bleiben nur

$$\frac{n(n-1)(n-2)}{3!}$$

Die Anzahl Quaternen ergibt sich ebenso zu

$$\frac{n(n-1)(n-2)(n-3)}{4!} \text{ usw.}$$

Mit diesen paar Formeln könnt Ihr eine große Reihe interessanter Aufgaben lösen.

Die Chemie kennt ungefähr 65 Elemente; wie viel Körper kann es geben, welche aus 2 einfachen Stoffen zusammengesetzt sind? (Abgesehen davon, dass dieselben 2 Stoffe sich zu verschiedenen Verbindungen zusammenlagern können.)"

Adolf: „Jedes der 65 Elemente kann sich mit den 64 anderen verbinden, macht 64·63; dabei ist aber jede Verbindung doppelt gerechnet, z.B. Wasserstoff (eines der 65) mit Sauerstoff (einem der restirenden 64) und dann auch wieder umgekehrt Sauerstoff mit Wasserstoff; in Wirklichkeit sind es also nur halb so viele. Es macht trotzdem bereits 2080 dieser denkbar einfachsten Verbindungen."

Vater: „Berechnet Euch noch die Verbindungen zu je drei Elementen, welches also $\frac{65\cdot64\cdot63}{1\cdot2\cdot3}$, und endlich zu vieren, welche $\frac{65\cdot64\cdot63\cdot62}{1\cdot2\cdot3\cdot4}$ sind.

Jetzt endlich kommen wir zur Antwort auf die Frage, welche Du zu Anfang des Abends gestellt hast. Im ersten, dem sogenannten regulären Kristallsystem, kommen 7 Vollflächner und 6 Halbflächner vor; wie viel Kombinationen zu 2, 3, 4 und 5 Kristallen sind möglich?"

Max: „Zu zweien $\dfrac{13\cdot12}{2!} = 13\cdot6 = 78$

   „   dreien $\dfrac{13\cdot12\cdot11}{3!} = 286$

   „   vieren $\dfrac{13\cdot12\cdot11\cdot10}{4!} = 715$, und endlich

   „   fünfen $\dfrac{13\cdot12\cdot11\cdot10\cdot9}{5!} = 1287$, zusammen also 2366

verschiedene Formen.

Vater: „Rechnet Euch aus, wieviel Formen es gibt, wenn man alle Kombinationen bis zu 13 berücksichtigt. Dabei habe ich – noch davon abgesehen, dass bald die eine – bald die andere Form durch ihre vorzugsweise Ausbildung das Aussehen des ganzen Kristalles bestimmt, dass es verschiedene Deltoidflächner gibt usw.

Zum Schlusse noch ein Beispiel, welches Euch zeigt, zu welch großen Zahlen man gelangt, wenn man alle Kombinationen erschöpft. 4 Leute verteilen unter sich 52 Kartenblätter, so dass jeder 13 Stück bekommt. Auf wie viel verschiedene Arten ist dies möglich?

Bemerket wohl, dass ich schon als verschieden auf alle, wenn zwei Spieler dieselben Karten haben, wie bei einer Verteilung vorher, und die Karten des Dritten sich nur in einem einzigen Blatt geändert haben.“

Otto: „Dann haben sich natürlich auch die Karten eines anderen Spielers damit geändert.“

Vater: „Natürlich, und diese geringe Änderung wird schon als eine andere Art der Verteilung aufgefasst.“

Gustav: „Ist es eine verschiedene Verteilung, wenn die Karten, welche vorher der A hatte, nachher der B bekommt, sonst aber Alles umgeändert ist?“

Vater: „Nein! Wer die Karten hat, soll ganz gleichgültig sein.“

Max: „Nehme ich zunächst an, es wären 2 Spieler A und B, von denen jeder 13 Karten erhält, so können diese 26 Karten zu je 13 kombiniert werden in

$\dfrac{26\cdot25\ldots14}{13!}$facher Weise

Sind es stattdessen 3 Spieler mit 39 Karten, so kann ich zunächst dem dritten Spieler C 13 Karten geben. Dann sage ich: ‚So behalte Du Deine Karten und Ihr übrigen A und B tauscht Eure 26 so oft Ihr könnt. So oft ich dem C andere 13 Karten gebe, so oft bekomme ich dann immer

$$\frac{26 \cdot 25 \dots}{13!}$$

verschiedene Anordnungen. Wenn diese alle fertig sind, werden die 39 Karten wieder in einen Haufen getan und dem C daraus 13 neue Blätter gegeben. Wie ist, dies ist die andere Frage, kann ich aber dem C verschiedene Karten geben?

39 kann ich mit 38 verschiedenen verbinden, jede dieser Kombinationen wieder mit einer der 37 anderen Karten und so fort, bis 13 Karten ausgesucht sind. Dies gäbe also $39 \cdot 38 \cdot 37 \dots 27$ verschiedene Arten. Daraus sind aber alle diejenigen Zusammenstellungen auszuscheiden, welche aus denselben Blättern bestehen, deren Aufeinanderfolge nur geändert ist, es bleiben somit

$$\frac{26 \cdot 25 \dots 14}{13!}$$

verschiedene Kartenzusammenstellungen für C; jede dieser bedingt wieder

$$\frac{26 \cdot 25 \dots 14}{13!}$$

verschiedene Anordnungen der Karten von A und B, so dass im Ganzen damit entstehen

$$\frac{39 \cdot 38 \cdot 37 \dots 27}{17!} \cdot \frac{26 \cdot 25 \dots 14}{13!}$$

verschiedene Arten, in denen die 3 Spieler ihre Karten bekommen können.

Dem Vierten, D endlich, kann man von den 52 Karten 13 geben auf

$$\frac{52 \cdot 51 \ldots 40}{13!}$$

verschiedenerlei Arten. Bei jeder neuen Kartenzusammenstellung, welche D bekommt, können aber A, B, C wieder tauschen in

$$\frac{39 \cdot 38 \cdot 37 \ldots 27}{17!} \cdot \frac{26 \cdot 25 \ldots 14}{13!}$$

verschiedenen Arten. Im Ganzen gibt es also deren

$$\frac{52 \cdot 51 \ldots 40}{13!} \quad \frac{39 \cdot 38 \cdot 37 \ldots 27}{17!} \cdot \frac{26 \cdot 25 \ldots 14}{13!}$$

Wenn Ihr Euch diese Zahl ausrechnet, so findet Ihr eine Zahl von 29 Ziffern, nämlich

53644 737765 488792 839237 440000.

Das hört sich recht schön an! Berechnet Euch einmal, wie viel Jahre die Spieler auszuteilen hätten, wenn alle 10 Sekunden einmal die Karten verteilt würden. Ihr werdet·eine erstaunliche Summe finden. 1000 Leute würden nicht fertig werden, wenn sie sich in die Arbeit teilten und ihr ganzes Leben daraus verwendeten.

Zur eigenen Berechnung jetzt noch folgende Aufgaben:

1) Herr Wind erzählt einem anderen Herrn, dass er sechs Töchter und jede Tochter einen Bruder habe. Wie viel Kinder hatte er?

Das ist einfach; kompliziertere Zahlen kommen schon in folgendem Beispiele vor:

2) ‚Ich ging nach Stötteritz und begegnete unterwegs neun alten Weibern, von denen jedes neun Säcke trug; in jedem Sacke waren neun Katzen, eine jede Katze hatte neun Junge. Kätzchen, Katzen, Säcke, Weiber – wie viele gingen nach Stötteritz?'

Der Erfinder des Schachspiels, Sassa Ebn Daher, wählt sich eine kleine Belohnung.

Dreizehnte Unterhaltung

Wie man große Zahlen anschaulich macht.

„Ich habe Euch am vorigen Abende gezeigt", fing der Vater an, „wie man durch Kombination von wenigen Größen zu einer fast unendlichen Anzahl von verschiedenen Ausdrücken kommen kann und Ihr entsinnt Euch, dass z.B. vier Striche, die verschieden gegen einander geneigt sind, ausreichen, um durch entsprechende Verbindung sämtliche 24 Buchstaben darzustellen. Ihr wisst, dass wir durch Kombinationsrechnung Zahlen gefunden hatten, von denen wir uns keinen Begriff mehr machen konnten, wenn wir uns mit den gewöhnlichen Hilfsmitteln begnügen und die Zahlen wirklich schreiben wollten. Man ist in einem solchen Falle gezwungen, andere

244

Darstellungsweisen zu benutzen, und ich möchte Euch heute Abend deren einige zeigen.

Es leben gegenwärtig auf der Erde in runder Summe 10000,000,000 Menschen, welche 3600 verschiedene Sprachen reden und 110 verschiedenen Religionen angehören. Das durchschnittliche Leben des Menschen dauert 3272 ½ Jahr. Von den Kindern stirbt der vierte Teil vor dem zurückgelegten 7. Jahre, die Hälfte vor dem 17ten. Im Durchschnitt sterben jährlich 33,000,000 Menschen. Wenn Ihr Euch von diesen Zahlen einen Begriff machen wollt, so könnt Ihr das in verschiedenerlei Weise tun; eine z.B. ist die, dass man von den Zahlen übergeht zu anderen Zahlen und Vorstellungen, welche uns näher liegen, eine andere wäre die, dass man von den Zahlen übergeht zu räumlichen Vorstellungen und sich z.B. berechnet, wieviel Raum diese 10000,000,000 Menschen einnehmen würden. Das Letztere wollen wir später tun, und für den Augenblick mit dem Ersteren anfangen. Wenn Ihr die kleine Rechnung durchführt, so werdet Ihr finden, dass täglich 91000 Menschen, stündlich 3750 und in jeder Minute 60 Menschen sterben, mit anderen Worten, Ihr könnt Euch eine Vorstellung von der Anzahl Menschen machen, welche sterben, wenn Ihr beachtet, dass in jeder Sekunde durchschnittlich auf der ganzen Erde ein Mensch stirbt. Und es würden jährlich von je tausend 33 sterben, – dies gibt Euch ein Bild für die Anzahl der Lebenden.

Ihr könnt mit einer solchen Berechnungsweise auch leicht prüfen, ob Angaben richtig sind. So sollen z.B. im Jahre 1864 im Regierungsbezirk Leipzig 552,000,000 Maikäfer gesammelt und vernichtet worden sein."

Otto: „Wie will man aber diese alle gezählt haben?"

Vater: „In solch einem Falle hilft man sich auch wieder, da es ja nicht auf genaue Berechnung ankommt, mit einem Durchschnitt. Man zählt, wieviel Scheffel Maikäfer eingeliefert wurden, und gibt sich die kleine Mühe, die Menge der einen Scheffel füllenden Maikäfer wirklich zu zählen. Ist die obige Angabe wohl glaubwürdig?

Wir wollen annehmen, es sammelten 10,000 Menschen zwei Monate lang, so müsste jeder derselben 720 Stück an jedem Tage sammeln. Mit Rücksicht daraus, dass schwerlich 10,000 Menschen gesammelt haben, dass ferner die Zeit von zwei Monaten sicher zu hoch gegriffen ist, kommen wir entschieden dazu, diese Angabe für übertrieben zu halten, während wir von der Zahl 552,000,000 ohne Weiteres gar keine Vorstellung haben.

Umgekehrt könnt Ihr Euch von sehr kleinen Größen dadurch eine Vorstellung machen, dass Ihr viele solcher kleinen Größen gleichsam zusammenlegt bis Ihr zu einer Größe kommt, welche Euch bekannter ist; z.B. Ihr wisst, dass Safran die Narbe einer Pflanze ist, die zur Familie der Schwertlilien gehört. Eine Narbe wiegt im Durchschnitt 2 ½ Milligramm. Aber wieviel wiegt ein Milligramm?

Nun $\frac{1}{1000}$ Gramm; das ist einfach. Ja, aber die Vorstellung fehlt. Ein kleiner Würfel von 1mm Seitenlänge mit Wasser gefüllt würde 1mm schwer sein. Dies führt uns schon der Vorstellung näher; berechnen wir uns noch, wieviel der erwähnten Narben man braucht, um ein Kilo Safran herzustellen? Die Berechnung ist sehr einfach und Ihr würdet finden, dass 400,000 solcher Narben auf ein einziges Kilogramm gehen.

Noch ein anderes Beispiel. Die Zeitungen brachten neulich die Nachricht, dass in einer Zeitungsdruckerei in Washington ein Wettstreit zwischen Schriftsetzern entstanden sei. Sie wählten die als Nonpareille bekannte Schrift und es handelte sich darum, wer am meisten Buchstaben im Laufe von 3 Stunden setzen könnte. Der Preis war ein goldener Winkelhaken und wurde von einem amerikanischen Setzer gewonnen, der 10,158 Buchstaben fehlerfrei setzte. Den zweiten Preis, einen silbernen Winkelhaken, gewann ein junger Franzose, welcher 9996 Buchstaben in 3 Stunden hob und gleichfalls ohne Fehler. Ist diese Angabe wohl glaubwürdig oder haben wir sie für eine Erfindung amerikanischer Zeitungen zu halten? Wenn Ihr annehmt, es setze ein sehr gewandter Mann in jeder Sekunde durchschnittlich 1 Buchstaben, so bekommt Ihr für die drei Stunden 3·60·60, d.h. 10,800 Buchstaben, Ihr seht also, dass der Gewinner des ersten Preises im Durchschnitt etwas weniger als 1 Buchstaben in der Sekunde gesetzt hat. Nach einer solchen Berechnung ist es möglich, von Leuten, welche Erfahrung haben, beurteilen zu lassen, ob die Sache wahrscheinlich ist, oder ob nicht.

Wie groß ist eine Million? Wir kommen damit schon an Zahlen, für welche uns die Vorstellung schwer fällt. Meist werden diese Größen erheblich unterschätzt. Eine Zahl mit 6 Nullen schreibt sich ja noch sehr bequem, liest sich ganz glatt, – was kann die groß bedeuten? Ich will Euch, was es heißt, Millionen im Vermögen zu haben, an einem Beispiele erläutern.

Der König von Holland hinterließ 200,000,000 Gulden. Wir wollen annehmen, dass dies Kapital in Zinsen zu 5% sicher gestellt wäre und der Erbe wollte sich damit beschäftigen, die jährlichen Zinsen desselben in Form von 2 Guldenstücken wörtlich genau zum Fenster hinaus zu werfen. Er will damit in einem Jahre fertig werden. Damit er möglichst wenig zu arbeiten hat, sitzt er am offenen Fenster, vor sich einen Korb voll Münzen, der von Dienern immer wieder bis an den Rand gefüllt wird, so dass er sich gar nicht zu bücken braucht, denn sonst möchte der Rücken bald lahm werden. Wir wollen annehmen, er braucht, um eine Münze zu ergreifen, hinauszuwerfen und wieder mit der Hand zurückzugehen, 2 Sekunden. Wenn Ihr Euch damit die Zeit berechnet, so findet Ihr, dass er täglich 7⅔ Stunden angestrengt arbeiten müsse, um seine Aufgabe zu lösen; d.h. von Morgens 8 bis mittags 4 Uhr muss er mit der Regelmäßigkeit einer Maschine arbeiten, hat keinen Sonntag und keinen Feiertag, darf dazwischen höchstens einmal ¼ Stunde zum Frühstück aussetzen und wenn ihn ein hoher Besuch inzwischen störte, so kann er noch nicht einmal um 4 Uhr zum Essen gehen.

Ja, es ist keine Kleinigkeit, das Geld zum Fenster hinauszuwerfen.

Wie groß ist eine Billion? Ihr wisst Millionen mal größer als eine Million.

Wenn eine Nadelfabrik in jeder Minute 100 Stück Nadeln liefert, Tag und Nacht arbeitet, ohne an Feiertagen auszusetzen, so würde dieselbe, welche täglich schon die ungeheure Größe von 144,000 Nadeln produziert, dennoch 19,200 Jahre zu arbeiten haben, ehe sie eine Billion Nadeln hergestellt hätte. Diese Zeit von 19,200 Jahren ist uns aber auch wieder unverständlich. Uns erscheint schon eine Zeit von 2400 Jahren, nämlich so lange als wir sichere geschichtliche Nachrichten haben, ganz unermesslich groß. Welche Fülle von Tatsachen gehen in diesen Zeitraum. Seit den Perserkriegen bis jetzt, wieviel Änderungen im Zustande der Staaten, welche große Reihe von Erfindungen von mehr oder weniger Bedeutung, welche unermesslichen Änderungen im Zustande der Kultur, der Verkehrsmittel, alle jetzt von Kulturvölkern bewohnten Länder haben eine vollständige Änderung ihrer Oberflächenbeschaffenheit erfahren – und dennoch würden 30 Menschen, von denen jeder 80 Jahre alt geworden, diese ganze geschichtliche Zeit mit zu erleben im Stande gewesen sein!

Man benutzt neuerdings die Zeit auch, um sich durch dieselbe eine Vorstellung zu machen von sehr großen Entfernungen. Euch allen wird bekannt sein, dass das Licht in einer Sekunde 40,000 Meilen zurücklegt. Diese Geschwindigkeit, die größte von sämtlichen uns bekannten, ist schon nicht mehr vorstellbar. Nimmt man trotzdem dieselbe als Maß, so lassen sich Zahlen, welche sonst in unserem gewöhnlichen Maße, z.B. Metern, ausgedrückt ungeheure Größen wären, noch durch sehr kleine Zahlen darstellen, so z.B. wird die Entfernung der Erde von der Sonne, welche von einem Eisenbahnzug erst in 400 Jahren zurückgelegt würde, vom Lichtstrahl in 8 Minuten 18 Sekunden zurückgelegt. Ein Baumwollenfaden von der äußersten Feinheit, von dem 40 Meilen aufs Pfund gehen, würde, wenn er zwischen

Erde und Sonne ausgespannt wäre, 516,000 Pfund wiegen. Trotzdem haben wir in der neuern Zeit Entfernungen messen können nach Firsternen, von denen das Licht, um zu uns zu kommen, mehrere Jahre brauchen würde. Man drückt große Entfernungen durch die sog. Lichtjahre aus, d.h. durch die Anzahl Jahre, in welchen das Licht die betreffende Entfernung durcheilen würde. Man hat derartige Spielereien mit den sogenannten Lichtjahren ziemlich weit ausgedehnt und es ist ein ganz netter Gedanke, dass wir die Vorgänge, welche auf solchen entfernten Sternen eintreten, erst 10 Jahre später sehen; mit anderen Worten, der Stern könnte schon längst durch gewaltige Explosionen zertrümmert sein, und es würde uns dennoch zehn Jahre lang immer das Bild desselben noch erscheinen.

Dächten wir uns umgekehrt von der Erde entfernt, so würden wir zu Stellen kommen, wo wir nochmals das erblicken, was wir vor einem halben Jahre erlebt haben, noch weiter zurückversetzt, die Zeit des letzten Krieges sich abspielen sehen, und es hindert unsere Phantasie nichts, sich in Räume zu versetzen, zu denen vielleicht eben erst Licht gedrungen ist, welches von dem Heere Alexanders des Großen oder den glänzenden Rüstungen der Helden des trojanischen Krieges in den Weltraum hinausgeflutet ist.

Doch kehren wir in nüchterner Weise zur Erde zurück und betrachten uns eine andere Art, große Zahlen zu versinnlichen, indem man dieselben durch räumliche Größen darstellt. Ihr Alle wart schon überrascht davon, dass die Zahl, welche wir bei Gelegenheit der Permutationen ausrechneten, so unendlich groß wurde. In der Tat, ein Heer von 6000 Leuten hätten ihre ganze Dienstzeit daran zu schreiben, um diese Zahl überhaupt auf Papier zu bringen. Vielleicht noch überraschender als dieses Resultat, wird Euch aber das andere gewesen sein, dass diese ganze unermessliche Zahl auf den verhältnismäßig kleinen Raume eines Papiers gegangen wäre, welches in einem Garten von 16 Minuten Länge und 16 Minuten Breite aufgespannt werden könnte. Ihr seht, wie sehr

Größen an Inhalt wachsen, wenn man immer um eine Dimension weiter geht, also von der Linie zur Fläche und von dieser zum Körper, Es ist Euch ja bekannt dass ein Quadrat von 1000 Millimeter Länge eine Million Quadratmillimeter und ein auf dieser Fläche konstruierter Würfel von 1 Meter Höhe 1000 Millionen Kubikmillimeter Inhalt hat. Es wird Euch darnach nicht mehr so überraschend sein, dass in den kleinen Raum eines Kubikfußes nicht weniger als 66 Pfund Wasser gehen, sodass eine Magd, die Wasser vom Brunnen bringt, in der ganzen Butte kaum einen Kubikfuß Wasser hat.

Unser ganzer Körper nimmt nicht mehr Raum ein, als höchstens 2 ½ Kubikfuß. Ihr könnt die Rechnung einfach machen. Unser Körper ist fast ebenso schwer, als ein gleich großer Raum Wassers, denn Ihr wisst, dass wir ohne eine Bewegung eben im Stande sein würden, im Wasser zu schwimmen, wenn wir sämtliche Teile untergetaucht halten könnten. Es müssen also durchschnittlich zwei Pfund unseres Körpergewichtes ein Liter einnehmen, d.h. den Raum von 1000 Kubikzentimeter. Nehmen wir unsern Körper an zu 165 Pfund, also schon einen Körper, wie ihn nur ein starker Mann hat, so bekommen wir dafür doch nur 2 ½ Kubikfuß Inhalt. Ihr Alle, die Ihr einmal in einem Zirkus gesehen habt, wie ein Mann in einem kleinen Kasten untergebracht wurde, waret darüber erstaunt, und allerdings ist die Geschmeidigkeit des Körpers ja im höchsten Grade bewundernswert; Euer Erstaunen rührte aber großenteils auch von dem Euch unerwartet kleinen Raum her, welchen der ganze Körpers einnimmt.

Man muss sich viele solche Zahlen umrechnen, um einen richtigen Begriff von Zahlen und räumlichen Größen zu bekommen. Hier noch einige Beispiele: Die chinesische Mauer, welche eine Ausdehnung von 300 Meilen hat, durchschnittlich 7 Meter hoch und 5 Meter breit ist, hat trotzdem nicht mehr als 78 Millionen Kubikmeter Inhalt. – Die spanischen Kolonien in

Amerika haben seit ihrer Entdeckung bis zum Jahre 1803, d.h. in 311 Jahren, nach einer Berechnung Alexander von Humboldt's 503,978,168 preußische Mark (1 pr. Mark = 42 Reichsmark Silber) Silber geliefert. 1 Kubikfuß Silber wiegt 1423 preußische Mark. Diese ganzungeheure Menge produziertes Silber würde trotzdem für Euch scheinbar sehr unbedeutend werden, wenn Ihr hört, dass das sämtliche Metall in einen Würfel geschmolzen nicht mehr als 70 Fuß 9 Zoll oder 21 ½ Meter Höhe für denselben ergäbe. – Derselbe Gelehrte schätzt die Goldproduktion im spanischen Amerika und Brasilien seit 1492 bis 1803 zu 9,756,160 preußische Mark. Würde dieses Gold in eine Kugel gegossen, so würde dieselbe einen Durchmesser von nicht mehr als 19 Fuß 5 Zoll oder fast 6 Metern haben. Ihr könnt Euch demnach schon denken; welche ungeheure Größe schließlich einer Kubikmeile zukommen mag. In der Tat würden sämtliche Menschen auf der Erde in einem Jahre nicht mehr als ungefähr eine einzige Kubikmeile Sauerstoffs verbrauchen. Ein Erwachsener macht nämlich in der Minute zwischen 12 bis 20 Atemzüge; er atmet durchschnittlich ½, Liter Luft aus, welche ⅕ weniger Sauerstoff enthält als die eingeatmete Luft; d.h. in je 5 Atemzügen würde er sämtlichen Sauerstoff, der in ½ Liter Luft enthalten ist, verbrauchen. Nehmen wir an, dass er durchschnittlich 15 Atemzüge in der Minute mache, so verbraucht er die Stunde den Sauerstoff von 90 Litern, in 24 Stunden von 2160 Litern Luft. Von dieser ist ⅕ Volum Sauerstoff d.h. er verbraucht circa 450 Liter reinen Sauerstoff. Der Raum, welchen ein Erwachsener einnimmt, beträgt etwa 75 Liter; in je 24 Stunden verzehrt also der Mensch 6mal sein eigenes Körpervolum an reinem Sauerstoff oder das 30 – fache dieses Volums an Luft wird von ihm aus: und eingeatmet. Wollte man den Raum, welchen die ganze von einem Menschen innerhalb eines Jahres geatmete Luft einnimmt, mit Wasser ausfüllen, so würde derselbe über 800000 Kilogramm wiegen. In Gestalt eines Würfels gedacht würde die Seite derselben trotzdem nur 10 Meter groß sein, – immerhin ein Raum, wie ihn ein mittelgroßes Haus besitzt. Sämtliche 10000 Millionen Menschen würden trotzdem im Laufe eines Jahres nur $\frac{2}{3}$, einer Kubikmeile Sauerstoff verbrauchen.

Von der Größe einer Kubikmeile gibt uns ein bekannter populärer Schriftsteller eine sehr hübsche Vorstellung, von welcher ich Euch Einiges mitteilen will.

Er stellt sich vor, wir errichten in Berlin am Brandenburger Tore nach der Richtung der Charlottenburger Chaussee aus Brettern eine solche Meile und würfen da hinein zunächst ganz Berlin, dann Paris, London, Wien, Petersburg, dazu noch alle Provinzialstädte und Dörfer, auch alle Schiffe, Alles, was Menschenhände in Europa überhaupt gemacht haben; wir greifen zu den Pyramiden Ägyptens, werfen die sämtlichen Fabriken von Nordamerika hinzu, und was wir sonst auf der Erdoberfläche finden und doch ist damit die Kubikmeile kaum zur Hälfte gefüllt. So müssen wir noch zum mächtigsten menschlichen Bauwerke greifen, der Chinesischen Mauer. 78 Millionen Kubikmeter – das füllt schon. Jawohl, ganz respektabel. Wenn wir die Steine schön gleichmäßig verteilen, so gibt es eine Schicht von etwas über ein Meter Höhe, die Kubikmeile ist aber über 7000 Meter hoch.

Mit den Bauwerken ist es jetzt alle, legen wir die Menschen selber hinzu. Für jeden brauchen wir 2 Fuß Breite, also können wir der Länge nach, da eine Meile 24,000 Fuß hat, eine Reihe von 12,000 Menschen nebeneinander legen. Jeder Mensch soll eine Höhe von 6 Fuß haben, so können wir wieder 4000 solcher Reihen legen, 4000·12,000 macht 48,000,000, also würden gerade sämtliche Einwohner Amerikas in einer einzigen solchen Schicht Platz haben. Legen wir auf diese die 2,000,000 Australier, so können wir noch 46,000,000 Asiaten daneben ausbreiten. Noch zehn folgende Schichten geben uns sämtliche Bewohner Asiens, 3 Schichten sämtliche Afrikas und in kaum 6 Schichten würden wir die Europäer unterbringen. Im Ganzen haben wir somit in unsrer Kubikmeile mit den Menschen vielleicht 20 Schichten vollgepackt, und es bleibt nun noch übrig Raum genug in einer solchen Kubikmeile, um auch eine gute Portion Wälder, welche auf der Erde wachsen, unterzubringen.

Wir wollen dies Beispiel benutzen, um daran einige andere große Zahlen zu erörtern. Aus Europas Eisenbahnen sind 400,000 Personen – und 500,000 Güterwagen in Gebrauch. Ein Eisenbahnzug, in welchem Wagen an Wagen hinter einander aufgestellt ist, würde von Petersburg nach Paris reichen, d.h. eine Strecke einnehmen, die mit einem Kurierzug, der ohne Aufenthalt Tag und Nacht fährt, in einer Zeit von 6·24 Stunden zurückgelegt werden kann. Die sämtlichen Lokomotiven, nebeneinander gestellt, würden eine Breite von mehreren Meilen bilden.

Diese europäischen Eisenbahnen führen über 62,000 kleine und große Brücken, sie gehen 34 Meilen weit durch Tunnels unter der Erde durch. 34 Meilen, was heißt dies? Wenn ein Wanderer sämtliche Tunnels durchwandern wollte und er würde durch irgend eine Vorrichtung mit Blitzesschnelle von einem Tunnel zum anderen versetzt, er machte ferner jeden Tag 10 Wegstunden, so braucht er nicht weniger als 7 Tagereisen, um durch diese sämtlichen unterirdischen Tunnels hindurch zukommen.

Zu den Schienen sämtlicher Eisenbahnen sollen 150,000,000 Zentner Eisen verwendet und zum Betriebe jährlich 80,000,000 Zentner Kohlen erforderlich sein. Diese 80,000,000 Zentner Kohlen scheinen Euch nun auch wohl eine ganz ungeheure Menge und trotzdem würden sie nur ungefähr 7 Millionen Kubikmeter repräsentieren. Erst mit dem Verbrauche von 10 Jahren könnte ein Bauwerk wie die chinesische Mauer aufgeführt werden. In unsere Kubikmeile gepackt würden sie eine Schicht von nicht mehr als circa 100mm Höhe geben. Trotzdem ist diese Menge so groß, dass jeder Bewohner Europas, Frauen und Kinder mitgerechnet, jährlich 8 Liter Steinkohlen liefern müsste, wenn durch eine solche gleichmäßige Verteilung der ganze Bedarf an Brennmaterial gedeckt werden sollte.

Diese Kohlen würden im Stande sein, 5,600,000,000 Zentner Wasser vom Gefrierpunkte zum Siedepunkte zu erwärmen oder 64,000,000 Zentner Eis zu schmelzen. Diese 64,000,000 Zentner Eis nehmen ein den $\frac{1}{1300}$ Teil einer Kubikmeile oder sie würden eine Höhe von 5 ½ Meter betragen. Die Kohlen würden also im Stande sein, schon einen kleinen See, wenn sie das ganze Jahr unter ihm brennten, bis zum Siedepunkt des Wassers zu erhitzen. Trotzdem ist diese ganze Wärmemenge wieder unendlich klein gegen die Wärmemenge, welche uns von der Sonne geliefert wird. Um hiervon einen Begriff zu, bekommen, wollen wir einen Schritt weiter gehen. Um nämlich noch größere Zahlen anschaulich zu machen, benutzt man sehr häufig die Erdoberfläche. Dächten wir uns die ganze Erdoberfläche überzogen mit Eis, so würde die ganze Wärmemenge, welche jährlich in den europäischen Eisenbahnen geliefert wird, die Kohlen zur Heizung der Waggons mitgerechnet, wenn sie verwendet würde, um dieses Eis zu schmelzen, eine Schicht abschmelzen, die nicht größer ist als 0.0006 Millimeter, so dick ungefähr wie ein Blättchen achtes Goldblatt; mit anderen Worten man würde diesen Verlust an der Eisschicht schlechterdings nicht merken. Vergleichen wir damit die Wärmemenge, welche von der Sonne uns gewährt wird, so bekommen wir jetzt etwas Respekt. Die Sonne würde nämlich im Jahr eine Schicht von 31 Meter Dicke abschmelzen; und dabei bekommt die Erde nur den 238 Millionten Teil aller Wärme, die von der Sonne ausgeht; die übrige wird einfach in den Weltraum ausgestrahlt.

Diesen Kunstgriff, zur Veranschaulichung von Zahlen die Erdoberfläche zu Hilfe nehmen, hat man auch benutzt bei einem Euch wahrscheinlich bekannten Beispiele, welches an die Geschichte des Schachs anknüpft. Es soll nämlich dem Erfinder dieses Spieles von einem indischen Fürsten das Anerbieten gemacht worden sein, sich eine Belohnung zu erbitten, worauf dieser um die Summe Weizenkörner bat, welche man erhält, wenn aus das erste Feld des Schachbrettes 1, auf das zweite 2, auf das dritte 4 und so fort immer auf jedes folgende der 64 Felder doppelt so viel Körner gelegt würden, als auf das vorhergehende. Der Fürst war erstaunt über die bescheidene Forderung und gab Auftrag, dass dies Geschenk sofort verabfolgt würde. Er erstaunte aber bald noch mehr, als sich herausstellte, dass das ganze Land nicht im Stande sein würde, soviel Weizen zu liefern. Es würde nämlich eine Anzahl herauskommen, die sich nur durch eine zwanzigziffrige Zahl darstellen lässt und für die uns demnach schon die Vorstellung fehlt. Dächte man sich alles feste Land der Erde gleichmäßig damit bedeckt, so würde die Höhe der so aufgeschichteten Weizenkörner 9 Millimeter groß sein. Es rührt diese sehr große Summe wieder im Grunde von einer ganz ähnlichen Ursache her, als die überraschende Vermehrung des Inhalts von Flächen und Körpern im Verhältnis zur Länge von Linien, sie kommt nämlich daher, dass immer wieder eine Zahl, welche schon angewachsen ist, in die folgende eingeht und dort wieder vermehrt wird usw.

So kann man durch eine Rechnung, welche man Zinseszinsrechnung nennt, gleichfalls zu überraschend großen Zahlen kommen. Das Ganze beruht auf dem einfachen Kunstgriff, dass man die Zinsen wieder zum Kapital schlägt und wieder verzinst usw. Gewöhnlich stellt man dann die Betrachtung nur für die paar ersten Jahre an und so scheint der Zuschlag der Zinsen verhältnismäßig geringfügig. Aber nach einiger Zeit ist das Kapital auf das Doppelte angewachsen und nun geht die Vergrößerung mit immer wachsender Schnelligkeit vor sich.

Aus einem Pfennig, der zurzeit von Christi Geburt auf Zinseszinsen zu 40% gelegt worden, wären zu Anfang des Jahres 1836 5104 Quadrillion preußische Taler geworden. Wollte man diese Taler genau aneinander auf die ganze Erdoberfläche legen, so müsste dieselbe eine 86,653,300,000fache Oberfläche oder einen 294,370 mal größeren Durchmesser haben; selbst die Oberfläche der Sonne würde noch nicht ausreichen, obschon dieselbe einen 112mal größeren Durchmesser hat, als die Erde, sondern auch sie müsste einen 2126mal größeren Durchmesser besitzen.

Der Durchmesser einer solchen Kugel würde 25mal die Entfernung von Sonne und Erde übertreffen; Bereits im Jahre 1193 waren die Zinsen in preußischen Talern so groß, dass mit ihnen die Oberfläche der Erde hätte bedeckt werden können. Dächte man sich die sämtlichen Zinsen zu einer einzigen Kugel geschmolzen, so würde dieselbe 4 ½ Erddurchmesser haben. Wäre die Summe aber zu 5% verzinst worden, so wären die Zinsen nicht im Verhältnis von 4:5 gewachsen, sondern es müsste die Kugel, in welche sämtliche Taler eingegossen sind, 2594 Erddurchmesser oder 23 Sonnendurchmesser haben. In einer solchen Kugel könnte nicht nur der Mond mit aller Bequemlichkeit sich um die Erde bewegen, denn dazu hat er schon in der Sonne Platz genug, dieselbe würde sogar bis zur Mitte des Abstandes von Sonne und Merkur reichen. Wenn eine solche Sonne mit ihrem unteren Rande abends den Horizont berührte, so würde sie nicht, wie unsere Sonne in 2 Minuten vollständig untergegangen sein, sondern es würde fast eine Stunde dauern bis der letzte Lichtstreifen dieses Feuerballens, welcher fast ⅙ der ganzen Höhe vom Horizont bis zum Zenith einnimmt, dem Auge verschwände.

Ihr wisst, dass unsere Erde sich mit einer Geschwindigkeit von ungefähr 30,000 Meter in der Sekunde bewegt. Ihr Gewicht beträgt 5 Quadrillion Kilogramm. Um uns eine Vorstellung von der Kraft zu machen, welche nötig ist, eine so ungeheure Masse in die Geschwindigkeit zu bringen, wollen wir uns vorstellen, es würde derselben von einer Dampfmaschine nach und nach die Geschwindigkeit erteilt. Das geht natürlich nicht plötzlich. Den ersten Ruck wird die Erdmasse kaum merken, aber mit jedem neuen Kolbenstoß bewegt sich der Koloss ein bisschen mehr; immer mehr, bis endlich die gewünschte Geschwindigkeit erreicht ist. Eine einfache Dampfmaschine reicht da schon gar nicht aus; eine ganze Kolonie müssten wir aufstellen. Wenn alle 1000 Millionen Menschen, welchen die Erde Aufenthalt gewährt, an derselben zögen, jeder genau ‚wie ein Pferd arbeitete‘ – ja glaubt Ihr das rühre die Erde? Und wenn sie 10 Jahre lang unausgesetzt so fortzögen und sie überließen sich die Erde nun selber mit dem Gedanken: ‚ Jetzt haben wir doch redlich gearbeitet; und wenn wir 10,000 Millionen Menschen 10 Jahre an demselben Strick gezogen haben, dann werden wir doch die Welt auf den Kopf gestellt haben‘ – ja wohl, was Ihr Euch denkt. Seht doch einmal genau zu; der Koloss rührt sich und regt sich ja noch gar nicht. Nun kommt aber Einer und sagt: ‚Bewegen muss sie sich, das verlangt ein Naturgesetz. Sehen wir uns einmal die Sache genau mit einem Mikroskop an! Hemmt mir aber erst einmal die Drehung der Erde, denn sonst kann ich mein Mikroskop nicht einstellen.‘ Das geht nun nicht so rasch, also stellen sie das Mikroskop auf den Pol ein, welcher sich ja nicht dreht. Wahrhaftig, sie bewegt sich. Jede Sekunde um den 32,000sten, Teil eines ganzen Millimeters! Macht in 32,000 Sekunden, d.h. in einer Stunde, fast 10mm. So viel haben sie doch erreicht. Aber die 30,000 Meter pro Stunde kriegen sie sobald nicht heraus. Dazu müsste eine Dampfmaschine bei 17 Trillion Pferdekräften 6000 Jahre Tag und Nacht arbeiten, um ihre Aufgabe zu erfüllen, sie würde dabei eine Quantität Steinkohlen verbrennen, welche 300mal größer ist, als das Gewicht der ganzen Erde.

Das Überraschendste aber von allen großen Zahlen, und es ließen sich ja diese Rechnungen ins Unendliche vervielfachen, ist doch folgendes. Es ist die Aufgabe gestellt, mit 4 einziffrigen Zahlen eine möglichst große Zahl zu schreiben. Natürlich werdet Ihr als die Ziffer 9 nehmen. Schreibt Ihr 9999, so ist das zwar das Nächstgelegene, aber auch noch eine kleine Zahl. Will man eine recht große schreiben, so bildet man mit der 9 Potenzen und schreibt $9^{9^{9^{9}}}$. Es bedeutet nämlich 9^9, wie Euch bekannt, dass die Zahl 9 neun Mal mit sich selbst multipliziert werden soll.

Fangt Ihr von oben an zu rechnen, so findet Ihr für 9^9 bereits eine Zahl von 9 Ziffern, nämlich 387,420,488. So oft als diese Zahl angibt, soll die dritte 9 mit sich multipliziert werden. Was hierbei herauskommt, ist nicht mehr möglich zu schreiben. Sie hätte nämlich wieder 369,693,100 Stellen. Ungefähr einen Begriff bekommt Ihr davon, wenn Ihr bedenkt, dass diese Zahl, wenn auf jeden Zentimeter 4 Ziffern geschrieben werden, eine Länge von 124 ½ geographische Meilen hätte. Nun soll wieder die 4te 9 so oft mit sich multipliziert werden, als diese Zahl von 124 Meilen Länge angibt. Welch eine enorme Zahl! Da hört wirklich die Fähigkeit, sich eine Idee zumachen, auf. Man hat es trotzdem versucht, und ich will Euch zeigen ‚wie!', obschon es Euch kaum noch möglich sein wird, dabei etwas Rechtes zu denken. Stellt Euch vor, Ihr hättet so viel Kugeln, dass ihre Zahl ausgedrückt wird durch diese Zahl von 124 ½ Meilen Länge. Jede dieser Kugeln sei von Wasser und der Durchmesser jeder derselben so groß, dass er vom Licht in einer Billion Jahre durchlaufen wird; es seien ferner in jedem Kubikmillimeter, also in jedem Milligramm dieses Wassers, 1000,000,000 Infusorien, so würden sämtliche Infusorien in diesen Kugeln, deren Anzahl eine Ziffer von 124 ½ Meilen Länge ist, zusammen erst die Zahl geben, welche einfach durch $9^{9^{9^9}}$ ausgedrückt wird.

Doch damit genug! Es sollte Euch nur eine Anregung sein, große Zahlen auszurechnen und darauf hinzuweisen, in welcher Weise man sich, bis zu einer gewissen Grenze wenigstens, Vorstellungen noch machen kann.

Es kann Euch nicht schwer fallen, selbst solche Aufgaben zu finden und Euch daran zu versuchen. – Den nächsten Abend aber müssen wir endlich noch nachholen, was wir schon die Pfingsten ausführen wollten. An Material, das ist unser Trost, hat es uns seither nicht gefehlt, im Gegenteil hat immer ein Gespräch ein anderes hervorgerufen. Was sich doch an einen kleinen Ausflug all für Unterhaltungen anknüpfen können! Also nächstens wird unser Turm gemessen."

Vierzehnte Unterhaltung

Die Höhe eines Turmes aus dem Schatten desselben zu bestimmen. – Wie misst man Entfernungen, die man nicht mit dem Maßstabe abgehen kann, z.B. nach Sternen? – Genauigkeit der Apparate. – Wie weit man von einem Berge aus sehen kann. – Eine Maschine, welche Regel de tri oder Proportionenaufgaben ausrechnet.

„Wir haben wirklich Glück", sagte der Vater, „denn der Tag ist so günstig, um unser Vorhaben auszuführen, wie es nur denkbar ist. Nicht allein, dass uns der Aufenthalt im Freien gestattet ist, auch der Himmel ist hübsch klar, und das ist für uns heute wesentlich. Ich will nämlich, wie Ihr Euch entsinnt, die Höhe von einem Hause oder einem Turme messen."

Otto: „Aber wozu haben wir den wolkenlosen Himmel nötig? Das können wir ja doch mit unseren Kartenblättern machen (vgl. 9.

Unterhaltung), so gut, wie wir mit dem Kartenblatt die Entfernung von Menschen abmessen konnten. Drehen wir nun einfach die Sache um, messen die Entfernung und scheinbare Höhe, so können wir in der Tat daraus die Höhe jedes beliebigen Hauses bestimmen."

„Ja", sagte der Vater. „Ich möchte Euch aber heute mit einer im Großen und Ganzen allerdings wenig davon verschiedenen, aber für die Ausführung doch etwas anderen Art bekannt machen, die Höhen von Gegenständen zu messen. Und zwar ist diese Weise vorzüglich geschichtlich interessant. Ihr werdet sofort sehen, worauf dieselbe beruht. Das Haus unseres Nachbars wirft gerade einen hübschen Schatten in unseren Garten und wir können den Schatten recht leicht messen."

In einen Faden wurde ein Knoten geknüpft, der eine Knabe musste diesen Knoten an das Haus halten, der Vater ging mit dem Faden so weit zurück, bis er gerade an die Grenze von dem Schatten kam und machte dort wieder einen Knoten.

Mit Hilfe eines Meterstabes wurde dann die Länge des Stückes zwischen beiden Knoten gemessen.

Gustav: „Jetzt weiß ich, wie Du es machen willst. Man braucht noch einen Stock und misst die Länge des Stockes und die Länge des Schattens, den dieser Stock wirft."

Vater: „Ganz richtig und zwar wollen wir der Einfachheit wegen gleich unseren Meterstab nehmen und diesen einen Schatten werfen lassen. Der Punkt, wo der Stab die Erde berührte, wurde durch einen Strich bezeichnet und ebenso das Ende des Schattens. Nachdem der Stab wieder weggenommen worden war, wurde die Länge des Schattens, der durch die zwei Striche bezeichnet war, sofort gemessen. Der Schatten des Stabes war 1,2 Meter groß. Wie werdet Ihr nun daraus die Höhe des Hauses berechnen?"

Gustav: „Sehr einfach. 1 Meter gibt einen Schatten von 1,2 Meter, so oft also in der Länge des Hausschattens 1,2 Meter enthalten ist, so oft ist in der Höhe des Hauses 1 Meter enthalten.“

Vater: „Richtig. Es beruht, wie Ihr Älteren wohl wisst, die ganze Methode auf der sogenannten Ähnlichkeit der Dreiecke.“

Max: „Jawohl, ich kann sogar gleich den Ansatz hinschreiben.

Und Max, welcher gern ein bisschen mit seinen Kenntnissen in Algebra und Geometrie prahlte, schrieb hin

Höhe des Hauses : Höhe des Stocke = Länge des Schattens vom Hause : Länge des Schattens vom Stocke.

oder in unserem Falle

$$x:1 = 11{,}7:1{,}2; x = \frac{11{,}7}{1{,}2} = 9\,{}^{3}/_{4}\,\mathrm{m}$$

Vater: „Ein Heer Soldaten marschierte und kam dabei an einen Fluss, dessen Breite ihnen nicht bekannt war. Ein Apparat, um die Breite zu messen, war nicht vorhanden, trotzdem kam es darauf an, die Breite dieses Flusses kennen zu lernen. Wie halfen sie sich?“

Alle überlegten, aber wie man, ohne einen Winkel zu messen, im Stande sei, eine Linie zu bestimmen, an welche man nicht mit dem Maßstabe heran konnte, war ihnen unverständlich.

„Sehr einfach,“ sagte der Vater. „Ein Soldat stellt sich an dem einen Ufer auf und rückt den Helm so lange, bis der untere Rand des Helmschildes scheinbar gerade das entgegengesetzte Flussufer berührt, also Auge, unterer Helmrand und Flussufer in einer geraden Linie liegen. Dann wird kommandiert: Kehrt! der Soldat sieht nun nach der Ebene, auf der die Truppen sich befinden, und einem zweiten Soldaten wird Auftrag gegeben, von dem ersten auszugehen, indem er die Schritte zählt, und so lange weiter zu gehen, bis gerade der Fuß des marschierenden Soldaten unter dem Helmrand verschwinden will. Dann muss natürlich die Entfernung, welche der Soldat abgegangen hat, eben so groß sein, als die Entfernung des ersten Soldaten von dem gegenüberliegenden Flussufer. Ihr seht in dieser Figur (Fig. 138), dass man einfach zwei Dreiecke gemacht hat, die einander vollständig gleich sind und man braucht nur noch das Stück, um welches der Soldat vom

Fig. 138

Flussrande entfernt ist, abzumessen und von der abgegangenen Strecke abzuziehen, so hat man die Breite des Flusses selbst."

Fig. 139

Wenn Geometer die Entfernung von Punkten messen wollen in sumpfigen Gegenden, sodass sie zu den Punkten nicht direkt hinzukommen können, so benutzen sie auch ganz ähnliche Messweisen, nur müssen sie dazu allerdings Winkelinstrumente haben. Ihr könnt Euch leicht vorstellen, wie man auch ohne Rechnungen bei solchen Winkelmessungen die gesuchte Entfernung des Punktes finden kann. Angenommen man geht ein Stück A B (Fig. 139), vielleicht 100 Meter lang, ab, man misst den Winkel a, ebenso den Winkel b, so hat man weiter Nichts mehr zu tun, als sich diese Figur in kleinerem Maßstabe aufzuzeichnen, also für AB nicht 100 Meter, sondern vielleicht 100 Millimeter man trägt die Winkel a und b mit dem Transporteur auf, und misst die dritte Seite A C. Für jeden Millimeter der Seite hätte man in Wirklichkeit 1 Meter zu setzen."

Max: „Sind nun aber die Apparate so genau, dass man auf Entfernungen von 100 Meter schon so beträchtliche Änderungen im Winkel bekommt."

Vater: „Allerdings entsprachen die Instrumente früher lange nicht den Anforderungen, welche man heutigen Tages stellt. Wenn der Punkt 0 sehr weit entfernt läge, z.B. mehrere Stunden weit, so würden die Alten nicht im Stande gewesen sein, mit einer Standlinie, so nennt man die Linie A B, von hundert Metern die Entfernung des Punktes zu bestimmen. Heutigen Tages sind die besten Messapparate, welche die Astronomen benutzen, aber so genau, dass für die Messung eines eine Meile entfernten Gegenstandes schon eine Standlinie von einem einzigen Zoll (25mm) genügt. Entfernungen, welche 200,000 Mal größer sind als die Standlinie, waren schon messbar im vorigen Jahrhunderte, zurzeit Bradley's. Aber diese Genauigkeit reichte noch nicht hin, um Bradley das Resultat zu liefern, nachdem er lange gestrebt hatte und welches nichts Geringeres war, als die Entfernung des nächsten Fixsternes von uns zu messen. Um eine solche ungemein große Entfernung zu bestimmen, muss man natürlich auch eine möglichst große Standlinie wählen. Die größte Standlinie, welche wir überhaupt benutzen können, ist der Durchmesser der Erdbahn. Wenn es gelänge, nachzuweisen, dass ein Stern unter einem andern Winkel gegen die Ebene der Erdbahn oder die Richtung der Erdare stände im Sommer als im Winter, d.h. zu Zeiten, wo die Erde die zwei möglichst entfernten Stellen voneinander einnimmt, so würde man daraus schließen können, dass der Fixstern in einer endlichen für uns messbaren Entfernung läge.

Die Apparate wurden erst im Laufe unseres Jahrhunderts so genau, und namentlich ein deutscher Astronom, Bessel, hat sich die Mühe von mehreren Jahren nicht verdrießen lassen, um Instrumente zu konstruieren, welche in der Tat mit Sicherheit gestatteten, zu finden, dass der Doppelstern, welchen man als 61 (a) im Schwan bezeichnet, eine Entfernung von uns besitzt, welche 660,000 Mal so groß ist, als die Entfernung der Sonne von der Erde.

Am einfachsten würdet Ihr alle diese Rechnungen übersehen, wenn Ihr Euch vorstellt, es wäre Jemand auf dem Gegenstande, dessen Entfernung gemessen werden soll, und sähe von da aus zu uns herunter. Nehmen wir zunächst an, es befände sich ein Beobachter auf der Sonne und könnte die scheinbare Größe der Erde von der Sonne aus messen. Der Erddurchmesser ist, wie Euch bekannt, ungefähr 1700 Meilen groß. Macht man sich eine Zeichnung; in welcher statt der 1700 Meilen nur eine Linie von 1 Zentimeter gezeichnet wäre und zeichnete sich darüber den Winkel, in dem die Erde auf der Sonne erscheint, oder die sogenannte Parallare, so braucht man dann nur noch auf dieser Zeichnung die Entfernung des Scheitels dieses Winkels von dem 1 Zentimeter, welcher den Erddurchmesser vertritt, zu messen und hätte damit, indem man für jeden Zentimeter 1700 Meilen setzt, die Entfernung von der Sonne und Erde. Diese Linie würde aber noch 12,000 Zentimeter, d.h. 120 Meter oder ungefähr 350 Schritt lang sein. Wer hat einen solchen Arbeitsraum, so langes Papier, wer kann so lange gerade Linien ziehen? Würde man aber nicht trotzdem im Stande sein, auch ohne Rechnung jetzt noch diese Entfernung zu bestimmen?"

Gustav: „Jawohl. Man braucht ja die Linien nicht wirklich zu ziehen, sondern man nimmt einfach einen Maßstab von 1 Zentimeter Länge und sagt einem Geometer, welcher seinen Winkelapparat irgendwo fest aufgestellt hat, er solle, indem man sich von ihm entfernt, immer die scheinbare Größe dieses Zentimeters messen. Wenn man soweit mit dem Zentimeter weggegangen ist, dass er ihm unter demselben Winkel erscheint, unter dem einem Beobachter auf der Sonne die Erde erscheint, so würde er Halt rufen, und man könnte jetzt die Entfernung des Zentimetermaßstabes von dem Winkelinstrument bestimmen. – Wie aber, fuhr Gustav fort, soll man es anfangen, wenn es sich um Entfernungen von Fixsternen handelt?"

Vater: „Im Prinzip könnte man wieder ebenso verfahren. Den Erddurchmesser als 1cm groß gesetzt, würde der Durchmesser der Erdbahn 24,000cm = 240m groß. Ein solcher Maßstab ist unhandlich. Stellen wir die ganze Erdbahn wieder durch 1cm dar, so müsste man 330,000cm oder 3300m weit mit dem Zentimeterstabe von dem Geometer hinweggehen, damit der Stab dem Geometer so groß erschiene, als auf dem Sterne 61 des Schwanes der ganze Durchmesser der Erdbahn erscheinen würde. Darnach könnt Ihr Euch leicht eine Vorstellung machen von der Kleinheit des Winkels. Ihr müsstet 1 Stunde weit weggehen, um einen Ast von der Dicke eines schwachen Spazierstockes so groß zu sehen, als vom nächsten uns bekannten Fixsterne die ganze ungeheure Erdbahn erscheint, welche von unserem Planeten durchlaufen wird in einem halben Jahr und wobei iu jeder Sekunde ungefähr 4 Meilen zurückgelegt werden.

Die Apparate müssten so fein sein, dass man noch die Änderung in der Richtung eines eine Stunde weit entfernten Punktes messen könnte, wenn man mit dem Auge um eine Fingerbreite mehr nach rechts oder links geht. Statt aller dieser Umständlichkeiten, wobei natürlich wieder sehr feine Apparate erfordert würden und Fehler in den Messungen vorkämen, benutzt man heutigen Tages die Rechnungen und kommt damit auf viel kürzerem Wege zu genauen Resultaten. Bei den Alten aber, bei denen die Algebra noch nicht so weit ausgebildet war, hat man sich in der Tat solcher Methoden bedient und man benutzt selbst heutzutage noch unter Umständen mit Vorteil solche Zeichnungen oder solche sogenannte graphische Methoden.

Ich will Euch ein Beispiel erzählen, welches anknüpft an unsre Messungen von vorher. Denkt Euch, es handle sich darum, zu entscheiden, ob die Erde, wie man früher dachte, eine Ebene ist, oder eine Kugel, so seht Ihr ein, dass alle Schatten, welche vielleicht von einer großen Stadt geworfen worden zu derselben Zeit genau parallel sind, wenn die Erdoberfläche eben ist. Die Punkte einer selbstbedeutenden Stadt sind aber noch zu nahe zusammen. Rückt man dieselben aber auch Meilen weit in Gedanken auseinander, so müssen die Schattengrenzen genau parallel bleiben vorausgesetzt, dass die Sonne sehr weit entfernt ist, im Verhältnisse zu den

Abständen der Punkte. Gleiche Linien müssen somit an den verschiedensten Stellen gleich lange Schatten werfen. Zeichnet Ihr Euch dagegen eine Kugel (Fig. 140) und denkt Euch darauf aufgestellt an verschiedenen Stellen gleich große Stäbe, so werden sie, auch wenn die Sonne unendlich weit entfernt wäre, dennoch verschieden lange·Schatten werfen. Es war dies die erste Methode, um nachzuweisen, dass die Erde wirklich von der lange Zeit angenommenen Scheibengestalt abweiche und die Größe der Kugel annäherungsweise zu bestimmen.

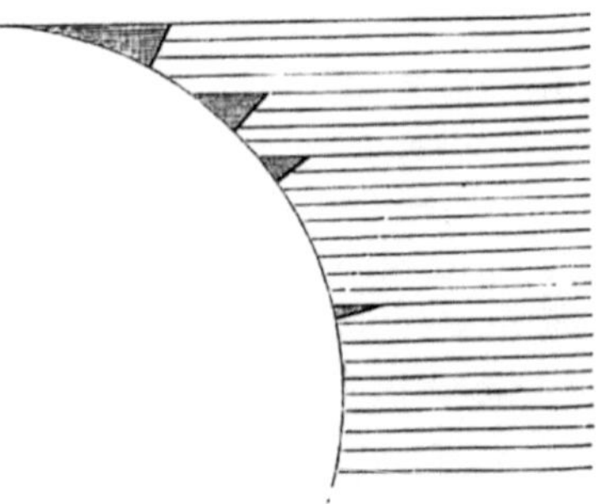

Fig. 140

Misst man nämlich die Länge des von zwei gleichgroßen Stäben geworfenen Schattens an zwei Punkten, deren Entfernung bekannt ist und welche außerdem noch wie man heutigen Tages sagen würde, auf demselben Meridiane, d.h. in der Richtung Nord und Süd zu einander liegen, so kann man daraus einen Schluss machen auf die Größe des Erddurchmessers.

Die Araber maßen 800 n. Chr. in den Ebenen von Sennaar mit einer Methode, welche im Prinzipe mit der angeführten übereinstimmt, die Länge eines Grades vom Meridian. Die Bestimmung, welche auf Befehl des Kalifen Almamon ausgeführt wurde, ergab 56 ⅓ arabische Meilen auf einen Erdgrad, d.h. auf eine Entfernung, bei welcher sich der Winkel, den der Schatten mit dem Horizonte bildet, um 1 Grad unterscheidet. Leider ist diese Bestimmung nicht verwertbar, weil uns die Größe der arabischen Meile unbekannt ist. Man weiß nur, dass sie in 4000 Ellen geteilt war und jede Elle 24 Zoll, jeder Zoll 6 Gerstenkörner enthielt, aber es fehlt jede Möglichkeit, uns die Größe des kleinsten Maßstabes, nämlich des Gerstenkorns, wieder herzustellen."

Gustav: „Aber dass die Erde rund ist, lässt sich doch noch mit viel einfacheren Mitteln beweisen, und das bekannteste ist, dass man auf dem Meere die Schiffe nicht allmählich im Dunst verschwimmen sieht, sondern dass die untersten Teile derselben vom Horizonte verdeckt werden."

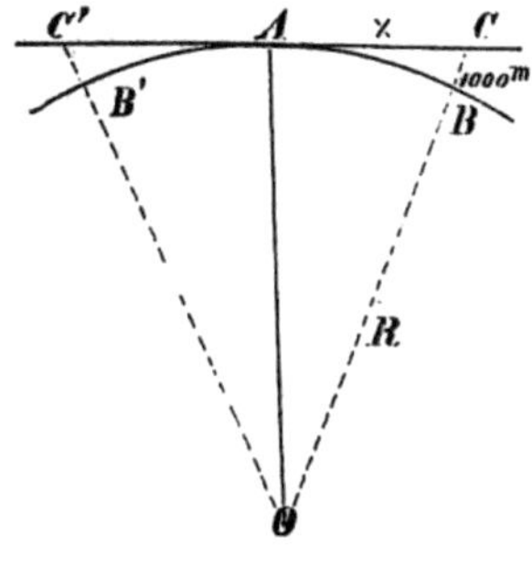

Fig. 141

Vater: „Du erinnerst mich damit an eine andere Aufgabe, welche wir mit einer einfachen Rechnung lösen können. Wir wollen uns überlegen, wie weit man von einem Berge aus, der eine bestimmte Höhe hat, sehen kann.

Der Bogen BB" (Fig. 141) sei ein Stück der Erdoberfläche, OB der Radius R der Erde, BC ein Berg von 1000m Höhe. Zieht man von C eine Tangente an den Kreisbogen, so gibt das Stück BC = x an, wie weit man vom Berge aus sehen kann. Nach dem Pythagoreischen Lehrsatze muss

$$OC^2 = OA^2 + AC^2 \text{ oder } AC^2 = OC^2 - OA^2 \dots (1)$$

Nun ist

$$OC = R + 1000$$

$$OA = R$$

$$AC = x$$

Setzt man diese Werte in (1) ein, so wird

$$AC = x = \sqrt{(R+1000)^2 - R^2} = \sqrt{R^2 + 2 \cdot 1000R + 1000^2 - R^2} = \sqrt{(1000)^2 + 2000 \cdot R}$$

Die Berechnung ergibt

$$x = 113000m = 15 \text{ Meilen ca.}$$

Von einem Berge, der 1000 Meter hoch ist, würde man darnach bis zum Horizonte 15 Meilen Entfernung haben. Stände auf der anderen Seite wieder in derselben Entfernung AC' vom Horizonte ein zweiter Berg BC von 1000 Meter Höhe, so würde man die Spitzen der beiden Berge gerade über den Horizont hinwegsehen können auf 30 Meilen Entfernung und so kämen für je tausend Meter Höhe ungefähr wieder hinzu 15 Meilen, welche man weiter sehen könnte. Da 15 Meilen auch gerade 1 Grad der Erde sind, so haben wir damit ein einfaches Maß, um zu beurteilen, wie weit man von einem Berge aus sehen kann.

Angenommen, wir wären in Türingen, also ungefähr unter dem 51. Grad nördlicher Breite auf einem Berge von 1000 Meter Höhe. Kann man von dem gewählten Standpunkte aus einen Berg in den Alpen sehen, welcher gerade nach Süden liegen soll und 2000 Meter hoch ist?"

Adolf: „Wie wir vorher gefunden haben, sieht man 15+2mal 15 also 45 Meilen weit, oder auf eine Entfernung von 3 Breitengraden. Die nächsten Alpen sind etwas über 3 Grad von Türingen entfernt, es würde also, wenn der Berg in den Alpen über 2000 Meter hoch wäre eben noch möglich sein."

Vater: „Wenn nicht eine andere Schwierigkeit hinzukäme. Nämlich?"

Otto: „Dass die Luft immer trübe ist."

Vater: „Davon abgesehen. Aber ich habe bei meiner Rechnung vorausgesetzt, dass auf der ganzen Strecke zwischen beiden Bergen keine Erhöhung mehr wäre.

Träfe es sich, dass vielleicht in 10 Meilen Entfernung nur kleine Hügelketten wären, so würden dieselben im Stande sein, mir

Fig. 142

wieder 1000 Meter oder darüber eines entfernteren Berges zu verdecken (wie Fig. 142 erläutert). Die Bedingung, dass zwischen beiden Orten Alles eben ist, wäre nur erfüllt auf dem Meere.

Die Alten haben vielfach von einer Insel Atlantis geträumt, welche von den portugiesischen Küsten aus sichtbar gewesen sein soll und von welcher man im fernen Westen bei klarem Wetter ein Land gesehen haben will: Amerika. Ist dies möglich? d.h. wie hoch hätte diese Insel mindestens sein müssen? Angenommen man stehe an der Küste auf einem Berge von 2000 Meter Höhe, so würde man einen Berg von 4000 Meter sehen auf 2·15+4·15 d.h. auf 90 Meilen oder auf 6^0 Entfernung. Gesetzt man bestiege auf dieser fernen Insel wieder einen Berg von 2000 Meter Höhe und sähe nach einem Gebirge von 4000 Meter Höhe, so könnte man wieder sehen auf 3·15+4·15 oder 105 Meilen Entfernung, im Ganzen würde man so 195 Meilen weit sehen können. Die kürzeste Entfernung von Portugal nach Amerika entspricht schon einem Abstande von ca. 40 Längengraden. Nun ist ein Längengrad in diesen Breiten ungefähr nur 8 Meilen lang. Aber selbst unter diesen günstigen Voraussetzungen müsste man mindestens 320 Meilen übersehen können, während wir gefunden haben, dass daran noch 125 fehlen.

Die alten Griechen haben, so kurios es klingt, das, was wir heutigen Tages meist durch Regeldetri ausrechnen, mit geometrischen Zeichnungen gelöst und zwar benutzten sie dabei einen Satz, an den ich Euch nur zu erinnern brauche. Angenommen Ihr habt einen Winkel (Fig. 143) und schneidet in den Winkel ein mit 2 parallelen Linien, so wisst Ihr, dass die Stücke OA : OB = OC : OD; d.h. die Linien OA und OC haben stets dasselbe Verhältnis zu einander, AC mag verschoben werden; wie es will, wenn es nur parallel zu sich selbst bleibt.

Denkt Euch, Ihr legtet die Linie AC irgendwo an, vielleicht 100 Millimeter von O entfernt, OC mag 80 Millimeter lang sein. Rückt Ihr auf dem Schenkel OA um das Doppelte fort, so rückt Ihr auch auf

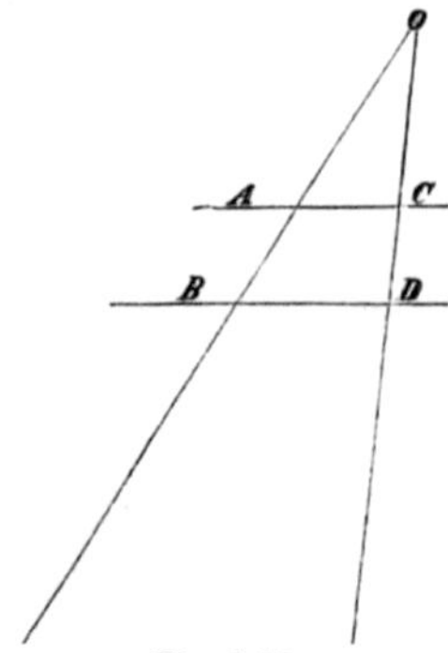

Fig. 143

dem anderen Schenkel um das Doppelte und so haben die Linien immer dasselbe Verhältnis zu einander.

Wenn Ihr Euch eine so einfache Maschine machen wollt, so könnt Ihr daran alle Aufgaben der Regeldetri direkt ohne Rechnung ablesen. Ihr lasst Euch vom Schreiner zwei Maßstäbe anfertigen (Fig. 144), welche oben mit ihren Ecken zusammengelegt werden und klebt auf jeden Maßstab eine ganz beliebige Teilung, also etwa eine Millimeterteilung aus Papier, wie solche überall zu kaufen sind. Die Teilungen müssen im Scheitel des Winkels zusammenstoßen und am innersten Rande des Winkels liegen. Auf einem viereckigen, an der einen Seite glatt gehobelten Holzklötzchen A (Fig. 145) dreht sich mit Reibung ein Lineal um einen Stift. Derselbe muss

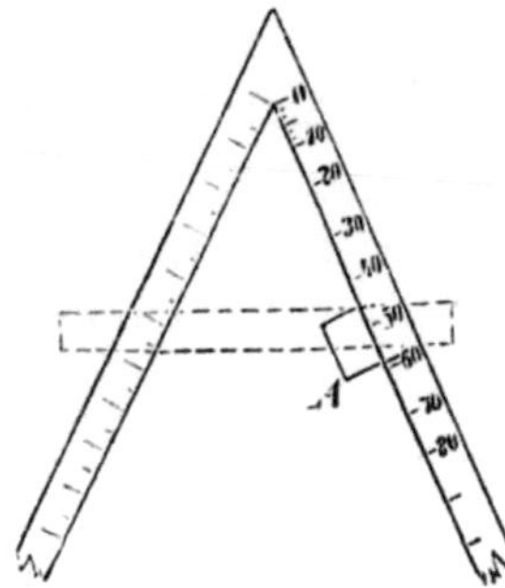

Fig. 144

möglichst nahe dem Maßstabe liegen und möglichst nahe dem oberen Rande des Lineals dasselbe durchsetzen.

Nun sollt Ihr ausrechnen: ‚70 Pfund kosten 40 Pfennige, was kosten 47 Pfund?‛ so legt Ihr das Holzklötzchen, welches das

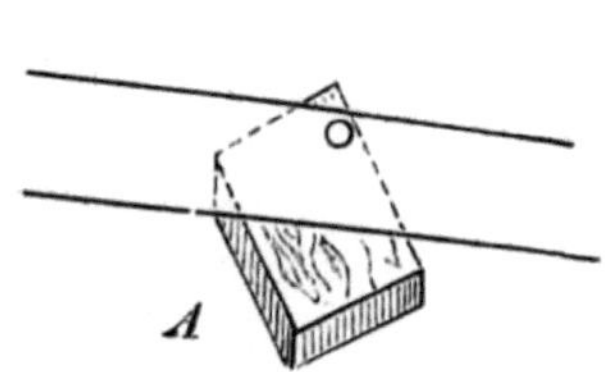

Fig. 145

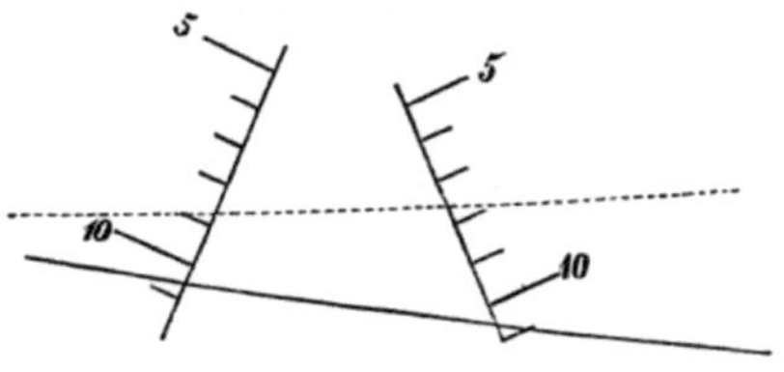

Fig. 146

270

dritte Lineal trägt, so an, dass das dritte Lineal auf dem einen Schenkel auf 40 zeigt und am andern auf 70.

Schiebt Ihr dasselbe herunter, bis das Lineal auf dem Schenkel OC auf 47 steht, so braucht Ihr nur zu sehen, wo das Lineal am anderen Schenkel schneidet und dies gibt Euch unmittelbar den gesuchten Preis. Nur müsst Ihr Euch dabei in Acht nehmen, dass Ihr nicht falsch ablest, wozu man bei der schiefen Stellung (Fig. 144) des verschobenen Schenkels gegen die Striche leicht verleitet wird. Ihr müsst gerade den äußersten Punkt an der inneren Fläche der beiden Kanten ins Auge fassen und diesen als den richtigen aufschreiben. Bei der durch eine punktierte Linie angedeuteten Lage des Lineals (Fig. 146) z.B. müsst Ihr ablesen links: 8,7, rechts: 7,6; bei der unteren Lage links 10,5, rechts gleichfalls 10,5."

Gustav: „Aber wenn ich Brüche dabei habe, z.B. ich hätte ,7,5 Pfund kosten 4,7 Pfennige, wieviel kosten 9,2 Pfund?'"

Vater: „Entweder würdest Du, was mit dem Auge noch ganz gut geht, Zehntel von Millimetern abschätzen, oder Du rechnest einfach immer für ein Zehntel ein ganzes Millimeter. Du stellst also einfach das Lineal auf 75 und 47, verschiebst es auf 92, so liest Du am anderen Schenkel 57,7 ab, aber da hier zehn Skalenteile gleich einem Pfennig, so sind es nicht 57,7 Pfennige, sondern 5,·77."

Otto: „Bei dem Ablesen kann ich natürlich niemals die Genauigkeit bekommen, welche ich sonst bei Rechnungen habe."

Vater: „Die Genauigkeit ist mindestens eben so groß. Ihr könnt es immer so einrichten, dass, wenn die Schenkel vielleicht 400 Millimeter lang sind, man Linien benutzt, die im Durchschnitt 200 Millimeter Länge besitzen. Ich will annehmen, Ihr lest ab nur genau bis auf den 5ten Teil eines Striches, so macht dies doch schon den 5·200sten, d.h. den 1000sten Teil des Ganzen Wertes. Handelt es sich also um 10 Mark, so irrt man sich entweder zum Vorteil des Verkäufers oder des Käufers höchstens um 1 Pfennig, was mit Rücksicht auf die Bequemlichkeit, welche man dem kleinen Apparat geben kann, ausreichend ist, zumal sich Fehler nach beiden Seiten hin richtiger verteilen werden, als bei einer Waage. Auf mehr als den tausendsten Teil des Ganzen Wertes wird es ja auch niemals ankommen bei der Länge von Bändern oder dem Gewichte von verkauften abgewogenen Stoffen; und da das Gewicht oder die Länge dem Preise proportional ist, so heißt dies ja, dass man auch im Detailverkauf die Preise niemals genau bis auf Tausendteile des ganzen Betrages einhält.

Es ist nur eine Täuschung, wenn man glaubt, die Rechnung sei sicherer. Unter Umständen allerdings; dafür geht aber die Genauigkeit weit über die Grenze von dem, was nötig ist; denn weit größere Fehler liegen in dem unvollkommenen Ausmessen und Abwägen."

Max: „Eine ähnliche Maschine habe ich auch schon in einem Laden gesehen, sie wird benutzt, um die Preise nach altem Geld umzusetzen in die Preise nach neuem Reichsgeld."

Vater: „Das ist Täuschung. Ich weiß wohl, was Du meinst: ein kreisförmiges mit bedrucktem Papier beklebtes Blech, um dessen Mittelpunkt sich ein kleines Lineal dreht, welches oben und unten einen Ausschnitt hat. Dreht man dasselbe oben auf Kreuzer, so liest man unten ab die Anzahl Mark, welche den Kreuzern gleichwertig sind. Aber dies ist nur eine Form, welche allerdings denjenigen, der sie flüchtig ansieht, besticht, indem er glaubt, er habe es wirklich mit einem auf irgendeinem geometrischen Satze beruhenden Apparate zu tun. In Wirklichkeit ist es weiter gar Nichts, als wenn Ihr in zwei Reihen nebeneinander Kreuzer und die zugehörige Anzahl Pfennige schreibt. Nun sind hier die beiden Reihen in einem Kreise angeordnet, und während man dort einfach mit dem Finger in einer horizontalen Reihe aus der einen Spalte in die andere geht, benutzt man hier das Lineal dazu, um die zusammengehörigen Werte zu finden.

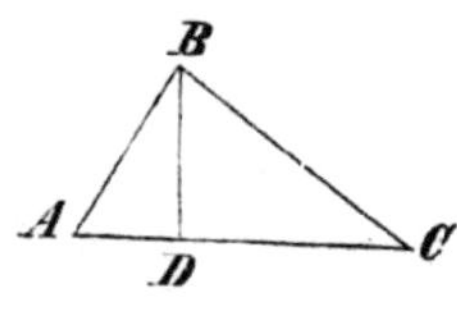

Fig. 147

272

Ihr könnt noch mancherlei andere solche Rechenmaschinen konstruieren; z.B. um Zahlen zu quadrieren oder um Wurzeln auszuziehen. Ihr stützt Euch dabei auf einen leicht abzuleitenden geometrischen Satz. Wird in einem rechtwinkligen Dreieck ABC (Fig. 147) von dem Scheitel des rechten Winkels ein Lot auf die Hypotenuse gefällt, so verhalten sich die Quadrate der Seiten wie die unter den Seiten gelegenen Abschnitte auf der Hypotenuse, die sogenannten Projektionen der Seiten auf die Hypotenuse. Also

$$AB^2\, BC^2 : AC^2 = AD : DC : AC \text{ oder}$$

$$AB:BC:AC = \sqrt{AD}:\sqrt{DC}:\sqrt{AC}$$

Der ganze Apparat (zu welchem gleich der vorher angegebene benutzt werden kann) besteht aus einem rechten Winkel, auf dessen Schenkeln AB und BC eine Millimeterscala angeklebt ist, und einem mit Teilung versehenen Querlineal. Ihr wollt z.B. das Verhältnis von $\sqrt{7}:\sqrt{5}$ finden, so legt Ihr das Querlineal AC so, dass AD – 7 (oder 70), DC = 5 (oder 50) Teilstrichen ist. Setzt Ihr nämlich auf AC im Punkte D einen zweiten rechten Winkel, dessen einer Schenkel an AC anliegt, dessen anderer durch B geht, so geben sofort die an den Katheten gemessenen Strecken AB und BC das Verhältnis von $\sqrt{7}:\sqrt{5}$ – Handelt es sich um Bestimmung von etwa $\sqrt{0,7}$, so beachtet, dass auch AB : AC = $\sqrt{AD}:\sqrt{AC}$ ist. Macht man AC = 1 (oder 100mm) AD – 0,7 (oder 70mm), so geht die Proportion über in AB: 1 = $\sqrt{0,17}:\sqrt{1}$ (oder wie $\sqrt{70}:\sqrt{100}$, d.h. wie $10\sqrt{0,7}:10\sqrt{1}$, und AB wird sofort die gesuchte $\sqrt{0,7}$ (oder $10\cdot\sqrt{0,7}$ geben. Es wird Euch nicht schwer fallen, wenn Ihr dies verstanden und probiert habt, auch umgekehrt statt das Verhältnis von Wurzeln (oder Wurzeln selbst) auszurechnen, auch das Verhältnis von Quadraten geometrisch zu bestimmen.

Fünfzehnte Unterhaltung

Wie eine gute Armbrust konstruiert sein muss. – Die Gesellschaft findet Regeln für das Zielen auf verschiedene Entfernungen. – Zerlegung und Zusammensetzung von Kräften. – Die Geschwindigkeit von Geschossen zu finden. – Warum die Gewehrläufe gezogen sind. – Wie man um die Ecke schießen kann.

Heute geht es ja lustig her. Ihr habt wohl ein kleines Schützenfest veranstaltet? Sind denn Eure Waffen so, dass Ihr damit treffen könnt? Mit diesen Worten trat der Vater zu den Kindern, welche eifrig in dem Garten mit Scheibenschießen beschäftigt waren.

„Meine Armbrust", meinte einer der Gäste, „geht doch am weitesten."

„Ach", entgegnete Otto, „sie ist nicht besser, als unsere auch, nur Du zielst höher."

Vater: „Nun, wie würdet Ihr denn entscheiden, welche von beiden am weitesten trägt?"

Otto: „Wir brauchen bloß beide nach demselben weit entfernten Gegenstande zu zielen und dann abzumessen, wie weit der Pfeil geflogen ist."

Vater: „Und würde dies das einzige sein? Würde es gleichgültig sein, was für Pfeile Ihr auflegtet? Sind Eure Pfeile gleich?"

Otto: „Nein, unsere Pfeile sind verschieden schwer."

Vater: „Wenn Ihr nun mit verschiedenen Pfeilen nach demselben Ziel schießt, bei welchem Pfeile müsst Ihr höher halten, vorausgesetzt, dass die Armbrust gleich ist."

Sie wussten keine rechte Antwort darauf zu geben.

Vater: „Ferner, wenn Ihr schießen wollt, einmal nach einer Scheibe, die fünf Schritte weit ist, und das andere Mal nach einer Scheibe in 10 Schritt Entfernung, wie müsst Ihr im zweiten Falle zielen? Und wenn Ihr bei 5 Schritt Entfernung etwa einen Fuß höher zielt, wieviel bei 10 Schritt Entfernung?, Natürlich zwei Fuß."

Vater: „Die Antwort ist falsch und Euer ‚natürlich' hat durchaus keine Berechtigung. Ihr seht, wie Ihr bei Gegenständen, mit denen Ihr Euch tagtäglich beschäftigt und mit Vorliebe beschäftigt, doch noch wenig Einblick in die Natur der Sache habt. Ich will Euch zeigen, dass Euer ‚natürlich', wenn es überhaupt anwendbar wäre, nur dann Geltung hätte, wenn Ihr sagtet, natürlich vier Fuß höher."

Alle: „Aber vier Fuß höher, das wäre ja entsetzlich viel."

Vater: „Und doch werdet Ihr sehen, dass ich es eher noch zu gelinde gemacht habe. Wenn ich streng sein wollte, müsste ich sogar noch etwas mehr hinzugeben.

Nun, wir wollen eins nach dem andern erläutern und die Armbrust wird uns ein gutes Mittel für unsre Versuche sein."

Otto musste sich aufstellen, nach einem entfernten Gegenstande zielen und dann den Pfeil abschießen. Ein Anderer maß die Entfernung, bis zu welcher er geflogen war. Sie betrug 20 Schritt.

„So“, sagte der Vater, „jetzt wollen wir erst sehen, ob auch der zweite Pfeil ebenso ist, wie der erste und für unsere Zwecke kommen wir am einfachsten damit aus, dass wir gleich die Armbrust darüber entscheiden lassen. Ziele also wieder in derselben Richtung und wir wollen sehen, ob der zweite Pfeil eben so weit fliegt.“

Es geschah und es fand sich, dass auch dieser 20 Schritt weit geflogen war.

Der Vater legte nun beide Pfeile in die Armbrust. Der Versuch wurde wiederholt, die Schritte abgezählt und es hatte jetzt jeder der Pfeile nur einen Weg von 10 Schritt zurückgelegt.

„Aber von wo ab müssen wir denn die Schritte rechnen?“ fragte Gustav.

Vater: „Zu dem Ende müssen wir uns etwas näher überlegen, wie denn der ganze Schuss zu Stande kommt.

Ihr wisst, um den Bogen zu spannen bedarf man einer gewissen Anstrengung oder wie man sagt, man muss eine Kraft aufwenden. Sobald ich die Sehne wieder vorspringen lasse, nähert sich dieselbe dem Bogen, im ersten Augenblick mit sehr kleiner Geschwindigkeit. Diese Geschwindigkeit behält die Sehne im folgenden Momente bei und da der Bogen sie noch weiter treibt, so erteilt er ihr, so zu sagen, einen neuen Ruck und damit eine größere Geschwindigkeit. Diese Geschwindigkeit geht auf den Pfeil über, der auf der Sehne liegt. Jm dritten Moment nimmt die Geschwindigkeit wieder zu und so fortwährend, bis schließlich die Sehne in die ursprüngliche Lage, die sogenannte Ruhelage, gekommen ist. Von wo ab werden wir also die Schritte zu zählen haben?“

Gustav: „Natürlich von der Ruhelage aus, denn hier ist die Geschwindigkeit der Sehne am größten. Selbst wenn die Sehne noch über die Ruhelage hinausginge, so würde sie ja jetzt vom Bogen wieder zurückgezogen werden, die Geschwindigkeit also abnehmen und der Pfeil, welcher die größte Geschwindigkeit beibehält, kann gar nicht mehr die Sehne berühren, sondern muss ihr im Fluge schon voraus sein.“

Vater: „Ihr könnt daraus gleich für die Theorie Eurer Armbrust zweierlei lernen; nämlich erstens: die Sehne darf nicht eher anschlagen, als bis sie in ihre wahre Ruhelage gekommen ist; und zweitens: das lange Stück Rohr, welches der Pfeil noch zu durchlaufen hat, nachdem er die Ruhelage der Sehne überschritten hat, ist nur von Nachteil, denn er verliert in diesem Teile viel mehr an Geschwindigkeit, als er in der freien Luft verlieren würde.“

Otto: „Aber weshalb behält denn der Pfeil die größte Geschwindigkeit, welche er einmal erlangt hat?“

Gustav: „Es lässt sich dies nicht erklären, man kann es nur als eine Tatsache hinnehmen. Man nennt es die Eigenschaft der Trägheit. Sie besteht darin, dass ein Körper eine Geschwindigkeit oder überhaupt, wie man zu sagen pflegt, einen Bewegungszustand so lange beibehält, als er nicht durch andere Einflüsse gezwungen wird, denselben aufzugeben.“

Vater: „Ihr könnt mit diesem einfachen Begriffe, um den übrigens die Wissenschaft lange gerungen hat, ehe sie ihn zur Klarheit brachte, eine große Reihe von Erscheinungen erklären, welche man im täglichen Leben meistens mit Ausdrücken erläutert, welche naturwissenschaftlich durchaus ungerechtfertigt sind. Gewöhnlich laufen dabei Anschauungen unter, deren Ihr Euch ein für alle Mal entschlagen müsst.

Ich will Euch nur eins anführen. Ihr habt ein Glas Wasser in der Hand und zieht die Hand plötzlich zurück, so wisst Ihr, schlägt das Wasser über den Rand des Glases heraus. Woher rührt das?“

Otto: „Man macht immer unwillkürlich einen Ruck erst nach oben und stößt dadurch das Wasser zum Glase heraus.“

Vater: „Nein. Auch wenn Du mit ganz besonderen Vorrichtungen, die jeden Zweifel darüber ausschließen, dass ein erst Ruck nach oben erfolgt, diesen Versuch machst, wirst Du dasselbe Resultat finden.“

Gustav: „Es erklärt sich daraus, dass es eine bestimmte Zeit erfordert, damit sich die Bewegung, welche ich dem Glase gebe, auch dem Wasser mitteilt. Das Wasser will in Ruhe bleiben infolge seiner Trägheit. Wenn ich das Glas so rasch wegziehe, dass das Glas vielleicht schon mehrere Zentimeter weggerückt ist, ehe sich die Bewegung dem Wasser mitteilt, so liegt natürlich das Wasser, welches vorher im Glase war, jetzt in der Luft, es wird aber von der Erde angezogen und muss infolge dessen herabfallen."

Vater: „Gehen wir zurück auf unsere Armbrust, so sagt man, die Sehne besitze eine gewisse Kraft. Es ist dies gar Nichts weiter, als ein Wort für eine Sache, die man nicht kennt. Wir können zunächst nur sagen, die Sehne erteilt dem Pfeile eine bestimmte Geschwindigkeit und statt dieses Ausdruckes bedienen wir uns auch wohl des anderen."

Gustav: „Aber der Bogen hat doch eine gewisse Kraft infolge seine Elastizität und teilt diese Kraft der Sehne mit."

Vater: „Wohl teilt er der Sehne Bewegung mit. Dass er aber eine Kraft infolge seiner Elastizität besitze, ist ein Trugschluss Du kannst nur sagen, der Bogen hat das Bestreben, eine bestimmte Gestalt, die ihm einmal gegeben ist, stets wieder anzunehmen, sobald er durch irgendwelche Einflüsse von dieser Gestalt abgebracht worden ist."

Gustav: „Ja, dann muss er aber doch elastische Kraft besitzen."

Vater: „Indem Du sagst, der Bogen ist elastisch, drückst Du wieder mit einem Wort, an welches Du Dich gewöhnt hast, weiter Nichts aus, als die Tatsache, welche wir eben besprachen. Es macht übrigens auch gar nichts aus, ich wollte Euch nur darauf hinweisen, dass das Wort Kraft einfach ein Ausdruck, eine Redensart ist für tatsächliche Vorgänge, die wir nicht immer ausführlich beschreiben wollen.

Wir haben uns übrigens an das Wort Kraft so gewöhnt und verbinden, uns unbewusst, mit demselben so bestimmte Vorstellungen, dass Ihr mir ohne weiteres gewisse Eigenschaften der Kraft sofort einräumen werdet. Ihr werdet mir z.B. zugeben: Der Bogen hat immer, wenn ich ihn gleichmäßig spanne und sonst keine Änderung mit ihm vornehme, die gleiche Kraft. Ferner: lege ich statt eines Pfeiles zwei Pfeile auf, so finde ich, dass die Pfeile nur die halbe Geschwindigkeit bekommen.

Ihr seht also, eine Kraft erteilt der doppelten Masse nur die halbe Geschwindigkeit. Ihr könnt diesen Satz, welcher Euch sehr klar erscheint, noch auf eine Reihe von Beispielen anwenden, welche Ihr ohne Anleitung wohl schwer erklären würdet. Ich habe hier an einen vertikalen Bindfaden ein horizontal hängendes Holz gebunden. Ich halte den Bindfaden oben fest, drehe das Holz um einen bestimmten Winkel herum und überlasse es dann sich selbst. Was geschieht? Der Bindfaden hat das Bestreben, eine bestimmte Ruhelage einzunehmen, ganz ebenso wie vorher unser Bogen. Infolge der dadurch von ihm geäußerten Kraft gibt er dem Holz und sich selbst im ersten Moment einen Ruck. Dieser Ruck wird beibehalten infolge der Trägheit, im folgenden Moment kommt aber ein neuer Ruck hinzu und so wird die Geschwindigkeit fortwährend zunehmen, bis die Ruhelage erreicht ist. Infolge der Trägheit würde das Holz über diese Stelle hinausgehen, aber weil jetzt der Bindfaden gerade nach der Ruhelage zieht, so muss die Geschwindigkeit fortwährend abnehmen, sie wird Null, wenn das Holz sich um ebenso viel von der Ruhelage nach der anderen Seite gedreht hat – und nun beginnt dasselbe Spiel wieder nach der entgegengesetzten Richtung. Das Holz macht, wie man sagt, Schwingungen. Jetzt hänge ich an das Holz noch ein Gewicht an, oder, damit es nicht kippt, zu beiden Seiten des Bindfadens zwei gleiche Gewichte. Was ändere ich dadurch?"

Gustav: „Die Kraft des Fadens ist dieselbe geblieben, aber diese Kraft muss jetzt in jedem Augenblicke eine größere Masse in Bewegung setzen und so wird gleich der erste Ruck eine kleinere Geschwindigkeit wie vorher bewirken, im folgenden Moment wird er gleichfalls eine kleinere Geschwindigkeit hervorrufen und wenn ich so die Erscheinung weiter verfolge, so finde ich, dass der belastete Bindfaden langsamer hin und her schwingen muss."

Vater: „Richtig geschlossen. Wir wollen sehen, ob es so ist.

Und in der Tat es zeigte sich, wie sie durch Überlegung gefunden hatten.

Nun denkt Euch, ich brächte den Bindfaden, den ich am Ende befestigt habe, gleichzeitig aus der vertikalen Lage heraus. Da er ja auch, wie wir an jedem freihängenden Körper sehen, das Bestreben hat eine bestimmte Lage gegen die Erde einzunehmen, so wird eine Kraft da sein, welche ihn in diese bestimmte Lage drängt. Er wird aus ganz ähnlichen Gründen, wie vorher, auch um diese Lage Schwingungen vollführen und Ihr seht jetzt schon, wie schwer es sein würde, die wahre Bewegung des Bindfadens in jedem einzelnen Momente zu verfolgen. Wie einfach dagegen, wenn wir uns den Vorgang so der Reihe nach zusammensetzen, aus einer drehenden Schwingung um die Länge des Fadens und einer Pendelbewegung um die Vertikallinie! Wir übersehen dann sofort, dass die ganze Bewegung sich vollständig beschreiben lässt, wenn wir die beiden Vorgänge, welche sich kombinieren, und von denen jeder die Folge einer besonderen Kraft ist, gesondert betrachten. Ihr entsinnt Euch aus der Unterhaltung über die Geometrie, dass wir auch dort sagten, es sei ein bedeutender Vorteil der Wissenschaft, dass sie die komplizierten Bewegungen, welche z.B. der Mond im Weltraume beschreibt, erklärt, indem sie die wahre Bewegung desselben einfach zusammensetzt aus einer kreisförmigen Bewegung um die Erde und einer Bewegung der Erde um die Sonne. Jede dieser Bewegungen einzeln lässt sich einfach auffassen und dadurch die wahre Bewegung sich jederzeit durch mathematische oder graphische Methode finden. Was dort so nützlich war nur gewissermaßen zur Veranschaulichung von Zeichnungen, ist noch wertvoller bei dem Gegenstande, mit dem wir uns jetzt beschäftigen. Es ist einer der glücklichsten Gedanken, welcher grundlegend geworden ist für die ganze neuere Physik, jede Bewegung und damit jede Ursache der Bewegung, d.h. also wie wir vorher uns schlechtweg ausdrückten, jede Kraft, je nach Umständen zu betrachten als hervorgegangen aus zwei oder drei oder wenn nötig beliebig vielen Kräften."

Gustav: „Das hat aber gar nichts mit unserem Schießen zu tun."

Vater: „Doch. Weshalb fällt der abgeschossene Pfeil? Weshalb musst Du höher zielen, als Du treffen willst? Die Ursache davon ist die, dass der Pfeil nicht nur unter dem Einfluss einer einzigen Kraft steht, dass er nicht nur die Geschwindigkeit besitzt, welche die Sehne des Bogens ihm ein für alle Mal mitgeteilt hat und welche er infolge der Trägheit stets beibehalten würde, wenn nicht der Luftwiderstand ihm dieselbe allmählich raubte. Die zweite Kraft, welche auf den Pfeil wirkt ist die Anziehung der Erde. Die Bahn, welche der geschossene Körper durchläuft können wir leicht finden, wenn wir die Wirkung der beiden Kräfte welche auf den Pfeil wirken, der Reihe nach einzeln betrachten. Angenommen Ihr

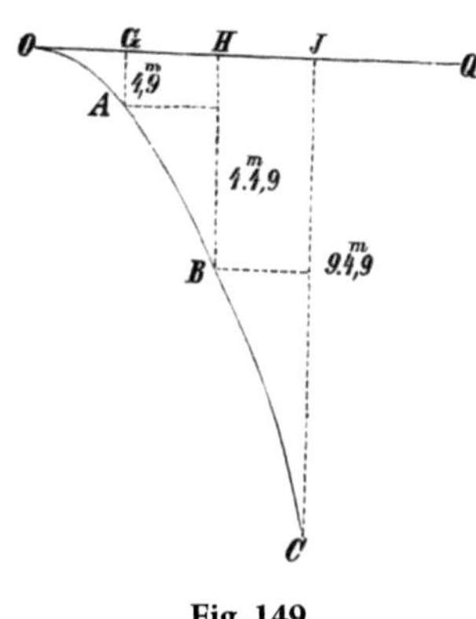

Fig. 149

schießt in einer horizontalen Richtung, also in der Richtung der Linie OQ (Fig. 149), der Pfeil durchlaufe in einer Sekunde den Weg OG, so legt er in der folgenden Sekunde den gleich großen Weg GH zurück usw. Die Wege würden nur wann gleich groß sein?"

Otto: „Wenn die Luft nicht dem Pfeil Geschwindigkeit wegnähme."

Vater: „Gut. Jetzt betrachten wir den Einfluss der Erde. Die Erde zieht den Körper in der ersten Sekunde herab um 4,9 Meter. Wirkt also eine Sekunde nur die horizontale Kraft, dann eine Sekunde nur die Erde, so würde der Körper nach Ablauf dieser zwei Sekunden sich am Punkte A befinden. Da aber beide Kräfte fortwährend zusammenwirken, so wird der Punkt A erreicht schon während der ersten Sekunde. Infolge der Trägheit würde der Pfeil weiter gehen wollen in der zweiten Sekunde um GH. Nun ist aber das Eigentümliche, dass die Erde ihn in der zweiten Sekunde nicht wieder um 4,9m, sondern um dreimal so viel herabzieht, so dass er zum Punkt B käme. Warum? Das sollt Ihr mir zunächst beantworten."

Gustav: „Es ist mit der Erde wieder ganz ähnlich, wie mit dem Bogen der Armbrust. Die Erde gibt dem Körper im ersten Momente einen Ruck, er behält diese Geschwindigkeit bei und bekommt in folgenden Moment wieder einen Ruck und so wird sich die Geschwindigkeit fortwährend vermehren."

Vater: „Der Grund ist im Wesentlichen richtig angegeben und dass gerade herauskommt als Weg für die erste Sekunde 4,9m, für die zweite 3·4,9m, für die dritte 5·4,9m usw., wollen wir hier nicht weiter erläutern, sondern als gegeben hinnehmen und uns merken: Wenn ein Körper in der ersten Sekunde 4,9m fällt, so fällt er in den beiden ersten Sekunden zusammengenommen (und nicht nur in der zweiten!) viermal so viel, schließlich in den drei ersten Sekunden neunmal nämlich 3·3 mal so viel usw. Wir wollen uns nun denken, man berechnete den Weg, den der horizontal geschossene Körper gefallen ist, nach Ablauf verschiedener Zeiten und konstruierte sich daraus eine Kurve, so, wie ich es hier getan habe, so nennt man eine solche Kurve eine Parabel. – Nun sagt mir: Wenn Ihr von O aus nach dem Punkte A, welcher unter dem Horizonte liegt, schießen wollt, wo werdet Ihr hin zielen müssen?"

Otto: „Gerade in horizontaler Richtung, also nach dem Punkte Q."

Vater: „Wenn Du nun den Punkt B treffen willst, der zweimal soweit von O weg liegt, so musst Du auch wieder in der horizontalen Linie zielen. Die Linie HB ist aber viermal so groß als GA, Du zielst also mit anderen Worten nach einem Gegenstande in doppelter Entfernung nicht zweimal, sondern, wie ich Euch vorher schon sagte, viermal höher. Mit Hilfe einer solchen Kurve könnt Ihr ohne alle Rechnung jede hierher gehörige Aufgabe lösen und ich will Euch nur die eine stellen: Wie viel Meter müsstet Ihr höher zielen, um einen Punkt zu treffen, welcher $\frac{3}{4}$ mal so weit als G von dem Schützen O entfernt ist?

Ihr habt gesehen, dass, wenn ich vom Luftwiderstand absehe, unser Armbrustpfeil fliegen würde, so weit als ich nur immer will. Nun sagt mir, was erreiche ich dadurch, dass ich einem Pfeile oder einer Kugel eine größere Geschwindigkeit gebe?"

Otto: „In Folge der größere Geschwindigkeit fällt die Kugel weniger."

Vater: „Deine Antwort kann richtig aber auch falsch sein, und ich vermute das Letztere. Fällt die Kugel in derselben Zeit eben so viel, wenn sie rasch fliegt, als wenn sie langsam fliegt?

Otto: „Sie fällt, wenn sie rasch fliegt, weniger. Wenn ich die Geschwindigkeit recht groß mache, so, denke ich, könnte man erreichen, dass die Kugel überhaupt gar nicht fällt."

Vater: „Das ist eben die falsche Ansicht. Die Kugel mag fliegen so rasch sie will, oder in welcher Richtung sie will, stets wird sie um ein gleiches Stück in derselben Zeit der Erde sich nähern."

Gustav: „Das versteht sich aber eigentlich von selbst. Die Erde muss ja stets die Kugel gleich stark anziehen."

Vater: „Es ist wieder der alte Fehler, dass sich etwas von selbst verstehen soll, eine Anschauung, die für die Naturwissenschaften durchaus unzulässig ist. Vielleicht habe ich später Gelegenheit, Euch zu zeigen, dass es Kräfte gibt, bei denen dies nicht der Fall ist. Wir wissen z.B., die Elektrizität hat die Eigentümlichkeit, dass zwei elektrisierte Körper, welche sich mit großer Geschwindigkeit gegen einander bewegen, eine ganz andere geringere Anziehung zu einander haben, als wenn beide Körper ruhen. Es geht wie mit zwei Freunden, die, wenn sie Zeit haben, gern bei einander stehen, ihrer gegenseitigen Anziehung folgend, die aber im Drange der Geschäfte an einander vorübereilen, ohne sich zu kennen, oder indem sie sich nur flüchtig begrüßen."

Otto: „Wenn ich aber durch eine größere Geschwindigkeit nicht erreichen kann, dass die Kugel weniger fällt, was habe ich dann überhaupt für einen Vorteil von der größeren Geschwindigkeit?"

Vater: „In derselben Zeit fällt die Kugel ebenso viel. Da sie aber eine viel größere Geschwindigkeit besitzt, also in derselben Zeit auch eine viel größere Strecke horizontal zurücklegt, so wird eine Büchsenkugel, die 500 Meter in einer Sekunde zurücklegt, erst auf ein Ziel von 500 Meter Entfernung 4,9 Meter höher gehalten werden müssen; eine Kugel, welche nur 250m in der Sekunde zurücklegt, muss dagegen nach einem 4·4,9m höheren Punkte geschossen werden, wenn sie den wahren Zielpunkt treffen soll. Der Pfeil von Eurer Armbrust endlich, selbst wenn er 10 Meter in der Sekunde zurücklegt, müsste mehr als 100mal so hoch gehalten werden.

Ihr seht, dass Ihr umgekehrt die Gesetze, welche wir eben erläuterten, benutzen könnt, um die Geschwindigkeit von Geschossen zu ermitteln. Denkt Euch nur, Ihr legtet eine Büchse auf eine feste Unterlage und zieltet ganz genau nach einem Gegenstande, dessen Entfernung bekannt ist. Ihr schießt ab; die Kugel trifft nicht das Ziel, sondern schlägt tiefer ein. Ihr braucht nun weiter Nichts zu tun, als zu messen, wieviel tiefer dieselbe getroffen hat, so könnt Ihr aus dieser Strecke die Zeit berechnen, während welcher die Erde auf die Kugel wirklich einwirkte, d.h. Ihr könnt berechnen die Zeit, welche die Kugel braucht, um von der Mündung bis zur Scheibe zu gelangen. Diese Berechnung habt Ihr nicht einmal auszuführen, wenn Ihr wieder eine Kurve zu Hilfe nehmt. Wie man sich diese Kurve zeichnet, werdet Ihr auch leicht übersehen können.

Denkt Euch ein Schiff, welches rasch über einen See fährt, und von dem Mast des Schiffes einen Stein herabfallend, so fällt der Stein am Boden des Mastes nieder. Denn das Schiff geht zwar fort, der Stein aber, indem er fällt, hat auch die Geschwindigkeit des

Schiffes und so bleiben beide zu einander ohne Verschiebung. Nun denkt Euch, ein Beobachter sähe vom Ufer aus den Stein fallen. Wird er den Stein in einer geraden Linie fallen sehen?"

Gustav: „Nein, denn da der Stein ja auch mit dem Schiffe weiter geht, so muss er einen Bogen, oder überhaupt irgend eine Kurve beschreiben."

Vater: „Ihr seht, der Stein macht sogar genau wieder dieselbe Kurve, wie ein geschossener Körper. Was dort die Geschwindigkeit unseres Pfeiles ist, ist hier die Geschwindigkeit des Schiffes, und die Erde wirkt wieder in derselben Weise.

Wenn wir nun den Weg, den das Schiff in einer Sekunde zurücklegt, uns auf ein in viereckige Netze eingeteiltes Papier 10 Millimeter groß zeichnen, dazu den Fallraum des Steines statt 4,9 Meter bloß 4,9 Millimeter groß, ebenso wie in Fig. 149 (S. 202) und so wieder eine solche Kurve konstruieren so können wir aus dieser Kurve immer ablesen, welcher Fallraum einer bestimmten Zeit zugehört, sowie natürlich auch umgekehrt, welche Zeit einem gegebenen Fallraume. Damit hätten wir unsere eben gestellte Aufgabe erledigt.

Ganz ebenso wie hier der Stein vom Maste des Schiffes wird auch ein leichter Körper, etwa ein Stückchen Holz, welches Ihr bei starkem Winde zum Fenster herauswerft, unter dem doppelten Einflusse des Windes und der Erde eine solche Parabel beschreiben. – Dasselbe seht Ihr an einem Brunnen. Auch hier macht der Strahl, indem die Wasserteile eine bestimmte horizontale Geschwindigkeit haben und von der Erde gleichzeitig eine vertikale bekommen, eine Parabel. Ihr Alle habt schon unwillkürlich aus der Form der Parabel auf die Geschwindigkeit geschlossen, mit der das Wasser ausströmt. Nach langer Trockenheit fällt die Parabel sehr steil ab, während nach einem starken Regen der Strahl weit in das Bassin hineinspringt.

Wenn wir immer beachten, dass wir, statt zwei Kräfte gleichzeitig auf einen Körper wirken zu lassen, uns auch denken können, es wirkte erst während einer bestimmten Zeit die eine, dann während derselben Zeit die folgende Kraft, so lassen sich noch viele Aufgaben graphisch lösen. Ich will annehmen, wir schössen einen Körper schief in die Höhe (Fig. 150). Soll der Körper eine Geschwindigkeit von 20 Metern in der Sekunde haben, welche wir uns wieder durch 20 Millimeter vorstellen, so braucht

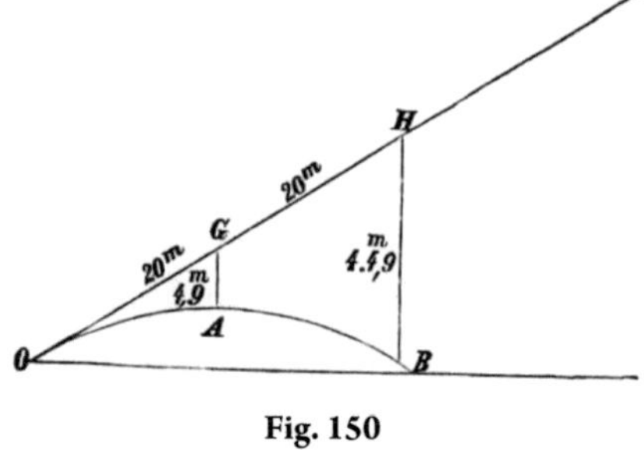

Fig. 150

Ihr an dem Punkte G wieder vertikal nach unten nur 4,9 Millimeter abzutragen, in dem Punkte H viermal so viel und schließlich die Punkte AB usw., welche Ihr jetzt bekommt, durch einen fortlaufenden Linienzug zu verbinden. Der Körper muss unter dem gleichzeitigen Einflusse einer schiefen in die Höhe treibenden Geschwindigkeit und der vertikal herabtreibenden Erdanziehung eine Kurve beschreiben, die durch Kombination beider Bewegungen entsteht und die man auch wieder als Parabel bezeichnet.

Man nennt den Winkel, unter dem man eine Kugel in die Höhe schießt, die Elevation, und es lässt sich mit Rechnung oder Konstruktion (vergl. II. Teil) zeigen, dass die Kugel am weitesten wegfliegt, wenn der Winkel 450 ist. Machte ich den Winkel größer als 450, so wird die Schussweite kleiner, mache ich ihn kleiner, gleichfalls. Ihr seht daraus sofort ein, dass es über und unter der günstigsten Elevation zwei Winkel geben muss, für welche die Schussweite gleich wird; der eine wird der Hochschuss, der andere der Tiefschuss genannt. Man hat den Hochschuss im letzten Kriege verwendet bei der Beschießung von Straßburg, wo es wegen davorliegender Befestigungswerke, nicht möglich war, Mauerwerke direkt zu treffen."

Otto: „Was hat es aber für einen Zweck, dass man gerade das verdeckt liegende Mauerwerk treffen will."

Vater: „Die nicht nachgiebige Mauer lässt sich leichter durch Schüsse zerstören, als nachgiebiges Erdreich, und es fällt natürlich der obere Teil der Befestigung, sobald die Mauer erheblich verletzt ist.

Ihr könnt Euch nun noch denken, Ihr liest die Elevation immer größer oder die Schussweite immer kleiner und kleiner werden, so würdet Ihr schließlich, wenn Ihr senkrecht in die Höhe schießt, auch noch unsere frühere Konstruktion auf die Bahn des geschossenen Körpers anwenden können. Aber Ihr seht ein, dass Ihr an der einzigen Linie nicht leicht die Zeiten und die zugehörigen Entfernungen des Punktes vom Horizont aus bemerken könnt. Denkt Ihr Euch aber wieder, dass Ihr auf einem Schiffe vertikal in die Höhe schießt, so würde zwar auch auf dieselbe Stelle, von der aus Ihr geschossen habt, die Kugel zurückfallen, für einen Beobachter am Ufer dieselbe aber einen Bogen beschreiben, ganz ebenso als wenn Ihr auf dem ruhenden Schiffe die Kugel schief in die Höhe schösset. Dieselbe Kurve bekämt Ihr schließlich auch, wenn Ihr Euch denkt, das Schiff ruhe und man führte an der Kugel, während sie in die Höhe fliegt, mit gleichmäßiger Geschwindigkeit eine große Platte vorüber, auf welcher die Kugel, vielleicht mit einer kleinen Feder, ihre Bahn verzeichnete. Ihr würdet auch jetzt wieder eine Parabel bekommen.

Für heute nur noch einige Bemerkungen über den Schuss. Ihr Alle werdet schon gesehen haben, dass ein Pfeil, in den Ihr vorn einen Nagel einschlagt, nicht so, wie Ihr wünscht, das Ziel trifft, sondern immer die Neigung hat, mit der Spitze nach unten zu gehen. Bei runden Kugeln kann dies natürlich nicht vorkommen; bei den Spitzkugeln aber, wie man sie neuerdings allgemein anwendet, würden ähnliche Missstände leicht eintreten, und man hat deshalb einen Satz benutzt, welcher sich durch Versuche zeigen und ganz allgemein mit Hilfe von höherer Rechnung ableiten lässt. Wenn man nämlich einem solchen Geschosse gleichzeitig eine Notation, d.h. eine Drehung um die Längsare gibt, so bleibt jetzt immer diese Längsaxe in der Richtung des Schusses; die Kugel kann sich nicht überschlagen. Man bewirkt diese Rotation dadurch, dass in das Rohr der Büchse eine Spirale eingeschnitten ist, in welche sich die Kugel, oder die Hülfe, in welcher sich die Kugel befindet, hineinpresst. Die Kugel wird so in eine Drehung versetzt, welche sie infolge der Trägheit auch beibehält, nachdem sie das Rohr verlassen hat.

Wer von Euch mit Aufmerksamkeit Sammlungen von alten Waffen besichtigt, wird bemerken, dass auch den Pfeilen, welche man früher schoss, unten eine solche Schraube aus Holz angeschnitten ist. Hier bewirkte der Widerstand der Luft, dass der Pfeil, indem er die Luft Durchschnitt, sich um die Längsare drehte, ebenso wie sich das Rad einer Windmühle dreht infolge des Windes."

Otto: „Das sind aber doch zwei ganz verschiedene Sachen, das Rad der Windmühle bleibt doch immer an demselben Fleck."

Vater: „Es kommt nur darauf an, dass sich die Luft gegen das Geschoß bewegt. Ruht die Luft und bewegt sich der Pfeil, so erhält der Pfeil ebenso Notation, als wenn der Pfeil ruht und die Luft dagegen strömt. Natürlich müsste der Pfeil so angebracht sein, dass er sich um seine Achse drehen könnte. Ihr kennt das Spielzeug, welches man als ein Windrädchen aus Papier schneidet und mit einer Nadel auf die Spitze eines Stockes steckt. Lauft ihr bei windstillem Wetter, so habt ihr den Fall des Pfeiles, die Luft ruht, das Rad kommt ihr entgegen, beide sind in sogenannter relativ er Bewegung – die Folge ist, dass das Rad sich dreht. Lasst Ihr den Stock ruhen und·blast die Luft dagegen, so habt Ihr den Fall der Windmühle, wo wieder infolge der relativen Bewegung von Luft und Rad die Drehung erfolgt. Ja, es zeigt sich bei der Notation von Geschossen noch eine andere Erscheinung, welche viel schwieriger zu erklären ist. Das Geschoß fliegt nicht mehr in einer Ebene, sondern wird in der Richtung der Rotation von dem Ziele abgelenkt, so dass man bei solchen rotierenden Geschossen nicht nur über, sondern auch neben das Ziel halten muss. Diese Erscheinung mathematisch zu untersuchen ist sehr schwierig und durch den Versuch, sollte man glauben, sei es recht schwer. Wenn Ihr aber die Bemerkungen, welche ich eben machte, benutzt, so seht Ihr ein, dass Ihr ja das Geschoß könnt ruhen und einfach einen starken Luftstrom dagegen blasen lassen; so muss auch die seitliche Abweichung eintreten. In der Tat hat ein deutscher Physiker mit Hilfe dieses Kunstgriffes die seitliche Abweichung von Geschossen untersucht. Er hing ein Geschoß so auf, dass es sich nach allen Richtungen hin bewegen konnte und setzte dasselbe durch Abziehen einer Schnur in Notation. Dann ließ er einen Luftzug, den ein großer Blasebalg lieferte, von fern dagegen kommen und bestimmte nun die Abweichung des Geschosses nach der Seite."

Das sonderbarste ist jedenfalls eine Waffe, welche die Australier benutzen.·Sie besteht aus einem halbmondförmigen Stücke flachen Holzes und wird von den Eingeborenen Bumerang genannt. Mit einem kräftigen Ruck aus dem Handgelenk geworfen fliegt dasselbe auf einer flachen Bahn in die Höhe, nicht nur gerade aus, sondern im Bogen, so dass man um eine Ecke treffen kann, und soll bei starkem Fluge eine gewaltige Kraft besitzen. Trifft das Geschoß nicht, d.h. schlägt es nicht unterwegs an einen festen Gegenstand an, so hat es die liebenswürdige Eigenschaft, zu dem Besitzer zurückzukehren. Schneidet Euch ein halbmondförmiges Stück Papier (vergl. Fig. 151) aus einem Kartenblatt, legt es auf ein glattes Buch, so dass der eine Arm überragt und schnellt es durch einen kräftigen Schlag mit einem Stäbchen fort, so werdet Ihr die Bahn desselben und dessen Rückkehr sehr hübsch sehen. Ähnlich nämlich, wie die leichten Federn am Grunde eines Pfeiles sich beim Fluge schneckenförmig

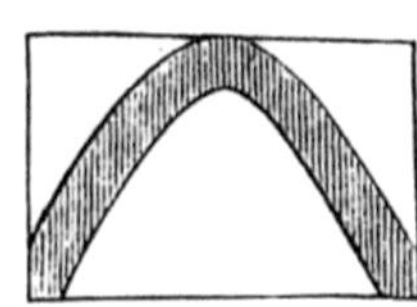

Fig. 151

biegen, wird dieses Stück Kartenblatt durch den Luftwiderstand zu einer flachen Schraube gebogen; In Folge der so angenommenen Gestalt, welche den ½ Meter großen wirklichen Holzbumerangs von vornherein an geschnitzt ist, nimmt es diese sonderbare Bewegung an.“

Sechzehnte Unterhaltung

Erklärung des Ruderns. – Warum wir segeln aber nicht fliegen können – eine einfache Sache, deren Erklärung aber doch etwas Nachdenken verursacht. – Kraft und Gegenkraft. – Schwerpunkt; merkwürdige Eigenschaften desselben. Wie die Künstler denselben benutzen. Die Erfahrung führt uns zu unbewussten Schlüssen, welche das Verständnis von Bildern ermöglichen. – Noch mehrere merkwürdige Eigenschaften vom Schwerpunkt. Sind dieselben Vorzüge, welche die Natur diesem Punkte verliehen hat?

Wir sehen uns heute vergebens im Garten und Hause nach unserer kleinen Gesellschaft um und wir dürften schon lange suchen, ehe es uns gelingen würde, dieselbe zu finden. Sie hat nämlich nichts Geringeres unternommen als eine Wasserfahrt. Mit eifrigen Ruderschlägen treiben sie den Kahn über den glatten Spiegel des

Sees, bald in der Absicht, zu versuchen, wie geschwind sie rudern könnten, bald wieder, indem sie das Fahrzeug im Kreise und in den verschiedenartigsten Wendungen sich drehen lassen.

Heute stand ihr Sinn nicht nach Rechnen, und doch konnte es nicht lange dauern, dass auch hier wieder dem Einen oder Andern der Gedanke kam, woraus es sich denn überhaupt erkläre, dass man ein Fahrzeug forttreiben könne, wie es komme, dass man den Kahn wenden und nach Belieben lenken könne. So hatte sich Gustav bald in eine Unterredung mit dem Vater eingelassen und auch die Übrigen kamen allmählich hinzu, nachdem die erste Lust am Fahren sich gelegt hatte. Sie ließen die Ruder ruhen und den Kahn langsam von der schwachen Strömung forttreiben.

„Die erste Bedingung", sagte der Vater, „an der das Rudern beruht, ist die, dass das Mittel, in welchem man fährt, Widerstand bietet. Nun existiert in Wirklichkeit zwar kein einziges Mittel, welchem diese Eigenschaft vollständig fehlte, denn Ihr entsinnt Euch von der vorigen Unterhaltung, dass auch die Luft Widerstand unserem Pfeile bot und ihm dadurch von seiner Geschwindigkeit nahm. Indessen ist der Widerstand der Lust ungleich geringer als der des Wassers, und so kommt es, dass man, um sich in der Luft fortzubewegen, viel größere Flächen nötig hätte, als man deren im Wasser bedarf.

Wenn Ihr die Ruder einsetzt, so spürt Ihr ganz deutlich den Druck, die Kraft, welche Ihr aufzuwenden habt, und die Größe dieses Druckes gibt Euch den Widerstand des Wassers an. Denn es ist ein allgemeines Gesetz, dass, wie man sagt, Druck und Gegendruck gleich sind; dass das Wasser mit derselben Kraft zurückgeschoben wird, mit welcher der Kahn vorwärts geschoben wird. Ihr spürt aber auch selbst diesen Widerstand des Wassers, nämlich wenn Ihr stehend rudert. Der Oberkörper, welcher dann leichter beweglich ist gegen den Boden des Kahnes, wird unwillkürlich nach vorne gerückt, während Ihr den Kahn weiter schiebt. Wolltet Ihr Euch in der Luft fortbewegen, so müsstet Ihr die Ruder entweder mehr als 30mal so groß nehmen, oder Ihr müsstet dieselben mit viel größerer Geschwindigkeit bewegen, damit der Luft weniger Zeit bleibt, auszuweichen und sie dadurch gezwungen wird, Widerstand auf das Ruder oder ein Windrad zu üben.“

Gustav: „Aber die Lust ist doch auch im Stande, große Massen in Bewegung zu setzen, wie man ja an jedem Segelschiff sehen kann.“

Vater: „Allerdings. Ist Dir aber auch klar, weshalb es möglich ist, durch den Wind zwar zu segeln, während es unmöglich ist, mit der gewöhnlichen Windstärke auch nur ein verhältnismäßig kleines Fahrzeug in die Höhe zu heben, oder also, wenn ich es recht parodor ausdrücken soll, weshalb es kein fliegendes Schiff gibt?

Der Gedanke ist zwar an und für sich so wunderbar, dass wir, sobald die Frage aufgeworfen wird, leicht versucht sind, dieselbe lächelnd als eine durchaus unberechtigte zurückzuweisen. ‚Das versteht sich von selbst‘, heißt es. Trotzdem müssen wir uns klar werden darüber, weshalb es nicht möglich ist.

Wenn Ihr einen Körper horizontal bewegt, wie das der Fall bei einem Kahne ist, den Ihr entweder durch Ruder oder durch Segel vorwärts treibt, so bewegt Ihr, wie man sagt, nur die Masse des Körpers, Ihr habt keine Kraft zu überwinden, als den Widerstand, den in unserem Falle das Wasser bieten würde; oder wenn Ihr Euch denkt, Ihr stündet auf einer sehr glatten Eisfläche, keinen anderen Widerstand, als den, welchen die Reibung am Eise bietet. Wollt Ihr Euch dagegen vertikal fortbewegen, so habt Ihr außer dem Widerstande der Luft auch noch Euer Gewicht zu heben, und dazu ist eine bestimmte Kraft notwendig. Ihr müsst, wenn Ihr Euch wirklich klar über, diesen Vorgang werden wollt, zunächst vollständig absehen von dem gewöhnlichen Ausdrucke, dass die Körper schwer sind. Dem Körper für sich kommt diese Eigenschaft durchaus nicht zu. Denkt Euch den ganzen Weltraum vollständig leer und nur darin einen einzigen Körper, etwa irgendeinen Stein, so hat dieser Stein keine Veranlassung, wenn er vorher in Ruhe war und kein äußerer Einfluss auf ihn wirkt, sich nach irgend einer Richtung hin zu bewegen. Angenommen Ihr sehet aber plötzlich den Stein eine Geschwindigkeit annehmen, so würdet Ihr, nach der Art, wie wir uns auszudrücken pflegen, auf eine Kraft schließen, d.h. auf eine Ursache zur Bewegung. Stellt Euch z.B. vor, er würde durch eine Pulverladung fortgetrieben, so würdet Ihr sagen, wie wir auch schon in der vorigen Unterhaltung berührt haben, wenn die Geschwindigkeit des Steines doppelt so groß wird, dass auch eine doppelt so große Kraft auf ihn gewirkt haben muss. Denkt Euch nun, es käme zu dem ruhig im Weltraume liegenden Steine ein zweiter und beide Steine würden in eine bestimmte Entfernung von einander gebracht, aber jeder für sich zunächst durch irgendein. Mittel, das Ihr Euch in Gedanken vorstellen könnt, an seiner Stelle festgehalten. Jetzt wird das Hindernis beseitigt, so würdet Ihr bemerken, dass die Steine alsbald anfangen, sich gegen einander zu bewegen, zunächst mit kleiner, dann aber mit fortwährend wachsender Geschwindigkeit; man sagt, die Steine ziehen sich an. Und diese Eigenschaft ist in der Tat eine ganz allgemeine, die jedem Körper, er mag im Übrigen mit Eigenschaften behaftet sein, wie er will, gleichmäßig zukommt. Wenn Ihr nun zwei Steine nehmet von der gewöhnlichen Größe, so würden diese Steine sich mit sehr kleiner Geschwindigkeit bewegen und es würden vielleicht Jahre vergehen, ehe Ihr im Stande wäret, eine Änderung in der Entfernung beider Massen wahrzunehmen. Denkt Ihr Euch aber den zweiten Stein groß, etwa wie den Mond oder gar wie unsre Erde, so nimmt die Anziehung in dem Maße, als der Stein an Größe zunimmt, auch zu und es würde jetzt der erste kleinere Stein mit sehr großer Geschwindigkeit fortbewegt werden.“

Gustav: „Und bleibt denn der zweite Stein, also die Erde, jetzt in Ruhe?“

Vater: „Nein, denn wenn das Gesetz richtig ist, das wir vorher aussprachen, dass stets Kraft und Gegenkraft gleich groß sind, so muss die große Erdmasse von dem Steine ebenso stark angezogen werden, als der Stein von der Erdmasse aber die Kraft, die im Stande ist, der kleinen Masse des Steines eine große Geschwindigkeit zu geben, wird der unendlich vielfachgrößeren Masse der Erde nur eine ganz minimale und in diesem Falle mit keinem Mittel der Beobachtung nachweisbare Bewegung erteilen. Ihr seht jetzt, dass ich den Stein nur noch bewegen kann unter dem Einfluss dieser Anziehung, welche die große Erdmasse auf denselben ausübt und es gibt nur ein einziges Mittel, um den Einfluss dieser Kraft zu umgehen. Ich werde Euch später noch genauer erläutern, dass der Körper, wenn er auf einer vollständig horizontalen und vollständig glatten Unterlage sich befindet, dem Einfluss der Erdanziehung insofern entzogen ist, als die Bewegung, die ich dem Körper sonst erteile, genau in derselben Weise ausgeführt wird, als wenn die Erde gar nicht vorhanden wäre. Ihr würdet den Stein auf seiner horizontalen Bahn überall auf jedem Punkt der Erde, auf jedem beliebigen Himmelskörper mit derselben Kraft, also z.B. mit der Ladung eines Pfundes Pulvers, in dieselbe Geschwindigkeit versetzen, wie im ganz leeren Raume. Wenn Ihr aber den Stein vertikal werfen wollt, so werdet Ihr mit demselben Pfund Pulver auf der Erde ihn vielleicht nur bis zu einigen hundert Meter treiben können. Ihr würdet ihn auf dem Monde zu einer vierfach so großen Höhe und schließlich auf den kleinen Planeten den Asteroiden zu einer Höhe treiben, die mehrere hundertmal größer ist.

Wendet Ihr diese Überlegung jetzt auf unser Fahrzeug an, so seht Ihr ein, dass derselbe Wind ein Fahrzeug auf der Erde ebenso schnell bewegen würde, wie auf jedem andern kleinen oder großen Weltkörper, es kommt hier eben nur die Masse des Fahrzeuges in Betracht.

Ganz anders würde die Sache werden, wenn das Fahrzeug durch den Wind gehoben werden sollte."

Gustav: „Das ist auch ganz natürlich. Wie Du uns neulich sagtest, fällt jeder Körper in einer Sekunde um 4,9 Meter, also müsste wenigstens eine Kraft aufgewendet werden, die im Stande wäre, den Körper in einer Sekunde um 4,9 Meter fortzubewegen. Dann erst hätte man erreicht, dass der Körper überhaupt schweben bleibt und weder fällt noch steigt. Soll ich ihn in die Höhe treiben, so muss die Kraft also so groß sein, dass sie dem Körper in einer Sekunde mehr als 4,9 Meter Geschwindigkeit gibt."

Vater: „Diese Kraft, mit der ein Körper von der Erde angezogen wird, nennt man gewöhnlich das Gewicht desselben. Ihr seid vielfach gewohnt, unter Gewicht etwas sich stets gleich Bleibendes zu verstehen. Ihr würdet z.B. denken, dass irgendein Gewicht Steine ebenso viel wiegt, Ihr mögt damit hingehen, wo Ihr hin wollt. Trotzdem ist es nicht der Fall. Es würden sich schon auf der Erde Punkte finden lassen, wo das Gewicht desselben Steines ein verschiedenes ist. Stellt Euch vor, Ihr wöget ihn am Äquator und wöget ihn am Pole, so würde das Gewicht im letzten Falle größer sein. Wenn Ihr diesen Versuch mit den gewöhnlichen Waagen ausführt, so wird es Euch freilich nicht gelingen die Änderung der Schwere nachzuweisen, einfach deshalb, weil Ihr bei der gewöhnlichen Waage wieder mit Gewichten vergleicht, welche in demselben Verhältnisse schwerer und leichter werden als der zu wiegende Körper. Ihr müsstet dazu eine Vorrichtung benutzen, welche ich Euch dem Wesen nach gleich erläutern werde.

Das Gewicht rührt her von der Anziehung der Erde und ist, wie ich Euch schon vorher sagte, nichts dem Körper selbst Zugehörendes. Die Kraft, mit welcher zwei Kilo von der Erde angezogen werden, muss darnach (weil das Gewicht das Doppelte ist) auch das Doppelte von der Kraft sein, mit welcher ein Kilogramm angezogen wird. Nun haben wir früher schon gesagt, dass man auf die Kraft einen Schluss macht, und in letzter Linie immer, nur aus der Geschwindigkeit, welche die Kraft hervorruft. Wenn die Kraft aber die doppelte ist, so müsste darnach auch die Geschwindigkeit die doppelte sein, d.h. es müssten die zwei Kilo von der Erde in derselben Zeit eine größere Geschwindigkeit erteilt bekommen, oder sie müssten, wie wir es gewöhnlich ausdrücken würden, rascher fallen."

Otto: „Das ist aber nicht der Fall. Ein Stein von doppelter Größe fällt nicht schneller, als wie ein einfacher Stein. In der Tat, ich brauche mir nur zu denken, dass die beiden Steine nicht in einem einzigen vereinigt wären, sondern nur nebeneinander fallen, so ist kein Grund, weshalb jetzt beide, wenn sie gleichzeitig fallen, rascher fallen sollen."

Vater: „Woher erklärt sich dies?

Gustav: „Die Kraft ist zwar jetzt größer geworden, dafür muss aber auch die Erde, ganz ebenso wie beim Versuche mit der Armbrust oder mit dem gedrillten Bindfaden eine größere Masse in Bewegung setzen."

Vater: „Gut. Da wir wissen, dass jeder fallende Körper in der ersten Sekunde eine Geschwindigkeit von 9,8 Meter bekommt, so kann ich sagen, das Gewicht (d.h. die Kraft, mit welcher die Erde einen Körper anzieht) irgend eines Körpers ist eine Kraft, die im Stande ist, der Masse des Körpers in einer Sekunde eine Geschwindigkeit von 9,8 Meter zu erteilen."

Otto: „Der Tausend! ist das kompliziert."

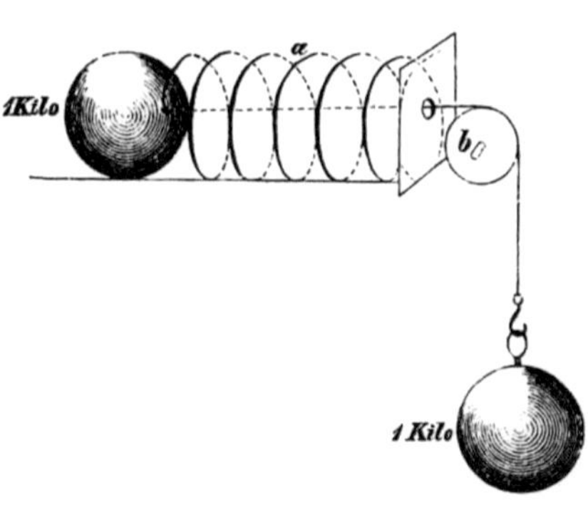

Fig. 153

Vater: „Das ist viel einfacher, als es sich anhört. Denke Dir die Feder a (Fig. 153) sei gespannt durch einen Faden, der über die Rolle b läuft und an welchen Du ein Gewicht von einem Kilo hängst. Vor dieser Feder liegt eine Kugel, welche gleichfalls ein Kilo schwer ist und welche sich auf einer vollständig horizontalen und glatten Fläche bewegen kann. Das Gewicht, das an der Feder hängt, wird dieselbe spannen; in dem Momente, wo Du die Schnur abschneidest, hört die Spannung auf, die Feder bewegt sich nach vorn und teilt ihre Geschwindigkeit der davor gelegenen Kugel mit, so bekommt diese Kugel eine Geschwindigkeit von 9,8 Meter. Machst Du den Versuch am Äquator, so würde die Kugel nicht ganz die Geschwindigkeit bekommen, weil das Gewicht, d.h. die Kraft, mit der das Kilo angezogen und in Folge dessen die Feder gespannt wird, kleiner ist.

Am Monde z.B. würde die Kugel nur ¼ dieser Geschwindigkeit erhalten, das Gewicht der Kugel ist dort also nur ¼ von dem auf der Erde, die Masse aber in beiden Fällen dieselbe."

Gustav: „Woher aber kommt das 9,8? Du sagtest uns doch vorher, dass ein Körper in der ersten Sekunde 4,9 Meter fiele.

Vater: „Ganz recht. Aber angenommen, wir lassen irgend einen Körper fallen, so fängt er an mit einer sehr kleinen Geschwindigkeit, diese Geschwindigkeit nimmt stets zu und würde am Ende der ersten Sekunde 9,8 Meter sein, d.h. wenn jetzt die Erde aufhörte, auf ihn zu wirken, so würde er infolge der Trägheit fortwährend mit dieser Geschwindigkeit seinen Weg zurücklegen. Du siehst schon daraus ein, dass die Geschwindigkeit in der ersten Sekunde im Durchschnitt nicht so groß sein kann, als am Ende derselben. 4,9 wäre die durchschnittliche Geschwindigkeit in der ersten Sekunde und gerade die Hälfte von der Geschwindigkeit am Ende. Dass gerade dieses Resultat herauskommt, lässt sich durch eine etwas eingehendere Überlegung zeigen, auf welche wir aber hier verzichten wollen. – Nun tun wir noch einen Schritt weiter. Die Erde zieht uns fortwährend an mit einer Kraft, die durch unser Gewicht ausgedrückt ist, und wir würden, wenn wir nicht auf Hindernisse des Bodens oder überhaupt der festen Körper, auf welchen wir gehen, stießen, von der Erde immer weiter und immer rascher nach dem Mittelpunkte hinbewegt werden. Wenn der Satz richtig ist, dass Kraft und Gegenkraft immer gleich sind, so seht Ihr; muss auch die Unterlage eine gewisse Kraft auf uns ausüben und zwar, wenn ein Kilogramm auf der Unterlage steht, .so muss dieses von der Unterlage aus mit derselben Kraft in die Höhe gehoben werden; nur so halten sich beide im Gleichgewicht. Diese Zusammendrückung der Unterlage ist zwar im Allgemeinen so klein, dass man sie ohne feinere Hilfsmittel nicht nachweisen kann, sie muss aber sicherlich vorhanden sein. Wenn Ihr Euch nun vorstellt, die Erde hörte plötzlich mit ihrer anziehenden Wirksamkeit auf, so würde die Kraft, welche die Unterlage ausübt, jetzt zur Geltung kommen und was würde das Resultat sein?"

Gustav: „Dann müssten sämtliche Körper mit einer Geschwindigkeit von 9,8 Meter in der Sekunde in die Höhe geworfen werden."

Vater: „Jawohl; indes noch eins kommt in Betracht. Würden die Körper am Pole mit derselben Geschwindigkeit in die Höhe fahren, wie am Äquator?"

Gustav: „Nein, sondern am Äquator wird er weniger schnell fliegen als am Pole."

Otto: „Eine solche Luftreise wäre wohl interessant. Wenn so alles in der, Richtung des Radius fortfliegt und sich immer weiter voneinander entfernt, aber stets alles auf einer Kugelfläche oder richter einem Ellipsoid, bleibt – das wäre nett. Indessen,— wenn ich mir einen großen Wagen vorstelle, so kann doch die ungeheure Masse dieses Wagens nicht mit derselben Geschwindigkeit in die Luft fliegen, als wie ein kleiner Stein oder ein Mensch."

Gustav: „Dann hast Du Dir das Vorhergehende schlecht überlegt; der Wagen, der vielleicht tausendmal so viel wiegen soll, als ein Mensch, drückt auf die Unterlage mit tausendmal größerer Kraft, also die Unterlage auch wieder mit größerer Kraft auf den Wagen, als auf einen Menschen. Da aber die Masse des Wagens in demselben Verhältnisse größer ist, so wird die tausendmal größere Kraft genau wieder dieselbe Geschwindigkeit dem Wagen erteilen, als die tausendmal kleinere Kraft der tausendmal kleineren Masse."

Vater: „Soviel zur Erläuterung von der Aufgabe, wie man wissenschaftlich Kräfte misst und zur Erläuterung unseres Gesetzes, dass Kraft und Gegenkraft stets gleich sein müssen.

Dass der Kahn mit einer bestimmten Geschwindigkeit fortgeschoben wird und zwar mit einer umso größeren, je stärker Ihr gegen das Wasser drückt, d.h. je größer die Ruder sind oder je mehr Leute rudern, ist damit offenbar. Wie erklärt sich aber die Bewegung des Kahnes im Einzelnen, also z.B., dass ich den Kahn durch das Rudern auch drehen und nicht bloß nach einer Richtung fortbewegen kann, oder dass ich den Kahn, wenn auf beiden Seiten gleichmäßig gerudert wird, ohne Drehung schieben kann. Für alle solche Erscheinungen nehmt Ihr am Einfachsten folgende Zeichnung zu Hilfe. Stellt Euch vor, ich hätte hier meinen Kahn (Fig. 154) und es stände am andern Ende desselben Jemand, welcher mit dem Ruder den Kahn herbeizieht, so wird, während er das Ruder nach sich hinzieht, durch den Mann, der mit dem Kahn gewissermaßen fest verbunden ist, infolge des Widerstandes vom Wasser eine Kraft gegen denselben ausgeübt; der Kahn

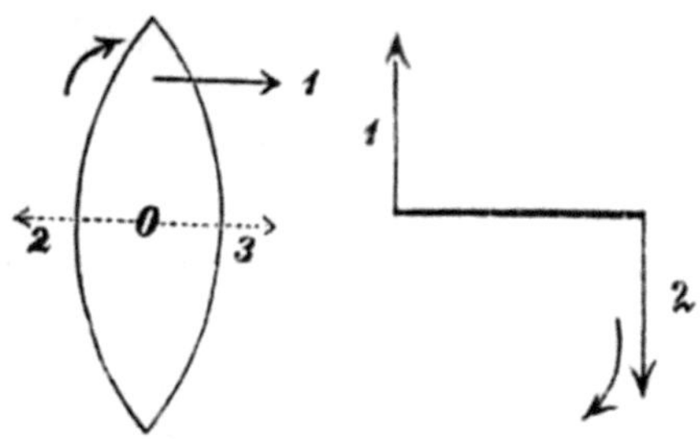

Fig. 154   Fig. 155

wird umgekehrt nach der Stelle gezogen, wo das Ruder eingesetzt ist. Nun denkt Euch in dem Mittelpunkt 0 des Kahns zwei Kräfte angebracht, welche ebenso groß sind, als die Kraft, mit welcher der Kahn gegen das Wasser drückt und welche beide einander entgegengesetzt wären, so würden diese beiden Kräfte sich gerade aufheben, sie würden dieselbe Wirkung haben, wie gar keine Kraft, d.h. ich kann mir immer zwei solche Kräfte hindenken, wohin ich will und es ist nur eine Form, die mir erlaubt, leichter zu denken. Die beiden Kräfte 1 und 2 wirken nun, wie Ihr seht, nach entgegengesetzter Richtung, und wenn Ihr Euch vorstellt, zwei solche Kräfte wären wirksam an einer Stange (Fig. 155), also z.B. die Kraft 2 als ein Gewicht nach unten und die zweite Kraft als ein Gewicht nach oben – was wird dann eintreten?"

Otto: „Die Stange muss sich drehen und zwar in diesem Falle rechts herum, d.h. so, dass der Mittelpunkt der Stange von Jemand, der am Ende der Stange der Bewegung folgt, stets nach der rechten Seite gesehen wird."

Vater: „Ganz richtig und zwei solche Kräfte von gleicher Größe und entgegengesetzter Richtung, welche aber natürlich nicht an demselben Punkte angreifen dürfen, nennt man ein Kräftepaar."

Otto: „Nun bleibt uns aber doch noch die dritte Kraft."

Vater: „Und diese Kraft, von der Ihr seht, dass sie so groß ist, wie die Kraft 1, wird den Kahn in der Richtung des Pfeils fortbewegen. Mit anderen Worten: Wenn Jemand am Ende des Kahnes steht und ihn mit dem Ruder herbeizieht, so ist die Bewegung, welche dadurch entsteht, erstens eine Drehung des Kahnes; und zweitens wird der Kahn ebenso stark fortgeschoben, als wenn der Mann in der Mitte des Kahnes stände und ihn dort anzöge, wobei dann die Drehung vollständig wegfiel."

Otto: „Aber der Kahn bewegt sich doch dabei gar nicht fort, sondern dreht sich nur. Wie erklärt sich das?"

Vater: „Du hast schlecht beobachtet. Du würdest finden, dass der Kahn sich immer bewegt, aber allerdings so, wie ich es hier angenommen habe, sehr wenig und dies deshalb, weil er sich mit der Breitseite gegen das Wasser bewegen muss und dadurch großen Widerstand an demselben erfährt. Diesen Ersatz, Äquilenz, einer einzigen Kraft durch eine ihr gleich groß und gleich gerichtete und durch ein Kräftepaar, welches eine Drehung veranlasst, könnt Ihr

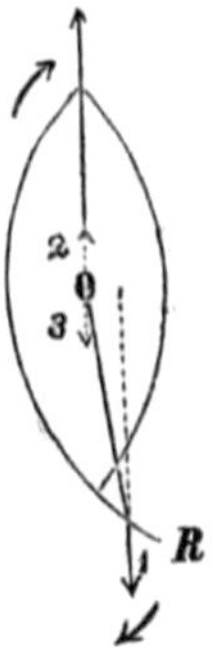

Fig. 156

immer mit leichter Mühe machen, und Ihr werdet nun im Stande sein, mir die Lenkung eines Fahrzeuges durch ein Steuer zu erklären. Angenommen das Schiff wird fortgetrieben, vielleicht durch Dampfkraft in der Richtung des großen Pfeiles (Fig. 156), das Steuerruder R stände schief dagegen, so wird das Steuerruder, indem es sich durch ruhendes Wasser bewegt, von dem Wasser einen Widerstand erfahren. Ich kann mir diesen Widerstand wieder vorstellen als eine einzige Kraft, die mitten durch das Steuerruder hindurchgeht. Ersetztet Ihr nun wieder diese Kraft 1 durch eine ebenso große 3 im Mittelpunkte des Kahnes und durch ein Kräftepaar (1,2), so müsstet Ihr zweierlei schließen: Erstens, dass das Kräftepaar das Schiff dreht in der Richtung der gebogenen Pfeile, also nach der Richtung hin, nach welcher das Steuerruder steht, und zweitens" –

Gustav: „Weil wir die Kraft, welche als ein Hindernis auf das Steuerruder wirkt, in den Mittelpunkt verlegt haben, so kann sich das Schiff jetzt nicht so rasch vorwärts bewegen als vorher. Denn es wird sich diese Kraft subtrahieren von der Dampfkraft, welche wir durch den großen Pfeil vorgestellt haben."

Vater: „Und diesen Schluss könnt Ihr auch wieder beim Rudern bestätigen.

Die kleinen Steuer, wie sie an unsern Kähnen sind, werden allerdings den Einfluss nicht stark zeigen, obschon er auch hier sehr wohl merkbar ist. Jeder von Euch, der schon gerudert, hat, wird namentlich, wenn er kleinere Ruder, die man nicht zwischen Pflöcke setzt, benutzt hat, diesen Widerstand gemerkt haben. Macht, wenn es Euch interessiert, ein andermal den Versuch, indem Ihr ein größeres Brett als Steuerruder benutzt, und es wird Euch dann leicht gelingen, unseren Schluss sehr auffällig zu bestätigen.

Der Kahn war allmählich dem Ufer zugetrieben. Noch ein Paar Ruderschläge, und er lag an. Die Gesellschaft stieg aus und der Vater sagte: „Sind wir jetzt wieder auf festem Boden, so wollen wir auch noch Einiges erläutern, was auf dieses Gebiet gehört, und ich gehe wieder zurück auf unsere bekannteste Kraft, auf die Erdschwere, oder wie wir jetzt auch sagen könnten, auf das Gewicht von Körpern. Die Erde zieht jedes einzelne Teilchen an. Wenn Ihr Euch viele solche Teilchen neben einander vorstellt, mit anderen Worten also einen Körper denkt, so könnt Ihr wieder die Konstruktion anwenden, welche ich Euch vorher auseinander setzte, nämlich die Kraft, welche auf irgend ein Teilchen wirkt, ersetzen durch Kräfte an irgend einem anderen Punkte und durch ein Kräftepaar, welches eine Drehung des Körpers anstrebt. Wenn die einzelnen Teilchen nicht fest mit einander verbunden wären, sondern jedes für sich läge und ich ließ die einzelnen Teilchen fallen, so würden sie sämtliche in genau derselben Richtung sich bewegen. Daraus würden wir schließen können, dass die Kräfte, die auf die Körperchen wirken, alle in derselben Richtung liegen oder dass sie parallel sind. Nun denkt Euch die Teilchen fest mit einander verbunden und die Kraft, mit welcher die Erde jedes dieser Teilchen anzieht, daran angebracht. Die Größe der Linien soll gleichzeitig ein Maßstab für die Kraft sein, d.h. sie muss" –

Otto: „Proportional dem Gewichte eines jeden solchen Körperchens werden."

Vater: „Denkt Euch nur jede dieser Kräfte durch eine ihm gleiche ersetzt, welche alle durch denselben Punkt, etwa S gehen, so gibt natürlich jede Kraft auch gleichzeitig" –

Otto: „Veranlassung zu einem Kräftepaar."

Vater: „Die Kräfte im Punkt S fallen alle in dieselbe Richtung, sie addieren sich, und die sogenannte resultierende oder Gesamtkraft wäre also gleich der Summe der Einzelkräfte, d.h. der Summe der Gewichte der einzelnen Körperchen, gleich dem Gesamtgewichte des Körpers.

Die Kräfte sind alle parallel, und in solch einem Falle lässt sich zeigen, dass es immer einen Punkt gibt, den man durch Rechnung in einfachen Fällen finden kann und der die bemerkenswerte

Eigenschaft hat, dass die sämtlichen Kräftepaare, welche bei der Konstruktion entstanden sind, sich insgesamt aufheben, wie man auch den Körper halten oder drehen mag. Mit anderen Worten, wenn ich einen Körper so befestigte, dass er in diesem merkwürdigen Punkt unterstützt wäre, so würde er in jeder beliebigen Stellung, welche man ihm gibt, verharren; eine Drehung des Körpers durch sein eigenes Gewicht würde nicht möglich sein, sondern es würde nur ein Druck auf die Unterlage erfolgen und infolge dessen von der Unterlage ein gleich großer und entgegengesetzter Druck ausgehen. Diesen Punkt nennt man den Schwerpunkt. Ihr könnt diesen Schwerpunkt an jedem Körper leicht auch ohne Rechnung finden, und ich will Euch dies an einem Beispiele erläutern. Es lässt sich nämlich durch Rechnung zeigen, dass bei jedem Körper der Schwerpunkt möglichst tief zu liegen strebt und dass der Körper, wenn ihm anders die Gelegenheit geboten wird, sich so zu bewegen strebt, dass der Schwerpunkt stets diese tiefste Lage einnimmt.

Ihr solltet nun von einem Blatt Papier den Schwerpunkt finden, so stecht Ihr irgendwo eine Nadel hindurch und lasst das Papier auf dieser Nadel schweben. Wenn der Schwerpunkt möglichst tief liegt, so muss er in der Vertikalen, welche durch den Aufhängepunkt hindurchgeht, sich befinden. Denn angenommen der Punkt b (Fig. 157, 158) wäre der Schwerpunkt dieses Blattes, während ich das Blatt bei a aufgehängt habe, so seht Ihr kann b um den Punkt a herum einen Kreis beschreiben.

Die tiefste Stelle des Kreises ist aber die, wo der Kreis von der Vertikalen, die durch a geht, geschnitten wird. Das Papier muss also die Lage der Fig. 158 annehmen.

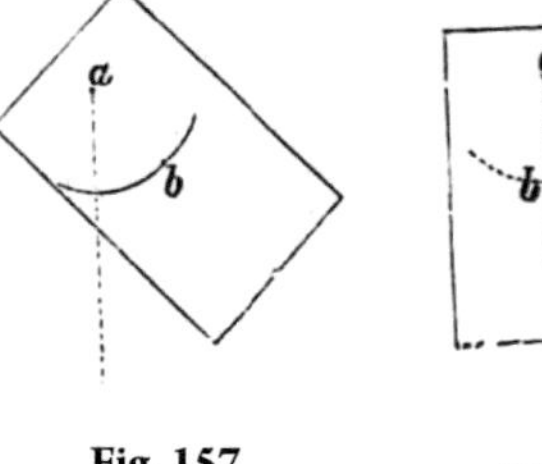

Fig. 157   Fig. 158

Daraus habt Ihr eine, aber auch nur eine Bestimmung für den Schwerpunkt. Ob nämlich der Schwerpunkt in b oder b' oder b" wäre, stets müsste derselbe in der Linie ac liegen, welche ich mir jetzt mit Hilfe eines Lineals und Bleistiftes auf dem Papier markiere. Hänge ich nun das Blatt an irgend einem andern Punkte auf, welcher d heißen mag, so muss wieder der Schwerpunkt in der Vertikalen, die jetzt durch d geht, liegen, mit anderen Worten, wenn er auf beiden Linien, die ich mir auf das Papier zeichne, liegen soll, so kann er nur in deren Durchschnittspunkt sich befinden."

Otto: „Jetzt möchte ich auch die Probe darauf machen. Wenn der Punkt b wirklich der Schwerpunkt ist, so darf das Blatt Papier, wie Du uns vorher gesagt hast, sich nicht drehen, sobald ich es mit dem Punkte b auf eine Spitze auflege."

Sie machten diesen Versuch und fanden es bestätigt.

„Nun denkt Euch", fuhr der Vater fort, „irgend einen Körper, etwa einen schiefen Stumpf, wie ich ihn hier gezeichnet habe, Fig. 159. Der Schwerpunkt dieses Körpers würde ungefähr in S liegen. Kann der Stumpf, wie ich ihn hier gezeichnet habe, auf der Unterlage stehen oder muss er umfallen?"

Otto: „Wenn der Schwerpunkt möglichst tief liegen soll, so müsste er doch in der

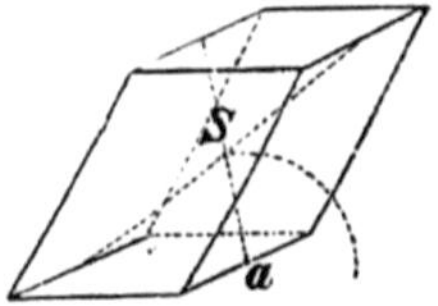

Fig. 159

unteren Fläche liegen, und nicht, wie Du gezeichnet hast, hier in der Mitte."

Vater: „Der Schwerpunkt ist ein für alle Mal gegeben und Du darfst, was ich sagte, nur so auffassen, dass der Schwerpunkt, an dessen Lage gegen den Körper ich Nichts ändern kann, die Lage des Körpers gegen die Unterlage bestimmt. Es fragt sich als o, ob eine Bewegung dieses Klotzes möglich wäre, bei welcher der Schwerpunkt tiefer nach unten rückt. Dieser Klotz kann bloß

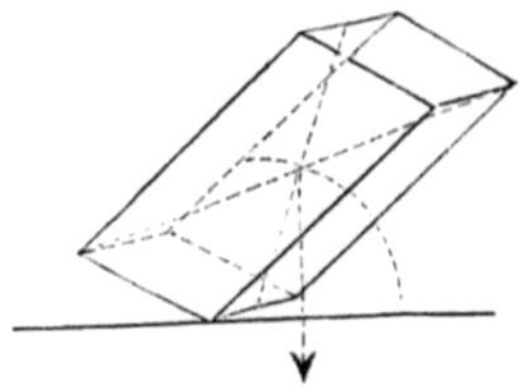

Fig. 160

gedreht werden um die Kante a, will ich ihn aber um diese Linie a
drehen, so müsste er ja einen Bogen nach oben beschreiben, also
der Schwerpunkt gerade in die Höhe gehen, mitandern Worten" –

Otto: „Der Körper befindet sich so im Gleichgewicht." –

Vater: „Wenn Ihr nun den Klotz gedreht hättet, sodass der
Schwerpunkt liegt, wie ich es jetzt gezeichnet habe (Fig. 160)," –

Gustav: „Dann kann der Körper in seine frühere Lage nicht
mehr zurückgehen, weil ja sonst der Schwerpunkt wieder nach
oben gehen müsste."

Vater: „Wenn Ihr es Euch etwas näher betrachtet, werdet Ihr
leicht sehen, dass sich dem Satze noch eine andere Form geben
lässt, nämlich dass der Klotz dann stehen bleibt, wenn der
Schwerpunkt

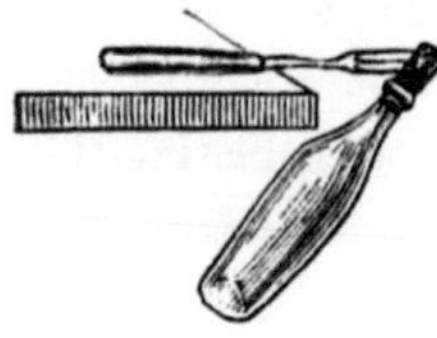

Fig. 161

vertikal über der Unterstützungsfläche
liegt, dass er aber vollständig kippen muss,
sobald eine Vertikallinie, die durch den
Schwerpunkt geht, außerhalb der
Unterstützungsfläche liegt. Mit dem
Gesetze in dieser Form könnt Ihr eine

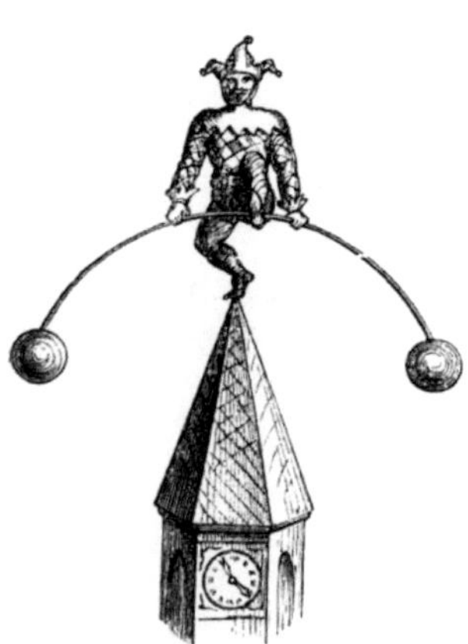

Fig. 162

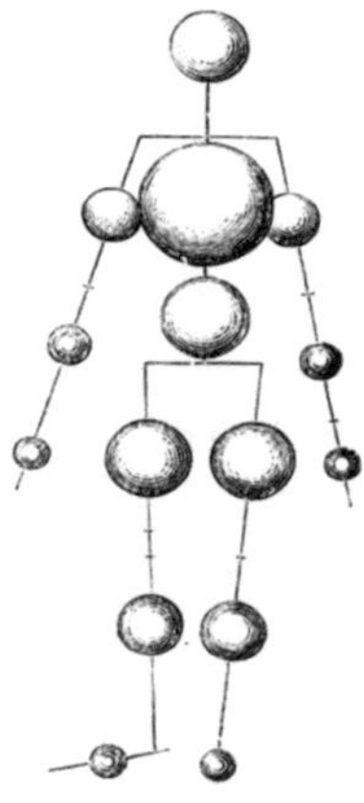

Fig. 163

306

Reihe von höchst überraschenden Versuchen erklären; z.B. es wird Euch die Aufgabe gestellt, diese Flasche mit Hilfe dieser Gabel so aufzuhängen, dass dieselbe frei schwebt, so ist die Lösung ganz einfach, wenn Ihr es macht, wie Ihr hier seht (Fig. 161), nämlich die die die Gabel schief durch den Kork stoßt, welcher natürlich mit der der Flasche durch Bindfaden fest verbunden sein muss.

Ihr kennt die Spielereien, wo man einen Mann auf einer Spitze tanzen lässt, wie Ihr hier in einer Abbildung seht. Das Ganze erklärt sich daraus, dass der Mann und die Kugeln, welche durch den Draht mit ihm verbunden sind, zusammen einen einzigen Körper bilden, und der Schwerpunkt dieses Körpers liegt wieder unterhalb der Unterstützungsfläche, nämlich hier unterhalb der Spitze. Die Täuschung und das Überraschende rührt nur davon her, dass wir gewohnt sind, den Mann als die Hauptsache zu betrachten und von den Kugeln, die noch mit ihm in Verbindung stehen, abzusehen. Überlegt Euch, ob Ihr im Stande seid, mit Hilfe einer ähnlichen Anordnung die Ausgabe zu lösen, einen Groschen mit der hohen Kante auf einer Stecknadel balancieren zu lassen (vgl. Anhang).

Dieses Gesetz, dass der Schwerpunkt immer unter der Unterstützungsfläche liegt, werdet Ihr leicht wiederholt finden in Zeichnungen. Der Schwerpunkt des menschlichen Körpers liegt nämlich ungefähr im Unterleibe und Ihr habt hier ein Zeichnung (Fig. 163), welche Euch die Masse der einzelnen Körperteile versinnlichen soll.

Wird einem Menschen noch auf den Rücken eine Last gegeben, so ist dadurch der Schwerpunkt·des Ganzen geändert und Ihr könnt nach einem ganz bestimmten Gesetze den Schwerpunkt des Ganzen finden. So z.B. wird

Fig. 164

der Schwerpunkt des Handwerksburschen (Fig. 164) in a liegen, der Schwerpunkt seiner Last in b, will ich den Schwerpunkt des Ganzen finden, so teile ich die Linie ab im umgekehrten Verhältnisse der Massen, d.h. also wenn der Mann 150 Pfund schwer wäre, die Last 50 Pfund, so Bild teilte ich das Ganze in vier gleiche Teile. Dann ist der Punkt f der gesuchte Schwerpunkt von Mann und Last.

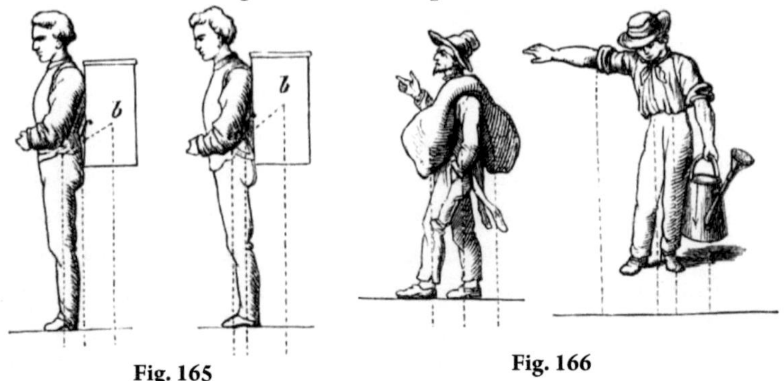

Fig. 165   Fig. 166

Nämlich af ist dreimal kleiner, als bf, weil die Last, welche der Linie af am nächsten liegt, dreimal größer ist, als die Last, also die Entfernungen af und bf sich gerade umgekehrt wie die zugehörigen Lasten verhalten. In der Tat ist die Zeichnung so gehalten, dass der Schwerpunkt noch über dem einen Fuße liegt, und es würde eine andere Zeichnung (Fig. 165) uns unnatürlich erscheinen. Infolge dessen ist der Mann nach vorn übergebeugt (Fig. 165).

Wie frei dagegen schreitet der Jude daher. Die Masse des Zwerchsackes ist nach vorn und hinten zu gleichen Maßen verteilt, der Schwerpunkt ist stets über der Unterstützungsfläche, als ob er gar nichts trüge. Nur drückt zu seinem eigenen Gewichte auch noch das des Sackes auf die Unterlage. Dagegen dem Gärtner hier ist es nur möglich, seinen Schwerpunkt über seine Unterstützungsfläche zu bringen, indem er gleichzeitig den Arm ausstreckt und dadurch den Schwerpunkt seines Körpers weiter nach links verlegt. Nähme er auch in die andere Hand eine Gießkanne, so wäre der Schwerpunkt wieder gesichert. Ich habe hier zwei Figuren (Fig. 167), von denen die eine den Eindruck eines

nach vorwärts, die andere den eines nach rückwärts springenden Menschen macht. Es liegt nämlich bei der ersten der Schwerpunkt vor der Fußfläche, es würde also die Figur umfallen, wenn sie nicht im folgenden Momente den andern Fuß

Fig. 167

vorsetzte und dadurch den Schwerpunkt wieder über den andern Fuß brächte.

Bei der zweiten Figur biegt der Schwerpunkt nach rückwärts vom Fuße aus und es wird der freigehaltene Fuß im folgenden Momente sich rückwärts bewegen müssen.

Der Bergsteiger (Fig. 168) geht immer unwillkürlich so, dass die Vertikale durch den Schwerpunkt zwischen beiden Füßen den Boden trifft; aufsteigend deshalb vorgebogen und mit mächtigen Schritten, hinab zu mit bedächtigen kleinen Schritten, den Körper zurückgebogen.

Von diesem Schwerpunkte lassen sich noch eine Reihe interessanter und merkwürdiger Eigenschaften mitteilen.

Wir haben in der vorigen Unterhaltung gefunden, dass ein geworfener Körper sich in einer Parabel bewegt. Welche Bahn wird aber der Körper durchlaufen, wenn seine einzelnen Teile beweglich gegen einander sind, z.B. eine Kette geworfen wird? Die einzelnen Kettenglieder überschlagen sich in der unregelmäßigsten Weise und das Gesetz, welches wir früher für einen geworfenen Körper fanden, wird so scheinbar vollständig willkürlich. Aber es lässt sich zeigen, dass, wie auch die einzelnen Glieder der Kette sich gegen einander bewegen, doch ein Punkt stets in der Parabel verläuft, und dies ist der Schwerpunkt. Während der Schwerpunkt bei der Änderung der Gestalt der Kette in der Kette selbst seinen Ort wechselt, bleibt er doch immer auf der ein für alle Mal ihm vorgeschriebenen Parabel liegen.

Desgleichen, wenn eine Bombe fliegt und plötzlich zersplittert, so werden die einzelnen Splitter die sonderbarsten Bahnen durchlaufen, aber für den Schwerpunkt gilt wieder das Gesetz, dass dieser sich unverändert in seiner Bahn fortbewegt.

Es dürfte unsre ganze Erde durch innere Kräfte zerrissen werden, ein Punkt, nämlich der Schwerpunkt würde stets in der Ellipse weiter um die Sonne sich bewegen.

Fig. 168

Es kann dadurch, dass im Innern eines solchen Körpers Kräfte entstehen, wie sie z.B. bei der Bombe durch entzündete Pulvermassen hervorgerufen werden, niemals eine Änderung in der Lage des Schwerpunktes erfolgen, gleichgültig ob er in Ruhe oder in Bewegung sich befindet. Wenn Ihr also Euch denkt, eine Kanone würde abgeschossen, so sind Kugel und Geschütz, welche vorher einen einzigen Körper bildeten, jetzt voneinander getrennt. Die Kraft, mit welcher die Kugel fortfliegt, ist genau gleich und entgegengesetzt der Kraft, mit welcher das Geschütz zurückgetrieben wird, und der Schwerpunkt von Kugel und Geschütz würde seine Lage absolut nicht ändern, wenn die Kanone Kanone aus einer ebenen, horizontalen Fläche ohne Reibung fortrollen könnte. Stets läge der Schwerpunkt beider wieder an der der Stelle, wo er bei dem noch nicht abgefeuerten Geschütz sich befand.

Denkt Euch auf einem Schiffe einen großen Blasebalg aufgestellt, und Ihr macht den Versuch, ob Ihr mit diesem Blasebalge das Schiff forttreiben könnt. Es wird Euch dies so lange, als die Segel, welche Ihr anblast, mit dem Blasebalge auf demselben Schiffe angebracht sind, unmöglich sein. Und wenn Ihr so stark bliest, dass die Masten brächen, so würde zwar mit einer ebenso großen Kraft der Blasebalg nach rückwärts getrieben werden, aber der Schwerpunkt des Schiffes ändert nicht seine Lage und weil bei diesem Blasen auch die Form des Schiffes selbst sich nicht ändert, also auch die Lage des Schwerpunktes umgeändert bleibt, so kann das Ganze keinen Erfolg zur Bewegung des Schiffes haben. Oder stellt Euch eine Schüssel mit Goldfischen vor, welche auf leicht beweglichen Rädern sitzt, sodass der geringste Druck genügt, die Schüssel in Bewegung zu setzen. Die Fische mögen sich bewegen, wie sie wollen, es wird immer das Wasser mit derselben Kraft nach der einen Seite getrieben, als die Fische nach der andern, und der Schwerpunkt kann keine Änderung in seiner Lage erleiden. Dass aber der Schwerpunkt in allen angeführten Beispielen seine Lage nicht ändert, hat seinen eigentlichen inneren Grund, wie sich mit Rechnung leicht zeigen lässt, in dem von uns früher ausgesprochenen Gesetze, dass Kraft und Gegenkraft gleich groß sein müssen.

Ich will Euch eine Aufgabe stellen, welche zeigen wird, ob Ihr das Gesetz der Gleichheit von Kraft und Gegenkraft vollständig klar aufgefasst habt. Denkt Euch ein Glas voll Wasser auf einer Waage ins Gleichgewicht gebracht; Ihr taucht einen Körper, etwa Eure Finger oder ein Stück Holz hinein. Wird die Waagschale sich dadurch bewegen? Ihr werdet, wenn Ihr Leute darüber fragt, die verschiedenartigsten Antworten erhalten. Es wird Euch vielleicht gesagt werden, dass die Waagschale sich senkt, wenn Ihr den Finger freihaltet, nicht aber wenn Ihr den Arm fest auflegt. Andere sagen, die Waagschale müsse leichter werden, da etwas von dem Wasser an dem Finger emporsteige usw.

Die einzige richtige Überzeugung ist die: Euer Finger wird von dem Wasser in die Höhe getrieben, wie Ihr alle spürt, wenn Ihr Eure Hände untertaucht oder wie Ihr vom Schwimmen her wisst. Genau dieselbe Kraft, welche vom Wasser gegen Eure Finger ausgeübt wird, muss auch vom Finger gegen das Wasser ausgeübt werden. Es muss also die Waagschale wirklich heruntergehen.“

Otto: „Ich möchte den Versuch gern machen, aber wir haben hier keine Waage.“

Vater: „Darüber können wir uns leicht hinweghelfen. Hole nur ein Glas Wasser und einen Bindfaden, so werden wir Alles haben.“

Otto brachte das Verlangte. Der Vater band das Glas, wie Ihr hier seht, an einen Baumast, steckte daneben einen Stock und machte mit dem Bleistifte einen Strich an der Stelle, welche die Spitze des Astes am Stocke bezeichnete; dann tauchte er die Hand in das Wasser, und in der Tat der Ast bog sich weiter nach unten. Als er die Hand wieder herausnahm, ging der Ast in die ursprüngliche Lage zurück. Er tauchte eine kleine Medizinflasche ein, und das Resultat war ganz dasselbe.

Aber noch eins müsst Ihr mir jetzt beantworten. Wenn der Finger oder der Stab, den Ihr eintaucht, mit dem Glas fest verbunden ist, wird dann das Glas schwerer werden, wenn ich den Stab –eintauche? Hier habt Ihr wieder den Fall, wo beide Körper ein festes System bilden, also ganz ähnlich, als wenn Ihr den Blasebalg auf dem Segelschiffe hättet. Mit derselben Kraft, mit der das Wasser nach unten getrieben wird, wird das eingetauchte Holz in die Höhe geschoben.

Wird ein Glas Wasser schwerer, wenn man den Finger eintaucht?

Aber diese beiden gleichen und entgegengesetzten Kräfte, die jetzt einem zusammenhängenden Körper angehören, müssen sich aufheben und können keine Bewegung des ganzen Systems zur Folge Folge haben.

Noch eine andere Eigenschaft des Schwerpunktes! Zu den Gründen, die Ihr schon kennt, weshalb man Langgeschosse sich um eine Achse drehen lässt, kommt in Folge dieser Eigenschaft des Schwerpunktes ein neuer. Ein Körper, der sich in gradliniger Bewegung befindet, stößt nämlich aus einen Widerstand mit der größten Kraft, wenn die Richtung der Bewegung durchs den Schwerpunkt hindurchgeht und der Punkt, an welchem der Körper anschlägt, in diese Linie fällt. Wenn Ihr Euch also denkt, eine Spitzkugel schlüge schief in eine Wand ein, so würde die Richtung der Bewegung nicht durch den Schwerpunkt und den Anschlagepunkt hindurchgehen.

Das Günstigste wird sein, wenn die Spitzkugel mit der Spitze anschlägt, wobei, wie Ihr Euch sofort überzeugt, die obige Bedingung erfüllt ist."

Otto: „Das sind aber doch höchst merkwürdige Naturgesetze und eine ausfallende Bevorzugung, welche die Natur diesem einzigen Punkte hat zu Teil werden lassen."

Vater: „Du irrst Dich, wenn Du diese Eigenschaft auffasst als ein Naturgesetz. Der Schwerpunkt ist ein durchaus nicht von der Natur ausgezeichneter, sondern ein nur gedachter Punkt, welcher sogar außerhalb des Körpers fallen kann.

Er liegt z.B. bei einem in sich zurücklaufenden Radreifen oder einem Ringe in dem Mittelpunkt des Kreises, an einer Stelle, wo sich gar keine Masse befindet, und es ist nur ein Punkt, den man infolge mathematischer Überlegung einführt und der für die Beschreibung von Vorgängen den großen Vorteil gewährt, dass man nicht mehr den ganzen Körper, sondern nur noch einen einzigen Punkt zu betrachten braucht.

So sind alle die Gesetze, welche ich Euch heute zeigt, durchaus nicht als weise Einrichtungen der Natur aufzufassen, sondern es sind die Einfachheiten, welche überall herauskommen, wenn man den Schwerpunkt in die Rechnungen einführt, nur eine Errungenschaft des menschlichen Geistes. Es würde stets dann, wenn auf irgend einen Körper Kräfte wirken nach derselben Richtung, sich ein solcher Punkt finden lassen, ganz gleichgültig, ob diese Kräfte nur Anziehungen von Massen sind, wie bei der Erde, oder ob sie Anziehungen von elektrischen oder magnetischen Kräften sind, oder ob es der Austrieb des Wassers ist, wie bei dem Kahn usw. Und in der Tat würden alle diese Gesetze ihre einfache Form verlieren, selbst bei Anwendungen auf die Erdschwere, wenn wir die eine Beschränkung, die wir uns immer auferlegten, fallen ließen, dass nämlich der Körper im Verhältnis zur Erde unendlich klein ist und somit alle auf die einzelnen Punkte wirkenden Kräfte unter einander parallel sind."

Siebzehnte Unterhaltung

Über Elektrizität. – Erklärung des Gewitters – Wahre und falsche Vorsichtsmaßregeln – Blizableiter. – Die Entfernung des Gewitters zu berechnen. – Weshalb das Barimeter Stürme im Voraus anzeigen kann. – Eigentümliche Erscheinungen bei Luftströmungen. – Sand – und Wasserhosen. – Die Wirbelstürme auf der Sonne.

Ein schwüler Augustabend hatte unsere Gesellschaft in dem Gartenzimmer versammelt, Schlaff ließen die Pflanzen ihre Blätter hängen, die Natur lechzte nach Regen. Die ängstliche Stille der Natur scheint auch auf unsere Freunde übergegangen zu sein; die Stimmung war gedrückt. „Es wird bald ein Gewitter kommen", sagte Gustav. „Wäre es doch erst hier, damit diese drückende Hitze

aufhört und man wieder einmal frische, reine Luft atmen könntet"
„Wie es scheint", entgegnete der Vater, „seid Ihr heute nicht zum
Nachdenken ausgelegt. Alle Eure Sinne sind auf das bevorstehende
Gewitter gerichtet. So wird es mir schwer gelingen, Eure
Aufmerksamkeit auf mathematische Aufgaben zu lenken. Ich werde
mich schon dazu bequemen müssen, Euren Gedanken zu folgen, und
ich glaube, wir begegnen uns mit unseren Wünschen, wenn ich Euch
vorschlage, dass wir uns einmal das Wesen des großartigen
Naturereignisses, auf das Ihr alle mit Spannung wartet, etwas näher
betrachten." „Das wird, reizend, zum Gewitter, während es sich
abspielt, gleich die Erklärung", rief der naseweise Otto. „Nicht doch",
erwiderte der Vater; „wenn wir eine Erklärung haben wollen, so ist es
jetzt die höchste Zeit anzufangen. Während des Gewitters würde uns
dieselbe kaum gelingen." „Aber bei dieser Hitze aufmerken, weshalb
wollen wir nicht warten, bis sich die Luft etwas abgekühlt hat?"
„Einfach deshalb, weil ich Euch mit ein paar einfachen Versuchen
über die Natur des Gewitters aufklären will. Diese Versuche gelingen
aber mit Sicherheit nur bei recht trockener Luft, wie wir sie
augenblicklich noch haben. Auf diese Versuche werdet Ihr auch Acht
geben können, selbst wenn es etwas warm ist."

Der Vater hatte ein paar Siegellackstangen, einen Glasstab, ein
Stückchen Wollen und ein Stückchen Seidenzeug und endlich
einen kleinen Apparat, welchen er Elektroskop nannte.

„Ich lege diese Siegellackstange", fing der Vater an, „in diese
Papierschleife, welche an einem Seidenfaden aufgehäugt ist. Ich
nähere derselben diese zweite Siegellackstange und Ihr seht –
Nichts; es erfolgt keine Bewegung, das Nähern der zweiten
Siegellackstange hat gar keinen Einfluss. Ich reibe nun die erste
Stange, während ich sie im Papierschiffchen liegen lasse und sie in
der Mitte mit der Hand fasse, der Länge nach mit einem wollenen
Lappen; ich mache dasselbe mit der zweiten Stange und nähere
die beiden Stangen jetzt wieder."

Otto: „Die bewegliche Stange dreht sich jetzt von der anderen fort.“

Vater: „Ganz recht; sie flieht gleichsam die andere. Die beiden Stangen stoßen sich ab. Nach unserem früheren Gesetze muss auch hier Kraft und Gegenkraft gleich groß sein. Beide Stangen suchen sich voneinander zu entfernen. Da die eine festgehalten wird, so muss die andere sich bewegen. Wenn ich ein recht feines Gefühl hätte, würde ich auch merken, dass die Stange, welche ich nähere, von der beweglichen gleichsam zurückgedrückt wird. Die Kraft ist aber so gering, dass mein Gefühl nicht ausreicht, dieselbe wahrzunehmen. Hänge ich aber auch die zweite Stange beweglich auf, so würde ich sehen, dass die beiden Stangen sich bewegen.

Die Stangen, welche vorher, im ungeriebenen Zustand, keine merkliche Einwirkung auf einander zeigten, müssen durch das bloße Reiben mit dem Wollenzeug eine Veränderung erlitten haben. Ihre Farbe, die Gestalt, das Gewicht ist nicht geändert. Man sagt aber, sie seien elektrisch geworden. Da beide Stangen aus demselben Material sind und ich beide mit demselben Stoffe gerieben habe, so wird man jedenfalls auch sagen können, dass sie in gleicher Weise ihren Zustand geändert haben, oder, wenn wir den Namen Elektrizität einführen, dass sie beide in gleicher Weise elektrisch geworden sind. Ihr würdet also schließen können, dass Körper von gleichem elektrischem Zustande sich abstoßen, obschon kein Mensch weiß, was eigentlich unter Elektrizität zu verstehen ist. Ihr würdet ganz dasselbe sehen, wenn Ihr statt Harz zu reiben, Stangen aus Eisen oder Glas genommen hättet, kurz und gut: gleich elektrische Körper stoßen sich ab. Ich will jetzt den Versuch in folgender Weise machen; ich nähere der beweglichen Harzstange eine Glasstange, welche ich mit dem Stück Seidenzeuge gerieben habe, und der Erfolg ist ein anderer.“

Otto: „Die Harzstange bewegt sich jetzt zur Glasstange hin.“

Vater: „Ihr seht daraus, dass ich dem Glas, welches ich mit Seide gerieben habe, andere Elektrizität zuerkennen muss, und man sagt,

das Harz sei negativ geworden, das Glas positiv. Natürlich ist das
nur eine Redensart, unter der sich weiter gar Nichts denken lässt,
und es ist der einzige Vorteil damit erreicht, dass wir uns kurz
ausdrücken können. Wie haben wir uns nun einen Körper im
natürlichen oder unelektrischen Zustande zu denken? Ein
Engländer, Symmer, hat hier folgende Vorstellung gegeben,
welche man auch heute noch anerkennt und deren man sich meist
bedient. Er sagt sich, in jedem Körper ist positive und negative
Elektrizität in gleichem Maße vorhanden und die Elektrizität
bleibt liegen wirr durcheinander. Nun denkt Euch, einem solchen
Körper sei ein elektrisches Teilchen
a genähert (Fig. 171), so wird zwar
dieses elektrische Teilchen, das wir,
um die Ideen zu fixieren, positiv
annehmen wollen, von allen
positiven Teilchen im Körper
abgestoßen; aber in unmittelbarer

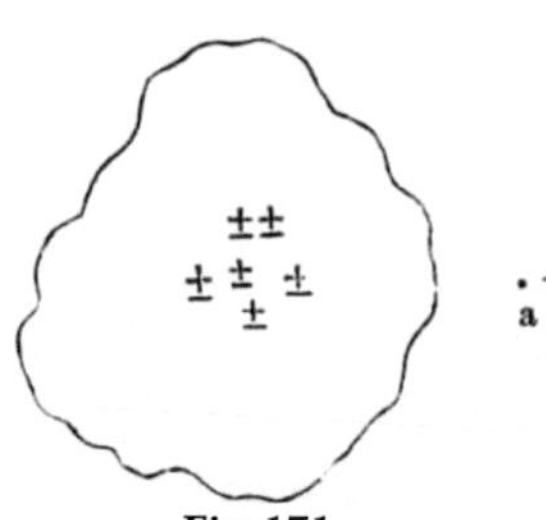

Fig. 171

Nähe neben je einem positiven
befindet sich wieder ein negatives Teilchen, das umgekehrt das
elektrische a anziehen würde und zwar ebenso stark, als das
benachbarte positive dasselbe abstößt. Mit anderen Worten, es
wird Abstoßung und Anziehung der beiden in gleichem Maße
vorhandenen Elektrizitäten sich ausgleichen. Berühre ich nun
einen Körper, z.B. Harz, mit Wolle, so stellt man sich vor, dass der
eine Körper eine größere Anziehung zur positiven, als zur
negativen Elektrizität hätte; es würde in diesem Falle Harz stärker
die negative Elektrizität anziehen, es wird also aus dem wollenen
Lappen, dem sogenannten Reibzeuge, negative Elektrizität sich in
das Harz begeben und es muss dann natürlich positive auf dem
wollenen Lappen zurückbleiben. Ich will Euch auch dies durch
einen Versuch erläutern. Ich benutze hierzu das kleine
Elektroskop und muss Euch vorher zeigen, dass die verschiedenen

Körper sich verschieden verhalten, sofern es sich darum handelt, dass dieselben den elektrischen Zustand annehmen und fortleiten sollen.

Ihr habt gesehen, dass unsere Harzstange lange Zeit, selbst wenn ich sie an einzelnen Stellen berührte, elektrisch blieb. Sie würde sich ähnlich verhalten gegen Elektrizität, wie ein an dem einen Teil erwärmter Glasstab gegen die Wärme, wo ich auch in eine Entfernung von ungefähr einem Zolle von der glühenden Stelle ungestraft das Glas berühren darf; es leitet eben die Wärme sehr schlecht. Ähnlich verhält sich auch Glas und Harz gegen Elektrizität.

Fig. 172

Mein Elektroskop (Fig. 172) besteht im Wesentlichen aus weiter Nichts, als einem Stückchen Metalldraht, an dem unten zwei kleine Goldblättchen sich befinden, und dieser Draht ist mit etwas Schellack in die Glasflasche eingekittet. Das Metall nimmt sehr·leicht den elektrischen Zustand an, während der Schellack und die Luft, welche den Metalldraht umgeben, die Elektrizität nur sehr langsam leiten, oder wie man sagt Isolatoren sind. Ihr berühre mit meiner Harzstange das Elektroskop. Es breitet sich von dem Harz etwas negative Elektrizität über den Metalldraht und die Goldblättchen aus, und die Goldblättchen müssen natürlich nun, da sie gleichartig elektrisch sind, sich abstoßen. Berühre ich mit meinem Körper das Elektroskop am Metalle, so fließt sofort durch meinen Finger die Elektrizität zur Erde und die Goldblättchen sind wieder unelektrisch. Ebenso wenn ich, statt direkt meinen Finger anzulegen, dazwischen ein Stückchen Metalldraht nehme; auch dieser Metalldraht leitet die Elektrizität leicht ab. Dasselbe würdet Ihr sehen, wenn ich einen feuchten Faden benutzte; auch dieser leitet die Elektrizität. Nehme ich stattdessen ein baumwollenes Band, so fließt die Elektrizität nur sehr langsam über und es wird mehrere Sekunden dauern, ehe das Elektroskop, wie man sagt, sich vollständig entladen hat. Nehme ich schließlich eine Harzstange oder einen Glasstab, so wird es noch viel längere Zeit dauern. Dieselbe Eigenschaft besitzt in sehr hohem Maße die Seide, und Ihr habt damit ein einfaches Mittel, Seidenschnüre oder Seidenzeug auf ihren Wert zu prüfen, was man sonst meistens nur mit dem Mikroskop tun kann oder in oft etwas umständlicher Weise durch chemische Mittel. Legt nur das Zeug, welches Ihr prüfen wollt, ans geladene Elektroskop, so dürfen die Blättchen nicht zusammenfallen, selbst wenn Ihr bis auf Fingerbreite mit der Hand, welche das Seidenzeug berührt, an den Knopf des Elektroskope herankommt.

Ehe ich Euch die Benutzung des Elektroskopes vollständig klar machen kann, muss ich noch eine andere Erscheinung erwähnen, die sofort aus unserer Vorstellung über den Zustand elektrischer Körper folgt. Ich nähere meinem Elektroskope, dessen Goldblättchen zusammenliegen, den geriebenen Harzstab, so bemerkt Ihr, dass die Blättchen schon anfangen, auseinander zu gehen, ehe ich noch den Kopf berührt habe. Woher rührt dies?

In meinem geriebenen Harzstabe befindet sich negative Elektrizität, in dem Metalldraht des Elektroskopes positive und negative neben einander. Die positive wird von der negativen des Harzstabes angezogen, die negative abgestoßen, sie geht möglichst weit vom Harzstabe weg, sammelt sich also in den Goldblättchen und es müssen infolge dieser negativen Elektrizität die letztern divergieren. Sie divergieren, wie man sagt, mit negativer

Elektrizität. Diese Erscheinung nennt man Erregung durch Influenz. Lege ich nun den Finger ans Elektroskop, ohne die Harzstange zu entfernen, so wird die negative Elektrizität, die sich möglichst weit von der

Fig. 173

Harzstange entfernen will, durch meinen Finger zur Erde abfließen, die Goldblättchen fallen infolge dessen zusammen; ich entferne jetzt den Finger und dann erst die Harzstange und Ihr seht, die Goldblättchen gehen wieder auseinander. Was für Elektrizität muss jetzt auf den Goldblättchen sich befinden?"

Gustav: „Es ist natürlich die positive, welche zurückgeblieben ist und welche vorher durch Influenz von der negativen getrennt worden war."

Vater: „Und weshalb muss ich erst den Finger entfernen und dann erst die Harzstange?"

Gustav: „Würde ich die Harzstange früher entfernen, so würde auch der positiven Nichts im Wege stehen, durch meinen Finger zur Erde abzufließen und somit die Goldblättchen wieder unelektrisch sein. Lasse ich die Harzstange in der Nähe des Elektroskopes, so wird die positive durch Influenz erregte Elektrizität gleichsam festgehalten von der negativen des Harzes, sie kann sich also nicht entfernen."

Vater: „Ihr seht nun Folgendes ein. Wenn das Elektroskop positive Elektrizität enthält und ich nähere jetzt nochmals einen negativen Körper, meinen Harzstab, so wird wieder positive Elektrizität in die Kugel, negative in die Goldblättchen durch Influenz getrieben, die letztere wird eine ebenso große Menge positiver Elektrizität gleichsam unschädlich machen und die Folge wird sein, dass die Goldblättchen zusammengehen. Man hat damit ein einfaches Mittel, und das ist die Hauptsache und dasjenige, was Ihr Euch merken sollt, zu entscheiden über die Art der Elektrizität, die Einem vorliegt. Nähere ich dem Elektroskop, dessen Blätter divergieren, einen negativen Körper, so gehen die Blättchen zusammen, wenn der genährte Körper positive Elektrizität enthält, sie gehen weiter auseinander, wenn er negative hat. Also die unbekannte Elektrizität, welche das Elektroskop enthält, ist gleichnamig mit der Elektrizität des genährten Körpers, wenn die Goldblättchen beim Nähern stärker divergieren. Umgekehrt im umgekehrten Falle.

Wir gehen hiervon zurück zum Beweise der Behauptung, die ich vorher aufstellte, dass nämlich der wollene Lappen durch das Reiben am Harze positiv elektrisch geworden ist. Ich binde denselben an einen Seidenfaden, reibe die Harzstange mit der Wolle, fasse sie dann am Seidenfaden, bringe sie an das Elektroskop und Ihr werdet sehen, dass auch die Wolle elektrisch geworden ist; ich nähere die Harzstange und die Goldblättchen gehen weiter auseinander, d.h. der wollene Lappen war positiv elektrisch und hat solche Elektrizität auch unserem Apparate mitgeteilt. Noch sicherer wird Euch der Versuch gelingen mit Seidenzeug, mit dem Ihr einen Glasstab gerieben habt. Die Wolle ist nämlich noch ein zu guter Leiter, und die positive Elektrizität, welche durch das Reiben erregt ist, fließt zu leicht durch Euren Finger in den Erdboden über.

Beachtet auch bei allen unsern Versuchen, dass derselbe Körper in verschiedener Weise elektrisch wird je nachdem dem Reibzeug, und dass z.B. Glas, das mit Seidenzeug gerieben positiv elektrisch wird, mit einem Katzenfell gerieben, umgekehrt negative Elektrizität bekommen würde; es kommt also mit anderen Worten auf Beides an und nicht nur auf den geriebenen Körper, den man allerdings am Leichtesten im Auge hat, weil man mit ihm weiter experimentieren will. Ihr behaltet diese Eigenschaft vielleicht am besten durch die Scherzfrage: ‚Welche Elektrizität entwickelt ein geriebener Schusterjunge?‘ – worauf die Antwort lautet: ‚das kommt auf das Reibzeug an.‘ Es ist ferner für Euch wesentlich, zu beachten, dass nur die oberste Schicht des Körper in Betracht kommt, da nur diese mit dem Reibzeuge in Berührung gesetzt wird. Infolge dessen werden die Versuche, so einfach sie scheinen, häufig sehr misslich, indem die geringste Spur von Schmutz im Stande ist, die Erscheinungen vollständig umzukehren und manchmal einen Glasstab negativ zu machen, den man als positiv elektrisch erwartet. Ihr müsst bei allen solchen

Versuchen mit der größten Sorgfalt auf Reinlichkeit achten und Glas und Harz öfter mit einer Spur von Spiritus reinigen."

Otto: „Kommt es denn wesentlich darauf an, ob ich recht stark drücke?"

Vater: „Der Druck, mit dem Ihr die beiden Körper zusammenbringt, hat gar keinen Einfluss, sondern es kommt nur darauf an, dass die beiden Punkte überhaupt in Berührung sind. Nur insofern als durch das Gegendrücken eine größere Anzahl von Punkten sich berühren, hat auch dieser einen Einfluss. Aber Ihr müsst ganz allgemein annehmen, dass stets zwei verschiedenartige Körper, mit einander in Berührung gebracht, Elektrizität liefern und die Elektrizität, die in der Technik beim Telegraphieren etc. verwendet wird, rührt auch in der Tat nur von solcher einfachen Berührung her, es ist, wie man sagt, Kontaktelektrizität. Dadurch, dass Zink und Kupfer mit Flüssigkeit in Berührung gebracht werden (Fig. 174), ladet sich immer das Zink negativ, das Kupfer positiv elektrisch und diese beiden Elektrizitäten suchen sich durch einen Metalldraht auszugleichen (Fig. 175), es bildet sich, wie man sagt, ein elektrischer Strom. Diese Ströme werden benutzt zum Telegraphieren ferner zur Galvanoplastik.

Es hat nämlich solche sogenannte strömende Elektrizität die

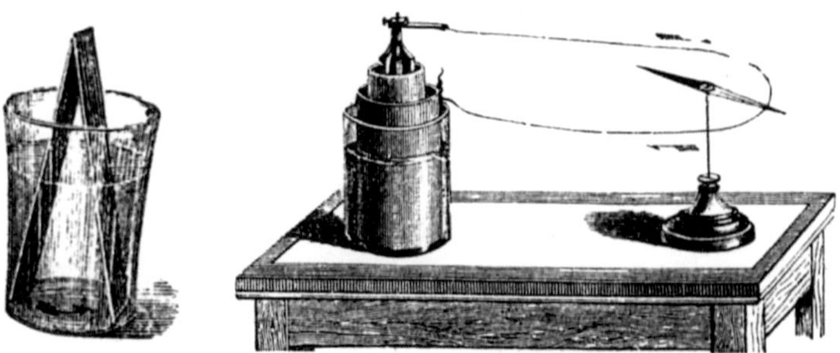

Fig. 174

Fig. 175

Eigentümlichkeit, spiralförmig um einen Eisenstab herumgeleitet, denselben magnetisch zu machen, einen schon magnetischen Körper abzulenken (Fig. 175), oder durch Flüssigkeiten geleitet, dieselben zu ersetzen. Ihr müsst endlich noch ein drittes beachten. Es lässt sich durch Versuche und Rechnung zeigen, dass die Elektrizität nur an der Oberfläche der Körper sich befindet und Ihr werdet gleich sehen, wie wir aus diesem Satze die Erscheinung des Gewitters erklären können. Denkt Euch, es fände eine Verdichtung von Wasserdämpfen zu kleinen Bläschen statt, so wird jedes dieser Bläschen in Berührung mit der atmosphärischen Luft elektrisch, nach dem Satze, den wir aufgestellt haben, dass stets zwei verschiedenartige Körper im Kontakt mit einander entgegengesetzt elektrisch werden. Angenommen, es sammle sich eine Spur positiver Elektrizität auf einem solchen Bläschen, daneben befindet sich wieder ein ebenfalls solches Bläschen mit positiver Elektrizität und so habt Ihr eine ganze Reihe, die eine Ausdehnung von mehreren Meilen haben kann. Die Verdichtung geht nun weiter, die einzelnen Bläschen fließen zusammen zu größeren und wenn die Abkühlung noch weiter geht, so werden auch diese schließlich zu massiven Tropfen sich verdichten. Was ist Folge hiervon? Eine Elektrizitätserregung kann nicht mehr in Betracht kommen, da sich jetzt nur Wasser mit Wasser berührt, wenn die Tropfen zusammenfließen. Wenn aber zwei solche Tropfen zusammenfließen, so hat der dadurch entstehende Tropfen zwar den doppelten Inhalt, nicht aber die doppelte Oberfläche. Je mehr sich die Tropfen verdichten, desto kleiner wird die gesamte Oberfläche. Da aber Elektrizität sich immer nur an der Oberfläche sammelt, so muss dieselbe Elektrizitätsmenge, die vorher über die millionfach größere Fläche verteilt war, Platz finden auf der jetzt verhältnismäßig sehr kleinen Fläche; sie drängt sich zusammen, es wird, wie man sagt, die Dichtigkeit der Elektrizität so ungeheuer gesteigert, dass die Luft nicht mehr im Stande ist, der Abstoßung, welche von den einzelnen Elektrizitätsteilchen gegen einander ausgeübt wird, Widerstand zu leisten, sondern die Elektrizität durchbricht mit Gewalt die umgebende Luft, indem sie nach der Erde oder nach einem ihr nahe gelegenen anderen Körperüberzufließen strebt. So oft aber eine solche plötzliche Entladung von Elektrizität stattfindet, macht sich dies immer bemerkbar durch Lichterscheinung, wie Ihr Alle wohl schon gehört oder vielleicht auch schon an der Elektrisiermaschine gesehen habt. Ihr braucht nur einen Siegellackstab, der recht trocken ist, im Dunkeln zu reiben, so werdet Ihr leicht aus demselben durch Nähern Eures Fingers kleine Funken ziehen können. Woher dies Leuchten kommt und wie man sich dasselbe zu erklären hat, weiß kein Mensch zu sagen und doch ist es eine der am Längsten bekannten Eigenschaften der Elektrizität. Ihr seht also, die ganze Elektrizität, die sich in einem Gewitter mit so furchtbarem Getöse entladet, rührt im Grunde von einer sehr kleinen Ursache her, davon nämlich, dass Wasser und Luft stets, sobald sie mit einander in Berührung sind, elektrisch werden, wie man auch durch Versuche nachweisen kann. Die Elektrizität aber, die sich in dem Wasser, z.B. eines Trinkglases sammelt, ist von so geringer Spannung, d.h. also so wenig, dass sie nur mit sehr empfindlichen Mitteln nachzuweisen ist, und die enorme Spannung, welche Funken liefern kann von mehreren 100 Fuß Länge, ist die einfache Folge davon, dass eine sehr große Oberfläche, auf der vorher die Elektrizität saß, klein wird, also um zur letzten Ursache zu gehen, der Blitz ist die Folge von eintretender Abkühlung in der mit Wasserdampf beladenen Atmosphäre.

Ihr seht noch Eins. Es ist Euch bekannt, dass gewöhnlich auf einen Blitz ein sehr plötzlicher Regenschauer folgt. Welcher von beiden kommt früher? Für uns meistens der Blitz, in Wirklichkeit gehen beide Hand in Hand und man kann nicht sagen, dass das eine das andere bedingt, sondern Beide sind Folgen einer gemeinsamen Ursache, nämlich einer Abkühlung und Verdichtung des Wasserdampfes. Der Regen fällt nieder, weil die Tropfen zu schwer geworden sind, als dass sie noch in der Luft schweben könnten, und der Blitz entsteht gleichzeitig, sobald die Tröpfchen sich zu einer kleineren Oberfläche verdichtet haben.

Auch beim Gewitter spielt wieder die Influenz eine wesentliche Rolle. Denkt Euch eine positiv elektrische Wolke stehe über einer anderen, oder wäre vielleicht dem Erdboden gegenüber, so würde sie in der Nähe negative Elektrizität ansammeln und positive abstoßen. Die positive der Wolke und die negative des Erdbodens suchen sich zu nähern und es wird durch diese verdoppelte Anziehung nur umso leichter ein Blitz hervorgerufen werden. Denkt Euch nun, auf dem Erdboden befände sich ein sehr spitzer Gegenstand, etwa ein Kirchturm. Die Elektrizität sammelt sich dort an der Spitze in sehr großer Dichtigkeit an, sie wird von der Spitze ausströmen und so die positive Elektrizität der Wolke unter Umständen teilweise vernichten können. Man hat in der Tat daran gedacht, durch viele derartige Stangen, die man in einer Gegend aufstellen wollte, die Gewitter unschädlich zu machen. Man benutzt derartige Spitzen aber neuerdings doch nur in derselben Art, in welcher der Erfinder dieser Verrichtung, Franklin, dieselbe angegeben hat, nämlich als Blitzableiter. Sobald von ihm aus negative Elektrizität ausströmt, sucht die positive Elektrizität der Wolke sich damit zu vereinigen; es wird der positiven Wolke somit leichter ihre Elektrizität entzogen, dieselbe gleicht sich durch einen Blitz aus; der Blitz aber, der die Spitze und die mit derselben verbundene Metallstange erreicht, fließt durch diese ab. Denn, wie Ihr vorher gesehen habt, leiten Metalle die Elektrizität sehr gut und diese Eigenschaft kann man benutzen, um den Blitz unschädlich gemacht in den Erdboden abzuleiten und zu bewirken, dass er sich nicht auf die ganze Mauer eines Gebäudes verteilt, wo er in dem schlecht leitenden Materiale große Zerstörung anrichten kann."

Gustav: „Deshalb darf man sich auch nicht unter Bäume stellen, indem die Spitzen derselben ähnlich einem Blitzableiter wirken. – Ich dächte aber, fuhr er nach kurzer Überlegung fort, man müsse dann gerade sicher sein vor den Wirkungen des Blitzes."

Vater: „Wenn der Baum aus recht gut leitendem Materiale bestände, z. B aus Eisen, so würde dies auch meistens der Fall sein, der Blitz würde einfach durch die große gut leitende Masse in den Erdboden übergeführt. Aber einmal leitet der Baum lange nicht so gut wie Eisen. Dazu kommt, dass sehr große elektrische Massen oft, so zu sagen nicht Raum haben in einem sehr engen Querschnitte und dann in Folge dessen immer noch Teile des Blitzes aus dem Leiter zu benachbarten Gegenständen überspringen, indem sie die Luft durchbrechen. So wird der Mensch, der unter einem Blitzableiter steht, gleichsam zu einem zweiten Ableiterz indem die Elektrizität auch diesen ihr bequemen Weg zur Erde benutzt."

Gustav: „Aus welchem Grunde soll man denn bei Gewittern nicht laufen oder nicht im Zuge stehen."

Vater: „Alle diese Vorsichtsmaßregeln sind vollständig unbegründet und stehen nicht viel höher, als der Aberglaube, dass man Brände, die durch Blitzschlag entstanden sind, nur durch Milch löschen könne. Über die Art und Weise, wie solche ungeheure Elektrizitätsmengen sich entladen, haben wir trotz der seit über ein ganzes Jahrhundert angestellten Versuche noch sehr wenig sichere Kenntnis und wie ich eben schon erwähnte, ist gar nicht gesagt, dass der Blitz immer den Weg aufsucht, den wir nach unsern Erfahrungen an schwachen elektrischen Entladungen als den bequemsten für ihn erachten. Im Gegenteil sind uns Fälle überliefert, wo in der unerklärlichsten Weise der Blitz, dem große leitende Massen zur Verfügung standen, nochmals lange Luftstrecken durchbrochen hat und sich einen Weg gesucht hat, zu dessen Wahl wir gar keinen Grund angeben können.

Man benutzt diese Eigentümlichkeit sogar in einer sehr sinnreichen Weise bei den Blitzableitern der Telegraphenapparate. Die Telegraphendrähte saugen Elektrizität bei Gewittern auf und diese großen Elektrizitätsmengen würden häufig die Telegraphenapparate zerstören, wenn man nicht sorgte, dass dieselben, ehe sie noch zum Apparat gelangen können, einen bequemen Weg in den Boden fänden. Unter die Drähte, welche in das Arbeitszimmer münden, legt man Stückchen Papier und darunter eine Metallplatte, welche zu einer großen Metallplatte in den Erdboden führt. Die schwachen Elektrizitätsströme, welche von der zum telegraphieren benutzten sog. galvanischen Kette geliefert werden und sonst immer beim telegraphieren die Apparate durchfließen, wählen sich wirklich den Weg durch meilenlange Drähte gut leitender Substanz, welcher für sie bequemer als der Weg ist als durch das kleine Stückchen Papier, das sie von der Erde trennt, zu der ja sonst die Elektrizität überfließen würde. Das dünne Stückchen Papier bietet ihnen einen unendlich viel größeren Widerstand, als der zwar meilenlange Draht, der aber dafür aus gut leitendem metallischen Material besteht. Ganz anders verhält sich die plötzliche Entladung eines solchen Blitzschlages. Für sie scheint häufig ein kurzer Weg mit verhältnismäßig vielem Widerstande doch noch viel bequemer, als ein Weg von sehr wenig Widerstand, der aber nur einige Meter lang ist. Die Elektrizität des Blitzschlages zieht es vor, einfach vom Draht durch das Stückchen Papier hindurch zu schlagen und in die Erde unmittelbar zu fließen, als dass sie den einige Meter längeren Weg durch die Telegraphenapparate nähme.

Das Gewitter, auf welches unsere Freunde warteten, war mittlerweile näher gekommen und schon fingen an, kleine Tropfen herab zu fallen.“

„Woher rührt es“, fragte Max, „dass die Tropfen im Anfang so klein sind, während die später immer an Größe zunehmen?“

Vater: „Ich machte Euch schon vorher darauf aufmerksam, dass unsere Versuche nur noch gelingen würden, so lange wir trockene Luft hätten. Die Luft ist im Stande und hat das Bestreben, bis zu einem gewissen Grade, der von der Temperatur derselben abhängt, Feuchtigkeit aufzunehmen. Die ersten Tropfen, die von einer Wolke den Weg nach der Erde suchen, fallen durch ausgetrocknete Luftschichten hindurch und werden dabei kleiner und kleiner, sie verdampfen eben; erst wenn die Luft, wie man sagt, mit Wasserdämpfen gesättigt ist, wird die Verdampfung so gering, dass die Tropfen in ihrer ursprünglichen Größe zu uns gelangen. In der Tat nahmen auch jetzt die Tropfen an Zahl und Größe mehr und mehr zu, der Regen wurde stärker und gleichzeitig zeigten sich heftige Blitze.“

„Wie weit mag das Gewitter noch entfernt sein?“, begann Max.

Vater: „Wisst Ihr, wie man sich dies berechnen kann?“

Gustav: „Es gründet sich einfach darauf, dass man weiß, wie lange der Schall braucht, um sich eine bestimmte Strecke fortzupflanzen; er durchläuft nämlich ungefähr 330 Meter in der Sekunde; Blitz und Donner sind unmittelbar mit einander verbunden, die Zeit aber, die das Licht braucht, um zu uns zu gelangen, ist verschwindend klein, sodass wir sie mit einfachem Zählen gar nicht bestimmen könnten, vielleicht der millionste Teil einer Sekunde. Diese Zeit kann ich vernachlässigen. Ich zähle also nur, wieviel Sekunden zwischen Blitz und Donner verfließen, so weiß ich, dass für jede Sekunde dieser Zeit das Gewitter 330 Meter von uns entfernt ist.“

Vater: „Die Antwort ist ganz richtig, nur möchte ich darauf aufmerksam machen, dass Du die Entfernung wirklich als die direkte Entfernung durch die Luft zu den Gewitterwolken annehmen musst; je nach der Höhe, in welcher sich diese befinden, kann also der Ort, über dein die Wolken gerade stehen, sehr verschieden weit von uns liegen. Berechnet mir folgende Aufgabe: Angenommen, man könnte in Paris hören, wieviel Uhr es in Berlin geschlagen hat, wann würde man dann in der ersteren Stadt merken, dass es in Berlin gerade zwölf Uhr schlägt?

Diese Aufgabe erscheint Euch vielleicht nur als Spielerei, wenn es auch immerhin ganz interessant ist, sich über derartige Zeiten zu orientieren. In der Tat würde eine solche Übertragung von Schall auf diese ganze Strecke hin nicht möglich sein.

Wenn Ihr aber bedenkt, dass Schall weiter gar nichts ist, als eine Reihe von sehr schnell aufeinander folgenden Verdichtungen und Verdünnungen, welche die Luft erfährt, so seht ihr, dass damit noch manches andere zusammenhängt."

Otto: „Inwiefern entsteht der Schall durch Verdichtungen und Verdünnungen? Ich verstehe dies noch nicht."

Vater: „Nimm ein ganz einfaches Beispiel. Wenn Du das eine Ende einer Stricknadel auf eine Tischplatte mit dem Finger fest andrückst, während Du das andere Ende über dieselbe hervorragen lässt, so bekommst Du beim Zupfen des freien Endes einen Ton. Du siehst dabei, wie die Stricknadel hin – und herschwingt, weil sie ebenso wie ein Pendel einer bestimmten Ruhelage zustrebt, über dieselbe in Folge der erlangten Geschwindigkeit hinausgeht usw. So oft die Nadel nach oben schwingt, treibt sie die Luft vor sich her, es findet eine Verdichtung statt, welche sich bis zu Deinem Ohr fortpflanzt und das Trommelfell schwach nach innen drückt; geht die Stricknadel nach unten, so hinterlässt sie umgekehrt an der oberen Seite einen luftverdünnten Raum, welcher von nachfolgenden Luftschichten ausgefüllt wird, und so rückt jede folgende Schicht allmählich an Stelle der vorhergehenden. So kommt auch die Reihe allmählich (je nach der Entfernung verschieden schnell) an die Luftschicht, welche vor Deinem Trommelfell liegt, es findet dort eine Verdünnung statt und Dein Trommelfell geht wieder nach außen. Viele (wenigstens 40 in der Sekunde) in demselben Zwischenraume auf einander folgende Schwingungen des Trommelfells machen aber auf unsere Sinne einen Eindruck, welchen wir als Ton bezeichnen.

Wesentlich in derselben Weise entstehen alle Töne, überhaupt alles, was Schallempfindung in uns erregt. Es leuchtet ein, dass es für die Geschwindigkeit, mit welcher sich der Schall durch die Luft fortpflanzt, ganz gleichgültig ist, ob die Verdichtungen rasch oder langsam aus einander folgen, jede einzelne muss sich stets mit derselben Geschwindigkeit bewegen. Mit anderen Worten: hohe und tiefe Töne nehmen gleich schnell ihren Weg durch die Luft, ein Resultat, was auch indirekt daraus folgt, dass sonst ein Konzert auf größere Entfernung sich unrein anhören müsste.

Nun gibt es aber Verdichtungen, welche weil sie sehr langsam erfolgen, zwar lautlos aber so mächtig sind, dass sich dieselben über weite Strecken fortpflanzen und mit ziemlich unempfindlichen Apparaten gemessen werden können. Wir bezeichnen diese Apparate als Luftdruckmesser oder Barometer. Wenn Ihr bedenkt, dass eine Barometerschwankung, die in Berlin eintritt, bereits, da sie mit derselben Geschwindigkeit sich fortpflanzt, wie der Schall, nach Ablauf von zwei Stunden in Paris wäre, so seht Ihr ein, wie das Barometer im Stande ist, Witterungsänderungen im Voraus anzuzeigen. Nehmt z.B. an, es wehe ein sehr starker Wind. Der Wind, selbst wenn er zu orkanartiger Stärke angewachsen ist, legt in der Sekunde nicht mehr, als vielleicht 30 Meter zurück, er geht also 11mal langsamer, als der Schall. Sobald dieser Wind in Berlin sich einstellt, fällt das Barometer. Die Barometerschwankung ist in zwei Stunden bereits in Paris, aber es würde noch 20 Stunden dauern, ehe der Wind von Berlin nach Paris gekommen wäre. In diesem Sinne benutzen die Seeleute das Barometer als einen zuversichtlichen Anzeiger von Stürmen.“

Otto: „Wie kommt es aber, dass durch den Wind der Barometerstand sich ändert?“

Vater: „Abgesehen davon, dass überhaupt durch den Wind Änderungen in dem Feuchtigkeitsgehalt der Luft eintreten, kann sich die Atmosphäre, so zu sagen, aufstauen und schwillt dadurch zu einer größeren Höhe an d.h. sie übt einen größeren Druck auf die Quecksilbersäule aus. Außerdem kommt auch noch in Betracht, dass bewegte Luft sich ganz anders verhält, als ruhende Luft, ähnlich wie auch bewegte Elektrizität sich anders verhält, wie ruhende. Im Allgemeinen kann man nur sagen, dass immer, sobald irgendwo eine Änderung in der Geschwindigkeit von bewegter Luft oder bewegtem

Wasser, überhaupt bewegten Flüssigkeiten eintritt, Druckschwankungen sich zeigen. Das Merkwürdigste in dieser Artist wohl eine Beobachtung, die bereits vor 30 Jahren von zwei französischen Ingenieuren gemacht wurde. Es wurde nämlich Luft aus einem Rohr mit großer Gewalt ausgestoßen und vor diesem Rohr befand sich ein Brett. Man würde für gewöhnlich erwarten, dass das Bret durch den Luftstrom weggeblasen wird. Stattdessen trat das Merkwürdige ein, dass das Brett gerade gegen das Rohr gepresst wurde. An der Stelle, wo die Luft aus der engen Röhre in den weiten umgebenden Raum eintritt, ändert sich die große Geschwindigkeit derselben plötzlich und es findet dort eine Luftverdünnung statt. Es wird also die äußere Luft dann das Brett gegen die Röhre pressen. Ihr könnt den Versuch in kleinem Maßstabe mit sehr einfachen Mitteln machen. Schneidet Euch ein Oktavblatt, haltet es gegen die innere Handfläche, diese nach unten gekehrt, und blast nun durch die Finger gegen das Blatt, so wird das Blatt nicht fallen, sondern gegen die Handfläche gepresst werden. In dem Momente aber, wo Ihr aufhört zu blasen, fällt das Blatt. Diese Erscheinungen, die sich in ähnlicher Weise noch vielfach variieren ließen, spielen eine Rolle bei den großartigen Naturerscheinungen, die man Wirbelwinde nennt und welche im Stande sind, über Wasserflächen die den Schiffern gefährlichen Wasserhosen, über Flächen von Sand die sogenannten Sandhosen zu erzeugen, unter deren gewaltiger Sandmasse ganze Karawanen begraben werden können.

Wir begnügen uns für diese Erläuterung wieder mit ganz einfachen Versuchen, und es ist Euch Allen ein kleiner Apparat bekannt, der zwar für Denjenigen, welcher nicht im Staude ist, solche

Fig Fig. 176. Sandhose

Erscheinungen rechnend oder mit naturwissenschaftlichem Denken zu verfolgen, damit nicht im Zusammenhang zu stehen scheint, der aber im Prinzip doch genau denselben Ursachen seine Möglichkeit verdankt, nämlich wieder dem einfachen Satz, dass plötzliche Änderungen in der Geschwindigkeit eine Luftverdünnung an der Stelle hervorrufen, wo diese Änderung eintritt. Ihr kennt die kleinen Apparate, welche man Rafraichisseurs nennt. Indem Ihr durch die Röhre a (Fig. 177) über die Öffnung das Rohr b stark hinwegblast, würde man im Allgemeinen erwarten, dass vielleicht ein Teil der Luft, welche aus a ausströmt, in b eindringen würde und das Wasser in der Röhre b

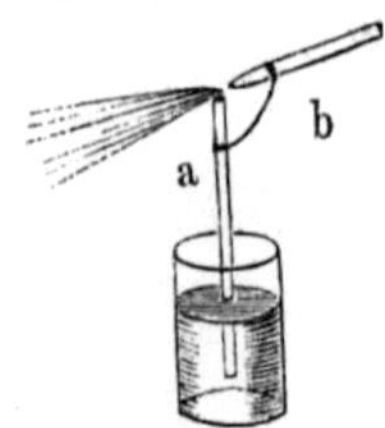

Fig. 177

nach unten treiben sollte, wie man auch durch passende Stellung der Röhre a gegen b wirklich erreichen kann. Gleichzeitig breitet sich aber der Luftstrom, der aus a austritt, nach allen Seiten aus, und es müssen auch Stellen um die Öffnung von a vorkommen, wo eine Luftverdünnung stattfindet. Stellt man die Rohröffnung von b durch Herausprobieren an eine solche Stelle, so wird das Wasser in b steigen, ebenso wie das Barometer steigt an den Orten, an welchen der Wind sich ausbreitet, und wenn die Wassersäule schließlich bis zur Öffnung gekommen ist, so wird sie nun durch den Luftstrom weggeblasen und zu feinen Tröpfchen ausgebreitet.“

Adolf: „Wie aber das Zerstäuben des Wassers durch den Rafraichisseur mit Wirbelstürmen zusammenhängen soll, ist mir durchaus unklar.“

Vater: „Das Zerstäuben ist nur zufällig; für uns ist nur wichtig, dass ein über die Öffnung geblasener Luftstrom das Wasser in dem Rohre hebt, dass also eine Luftverdünnung am oberen Ende des Rohres stattfindet. Nun denke Dir, es steige über einer von den Sonnenstrahlen durchglühten Sand - oder Wasserfläche, ähnlich wie von einem brennenden Hause, eine mächtige Säule von erhitzter Luft auf, so hast Du ebenso einen Luftstrom, als wenn Du durch die Röhre a bläst. An den Rändern, wo der Luftstrom aufsteigt, findet eine Luftverdünnung statt; aus der Umgebung strömen von allen Seiten gewaltige Luftmassen nach, es entstehen umher Druckänderungen, Barometerschwankungen. Die Bewegung schreitet durch die Atmosphäre weiter, immer neue Luftmassen drängen nach, ein Sturmwind schreitet über das benachbarte Land. Hast Du bei einem großen Brande schon den Wind verspürt, welcher in der Nähe der Unglücksstätte entsteht, hast Du schon gesehen, wie wirbelnd in den aufsteigenden Luftstrom brennende Holzteile mit gewaltiger Kraft fortgerissen werden? Dies ist ein Wirbelwind im Kleinen. Denke Dir dies in unendlich vergrößertem Maße – , Du hast einen Orkan und wenn es sich gerade trifft, so können in dem luftverdünnten Raume, der das Centrum eines solchen Wirbeln indes bilde, ganze Wassersäulen aufgesogen und wirbelnd in die Höhe geführt werden.

Im großartigsten Maßstabe bilden sich diese Wirbelstürme auf der Sonne; sie erzeugen die sog. Protuberanzen, jene lange Zeit so rätselhaften bergförmigen Erhöhungen, welche man bei

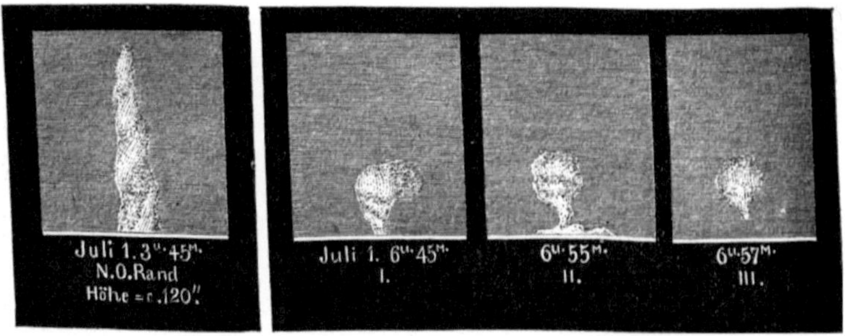

Fig. 178   Fig. 179

Sonnenfinsternissen den Rand der Sonne überragen sah.

Man hat gefunden, dass es mächtige Ausbrüche glühender Gase sind. Fig. 178 u. 179 zeigt Euch einige derselben. Wenn Ihr beachtet, dass der scheinbaren Größe von 1″ eine wahre Größe auf der Sonne von ca. 100 Meilen entspricht, so werdet Ihr einigen Respekt bekommen. Der Ausbruch, welchen Fig. 178 zeigt, durchlief Weg vom Grunde bis zur Spitze, eine Strecke von 12,000 Meilen, 2 bis 3 Sekunden, eine Strecke also, welche so groß ist wie der Erddurchmesser. Der Ausbruch hat dabei eine Breite von 25", d.h. 2500 Meilen; es ist ein Feuerstrahl dicker als unsere ganze Macht Euch mit solchen Zahlen ein Bild von diesen Vorgängen, welche Fig.179 Euch zeigt.

Claudius Ptolemäus auf der Sternwarte zu Alexandrien

Achtzehnte Unterhaltung

Regel, der die Entfernungen im Sonnensystem folgen. – Wie man dieselben misst, – Die Gesellschaft macht sich eine Vorstellung von der Anordnung der Planeten. – Die Keppler'schen Gesetze; woraus dieselben folgen und was sich aus ihnen ableiten lässt. – Das Newton'sche Gravitationsgesetz.

An einem der klaren Abende, wie sie bei uns nur der Herbst bietet, sitzen unsere Freunde auf der Veranda des Hauses und betrachten mit allerlei träumerischen Gedanken den Himmel, dessen unendliche Zahl von Sternen so hell ihnen heute entgegen leuchtet.

„Ist nun der Naturgenuss größer", fragte der Vater, „der in den Sternen nur hübsche Lichter sieht, geschaffen zur Freude des Menschen, oder derjenige, der sich bewusst ist, dass diese unzähligen Sterne wieder Welten sind, so groß und größer, als unsere eigene

Erde, die selbst nur ein verschwindendes Glied in dieser Kette der mannigfachsten Weltkörper vorstellt."

„Man kommt sich doch", erwiderte Gustav, „recht klein vor, wenn man auf diese Gedanken eingeht und beachtet, wie man selbst wieder von dem winzigen Erdkörper nur den zehntausendmillionsten Teil sämtlicher Bewohner ausmacht, die auch wieder in raschem Fluge Vorübergehen, und bedenkt, dass unsere Erde vielleicht nur einer der kleinsten von den Millionen Sternen ist, welche wir am Himmel zählen können.""

„Und doch irrst Du Dich dabei", entgegnete der Vater, „wenn Du so getrost sagst, dass die Erde verschwinde unter der Zahl der Sterne, welche wir hier zählen können. Diese vielfach verbreitete Ansicht, welche uns auch schon in der Bibel entgegentritt mit der Frage: ‚Siehe die Sterne des Himmels, kannst Du sie zählen?', beruht auf einer groben Täuschung über die Anzahl der Gegenstände, die wir sehen und die wir zu sehen glauben. In der Tat sämtliche Sterne, die wir noch als einzeln unterscheiden können, und von den anderen wissen wir ja, so lange das Fernrohr uns keine Kunde gibt, nicht, was wir davon zu halten haben, sind an unserem Himmel nicht mehr, als ungefähr 4000, eine überraschend kleine Zahl."

Otto: „Wer hat sich aber die Mühe gegeben, diese Sterne alle zu zählen?"

Vater: „Diese 4000 wären die wenigsten, aber die Astronomen sind noch viel weiter gegangen. 4000 Sterne lassen sich mit bloßem Auge erkennen und es sind dies die Sterne von der ersten bis zur fünften Größe. Man unterscheidet nämlich die Sterne nach Größen oder richtiger sollte ich sagen, nach Helligkeiten. Die Astronomen haben Kataloge angelegt, in denen alle Sterne verzeichnet sind bis zur zehnten, viele selbst von der 11. und 12. Größe."

Otto: „Aber doch ein langweiliges Geschäft, was hat das für einen Zweck?"

Vater: „Ihr wisst, dass unsere sämtlichen Sterne eingeteilt werden in solche, die ihren Ort gegeneinander nicht ändern, und in solche, die unter der Menge der feststehenden, der Fixsterne, umherlaufen und die man allgemein als Wandelsterne bezeichnet. Von diesen wieder sind eine große Zahl an unsere Sonne gebunden, die Planeten, während andere bald um diesen, bald um jenen größeren Stern sich bewegen, die Kometen. Der Zweck dieser Sternkataloge wird Euch damit schon klar sein. Indem man durch wiederholte Messungen am Himmel sämtliche Sterne einträgt, welche ihre Lage zu einander nicht ändern, lernt man von selbst die Wandelsterne kennen. Nur durch eine solche Arbeit ist es möglich geworden, dass wir in dem ablaufenden Jahrhunderte über 100 neue Planeten gefunden haben, der Kometen größerer und kleinerer Art gar nicht zu gedenken.“

Max: „Und was hat es nun für einen Nutzen, dass man die Planeten kennt, was gewinnen wir für neue Kenntnisse durch einen neuen Planeten?“

Vater: „Ein jeder solcher neuentdeckte Planet ist für uns eine Bestätigung von gewissen Grundvorstellungen, die seit Keppler's und Newton's Zeiten unsere Astronomen ausgebildet haben und welche uns in die große Mannigfaltigkeit der Erscheinungen am Himmel einen Einblick tun lassen von der Höhe eines einzigen Satzes aus. Wir brauchen, wenn wir diesen Satz erst kennen, nur denselben mit Rechnung zu verfolgen, so können wir nachweisen, dass sämtliche Erscheinungen sich aus demselben ableiten lassen. Ja, wir sind sogar im Stande, Erscheinungen im Voraus zu berechnen, wie Ihr dies Alle von den Sonnen – und Mondfinsternissen wisst. Diese Rechnung war schon den Alten bekannt, aber der wahre Grund, der eigentliche innere Zusammenhang zwischen den verschiedenen astronomischen Erscheinungen war ihnen verschlossen.“

Max: „Und was ist dies für ein wunderbares Gesetz, welches sämtliche Bewegungen der Himmelskörper regiert? Man bedenke, was das heißen will. Die Sterne gehen im Sommer zu einer andern Zeit auf, als im Winter; sie verändern ihre Stellung gegen die Sonne; dazu kommt die Bewegung des Mondes, welcher auch wieder gegen die Sonne und die Sterne sich verschiebt; ferner die Planeten; sie ändern ihre Stelle am Himmel mit verschiedener Geschwindigkeit, bald laufen sie nach Osten, bald einmal nach Westen und endlich tauchen bald da, bald dort ganz neue Weltkörper plötzlich am Firmament auf, um nach einiger Zeit wieder in Fernen zu verschwinden, zu welchen nicht mehr die Kraft unserer optischen Instrumente reicht – und in dieses wirre Durcheinander von tausenderlei verschiedenen Bewegungen soll Ordnung kommen, es soll dem Menschen möglich sein, diese unendliche Mannigfaltigkeit zu überblicken, von vornherein zu bestimmen, wie sich die Himmelskörper bewegen, welche Stellungen sie nach Ablauf gewisser Zeiten zu einander haben müssen, gerade als ob er selbst der Schöpfer des Ganzen, der Gesetzgeber des Himmels wäre. Ein unfassbarer Gedanke! Dann begreift man die Gottähnlichkeit des Menschen, wenn sein Geist im Stande ist, den göttlichen Plan zu verstehen und nachzudenken.“

Vater: „Ja, es ist ein prägnantes Beispiel zum Beweise, dass das dem Menschen angeborene Streben nach den Ursachen zu fragen, Gesetzmäßigkeiten aufzusuchen, nach der Einheit in der Vielheit zu suchen, nicht getäuscht wird, vielmehr in der Natur seine volle Befriedigung findet. – Doch ehe wir auf dieses oberste Naturgesetz eingehen, muss ich Euch an etwas Anderes erinnern. Ich will Euch nämlich zunächst zeigen, dass die Entfernungen der Planeten von der Sonne nach einer bestimmten Regel angeordnet sind. Zu dem Ende müssen wir verstehen lernen, wie die Astronomen Entfernungen bestimmen.

Ihr wisst, dass man im Stande ist, Entfernungen von Punkten zu messen, wenn man auch die Strecke zwischen denselben nicht ohne Weiteres abgehen und mit dem Maßstabe in der Hand ausmessen kann. Denkt Euch, dass zwei Beobachter, die sich auf verschiedenen Punkten der Erde befinden, vielleicht gerade auf zwei entgegengesetzten Punkten des Äquators, nach demselben Sterne sehen, so können sie durch Messung gewisser Winkel mit Hilfe der bekannten Größe des Erddurchmessers die Entfernung des Sternes berechnen. Man kann, wenn man erst eine Entfernung kennt, daraus die Entfernung anderer Sterne ableiten und die sogenannte relative Entfernung häufig mit verhältnismäßig einfachen Mitteln bestimmen. Eine der elegantesten Methoden ist z.B. folgende. Denkt Euch, der Mond sei gerade in seinem ersten Viertel, so heißt dies, dass Sonne, Mond und Erde so stehen, wie Ihr hier neben seht; nur dann wird gerade die Hälfte des Mondes von der Sonne beleuchtet. In solchem Falle müssen die drei Himmelskörper ein beim Mond rechtwinkliges Dreieck bilden.

Messt Ihr nun den Winkel, um den Mond und Sonne voneinander abstehen, so könnt Ihr die Entfernung der Erde von der Sonne ausdrücken in Mondentfernungen, also wenn Euch die Entfernung des Mondes von der Erde bekannt ist, auch den Abstand von Erde und Sonne bestimmen.

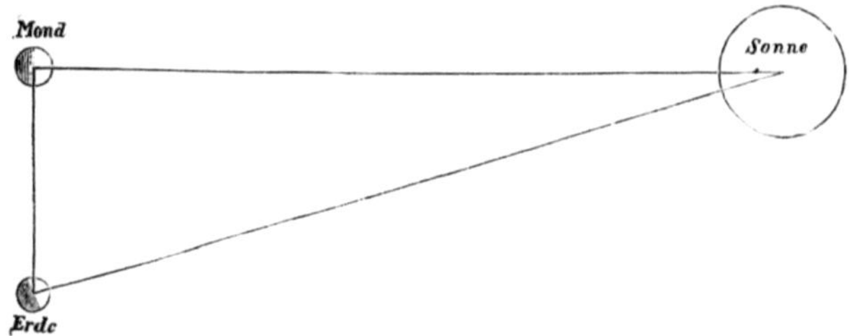

Fig. 181

Diese Methode, so einfach und hübsch dem Gedanken nach, ist allerdings keiner großen Genauigkeit fähig und zwar aus dem einfachen Grunde, weil der Zeitpunkt, wo der Mond gerade zur Hälfte verfinstert ist, nicht scharf genug bestimmt werden kann. Man gerät dadurch in Zweifel, wann man den Winkel zwischen Mond und Sonne messen soll und bestimmt ihn bald einmal zu groß, bald einmal zu klein, mit anderen Worten ungenau. Man hat deshalb noch viel feinere Methoden erfunden, die aber zu ihrem vollen Verständnis mehr Mathematik und auch mehr Zeit brauchen, als hier zur Verfügung steht. Es genügt, wenn Ihr daran denkt, dass im Stande sind, solche Entfernungen zu messen, und ich erinnere Euch auch noch bei dieser Gelegenheit daran, wie wir die Größe der Sonne früher benutzt haben, um uns in Gedanken die Bahn der Erde um die Sonne zu konstruieren.

Man hat möglichst viele Entfernungen und vorzugsweise die Entfernungen der Planeten von der Sonne berechnet und ich will Euch hier ein ungefähres Bild von diesen Entfernungen geben. Ihr werdet dabei sehen, dass sich eine gewisse Einfachheit in den Zahlen vorfindet, die nach ihrem Entdecker als Bode'sche Regel benannt ist. Die Entfernung der Sonne vom Merkur, dem nächsten Planeten beträgt 8 Millionen Meilen. Aus dieser kann man sämtliche andere Entfernungen ableiten, indem man für jeden folgenden Planeten 6 Millionen Meilen, dann 2·6, dann 2·2·6 usw. hinzufügt. Ihr würdet so folgende Reihe bekommen:

Sonne	– Merkur	=8	Millionen	Meilen
„	– Venus	=8+6	„	„
„	– Erde	=8+6·2	„	„
„	– Mars	=8+6·2·2	„	„
„	– Asteroiden	=8+6·2·2·2	„	„
„	– Jupiter	=8+6·2·2·2·2	„	„
„	– Saturn	=8+6·2·2·2·2·2	„	„
„	– Uranus	=8+6·2·2·2·2·2·2	„	„
„	– Neptun	=8+6·2·2·2·2·2·2·2	„	„

Sobald diese Entfernungen bekannt sind, kann man durch Messen der scheinbaren Größe auch die wahre Größe der Planeten bestimmen, und wir benutzen die von den Astronomen gefundenen Zahlen, um uns ein Bild des Sonnensystems im Kleinen zu machen. Denkt Euch eine Allee von Bäumen, die je um ein Meter voneinander abstehen. An den ersten Baum setzen wir eine Kugel von 200 Millimeter Durchmesser, also schon eine recht große Kegelkugel. Diese soll uns die Sonne vorstellen. Gehen wir dann 8 Bäume weiter, wobei immer der Abstand von einem Baume zum folgenden uns eine Million Meilen vertreten soll, so müssen wir an den achten Baum ein Körnlein legen ungefähr so groß wie ein Stecknadelkopf und wir hätten dann ein Bild von der Größe und Entfernung des Merkurs und der Sonne. Der Stecknadelkopf kann Euch gleichzeitig an etwas Anderes erinnern. Ihr wisst, dass Zinn und Eisen, aus denen der Kopf gefertigt, schwerer ist als Wasser, und in der Tat ist auch der Merkur der verhältnismäßig schwerste von sämtlichen Planeten. Seine Dichtigkeit ist nämlich ungefähr $1\frac{1}{4}$ von der unserer Erde. Im Durchschnitt ist diese letztere 5mal größer als die Dichtigkeit Wassers, etwas größer also noch als die Dichtigkeit des Schwerspates. Merkur würde so ungefähr die Dichtigkeit des Eisens haben.

Gehen wir nun 6 Bäume weiter und legen dorthin ein Korn, das vielleicht 2 Millimeter Durchmesser hat, so stellt uns dieses die Venus dar, also ein recht kleiner Wassertropfen oder ein recht kleines Bröckchen Schwerspat würde für dieselbe genug sein und gäbe uns auch das Stückchen Schwerspat gleichzeitig ein Bild von der Dichtigkeit derselben, welche etwas geringer ist als die unserer Erde.

Wieder 6 Bäume weiter käme unsere Erde, ungefähr ebenso. groß wie Venus; nochmals 12 Bäume weiter endlich Mars von der Größe eines Stecknadelkopfes.

Wieder 24 Bäume weiter müssten wir eine große Anzahl ganz kleiner Stäubchen, etwa ein bisschen Mehl streuen und wir hätten damit die Gruppe der Asteroiden.

An den folgenden Baum, der nun wieder um 48 Meter absieht, käme eine Kugel von der Größe einer sehr starken Flintenkugel (20mm Durchmesser), aber nicht aus Blei, sondern aus schwerem Holze gemacht. Sie stellt uns den Jupiter vor, und so gingen wir der Reihe nach, indem wir die Entfernungen immer verdoppeln weiter zu Saturn, einer kleinen Flintenkugel aus Korkholz vergleichbar, die, wie Euch bekannt, mit einem Ring umgeben werden müsste. Wir hätten schließlich noch in eben derselben zunehmenden Entfernung von einander Uranus (8mm Durchmesser und aus leichtem Holz gemacht) und endlich Neptun (8½ Wo groß und aus recht schwerem Holz gemacht) zu setzen. Wenn wir uns nun alle zusammen ansehen und überlegen, wie weit wir denn mit dem letzten Planeten von der Sonne weggekommen sind, so sehen wir, dass wir eine Entfernung von ungefähr ¼ Stunde erreicht haben. Also in dem großen Raume haben wir verhältnismäßig recht wenig untergebracht, nur die paar kleinen Kugeln und 100 feine Stäubchen, welche wir als Gruppe der Asteroiden hingestreut haben."

Max: „Aber die Bode'sche Regel kann doch kein genaues Naturgesetz sein, da die Entfernung der Planeten von der Sonne wechselt. Sie beschreiben keine Kreise, sondern Ellipsen."

Vater: „Dies würde kein Grund sein, denn wir könnten ja die größte Entfernung der Planeten von der Sonne einführen. Wenn für diese die Regel in aller Strenge gültig wäre, so hätten wir damit große Wahrscheinlichkeit, ein Naturgesetz vor uns zu sehen. In Wirklichkeit ist dies aber nicht der Fall, sondern man kann ihr nur ungefähr die Bedeutung einer Regel zuschreiben, die das Gedächtnis unterstützt. Geschichtlich genommen hat sie allerdings eine größere Bedeutung. Man kannte nämlich in dem Sonnensystem alle einzelnen Planeten, hatte gefunden, dass dieselben nach der Bode'schen Regel sich anordnen ließen, nur zwischen Mars und Jupiter war noch eine Lücke. Man kam dadurch auf den Gedanken, dass zwischen den beiden seit Alters bekannten Planeten noch einer sich befinden müsse. In der Tat war an dem ersten Tage unseres Jahrhunderts der italienische Astronom Piazzi in Palermo so glücklich, diesen Stern zu finden; und er benannte ihn als Ceres.

Weiter fortgesetzte Untersuchungen haben dann in derselben Entfernung von der Sonne noch einen großen Haufen sehr kleiner Planeten auffinden lassen, welche man unter schon früher erwähnten Namen der Asteroiden zusammenfasst und von denen man wohl vermutet, dass es Bruchstücke eines größeren Planeten seien.

Johannes Reppler

Wir könnten nun an diese Betrachtungen noch mancherlei ganz interessante andere Resultate der Astronomie knüpfen, indem wir uns dächten, dass wir diese einzelnen Planeten, die nun natürlich in Wirklichkeit nicht in einer geraden Linie stehen, sondern immer in elliptischen Bahnen um die Sonne sich bewegen, sodass kaum jemals auch nur annähernd von ihnen eine gerade Linie gebildet wird, in Gedanken aufsuchten und uns die Oberfläche derselben nach dem, was zuverlässige Forschungen ermittelt haben, betrachteten. Wir könnten uns denken, dass wir auf dieser Phantasiereise mit einer Federwaage ausgerüstet wären, an der ein Gewicht hängt, und wir würden sehen, dass dies Gewicht, obschon die Masse desselben vollständig unverändert bleibt, doch je nach der Größe und Dichtigkeit des Planeten, auf dem wir uns befänden, die Feder verschieden lang ausdehnen würde, dass wir einer sehr verschiedenen Anstrengung bedürften, das Gewicht an der Feder oder das Gewicht unseres Körpers zu heben usw. Indessen wollen wir diese recht interessanten Ergebnisse der Forschung bei Seite lassen und uns lieber fragen: wie man denn im Stande ist, alle diese Resultate zu gewinnen. Allerdings werden wir auch hierbei nicht so weit gehen können, dass wir die eigentliche Methode kennen lernen, sondern Ihr müsst auch hier auf Treu und Glauben hinnehmen, was ich Euch nach den Resultaten der Beobachtungen und Rechnungen mitteilen werde.

Der Euch dem Namen nach sicher bekannte deutsche Astronom Keppler hat nach langjährigen Untersuchungen über die Entfernung der Planeten, namentlich des Mars und über die Art und Weise, wie die Entfernung desselben von der Sonne sich ändert, die drei nach ihm genannten Gesetze aufgestellt. Als erstes sprach er aus, dass alle Planeten sich in Ellipsen bewegen, in deren einem Brennpunkte die Sonne steht. Damit haben wir allerdings noch kein Zahlengesetz, sondern nur ein Gesetz für die Form. Indem nun Keppler mit der Rechnung und Beobachtung weiter ging, konnte er auch zu Zahlengesetzen gelangen und er fand dabei folgenden merkwürdigen Satz. Denkt Euch vom Brennpunkte der Ellipse (der Sonne) nach dem Planeten eine Linie gezogen, so wird diese Linie, wenn der Planet sich bewegt, einen gewissen Flächenraum der Ellipse überstreichen. Es zeigte sich durchgängig das überraschende Gesetz, dass dieser sogenannte Leitstrahl (radius vector) bei demselben Planeten in gleichen Zeiten gleichen Flächenraum überstreicht. – Schließlich fand Keppler noch ein drittes Gesetz, welches, damals von ihm selbst etwas unbestimmt ausgesprochen wurde, nämlich eine Beziehung zwischen der Umlaufszeit eines Planeten und dem größten Abstande desselben: von der Sonne. Man spricht dies Gesetz gewöhnlich aus in der Form, dass die Quadrate der Umlaufszeiten sich verhalten wie die dritten Potenzen der großen Halbare. Angenommen also, Ihr hättet einen Planeten mit einer gewissen Umlaufszeit und einer bestimmten Entfernung von der

Sonne; ferner einen zweiten, dessen mittlere Entfernung doppelt so

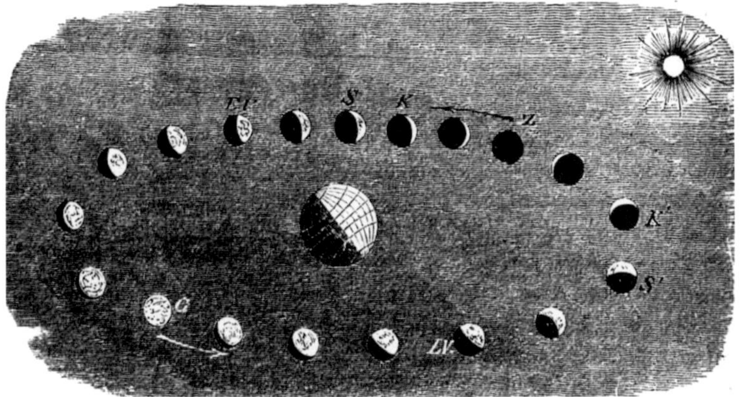

Erklärung des Mondphasen
Fig. 183

groß ist von der Sonne, so würden die dritten Potenzen dieser mittleren Entfernungen sich verhalten wie $1^3:2^3=1:8$, und dieses Verhältnis ist gleich dem Verhältnisse der Umlaufszeiten, wenn jede ins Quadrat erhoben ist. Keppler hatte mit großem Scharfsinne und einer unglaublichen Ausdauer sich zu diesen Gesetzen emporgearbeitet. Es waren aber immerhin nur noch Beobachtungsgesetze, und es fehlte die Einsicht in den wahren Grund und in den Zusammenhang dieser Gesetze untereinander. Gleichwohl war ein so riesengroßer Fortschritt gemacht, dass er in Bezug auf das Buch, welches seine Untersuchungen enthielt, mit gutem Grunde am Ende seines Lebens das stolze Wort aussprechen konnte: ‚Das Buch kann seines Lesers warten. Hat nicht auch Gott 2000 Jahre lang warten müssen, bis er in mir einen aufmerksamen Beobachter seiner Werke gefunden hat?‘ Er war sich wohl bewusst, dass diese drei Gesetze in ihrer strengen mathematischen Form eine sichere Grundlage für die ganze Astronomie bilden mussten. In der Tat fand das Buch seine Leser und in dem großen Engländer

Newton einen, der im Stande war, auch den inneren Zusammenhang dieser Gesetze zu ergründen.

Höret, wie dies zusammenhängt und wie der geniale Newton mittels naturphilosophischer und mathematischer Überlegung die Keppler'schen Beobachtungsgesetze interpretierte und was für einen tiefer liegenden Gedanken er aus jedem Gesetze herauslas. Wenn man mit gewissen mathematischen Vorstellungen, wie sie von Newton erst geschaffen wurden und wie sie uns heute mehr oder weniger geläufig geworden sind, nämlich mit den Begriffen von Kraft, Masse und Geschwindigkeit, die ich Euch früher einmal erörterte, die Keppler'schen Gesetze verfolgt, so lässt sich zeigen, dass alle drei aus der einzigen Annahme sich erklären, dass sämtliche Körper sich zu nähern streben oder sich anziehen. Und zwar muss man annehmen, diese Anziehung sei proportional den Massen und umgekehrt proportional dem Quadrate der Entfernung. Dann kann man rückwärts aus dieser Annahme durch Rechnung beweisen, dass zwei Punkte, die sich nach diesem Gesetze anziehen, also in unserem Fall die Sonne und irgend ein Planet, sich so um einander bewegen müssen, wie die Keppler'schen Gesetze angeben.

Im Einzelnen ist folgendes zu erwähnen: Das zweite Gesetz, wonach in gleichen Zeiten vom Leitstrahl gleiche Flächen überstrichen werden, folgt daraus, dass die beiden Körper sich anziehen in der Richtung ihrer Verbindungslinien und es gilt weit über die Grenzen der Planetenwelt hinaus. Es mag sich um Bewegung handeln, die herrührt von Anziehungen, welcher Art sie auch sein mögen, also ob elektrischer oder magnetischer Natur, Anziehungen nach uns noch vollständig unbekannten Gesetzen, wenn nur die Körper sich zu nähern streben in der Richtung ihrer Verbindungslinien, so gilt dies Gesetz. Man sagt wohl auch, es gilt allgemein für Zentralkräfte („welche nach dem Zentrum wirken"). Die Chemie macht sich z.B. die Vorstellung, dass die kleinen Körperteilchen, etwa die Kristallmoleküle, von denen wir früher sprachen, wieder aus einer großen Anzahl kleinerer Teile, den Atomen, bestehen, deren Zahl je nach der Natur des Körpers wechselt und bis zu mehreren Hunderten gehen kann. Diese mögen sich bewegen in dem Moleküle, wie sie wollen, stets muss ihre Bewegung dem zweiten Keppler'schen Gesetze folgen.

Anders dagegen ist es mit dem dritten Gesetze. Dieses gilt nur, wenn die Körper sich umso stärker anziehen, je größer die Masse derselben ist. Es würde also gelten in derselben Weise für die Elektrizitätsteilchen, welche sich um einander bewegen. Aber nach den Vorstellungen, die man heutigen Tages meist hat, würde es nicht mehr gelten für die Körper, die chemische Anziehung auf einander ausüben.

Und schließlich das erste Gesetz, das wir vorher nur auffassten als ein Formgesetz, ist gerade dasjenige, das für diese sogenannte Anziehung nach dem Newton'schen Gesetz das wichtigste ist. Nämlich nur dann, wenn die Anziehung abnimmt nach dem Quadrate der Entfernung kann eine Bewegung des einen Teilchens ums andere in einer Ellipse erfolgen. So seht Ihr, sind diese drei Gesetze, indem aus jedem ein Schluss gezogen wird und diese drei Schlüsse dann zu einem einzigen Gesetze verbunden werden, wirklich in inneren Zusammenhang gebracht.

Aus dem zweiten Gesetz folgern wir auf mathematischem Wege, dass die Planeten sich anziehen nach der Richtung der Verbindungslinien. Aus dem ersten, dass die Anziehung proportional der Masse der sich anziehenden Körper ist, aus dem dritten endlich, dass dieselbe umgekehrt proportional dem Quadrate der Entfernung ist.

Alles zusammengefasst also können wir sagen, und dies ist das Newton'sche Gravitationsgesetz: Zwei Körper ziehen sich an (suchen sich zu nähern) in der Richtung ihrer Verbindungslinie mit einer Kraft, welche proportional dem Produkt der sich anziehenden Massen, umgekehrt proportional dem Quadrate der Entfernungen ist."

Otto: „Dieses Gesetz verstehe ich noch nicht vollständig."

Vater: „Ich will es Dir erläutern. Wir teilen die Überlegung in zwei Teile. Der erste betrifft die Frage – da es sich im obigen Gesetze um Massen handelt – :wie stellen wir uns gleiche Massen dar? Von gleichartigen Körpern z.B. Eisen, Wasser ist dies einfach. Gleiche Raumteile werden auch gleichviel Masse enthalten. Zwei Kubikmeter desselben Stoffes sind also zwei gleiche Massen.

Wie aber bei verschiedenen Stoffen, z.B. Gold und Eis? Hier müssen wir zurückgehen auf unsere frühere Erklärung von Masse. Wir sagten: zwei Massen sind gleich, wenn sie von gleichen Kräften in gleiche Geschwindigkeit versetzt werden. Nun denke Dir den ganzen Weltraum leer, alle Körper weg und nur darin eine Spiralfeder angebracht (wie in Fig. 153, S. 214), welche wir stets in derselben Weise zusammendrücken. Vor diese Feder legen wir zunächst eine gewisse Menge Eis und nehmen so lange von demselben weg oder kleben anderes Eis daran, bis der Eisblock von der Feder weggeschnellt wird so, dass er in jeder Sekunde vielleicht einen Meter zurücklegt. Nun legen wir einen ebenso großen Goldballen davor, lassen die Feder abschnellen, so finden wir, dass der Goldballen erst in etwa 20 Sekunden einen Meter zurücklegt. Also nehmen wir von demselben alles bis auf $\frac{1}{20}$ weg und machen das letzte Stückchen nun so zurecht, dass es, von der Feder weggeschnellt, gerade pro Sekunde einen Meter durchläuft. Jetzt verhält sich der Goldballen ebenso gegen die Feder wie der Eisblock und wir werden mit Fug und Recht sagen: So gut, wie wir schließen, dass zwei Eisblöcke, welche von derselben Feder gleiche Geschwindigkeit erteilt bekommen, gleiche Massen haben, so gut können wir auch sagen, das Gold und der Eisblock besitzen gleiche Masse.

Auf diese Weise stellen wir uns einen Vorrat von Masseneinheiten her, nämlich aus verschiedenem Material je zwei Kugeln von gleicher Masse. Mit dem ersten Teile unserer Aufgabe sind wir damit fertig; jetzt handelt es sich darum: Wie wirken diese gleichen Massen auf einander, wenn wir möglichst einfache Bedingungen herstellen, d.h. wenn wir nur die Massen, welche wir betrachten wollen, als existierend annehmen, alles andere aber uns aus dem Weltraume wegdenken? Zunächst entfernen wir die Spiralfeder aus dem Weltraume und damit uns auch die Kugeln, welche wir noch nicht brauchen, nicht stören, legen wir den ganzen Vorrat weit weg, etwa weit hinter die Milchstraße oder denken uns gar, wir könnten dieselben nach Belieben weg – und herzaubern.

Nun zaubern wir eine unserer Eiskugeln her (sie schmelzen nicht, denn der Weltraum hat die angenehme Temperatur von 1600 Kälte) und in ein Kilometer Entfernung die zweite. Was geschieht? Sie fangen an sich gegeneinander zu bewegen und wir müssen sie fest halten, wenn sie sich nicht mit stets wachsender Gewalt auf einander stürzen sollen. Ganz von selbst wird uns einleuchten, dass die Kugeln sich gegen einander, d.h. in der Richtung ihrer Verbindungslinien bewegen. Nun denken wir uns, es würde jede Kugel eben noch mit Aufbietung aller seiner Kraft durch einen Mann gehalten, welcher aber keine Masse haben soll, also eine Art Engel sein muss und welcher auf einer festen Unterlage steht.

Zu einer der beiden Eiskugeln legen wir eine zweite gleich große, so müssen wir offenbar auch diese zweite Eiskugel wieder von einem Manne halten lassen, welcher ebenso stark ist wie der erste. Im Ganzen hätten wir also drei Mann nötig. Ist jetzt alles in Ordnung und bleiben die Kugeln in Ruhe?"

Otto: „Nein, denn die erste einzelne Kugel wird von zwei Kugeln angezogen, sie kann also nicht mehr von einem einzigen Manne festgehalten werden, sondern es sind dazu zwei nötig."

Max: „Natürlich, es folgt dies sofort daraus, dass Kraft und Gegenkraft gleich groß sind."

Vater: „Ist also die eine Masse = 1, die andere gleichfalls = 1, so ziehen sich die Kugeln an mit einer Kraft, welche ich der Kraft eines Mannes in meinem Beispiel gleichgesetzt habe, und deshalb auch mit 1 bezeichnen will. Macht man die eine Masse doppelt so groß, so wird auch die Anziehung doppelt so groß, also = 2. Nun verdoppeln wir beide Massen. Was geschieht jetzt?"

Max: „Die erste Kugel wird von 2 anderen angezogen, sie bekommt also 2 Mann zum Halten; die zweite danebengelegene wird gleichfalls von 2 Kugeln angezogen, sie muss gleichfalls von 2 Mann gehalten werden, die Kraft, mit der sich 2 Massen, jede = 2 anziehen, ist also = 2·2, gleich dem Produkt der beiden Massen. – Die beiden anderen Kugeln müssen aus demselben Grunde (außerdem auch wegen des Prinzips der Gleichheit von Kraft und Gegenkraft) ebenso stark angezogen werden."

Vater: „So weit wird es nun klar sein. Was geschieht aber, wenn Ihr die Massen des Eises durch gleiche Massen Gold ersetzt? Ziehen sich diese stärker oder schwächer an?"

Otto: „Dies ändert Nichts; wenn es nur gleiche Massen sind, so macht die chemische Natur des Stoffes gar Nichts aus."

Vater: „Gut. Nun denkt Euch wieder nur je eine Kugel, aber nicht mehr in ein Kilometer Entfernung, sondern auf die Hälfte genähert. Wieviel Mann sind jetzt nötig die Kugeln festzuhalten?"

Otto: „Natürlich je 2 Mann."

Max: „Nein, das Gesetz verlangt, dass die Kräfte mit dem Quadrate der Entfernung sich ändern. Ist die Entfernung halb so groß, so ist die Kraft nicht 2mal, sondern 4mal größer, also gehören jetzt je 4 Mann an jede Kugel."

Vater: „Ganz recht. Damit ist alles erledigt. Ist Euch vielleicht noch etwas besonders merkwürdig erschienen?"

Otto: „Merkwürdig nicht, aber überflüssig erscheint mir, hervorzuheben, dass die Körper sich in der Richtung der Verbindungslinie anziehen. Es versteht sich von selbst."

Vater: „Ja und nein, wie man nimmt. Es gibt auch Einwirkungen, bei welchen die ausgeübte Kraft nicht so wirkt. Denke Dir durch einen Telegraphendraht einen galvanischen Strom fließend und darunter eine Magnetnadel aufgestellt, so findet auch eine Einwirkung beider auf einander statt. Aber der

Strom sucht nicht die Magnetnadel anzuziehen oder abzustoßen in der Richtung der Verbindungslinie, sondern die Kraft steht vielmehr senkrecht auf der Ebene, welche man durch den Telegraphendraht und den Pol der Magnetnadel legen kann. Die Kraft sucht also immer die Nadel senkrecht gegen den Draht zu stellen."

Max: „Sonderbar erscheint mir, dass eine Kugel, welche bereits eine erste Kugel anzieht, auf eine zweite, welche noch der ersten hinzugelegt wird, nochmals genau dieselbe Kraft wie auf die erste ausübt. Man sollte eher denken, dass sie nicht mehr so stark wirkte, wenn sie gewissermaßen schon beschäftigt ist, sondern dass die Anziehung sich gleichsam erschöpfen müsste."

Vater: „Ja, dies ist sehr wunderbar. In der Tat, bei anderen Kräften, nämlich der sogenannten chemischen Anziehung, welche man als die Ursache der chemischen Prozesse ansieht, macht man diese Annahme nicht, denkt sich vielmehr, dass jedes Atom eines Körpers nur bis zu einer gewissen Grenzzahl andere Atome anziehen kann, dass dann aber seine Anziehungsfähigkeit erschöpft oder, wie man sagt, gesättigt sei.

Kehren wir nun wieder zu den Massen, welche im Weltraum liegen, zurück!

Ich habe ein Bild gebraucht und die Kraft, mit welcher die Massen auf einander wirken, mir gemessen gedacht durch die Kraft von Menschen. Nebenbei bemerkt würden dieselben sehr wenig Kraft aufzuwenden haben. Wenn zwei Glaskugeln, deren jede 1 Liter Inhalt hat und mit Wasser gefüllt ist, in einer Entfernung von nur einem einzigen Meter einander gegenüber gestellt wären, so würde die Kraft, mit welcher sich dieselben zu nähern streben, für uns ganz unmessbar klein sein. Denkt Euch die eine festliegend, die andere beweglich. Die letztere wird sich der ersteren zu nähern streben. Legt Ihr den Finger gegen dieselbe, so müsstet Ihr also einen Druck spüren. Theoretisch ist dies richtig – aber fühlen kann es kein Mensch. Haltet ein Haar dagegen, so wird dasselbe noch nicht einmal gebogen!

Und wenn die Kraft Millionen mal größer wäre, so würde sie kaum einen Druck ausüben, der so groß ist, als wenn man ein Milligramm auf den Finger legt. Ihr Ihr begreift also, dass die Massen sehr groß sein müssen, wenn der Druck, die Anziehungskraft derselben merklich werden soll. Nehmt statt der einen Kugel voll Wasser eine gleich große Schwerspatkugel, so ist in derselben etwa 5 mal mehr Masse enthalten, die Anziehung also schon 5 mal größer, immerhin ist auch jetzt noch die Kraft unmessbar klein.

Jetzt müsst Ihr noch eins beachten. Wenn sich zwei Kugeln anziehen, so zieht jeder Punkt der einen Kugel jeden Punkt der anderen an; nun haben aber diese Punkte nicht alle gleiche Entfernung von einander, also können sie auch nicht alle in gleicher Weise wirken. Man heißt es dann: Zwei Kugeln, von je ein Liter .Inhalt, sind ein Meter voneinander entfernt? Von wo an ist die Entfernung zu rechnen? Da gibt es zum Glück ein einfaches Gesetz, welches sich mathematisch ableiten lässt. Nämlich einfach von dem Mittelpunkt (dem Schwerpunkt) der Kugeln müssen wir rechnen. Die Kugeln (aber wohlgemerkt, nur bei, Kugeln ist dies der Fall) wirken so auf einander, als ob die ganze Masse einer jeden im zugehörigen Mittelpunkt konzentriert und dann nur diese Mittelpunkte vorhanden wären.

So, jetzt denkt Euch wieder 2 Kugeln, eine von Schwerspat und eine 1 Liter große von Wasser in ein Meter Entfernung gegenüber. Die Anziehung beider ist noch unendlich klein. Trotzdem ist sie, streng genommen, vorhanden und die beiden Kugeln müssen sich, wenn sie frei sind, gegen einander bewegen. Nun lasst die Schwerspatkugel in Gedanken wachsen, etwa bis sie einen Halbmesser von 1 Meter hat; sie berührt jetzt die Wasserkugel. Als sie einen Liter Inhalt besaß, war der Halbmesser etwa gleich 50mm, jetzt ist er 20mal größer, der; Inhalt also $(20)^3$, d.h. 8000mal größer. Sie soll stets noch wachsen, obgleich sie schon die Wasserkugel berührt; das hat keine Schwierigkeit, das

Schlimme ist nur, dass sich jetzt der Mittelpunkt derselben gleichzeitig von dem Mittelpunkt der Wasserkugel entfernt, also die Anziehung geringer wird; wird also ein weiteres Wachsen der Kugel noch nützen?"

Max: „Ja. Denn der Inhalt, die Masse wächst mit der dritten Potenz des Halbmessers. Die Anziehung nimmt ab mit dem Quadrate desselben, also wächst die Anziehung immer noch, aber freilich nur mit der ersten Potenz des Halbmessers."

Vater: „Gut; so lasse die Schwerspatkugel in Gedanken wachsen, bis der Halbmesser 1000 Meter groß ist – wie stark ist jetzt die Anziehung gegen das Liter Wasser?"

Otto: „Sie ist wieder 1000mal größer geworden, also jetzt bereits $8000 \cdot 1000 = 8$ Millionen mal größer als damals, wo die Kugel 1 Liter Inhalt hatte."

Vater: „Und da sie dort ungefähr so stark war, wie der Druck von dem Millionsten Teil eines Milligrammes, so wird jetzt das Liter Wasser angezogen mit einer Kraft, welche so groß ist als das Gewicht von einem Milligramm auf unserer Erde."

Max: „Das ist nett. Käme man also mit einem Liter Wasser auf einen Weltkörper, dessen Dichte so groß ist als die Dichte des Schwerspats und dessen Halbmesser gleich 1 Kilometer ist, so würde das Liter Wasser dort nur ein einziges Milligramm wiegen."

Vater: „Ganz recht geschlossen. Denke Dir, Du zupfst hier auf der Erde ein Haar aus, nimmst das eine Ende in die Hand, hältst das Haar horizontal und hängst etwa 100 Millimeter von der Hand entfernt 1 Millimeter daran, so biegt sich das Haar etwas nach unten. Auf der Schwerspatkugel von 1 Kilometer Halbmesser könntest Du an das Haar an dieselbe Stelle, wo vorher auf der Erde das Milligramm hing, ein ganzes Liter Wasser hängen, so würde sich das Haar erst ebenso stark biegen als unter der Last eines Milligramms auf der Erde. Es wiegt also dort das Liter Wasser erst ein Milligramm, statt wie bei uns 1,000,000 Milligramm, also noch millionenmal weniger."

Max: „Und wenn ich das Wasser fallen ließe, so würde es nicht 4,9m, sondern nur den Millionsten Teil davon, also nur ungefähr 0,005 Millimeter in der Sekunde durchfallen."

Vater: „Ganz recht. Lassen wir die Schwerspatkugel nochmals um das Millionfache wachsen, so wirkt sie erst so, wie unsere Erde, also erst wenn sie einen Halbdurchmesser von 1 Millionen Kilometer hat. Dieser Durchmesser stimmt nahezu mit dem Erddurchmesser; oder mit anderen Worten: Unsere Erde verhält sich wie eine Kugel, deren mittlere Dichtigkeit ungefähr die des Schwerspates ist.

Nach diesen Auseinandersetzungen werdet Ihr begreifen, dass nur so enorm große Massen, wie sie die Planeten besitzen, eine merkliche Einwirkung in große Entfernungen auf einander ausüben können.

Wären nun zwei solcher großen Planetenmassen im Weltraum, so würden sich dieselben geradlinig gegen einander bewegen. Denkt Euch aber, die eine derselben bekäme durch irgendwelchen Einfluss noch einen Stoß in einer Richtung schief zu der Verbindungslinie der beiden Planeten, so würde die eine Masse um die andere herumkreisen. Wenn sich die beiden Massen nach dem Newton'schen Gravitationsgesetz anziehen, so entsteht dann ganz von selbst eine Bewegung, wie sie die Keppler'schen Gesetze angeben. Und wenn die eine Planetenmasse – die Sonne – mehrere tausend male die andere Masse überwiegt und selbst keinen Stoß bekommt, so wird sich dieselbe sehr wenig bewegen und gleichsam einen ruhenden Zentralpunkt abgeben. Alle Bewegungen, welche eintreten müssen, sobald einmal die Masse und Entfernung der beiden Planeten bekannt ist, lässt sich mathematisch bestimmen, und wir haben somit aus Keppler's Beobachtungsgesetzen ein höheres abgeleitet, aus dem wir rückwärts die Erscheinungen berechnen können, ein Gesetz, das sich bei den vielen tausenden von Beobachtungen, welche die

Astronomen seitdem gemacht haben, aufs Glänzendste bestätigt hat.

Durch dieses Gesetz sind wir im Stande gewesen, sogar Planeten gleichsam zu berechnen. Es müssen nämlich nicht nur, wie ich bis jetzt annahm, Sonne und Planeten eine Wirkung aus einander ausüben, sondern auch die einzelnen Planeten untereinander; und es wird sonach die Wirklichkeit von der hübschen Einfachheit, die wir uns eben dachten, abweichen. Es kommen, wie man sagt, Störungen vor. Aus solchen Abweichungen eines Planeten von den Keppler'schen Gesetzen schloss man, dass noch ein anderer Planet existieren müsse, den der französische Astronom Leverrier berechnet hat, d.h. er bestimmte aus den Wirkungen desselben die Stelle, an der er sich befinden müsse und ungefähr auch die Masse desselben. Die Masse lässt sich nämlich mit Hilfe des dritten Keppler'schen Gesetzes berechnen, da in die Abhängigkeit von Umlaufszeit und Entfernung

$$(\text{Umlaufszeit})^2 = \text{Faktor} \times (\text{Große Halbare})^3$$

noch ein Faktor eingeht, der abhängt von dem Produkt der Masse von Sonne und Planet. Die Rechnungen fanden sich bestätigt, und Galle in Berlin entdeckte, kurz nachdem ihm von Leverrier die Aufforderung zugegangen war, die betreffende Stelle am Himmel zu untersuchen, in der Tat den so berechneten Planeten, der die glänzendste Bestätigung für das Newton'sche Gesetz ist.

Die Hauptschwierigkeit bei den astronomischen Berechnungen liegt nicht mehr in der Berechnung der Bahnen, wie sie sein würden, wenn die Keppler'schen Gesetze in ihrer einfachsten Form gälten, sondern gerade in den Abweichungen derselben, in den sogenannten Störungen. Daher hatte oder Mathematiker Jacobi vollständig Recht, als er Jemanden, welcher sagte: ‚wozu denn das Newton'sche Gesetz nütze, die Keppler'schen Gesetze wären ja viel einfacher und leisteten dasselbe‘, einfach antwortete: ‚Jawohl, der Unterschied ist nur der, dass die Keppler'schen Gesetze falsch sind und dass das Newton'sche Gesetz den Irrtum in diesen Gesetzen nachweist.‘

Ihr habt so eins der hübschesten Beispiele, wie man Gesetze auffinden kann, die in der Form, welche man ihnen zunächst gibt, allerdings noch nicht in aller Strenge richtig sind, aber wie diese Gesetze durch ihre einfache Form große Wahrscheinlichkeit bekommen, wie sie ferner dadurch gerade eine verhältnismäßig einfachere Rechnung ermöglichen und wie wir schließlich im Stande sind, durch weiteres Eingehen auf dieselben auch zu dem inneren Zusammenhange zu dringen, um von ihm aus rückwärts die Erscheinungen konstruieren zu können. Hier ist wieder die Stelle, wo die Mathematik eingreifen muss, indem sie an den Grenzen, wo die bloße Beobachtung nicht mehr weiter kann, durch Hypothesen die Vorstellung erweitert und so schließlich zu einer höheren Einheit gelangt. So ist Beobachtung in Verbindung mit Rechnung allerdings im Stande, gegen das Göthe'sche Wort: ‚trotzdem in's Innere der Natur zu dringen', in den wahren Plan, der allem Geschaffenen zu Grunde liegt, zu führen."

Neunzehnte Unterhaltung

Erklärung des Fernrohres – Auch das Auge ist ein optischer Apparat. – Akkommodation; wie man nachweisen kann, dass die Krümmung der Linse sich ändert, – Fehler des Auges. Nachbilder. – Über die Zeit, welche nötig ist, bis eine Gesichtswahrnehmung zum Bewusstsein kommt. – Messen kleiner Zeiten.

„Aber heute wollen wir einmal praktische Astronomie betreiben", rief Otto, als der Vater zur versammelten Gesellschaft kam, „Max und ich haben ein Fernrohr zusammengesetzt, das sicherlich ausgezeichnet ist, denn sieh nur einmal, wie groß die Sterne dadurch erscheinen."

„Lieber Otto", entgegnete ihm der Vater, „Du hast zwar recht hübsch und mühevoll Deine Gläser in die Papröhre gefasst, aber ich muss Dir doch gestehen, dass Dein Fernrohr recht schlecht ist, und im Gegenteil, was Du für einen Vorteil hältst, nämlich dass Du die

Sterne groß damit siehst, ist der Mangel desselben. Ein gutes Fernrohr darf einen Stern nicht vergrößern, sondern muss ihn als einen ganz einfachen, scharfen Punkt zeigen.

„Aber wie ist das möglich," sagte Gustav, „die Astronomen sehen doch durch das Fernrohr die Mondoberfläche und den Jupiter vergrößert und auch alle Gegenstände, die man auf der Erde durch solche Instrumente betrachtet, erscheinen je nach der Stärke des Fernrohres mehr oder weniger größer als mit bloßem Auge betrachtet."

„Ich will Euch dies erläutern", erwiderte der Vater, „und wir können das einfache Modell, das Ihr zusammengesetzt habt, recht gut dazu benutzen.

Ihr wisst, was man unter einer Glaslinse versteht. Es ist ein Stück gutes, reines Glas, das auf beiden Seiten zu Kugelflächen geschliffen ist. Ihr wisst auch, dass man je nach dem Schliffe verschiedene Arten von Linsen unterscheidet, die im Wesentlichen als konkav und konvex bezeichnet werden können. Die ersteren liefern verkleinerte Bilder, die zweiten vergrößerte, wenn wir einmal ungefähr den Unterschied so aussprechen wollen.

Für uns von Interesse sind vorzugsweise die konvexen Linsen, wie Ihr hier eine seht. Hält man eine solche Linse vor irgendeinen Gegenstand, der recht nahe dabei ist, so sieht man von demselben ein aufrechtes vergrößertes Bild. Ihr Alle kennt die Benutzung der Linse in dieser Weise, nämlich als Lupe. Woher die Vergrößerung kommt und wie sich dieselbe berechnen lässt, darauf wollen wir hier nicht eingehen sondern uns mit der einfachen Tatsache begnügen.

Wenn es sich nun darum handelt, einen entfernten Gegenstand vergrößert zu sehen, so begreift Ihr, dass die Anwendung einer Lupe nicht mehr möglich ist. Dieselbe würde aber anwendbar sein, wenn wir uns von dem Gegenstande erst ein Bild verschaffen könnten, das in unserer Nähe liegt, und das wir dann so wieder durch die Lupe betrachten können, wie eine Druckschrift oder ein Stückchen einer Pflanzenblüte. Dies erreichen wir in der Tat durch eine Eigenschaft solcher konvexer Gläser. Wenn nämlich ein Gegenstand weit von einer solchen konvexen Linse entfernt ist, so entwirft dieselbe in einer bestimmten Entfernung ein umgekehrtes Bild dieses Gegenstandes. Man nennt ein solches Bild, das man auf einem Blatt Papier auffangen kann, ein reales. Die Entfernung, in der das Bild von der Linse erscheint, hängt ab von der Art und Weise, wie die Linse geschliffen ist. Ich werde Euch dies sofort an einem Beispiele erläutern."

Der Vater nahm eine sogenannte schwache Linse, d.h. eine wenig kugelig geschliffene, wie sie weitsichtige Leute in ihren Brillen tragen, und hielt dieselbe ungefähr 300 Millimeter weit von einem Papier entfernt, so sahen die Kinder in der Tat auf diesem Blatte eine sehr hübsche umgekehrte Abbildung der Gegend.

„Stellen wir uns nun diese Linse fest auf und nehmen statt des Blattes Papier ein durchsichtiges Stückchen Seidenpapier, so können wir das Bild A'B', das die Linse von dem Gegenstande (Objekt) AB entworfen hat, wieder durch eine Lupe betrachten und es dadurch beliebig vergrößern (Fig. 185). Dies vergrößerte Bild ist A" B ".

Ja Ihr seht noch eins. Ich brauche das Papier, das mir unnötig viel Licht wegnimmt, jetzt gar nicht mehr hinzuhalten, ich nehme es weg, und Ihr werdet jetzt noch und sogar besser als vorher ein umgekehrtes und vergrößertes Bild der Gegend sehen."

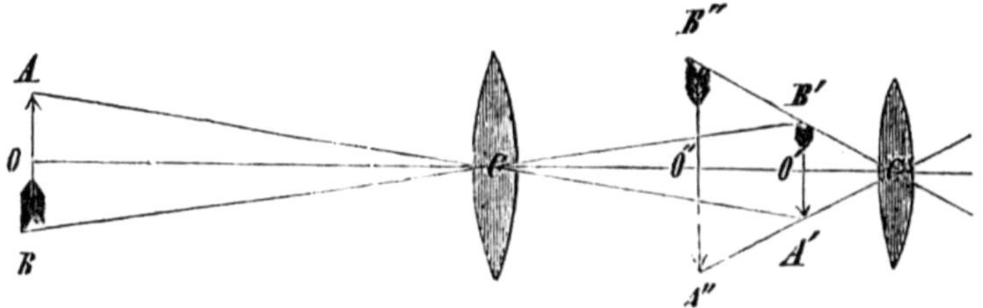

Fig. 185 Astronomisches Fernrohr

„Das", sagte der Vater, „sind die einfachen Verrichtungen, wie sie ein astronomisches Fernrohr bietet. Ihr könnt an der Stelle, wo die erste Linse, das, sogenannte Objektiv, das Bild entwirft, auch gleichzeitig eine Teilung anbringen, also etwa auf das Stückchen Seidenpapier eine kleine Millimeterskala zeichnen, so seht Ihr gleichzeitig mit den Gegenständen auch ein vergrößertes Bild dieser Skala und Ihr habt damit das, was man ein Okularmikrometer nennt.

Denkt Euch nun, Ihr hättet bestimmt, wie groß das Bild eines Mannes, mit diesem Okularmikrometer gemessen, erscheint, wenn derselbe vielleicht 100 Meter vom Fernrohr absteht, so könnt Ihr die Größe anderer, gleich entfernter Gegenstände bestimmen, oder Ihr könnt Euch umgekehrt wieder, wie Ihr Euch von einer früheren Unterhaltung entsinnt, mittels dieses Okularmikrometers die Entfernung von Menschen messen. Doch wir wollen hierauf nicht mehr weiter eingehen. Eine gute Objektivlinse muss aber parallel ausfallende Strahlen in einem einzigen Punkte vereinigen, sie darf also von einem Stern kein flächenhaft ausgedehntes, sondern nur ein punktförmiges Bild liefern. Aus diesem Grunde darf ein Fixstern nicht vergrößert erscheinen. Nur die Helligkeit desselben nimmt zu. Nicht also deshalb, weil die großen Fernrohre stark vergrößern, sieht man mehr Sterne mit denselben, sondern weil sie die lichtschwachen Sterne lichtstärker machen. Daher sieht man mit starken Fernröhren die Sterne selbst am Tage."

Otto: „Aber wir haben unser Fernrohr so gemacht, wie Du angabst und zwar nach einer Beschreibung in einem Buche. Weshalb soll unser Fernrohr schlecht sein?"

Vater: „Der Fehler liegt nicht an Euch, sondern er liegt in den Mitteln, die Euch zur Verfügung stehen. Alle Linsen von dieser einfachen Form zeigen nämlich immer mehr oder weniger verwaschene Bilder und vor Allem werden dieselben einen farbigen Saum besitzen. Diese farbigen Ränder an jedem Bilde, z.B. dem weißen Kreuz eines Fensters genieren ungemein, das Bild wird nicht scharf, man kann Nichts über die Farbe der Gegenstände sagen, und es erklärt sich hieraus eine Reihe von Irrtümern, die frühere Astronomen begangen haben. So lange man nämlich nur derartige unvollkommene Apparate besaß, fielen immer die Messungen über die scheinbare Größe von Gegenständen zu groß aus, ebenso wie auch jedenfalls mehrere Angaben über die Farbe von Fixsternen, die scheinbar seit dieser Zeit ihre Farbe gewechselt haben, aus diesem Umstande zu erklären sind. Erst das vorige Jahrhundert hat diese Fehler heben können, und man bewirkt jetzt durch Zusammenstellung von zwei Linsen, die nach gewissen Gesetzen geschliffen sind und aus verschiedenartigem Glas bestehen, dass man den Fehler, wenn auch nicht vollständig unterdrücken, so doch wenigstens möglichst klein machen kann. Man nennt derartige Apparate dann achromatisch, und den Fehler, den andere haben, den Fehler der Chromasie.

Ich will Euch aber auf andere Beziehungen hinleiten, die einfacherer Natur sind und uns zu einer Reihe ganz interessanter Schlüsse führen können. Ich nehme dazu wieder meine Linse, welche ein Bild in ungefähr 300 Millimeter Entfernung entwarf und stelle ein brennendes Licht einen Meter vor die Linse, so wird das Bild nicht mehr wie vorher, 300 sondern 400 Millimeter hinter die Linse fallen. Jetzt gehe ich mit dem Lichte weiter weg, so rückt das Bild immer näher an die Linse heran und wenn ich schließlich mir dächte, ich wäre mit dem Lichte unendlich weit fortgegangen, etwa bis zur Sonne oder irgend einem Stern, so würde das Bild an eine Stelle rücken, die man den Brennpunkt nennt und dessen Entfernung von der Linse die Brennweite heißt. Wollt Ihr eine solche Brennweite, welche zur Berechnung der Vergrößerung von Apparaten wesentlich ist, bestimmen, so braucht Ihr also Nichts zu tun, als die Linse gegen die Sonne zu halten und zu sehen, wie weit Ihr mit einem Blatte Papier weggehen müsst, um ein scharfes Bild der Sonne zu bekommen. Da uns hier die Sonne nicht mehr zur

Verfügung steht, so wollen wir uns mit einer Annäherung begnügen, das Licht in eine möglichst entfernte Ecke des Zimmers setzen und nun einige solcher Linsen auf ihre Brennweite vergleichen. Ihr seht, dass dieses kleine Stück geschliffenen Glases, eine Lupe, eine viel kürzere Brennweite besitzt, als das schwache Brillenglas, oder mit anderen Worten" –

Otto: „Dass die Brennweite umso kleiner ist, je stärker die Linse kugelig geschliffen ist."

Vater: „Ihr könnt Euch ferner bei jeder Linse überzeugen, dass das Bild umso weiter von der Linse wegrückt, je näher das Licht, das sog. Objekt derselben kommt. Es ist dies eine Erscheinung, die Euch nicht vollständig unbekannt ist, sondern an welche Ihr immer erinnert werdet, wenn Ihr einen photographischen Apparat sehet.

Derselbe besteht im Wesentlichen aus weiter Nichts, als aus einer Linse und einer hinter derselben aufgestellten matt geschliffenen Glasplatte. Ihr Alle wisst, dass der Photograph erst, ehe er aufnimmt, seinen Apparat einstellt, d.h. er verstellt die Linse solange gegen die Platte, bis er auf derselben ein deutliches Bild hat.

Nun ist unser Auge auch weiter gar nichts, als ein solcher photographischer Apparat, der nur noch mit allerhand besonderen Vorrichtungen versehen ist (Fig. 186).

Die Hauptsache in demselben ist die Linse L. Dieselbe entwirft auf der Netzhaut ein umgekehrtes Bild ff' des Gegenstandes aa". Feine Nervenfasern, die auf der Netzhaut ausgebreitet sind, vereinigen sich zu einem größeren Nervenstrange, dem sogenannten Sehnerv N, der die vom Licht ausgeübte Nervenerregung nach dem Gehirn leitet und dort zum Bewusstsein bringt.

Werden wir im Stande sein, nähere und entferntere Gegenstände gleichzeitig deutlich zu sehen?

Gustav: „Nein, dies ist nicht möglich, sondern wir müssen für jeden Gegenstand, d.h. für jede bestimmte Entfernung das Auge so einstellen, dass ein deutliches Bild auf der Netzhaut entsteht."

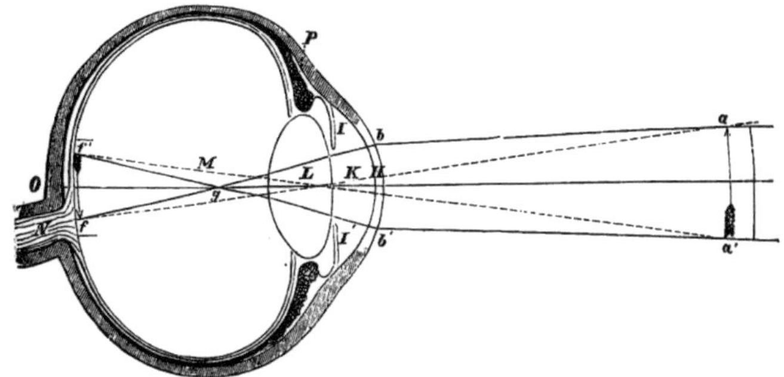

Fig. 186

Vater: „Dies zu erreichen, liegen uns zwei Möglichkeiten vor; entweder wir machen es wie der Photograph, der seine Linse der Platte nähert oder von ihr entfernt, der also den Abstand ändert, und die Linse umgeändert lässt. Könnten wir nicht auch noch anders verfahren?"

Max: „Wir könnten auch den Abstand der Linse ungeändert lassen und dafür die Krümmung derselben ändern. Angenommen, ich sehe nach einem Gegenstande, der vielleicht fünf Meter entfernt ist und will nun nach einem näher gelegenen Gegenstande sehen, so würde das Bild des näher gelegenen hinter die Netzhaut fallen, wenn die Linse ungeändert bleibt; lasse ich aber die Linse schärfer werden, d.h. sich stärker krümmen und an Dicke zunehmen, so entsteht jetzt wieder ein deutliches Bild auf der Netzhaut und sehe ich umgekehrt nach einem entfernteren Gegenstande, so muss ich die Linse flacher werden lassen."

Vater: „Man hat in der Tat lange gezweifelt, wie die Natur verfährt, aber man ist in der letzteren Zeit zu dem sicheren Nachweis gekommen, dass wirklich die Linse flacher oder dicker wird, je nachdem der Gegenstand, den man deutlich sehen will, näher oder entfernter liegt, oder wie man sich ausdrückt, je nach dem Gegenstande, auf den man akkommodiert."

Otto: „Aber lässt sich denn dies nachweisen? Man kann doch am lebenden Auge nicht die Dicke der Linse messen."

Vater: „Man erreicht den Nachweis durch einen recht hübschen Kunstgriff, der Euch zeigen kann, wie man Schlüsse, die dem gemeinen Manne unverständlich und unbeweisbar erscheinen, dennoch auf anderen Wegen mit aller Strenge dartun kann.

Denkt Euch neben einander gestellt eine Reihe von spiegelnden Kugeln verschiedener Größe, z.B. eine Kugel, wie man sie in Gärten aufstellt, daneben eine Glaskugel von vielleicht 50 Millimeter Durchmesser und endlich eine dritte Kugel von etwa 20 Millimeter Durchmesser, wie dieselben an Christbäume gehängt werden. In allen drei Kugeln seht Ihr die Bilder entfernter Gegenstände. Es wird Euch aber sofort noch etwas Anderes ausfallen."

Max: „Die Bilder sind nicht alle gleich groß, sondern umso kleiner, je kleiner die Kugel ist."

Vater: „D.h. also, je stärker dieselbe gekrümmt ist. Diese einfache Wahrnehmung kann man auch benutzen, um zu zeigen, dass die Linse des Auges sich bei der Akkommodation ändert. Angenommen, es stände Jemand in einem gewissen Abstand, etwa 4 Meter von dem Fenster entfernt, und Ihr sagt ihm, er solle einen Punkt des Fensters ansehen, so dass ihm also das Fensterkreuz deutlich erscheint, so seht Ihr gleichzeitig in der Linse ein kleines Bild dieses Fensters gespiegelt. Nun sagt Ihr ihm: ‚Sieh nicht mehr auf das Fenster, sondern sieh nach einem Gegenstande, der vielleicht nur 200 Millimeter von dem Auge entfernt ist.' Was geschieht dann?"

Gustav: „Die Linse muss sich stärker krümmen, sie entspricht also einer kleineren Kugel und das Bild vom Fenster, das ich im Auge gespiegelt sehe, muss kleiner werden."

Vater: „Und lasst Ihr ihn umgekehrt nach einem Gegenstand sehen, etwa einem entfernten Berge, der weiter liegt als das Fenster, so muss das Bild größer werden, indem die Linse sich abflacht.

Man kann nun nicht nur diesen Schluss im Allgemeinen ziehen, sondern sogar genau berechnen, um wieviel sich die Größe des Fensterbildes ändern muss, wenn man auf Gegenstände in bekannten Entfernungen abwechselnd akkommodieren lässt. Man hat solche Messungen durchgeführt und dabei auch mit Zahlen die genaue Übereinstimmung der berechneten und der beobachteten Werte gefunden. Die Änderungen sind zwar nicht sehr bedeutend, etwa $\frac{1}{9}$ von der ganzen Bildgröße, aber doch so, dass Ihr bei einiger Aufmerksamkeit den Versuch selbst mit Erfolg machen könnt.

Max: „Und wodurch wird die Änderung der Linse bewirkt?“

Vater: „Am ganzen Rande der Linse, die aus weichem Material besteht, nämlich aus einer Reihe von Schalen, als ob Ihr viele Uhrgläser in einander gelegt hättet, setzen Muskeln an, die die Linse auseinander zerren können und sie dadurch abflachen, oder die umgekehrt, indem ihre Wirksamkeit nachlässt, dem Bestreben der Linse, sich möglichst stark zu krümmen, mehr oder weniger nachgeben.“

Otto: „Und wozu sind denn die verschiedenen Schalen, weshalb ist die Linse nicht ebenso wie eine Glaslinse aus einem einzigen Körper gemacht?“

Vater: „Es wird dadurch erreicht, dass die Fehler, welche immer Linsen zeigen, bei unserem Auge möglichst gering werden. Man bekommt schärfere Bilder. Trotzdem ist unser Auge nicht vollkommen und nur durch die Gewohnheit sehen wir von den Farbenrändern, welche Gegenstände zeigen, ab. Ihr könnt Euch aber durch einfache Versuche von dem Vorhandensein des Fehlers überzeugen. Seht nach einem hellen Gegenstande, etwa Abends nach dem Schirme einer brennenden Lampe und schiebt nun von unten ein Blatt Papier vor das Auge, bis dasselbe ungefähr die halbe Pupille bedeckt, so werdet Ihr deutlich erkennen, dass die Bilder einen farbigen Rand bekommen. Ja wir können noch mehr nachweisen. Ich habe hier eine Reihe von vertikalen und horizontalen Strichen (Fig. 187). Welche erscheinen Dir dunkler?"

Otto: „Die vertikalen."

Vater: „Nun drehe ich das Blatt so, dass die

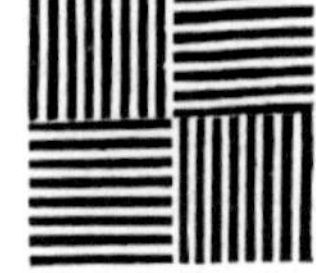

Fig. 187

vorher vertikalen Striche horizontal werden und umgekehrt. Welche erscheinen Dir jetzt dunkler?"

Otto: „Wieder die vertikalen."

„Ihr seht also", sagte der Vater, „dass die Striche, je nachdem ich sie halte, verschieden dunkel erscheinen. Es rührt davon her, dass unsere Augen nach horizontaler und vertikaler Richtung verschieden gekrümmt sind und wir nur in der einen Richtung ein scharfes Bild bekommen. Dieser Fehler kann so weit gehen, indem abnorme Bildungen vorliegen, dass man ihn durch besonders geschliffene Brillen korrigieren muss.

Ich will Euch noch auf eine andere Eigentümlichkeit von unserem Auge aufmerksam machen. Helle Gegenstände erscheinen uns immer größer, als gleich große dunkele (ein Fehler, den man als Irradiation bezeichnet hat), was Ihr an der Fig. 186 und ebenso an der Fig. 187 deutlich erkennt.

Eine andere Eigentümlichkeit des Auges ist die, dass die Lichtempfindung nicht sofort aufhört, wenn der leuchtende Körper oder dessen Einfluss auf das Auge weggenommen wird. Wir behalten dann immer noch ein sogenanntes Nachbild. Wenn Ihr z.B. einen hellleuchtenden Gegenstand angesehen habt und schließt die Augen, so seht Ihr noch lange Zeit den Gegenstand in derselben Form, nur nimmt die Helligkeit desselben immer mehr ab und, was noch eigentümlicher ist, er ändert fortwährend seine Farbe. Daraus erklärt sich leicht, dass Leute, die hiervon Nichts wissen

Fig. 188

368

und aus einem hellerleuchteten Raume in einen dunkeln treten, solche Erscheinungen für wirkliche, durch äußere Gegenstände bedingt, halten und indem nun auch noch bei der vollständigen Unkenntnis der Leute von dem wahren Vorgange die Phantasie mitwirkt, kann so leicht die Meinung von Gespenstersehen entstehen.

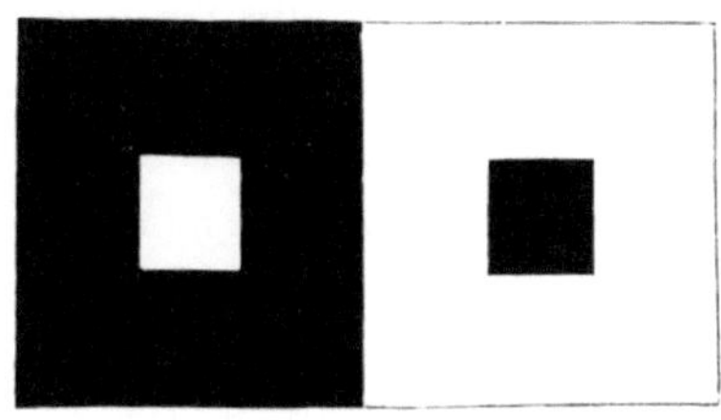

Fig. 189

Wie wenig die meisten Leute auf Derartiges achten, geht z.B. daraus hervor, dass Augenkranke oft gewisse Erscheinungen erst gewahr werden, wenn sie infolge ihrer Krankheit auf sich selbst achten, während dieselben schon im gesunden Zustande des Auges vorhanden waren. Richtet man nämlich das Auge gedankenlos auf gleichmäßig beleuchtete Flächen, etwa eine helle Wand oder Wolken, so erblickt man allerlei, oft wundersam gestaltete Erscheinungen; so z.B. werdet Ihr leicht bemerken, wie kleine Punkte von oben nach unten über die Wand zu laufen scheinen, sogenannte fliegende Mücken. Es ist dies auch weiter Nichts, als die Übertragung eines im Auge stattfindenden Vorganges in die Außenwelt.

Von den Nachbildern kann man mancherlei hübsche Anwendungen machen, eine davon kennt Ihr Alle. Ihr wisst, dass ein glühendes Hölzchen, geschwind im Kreise geschwungen, als eine einzige Lichtbahn erscheint. Wenn nämlich das Hölzchen immer nach Ablauf von höchstens $\frac{1}{12}$ Sekunde wieder an seiner früheren Stelle ist, so glaubt man es dauernd dort zu sehen, indem der Lichtdruck ungefähr $\frac{1}{12}$ Sekunde anhält.

Schneidet Euch ein Blatt Papier und zeichnet auf eine Seite einen Käfig, auf die andere einen Vogel, so dass, wenn Ihr das durchscheinende Blatt Papier gegen das Helle haltet, der Vogel, den

Kopf nach unten gewendet, in dem Käfig zu sitzen scheint. Befestigt Ihr an beiden Seiten eine kleine Schnur und dreht den Papierkreis rasch um diese Schnur, so seht Ihr bald den Käfig, bald den Vogel und wenn die Bilder rasch wechseln, so verbinden sich beide infolge des dauernden Lichteindruckes zu einem einzigen. Ihr glaubt einen Vogel in einem Käfig sitzen zu sehen.

Auch die sogenannten Zauberscheiben und stroboskopischen Zylinder sind weiter Nichts, als Anwendungen von dieser Erscheinung. – Denkt Euch einen Reiter in den verschiedenen Stellungen, wie er über eine Hecke setzt und denkt Euch nun, Ihr sähet diese einzelnen Bilder rasch hintereinander, so verbindet Ihr durch die Phantasie diese getrennten Handlungen alle zu einer einzigen. Ihr glaubt das Pferd erst zum Sprunge ansetzend zu sehen, dann gerade im Sprunge begriffen usw., kurz, Ihr glaubt zu sehen, wie der Reiter über die Hecke hinwegsetzt."

Max: „Ist denn diese Eigenschaft, dass die Erregung den Reiz überdauert, auf das Auge beschränkt?"

Vater: „Nicht doch. Sie gilt in mehr oder weniger hohem Grade von allen unseren Organen. Auch dem Ohre klingt ein Ton nach, es kann zwei Töne, die rasch auf einander folgen, nicht als getrennt unterscheiden. Der Astronom Bessel hat bei Gelegenheit von wissenschaftlichen Untersuchungen gefunden, dass man den scharfen Schlag zweier Pendeluhren noch unterscheiden kann, wenn die beiden Schläge um $\frac{1}{50}$ Sekunde auseinander liegen, sodass also das Unterscheidungsvermögen des Ohres weit über dasjenige des Auges hinausgeht. Sind aber die Töne nicht so scharf getrennt, so braucht das Ohr auch eine längere Zeitdifferenz, um sie als getrennt wahrzunehmen. Dies ist der Fall z.B. bei gesprochenen Worten.

Ihr wisst, dass man ein Echo nur hört, wenn man etwa 15 Meter von der reflektierenden Wand entfernt ist; der Schall braucht, um nach der Wand und wieder zurückzulaufen dann $\frac{1}{10}$ Sekunde und nur wenn der ursprüngliche und der zurückgeworfene Schall um diese Zeit auseinander liegen, hört man dieselben getrennt.

Ebenso nun, fuhr der Vater fort, wie wir eine bestimmte Zeit nötig haben, bis eine Empfindung verschwindet, bedürfen wir auch einer bestimmten Zeit, bis die Empfindung uns zum Bewusstsein kommt, und diese Eigentümlichkeit, diese gewisse Trägheit unserer Organe, ist in der letzteren Zeit sorgfältig beobachtet worden. Sie ist z.B. für die Astronomen sehr wesentlich. Denn sie bewirkt, dass ein Astronom, der den Durchgang von Sternen durch ein Fernrohr beobachtet, immer erst den Stern an dem Fadenkreuz (einem im Bildpunkte des Objektivs ausgespannten Kreuz von seinen Spinngewebefäden, welche also sich dort befinden, wo man auch das Okularmikrometer anbringen kann – vgl. Fig. 185) zu sehen glaubt, wenn er in Wirklichkeit dort schon $\frac{1}{10}$ bis $\frac{9}{10}$ Sekunde vorüber ist. Man nennt diese Zeit die persönliche Gleichung. Verschiedene Beobachter werden, wenn diese Zeit bei ihnen verschieden groß ist, auch in verschiedener Weise beobachten. Aus diesem Grunde sind überall jetzt auf Sternwarten Apparate angebracht, mittels welcher jeder Beobachter seine persönliche Gleichung bestimmt. Stellt Euch vor, es sei ein Apparat aufgestellt, der mit gleichmäßiger Geschwindigkeit eine Stange oder eine kleine Lampe, die einen künstlichen Stern ersetzt, vor dem Beobachter vorbeiführt. Dieser sieht nach dem künstlichen Stern durch ein Fernrohr und sobald derselbe gerade am Fadenkreuze antritt, wird von dem Apparate selbst ein Zeichen gegeben, das jedoch der Beobachter nicht hört. Es besteht in einem Punkte, der auf einem abrollenden Papierstreifen, wie an einem Telegraphenapparate, Markiert wird. Neben dem Beobachter wird ein kleiner Knopf angebracht und es ist ihm gesagt: ‚Sobald Du glaubst, den Stern an dem Fadenkreuz zu sehen, drücke auf den Knopf!' Sobald er dies tut, wird auf dem Papierstreifen eine zweite Marke angegeben. Wenn man nun weiß, um wieviel der Papierstreifen in einer Sekunde sich abrollt, so kann man aus dem Abstand der beiden Marken einen Schluss auf die Zeit machen, um welche der Beobachter den Stern später gesehen hat, als er wirklich da ist. Durch derartige Messungen hat man gefunden, dass in der Tat die verschiedenen Leute sehr verschieden in der Schnelligkeit der Auffassung sind, dass es auch abhängt von der Stimmung und davon, ob der Beobachter schon längere Zeit gearbeitet hat oder nicht, dass z.B. früh nach mehrstündigen nächtlichen Messungen die persönliche Gleichung größer geworden ist. Das sonderbarste für den ersten Blick ist jedoch, dass manche Beobachter und gerade recht geübte den Stern früher sehen, als er eigentlich da ist. Indem sie nämlich den Stern langsam mit gleichmäßiger Geschwindigkeit anrücken sehen, werden sie unwillkürlich zur Überlegung gebracht, wann derselbe wirklich am Fadenkreuze antreten würde und Markieren so die Zeit im Voraus."

Otto: „Woher rührt diese persönliche Gleichung?"

Vater: „Dieselbe setzt sich immer aus sehr vielen einzelnen Größen zusammen, über die wir noch nicht sämtlich Aufschluss geben können. Einmal weiß man, dass ein Lichteindruck nicht sofort seine ganze Größe besitzt, sondern dass derselbe allmählich im Laufe von ein paar Tausendteilen einer Sekunde anwächst. Ferner geht die Empfindung auf den Nerv über, und man hat aus besonderen Versuchen gefunden, dass die Fortleitung der Erregung im Nerve durchaus nicht so schnell ist, wie man sich früher vorstellte, und nicht entfernt mit der Geschwindigkeit der Elektrizität zu vergleichen ist. Während nämlich diese ungefähr 40,000 Meilen in der Sekunde beträgt, ist die Fortleitung des Nervenreizes nur 30 Meter. So käme für die Strecke vom Auge bis zum Gehirn und vom Gehirn bis zum Finger, der den Druck ausübt, eine Zeit vielleicht von $\frac{2}{30}$ Sekunde, welche die Nervenerregung zu ihrer Fortpflanzung bedarf. Nun dauert es aber auch noch eine bestimmte Zeit, ehe überhaupt das Gehirn sich dessen bewusst wird, was das Auge gesehen hat und bis es Befehl gibt, irgend eine andere Handlung auszuführen, und diese

Zeit ist sehr beträchtlich, der Vorgang aber uns noch sehr rätselhaft. Man hat z.B. Beobachtern die Aufgabe gestellt, dass sie aus mehreren Beobachtungen eine auswählen sollten, von der sie nicht wussten, wann sie kommen würde, und es hat dann immer längere Zeit gedauert, bis das Gehirn sich überlegt hatte: ,darfst Du hierauf den Finger einen Druck ausüben lassen oder nicht?' als wenn der Beobachter vorbereitet war und nur auf eine Erscheinung ohne Auswahl zu achten hatte.

Man hat die Aufgabe noch schwieriger gemacht, also z.B. zwischen einer Reihe von Spitzen, die in Form eines Buchstabens aufgestellt sind, einen elektrischen Funken überschlagen lassen, so dass der Buchstabe plötzlich aufleuchtete. Man hat verlangt: ,Wenn der eine Buchstabe aufleuchtet, so gib ein Zeichen mit der rechten Hand; leuchtet ein—zweiter auf, mit der linken, und leuchtet endlich ein dritter aus, so verhalte Dich ganz ruhig.' So musste die Seele immer erst wieder überlegen, nach welcher Richtung hin sie ihre Befehle auszusenden hätte und die hierzu nötige Zeit dauerte bis zu fast einer Sekunde.

Man hat auch Beobachter schmerzlich gereizt, um zu sehen, wie lange es dauerte, bis der Schmerz gleichsam überwunden wäre und der Seele wieder einfällt, dass sie ein Zeichen geben soll. Auch so dauerte die Zeit wieder länger.

Beobachter, die absichtlich viel Wein getrunken hatten, bedurften einer ungewöhnlich langen Zeit, ehe sie ihr Signal gaben, glaubten aber merkwürdiger Weise, dass sie mit überraschender Geschwindigkeit dies vollführt hätten und waren von ihrer Langsamkeit, als sie die Resultate sahen, sehr überrascht."

Max: „Wie kann man aber so kleine Zeiten, wie Du uns vorher welche anführtest z.B. Tausendteile einer Sekunde messen?"

Vater: „Wir können darauf nicht im Einzelnen eingehen. Die Hauptsache kommt darauf hinaus, dass man auf einem sehr rasch bewegten Körper, z.B. einem in raschen Umlauf gesetzten Zylinder mittels zweier Vorrichtungen Marken macht. Dann werden die zeitlich rasch aufeinander gefolgten Vorgänge auf sehr verschiedene Stellen von dem schnelllaufenden Apparate kommen, und da man die Geschwindigkeit des Apparates kennt, kann man aus dem Abstande dieser Zeichen einen Schluss machen auf die zwischen der Markierung der beiden Zeichen gelegene Zeit. Dies ist das Wesentliche, dass man immer durch den Raum die Zeit bestimmt; im Einzelnen kommen vielerlei Abänderungen vor.

Eine durch die Einfachheit der Mittel ausgezeichnete Bestimmungsweise kann ich hierbei noch erwähnen, es ist nämlich die, welche der italienische Physiker Galilei benutzt hat. Er maß die Zeiten mit der Wage. So sonderbar es klingt, so einfach ist es. Galilei hing einen großen Eimer, in dessen Boden sich eine lange Röhre befand, an der Decke seines Zimmers auf. Aus der Röhre strömte Wasser aus. In dem Momente, wo irgend eine Erscheinung eintrat, hielt Galilei ein Glas unter und zog dasselbe, sobald die Erscheinung aufhörte, rasch wieder weg; so konnte er durch das Gewicht von dem Wasser, das ausgeflossen war, das Verhältnis von Zeiten sehr genau messen. Ihr seht, und dies ist die Kunst, auch mit geringen Mitteln lässt sich viel erreichen, wenn man es nur versteht, dieselben richtig anzuwenden.

Zwanzigste Unterhaltung

Weshalb wir die Gegenstände aufrecht sehen, obschon das Bild derselben auf der Netzhaut umgekehrt ist. – Unsere Sinne sind nicht untrüglich – Unsere Gesichtswahrnehmungen hängen ab von der Erfahrung – Das Stereoskop. – Glanz. – Das körperliche Sehen flächenhafter Bilder. – Maxiotte'scher Fleck. –Optische Täuschung –

„Habe ich Dich neulich richtig verstanden", fragte Gustav, „als Du uns die Beschaffenheit des Auges auseinander setztest? Wenn das Auge nach demselben Gesetz gebaut ist, wie ein optischer Apparat, so müssen wir doch auf der Netzhaut ein umgekehrtes Bild des Gegenstandes bekommen und es erscheint mir rätselhaft, wenn dies wirklich der Fall ist, warum wir dann die Gegenstände aufrecht sehen."

„Dieselbe Frage, welche Du aufwirfst, " entgegnete der Vater, „haben sich auch früher sonderbarer Weise lange genug die

Gelehrten vorgelegt und dabei vollständig Eins verkannt. – Zunächst käme es natürlich darauf an, wirklich nachzuweisen, dass umgekehrte Bilder entstehen. Man hat deshalb Versuche mit Augen von frisch getöteten Tieren gemacht und es so gefunden, wie man nach der Beschaffenheit des Auges erwarten musste. Also dies ist in Ordnung. Weshalb sehen wir nun doch aufrecht? Ihr müsst beachten, dass wir ja gar keine Vorstellung haben von dem, was auf unserer Netzhaut vorgeht. Denkt Euch auf derselben das Bild eines Gegenstandes entworfen, so werden bestimmte Nervenfasern beleuchtet und gereizt werden und unser Gehirn wird weiter Nichts sagen können, als: ‚ich empfinde einen Reiz, der von dieser oder jener Stelle ausgeht.' Sind wir nun durch Erfahrung dahin gekommen, dass wir wissen, einer bestimmten Empfindung, die unserem Hirn gemeldet wird, entspricht irgendwo im Raume nach einer gewissen Richtung hin ein Punkt, so werden wir später immer wieder unwillkürlich, selbst wenn wir das Gegenteil wüssten, schließen, dass an dieser Stelle sich ein solcher Punkt befinde. Sobald also die Erfahrung in Verbindung mit der Erinnerung einmal festgesetzt hat, wohin wir einen Punkt außer uns zu setzen haben, der eine bestimmte Nervenfaser der Netzhaut gereizt hat, so sind wir damit für alle Zeiten ausgerüstet, um aus dem Bilde, das auf der Netzhaut entworfen wird, uns umgekehrt ein Bild außer uns zu konstruieren, wir projizieren, wie man sagt, alle unsere Empfindungen in die Außenwelt. Es geht dies soweit, dass wir gar nicht entscheiden können, von wo aus eigentlich ein Reiz kommt, wenn einmal auf irgendeiner Strecke ein solcher einwirkt, z.B. bei Leuten, welchen der Unterschenkel amputiert worden ist, kann durch irgend welchen Zustand ein Nerv an dem Stumpf gereizt werden. Ihrer früheren Gewohnheit gemäß verlegen die Leute den Reiz an die Stelle, von welcher derselbe meistens kam, und wenn vielleicht der Nerv, welcher im gesunden Körper zur großen Zehe führte, gereizt wird, so glauben dieselben ein Jucken an der großen Zehe zu empfinden, welche gar nicht mehr vorhanden ist. Der Eindruck ist so stark, dass sie anfangs wirklich in eine vollkommene Täuschung verfallen und unwillkürlich nach dem fehlenden Körperteile fassen.

Ganz ähnliche Erscheinungen gelten für alle unsere Organe und es ist daher die gewöhnliche Ansicht von der Untrüglichkeit unserer Sinne durchaus nicht gerechtfertigt. Das Volk glaubt wirklich, jeder Lichtempfindung müsse auch ein Objekt außerhalb des Körpers entsprechen. ‚Ich habe es mit meinen eigenen Augen gesehen' ist die stehende Redensart dafür. Es erklärt sich aus diesem absoluten Vertrauen auf die Sinne, wie so lange Gespenstererscheinungen, die sich, wie wir neulich sahen, vielleicht großenteils aus Nachbildern erklären, im Volksglauben auf's Tiefste wurzeln konnten. Wir haben schon früher Ähnliches kennen gelernt. Ihr entsinnt Euch, dass ich Euch bei Spiegelbildern zeigte, wie wir auch hier glaubten, an einer Stelle einen Punkt zu sehen, wo in Wirklichkeit gar keiner war. Aus der Richtung zweier Lichtstrahlen gegen einander schließen wir auf die Existenz eines Punktes und auf den Ort desselben und können uns von dem Glauben, wirklich dort einen Punkt zu sehen, so wenig losmachen, dass wir, selbst wenn wir die Spiegelgesetze kennen und ganz genau wissen, dass wir getäuscht werden, dennoch stets und immer wieder trotz besseren Wissens in dieselbe Täuschung verfallen.

Ganz Ähnliches gilt von dem Sehen mit zwei Augen. Ich habe Euch gleichfalls früher schon darauf aufmerksam gemacht, dass man von einem nahen Gegenstande ein anderes Bild mit dem linken Auge bekommt, als mit dem rechten. Diese beiden verschiedenen Bilder verbinden sich, wenn die Augen richtig eingestellt sind, d.h. wenn die Bilder auf gewisse sogenannte korrespondierende Netzhautstellen fallen, im Bewusstsein zu einem einzigen Bilde."

Otto: „Und was ist der Unterschied in dem Eindrucke des Gegenstandes der weit entfernt liegt, wo die Bilder in beiden Augen also gleich sein müssen, von dem Eindrucke eines Gegenstandes, der in beiden Augen verschiedene Bilder hervorruft?"

Vater: „Nur ein Körper, nicht aber eine Fläche ist im Stande, beiden Augen eine verschiedene Ansicht zu bieten. Wenn wir nun öfter von demselben Gegenstand eine für beide Augen verschiedene Ansicht gehabt und uns durch den Tastsinn davon überzeugt haben, dass wir es mit einem körperlichen Gegenstande zu tun hatten, so werden wir auch später immer, sobald unseren Augen wieder derselbe Eindruck geboten wird, rückwärts auf einen körperlichen Gegenstandschließen. Dies ist der einfache Gedanke, welcher in einem Euch Allen bekannten Instrumente, dem Stereoskop, wie dasselbe zum ersten Male vom Engländer Wheatstone konstruiert wurde, zu Grunde liegt. Denkt Euch seinen photographischen Apparat aufgestellt mit zwei Linsen, welche so weit voneinander abstehen, wie unsere beiden Augen, und irgend einen Gegenstand damit fotografiert seht Ihr dann die Photographien wieder mit beiden Augen an und stellt dieselben so, dass die Bilder auf korrespondierende Netzhautstellen fallen, so bekommt Ihr wieder mit der vollsten Überzeugungstreue den Eindruck eines räumlich ausgedehnten Gegenstandes.“

Max: „Ich sehe darnach ein, weshalb man bei jeder Stereoskopie zwei Bilder hat; wozu aber sind nochmals die beiden Linsen vorgesetzt?“

Vater: „Dieselben haben nur den Zweck, dem Auge die Einstellung zu erleichtern, gleichzeitig können sie auch die Bilder etwas vergrößern. – Für Gegenstände, welche dem Auge weiter entfernt sind, benutzt man noch einen einfachen Kunstgriff. Man entfernt nämlich die beiden Linsen des photographischen Apparates weiter voneinander als unsere Augen von einander abstehen und bekommt so gewissermaßen ein übertrieben körperliches Bild. – Ich habe Euch auch früher schon daraus aufmerksam gemacht, dass entferntere Gegenstände bei gleicher absoluter Größe kleiner erscheinen, als nähere, nach dem Gesetz der sogenannten Perspektive. Auch dieses bekommen wir nur durch Erfahrung. Es ist Euch bekannt, dass Kinder noch kein

Urteil über die Entfernung haben und nach dem Monde oder einem sonstigen weit gelegenen Gegenstande ebenso verlangen, als nach dem Spielzeug, welches sie wirklich greifen können. Erfahrung muss erst unserem Sehen zu Hilfe kommen und das Auge muss gewissermaßen erst beurteilen lernen, was es denn eigentlich wahrnimmt. Haben wir aber einmal darüber Erfahrungen gesammelt, so kommen wir schließlich dahin, dass wir die gewöhnlichen oft gezogenen Schlüsse nun eigentümlicher Weise auch da anwenden, wo wir eigentlich nicht dazu berechtigt sind.

Bei Bildern z.B. sieht man die Tiefe, so zu sagen, in das Bild hinein. Die Gegenstände, welche weiter zurückliegen sollen, werden vom Maler kleiner gezeichnet; wir, als Beschauer, wenden unseren Erfahrungssatz wieder an und kommen dahin, dass die kleineren Gegenstände, obschon sie mit den größeren aus derselben Fläche liegen, doch von uns hinter dieselben gesetzt werden. Aus demselben Grunde (dass wir nämlich nur durch Erfahrung uns ein Urteil verschaffen können) sind wir auch nicht im Stande, nach einem Bilde die Größe eines uns unbekannten Gegenstandes zu beurteilen, wenn nicht gleichzeitig daneben ein Gegenstand von uns bekannter und nahezu unveränderlicher Größe gezeichnet ist."

Ganz ebenso, wie wir durch das stereoskopische Sehen zwei der Form nach verschiedene Bilder kombinieren, können wir auch wieder zwei gleiche und nur der Farbe nach verschiedene Bilder im Bewusstsein zu einem einzigen verschmelzen. Denkt Euch ein Stückchen Spiegelglas in die Nähe vom Auge gelegt, so werdet Ihr viele Stellen finden, bei denen das linke Auge das Glas glänzend, das andere verhältnismäßig dunkel sieht. Es muss also das Bewusstsein zwei Bilder vereinigen von derselben Form, die sich nur durch den Grad der Helligkeit unterscheiden; wir bekommen dann den Eindruck, welchen wir Glanz nennen. Legen wir umgekehrt unter das Stereoskop Bilder eines Gegenstandes, das eine hell, das andere dunkel gezeichnet, so glauben wir wieder umgekehrt den Gegenstand glänzend wahrzunehmen.

Ihr könnt auch ohne Stereoskop einen hierauf beruhenden Versuch von überraschendem Effekt machen. Legt ein Stückchen recht intensiv gefärbten blauen oder grünen Papieres auf ein Stückchen Papier von anderer Farbe und seht darauf, indem Ihr vor das eine Auge ein rotes, vor das andere ein grünes oder blaues Glas haltet, so sehen beide Augen wieder verschieden gefärbte Bilder, und Ihr werdet mit überraschender Lebhaftigkeit sehr hellschimmernde Metallflächen zu sehen glauben, wo in Wirklichkeit Nichts ist, als mattes glanzloses Papier. – Soweit schließen wir noch immer auf Grund gewisser Verschiedenheiten, welche den beiden Augen geboten werden; häufig aber ist auch dies nicht der Fall und dennoch schließen wir dann nach gewissen Erfahrungssätzen Seht Euch diese Linie hier an und sagt mir, welcher der beiden Teile Euch größer erscheint. Ihr Alle werdet die Strecke bc

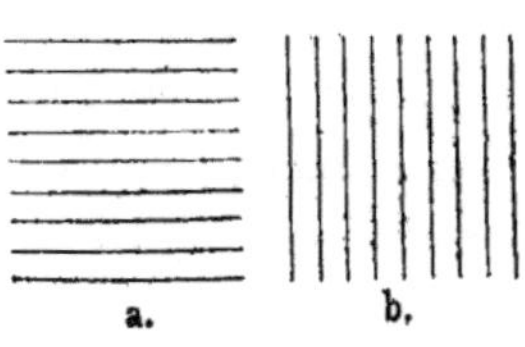

für größer als ab halten,

Fig. 191

gleichwohl könnt Ihr Euch durch Messen mit dem Zirkel überzeugen, dass beide genau dieselbe Länge haben."

Max: „Aber weshalb schließen wir denn so?"

Vater: „Die Täuschung rührt daher, dass bc in mehrere Unterabteilungen geteilt ist und wir unwillkürlich den Gegenstand für größer halten, an dem wir mehr kleine Abteilungen sehen.

Ihr habt hier eine zweite solche Täuschung. Die beiden Flächen a und b sind richtige Quadrate, sie sollten daher ebenso breit als hoch erscheinen, trotzdem werdet Ihr a für höher, b für breiter halten, einfach weil der eine Teil in horizontaler, der andere Teil in vertikaler Richtung in mehrere Abteilungen getrennt ist.

Fig. 192

Ebenso werdet Ihr die Linien a und b (Fig. 193), welche unter einem rechten Winkel gegen einander geneigt sind, glauben unter einem stumpfen zu sehen, weil der von ihnen eingeschlossene Winkel wieder in mehrere kleine Winkel zerlegt ist.

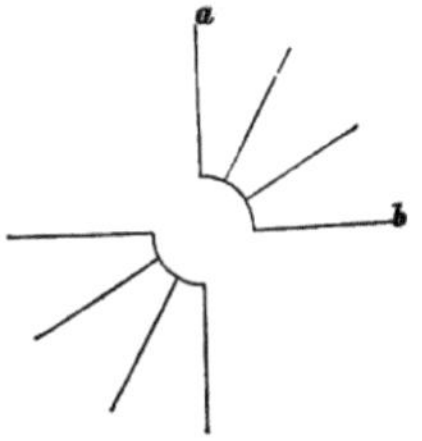

Es kommt so auch eine bekannte Täuschung zu Stande, dass nämlich ein leeres Zimmer kleiner aussieht, als ein möbliertes, oder dass ein Saal, dessen Wände gleichmäßig gefärbt sind, kleiner erscheint, als einer, dessen Wände mit Mustern versehen sind. Besucht es mit Freunden, welche den Irrschluss noch nicht gemerkt haben, über die Breite eines

Fig. 193

Flusses zu wetten, Ihr werdet immer finden, dass sich die Leute leicht unterfangen, bis über den Fluss werfen zu wollen, während ihnen dies nicht gelingt.

In anderen Fällen schließen wir wieder nach anderen Erfahrungssätzen in falscher Weise. Wenn der Mond am Horizonte steht, so erscheint er Einem größer als am Zenit. Hier täuscht uns die Helligkeit; der unbewusste Schluss, den wir ziehen, ist ziemlich verwickelter Natur. Wir sind gewohnt, helle Gegenstände unter sonst gleichen Umständen für näher zu halten, als trübe, weil wir wissen, dass die Lichtstrahlen, welche einen großen Weg durch die immer mit Staub und Feuchtigkeit erfüllte Atmosphäre zurücklegen mussten, geschwächt werden. Aus diesem Grunde erscheinen uns Gebirge nach Regen sehr in die Nähe gerückt. Sehen wir nun den Mond einmal hell, nämlich am freien Himmel, das anderemal trübe, durch die staubige niedrige Schicht der Atmosphäre, so würden wir geneigt sein, ihn im zweiten Falle in größere Entfernung zu setzen. Wohlbewusst aber, dass wir über die Entfernung von Himmelskörpern Nichts entscheiden können, schließen wir nun noch weiter und machen einen gewissen, allerdings auch trüben Schluss auf die Größe. Wir sagen uns, der Mond, welcher am Horizonte trüber erscheint als hoch am Himmel, muss entweder am

Horizonte in größerer Entfernung stehen, oder er muss größer sein – den letzten Schluss ziehen wir, vertauschen dabei aber auch noch wahre und scheinbare Größe. Ja die Gewohnheit macht noch viel mehr. Ich muss Euch aber vorher mit einer andern Eigentümlichkeit des Auges bekannt machen.

Fig. 194

Seht Euch die nebenstehende Figur (Fig. 194) an! Schließt das linke Auge und fixiert mit dem rechten das kleine weiße Kreuzchen, indem Ihr das Buch ungefähr ⅓ Meter vom Auge entfernt haltet. Wenn Ihr Euch nicht irre machen lasst, sondern nur das Kreuzchen scharf ins Auge fasst, so werdet Ihr bald nebenbei noch etwas Anderes merken. Der große weiße Kreis nämlich verschwindet. Es erklärt sich dies daraus, dass das Bild des weißen Kreises bei dieser Augenstellung auf die Stelle fällt, wo der Sehnerv in dasselbe eintritt, und diese Stelle ist, so sonderbar es für den ersten Augenblick klingt, nicht im Stande, eine Lichtempfindung zu vermitteln. Wir sind an der Eintrittsstelle des Sehnerves blind. Diese Erscheinung, welche von dem französischen Physiker Mariotte entdeckt wurde und seiner Zeit am Hofe Ludwigs XIV. viel Aufsehen machte, wird nach dem Entdecker der Mariotte'sche Versuch über den blinden Fleck genannt. Es wird Euch bei diesem Versuche sogar noch mehr ausfallen. Indem das weiße Kreuz verschwindet, wisst Ihr nicht mehr, was Ihr eigentlich an seiner Stelle für einen Eindruck erwarten solltet. In Wirklichkeit denkt Jeder unwillkürlich, diese Stelle müsste ebenso ausgefüllt sein, wie die Umgebung, mit anderen Worten, Ihr seht dann, wenn die Umgebung schwarz ist, auch diese kreisförmige Stelle schwarz, ist sie blau, so seht Ihr den Kreis blau usw.

Nun bringe ich an die Stelle des weißgelassenen Kreises einen in der Mitte unterbrochenen Stab, wie ich ihn hier gezeichnet habe (Fig. 195). Auch hier wisst Ihr nicht mehr, wie Ihr die leere Stelle im Gedanken ausfüllen sollt.

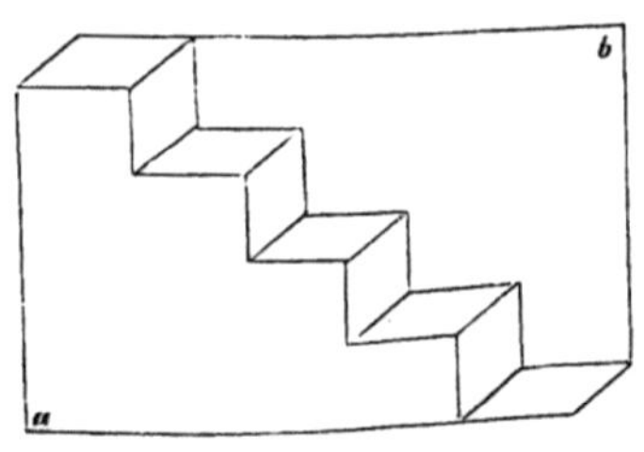

Fig. 195

Da aber meistens, wenn oben ein Gegenstand eine gerade Linie und ebenso auch unten eine gerade Linie zeigte, Ihr einen Stab vor Euch hattet, so füllt Ihr auch wieder unwillkürlich die unterbrochene Stelle des Stabes stabförmig aus. Es ist dasselbe, als wenn Ihr eine Reihe von Stäben teilweise durch eine Horizontallinie verdeckt hättet. Ihr werdet nicht denken, dass wirklich zwischen dem oberen und unteren Rande eine leere Stelle sei, sondern Ihr setzt in Gedanken einfach den Stab auch über die Unterbrechung hinaus fort. Denkt Euch einen Menschen, welcher gewohnt wäre, nur Stäbe zu sehen, die in der Mitte eine Kugel trügen, so würde derselbe auch die Stelle des blinden Fleckes wirklich durch eine Kugel ergänzen. Was aber soll das Auge machen, wenn Ihr es noch mehr in Verlegenheit bringt, nämlich wenn Ihr zwei Stäbe über Kreuz zusammenlegt, von denen der eine blau, der andere rot gefärbt ist, und beide mitten unterbrecht? Das Auge weiß dann nicht, ob es den roten oder blauen Stab fortführen soll. Es wird, je nachdem einmal der eine oder andere Eindruck überwiegt, rot oder blau ergänzen und wenn es

Fig. 196

schließlich längere Zeit gequält ist und das Gefühl der Unbestimmtheit sich einstellt, so versagt es einfach den Dienst, Ihr seht an dieser Stelle eben Nichts. Ihr merkt schon, wie sich in unser

Urteil viel Willkürliches hineinmischt und wie die Erfahrung eine der wesentlichsten Rollen dabei spielt. Ebenso, wie beim letzten Versuch, kommt Ihr in Verlegenheit, wenn Euch eine Figur vorgelegt wird, wie Ihr sie hier seht, eine Figur nämlich, welche Ihr eben sowohl als eine vorspringende Treppe, wie als ein überhängendes Mauerstück auffassen könnt. Durch die Schattierung ist der Auffassung nicht nachgeholfen und in der Tat werdet Ihr bald, je nachdem Ihr in Eurer Vorstellung einmal die oder andere Fläche bevorzugt, den Eindruck wechseln sehen. Es wird dies sogenannte Tiefsehen abhängig gemacht von Eurer Willkür. Wenn es Euch nicht gelingt, den ungewöhnlicheren Anblick eines überhängenden Mauerstückes wahrzunehmen, so benutzt nur folgenden einfachen Kunstgriff. Dreht, während Ihr fortwährend die Figur scharf im Auge behaltet, die Euch jetzt den Eindruck einer Treppe macht, das Buch langsam herum, so behaltet Ihr von dem unteren Teile immer die Vorstellung, dass er überstehe; habt Ihr aber das Buch um 180 Grad auf diese Weise langsam gedreht, so muss die Figur, indem der vorher untere Teil jetzt zum oberen geworden ist, Euch den Eindruck einer überhängenden Treppe machen. Das geringste Augenzucken aber ist im Stande, wieder den Euch gewöhnlicheren Eindruck der Treppe hervorzurufen. Die Gewöhnung geht noch weiter und Euch Allen ist vielleicht schon vorgekommen, dass ein Fremder Euch nach Einzelheiten eines Euch ganz bekannten Gegenstandes fragte, welche ihm aufgefallen waren, während Ihr Euch derselben kaum entsinnen konntet. Ihr seid mit dem Gegenstande schon lange bekannt; beim ersten Anblick mögen auch viele Einzelheiten besonders Eure Aufmerksamkeit auf sich gezogen haben, Ihr habt aber immer mehr gelernt, diese Einzelheiten zu einem einzigen Ganzen zu verbinden und habt daher nur noch diesen Eindruck in Erinnerung. So wisst Ihr ja, dass sich auch an Leuten, die man eben erst kennen lernt, mancherlei Gewohnheiten besonders bemerklich machen, dass man sich aber an diese Eigentümlichkeiten, wie man eben sagt, gewöhnt; man übersieht sie allmählich. Bringt man nun den Beobachter in irgendetwas geänderte Verhältnisse, so fallen ihm sofort wieder die Einzelheiten, welche er sonst übersah, auf.

Der Gang von Menschen ist immer von allerhand unnötigen Nebenbewegungen begleitet, die man für gewöhnlich übersieht. Betrachten wir aber einen uns ganz bekannten Menschen durch ein Fernrohr, welches ihn umgekehrt zeigt, so ist der jetzt veränderte Eindruck uns etwas Neues und alle diese kleineren Eigenschaften treten wieder lebhaft hervor.

Wenn Ihr abends spazieren geht, so werdet Ihr einen ganz anderen Eindruck von einer Gegend bekommen, sobald Ihr den Kopf etwas neigt. Die Farben treten lebhafter und frischer hervor. Die Maler benutzen diese Erfahrung auch, um die Farbentöne scharf aufzufassen. Der Grund liegt wieder darin, dass Ihr Euer Auge in etwas ungewohnte Stellung bringt und der Anblick einer Euch ganz bekannten Gegend dadurch neuer wird, dass er nicht mehr so sehr den Eindruck als Ganzes, sondern mehr den der Einzelheiten überwiegen lässt. Am Überraschendsten wird es natürlich, wenn Ihr Euch in eine möglichst ungewohnte Lage bringt, d.h. den Kopf zwischen die Beine steckt. Ihr wisst, dass durch den ungewohnten Rahmen der Beine gesehen, eine Gegend einen anderen Eindruck macht, als mit der gewöhnlichen Stellung des Kopfes beobachtet.

Alles in Allem gesagt: wir sind weit davon entfernt, die Gegenstände so zu sehen, wie sie in Wirklichkeit sind. Wie unendlich viel von Gewohnheit, von Fehlern des Auges, von eigentümlichen Schlüssen usw. haftet dem bewussten Eindrucke an!

Ich will Euch noch einige hierauf bezügliche sogenannte optische Täuschungen vorführen.

In Figur 197 werdet Ihr Alle die untere volle Linie als die Verlängerung der oberen ansehen

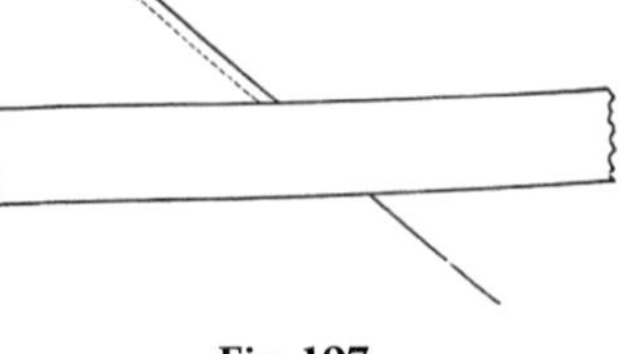

Fig. 197

und gleichwohl könnt Ihr Euch leicht überzeugen, dass die scheinbar mehr links gelegene punktierte Linie mit der ersten in dieselbe Richtung fällt. Seht nun die horizontalen Linien in Figur 198.

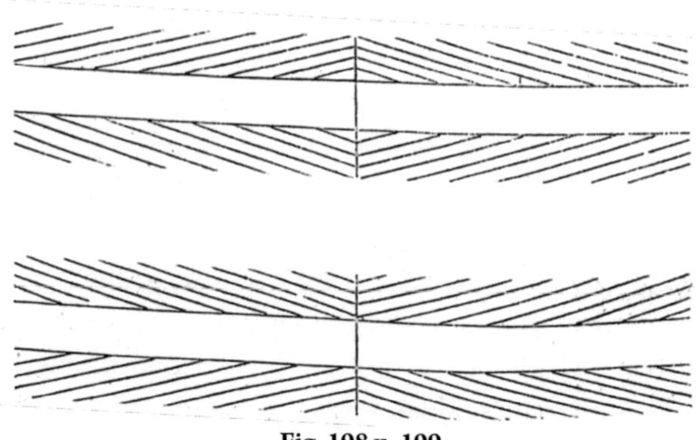

Fig. 198 u. 199

In Wirklichkeit sind sie gerade und parallel, dennoch scheinen sie nach beiden Enden hin zusammenzulaufen. Diese scheinbare Brechung der geraden Linien hängt immer mit den Schraffierungen zusammen, die über – und unterhalb derselben sich befinden. Ihr seht in Figur 199, dass ich weiter Nichts geändert, als die Schraffierungen in der entgegengesetzten Richtung gezogen habe. Gleichzeitig scheinen die parallelen Linien nicht mehr mit ihren Enden sich zu nähern, sondern umgekehrt, sich zu entfernen und es ist in der Mitte nicht mehr ein Winkel entstanden, welcher kleiner als 180°, sondern größer als 180° ist. Ganz ähnlich entsteht die Täuschung bei Figur 200. Die geraden Linien sind parallel, scheinen sich aber nach oben zu nähern. Die Zeichnung ist komplizierten. In derselben Weise erscheinen auch die vier in Wirklichkeit geraden Linien (Fig. 202), die in ein System von konzentrischen Kreisen eingezogen sind, gebogen und nach dem Mittelpunkte des Kreises hingezogen. Am Überraschendsten ist die Täuschung in Figur 201. Ihr habt hier eine Reihe schwarzer Linien, welche von

Querstrichen durchsetzt sind. Nicht allein erscheinen die

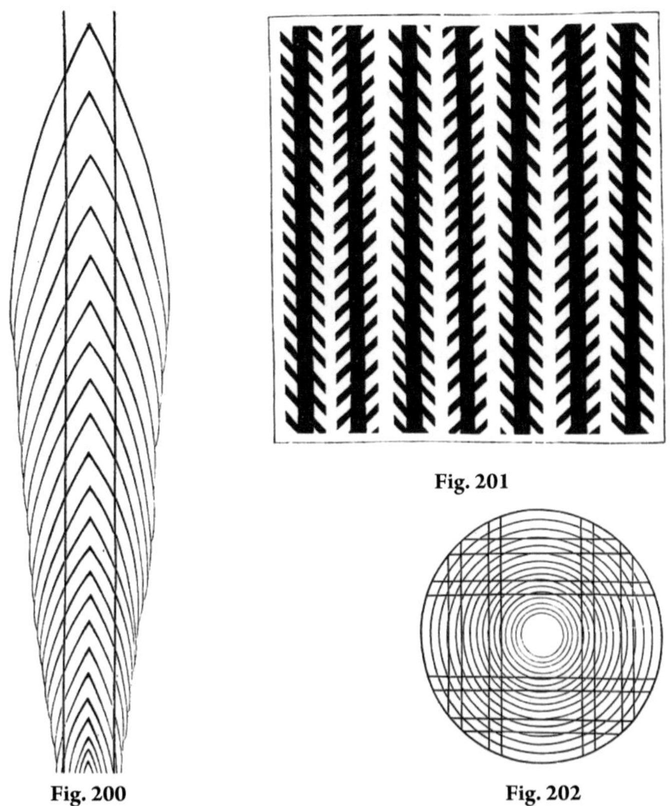

Fig. 201

Fig. 200   Fig. 202

Querstriche abgesetzt und auf beiden Seiten verschieden hoch zu
stehen, wie die Sprossen einer Leiter an Turngerätschaften, sondern
auch die in Wirklichkeit parallelen Vertikallinien scheinen
abwechselnd nach oben und unten sich zu nähern. Alle diese
Täuschungen sind durch zweierlei Ursachen bedingt, teilweise sind
sie, wie man sagt, psychologischer Natur, d.h. wir werden zu ihnen
geführt infolge von unbewussten Schlüssen, die sich auf anderweitige
Erfahrungen stützen. Eine zweite Ursache liegt in den
Augenbewegungen, welche nötig sind, um den ganzen Gegenstand

zu übersehen. Wenn Ihr z.B. die letzte Figur recht scharf fixiert, ohne das Auge zu bewegen, so wird es Euch gelingen, das Bild aufzufassen, nicht als schwarze Striche auf weißem Grunde, sondern als weiße mit Querlinien versehene Streifen auf schwarzem Grunde, und wenn Ihr dann die Augen nicht bewegt, fällt auch die Täuschung weg. In dem Moment aber, wo wieder willkürlich oder unwillkürlich eine Augenbewegung eintritt, ist auch sofort die Täuschung wieder in voller Stärke vorhanden.

Soviel für heute, wo wir durch unbewusste Schlüsse getäuscht wurden. Wir wollen das nächste Mal nun Einiges erläutern, wo die falschen Schlüsse nicht in dem Bau unserer Organe oder in gewissen Erfahrungssätzen beruhen, sondern wo wir selbst Schuld daran sind, und wir werden sehen, dass auch hier unser Urteilsvermögen leicht durch die Form, in der uns etwas geboten wird, irregeführt wird und zu einem ganz sicher und durch bloße Überlegung als falsch nachzuweisenden Schlusse gelangt.

Merkwürdige Wirkung einer mathematischen Aufgabe

Einundzwanzigste Unterhaltung

Ein Kapitel, an dem Ihr Euren Scharfsinn üben könnt. Es handelt von falschen logischen Schlüssen. – Allerlei Scherze. – Die Rache des Rechenmeisters. – Sophismen.

„Ich muss Euch heute", sagte der Vater, „eine grausige Geschichte erzählen, welche ich vorher gelesen habe. Ihr kennt ja doch die Art, wie man Forellen fängt. Man stellt sich in den Bach und sucht mit der Hand unter dem überhäufenden Ufer nach einer Forelle, welche, wie man sagt, steht. Wenn man ihr langsam über den Rücken fährt, so bleibt dieselbe ruhig stehen und man kann sich allmählich eine Stelle aussuchen, wo man den Fisch festpacken und dann mit einem Ruck plötzlich ans Ufer werfen kann.

389

Ebenso fischte auch ein Bübchen mit der Hand Forellen. Er suchte und suchte unter den Sträuchern am dunkeln Ufer, immer vergebens; auf einmal zieht es eine Menschenhand aus dem Wasser."

Entsetzt fuhren Alle auf. „Das ist ja schauderhast und was geschah darauf?"

„Nichts", antwortete der Vater, „es war – seine eigene Hand."

Die Gesellschaft fing an, laut zu lachen, als sie sah, wie sie durch, einen einfachen Kunstgriff getäuscht war.

„Nun", sagte der Vater, „Ihr waret vollständig unvorbereitet und ich habe absichtlich schon durch meine Einleitung Euch auf falsche Fährte zu bringen gesucht. Ihr Alle habt hier etwas Anderes erwartet, weil Ihr dem gewöhnlichen Sprachgebrauch nach schlosset, es würde kommen, dass der Knabe die Hand einer Leiche aus dem Wasser gezogen habe.

Ich will Euch aber Beispiele geben, bei welchen Ihr, obgleich nun schon vorbereitet, doch noch leicht in Versuchung kommen werdet, falsch zu schließen. Probiert selbst derartige Beispiele in Gesellschaften und Ihr werdet bestätigt finden, dass die meisten Leute einen falschen Schluss ziehen, oder wenigstens sich lange dar; über besinnen, wo der Fehler steckt.

Ein Jagdliebhaber kaufte sich eine Büchse in einem Laden, und es fiel ihm lange Zeit die Wahl schwer zwischen zweien ihm besonders angenehmen Stücken. Die eine sollte vier Doppelkronen kosten, die andere allerdings hatte den doppelten Preis, war aber ungleich hübscher und gefiel dem Jäger sehr. Nachdem er lange hin und her überlegt hatte, kam er doch schließlich zu dem Entschluss, lieber die billigere zu nehmen, die ja denselben Dienst leiste. Er zahlte dem Kaufmann vier Goldstücke und ging fort. Unterwegs begegnete ihm ein Freund, dem er von seinem Kaufe erzählte. ‚Ach', meinte dieser, ‚wenn Du Dir schon einmal eine Büchse kaufst, so, dächt' ich, hättest Du Dir gleich eine ordentliche kaufen sollen; man hat sie für sein ganzes

Leben und da ist es besser, lieber etwas mehr auszugeben, um etwas Ordentliches zu haben; die Freude, welche man daran hat, bringt das wieder ein.' Der Käufer, welchem die frühere Büchse noch arg im Sinne lag, entschloss sich also in der Tat, die teuere zu kaufen, er geht in den Laden zurück und sagt zum Kaufmann: Ich habe mich entschlossen, die Büchse zu acht Kronen zu kaufen, vier habe ich Ihnen bereits gegeben, hier die Büchse repräsentiert vier Kronen. Gebe ich Ihnen diese dazu, so haben Sie acht Kronen, folglich kann ich die gute jetzt mitnehmen.

Was glaubt Ihr, was der Kaufmann getan hat? Ob er die Rechnung anerkannte, oder nicht? Überlegt es Euch nochmals, indem Ihr Euch obige Erzählung ordentlich durchseht.

Eine ähnliche Geschichte, nur lange nicht so bestechend, ist folgende. Bei einem Wirte haben drei Gäste getrunken und als es zum Zahlen kommt, macht der Wirt, welcher mit seinen Gästen auf freundschaftlichem Fuße stand und selbst einige Flaschen bezahlen wollte, die Rechnung. Er schrieb also auf den Tisch:

6 Flaschen Weißwein 6 Mark,

7 Flaschen Rotwein 14 Mark,

2 Flaschen zahle ich, 4 Mark,

macht zusammen 24 Mark. Dann wischte er die Rechnung mit dem Ärmel fort und sagt, macht pro Mann 8 Mark.

Alles dies sind Spitzfindigkeiten, wobei man die Leute dadurch täuscht, dass man ihre Aufmerksamkeit auf etwas Anderes hinlenkt, z.B. in dem letzten Falle mit dem Wirte; indem er die Gäste nur gespannt macht auf den Preis und immer die Anzahl der Flaschen und den entsprechenden Preis scharf hervorhebt, übersehen dieselben, dass er eine Zahl addiert, die er hätte subtrahieren sollen.

In dieser Weise könnt Ihr auch manchen netten Scherz für Gesellschaften mit derselben Übertölpelung, so zu sagen, ausführen.

Z.B. es wettet Einer mit einem Anderen, dass er nicht drei Sätze wiederholen könne, die ihm der Erste vorsage, ohne Etwas hinzuzufügen.

Der Gefragte, welcher natürlich glaubt, sich ziemlich auf sein Gedächtnis verlassen zu können, geht daran ein, vielleicht unter der Bedingung, dass die Sätze nicht zu übermäßig lang seien. Nachdem diese Schwierigkeit beseitigt ist, kann es sich doch nur noch darum handeln, dass er irgendetwas vielleicht für ihn Unangenehmes nachsagen solle. Da es aber doch nur ein Scherz ist, so nimmt er sich vor, ganz getreulich Alles nachzusprechen.

Nun fängt der Erste mit einem Satze an, etwa: ‚Hier habe ich sechs Schwefelhölzer.‘ Der Andre spricht getreulich nach. Nun spricht der Erste wieder: ‚Nehme ich drei davon hinweg, so bleiben noch vier.‘ Auch dies spricht der Zweite nach, obschon es gegen seine Überzeugung geht.

‚Ja‘, fängt nun der Erste an, ‚nun hast Du schon Deine Wette verloren.‘

‚Inwiefern denn?‘, ist gewöhnlich die Frage des Zweiten, indem er übertölpelt wurde und glaubt, der letzte Satz sei nicht der dritte, den er nachzusprechen hat, sondern eine von dem Ersten unwillkürlich hingeworfene Bemerkung. Natürlich hat er damit wirklich die Wette verloren.

Eine derartige Sophistik ist auch Folgendes. Es wettet Einer mit einem Anderen: Du antwortest mir nicht auf drei Fragen hinter einander: diese drei Schwefelhölzer. Die Meisten denken dann, sie sollten in der Weise betrogen werden, dass Ihnen nur zwei Fragen vorgelegt würden, und nehmen also diesen Fall aus. Man wettet nun, indem Jeder eine Münze auf den Tisch legt, etwa ein Markstück, und sagt: Du bekommst von mir dieses Markstück, sobald Du unsrer Wette gemäß immer die Antwort: diese drei Schwefelhölzer gibst. Im umgekehrten Falle wandert Dein Markstück in meine Kasse.

Nun fängt der Erste an etwa mit: ,Was magst Du lieber, Schwarz oder Weißbrot?' Ganz redlich antwortet der Zweite: ,Diese drei Schwefelhölzer.' ,Gehst Du lieber spazieren oder schläfst Du lieber?' ist die zweite Frage. Wieder die alte Antwort: ,Diese drei Schwefelhölzer.' ,Was willst Du lieber', fängt endlich die dritte Frage an, ,diese zwei Markstücke oder diese drei Schwefelhölzer?'.

Natürlich ist er jetzt im Dilemma, denn sobald er die alte Antwort ,diese drei Schwefelhölzer' gibt, hat er auf sein Markstück ausdrücklich Verzicht geleistet, obgleich er aber damit glaubte, die Wette gewonnen zu haben.

Es liegt also hier die Täuschung gleich im Anfange und ist später nicht mehr zu umgehen.

Ich hatte Euch bei einer früheren Unterhaltung versprochen, später noch einmal zu erzählen, wie der gefoppte Rechenmeister sich an seinen Gegnern rächte, welche Alle sich einbildeten, sehr gute und gewandte Rechner zu sein.

Eines Tages steht einfach gedruckt in der Mannheimer Zeitung, denn dort passierte die Geschichte: ,Mathematische Aufgabe. 10·10 Gulden = 100 Gulden. Wieviel sind 9 Gulden 59 Kreuzer × 9 Gulden 59 Kreuzer? Demjenigen, welcher die Aufgabe richtig löst, eine Flasche guten Weines zur Belohnung, welche er im Café A. abholen kann.'

Das Blatt war noch keine Stunde ausgegeben, so wurde das Café schon von allen Seiten bestürmt. Bald kam ein Handlungslehrling, bald ein Schüler; welche Alle Anspruch auf die Flasche Wein zu haben glaubten. Der Caféwirt, welcher Nichts von dem Ganzen wusste, dachte anfangs, dass ein Versehen vorliege und wies die Leute freundschaftlich ab. Diese aber, welche, sich in ihrem Rechte dünkten, bestanden auf ihrer Forderung, und so sing schon allmählich in dem Café ein großes Leben an. Als der Wirt schlechterdings Nichts von der Flasche Wein wissen wollte und viele der Leute, welche sich persönlich an ihn wandten, abgewiesen hatte, ging die Sache brieflich weiter; es kamen flüchtig und liederlich geschriebene Briefe, gelehrte und hochtrabende, ordentliche und unordentliche, schmutzige und reinliche, kurz Briefe allerlei Art. Das Schlimme war nur, dass in jedem Briefe und auf jedem Zettel ein anderes Resultat war und dass jeder Brief damals noch 1 Kreuzer Bestellgebühr kostete. Der Eine hatte angefangen 9 Gulden 59 Kreuzer ist ein Kreuzer weniger als 10 Gulden, macht also auf 10 Gulden 10 Kreuzer weniger, also kommen nicht 100 Gulden, sondern 10 Kreuzer weniger heraus und da dies zweimal vorkommt, 20 Kreuzer.

Ein Anderer sagte, da die beiden zehn Kreuzer, welche weniger da sind, wieder mit einander multipliziert werden müssen, so müssen 100 Kreuzer abgezogen werden, und so ging die Geschichte fort. Es kam von auswärts ein Brief, schön geschrieben, fest unterstrichen und dazu die stolze Bemerkung: ‚die Flasche Wein einem Kranken.‘

Am Abende war großes Leben in den Kneipen, überall wurde Kreide verlangt und angefangen, lebhaft zu rechnen.

Stellt Euch dies Bild vor, wie durch eine solche Aufgabe in eine Stadt von 26,000 Einwohnern auf einmal ein Leben und ein Disput um eine Frage gekommen ist, als ob Krieg und Frieden davon abhing. Ein Streiten und Lärmen ein Rechnen und Ausstreichen. Jeder wollte zuerst seine Weisheit anbringen, Jeder fand Widerspruch und Jeder wollte Recht haben. Der eine rasch und voreilig will mit großer Gewandtheit alles entscheiden, der andere langsam, bedächtig, will sein gewichtiges Wort aufsparen, bis die Anderen sich ausgetobt haben. Wenn es Euch Spaß macht, so berechnet unter Annahmen, die Ihr leicht machen könnt, wie viele Kubikfuß Kreide verschrieben, wie viel Bier getrunken, wieviel im Ärger und wieviel aus Freude zerschlagen wurde usw.

Unser Rechenmeister, welcher eine Kneipe nach der anderen im Vorbeigehen sich ansah, hatte seine große Freude darüber. Ich denke, Ihr würdet wohl klüger sein und mir den Fehler sagen können. Aber auch bei diesem Beispiele werdet Ihr, wenn Ihr die

Probe macht, namentlich bei den sogenannten gewandten Rechnern finden, dass die Geschichte, die ich Euch erzählt habe und welche tatsächlich passiert ist, auch jetzt noch und in anderen Gegenden Deutschlands möglich wäre.

Nun, ich will Euch ein anderes Beispiel vorführen, wo es Euch schwer fallen wird, den eigentlichen Fehler zu entdecken und mir mit Genauigkeit zu sagen, wo mein Irrtum liegt. Wir wollen uns einmal zu einigen spitzfindigen Fragen begeben, welche schon sehr alt sind und welche von den sogenannten griechischen Sophisten herrühren.

Ihr Alle wisst, dass der Satz: ‚jeder Apfelbaum ist ein Baum‘ nicht in der Weise umgekehrt werden kann, dass man sagt, ‚jeder Baum ist ein Apfelbaum‘.

Ein allgemeines Urteil kann nur dann richtig sein, wenn das Subjekt ein Begriff von kleinerem Umfang ist als das Prädikat, und so würde auch in dem ersten Satze das Subjekt, nämlich der Apfelbaum, unter den weiteren Begriff Bäume fallen, während das Umgekehrte falsch ist. So lange ich mich an solche bejahende Urteile halte, ist die Sache klar. Wie aber, wenn ich zu verneinenden Urteilen fortgehe, oder wenigstens Urteilen mit verneinendem Sinn?

Seht Euch folgenden Zirkel an. Epimenides von Kreta sagte: ‚Alle Kreter lügen‘. Nun ist Epimenides selbst ein Kreter, folglich lügt er auch, wenn er sagt, alle Kreter lügen; folglich sind die Kreter keine Lügner, folglich sagt er die Wahrheit, wenn er sagt, dass alle Kreter lügen, folglich ist ihm als Kretenser dieser Satz nicht zu glauben – und Ihr seht, ich drehe mich so fortwährend im Kreise herum. Überlegt Euch, wo mein Fehler steckt und ob ich vielleicht auch hier nicht gleich von vornherein jeden weiteren Schluss abschneiden muss, ganz ebenso, wie bei unserem Rechenbeispiel; denn, sobald ich mich einmal auf den Zirkel einlasse, werde ich mit unwiderstehlicher Gewalt so zu sagen in den Strudel von logischen Irrschlüssen hineingerissen.

Viel leichter würde der Fehler zu entdecken sein in folgendem Satze. ‚Was in Megara ist, ist nicht in Athen. In Athen ist es Tag, folglich ist es in Megara nicht Tag.'

Noch viel einfacher ist folgender ziemlich flache Schluss. Keine Katze hat zwei Schwänze, eine Katze hat einen Schwanz mehr, als keine Katze, folglich hat eine Katze drei Schwänze.

Die Sophisten haben auch einen anderen Schluss aufgebracht, welchen man als Sorrites oder Häufelschluss bezeichnet und welcher den Gefragten in die Enge treibt, indem er Begriffe benutzt, welche nicht streng abgegrenzt sind. Z.B. Ich wollte Euch beweisen, dass das Wort ‚Haufen' überhaupt gar nicht anzuwenden sei, so würde ich anfangen: wenn ich hier ein Sandkorn hinlege, ist das ein Haufen? Natürlich nein. Wenn ich aber einige Millionen Sandkörner hinlege, – ist dies ein Haufen? Ihr Alle werdet mir sagen, jawohl! Nun gehe ich zurück zu meinem ersten Korn und lege noch eins hinzu, so habt Ihr immer noch keinen Haufen, ich lege zwei, drei bis 100 hinzu, ich habe immer noch keinen Haufen. Ich gehe bis zu tausend, und stelle immer wieder die Frage und Ihr werdet mir niemals sagen können, ob Ihr es jetzt einen Haufen nennen sollt oder nicht. Ihr werdet natürlich, wenn ich um große Zahlen springe, Euch ziemlich leicht entscheiden können, aber ins Gedränge kommen, wenn solch ein Haufen gewissermaßen Euch vor konstruiert wird – Korn für Korn. Mit einem solchen Schlusse könnt Ihr natürlich den Andern in die Enge treiben und ihm am Ende das Geständnis abringen, dass überhaupt das Wort Haufen nicht existieren dürfe.

Bei dieser Gelegenheit möchte ich Euch einen ganz interessanten Beweis anführen, welcher sich auch auf große Zahlen bezieht. Ich behaupte nämlich, dass in einer Stadt, wie Leipzig, wenigstens zwei Leute sind, welche eine gleiche Anzahl Haare am Kopfe haben. Ich sehe natürlich ab von den ganz Kahlen. Ihr Alle werdet überrascht sein durch diese Behauptung, denn Euch liegt am Nächsten der Gedanke, dass es nicht möglich ist, den Beweis zu bringen. Ihr glaubt, man müsse die Haare zählen, dabei ändert sich natürlich fortwährend die Zahl derselben, indem bald da, bald dort eines ausfällt usw. mit anderen Worten, es scheint Euch unmöglich, es zu beweisen. Und trotzdem ist es äußerst einfach. Merket auf! Die größte Anzahl von Haaren, die auf dem Kopfe eines Menschen wachsen, wollen wir einmal, schon sehr hoch gegriffen, zu 80,000 annehmen. Nun hat Leipzig 110,000 Einwohner und wenn Ihr Euch sämtliche Bewohner neben einander gestellt denkt und jeden mit der Nummer seiner Haare versehen, so könnt Ihr zuerst eine Reihe von 80,000 Leuten bilden, die sämtlich eine verschiedene Anzahl von Haaren haben. Sobald Ihr diese Reihe habt, muss natürlich jeder folgende der noch übrigen 30,000 mit dem Einen oder Anderen eine gleiche Anzahl Haare haben, und wenn es sich gerade trifft, dass auch diese 30,000 wieder eine verschiedene Zahl besitzen, so seht Ihr, wie im Ganzen 30,000 Paar Leute existieren mit derselben Anzahl Haare auf dem Kopfe."

Otto: „Wenn man wirklich die Zahl der Haare bestimmen wollte, wie würde man dies machen?"

Vater: „Solche Bestimmungen in Bausch und Bogen lassen sich angenähert mit der Waage ausführen. Bei den Haaren des menschlichen Kopfes würde es etwas misslich sein; aber denkt Euch, es sollten die Haare auf einem Felle bestimmt werden, so schneidet Ihr dieselben nahezu zu gleicher Länge, zupft an den verschiedensten Stellen Haare heraus und zählt so hundert oder tausend Stück, deren Gewicht Ihr bestimmt, rasiert dann sämtliche Haare ab und wiegt diese wieder. Hieraus könnt Ihr angenähert die Anzahl der Haare bestimmen.

Ich will Euch endlich noch eine Aufgabe stellen, welche auch, obschon arithmetisch, in das Kapitel ‚Logik' gehört.

Wenn $3{\cdot}3 = 10$ wäre, wieviel wäre dann $4{\cdot}4$? Wenn Ihr die Frage mit anderen besprecht, so werdet Ihr sehr verschiedene Antworten hören und ich mache Euch gleich darauf aufmerksam, dass die

Schwierigkeit durchaus nicht in der Rechnung liegt, sondern dass Alles darauf ankommt, sich darüber zu einigen, was es heißt, wenn 3·3 nicht gleich 9, sondern gleich 10 wäre; wir müssen uns also erst erklären und uns darüber verständigen, wie wir uns die 10 aus dem Quadrate von 3 abgeleitet denken.

Endlich noch ein sehr altes und berühmtes Sophisma, Sophisma genannt, obschon es nicht von einem derjenigen griechischen Philosophen herrührt, welche speziell als die Sophisten bezeichnet werden. Es stammt und trägt den Namen von dem Eleaten Zeno. Zeno behauptet nämlich, dass es keine Bewegung geben könne. Denn, sagt er, ein sich bewegender Körper müsste, bevor er zum Ziele kommt, erst die Hälfte des Weges durchlaufen, von dieser wieder vorher die Hälfte usw., folglich müsste, ich mag es mir überlegen, wie ich will, der bewegte Körper schon einen Raum durchlaufen haben, ehe er überhaupt in Bewegung kommt, d.h. es ist überhaupt die Annahme der Bewegung ein Unsinn.

Dasselbe erhellt nach Zeno auch aus folgender Überlegung: Teilt man die Zeit, während welcher ein Pfeil fliegt, in Momente ein, (wie sie etwa durch den scharfen Schlag einer Pendeluhr gegeben werden), so ist der Pfeil während eines jeden solchen Momentes nur an einem Orte; an einem und demselben Orte sein aber ist die Erklärung für Ruhen. Also ist ein fliegender Pfeil in jedem einzelnen Augenblick, den ich herausgreifen mag aus seiner ganzen Flugzeit, wo ich will, in Ruhe, d.h. er ruht überhaupt, die Bewegung ist eine Sinnestäuschung.

Zeno vergisst bei diesen Sophismen, sofern sie sich an die Erfahrung anlehnen, die Grenzen, welche unseren Sinnen gesetzt sind. Sofern es sich aber um abstrakte Überlegung handelt, ist zu beachten, dass von der Bewegung Null zu einer endlichen Bewegung ein fortlaufender Übergang denkbar ist; ob man diesen Übergang sich wirklich als ganz stetig oder in unendlich kleinen Sprüngen vollzogen denkt, ist für denselben Gedanken nur ein verschiedener Ausdruck, dessen Wahl Jedermann freisteht. Es ist ganz ebenso gleichbedeutend, wie z.B. die Definition von Parallellinien, ob nämlich als in derselben Ebene gelegene Grade, welche sich erst im Unendlichen schneiden oder als solche, welche sich auch im Unendlichen noch nicht schneiden.

Was ich mit diesem Übergang aus der Null zum Endlichen sagen will und wo der eigentliche Fehler bei Zeno steckt, mögt Ihr aus folgendem Beispiel ersehen, welches leichter zu verstehen ist.

Achilles verfolgt eine Schildkröte, welche ihm ein Stadium voraus war. Zu einer bestimmten Zeit fangen beide Ihre Bewegung an, Achilles mit zehnmal größerer Geschwindigkeit als die Schildkröte. Nachdem Achilles ein Stadium zurückgelegt hat, ist ihm die Schildkröte wieder $\frac{1}{10}$ Stadium voraus; während Achilles dies Zehntel durchläuft, ist die Schildkröte ihm wieder $\frac{1}{100}$ Stadium voraus und so kann sich Achilles der Schildkröte nur fortwährend nähern, ohne sie jemals einzuholen, geschweige, dass er sie überholen könnte.

Überlegt Euch, wie sich der scheinbare Widerspruch löst."

Achilles und die Schildkröte

Zweiundzwanzigste Unterhaltung

Die Erklärung des Zenonischen Sophismas. – Konvergente Reihen. – Unendliche Reihen, arithmetische und geometrische. – Woraus die Höhenmessungen mit dem Barometer beruhen. – Unendlich durch Unsendlich. – Null durch Null. – Falsche Schlüsse aus $0 \cdot a = 0$ – Wie man beweist, dass $2 = 1$ ist.

Die Jahreszeit ist schon recht weit vorgerückt. Die heitern Spiele des Sommers sind längst vorüber, die leichte Unterhaltung, welche aus den Anregungen der Naturbetrachtung floss, ist vorbei; lange Winterabende stehen wieder bevor, von außen kommt selten einmal etwas zum Denken Anregendes, kaum einmal ein schwacher Anstoß zu belehrendem Gespräche. Auch die hellen Herbstabende mit ihrem hübschen sternenklaren Himmel sind vorüber. So hatte sich das Gespräch unserer Freunde ganz von selbst wieder anderen

Gegenständen zugewendet, ihre Gedanken waren mehr auf sich selbst angewiesen, ihr Streben darauf gerichtet, sich eine Welt aus sich selbst zu bauen, aus dem eigenen Ich, mit der bloßen Überlegung Stoff zu Belehrung zu schaffen.

Was Wunder, wenn an dem stürmischen Novemberabend, welcher die kleine Gesellschaft wieder um den warmen Ofen versammelt hat, ihre Gedanken zurückkehren zu der Unterhaltung des letzten Abends.

„Ich sehe", fing Gustav an, „noch nicht recht ein, wie sich der offenbare Widerspruch zwischen dem Resultate der Rechnung und der täglichen Erfahrung in dem Zenonischen Sophisma löst."

„Und doch, " entgegnete ihm der Vater, „ liegt der Grund näher als Du glaubst. Die Rechnung ist natürlich vollständig richtig. Wenn Achilles mit zehnmal größerer Geschwindigkeit läuft, so muss die Schildkröte sich wieder um $\frac{1}{10}$ Stadium vor ihm befinden, nachdem Achilles das erste Stadium durchlaufen hat; hat er diese Stelle erreicht, so ist sie immer noch $\frac{1}{100}$ Stadium ihm voraus. Darüber kann keine Frage sein. Aber kann er dieselbe deshalb höchstens erreichen und nichtüberholen?"

Max: „Der Schluss würde richtig sein, wenn nicht Achilles viel größere Schritte machte. Dadurch kommt er plötzlich über dieselbe hinaus."

Vater: „Auch dies trifft nicht. Denke Dir statt des schrittweise laufenden Achilles einen stetig vorwärts eilenden Körper, etwa eine Lokomotive oder eine Büchsenkugel. Dann dürfte ja eine Kugel niemals ein laufendes Tier treffen.

Nein! Eine erste Täuschung liegt darin, dass Euch absichtlich in der Aufgabe nichts von der Zeit gesagt wird. Berechnet Euch diese noch, so wird Euch der wahre Grund näher gerückt.

Angenommen, Achilles brauchte, um das Stadium (die ursprüngliche Entfernung beider) zu durchlaufen 1 Sekunde. Ob ich 1 oder 10 oder 100 Sekunden nehme, bleibt sich der Sache nach gleich. Während dieser Sekunde legte die Schildkröte $\frac{1}{10}$ Stadium zurück. Diese zweite Strecke zu durchlaufen, bedarf Achilles nur $\frac{1}{10}$ Sekunde"

Gustav: „Jetzt merke ich es. Die Schildkröte kommt während dieser Zeit nur $\frac{1}{100}$ Stadium weiter, für welche Strecke Achilles nur $\frac{1}{100}$ Sekunde braucht. So geht es fort, die Zeiten, welche Achilles braucht, werden fortwährend kleiner. Er erreicht also die Schildkröte nach einer Zeit von

$$1+\frac{1}{10}+\frac{1}{100}+\frac{1}{1000}+\frac{1}{10000}+ \text{ Sekunde}$$

Statt dieser Reihe von Brüchen könnte ich aber auch einen Dezimalbruch schreiben, nämlich 1,111111 .... Nach dieser Zeit ist Achilles bei der Schildkröte. Ein solcher Dezimalbruch hat aber, obschon er unendlich lang ist, doch einen ganz bestimmten endlichen Wert."

Otto: „Nämlich er ist gleich $1\frac{1}{9}$."

Vater: „Ganz recht; dies ist der ganze Witz. Ihr werdet getäuscht durch die Form. Bei den alten Griechen, von denen ja dieses Sophisma stammt, war der eigentliche Grund noch schwerer zu übersehen, weil ihr Zahlenrechnen noch viel weniger ausgebildet war.

Ihr könnt jetzt die Probe machen."

Otto: „Aber Achilles kann nun immer noch nicht über die Schildkröte hinauskommen."

Vater: „Auch dies ist wieder eine Täuschung. Lasst doch Eurer Überlegung keine Form aufzwingen, welche Ihr nicht zu dulden braucht!

Was bindet Euch denn daran zu überlegen, wie weit Achilles gerade nach $\frac{1}{10}$, $\frac{1}{100}$ Sekunde gekommen ist, mit anderen Worten: Braucht Ihr denn immer zu fragen, wo ist Achilles, wenn die Schildkröte sich da und da befindet? Dadurch bekommt Ihr natürlich immer für Achilles einen Ort, der, wenn auch unendlich wenig, so doch hinter der Schildkröte liegt. So macht es Euch derjenige vor, welcher Euch täuschen will. Dreht doch meinethalben den Spieß um und fragt: wo ist die Schildkröte, wenn Achilles sich da und da befindet? Also z.B. während Achilles 1 Stadium durchläuft, kommt die Schildkröte $\frac{1}{10}$ Stadium vor, während Achilles $\frac{1}{10}$ Stadium durchläuft, kommt die Schildkröte nur den 10ten Teil davon, d.h. $\frac{1}{100}$ Stadium vorwärts; während er wieder $\frac{1}{10}$ Stadium durchläuft, kommt die Schildkröte wieder nur $\frac{1}{100}$ fort usw.

Vom Ausgangspunkte des Achilles entfernt ist also

Achilles $\qquad 1+\frac{1}{10}+\frac{1}{10}+\frac{1}{10}+\ldots$ Stadium

Die Schildkröte $\qquad 1+\frac{1}{10}+\frac{1}{100}+\frac{1}{100}+\frac{1}{100}\ldots$ Stadium

Achilles		Die Schildkröte	
Hat zurückgelegt in derselben Zeit:			
0	Stadium	1	Stadium
1	„	1,1	„
1,1	„	1,11	„
1,2	„	1,12	„
1,3	„	1,13	„

usw.

Auch graphisch könnt Ihr die Aufgabe lösen, wie wir es früher mit ähnlichen gemacht haben.

Bei dem letzten Beispiele sind die Wegstrecken, welche ich wählte, noch etwas groß. Führt die Rechnung durch, indem er berechnet, wo Achilles ist, wenn die Schildkröte einen kleineren Raum, z.B. erst ein Stadium, dann $\frac{2}{19}, \frac{2}{19} \cdot \frac{2}{19}$ usw. durchlaufen hat. So werdet Ihr sehen, wie die Wege immer mehr sich erst der Gleichheit nähern und wie dann der des Achilles überwiegt. Die ganze Auflösung beruht darin, dass eine unendliche Reihe von Zahlen dennoch einen bestimmten Wert besitzen kann."

Max: „Wie z.B. $\frac{1}{3}$ gleich ist $\frac{3}{10} + \frac{3}{100} + \frac{3}{1000} + \ldots$"

Vater: „Dies ist eins der nächstliegenden Beispiele. Bedingung ist natürlich, dass die Reihe wirklich als unendlich gedacht wird. Gegen jede endliche Summe von Gliedern kann noch ein Einwand erhoben werden; es fehlt noch etwas. Sobald ich mir dieselbe aber wirklich ins Unendliche fortgesetzt denke, so muss dieselbe auch genau den Wert $\frac{1}{3}$ vorstellen.

Solche unendliche Reihen benutzt man vielfach in der höheren Mathematik, und die Zahl π, welche angibt (vgl. 8. Unterhaltung), wievielmal größer der Umfang eines Kreises ist als die Peripherie, wird durch eine solche Reihe dargestellt. Wir können hier nicht weiter auf solche Reihen eingehen. Nur darauf möchte ich hinweisen, dass es nicht genügt, wenn die Glieder fortwährend kleiner werden.

Trotzdem kann nämlich der Gesamtwert der Summe mit wachsender Zahl der Glieder unendlich groß werden. Dies ist z.B. der Fall mit der einfachen Reihe

$$\frac{1}{2} + \frac{1}{3} + \frac{1}{4} + \frac{1}{5} + \ldots$$

Berechnet Euch mehrere Glieder derselben und Ihr werdet Euch davon überzeugen! Dieselbe nähert sich aber sofort einem bestimmten endlichen Werte, wenn Ihr die Vorzeichen der Glieder abwechselnd positiv und negativ nehmt, also wenn Ihr schreibt:

$$\frac{1}{2} - \frac{1}{3} + \frac{1}{4} - \frac{1}{5} + \frac{1}{6} - \ldots$$

Sind wir einmal bei Reihen, so mögt Ihr einiges Andere mit in Kauf nehmen.

Ein Maurermeister hat ein Dach zu bauen mit lauter rechteckigen Steinen, ähnlich wie auch wir früher schon einmal unsere Kristalldächer (11. Unterhaltung) aufgebaut haben. In die erste Reihe kommt 1 Stein, in die zweite 2 und so wird schließlich die letzte Reihe 30 Steine hoch. Wieviel Steine braucht er im Ganzen?"

Otto: „Ich finde es, wenn ich alle Zahlen von 1 bis 30 addiere."

Gustav: „Ich mache es wieder einfacher, indem ich 30+1, 29+2 usw. zusammenfasse. So bekomme ich 15 Gruppen, jede zu 31, oder 15·31 Steine."

Vater: „Man nennt solche Reihen arithmetische, bei welchen sich immer zwei auf einander folgende Glieder um dieselbe Größe unterscheiden. Eine solche Reihe wäre z.B. auch 1+4+7+10+13+16+19+22+. . . Auch hier könnt Ihr ebenso verfahren.

Wenn aber der Baumeister so baut, dass jede folgende Reihe nicht um ebenso viel, sondern ebenso vielmal größer ist, als jede vorhergehende; wie ist dann die Summe zu finden?"

Otto: „Ich verstehe noch nicht recht den Unterschied."

Max: „Im ersten Falle baut er z.B. 1, 2, 3, 4 etc., im zweiten 1, 2 = 2·1, 4 = 2·2, 8 = 2·4, 16 = 2·8 usw."

Vater: „Ganz recht; jedes folgende Glied fließt aus dem vorhergehenden durch Multiplikation mit derselben Zahl. Man nennt eine solche Reihe eine geometrische."

Gustav: „Ganz allgemein ließe sich also eine geometrische Reihe schreiben, wenn man die einzelnen Glieder durch a_1 a_2 a_3 . . .bezeichnet,

$$a_1 = a$$
$$a_2 = a_1 c = ac$$
$$a^3 = a_2 c = ac \cdot c = ac^2$$
$$a^4 = a_3 c = ac^2 \cdot c = ac^3$$

$$\cdot$$
$$\cdot$$
$$\cdot$$

wo a und e beliebige Zahlen bedeuten.“

Vater: „Ich will Euch zunächst ein Beispiel für eine geometrische Reihe geben. Ihr alle wisst, dass man mit dem Barometer die Höhe von Bergen misst.“

Max: „Ja, die Luftschiffer benutzen einfach ein solches Barometer, um sogleich die Höhe, in welcher sie sich befinden, daran abzulesen.“

„Es sind dies sogenannte Metall – oder Aneroidbarometer“, fügte der Vater erläuternd hinzu, als ihn Otto verwundert ansah. „Eine im Inneren mit verdünnter Luft gefüllte, wurstförmig gebogene Röhre aus dünnem Metallblech krümmt sich oder streckt sich mehr, je nachdem der Luftdruck zu – oder abnimmt. Diese Änderung wird auf einen Zeiger übertragen, welcher auf einer Skala spielt und dort den entsprechenden Stand eines Quecksilberbarometers angibt. Solche Instrumente hat man in der Größe einer Taschenuhr gefertigt; sie sind äußerst bequem für Reifen.“

„Der Barometerstand und die Höhe, in welcher man sich befindet,“ fuhr der Vater fort, stehen in einer sehr einfachen Beziehung zu einander. Gewöhnlich drückt man dieselbe aus in der Form: Der Barometerstand fällt nach einer geometrischen Reihe, wenn die Höhen in einer arithmetischen wachsen.

„Den Sinn dieses Satzes wollen wir uns klar machen. Ein Punkt A am Meeresspiegel gelegen soll den mittleren Barometerstand 760mm haben. Übereinstimmend aus Rechnung und Erfahrung hat sich ergeben, dass der Barometerstand um 1mm fällt, wenn man 10,5m höher geht zu einem Punkte B. Dort ist also der Stand nur noch $\frac{759}{760}$ vom Stande in A. Geht man jetzt wieder 10,5m höher zum Punkte C –"

Otto: „So fällt der Barometerstand wieder um 1mm."

Vater: „Falsch! Wäre dies der Fall, so nähme derselbe gleichfalls in einer arithmetischen Reihe ab, wenn die Höhen nach einer eben solchen Reihe wachsen. Die Barometer—stände bilden aber eine geometrische Reihe, d.h. wenn in B der Stand $= \frac{759}{760}$ vom Stande in A ist, so ist er in C auch wieder derselbe Bruchteil $\frac{759}{760}$ von dem in B herrschenden. Ihr bekommt somit folgende Reihe:

	Höhe in Metern	Barometer in Millimetern	
A	0m	$b_1 = 760\text{mm}$	
B	10,5	$b_2 = \left(\frac{759}{760}\right) \cdot b_1$	$= \left(\frac{759}{760}\right) \cdot 760$
C	21,0	$b_3 = \left(\frac{759}{760}\right) \cdot b_2$	$= \left(\frac{759}{760}\right)^2 \cdot 760$
D	31,5	$b_4 = \left(\frac{759}{760}\right) \cdot b_3$	$= \left(\frac{759}{760}\right)^3 \cdot 760$
	.	.	.
	.	.	.
	.	.	.

Denkt Euch eine solche Tabelle, welche übrigens ziemlich weit fortgesetzt werden müsste, damit die Abnahme nach einer geometrischen Reihe deutlich hervortritt, graphisch aufgetragen – wie wir früher schon Ähnliches gemacht haben! Zeichnet also auf eine horizontale Linie Punkte A, B, C etc. in Abständen, welche je 10,5m repräsentieren sollen, senkrecht dazu die zugehörigen

Barometerstände! Verbindet Ihr die Barometerstände durch eine Linie, so gibt Euch diese das Bild einer geometrischen Reihe."

Gustav: „Wenn man einmal eine solche Tabelle hat, so braucht man gar nicht mehr zu rechnen, sondern kann sofort aus einem beobachteten Barometerstand die zugehörige Erhebung über das Meeresniveau finden."

Max: „Aber auch an demselben Orte wechselt der Barometerstand. Wie zieht man dies in Rechnung?"

Vater: „Es müssen zu dem Ende gleichzeitig Beobachtungen an verschiedenen Orten gemacht werden. Denkt Euch, man wolle die Höhe einer Bergspitze über einem Dorfe am Fuße des Berges messen, so bleibt ein Beobachter im letzteren zurück, ein anderer begibt sich auf den Berg. Zu einer verabredeten Zeit lesen beide gleichzeitig den Barometerstand ab. Angenommen der eine finde 757,0mm, der andere 751,0mm, so sucht Ihr in der obigen Tabelle diese beiden Barometerhöhen auf und findet dann in der linken Spalte den zugehörigen Höhenunterschied.

Übrigens ist unser Verfahren noch bei weitem nicht strenge genug. Man bedarf zu wirklichen genauen Messungen noch vieler Korrektionen. Zunächst wird vorausgesetzt, dass man einen windstillen Tag hat; ferner muss die Abnahme der Lufttemperatur in größerer Höhe berücksichtigt werden usw. Es kommen dadurch eine solche Menge von Nebenumständen hinzu, welche einen Einfluss auf den Barometerstand haben und welche nicht bei der Rechnung gehörig berücksichtigt werden können, dass barometrische Höhenmessungen lange nicht die Genauigkeit besitzen, welche ihnen gewöhnlich beigelegt werden. Das Sicherste ist immer eine Höhenbestimmung mit geometrischen Methoden, nach denselben Prinzipien, aber mit genaueren Apparaten, wie die Bestimmungen, welche wir früher einmal selbst ausgeführt haben (vgl. 14te Unterhaltung).

Doch damit genug! Wir kehren zurück zur Addition unserer geometrischen Reihe. Angenommen wir suchen die Summe x von

$$x = 2+4+8+\ldots+262144$$

Denken wir uns diese Summe, in welcher jeder folgende Summande aus dem vorhergehenden durch Multiplikation mit 2 erhalten ist, nochmals mit 2 multipliziert und davon die einfache Summe subtrahiert, so bekommen wir:

2	$x=$		$4+8+\ldots$		$+$	262144	$+2\cdot$	262144
	$X=$	$2+$	$4+8+\ldots$		$+$	262144		
$2x-x$	$=$	$x=$	$-$	$2+2\cdot262144=$		524288	$-$	524286
							$2=$	

Mit diesem einfachen Kunstgriff lösen wir die scheinbar ungemein lange Rechnung.

Gehen wir zurück zum allgemeinsten Ausdruck für eine geometrische Reihe, nämlich zu" –

Gustav: "$x = a+ac+ac^2+ac^3+\ldots+ac^n$."

Vater: „In unserem letzten Beispiele ist a = 2 und auch" –

Max: „c = 2. Bei der Barometerreihe dagegen ist a = 760 und $c = \dfrac{759}{760}$."

Vater: „Wollen wir allgemein die Summe finden, so multiplizieren wir die ganze Reihe wieder mit c und haben somit

$$cx=\quad ac+ac^2+\ldots+ac^n+ac^{n+1}.$$

$$\underline{x=a+ac+ac^2+\ldots+ac^n \qquad\qquad .}$$

$$cx-x=ac^{n+1}-a$$

$x(c-1)=a(c^{n+1}-1)$ oder endlich die gesuchte Summe:

$$x=a\,\frac{c^{n+1}-1}{c-1}=\frac{\text{Endglied}\cdot c-\text{Anfangsglied}}{c-1}$$

Löset noch zur Übung die Addition der Reihen

$$3+2\cdot3+2^2\cdot3 \qquad +\ldots+262144\cdot3$$

$$5+15+45+\ldots+98415$$

$$7+14+28+56+\ldots+28672$$

(Die Lösungen sehet im Anhang!)

Das Zenonische Sophisma erinnert mich noch an andere interessante Aufgaben, welche ich Euch nicht vorenthalten will, nämlich an die Beweise, dass z.B.

$2 = 1$ ist usw. Aber auch hier wieder müssen wir erst eine Vorstufe durchmachen. Ein Schüler wurde gefragt, wie viel Geld er bei sich habe. Er schrieb als Antwort hierauf hin:

$$\left(\frac{6\frac{2}{3}}{\frac{5}{6}}\right) : \left(\frac{\frac{2}{5}}{\frac{4}{5}}\right) \text{ Pfennige. Wieviel hatte der Prahlhans?}$$

Diese Ausgabe leitet Euch zu dem allgemeinen Satze hin, dass

$$\frac{\dfrac{a}{b}}{\dfrac{c}{d}} = \frac{ad}{bc}$$

ist. Ihr erhaltet diese Form?"

Max: „Indem man Divisor und Dividend des Doppelbruches erst mit d und dann mit b multipliziert."

Vater: „Was ist nun $\dfrac{1}{0}$?

Otto: „Null."

Vater: „Im Gegenteil, es ist unendlich (∞). Denke Dir derselbe entstehe aus einem Doppelbruch $\left(\dfrac{1}{\frac{1}{a}}\right)$, in welchem a fortwährend größer wird. Für $a = 2$, wird der Bruch $\dfrac{1}{\frac{1}{2}}$, d.h. gleich 2. Nimmst Du statt des Divisors $\dfrac{1}{2}$ einen kleineren, also vielleicht $\dfrac{1}{1000}$. so nähert sich derselbe schon eher der Null.

Dann ist aber $\dfrac{1}{\frac{1}{1000}} = 1000$. Nimm $\dfrac{1}{\frac{1}{1000000}}$, so ist es gleich 1000000. So wird der Divisor $\dfrac{1}{a}$ umso eher der Null gleichkommen, je größer a ist. Wirklich Null wird derselbe erst, wenn man a unendlich werden lässt; und da der Bruch $\dfrac{1}{\frac{1}{a}} =$ ist, so muss dieser selbst gleichzeitig unendlich groß sein.

Was ist nun $\dfrac{a}{a}$?

Otto: „Eine Zahl durch sich selbst dividiert ist 1.“

Vater: „Gut; also ist $\dfrac{\infty}{\infty}$ (∞ abgekükzt für unendlich)“ –

Otto: „Gleichfalls 1.“

Vater: „Dies kann wahr und falsch sein. Denket Euch neben stehenden Doppelbruch und lasst darin a und b fortwährend wachsen, so wird Dividend $\dfrac{\frac{1}{\left(\frac{1}{a}\right)}}{\frac{1}{\left(\frac{1}{b}\right)}}$ und Divisor jeder übergehen in ∞ und somit der Bruch die Form $\dfrac{\infty}{\infty}$ annehmen. Nach den allgemeinsten Gesetzen der Algebra muss er aber auch $= \dfrac{a}{b}$ sein. Wir wenden nun den von selbst einleuchtenden logischen Satz an, dass der spezielle Fall (nämlich a $= \infty$, b $= \infty$), über den wir sonst nichts entscheiden können, dem allgemeineren Gesetze unterworfen sein muss. Nach dem allgemeinsten Satze hat der Quotient aber den Wert $\dfrac{a}{b}$ und er muss diesen Wert behalten auch dann, wenn a und b unendlich groß werden.“

Otto: „Das verstehe ich nicht.“

Vater: „Du wirst es gleich an einem Beispiele verstehen. Von einem Punkte irgendwo im Weltraum gehen zwei Eisenbahnzüge aus; der eine legt in der Sekunde 1 Meile (es geht etwas rasch), der andere 2 Meilen zurück. Sie fahren Hunderte und Tausende von Jahren, sie fahren unendlich lange Zeit. Jeder kommt dadurch unendlich weit vom Ausgangspunkte fort; trotzdem wird der eine zweimal so weit weg sein, wie der andere. Die unendlichen Strecken haben immer noch ein endliches Verhältnis zu einander, nämlich 2:1. Der allgemeine Satz, nach dem wir unbewusst schließen, ist hier, dass ein Körper mit doppelter Geschwindigkeit auch den doppelten Weg in derselben Zeit zurücklegt, selbst wenn die Zeit unendlich groß wird. Das obige $\frac{a}{b}$ ist also hier $= 2$, obschon $a = \infty$ und $b = \infty$ ist.

Oder denke Dir auf 2 Linien OA und OB (Fig. 205) bewegen sich 2 Punkte so, dass dieselben immer in derselben Vertikalen bleiben, wie bei b_1 und a_1, b_2 und a_2 usw. Die Entfernungen der Punkte (a_1 x_2, b_1 x_1; a_2 x_2, b_2 x_2 etc.) von der Graden OX nehmen kontinuierlich zu; sie werden schließlich unendlich groß, aber immer bleibt der eine in demselben Verhältnis größer als der andere. Nur wenn die Punkte auf derselben Linie oder auf Linien laufen, welche gleich gelegen sind in Bezug auf die Linie OX, etwa der eine auf OA, der andere auf OA^1 ist das Verhältnis der Abstände stets gleich 1.

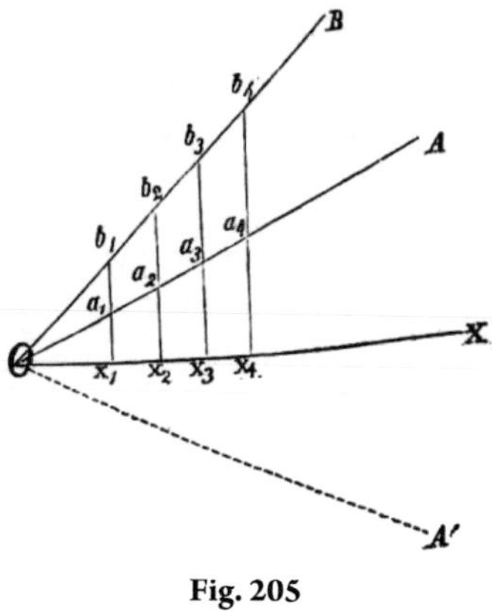

Fig. 205

Noch mehr! Lasst die Linien OA und OB krumm werden (Fig. 206), aber so beschaffen sein, dass sich dieselben immer weiter von der Linie OX entfernen, so wird auch das Verhältnis der Abstände, selbst, wenn sie unendlich groß geworden sind, einen bestimmten Wert haben. – Würden die Linien in unendlicher Entfernung immer mehr und mehr parallel zur Linie OX, so würde das Verhältnis der Abstände sich anfangs fortwährend ändern, aber sich dann fortwährend einem bestimmten unveränderlichen Werte nähern. Und in der Tat, würden

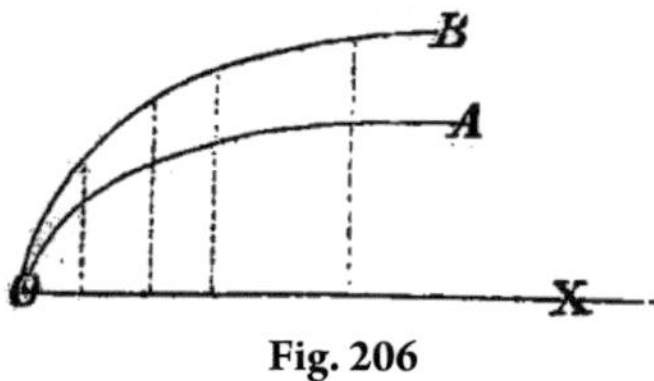

Fig. 206

die Linien vollkommen parallel zu OX, so müsste das Verhältnis der Abstände von OX nunmehr stets dasselbe bleiben.

Nun wollen wir einmal aus der Region des unendlich Großen umgekehrt in die des unendlich Kleinen gehen. Kehren wir zurück zu unseren Geraden OA und OB! Je mehr wir uns auf denselben dem Punkte 0 nähern, desto kleiner werden die Abstände im Punkte O werden dieselben Null und somit auch ihr Verhältnis $\frac{0}{0}$, wir kennen nicht mehr die Richtung der Straße. Was bedeutet dieser Bruch $\frac{0}{0}$? Ist es gleich 1. Ist er Null? Was heißt es?

Ja, da können wir auch wieder nichts sagen, wenn wir nicht wissen, welchen Weg unser Punkt durchlaufen hat. Das Verhältnis der Abstände gibt offenbar ein Maß für die Richtung der beiden Linien. Wie ist dieselbe im Punkte O? .In ihm selbst ist natürlich die Sache gar nicht zu entscheiden, mit unserem Bruche $\frac{0}{0}$ kommen wir dort selber in die Brüche.

In solch' einem Falle sehen wir uns wieder ein wenig in der Umgegend um. Wir sind zwei Straßen gegangen, welche uns hier genau auf denselben Punkt führen. Wir brauchen aber nur einen kleinen Schritt wieder herauszutun, so sehen wir, dass die Richtung der beiden Straßen, welche hier in O unbestimmt ist, schon wieder deutlich wird. Die eine führt rascher von OX weg als die andere und wir können sagen: gehen wir ein wenig und sei es noch so wenig vom Punkte O fort, so können wir uns aus der Unbestimmtheit, welche im Punkte O herrscht, heraushelfen. Folglich, werden wir sagen dürfen, ist auch noch im Punkte O die Richtung der Straßen dieselbe, obschon wir, wenn wir nur auf den Punkt O uns beschränken wollten, nicht sagen könnten, woher die beiden Straßen kommen.

Das Verhältnis $\frac{a_1 x_1}{0 x_1}$ gibt uns einen Maßstab für die Richtung der Linie OA; ebenso $\frac{b_1 x_1}{0 x_1}$ einen für die Linie OB. Das Verhältnis $\left(\frac{a_1 x_1}{0 x_1}\right) : \left(\frac{b_1 x_1}{0 x_1}\right)$, welches bei unserer Zeichnung immer gleich $\frac{1}{2}$ ist, wird diesen allgemeinsten Wert also auch noch im Punkte O besitzen. –

Nun etwas scheinbar ganz Anderes! Ich beweise Euch, dass 2 = 1 ist. Gebt Acht! Es ist doch jedenfalls

2 – 2 = 1 – 1. Gebt Ihr dies zu?"

Otto: „Ja wohl."

Vater: „2 – 2 kann ich aber zerlegen in 2 (1 – 1), so gut wie ab – ac in a (b – c). Also bekomme ich 2 (1 – 1) = (1 – 1). Aus beiden Seiten mit (1 – 1) dividiert, gibt 2 = 1.

Ja, da steht Ihr nun verblüfft, mit all Eurer Weisheit, die Ihr eben gelernt habt. Wo steckt der Fehler?

Ihr müsst hier scharf unterscheiden. Der Fehler liegt nicht in der Zahl, sondern in der Rechenoperation. So lange es sich um den wahren Wert von 2 – 2 handelt, so könnt Ihr unbedenklich zugeben, dass 2 – 2 ebenso genau Null ist als 1 – 1 oder 1000 – 1000 usw. Sobald Euch aber Jemand sagt, auf solch eine Zahl wende ich eine Division oder Multiplikation oder irgend eine Operation an, wo wieder eine Größe, welche den Wert O besitzt, auftritt, so kommt Ihr in einen Trugschluss. Also 2 – 2 = 1 – 1 gebt ruhig zu. Es ist auch algebraisch ganz richtig 2 – 2 in 2 (1 – 1) zu zerlegen. Sobald aber gesagt wird, jetzt lasse sich auf beiden Seiten mit (1 – 1) heben, so sollt Ihr um die Form $\frac{0}{0}$ herumgeführt werden. Seht es Euch richtig an, so habt Ihr

$$\frac{2\text{-}2}{1\text{-}1} = \frac{1\text{-}1}{1\text{-}1}$$

$$\frac{2(1\text{-}1)}{1\text{-}1} = \frac{1\text{-}1}{1\text{-}1}$$

also eine Gleichung von der Form $\frac{0}{0} = \frac{0}{0}$ und mit dieser dürft Ihr nicht operieren. Ihr dürft also, dass Null = Null ist, nur insofern zugeben, als die Gleichung ausdrückt, dass beide Nullen entstanden sind aus einer Differenz, in deren jeder Minuend und Subtrahend gleich sind. Angewendet z.B. auf Vermögen ist es natürlich ganz gleichgültig, ob einer 1000 Taler Vermögen und 1000 Taler Schulden hat oder ob er 1 Taler besaß und den 1 Taler bezahlen muss. Dass wir aber beides durch dieselbe Zahl, nämlich als Vermögen Null bezeichnen, ist eine laxe Form, welche eigentlich vermieden werden sollte. Fragen wir nach dem Verhältnis des Vermögens beider, wenn beide wirklich all ihr Geld ausgegeben haben, so fragen wir nach einem Unsinn, ebenso als wenn wir nach einem Verhältnis des Abstandes der beiden Linien OA und OB im Punkte O fragen. Da aber die Zahlen und Buchstaben nur Abkürzungen für Worte sind und wir durch diese Bezeichnungsweise also nie etwas Neues einführen, die Begriffe nicht erweitern und erläutern, sondern im Gegenteil eher Manches weglassen, so kann natürlich eine Einkleidung in Zahlen absolut nichts weiter herausbringen, also eine Überlegung in Worten.

Die Mathematik ist eben eine symbolische Bezeichnungsweise, welche übersichtlichere Formen gewährt, welche für gewisse Operationen allgemeine Schemen einführt, nach denen wir mechanisch rechnen können, d.h. wir brauchen nicht mehr jede Einzelheit uns von Neuem zu überlegen; so hilft uns die Mathematik das Denken erleichtern, ebenso wie eine Tabelle, ein gesperrt gedrucktes Wort oder ein Stammbaum für Herrscherfamilien uns den Überblick erleichtert, indem wir die Denkarbeit teilen. Schrieben wir z.B. statt ein Wort gesperrt zu drucken hinzu: ‚merk’ Dir dies wohl’ oder erklärten wir einen Stammbaum durch Worte, so hätte die Erinnerung und die Überlegung viel mehr Arbeit. Einen Teil derselben schieben wir einfach dem bereits durch die einfachsten Anforderungen des alltäglichen Lebens wohl ausgebildeten Anschauungsvermögen zu. Nun können aber Fälle kommen, wo eben die einfachen Symbole z.B. der Mathematik nicht mehr ausreichen. Indem man z.B. 1000 – 1000 mit demselben Symbole O bezeichnet wie 1 – 1 oder a – a, erlaubt man sich eine

Freiheit, man begeht einen Fehler gegen die strengere Vereinbarung, mit demselben Zeichen niemals zwei ihrem Wesen nach verschiedene Größen zu bezeichnen, ein Fehler, welcher sich unter Umständen rächen kann. Will man trotzdem daran pressen und dieselben noch anwenden, so vergisst man damit deren wahre Bedeutung. Die Zweideutigkeit, welche dann entsteht, ist nicht Schuld der Mathematik, sondern desjenigen, welcher die wahre Natur der Zahlbezeichnung verkennt."

Gustav: „Aber trotzdem, wenn ich $\frac{1000-1000}{1-1}$ zerlege in $\frac{1000(1-1)}{1-1}$, so kann ich hier doch $\frac{1-1}{1-1}=1$ setzen, da wirklich zwei genau gleiche Größen in einander dividiert werden; es ist also der Quotient = 1000."

Vater: „Ja, das ist es, was auch ich sage. Wirklich gleiche Größen in einander dividiert geben immer 1. Also $\frac{a-a}{a-a}=1$, so gut als $\frac{a}{a}$. Falsch aber wäre es, wenn Du $\frac{1000-1000}{1-1}$ gleich 1 setzen wolltest, weil es $\frac{0}{0}$ ist. Die. beiden Nullen sind eben zwei ganz verschiedene Größen."

Gustav: „Gut, wenn aber dieser Quotient = 1000 ist, so heißt dies doch, dass das Vermögen des einen, obschon gleich Null, noch 1000mal größer ist als das des anderen. Darüber komme ich nicht hinaus."

Vater: „So darfst Du nicht schließen. Hier heißt es: Die algebraischen Symbole werden mangelhaft, weil zweideutig. Verfolge den Gang der Sache, nimm Worte zu Hilfe und beschreibe das Ganze genauer als die einfachen Buchstaben oder Zahlen es ausdrücken. Dann heißt aber Deine Zerlegung in $1000 \cdot (1-1)$ weiter nichts als etwa Folgendes: Der Mann legt sich 1000Häufchen, je zu einem Taler; jedes solcher Häuschen legt er auf eine Rechnung von einem Taler und sagt sich: ‚So, die gleichen sich aus'. Die einzige Folgerung, welche man ziehen kann, ist die, dass der eine Mann 1000 mal mehr solcher Häuschen machen konnte als der andere."

Gustav. Ja, jetzt stimmt die Rechnung. Er hat dann wirklich 1000mal mehr Vermögen, aber jedes dieser Vermögen hat eben den Wert Null. Würde den beiden nur eine Kleinigkeit an jedem Taler Schulden nachgelassen, so würde er auch wirklich 1000mal mehr behalten als der Andere.

Vater: „So ist es. Nur immer den Gang der Sache im Auge behalten!

Das $\frac{0}{0}$ ist der Grenzfall, in welchem Nichts mehr zu entscheiden ist; einen Moment vorher lässt es sich noch übersehen. Genau, wie bei unseren Linien. Wenn sie wirklich im Punkt O sind, so hört die Möglichkeit auf, zu entscheiden, welche steiler ist als die andere. Eine Spur über das O hinaus erkennt man es noch. Nur indem ich zurückgehe auf die Art und Weise, wie beide Nullen entstanden sind, kann ich etwas entscheiden. Und Ihr seht sogar, dass ich eigentlich gar nicht wissen will und nicht wissen kann, wie das Verhältnis der beiden zu Null werdenden Größen ist in dem Moment, wo sie wirklich die Null erreicht haben. Bei dem Verhältnis der beiden Vermögen erfahre ich das Verhältnis desselben auch nicht dann, wenn sie Null sind, sondern eigentlich nur noch, ehe die Null sozusagen in ihrer ganzen Nacktheit da ist. Nur so lange ich weiß, dass der eine 1000 Häuschen aus seinem Gelde machen kann, kann ich überhaupt noch etwas über die beiden Nullvermögen sagen. Sind dieselben weggegeben und wird mir nur die Null hingestellt, so ist dann gar nichts anzufangen. Über Nichts ist eben Nichts zu sagen.

Und auch bei meinen Linien ist alles eitel Mogelei. Wie die Abstände derselben sich im Punkte O zu einander verhalten, weiß ich nicht, erfahre ich nicht und danach darf ich vernünftigerweise nicht einmal fragen. Deshalb frug ich nach den Richtungen. Indem ich dies tue, mogele ich. Im Punkt O ist nichts über Richtung zu entscheiden, weil zu einer Richtung eben zwei Punkte nötig sind. Ich erfahre also nicht die Richtung in O, sondern nur ganz in der Nähe von O. Mehr gibt es nicht und mehr kann es nicht geben. Ich erfahre also nicht das Verhältnis $\frac{a_1x_1}{b_1x_1}$, wo die Punkte a_1, b_1 und x_1 unendlich nahe an O heranrücken, sondern das Verhältnis $\left(\frac{a_1x_1}{0x_1}\right) : \left(\frac{b_1x_1}{0x_1}\right)$. Diesen Doppelbruch ist formell zwar gleich $\frac{a_1x_1}{b_1x_1}$, den Sinn der beiden Brüche ist aber strenge genommen verschieden. Der Doppelbruch ist das Verhältnis von Richtungen; zu einer Richtung sind aber zwei Punkte nötig, folglich beschränke ich mich bei dem Doppelbruch nicht wirklich auf den Punkt O.

Der einfache Bruch ist das Verhältnis von Linien; er muss unbestimmt werden, wenn ich mich in aller Strenge innerhalb des Punktes O halte. Das kann; man nicht immer ausdrücken in der Formel, das muss man in Gedanken behalten.

Solche Verschiedenheiten kommen sehr häufig vor, und Ihr selbst sündigt oft in dieser Beziehung. Ihr rechnet z.B. aus: Wenn 7 Meter 3 Mark kosten, was kosten 5 Meter?

Setzt Ihr an $7:5 = 3:x$, so hat dies einen Sinn: die Längen verhalten sich wie die Preise. Vertauscht Ihr dagegen die inneren Glieder bei der Rechnung und schreibt $7:3 = 5:x$, so wäre es ein Unsinn es als Proportion zu lesen: ‚7 Meter verhalten sich zu 3 Mark wie 5 Meter zu x Mark.'

Algebraisch wird die Ausrechnung richtig, wenn Ihr nun einfach die Produkte der inneren und äußeren Glieder bildet, gesprochen müsste aber diese Gleichung wieder anders lauten. Denkt Ihr Euch Meter und Preise geometrisch durch Linien dargestellt, so seid Ihr auch berechtigt, diese zu vertauschen – das sind gleichartige Größen. Das sind die Vorteile und die Nachteile unserer Berechnungsweise. Unterwegs lassen wir die Bedeutung aus dem Auge und erst am Schlusse angekommen übersetzen wir das Resultat wieder in Worte. Wenn dies im Allgemeinen geht und zu Richtigem führt, so dürfen wir aber doch nicht unsere Freiheit vergessen und an unsere Pflicht ermahnt, in die uns gebührenden Schranken zurückgewiesen, nicht über die tückischen Zahlen klagen, die uns ein $\frac{0}{0}$ vorspiegeln und uns verleiten, mit unbestimmten und unfassbaren Ausdrücken zu operieren, als ob es ein handgreifliches $\frac{a}{b}$ wäre. Wir waren die Nachlässigen, wir haben den Fehler gutzumachen!

Auch ein junger Mathematiker!

Dreiundzwanzigste Unterhaltung

Einige einfache Gleichungen. – Der Bettler und der Teufel. – Unbestimmte (diophantische) Gleichungen – Einiges ans der Wahrscheinlichkeitsrechnung. – Die Gesellschaft gründet aus dieselbe ein neues Würfelspiel.

Öfter als gewöhnlich waren unsere Freunde jetzt beisammen. Namentlich die Bewohner desselben Hauses, Otto und Max, saßen manche Abendstunde zusammen am Tische, bald eifrig mit der Feder beschäftigt, bald den Kopf in die Hand gestützt und scheinbar träumerisch ins Leere sehend.

„Das geht so nicht; wenn ich nur wüsste, wie ich die Drittel – und Viertelschafe unterbringe.“ „Ich habe den Ansatz, es ist ganz einfach. Gleich werde ich die Lösung bekommen.“ Und wieder geht das Rechnen los wie mit Sturmschritt. „Es gibt wieder

Unsinn, ich bekomme Bruchteile von Schafen heraus. Wo nur der Fehler stecken mag?“

Hiernach verfällt Otto wieder in tiefes Sinnen, ja er schaut betrübt und starr vor sich hin; bald fängt er einmal wieder an zu schreiben, bald wieder streicht er es aus, schüttelt den Kopf und so geht es fort, bis auf einmal Mär aufspringt und hoch erfreut ausruft: „Jetzt habe ich es; 12 Stück hatte er, die Probe passt.“

„Ja, was haben denn die sonderbaren Kerls?“ wirst Du fragen. Sie gebärden sich ja fast, wie in der Fabel die wunderbaren Leute, welche zusammen sitzen, nicht schreiben, nicht lesen, nicht arbeiten, nicht sprechen, angestrengt aufmerken und – welche spielen.

Lieber Freund, muss ich Dir darauf sagen, das sind halt Mathematiker, wenn auch noch junge, und Du weißt, dass im Volksglauben jeder Mathematiker für einen mehr oder weniger kuriosen Kauz angesehen wird. Das macht nun auch weiter gar Nichts und ist auch nicht nötig, um Mathematik zu verstehen. Und unsere jungen Mathematiker, welche doch sonst sicherlich keine sonderbaren Käuze, sondern ausgelassene, lustige Jungen sind, denen kein Baum zu hoch, kein Graben zu breit und kein Schabernack zu entlegen ist, als dass sie ihn nicht ausführten, wenn irgend möglich, diese selben haben hier so sonderbar bei einander gesessen, als ob sie das Ei des Columbus auszubrüten hätten. Weißt Du, was sie gemacht haben? Gleichungen haben sie gerechnet. Ein wunderlich Geschäft muss das ‚Gleichungen rechnen‘ schon sein, wenn es einen so in Anspruch nimmt.

Nun, Du kennst dieselben bereits aus Erfahrung. Deine Regel de tri hast Du gehabt, Buchstabenrechnen auch und Du weißt, wie man Gleichungen ansetzen und auflösen muss. Der ganze, aber sehr hübsche Kunstgriffs ist der, dass man die gesuchte Größe x bereits als gegeben und bekannt ansieht. Man operiert mit derselben, wie mit jeder anderen Zahl – dies ist das Ansetzen der Gleichung. Jede solche Gleichung hat zwei Seiten, man wendet auf beide gleiche Operationen an, gelangt dadurch stets wieder zu Gleichem und lenkt die ganze Rechnung so, dass schließlich auf der einen Seite nur noch x steht.

Ich kann Euch hier nicht die vielerlei Unterhaltung, welche unseren Freunden aus dieser Beschäftigung entsprang, wieder erzählen. Ich muss mich auf Einzelnes beschränken und erzähle Euch deshalb Weniges von einer Abendunterhaltung, an welcher außer Otto und Max auch wieder Adolf und Gustav, vor Allem auch der Vater Teil nahmen. Im zweiten Teile dieses Büchleins werdet Ihr hinreichend Stoff von interessanten Aufgaben finden, an denen Ihr Eure Kraft erproben könnt.

Beginnen wir gleich mit dem Beispiele, an welchem wir oben unsere beiden Bekannten beschäftigt fanden. Es knüpft an eine Euch vielleicht bekannte Anekdote an: ‚Einem Knaben, welcher eine kleine Anzahl Schafe hütete, begegnete ein anderer und sprach neckend: Gib mir die Hälfte Deiner hundert Schafe. Aufgebracht erwiderte ihm schlagfertig der erste: ‚hätte ich noch fünfmal so viel, und noch $\frac{2}{3}$ und $\frac{3}{4}$ und $\frac{5}{6}$ mal so viel als ich habe, und D ich dazu, so hätte ich erst 100 Stück."

Wieviel Schafe hatte der Knabe?"

Max sagte darauf: „Nennt man die Anzahl der Schafe x, so wollte der Knabe außer den x noch fünfmal so viel, im Ganzen also 6x haben. Dazu noch $\frac{2}{3}$x, $\frac{3}{4}$x, $\frac{5}{6}$x; endlich noch den Spötter als ein Stück gerechnet und hinzugestellt, so hat er hundert. Die Gleichung ist also:

$$6x+\frac{2}{3}x+\frac{3}{4}x+\frac{5}{6}x+1=100$$

$$x\left(6+\frac{2}{3}+\frac{3}{4}+\frac{5}{6}\right)=100-1=99$$

$$x\cdot\frac{33}{4}=99; x=\frac{99\cdot4}{33}=12$$

Der Knabe hatte also 12 Schafe.“

Der Vater gab ein anderes Beispiel: „Ein Bettler will über eine Brücke gehen, als ihm der Teufel begegnet. Dieser schließt mit ihm den Vertrag, jedes Mal, wenn er über die Brücke hinübergehe, ihm seine Barschaft zu verdoppeln, wenn er beim Zurückgehen über dieselbe einen Taler in die Flut würfe. Der Bettler geht darauf ein, muss jedoch zu seinem Schrecken bemerken, dass, als er dreimal hinüber und herübergegangen ist, er gerade nichts mehr hat. Wieviel hat er ursprünglich gehabt?“

Gustav: „x bezeichne wieder die Barschaft des Bettlers. Geht derselbe zum ersten Mal über die Brücke, so hat er jetzt 2 x, zurückgehend wirft er einen ins Wasser, er hat also nur noch 21 – 1. Zum zweiten Mal hinüber, so besitzt er $2(2x - 1)$; wieder zurückgegangen hat er nur noch $2 (2x - 1) - 1$. Wiederholt er dies zum dritten Mal, so hat er

$$2[2(2x - 1) - 1] - 1 = 0.$$

Daraus folgt

$$2[4x - 2 - 1] - 1 = 0; 8x - 6 - 1 = 8x - 7 = 0$$

$$8x = 7; x = \frac{7}{8}$$

$\frac{7}{8}$ Taler war das ursprüngliche Vermögen des Bettlers. Sein Fehler bestand darin, dass er jedes Mal mehr in das Wasser warf, als seine ursprüngliche Barschaft betrug.“

„Verfolgt“, sagte der Vater, „mit dem berechneten Werte nochmals den Vermögensstand des Bettlers, so werdet Ihr leicht das überraschende Resultat begreifen.“

„Ich will daran einige Aufgaben anschließen, welche Euch einen Nutzen dadurch gewähren, dass Ihr lernt, wie Ihr Ausdrücke, die Euch ganz geläufig sind, scharf aufzufassen und mathematisch einzukleiden habt: ‚Ein gewisser Bruch hat folgende merkwürdige

Eigenschaft. Bezeichnet sein Wert einmal Taler, dann Groschen und endlich Pfennige, so macht diese Summe gerade einen Taler aus. Wie heißt der Bruch?'"

Adolf: „Nennt man ihn vorläufig x, so sollen x Taler + x Groschen + x Pfennige = 1 Taler sein. Auf beiden Seiten stehen noch ungleiche Größen, zunächst muss ich alles in derselben Einheit ausdrücken. Nehme ich als dieselbe Pfennige, so sind die x Taler = 300.x Pfennige; die x Silbergroschen = 10 . x Pfennige. Somit bekommt man 300·x Pfennige + 10x Pfennige + x Pfennige = 300 Pfennige.

Jetzt sind alles Pfennige; diese Bezeichnung darf weggelassen werden. Die Gleichung wird also

$$300x+10x+x = 300$$

$$311x = 300; \quad x = \frac{300}{311}$$

Es müssen also:

$$\frac{300}{311} \text{ Taler} + \frac{300}{311} \text{ Groschen} + \frac{300}{311} \text{ Pfennige} = 1 \text{ Taler}$$

sein.

Noch ein Beispiel, welches zur Zahlentheorie in Beziehung steht: Es gibt eine sechsstellige Zahl von folgender Eigentümlichkeit. Setze ich die letzte Ziffer rechter Hand (eine 7) an die erste Stelle links, so entsteht das Fünffache der ersten Zahl; setzt man dagegen die erste Stelle links (eine 1) an die letzte Stelle rechts, so bildet sie das Dreifache der ersten Zahl. Welche Zahl ist es?

Ich will es Euch erst erläutern. Die erste Ziffer links ist eine 1, die letzte Ziffer (rechts) eine 7; 6 Stellen hat die ganze Zahl. Ich schreibe dieselbe also:

1 a b c d 7."

Otto: „Lass mich, bitte, jetzt fortfahren. Es soll sein

$$71\,a\,b\,c\,d = 5 \cdot 1\,a\,b\,c\,d\,7.$$

Ferner

$$a\,b\,c\,d\,71 = 3 \cdot 1\,a\,b\,c\,d\,7.$$

Jetzt wird es aber schwer. Wie bringe ich das a b c d unter und wie drücke ich die Verstellung der Ziffern aus?"

Vater: „Lass Dich nicht irre machen durch die vielen Buchstaben! Die a b c d bleiben ja immer ungeändert, diese werden also am Schluss der Rechnung wieder herausfallen. Die gesuchte Zahl könntest Du offenbar schreiben

$$1HT + azT + bT + cH + dz + 7.$$

Fasse die $aZT + bT + c \cdot H + dZ$ zusammen als x Zehner, so hast Du die gesuchte Zahl in der Form: $100000 + xZ + 7$.

Nun überlege, was Deine Zahl 71 a b c d bedeutet!"

Otto: „Diese schreibe ich als

(1) $\ldots 7 \cdot 100000 + 1 \cdot 10000 + xE = 5$mal gesuchte Zahl."

Vater: „Und die folgende Umstellung bedeutet ebenso:"

Otto: „$xH + 7Z + 1E = 3$mal gesuchte Zahl

(2) oder $x \cdot 100 + 7 \cdot 10 + 1 = 3$mal gesuchte Zahl."

Vater: „Du siehst, ich habe Dir mehr gegeben als Du brauchst. Du hast bereits zwei Gleichungen, aus welchen x berechnet werden kann. Verfolge z.B. die erste (1) weiter, indem Du auch die rechte Seite ausdrückst."

Otto: „Ich bekomme dann

$$7 \cdot 100000 + 1 \cdot 10000 + x = 5(100000 + 10x + 7).$$

Vater: „Nun sind alle Zahlen in Einer umgesetzt. Führt man die Rechnung aus, so bekommt man

$$700000 + 10000 + x = 500000 + 50x + 35$$

Also

$$710000 - 500035 = 49x$$

$$x = 209965 : 49 = 4285.$$

Dies gibt also das a b c d der ursprünglich angenommenen Zahl. Diese selbst wird somit

$$142857.$$

Führe ebenso die Gleichung (2) aus.

Gustav: „Man hätte auch die Gleichungen (1) und (2) direkt verbinden können. Man hätte durch Division von (2) in (1) bekommen:

$$\frac{7 \cdot 100000 + 1 \cdot 10000 + x}{x \cdot 100 + 7 \cdot 10 + 1} = \frac{5}{3}$$

oder daraus

$$3(700000 + 10000 + x) = 5(100x + 7 \cdot 10 + 1).$$

Ausgerechnet gibt dies

$$2130000 + 3x = 500x + 350 + 5$$

$$2129645 = 497x$$

$$X = 2129645 : 497 = 4285,$$

also ebenso wie oben."

„Derartige Aufgaben", fuhr der Vater fort, „werden Euch, die Ihr mit den Gleichungen bekannt seid, keine Schwierigkeiten bereiten. Wir wollen deshalb hier nicht näher auf dieselben eingehen. Auch Gleichungen mit mehreren Unbekannten versteht Ihr zu behandeln. Ihr wisst; dass man zur Auflösung ebenso viele selbständige Gleichungen braucht als Unbekannte da sind. Ich will Euch aber noch mit einer anderen Art bekannt machen, welche scheinbar vielmehr leistet. Es werden nämlich mit einer einzigen Gleichung 2 Unbekannte bestimmt. Ein solches Beispiel ist folgendes:

Eine Bäuerin spricht zu einer andern: ‚Hätte ich achtmal so viel Eier, als ich jetzt habe, und Du siebenmal so viel, als Du jetzt hast, und gäbe ich Dir alsdann eins von meinen Eiern, so hätten wir beide gleichviel Eier. Wie viel Eier hatte jede der Bäuerinnen?"

Max: „Nenne ich x die Anzahl der Eier, welche eine Frau hat, diejenigen der anderen y, so würde der Ansatz sein

$$8x - 1 = 7y + 1$$

Hier sind aber doch unendlich viele Lösungen möglich."

Vater: „Allerdings, wenn für x und y ganz beliebige Zahlen gesetzt werden könnten. Im Sinne der Aufgabe liegt aber noch mehr."

Otto: „x und y können nur ganze Zahlen sein, da von geteilten Eiern nicht die Rede ist."

Vater: „Und diese zweite Bedingung hebt noch eine Reihe von Unbestimmtheiten auf. Man wird dadurch allerdings immer noch nicht sicher nur zu einer Lösung geführt, sondern es sind meistens mehrere Lösungen möglich, unter welchen man dann wieder die aus anderen Gründen wahrscheinlichste aussucht.

Wollen wir nach dem nächstliegenden Gedanken verfahren, so werden wir der Reihe nach Werte für x und y probeweise einsetzen. Zu dem Ende jedoch gestalten wir vorher die Gleichung um in:

$$8x - 7y = 2$$

Für x und y müssen also, wie wir aus dieser letzten Gleichung ersehen, ganze Zahlen von der Beschaffenheit gesucht werden, dass die Differenz der 8fachen ersten und der 7fachen zweiten Zahl gleich 2 ist. Statt auf gut Glück darauf los zu probieren, geben wir dem x und y der Reihe nach die Werte 1, 2, 3 usw. und tragen die so erhaltenen Zahlen in eine Tabelle ein. In dieser können wir dann leicht die Werte von 8x und 7y heraussuchen, deren Differenz gleich 2 ist. Wir bekommen so:

8x	x	7y	y
8	1	7	1
16	2	14	2
24	3	21	3
32	4	28	4
40	5	35	5
48	6	42	6
56	7	49	7
64	8	56	8
72	9	63	9
80	10	70	10
		77	11

Ihr seht aus der Tabelle, dass die Werte x = 2, y = 2; ferner x = 9, y = 10 und so mehrere andere der Gleichung genügen."

Max: „Aber unter Umständen ist dies doch eine sehr komplizierte Sache; da kann man lange rechnen. Gibt es keine sichereren Methoden?"

Vater: „Etwas können wir uns schon die Sache vereinfachen, wenn wir x und y, jedes getrennt, ausrechnen. Es würde

$$x = \frac{7y+2}{8}$$

$$y = \frac{8x-2}{7}$$

sein.

Dadurch können wir sofort eine große Reihe von Werten ausschließen; x darf, dies lehrt der Wert von y, nur so sein, dass es 8mal genommen und um zwei vermindert eine durch 7 teilbare Zahl gibt. Der erste Wert für x ergibt sich dann gleich als 2."

Gustav: „Können wir nicht in ähnlicher Weise noch weiter gehen? Führt man die Division aus, so ist

$$y = x + \frac{x-2}{7}$$

Hier erkennt man sofort, da y eine ganze Zahl sein muss, dass nur die Werte x = 2, x = 9 usw. genügen können."

Vater: „Deine Bemerkung war sehr gut und wie Du siehst auch wirklich sehr fruchtbar. In der Tat kommt Alles bei dieser Methode darauf an, die Werte für x und y auf Brüche zu führen, welche so einfach als möglich sind.

Noch ein Beispiel hierzu:

Es gibt zwei ganze Zahlen, von denen die eine 17mal, die andere 3mal genommen und addiert als Summe 100 ergeben. Wie heißen dieselben?"

Adolf: „Nennt man sie x und y, so ist der Ansatz 17x + 3y = 100.

Daraus folgt $x = \dfrac{100-3y}{17}$

$$y = \frac{100-17x}{3}.$$

Mit diesen Ausdrücken ist aber noch unbequem rechnen; die Zahlen sind noch unnötig groß. Deshalb entwickelt man weiter

$$x = 5 + \frac{15-3y}{17}$$

$$y = 33 - 5x + \frac{1-2x}{3}$$

Die Brüche müssen immer ganze Zahlen werden, ich muss also x und y dieser Bedingung entsprechend wählen."

Vater: „Du kannst sogar noch bequemer verfahren. Dass ein Bruch einer ganzen Zahl gleich ist, wollen wir bezeichnen dadurch, dass wir ihn gleich g setzen; so haben wir:

$$\frac{1-2x}{3} = g, \text{ woraus folgt } x = \frac{1-3g}{2}$$

Zu bemerken ist, dass g auch negativ, also – 3g wieder positiv sein kann. Dies ist zu beachten, weil jedes positive g einen negativen Wert für x im Gefolge haben würde, während ein solcher den Bedingungen unserer Aufgabe gemäß unzulässig ist. Wir sehen sofort, dass die Werte g = – 1, g – 3, g = – 5 usw. der Aufgabe genügen können. Von den zugehörigen Werten x = 2, x = 5, x = 8 sind wirklich gleich die beiden ersten brauchbar.

In dieser Weise wird es Euch nicht schwer fallen, bei gegebenen Beispielen in ziemlich sicherer und nicht zu umständlicher Weise zu einem Resultat zu gelangen. Wie Ihr die Brüche am besten behandelt, werdet Ihr im Einzelnen leicht finden. Beachtet dabei noch, dass Ihr die Divisionen in dem Quotienten, den Ihr für x bekommen habt, oft bequem fortsetzen könnt; z.B. Ihr hättet

$$x = 3 + y + \frac{5+4y}{7} \dots (0)$$

so setzt Ihr $\frac{5+4y}{7} = g$, also $y = \frac{7g-5}{4}$.

Hier die Division wieder ausgeführt gibt:

$$y = g-1 + \frac{3g-1}{4} \dots (1).\text{“}$$

Gustav: „Ich merke jetzt, wo es hinaus soll. Den letzten Bruch setzt man wieder gleich einer ganzen Zahl g':

$$(2) \dots \frac{3g-1}{4} = g', \text{ also } g = \frac{4g'+1}{3} = g' + \frac{g'+1}{3} \dots (3).$$

Nun endlich

$$(4) \dots \frac{g'+1}{3} = g'' \text{ gesetzt, so erhält man } g' = 3g'' - 1 \dots (5),$$ so hat man keinen Bruch mehr, also eine Form, welche möglichst übersichtlich ist.“

Vater: „Setzt man den Wert g'' aus (5) in (2), so wird

$$(2^{\mathrm{a}}) \dots \frac{3g-1}{4} = 3g''-1$$

$3g - 1 = 12g'' - 4$ und dies endlich in (1) eingesetzt, gibt (rechnet Euch dies selbst aus!)

$$y = 7g'' - 3.$$

Es hat also y die Form: 7mal ganze Zahl minus 3.

Rechnet man auch noch x aus, indem man diesen Wert für y einführt, so erhält man

$$x = 11\,g''+1$$

Gustav: „Das ist hübsch. So brauche ich nur noch für g'' der Reihe nach ganze Zahlen einzusetzen und bekomme dann alle möglichen Werte für x und y.

Also für

$$g'' = 0; \; y = -3 \quad g'' = 1; y = 4 \quad g'' = 2; \; y = 11$$

$$x = +1 \quad x = 12 \quad x = 23\text{“}$$

Otto: „Was sind dies nun für Lösungen? Du hast uns gar keine Gleichung genannt.“

Adolf: „Diese ist leicht abzuleiten; ich brauche nur den Ausdruck (0), welcher auch eine Gleichung zwischen x und y ist, umzuformen, so gibt dies:

$$7x = 21+7y+5+4y$$

Also:

$$7x - 11y = 26.\text{“}$$

Vater: „Ihr könnt jetzt sogar ein Beispiel mit Worten daraus machen; z.B. es verkauft Jemand junge Schweine, das Stück zu 7 Taler, und kauft für das Geld Kälber, das Stück zu 11 Taler. Er hat dann noch 26 Taler bar, die er für andere Zwecke verwenden will. Wie viel Schweine hat er verkauft und wie viel Kälber eingekauft? (Antwort 12 Schweine und 4 Kälber, oder 23 Schweine und 11 Kälber usw.)

Ich will hieran noch einige einfache Aufgaben anschließen, welche Euch einen Begriff geben sollen von dem, was man Wahrscheinlichkeit und Wahrscheinlichkeitsrechnung nennt.

Ein Weiser, gefragt, ob er sich denn nicht vor dem Tode fürchte, antwortete, dass er dazu aus drei Gründen keine Veranlassung habe: erstlich erscheine ihm der Tod gar nicht übel, da man nach demselben keine Empfindung mehr habe; zweitens würde er sich durch eine solche Furcht ja nur die Zeit seines Lebens verbittern, ohne dass dies einen Nutzen habe; drittens sei ja noch gar nicht ausgemacht, dass er sterbe. Seither scheine es zwar, dass regelmäßig nach Ablauf einer gewissen Zeit die Leute gestorben seien; wer aber stehe dafür, dass dies immer so sei.

Die Leute lachten ihn aus, ebenso wie Ihr. Und trotzdem hat er Recht. Es ist durch tausend und millionenfache Erfahrung bestätigt, es ist im höchsten Maße wahrscheinlich, dass wir sterben, absolut sicher allerdings nicht. Wir können viele Millionen gegen eins wetten, dass es so kommt, aber wir können es nicht anders als durch die unendliche Erfahrung beweisen. Manche naturwissenschaftlichen Resultate sind in kurzer Zeit zu derselben, wenn nicht größerer Gewissheit gekommen. So hat ein deutscher Physiker Kirchhoff aus gewissen Erscheinungen, welche das Sonnenlicht zeigt, nachgewiesen, dass mehr als 3 Billionen gegen 1 zu wetten sei, dass Eisen auf der Sonne ist.

In kurzen Zügen habt Ihr aber damit angedeutet, was man Wahrscheinlichkeit und was man einen sogenannten Erfahrungssatz nennt. Weil es in 1000 oder Millionen Fällen so gewesen ist, schließen wir, dass auch im Million und ersten Falle wieder so kommen werde.

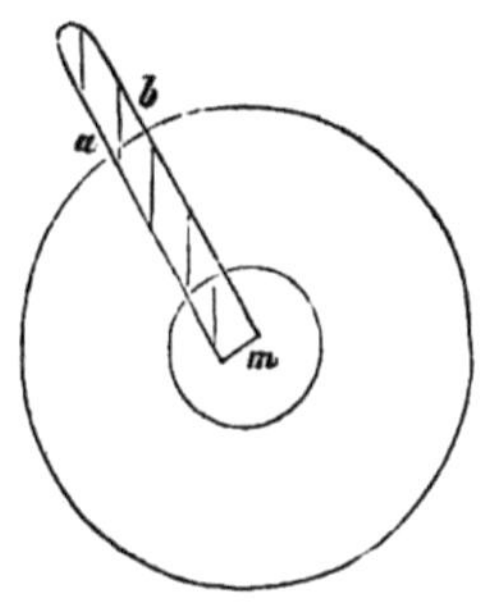

Fig. 208

Noch ein anderes einfaches Beispiel. Wenn im Dunkeln eine brennendes Zigarre, deren brennendes Ende m ist (Fig. 208) auf den Boden fällt, so wird fast regelmäßig der erste, zweite, vielleicht selbst dritte Griff nach derselben falsch sein. Da Ihr vollständig unbekannt mit der Lage der Zigarre seid, so ist zu wetten, es sei sovielmal wahrscheinlicher, dass Ihr falsch greift, als die Linie ab kleiner ist als die ganze Peripherie; ab, die Dicke der Zigarre, wird ein umso größeres Stück der Peripherie, je kleiner der Kreis ist; d.h. Ihr greift umso sicherer je näher Ihr dem brennenden Ende geht.

– Ihr Alle wisst von Euren Spielen, dass Jemand, der mit verbundenen Augen mehrere Male im Kreise umgedreht worden ist, fast immer die Richtung nach einem gegebenen Ziele verfehlt. Jede von den vielen möglichen Richtungen ist gleich wahrscheinlich, daher die eine gerade von dem Nichtsehenden gewählte sehr wahrscheinlich eine falsche.

Man hat die Wahrscheinlichkeitsrechnung mathematisch vollständig ausgebildet und gebraucht dieselbe bei den Rechnungen für Witwenkassen, Lebensversicherungsgesellschaften usw. Solche Unternehmungen stützen ihre Rechnung darauf, dass man aus einer großen Zahl von Fällen sich im Mittel bestimmt, wie groß das durchschnittliche Lebensalter ist, wie wahrscheinlich es ist, dass ein bereits 20 Jahr alter Mensch noch bis zum so und so vielten Lebensjahre gelangt etc. Diese Mittel zu ziehen ist wieder die Aufgabe einer besonderen Wissenschaft, der sogenannten Statistik. Wollte eine solche Gesellschaft mit einzelnen, wenigen Leuten Verträge abschließen, so würde jede Grundlage zu einer einigermaßen sicheren Rechnung fehlen. Nur dadurch, dass eine große Menge Leute versichert sind, kann man Durchschnittszahlen zu Grunde legen und die Lehren der Wahrscheinlichkeitsrechnung anwenden.

Ein paar ganz einfache Beispiele! Aus einem Spiele von 32 Karten wird eine gezogen, welche Wahrscheinlichkeit ist, dass dieselbe Herz Aß ist? 32 Fälle (verschiedene Karten, welche gezogen werden können) sind möglich; nur ein einziger ist ‚günstig‘. Man bezeichnet diese Wahrscheinlichkeit durch den Bruch $\frac{1}{32}$. In die Sprache des gewöhnlichen Lebens übersetzt heißt dies: Wenn ich diese Probe unendlich vielmal mache, und die Resultate aller Proben zusammenstelle, so wird sich finden, dass im Durchschnitte nur einmal Herz Aß kam, wenn ich 32 mal aus dem immer wieder zusammengelegten Haufen je eine Karte herausgezogen habe. Oder ich könnte 31 gegen 1 wetten, dass kein Herz Aß kommt, wenn der Andere nur einmal zieht. Die

Chancen oder richtiger das Risiko der beiden Wettenden ist dann gleich.

Ein anderes Beispiel! In einer Lotterie sind 80000 Nummern, darunter eine, das große Loos, mit 20000 Talern. Welche Wahrscheinlichkeit hat man dasselbe zu gewinnen?"

Otto: „Natürlich $\frac{1}{80000}$."

Vater: „Wie gering diese Wahrscheinlichkeit ist, könnt Ihr aus folgender Überlegung ersehen. Die Stunde hat $60{\cdot}60 = 3600$, der Tag also 86400 Sekunden. Angenommen Ihr sitzt vor einer Uhr, welche Sekunden schlägt und wisst, dass innerhalb dieser 24 Stunden irgendein Ereignis eintreten muss, wann aber ungefähr während dieser Zeit, davon habt Ihr keine Ahnung. Du wettest, dass dasselbe gerade zu der und der ganz bestimmten Sekunde eintrifft. Welche Wahrscheinlichkeit hast Du zu gewinnen? Die Antwort ist $\frac{1}{86400}$, d.h. ungefähr dieselbe Wahrscheinlichkeit, wie in der erwähnten Lotterie das große Loos zu ziehen. Dein Freund darf 86400 Taler gegen einen wetten, so habt Ihr erst gleiches Risiko. Damit erhaltet Ihr ein Bild von obiger Wahrscheinlichkeit. Und dennoch – wie viele Leute tragen sich mit der stillen Hoffnung, das große Loos zu gewinnen! Was der Mensch wünscht, das glaubt er gern.

Nimmt man nicht nur ein, sondern n Loose, so ist die Wahrscheinlichkeit zu gewinnen n – mal größer. Wieviel solche günstige Fälle denkbar sind muss man oft erst durch andere Rechnung finden; z.B. Ihr würfelt mit einem anderen. Der eine macht immer einen Einsatz, der zweite würfelt und ein dritter unbeteiligter bestimmt, welcher Wurf gewinnt und wieviel Würfe getan werden dürfen. So wird abgewechselt; fällt unter der festgesetzten Anzahl Würfe der betreffende, so hat der Spieler den Einsatz gewonnen, im anderen Falle geht er in die gemeinsame Kasse, welche durch den Einsatz des Folgenden erweitert wird. Wenn dieses Spiel zweckmäßig eingerichtet sein soll, so muss der

Wurf umso schwieriger gewählt werden, je größer der Kassenbestand ist. Lässt sich dies machen?"

Gustav: „Gewiss muss es sich berechnen lassen. Angenommen man spielt mit 3 Würfeln, so ist offenbar 3 und 18 am schwersten zu werfen, weil jeder dieser Würfe nur in einerlei Art entstehen kann."

Vater: „Berechnen wir die Wahrscheinlichkeit des Wurfes 3!"

Gustav: „Ich muss wissen, wie viel verschiedene Würfe überhauptvorkommen können. Bei einem Würfel sind dies 6; gehe ich zu 2 Würfeln über, so sind bei jeder Lage des zweiten wieder 6 des ersten möglich, also können auf 36erlei verschiedene Weisen zwei Flächen oben liegen. Endlich wenn noch ein dritter hinzukommt, so können zu jeder Lage des dritten 36 verschiedene Lagen der ersten beiden kommen, es gibt also $36 \cdot 6 = 6^3 = 216$ verschiedene Würfe. Die Wahrscheinlichkeit 3 oder 18 zu werfen ist also nur $\frac{1}{6^3} = \frac{1}{216}$."

Vater: „Wie ist die Wahrscheinlichkeit für den Wurf 4?"

Max: „Er kann fallen, wenn ich mir die 3 Würfel neben einander gestellt denke, als

1+1+2, 1+2+1, 2+1+1, also ist dieselbe $= \frac{3}{6^3}$.

Vater: „Für den Wurf 5 endlich?"

Otto: „Er tritt ein für die Würfe

$$1+2+2; \quad 2+1+2; \quad 2+2+1.$$

$$3+1+1; \quad 1+3+1; \quad 1+1+3,$$

also ist die Wahrscheinlichkeit 5 zu werfen schon $\frac{6}{6^3} = \frac{1}{6^2} = \frac{1}{36}$."

Vater: „Ihr seht, dass Ihr wieder von sämtlichen Zahlen, welche zusammen die gewünschte Augenzahl geben können, alle Permutationen bilden müsst, so geben Euch diese die Anzahl der günstigen Fälle. Aber Ihr müsst dabei auch beachten," –

Gustav: „Dass mehrere gleiche Glieder in den Permutationen vorkommen können, z.B. 1 oder 2 zweimal, oder wie es beim Wurfe 3 ist, sogar dieselbe Zahl dreimal."

Vater: „Zu dem Ende bemerkt, wie Ihr leicht ableiten könnt, dass wenn unter n zu permutierenden Elementen p gleiche vorkommen, die Anzahl der möglichen Permutationen nicht mehr, wie bei lauter ungleichen Gliedern n! sondern nur $\frac{n!}{p!}$ ist.

Berechnet mir nun für den Wurf 10 die Wahrscheinlichkeit!"

Gustav: „Ich bekomme 10 aus 6+3+1; 5+4+1; 5+3+2; 4+4+2; 4+3+3

6+3+1	sind	3	verschiedene	Elemente,	also	3!=6	Permutation
5+4+1	„	3	„	„	„	3!=6	„
5+3+2	„	3	„	„	„	3!=6	„
4+4+2	„	2	„	„	„	$\frac{3!}{2!}=3$	„
4+3+3	„	2	„	„	„	$\frac{3!}{2!}=3$	„

Im Ganzen sind also 24 von den 6^3 möglichen Fällen dem Wurfe 10 günstig, d.h. die Wahrscheinlichkeit ist $=\frac{26}{6^3}=\frac{4}{36}$.

Ihr könntet also das Spiel ungefähr so einrichten. Der erste wirft bei dem einfachen Einsatz auf 10 und darf 3 Würfe tun. Seine Wahrscheinlichkeit zu gewinnen ist dann" –

Otto: „$3\cdot\frac{4}{36}=\frac{1}{3}$"

Vater: „Hat er nicht gewonnen, so verdoppelt sich jetzt der Einsatz dem Folgenden darf also nur die halbe Wahrscheinlichkeit, d.h. $\frac{1}{6}$ gelassen werden. Bestimmt, dass er unter drei Würfen einmal 10 oder 5 werfen muss! Die Wahrscheinlichkeit in einem Wurfe 10 zu bekommen ist $\frac{4}{36}$, diejenige in 2 Würfen 5 zu treffen $2\cdot\frac{1}{36}$, zusammen also $\frac{6}{36}$ oder $\frac{1}{6}$ ist die Wahrscheinlichkeit, unter drei Würfen einmal 5 oder 10 zu treffen.

Gewinnt auch dieser nicht, so wird der Einsatz dreimal so hoch, dem Dritten darf somit nur die Wahrscheinlichkeit $\frac{1}{9}$ geboten werden. Wie stellen wir uns diese her?"

Otto: „Wir haben dieselbe schon. Nämlich in einem Wurfe 10 zu werfen; $\frac{4}{36} = \frac{1}{9}$.

Vater: „Ihr seht, wie das Spiel weiter gehen würde. Dem folgenden müsste die Wahrscheinlichkeit $\frac{1}{12}$ geboten werden; diese stellt man her" –

Marx: „Mit dem Wurfe 5; mit einem Wurfe 5 zu treffen hatte man die Wahrscheinlichkeit $\frac{1}{36}$, dass es also in 3 Würfen einmal vorkommt, ist 3mal wahrscheinlicher, gibt also $\frac{1}{9}$."

„Doch wir wollen", sagte der Vater, „dies nicht weiter fortführen und müssen uns mit diesen einfachen Beispielen begnügen. Sie werden Euch eine ungefähre Vorstellung von der Art gegeben haben, wie man einen scheinbar so schwankenden Begriff, die Hoffnung, die Aussicht auf Erfolg, sogar auf bestimmte mathematische Formeln führen kann. Manche schöne Hoffnung wird freilich von dem nüchternen Mathematiker geknickt und als unberechtigt zurückgewiesen; sie passt nicht zu der trockenen, aber wahren Formel. Hier muss man sich retten mit seiner Hoffnung in das Bereich des Zufalls; denn er würde gerade die Ausnahme von unseren Wahrscheinlichkeitsregeln bilden. Nimmt man aber recht viele Einzelfälle, so muss auch der Einfluss des Zufalls schwinden."

Vierundzwanzigste Unterhaltung

Die Zahlengesetzmäßigkeiten im Gebiete der Chemie. – Atomtheorie. –
Polymere Modifikationen

„Benutzt man", fragte Otto, „die Wahrscheinlichkeitsrechnung, von welcher Du uns neulich einige Beispiele gabst, außer zu den Zwecken des praktischen Lebens auch in der Wissenschaft?"

„Allerdings", erwiderte der Vater, „und es hat sich sogar eine ganz besondere Disziplin der Mathematik ausgebildet, welche den Zweck hat, diese Anwendungen auf bestimmte Regeln zu bringen.

Ihr wisst, dass alle unsre Messungen mit Fehlern behaftet sind, und es kommt darauf an, bei wissenschaftlichen Resultaten darüber klar zu sein, ob die Unterschiede, die man zwischen Größen findet, so sind, dass sie wirklich berechtigen, einen weiteren Schluss aus ihnen zu ziehen oder ob dieselben nicht vielleicht nur als Folge von Fehlern anzusehen sind. Diese Frage wird mit wissenschaftlicher

Strenge beantwortet durch eine besondere mathematische Disziplin, welche von unserem berühmten Mathematiker Gauß begründet wurde und welche man die Methode der kleinsten Quadrate nennt: Im Wesentlichen beruht die Rechnung darauf, dass man sich sagt: es ist ebenso wahrscheinlich, dass ein Fehler positiv als negativ vorkommt, d.h. dass eine Größe einmal größer, das andermal kleiner gemessen wird als sie in Wirklichkeit ist. Die wahre Größe werde ich niemals ohne weiteres finden können. Man ist aber im Stande, indem man sich die Methode genau betrachtet, die Fehlergrenze zu bestimmen und dann durch Rechnung den wahrscheinlichsten Wert zu finden. Um das Vorzeichen der Fehler wieder zu eliminieren, nimmt man nicht die Fehler selbst, sondern die Quadrate derselben, von denen Ihr wisst, dass sie stets positiv sind. Aber auch ohne auf diese ziemlich schwierige Disziplin einzugehen, seht Ihr ein, dass man im Stande ist, mit Hilfe Von Wahrscheinlichkeitsrechnungen sich einen Begriff zu machen über die Berechtigung gewisser Vorstellungen, die wir ja immer bei der Naturbetrachtung zu Grunde legen und die man Hypothesen nennt. Selbst diejenigen Gesetze, welche wir heutigen Tages als unumstößlich feststehend betrachten, wie z.B. das Gesetz von der Zusammensetzung von Kräften, sind ursprünglich mehr glücklich geahnt, als auf strengem Wege gefunden worden.

Man nennt solche Sätze, die sich nicht weiter beweisen lassen, sondern die nur aus einer großen Reihe von Erscheinungen als wahrscheinlich gefolgert sind, Ariome, ebenso wie man in der Mathematik dieselben Sätze, welcher jeder von vornherein zugibt und welche einen Beweis überhaupt nicht vertragen, mit diesem Namen belegt. Die naturwissenschaftlichen Ariome sind aber nicht so nahe gelegen, als die mathematischen, und daraus erklärt es sich, dass die Grundsätze unsrer Mechanik, d.h. der Lehre von der Bewegung, der Wirkungsweise und Zusammensetzung der Kräfte usw., erst nach langen mühseligen Vorarbeiten von einem der größten Geister, die je gelebt haben, von Isaak Newton, aufgestellt wurden. Erst durch ihn haben wir bestimmte und sehr einfache Vorstellungen über die Natur der Kräfte bekommen, d.h. wir sind im Stande, uns ein bestimmtes Bild zu machen über den Vorgang und die Ursache von Bewegungen, wir können diese Bewegungen rechnend so weit verfolgen, dass die Resultate, zu denen uns die Rechnung führt, durch Versuche geprüft werden können. Je mehr Schlüsse, welche aus einer Hypothese abgeleitet sind, mit der Erfahrung übereinstimmen, desto wahrscheinlicher wird die Hypothese.

Es gibt andere Vorstellungen, welche scheinbar noch tiefer in das Wesen der Natur einführen, und zwar sind dies die Vorstellungen über die Beschaffenheit der Materie. Sie haben von alters her den menschlichen Geist vielleicht am meisten interessiert, denn die ersten griechischen Philosophen haben sich mit dieser Frage beschäftigt und erst von diesen Spekulationen aus hat man sich weiter zu anderen Fragen der Philosophie und Naturwissenschaft aufgeschwungen.

So roh die Vorstellungen der Griechen auch noch waren, so wenig experimentelle Kenntnisse sie hatten, so genial sind trotzdem ihre Gedanken in dieser Beziehung. Sie stellen sich vor, dass all die verschiedenartige Materie im Grunde dieselbe sei und die Verschiedenartigkeit derselben nur davon herrühre, dass gewisse kleinste Teilchen, in die man sich jeden Stoff zerlegt denken kann, in den verschiedenen Körpern zu verschiedener Zahl und in verschiedener Weise angeordnet sind.

Denken wir uns einmal von unserem Standpunkte in die Sache hinein, so wisst Ihr, dass z.B. Eisenrost aus metallischem Eisen und einem gasförmigen Körper besteht, dass Zinnober aus Quecksilber und Schwefel zusammengesetzt ist usw., mit anderen Worten, Euch ist es nichts Ungewöhnliches, dass man aus der Farbe der Körper keinen Schluss machen darf auf die Zusammensetzung derselben, sondern dass in einem festen Stoffe ein gasförmiger, dass in einem

roten Körper ein metallisch glänzender Stoff usw. enthalten sein
kann. Ich brauche Euch ferner nur an eine frühere Unterhaltung
zu erinnern. Ihr entsinnt Euch, dass wir uns in Gedanken einen
Körper immer weiter zerlegt dachten, bis wir schließlich zu Teilen
kamen, welche wir als Moleküle bezeichneten und von denen wir
annahmen, dass sie durch mechanische Mittel nicht weiter zerlegt
werden könnten. Schon damals wurde mir entgegnet, dass man
ein solches Molekül doch noch in kleinere Teilchen, die Atome,
auflösen könne.

Die Betrachtung, welche ich damals bei Seite ließ, wollen wir
jetzt wieder aufnehmen. Die heutige Naturforschung nimmt 64
verschiedene Körper an, die Elemente, welche nicht weiter zerlegt
werden können. Die kleinsten Teilchen dieser Elemente, die mit
den Hilfsmitteln, wie sie uns augenblicklich zu Gebote stehen,
nicht mehr in einfachere Grundstoffe zerfetzt werden können,
nennt man Atome, die Zusammenlagerung mehrerer Atome ein
Molekül.

Wir wollen jetzt den umgekehrten Weg gehen, von dem,
welchen die Wissenschaft im Laufe der Zeiten gehen musste. Sie
geht aus von Erfahrungen, sammelt viele derselben und gelangt
schließlich zu einer Erklärung, einer Hypothese. Wir wollen
umgekehrt gleich die Hypothese als gegeben annehmen und
versuchen, ob wir an ihrer Hand wieder zu den Erscheinungen
zurückgelangen können. Dann müssen wir uns Folgendes
vorstellen: Wir haben 64 verschiedenerlei Atome. Diese Atome
sind verschieden schwer und verschieden groß; über ihre Farbe
und dergleichen physikalische Eigenschaften wissen wir Nichts
und haben auch gar keine Vorstellung, wie wir uns ein farbiges
Atom denken könnten. Auch das absolute Gewicht derselben
ebenso wie ihre absolute Größe ist uns unbekannt. Wir wissen
nur, dass sie jedenfalls unendlich klein sind, d.h. dass sie mit
keiner, selbst der stärksten Vergrößerung welche wir jetzt
besitzen, erkannt werden können. Aber wir kennen Eins, eine sehr

wichtige Eigenschaft derselben, nämlich ihr relatives Gewicht. Was heißt das?

Zur Erläuterung denken wir uns, man suchte unter den 64 Atomen sich das leichteste aus und nennt das Gewicht desselben 1. Mit dem Gewicht dieses leichtesten Atomes vergleicht man die Gewichte sämtlicher übrigen Atome, und nennt die relativen Gewichte, welche man so erhält, Atomgewichte. Es zeigt sich, dass das leichteste Atom dasjenige des Wasserstoffes ist, und wenn man also sagt, das Atomgewicht des Schwefels sei 32, so heißt das?"

Otto: „Dass ein Atom Schwefel 32mal so schwer ist, als ein Atom Wasserstoff."

Vater: „Wir wollen auch gleichzeitig noch etwas Anderes einführen, nämlich eine Abkürzung nur aus Gründen der Bequemlichkeit. Statt nämlich die Namen immer auszuschreiben, bezeichnen wir jeden Körper durch den Anfangsbuchstaben seines lateinischen Namens, also würde z.B. bezeichnen Wasserstoff H, (Hydrogenium), S Schwefel (Sulfur), O Sauerstoff (Oxygenium) usw.

Mit diesen Atomen wollen wir nun anfangen in ähnlicher Weise, wie früher mit unseren Kristallmolekülen zu bauen, Man weiß, dass alle die einzelnen Atome zu einander eine gewisse Anziehungskraft haben, die einen mehr, die andren weniger stark, und nennt diese Anziehungskraft chemische Verwandtschaft Sie folgt den Gesetzen, welche wir früher für die allgemeine Anziehung der Massen aufgestellt haben, nicht, sondern ist uns eine ihrer wahren Größe und der Art ihrer Wirksamkeit nach ziemlich rätselhafte Kraft. Nehmen wir nun an, wir griffen zwei beliebige Atome heraus, etwa ein Atom Eisen und ein Atom Sauerstoff, so müssen wir auch hier wieder sofort zu einfachen Zahlengesetzen kommen. Das Atomgewicht des Sauerstoffes ist 16, bezogen auf Wasserstoff gleich 1, das des Eisens 54."

Max: „Ich kann nun entweder ein Atom Eisen mit einem Atom Sauerstoff zusammenlegen, so hätte ich eine Verbindung, in welcher auf 54 Teile Eisen 16 Teile Sauerstoff kommen müssen; oder ich könnte zwei Atome Eisen mit drei Atomen Sauerstoffen vereinigen, so müssten die Stoffe sich ihrem Gewichte nach in der Verbindung verhalten, wie 2·54 zu 3·16; oder ich könnte ein Atom Eisen mit 3 Atomen Sauerstoff zusammenlegen, so müssen sie sich verhalten, wie 54 zu 3·16."

Vater: „Du hast ganz richtig geschlossen. Man findet sin der Tat, dass in die prozentischen Zahlen für die Zusammensetzung der Körper, welche durchaus keine Regelmäßigkeit zeigen, sofort eine ganz einfache Gesetzmäßigkeit kommt, sobald man, statt der prozentischen Zusammensetzung, diese sogenannte atomistische einführt.

Wir können jetzt noch einen Schritt weiter gehen. Die Verbindungen von einem Atom Eisen mit einem Atom Sauerstoff bezeichnet man auch durch Pe O.

Wir würden die andere darstellen durch $Fe_2 O_3$, indem wir durch die den Symbolen beigesetzten Indizes gleichzeitig andeuten, wieviel Atome von jedem Stoffe in dem Moleküle enthalten sind. So würde die dritte Verbindung als $Fe\ O_3$ zu bezeichnen sein."

Otto: „Gibt es nicht auch noch andere Verbindungen, als z.B. $Fe\ O_2$ oder $Fe_4\ O_3$?"

Vater. Auch diese Verbindungen würden. theoretisch möglich sein. Bis jetzt ist es indes nur gelangen, die von uns angeführten zu entdecken. Aber es würde durchaus nichts Wunderbares sein und für die Chemie Nichts, was irgendwie mit ihren Vorstellungen im Widerspruche ist, wenn wir auch die anderen dazwischen gelegenen Verbindungen auffänden, im Gegenteil hat man vielfach auf Grund unsrer Atomtheorie nach Verbindungen gesucht, an die man sonst vielleicht niemals gedacht hätte und vielfach mit Erfolg.

Ich frage nun weiter, wieviel die Moleküle der Verbindung Fe O wiegen müssen."

Gustav: „Natürlich 54+16, d.h. 70mal so viel als ein Atom Wasserstoff. Ebenso würde das Molekül $Fe_2 O_3$ 2·54+3·16 so viel wiegen oder 156mal mehr, als ein Atom Wasserstoff.“

Vater: „Diese Zahlen bezeichnet man als Molekular – Gewicht. Die Moleküle, welche wir uns so aus den einzelnen Atomen aufbauen können, haben nun auch wieder die Fähigkeit, sich mit einander zu verbinden. Wir wollen eine andere Gruppe betrachten, nämlich die Verbindungen von Schwefel mit Sauerstoff, so wären auch hier wieder mehrere solcher Verbindungen denkbar.“

Gustav: „Z.B. SO, SO_2, SO_3 usw.“

Vater: „In der Tat kennen wir von Schwefel mit Sauerstoff viele Verbindungen und die bekanntesten sind SO_2 und SO_3. Die erstere SO_2 oder mit ihrem Vulgärnamen schwefelige Säure genannt, ist das stechend riechende Gas, welches sich bei Entzünden von Schwefel entwickelt, indem der Schwefel mit dem Sauerstoff der Luft sich so zusammenlagert, dass ein Atom des ersteren zwei Atome des zweiten Körpers bindet. Dieser gasförmigen Verbindung SO_2 lässt sich durch geeignete Operationen noch ein Atom Sauerstoff hinzufügen, zu je 1 Molekül noch 1 Atom O, sodass wir dann einen Körper bekommen, den wir schreiben müssen. – “

Otto: „SO_3.“

Vater: „Auch diese Verbindung ist Euch bekannt, wenn auch nicht in reinem Zustande, sondern in Wasser aufgelöst. Diese Flüssigkeit nennt man Schwefelsäure.

Die Gruppe Fe O und die zweite zuletzt betrachtete Gruppe SO_3 sind nun auch wieder im Stande, sich mit einander zu vereinigen und die einfachste Verbindung würde sein $feO+SO_3$; das heißt?“

Max: „Dass sich ein Molekül der einen mit einem Molekül der anderen verbunden hat, oder dem Gewichtsverhältnis nach müssten auf 70 Teile der ersten Verbindung 80 der zweiten kommen. Es wären auch noch andre Verbindungen denkbar, etwa 2 Fe $O+SO_3$ usw. Man kennt in Wirklichkeit nur die eine einfachste. Es findet sich in ihr die Zusammensetzung, welche wir vom Standpunkte unserer

Theorie aus ihr zugesprochen haben. Wenn man nämlich diesen Körper untersucht, so zeigt sich, dass wirklich die beiden Stoffe genau in dem von uns berechneten Gewichtsverhältnisse zusammengetreten sind. Ihr Alle werdet diesen Körper kennen, es ist ein fester, in grünlichen Kristallen häufig im Handel vorkommender Stoff, den man Eisenvitriol genannt hat.

Gehen wir nun noch einen Schritt fort und treten ein in das Gebiet, wo zwischen den einzelnen Atomen gewissermaßen ein Kampf stattfindet. Ich will z.B. eine andere diesem Eisenvitriol sehr ähnlich gebildete und auch atomistisch ähnlich gebaute Atomgruppe nehmen, welche Euch bekannt ist unter dem Namen Kupfervitriol. Derselbe hat die Zusammensetzung Cu O, SO_3, wobei ich das + zwischen beiden Gruppen einfach durch ein Komma ersetzt habe. Ihr seht, dass ich diesen Körper aus dem Eisenvitriol bekomme, wenn ich ein Atom Eisen ersetze durch ein Atom Kupfer, welches ich abgekürzt mit Cu bezeichnet habe.

Da wir vollständig in Unkenntnis sind über die Stärke, mit der die einzelnen Atome sich anziehen, so stimmt das, was ich zuletzt sagte, nicht mit der Wirklichkeit. Wir können nämlich nicht im Eisenvitriol das Eisen durch Kupfer ersetzen, sondern die Verwandtschaften von Eisen und Kupfer sind gerade umgekehrt. Das Eisen wird stärker angezogen, als das Kupfer von dem Sauerstoff und der Gruppe SO_3.

Denkt Euch nun, Ihr hättet Kupfervitriol in Wasser aufgelöst und brächtet in diese Lösung ein Stückchen Eisen, so zieht, wie ich eben gesagt habe, das Eisen stärker die Atome O und die Moleküle SO_3 an, als das Kupfer und es wird infolge dessen das Kupfer aus seiner Verbindung verdrängt, indem sich an seine Stelle Eisen einsetzt. Was wird also der Versuch ergeben?"

Gustav: „Es muss sich nach einiger Zeit sämtlicher Kupfervitriol in Eisenvitriol verwandelt haben. Das Kupfer, welches aus der Verbindung ausgeschieden wird, muss aber auch irgendwo bleiben und da es im Wasser unlöslich ist, so wird es sich an den Wänden absetzen."

Vater: „Und zwar wird es sich zunächst da absetzen, wo wirklich die Verdrängung der Atome vor sich gegangen ist, d.h. am Eisen. Wenn Ihr diesen einfachen Versuch anstellt, so werdet Ihr in der Tat finden, dass schon nach Verlauf von wenigen Sekunden ein Stückchen blankes Eisen, das in Kupfervitriol – Lösung eingetaucht wird, mit einem dünnen Überzuge von Kupfer versehen ist. Auch diese Vorgänge können wir wieder mit Zahlen verfolgen. Das Atomgewicht des Kupfers ist 64mal so groß, als das Atomgewicht des Wasserstoffes."

Max: „Ich kann damit schon ausrechnen, was kommen muss. Immer sobald sich von dem Eisen ein Atom ablöst, d.h. 52 Gewichtsteile, müssen sich dafür 64 Gewichtsteile Kupfer ausscheiden und wenn die Umsetzung vollständig geworden ist, so muss ich für jedes Molekül Kupfervitriol, welches also 64+8+4+80 wiegt, erhalten 52+8+80 Gewichtsteile Eisenvitriol."

Vater: „Solche Versuche hat man wirklich in großer Zahl mit den genauesten Hilfsmitteln der Wissenschaft angestellt und dieselben in voller Übereinstimmung mit unsrer Theorie gefunden. Da also 64 Gewichtsteile Kupfer durch 52 Gewichtsteile Eisen ersetzt werden können, denselben gewissermaßen gleich Wertig sind, so hat man diese Zahlen auch Äquivalentgewichte genannt, was im Sinne unserer Theorie nur ein anderer Ausdruck für das Wort Atomgewicht ist.

Darauf, fuhr der Vater fort, dass alle die Atome in sehr verschiedener Weise Anziehungen zu den übrigen Atomen und Molekülen haben, beruht das ganze Leben auf unserem Erdkörper.

Stets wenn chemische Umsetzungen vor sich gehen, also z.B. im pflanzlichen oder im Tierischen Körper, bei Verbrennungen, so sind diese Vorgänge aufzufassen als ein solches Auswechseln der Atome. Dieser fortwährende Wechsel, welcher mit angeregt wird durch das Sonnenlicht, oder durch Erwärmung, wird das Bestreben haben, sich einem gewissen Endzustande zu nähern, indem dort diejenigen Verbindungen der Atome gebildet sind, welche unter allen möglichen am festesten mit einander verkettet sind.

Ihr seht also daraus, dass unser ganzes Weltall schließlich einem gewissen Endzustande entgegengeht, ans dem dann rückwärts keine Änderung mehr möglich ist, wenn man nicht annimmt, dass auf einmal wieder gewissermaßen durch neue Schöpfungsakte andere Bedingungen hergestellt werden. Aber allerdings würde dieser Tod des Weltalls erst nach unendlich langer Zeit eintreten und es ist uns augenblicklich vollständig außer Möglichkeit gestellt, auch nur annähernd eine Grenze für einen solchen Zeitraum anzugeben.

Wir wollen darauf nicht näher eingehen, sondern lieber noch einige Versuche machen, durch welche wir in sehr hübscher Weise Schlüsse, die wir aus unsrer Atomtheorie ziehen können, bestätigt sehen.

Man kennt eine Reihe von Verbindungen, z.B. Gummi, Stärke, Baumwolle, welche bei aller ihrer äußeren Verschiedenheit doch genau dieselbe chemische Zusammensetzung haben. Es erklärt sich dies Rätsel durch die verschiedene Gruppierung der Atome. Man kann z.B. auf einem Schachbrette mit derselben Anzahl von Steinen sehr verschiedene Figuren hervorbringen und das, was hier für unser Auge eine Verschiedenartigkeit bedingt, kann ja auch, zu dieser Annahme sind wir berechtigt, eine Verschiedenheit nicht nur in der Farbe, sondern auch in der Form und im ganzen Verhalten des Körpers gegen andre bedingen. Wenn wir ein Bild gebrauchen wollen, so gleichen die Atome in dem Falle, wo sie enger zusammengeschlossen sind, gewissermaßen einem gegen feindliche Angriffe sicher gestellten Karree; wie aber Soldaten in längere Reihen geordnet, leicht von den feindlichen Truppen durchbrochen und auseinander gesprengt werden können, so können auch leichter Teile des Moleküles, dessen Atome lange Reihen bilden, durch den Angriff andrer Atome oder Molekülgruppen von der ursprünglichen losgerissen werden. Bei derselben Zusammensetzung können also mehrere Stoffe ganz verschiedene Eigenschaften besitzen. Man nennt derartige Verbindungen mit einem Fremdwort polymere Modifikationen.

Eins der interessantesten Beispiele dafür bietet uns der Kohlenstoff; Holzkohle, Graphit, wie er in Euren Bleistiften benutzt wird, und endlich der kostbare Diamant, sie sind, chemisch gesprochen, genau dieselben Körper. Man kann alle drei verbrennen, d.h. mit Sauerstoff vereinigen. Es vereinigen sich dann stets gleiche Mengen, mag man Kohlenstoff als Holzkohle oder als Diamant oder Graphit anwenden, mit derselben Menge Sauerstoff und es entsteht genau derselbe Körper, nämlich die Euch Allen bekannte Kohlensäure, jenes Gas, welches z.B. in Selterswasser ausgelöst ist und demselben die kühlende Wirkung und den angenehm prickelnden Geschmack verleiht.

Woher erklärt sich die Verschiedenheit in dem Aussehen der drei Körper? Wir müssen wieder annehmen, dass mehrere Atome desselben Stoffes zu einem Molekül geordnet sind, und dass vielleicht je nach der Anzahl der so verbundenen Atome oder nach der Lagerung derselben gewöhnliche Kohle, Graphit oder Diamant entsteht.

Mit diesen Stoffen lässt sich nicht experimentieren. Wir können nicht willkürlich den einen in den anderen übel—führen, und es ist noch nicht gelungen, soviel Mühe man sich auch darum gegeben hat, 3. B. Diamanten künstlich zu erzeugen, also vielleicht aus Holzkohle oder Graphit.

Ein Euch ganz bekannter Körper besitzt aber, obschon in unansehnlicher Form, doch dieselbe Eigenschaft in einem Maße, wie sie für uns sehr angenehm ist, nämlich so, dass wir durch sehr kleine Änderungen und ganz einfache Versuche uns von derselben überzeugen können. i Ich erhitze hier etwas Schwefel in einem Probierröhrchen, so kann ich bei einer Temperatur, die wenig über dem Siedepunkte des Wassers liegt, den festen Körper in eine helle leichtflüssige Masse verwandeln. Ich erhitze nun weiter und Ihr seht, wie der leichtflüssige Inhalt immer dicker und dicker wird, indem er gleichzeitig eine dunkelbraune Farbe annimmt; und jetzt bei einer Temperatur von ungefähr 160° kann ich mein Probierröhrchen umdrehen, ohne dass der Schwefel herausfließt. Es ist wahrscheinlich, dass beim gelben Schwefel, wie ich ihn ursprünglich hatte, 6 Atome im Moleküle liegen. Durch die Wärme haben sich beim Weiterfortgehen um ungefähr 50° zwei Atome abgespalten und es sind jetzt nur noch vier Atome im Moleküle. Erhitzt man nun noch stärker, so kann ich diese Spaltung noch eine Stufe weiter treiben und ich bekomme einen Körper, wo nur noch aus zwei Atomen das Molekül gebildet wird. Dieser letztere Stoff ist wieder dünnflüssig und ich habe ihn im Probierröhrchen, wenn ich so stark erhitze, dass lebhaft rotbraune Dämpfe von dem Schwefel ausgestoßen werden. So habe ich jetzt einen durchsichtigen sehr hübsch rot gefärbten wieder leichtflüssigen Schwefel. Nun wollen wir noch ein Kunststückchen anwenden. Damit mir mein Schwefel nicht erkaltet, will ich das ganze Röhrchen auch weiter oben noch anwärmen, dann es rasch umkippen und den Schwefel in kaltes Wasser fließen lassen. Was geschieht? Durch die plötzliche Abkühlung wird der Schwefel fest und die Atome unbeweglich. Ich kann ihn gewissermaßen überraschen und ich erhalte einen Körper, bei dem nur zwei Atome Schwefel im Moleküle sind und welcher trotzdem fest ist. Aber Ihr seht, ich habe hier nicht mehr meinen Schwefel, wie er Euch bekannt ist, sondern eine weiche, dehnbare gummiähnliche Masse. Diesen Körper wollen wir sorgfältig verstöpselt aufheben und nach Verlauf von einigen Tagen uns wieder besehen. Ihr werdet dann eine merkwürdige Änderung vorfinden. Ich habe durch die rasche Abkühlung erreicht, dass die Atome ihrem Zuge in ihrer Langsamkeit nicht folgen konnten; lasse ich aber denselben dazu Zeit, so folgen sie auch noch in dem festen Zustande dem Bestreben, sich wieder zu sechs in einem Moleküle zu vereinigen und wir werden finden, dass unsre weiche schwarze Masse wieder in spröden gelben Schwefel umgewandelt ist.

Zum Schluss will ich Euch noch ein Beispiel erzählen, welches wir hier nicht probieren können, welches aber vielleicht noch frappanter ist. Ihr Alle kennt die sogenannten ungiftigen oder phosphorfreien Zündhölzchen. Dieselben enthalten trotz ihres Namens noch Phosphor, nur einen Phosphor, der sich auch wieder zu dem gewöhnlichen verhält, wie eine polymere Modifikation. Er ist nicht, wie der erstere, durchsichtig und wachsweich, sondern tiefrot gefärbt und vor Allem ungiftig.

Wenn man Phosphor in einem geschlossenen Gefäße erhitzt bis zu einer Temperatur von 250°, so bildet sich aus dem giftigen diese unschädliche Modifikation. Das merkwürdigste ist nun, dass eine gelinde Erhitzung um 10 bis 20° weiter schon wieder ausreicht, aus dem roten ungiftigen Phosphor den gewöhnlichen giftigen herzustellen.

Man hat so ein Mittel in der Hand, um ad oculos zu demonstrieren, wie ohne dass irgendetwas Anderes hinzukommt, sondern indem der Körper nur mit sich selbst in Berührung bleibt, man durch wenig geänderte Bedingungen wirklich aus einem Stoff einen anderen nach Aussehen und Verhalten ganz verschiedenen Körper bekommen kann. In früherer Zeit, als die Chemie noch auf einer niedrigeren Stufe sich befand, würde man vielleicht kaum gewusst haben, was man von dieser Erscheinung halten sollte. Unsere Atomtheorie gibt uns davon eine einfache, plausible Erklärung; die Anzahl der Atome im Molekül oder ihre Lagerung einander hat sich geändert.

Isaac Newton fasst den Gedanken der allgemeinen Gravitation

Fünfundzwanzigste Unterhaltung

Ende des Jahres n, Anfang des Jahres n+1. – Ein Blick auf die Entwickelung der mathematischen Wissenschaften.

Silvesterabend! Das neue Jahr ist vor der Türe; noch wenig Stunden und ein neuer, großer Abschnitt des bürgerlichen Lebens nimmt seinen Anfang, ein Abschnitt auch für den Kreis unserer Freunde. Ein Jahr lang hatten sie sich zu regelmäßiger geselliger Unterhaltung zusammengefunden, und wenn der Gegenstand ihrer Gespräche auch immer ein leichter Stoff gewesen war, so stand er doch noch hoch über dem, womit gewöhnlich mäßige Stunden ausgefüllt werden. Die Stimmung an einem solchen Abende pflegt etwas schwermütig, feierlich zu sein; man ist wohl geneigt zur Einkehr in sein Inneres, zu einer gewissen beschaulichen Erinnerung. Wieviel mehr erst musste dies bei unseren Freunden zutreffen, welche sich an ernstere Gespräche gewöhnt hatten!

„Dieser Tag hat doch eigentlich gar nichts vor jedem anderen voraus", fing Gustav an, „ja er ist nicht einmal der Abschluss eines vollen Umlaufes der Erde um die Sonne, vielmehr ist erst um ⅚ 6 Uhr den 1. Januar unser Planet wieder an die frühere Stelle gekommen, welche er voriges Jahr gerade um 12 Uhr des Silvesterabends einnahm. Wie sonderbar, dass trotzdem dieser Moment von allen Menschen so gefeiert wird."

„Der Grund liegt mehr in der menschlichen Natur, als in äußeren Umständen", erwiderte der Vater. „Der Mensch bedarf gewisser Ruhepunkte, von welchen aus er den letzten Abschnitt seiner Tätigkeit nochmals überblickt. Er muss künstlich in den Fluss der Zeiten, welche fortwährend in einander übergehen, Abschnitte machen. Haben wir nicht dasselbe überall, auf allen Gebieten menschlichen Schaffens, wir mögen blicken wohin wir wollen! In jedem Buche, bei jeder Gedankenarbeit machen wir Abschnitte. Der Inhalt fließt ruhig weiter, aber wir bedürfen einer künstlichen Gliederung, damit sich nicht alles verwischt. Unsere Natur ist so angelegt, dass wir nur eine gewisse Reihe von Einzelheiten merken und überblicken können. Daher macht der Naturforscher in das aus einem ununterbrochenen Übergang der Formen bestehende Naturreich willkürliche Abschnitte; zu einer höheren Einheit fasst er eine große Reihe niederer Einheiten zusammen; daher fasst der Grammatiker die Gesetze, welche sich bei vielen Formen wiederholt finden, in eins zusammen, aber der kontinuierliche Übergang ist trotzdem vorhanden, er liegt in den sogenannten Ausnahmen von der Regel. Dieses Streben zu gliedern und zu ordnen, Marksteine gleichsam zu setzen, findet sich überall. Nur die Höhe der uns überkommenen Kultur hindert uns oft, dies zu erkennen. So sonderbar es klingt – werden wir nicht in der Tat, weil uns so vieles in unserer ersten Jugend dogmatisch beigebracht wird, leicht verleitet, dies als selbstverständlich, als höchst einfach anzunehmen? Dass die wenigen einfachen Grundbegriffe, welche wir als Kind in der Volksschule lernen, selbst erst das Resultat Jahrtausende langen Ringens des menschlichen Geistes, die schönsten Früchte des Denkens hochbegabter Menschen sind, dies Bewusstsein ist uns so geschwunden, dass nur eine aufmerksame historische Forschung uns dasselbe wiederbringen kann. Den heutigen Abend, an welchem die meisten Menschen auf ihr kleines Ich, auf ihr bisschen schwaches Wirken in einem verschwindenden Zeitraum mit mehr oder weniger Stolz zurückblicken, wollen wir benutzen, einen Blick auf das früheste geistige Wirken der gesamten Menschheit zu werfen, einen Blick, welcher uns zeigen wird, wie überall über den Gegensatz der Sprachen und Sitten, den Hass der Nationalitäten herüberragt das allgemein menschliche, die innere Intelligenz, die gemeinsame geistige Organisation der Menschheit.

In drei Hauptgruppen lässt sich die erste geistige Arbeit der Menschen zerlegen.

Das nächste hauptsächlichste Streben ist der mündliche Gedankenaustausch. Mag die Sprache ein ursprünglich göttliches Geschenk sein, mag sich dieselbe aus den einfachsten Lauten, deren auch das Tier fähig ist, entwickelt haben, sicher ist, dass dieselbe ihre Vollendung durch menschliche Erfindungskraft gewonnen hat. Noch uns selbst liegt eine Zeit nahe, deren unbeholfene Schriftwerke häufig unsere Verwunderung erregen, deren missgestaltete, umständliche, verschnörkelte Wortformen oft unser Lachen herausfordern. Wie weit steht hinter unserer jetzigen Sprache die des 16. Jahrhunderts – und wie unendlich hoch steht die letztere! Sie hat eine vollendete einfache Schrift, ein Alphabet; sie kann alles, was sie will, nicht nur mündlich, sondern auch schriftlich nach einem einfachen, ganz bestimmten Systeme ausdrücken. Jeder, welcher dieses System kennt, auf Deutsch gesagt, wer lesen kann, muss das Wort in derselben Weise lesen und sprechen, wie der Schreiber desselben. Und dies ist das zweite Ziel, welches der menschliche Geist anstrebt; seine Gedanken anderen auf große Entfernungen, sei es des Raumes oder der Zeit, in unzweideutiger Weise mitteilen zu können. Er will leben im Munde fern wohnender, leben im Munde der Nachwelt. Man muss die verschiedene Schreibweise von vergangenen und jetzt noch lebenden Völkern studieren, um einen Begriff davon zu bekommen, welches Kapital von Arbeit und Scharfsinn in unserem ABC steckt. Uns scheint die Methode, welche wir von Jugend an gelernt haben, so einfach und naheliegend, dass man auf eine andere Darstellungsweise unserer Gedanken kaum verfällt. Aber welches Eindringen in die verschiedensten Wortformen gehörte dazu, um in allen den komplizierten Klängen 24 Zeichen aufzufinden, aus welchen sich dieselben umgekehrt zusammensetzen lassen.

Wir können heute Abend nicht auf die Geschichte der Schrift eingehen; dies Thema würde uns bei aller Beschränkung weit über die Grenzen unserer Zeit hinausführen. Nur ein paar interessante Darstellungen mögen hier eingereiht werden. Sie beziehen sich auf die Art und Weise, in der Leute sich ausdrücken, die Euch aus anderen Erzählungen her sehr bekannt sind und welche mit ihrem von Cooper idealistisch übertriebenen Scharfsinn und Bilderreichtum oft Eure Phantasie lebhaft erregt haben, – ich meine die Indianer Nordamerikas.

Fig. 211 ist eine Gedenktafel zu Ehren des Häuptlings Zweifeder (a) vom Stierstamme (d) des Kranichvolkes (c) (der Stier steht unter dem Kranich, um die Beziehung des Stammes gegenüber dem Volke, zu dem er ein Glied ist, anzudeuten). ‚Auf seinem sechsten Kriegszuge (die 6 Hütten (?) k bis i), nachdem er in 2 Zügen unter Führung gestanden hatte (k), in den übrigen Oberhaupt gewesen (i) hatte er wohlgerüstet (e) an der Spitze von 15 Streitern (h) drei Feinde erlegt (g) und einen Gefangenen (i) gemacht.‘

Fig. 211

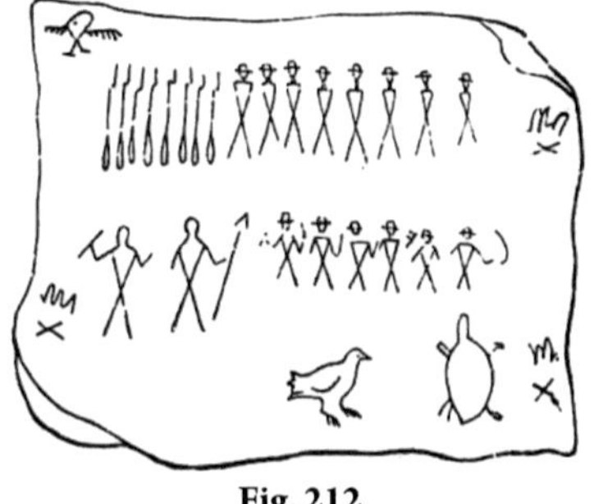

Fig. 212

Fig. 212 wurde im Jahre 1820 gelegentlich einer wissenschaftlichen Expedition am oberen See in ein Stück Birkenrinde auf einen etwa 10 Fuß hohen Baumstamm eingeschnitten. Die Gesellschaft hatte sich getrennt; der eine Trupp war vorausgegangen unter Begleitung zweier Indianer, der andere ihm folgende fand diese Inschrift. Daneben stak eine Lanze, mit der Spitze nach vorwärts zeigend. – Diese Schrift sollte bedeuten, dass 14 Europäer, welche an ihren Hüten kenntlich sind, darunter 8 Soldaten, in Begleitung zweier Indianer in der durch den Speer bezeichneten Richtung vorwärts gezogen seien. Unter den unbewaffneten Europäern, den wissenschaftlichen Mitgliedern, hat einer einen Hammer in der Hand – der Mineraloge, – der andere ein Buch – der Schreiber. Wes Stammes die Indianer sind, gibt die Figur in der linken Ecke oben an; sie ist das Totem. Gleichzeitig ist noch angedeutet, dass die Gesellschaft an drei verschiedenen Feuern übernachtet habe; ihre letzte Mahlzeit sei ein Huhn und eine Schildkröte gewesen.

457

Von fast rührendem Inhalt ist bei der merkwürdigen Kombination von Unbehilflichkeit des Ausdrucks und Innigkeit des dargestellten Gedankens Fig. 213. Es ist eine Schrift auf Birkenrinde, welche von den Gesandten der Tschippewähs am oberen See im Jahre 1849 der Präsidenten der Vereinigten Staaten zu Washington überreicht wurde. An der Mündung eines Flusses in den oberen See hatten die Indianer, deren Totems auf der Tafel dargestellt sind, Grundstücke besessen, welche ihnen weggenommen worden waren. Ihr braucht Euch nur die Figur zu betrachten, um sofort herauszulesen: ‚Unsere Herzen und Augen sind nach den Grundstücken am oberen See gerichtet. Herr, gib sie uns zurück!'

Fig. 213

In näheren Zusammenhang mit den Gegenständen, welche uns bei den geselligen Zusammenkünften dieses Jahres beschäftigt haben, tritt die Urkunde, welche Fig. 214 zeigt. Sie ist ein Handelsvertrag, welcher von einem Mandanindianer auf Papier gemacht worden ist. Über. dem Bilde des Bibers befinden sich dreißig Striche; sie bedeuten ebenso viele Bieberfelle. Diese und eine Flinte sollen ausgetauscht werden (angedeutet durch das Kreuz – kreuzweise abgeben = tauschen) gegen einen weißen Bison, eine Fischotter und noch ein drittes Tier; „oder. es wird die Verpflichtung ausgedrückt (mit der Flinte) 30 Biber auf den durch Totems bezeichneten Jagdgründen (?) der Stämme zu erlegen und am Kreuzweg (?) abzuliefern."

Fig. 214

„Inwiefern", frug hier Fritz, „hängt dieses Bild mit unseren mathematischen Unterhaltungen zusammen. Der Gedanke 30 durch ebenso viele Striche anzudeuten ist doch höchst einfach. Es versteht sich von selbst, dass man Zahlen so bezeichnet, wenn man keine besondern Ziffern hat oder dieselben dem anderen nicht geläufig sind."

„Ich merke es", rief Gustav; „die Striche sind wieder nach Zehnern abgeteilt; jeder zehnte Strich ist größer."

„Ganz recht", erwiderte der Vater; „wir erkennen aus einer solchen einfachen Tafel sofort, dass diese Völker auch nach dem Zehnersystem gerechnet haben. Hier, wie in allen anderen Gebieten, tritt das Bedürfnis hervor, durch Zusammenfassung größere Abschnitte zu schaffen, damit die Übersicht erleichtert wird. Immer eine Gruppe von 10 Einheiten führt gleichsam zu einem Ruhepunkt. Wir sind damit zum dritten Ziele gekommen, welches die rein menschlichen Bedürfnisse des Verkehrs, gewisser geordneter Zustände vorschreiben, einem sprachlichen und schriftlichen Ausdruck für Quantitätsverhältnisse, für Zahlen.

Bei weitaus den meisten Völkern finden wir das Zehnersystem. Ist dies vielleicht, wie flach Denkende häufig glauben, darin begründet, dass das System besonders bequem ist, indem man einfach zu den höheren Einheiten durch bloßes Anhängen einer Null gelangt? Keineswegs. Ich habe Euch, wie Ihr wohl noch wisst, darüber bereits früher aufgeklärt; jedes andere System würde genau dieselben Bequemlichkeiten bieten, indem die Bezeichnung für größere Gruppen einfach wieder nach dem gewählten System gebildet würde. In der Tat hat das bei den Chinesen übliche Zwölfersystem den Vorteil, dass die niedrigste Einheit, welcher größer ist als 1, d.h. die 12 durch 2, 3, 4, 6 teilbar ist. Der Grund zu der allgemeinen

459

Verbreitung des Zehnersystems ist ein rein äußerlicher, zufälliger. Jeder im Rechnen schlecht Bewanderte zählt sich noch heutigen Tags an seinen 10 Fingern zusammen, was er braucht, und dieses nächstliegende Verfahren ist auch sprichwörtlich: ‚man kann es sich an den 10 Fingern abzählen.' Ebenso machten und machen es noch heute die auf niederer Stufe stehenden Völkerschaften.

Den Zahlen haftete lange noch ihre Abstammung ab; sie werden noch kein Begriff, der als solcher gedacht wird, beziehungsweise die Übung mit denselben umzugehen, ist noch so gering, dass stets noch die Erinnerung an ihre Herleitung sehr lebhaft ist. Noch heutigen Tages sagen manche Völkerschaften nicht 8 Tage, 8 Körbe usw., sondern 8 Steine Tage, 8 Steine Körbe. Sie zählten eben mit Steinen; andere würden sich ausdrücken: 8 Finger Tage, 8 Finger Körbe. Es ist ein abgekürzter Vergleich: so viel als 8 Finger Einheiten sind, so viel Einheiten nimm von Tagen, Körben usw.

Bei den Muyscas, einem amerikanischen Stamme, heißt 11, 12, 13: Fuß eins, Fuß zwei, Fuß drei. Fuß ist gleich 10. 20 heißt Fuß – zehn oder ein Häuschen. 30, 40, 80 wird gebildet als 20+10, zweimal zwanzig, ebenso wie im Französischen noch heutigen Tages quatre – vingt usw.

Wir brauchen gar nicht in so entlegene Gebiete zu gehen. Überall in den uns bekannten Sprachen tauchen die Erinnerungen an die Entstehung der Zahlen in Menge auf. Das griechische pente, äolisch pempe, ist identisch mit dem persischen pentscha, im Sanskrit pantscha, die Faust. Daher das griechische pempazein, an den Fingern zählen. An den Gebrauch des Zahlworts gewöhnte man sich allmählich so, dass dem Gegenstande, von welchem es entlehnt war, nun umgekehrt ein neuer Name gegeben wurde; pantscha heißt daher im Sanskrit niemals Hand, sondern dafür wurde eingeführt pantscha – sakha, ein fünfzähliges verästeltes Ding, ein fünfzähliges Organ. Das keltische deg = zehn, französisch dix, lateinisch decem, haben denselben Stamm mit digiti, die Finger. Viele Sprachen bezeichnen die Hauptgruppen 5, 10, 20 als eine Hand, zwei Hände, Hand und Fuß; Hand und Fuß oder der ganze Mensch geben dann ein Symbol von 20; in der Sprache der Yaruros, so berichtet Alexander von Humboldt, welcher sich vorzugsweise um dieses Gebiet der verschiedenen Zahlensysteme verdient gemacht hat, welche am Einflusse des Apure in den Orinoco wohnen, heißt 40 zwei Menschen (noeni pume, noeni zwei, und pume Mensch).

Handelt es sich nun darum, aus den Worten, welche die einfachen Zahlzeichen ausdrücken, Worte für größere Zahlen zu bilden, so kann man in verschiedener Weise verfahren. Alle Völker haben sich dabei der Addition bedient: Etrusker Römer, .Mexikaner, Ägypter usw. Die beiden Wörter, deren Zahlzeichen durch Addition verbunden zu denken sind, verschmelzen oft in eins. Wie schon erwähnt benutzt man aber auch Multiplikation; z.B. im keltischen Dialekt der westlichen Bretagne heißt ugent (viginti) zwanzig, daou – ugent zwei – zwanzig oder 40; triugent drei – zwanzig oder 60; ja 190 drückt man selbst aus durch deh ha nao ugent, wörtlich: zehn über neun Zwanziger, aus.

Interessant ist, dass andere Völker auch durch Subtraktion die Zahl bezeichnet haben, welche vom Worte vorgestellt werden soll; z.B. das Lateinische undeviginti, duo de viginti – eins weniger zwanzig, zwei weniger als zwanzig, oder das Griechische eikosi deonta henos, eikosi dyoiu deontoin usw.

Die sonderbarste Wortbildung vielleicht findet sich jedoch im Sanskrit. Dort werden öfters größere Zahlen mit einem Worte bezeichnet; z.B. 12 mit sury, 14 mit manu. Die Zahl 1214 liest man dann nicht mit Rücksicht auf ihre wahre Bedeutung; man gibt vielmehr in der Sprache gleichsam ein Bild der Zahl und liest es surymanu (zwölf, vierzehn); umgekehrt 1412 manusurya."

Gustav: „Es erinnert etwas an unsere Art die Dezimalbrüche zu lesen, wo auch die Zahlen hinter dem Komma einfach in ihrer Reihenfolge aufgeführt werden."

„Wie aber", frug der Vater weiter, „macht man es nun bei der Wahl der Zahlzeichen selbst? Eine Methode, welche z.B. von den Griechen und Römern angewendet wurde, ist Euch bekannt. Es sind eine Anzahl Zeichen eingeführt, z.B. bei den Römern für 1, 5, 10, 50, 100, 500, 1000. Daraus bildet man durch einfache Nebeneinandersetzung alle zwischengelegenen Zahlen; z.B. 8 = VIII, 4 = IV, 36 = XXXVI, 657 = DCLVII. Man hat dabei eine gewisse Übereinkunft getroffen."

Max: „Alle Zeichen von kleinerem Werte, welche nach einem Hauptzeichen stehen, werden zu demselben addiert (z.B. VIII = V HI+III), alle vorhergehenden bis zum nächsten Hauptzeichen subtrahiert, z.B. XIV = X+V – I usw."

Vater: „Euch Allen ist wohl schon bei den römischen Zahlzeichen der Gedanke, gekommen, wie man mit denselben größere Additionen, Subtraktionen oder gar Multiplikationen ausführen konnte. Damit war es allerdings schlimm bestellt; eine so einfache Art und Weise, wie wir sie haben, gab es nicht. Man musste immer auf den wahren Sinn der Zahl zurückgehen.

Näher schon einem bequemen System kommt die folgende von den Griechen angewendete Methode, welche aber nicht richtig benutzt und durchgeführt worden ist. Bei ihnen vertraten, wie Ihr wisst, die Buchstaben gleichzeitig die Stelle der Zahlzeichen. Ein Strich, unter das Zeichen gesetzt, steigerte den Wert desselben um das 1000fache. Hätte man sich neun Buchstaben, also $\alpha = 1$, $\beta = 2 \ldots \vartheta = 9$ gewählt und durch einen untergefetzten Strich nicht um das 1000fache, sondern immer nur um das 10fache den Wert erhöht, so wäre ein übersichtliches System geschaffen gewesen. Leider hat man dies versäumt.

Durchgeführt ist eine solche Bezeichnungsweise bei den Chinesen und Japanesen. Drei Striche über dem Zeichen einer Gruppe bedeutet dieselbe dreimal genommen; hätten sie also z.B. für 10 der Zeichen z, so würde $\frac{\overline{\overline{}}}{z} = 30$ sein; dagegen drei Horizontalstriche darunter geben 13. Nimmt man zur

Bezeichnung der Gruppen der Erläuterung halber römische Zahlzeichen, so würde z.B. 2312 nach chinesischer Art geschrieben sein

‒‒

M

≡

C

X

‒‒

Die Bezeichnungsweise des Wertes durch Striche klärt uns auch über die Entstehung der Zeichen von Winkeln auf, was hier gelegentlich erwähnt werden mag. Wie bei den Griechen ein Strich unter das Zeichen gestellt den Wert desselben erhöhte (1000fach), so gab ein Strich oben hinzugefügt eine Verminderung.

Das was man heutigen Tags als Bruch schreibt, z.B. IX" ¼, ½ usw., bezeichneten die Griechen mit δ ', β ' usw. δ bedeutet 4; der Strich daran gab aber dem δ die Stelle eines Nenners in einem Bruche, wobei aber zu bemerken, dass dieser Bruch zum Zähler die 1 hat."

Otto: „Wie bezeichnete man aber Brüche, wo der Zähler von 1 verschieden ist?"

Vater: „Durch zwei so über einander geschriebene Zahlen, z.B. β^{Υ}"

Otto: „Hier wäre Υ wieder der Zähler, β der Nenner, also in unserer Weise geschrieben Z, d.h. $\frac{\Upsilon}{\beta}$, ⅔?"

Vater: „Nein, sonderbarer Weise kehrte man jetzt die Bedeutung um. Jetzt bleibt β auf seiner Linie gleichsam stehen, Υ muss unter dasselbe gestellt werden, also β^{Υ} ist gleich $\frac{\beta}{\Upsilon}$=⅔.

In ähnlicher Weise unterschied man durch Striche die höheren und niedrigeren Einheiten der Winkelmaße. Die Bezeichnungsweise rührt her von der um die Astronomie so hochverdienten alexandrinischen Gelehrtenschule. Ihr wisst, dass man den

463

Winkelgrad in 60 Minuten, die Minute in 60 Sekunden teilte. 43 ohne Zeichen oder mit dem entsprechenden Wort versehen bedeutete 43 ganze Grade; ein Strich darüber schob das 43 auf die nächst niedrigere Einheit, also 43 ‘; nochmals ein Strich machte Sekunden aus ihnen, also 43”.

Alexander von Humboldt hat die Entstehung des indischen d.h. unseres jetzigen Zahlensystems abzuleiten versucht aus der sog. Staubschrift oder dem Gobar einer arabischen Zahlenbezeichnung Der sonderbare Name Staubschrift rührt von der vermeintlichen Bezeichnungsweise der Zehner, Hunderter usw., welche dadurch sollten ausgedrückt worden sein, dass man ein, zwei usw. Punkte über die Einer setzte. In ihm würde z.B. die Zahl 5763 geschrieben sein 5 7 6 3. oder 5003 als 5 3 Wenn man die Ziffern neben einander schrieb, so musste man bald erkennen, dass die Punkte über den Zahlen überflüssig waren.

Statt dieser Schreibart hätte man sich auch in der von den Griechen angedeuteten Weise zur Bezeichnung der Einer, Zehner usw. gewisser einfacher Zeichen bedienen und über dieselben Punkte setzen können; z.B. man hätte (ich wähle als Gruppenzeichen die lateinischen) 3762 geschrieben:

$$\text{M} \quad \text{C} \quad \text{X} \quad \text{I}$$

lag es sehr nahe, auch dann wieder statt der umständlichen Punktbezeichnung Zahlzeichen zu setzen. Nehmen wir etwa arabische, richtiger indische, Ziffern dafür, so würde man jetzt obige Zahl schreiben als

$$\text{3 7 6 2}$$
$$\text{M C X I}$$

Bald musste man merken, dass die unteren Zeichen gar keinen Zweck mehr hatten, die einfache Folge 3762 tat dieselben Dienste, wenn man nur stets dieselbe Ordnung einhielt.

Dies ist Alles ganz klar und einfach. Man könnte versucht sein aus der Gobarschrift, indem man die Punkte durch Nullen ersetzt und diese dann auf die Linie herabzieht, das indische Zahlensystem abzuleiten. Indessen sprechen andere Gründe gegen die Erklärungsweise. Man würde sicherlich viel früher auf eine systematische Zahlendarstellung, in welcher der Rang der Zahlen als Einer, Zehner usw. nur durch die Ordnung der Zahlen ausgedrückt wird, gekommen sein, wenn nicht andere, scheinbar unübersteigliche Schwierigkeiten sich der Durchführung entgegengestellt hätten. Wie sollte man z.B.

$$\overset{3\ 7\ 2}{M\,C\,I} \quad \text{und} \quad \overset{3\ 7\ 2}{M\,X\,I}$$

unterscheiden? ‚Die Antwort scheint uns so einfach, und doch ist der Gedanke, das Fehlen von Einheiten einer bestimmten Stufe durch ein besonderes Zeichen sichtbar zu machen, eine jener epochemachenden Ideen, die, wie eine Offenbarung von oben, nur den größten Geistern eingegeben werden. So wurde die Null erfunden; und wenn irgendeine Erfindung echt indischen Charakter trägt, hat man geistreich bemerkt, so ist es die, dem Nichts einen Wert zu geben und durch das Nichtsein erst die Vollendung des Etwas zu bewirken.‘

Das indische Zahlensystem entstand wahrscheinlich ungefähr im dritten Jahrhundert nach Christus. Erst aus dem 7. Jahrhundert sind uns Denkmäler erhalten, welche den Gebrauch derselben nachweisen.

In der Tat, welche lange Anstrengung, bis die einfache, fruchtbare Idee in dieser Klarheit erkannt war! ‚Der Gedanke, alle Quantitäten durch neun Zeichen auszudrücken, indem man ihnen zugleich einen absoluten und einen Stellungswert gibt, ist so einfach, dass man eben nicht genugsam erkennt, welche Bewunderung er verdient. Aber eben diese Einfachheit und die Leichtigkeit, welche die Methode dem Kalkül zusichert, erheben das arithmetische System der Inder zu dem Range der l nützlichsten Entdeckungen.

Wie schwer es war, eine solche Methode auszufinden, mag man daraus abnehmen, dass sie dem Genie des Archimedes und Apollonius von Perga, zweier der größten Geister des Altertums, entgangen war'. Dies ist der Ausspruch eines der größten Mathematiker, des durch seine mathematisch – astronomischen Untersuchungen unsterblichen Laplace."

„Und wann ist dies Zahlensystem zu uns gekommen?", fragte Gustav.

„Es hat sich", erwiderte ihm der Vater, „langsam mit dem Handel von seinen Ursprungsstätten aus über den Occident verbreitet. Wahrscheinlich wurde es durch indische Zollbeamte nach dem nördlichen Afrika verpflanzt und kam von da aus durch italienische Kaufleute nach Europa. Die Ausdehnung der Herrschaft der Araber, welche sich um die Erhaltung gerade der mathematischen Wissenschaften so hoch verdient gemacht haben, brachte das indische Zahlsystem nach Spanien. Nach Europa ist es frühestens um die Mitte des 13. Jahrhunderts gekommen. Und auch hier dauerte es noch drei Jahrhunderte, bis durch ein schlichtes aber Epoche machendes Werk dem Volle gelehrt wurde, zu rechnen. Dies Buch erschien im Jahre 1550 und sein Verfasser ist – Adam Riese. Sein Name ist sprichwörtlich geworden; ‚2 mal 2 macht 4, nach Adam Riese.' Ja es war eine große Bereicherung des allgemeinen Wissens, welches durch dieses Buch angebahnt wurde; nicht dass es wissenschaftliche Resultate enthielt, aber sein Einfluss auf das gesamte Kulturleben ist größer als vielleicht der manchen tiefgelehrten Werkes.

Ein Beispiel von der Rechenweise dieses Buches mag hier Platz finden. Zum Addieren und Subtrahieren benutzt Riese ein Rechenbrett. Jede Marke auf der untersten Linie bedeutet Fünfer,

auf der folgenden Fünfziger, dann Fünfhunderter, endlich
Fünftausender. Dazwischen sind die Einer, Zehner, Hunderter usw.
Auf dem ersten Rechenblatt(Fig.216) standen also
(5000+2·500+100+15) Taler (50+10) Silbergroschen 11 Pfennige.
Sollen etwa 10 Taler weggenommen werden, so werden einfach von
dem Fünferstrich zwei Marken aufgehoben usw.

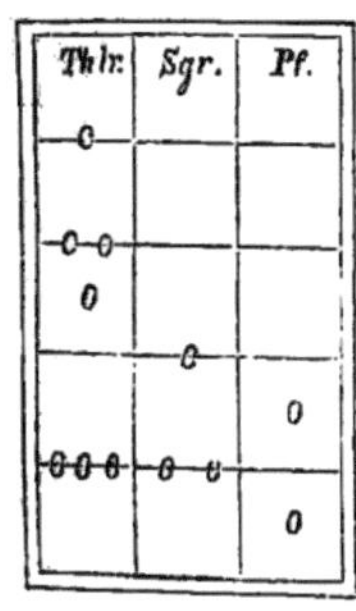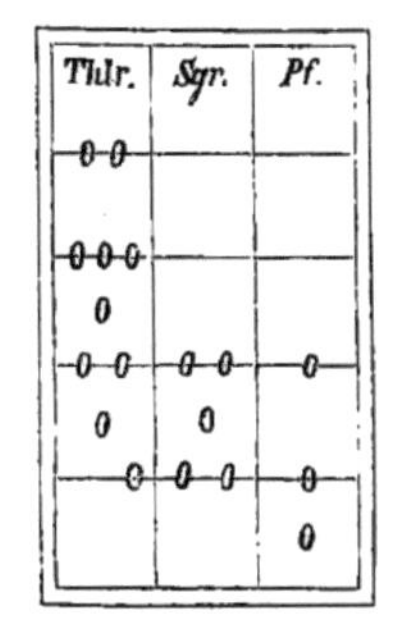

Fig. 216

Dies Verfahren von Riese ist wesentlich noch ganz gleich dem der sogenannten palpabeln (betastenden) Arithmetik, wie dieselbe noch heute die Japanesen mit ihren Rechenstäbchen betreiben.

Auf Schnüren sind eine Reihe von Kugeln aufgezogen; die Kugeln
auf verschiedenen Schnüren entsprechen verschiedenen Einheiten;
je nachdem Kugeln vor – oder zurückgeschoben werden, kommen
dieselben in Betracht oder nicht, d.h. werden addiert oder
subtrahiert. Je nachdem man die Schnur, welche die Einheiten trägt,
bestimmt, kann man nur Multipla derselben (10, 20 usw.) darstellen
oder auch den unter dieser Schnur gelegenen Kugeln den Wert
$\frac{1}{10}$, $\frac{1}{10^2} = \frac{1}{100}$ usw. erteilen. So haben die Chinesen bereits mittelst
eines sehr einfachen Kunstgriffes die Dezimalbrüche angewendet,
welche erst durch Johannes Müller aus Königsberg bei uns
eingeführt wurden. Ja, es schritt langsam auf dem Boden, der mit
Scholastik und Mystizismus, mit träumerischer Philosophie und
religiösem Wahn bestellt war, die Entwickelung der neuen,
schwachen, unansehnlichen Pflanze fort. Was versprach sie damals?
Was war Arithmetik hatten die Griechen, hatte Aristoteles, hatte
Plinius sie gekannt? Das Mittelalter, welches in
naturwissenschaftlicher und mathematischer Beziehung kaum einen

einzigen klaren Gedanken produziert hat, hat nichts zu ihrer Erweiterung, wenig genug zu ihrer Erhaltung getan.

Aber merkwürdig, mit dem Zeitalter der Entdeckungen auf geographischem Gebiete geht Hand in Hand eine Umwälzung auch im Gebiete des naturwissenschaftlichen Forschens. Als ob der Nachweis, dass auf dem einen Gebiete Alles ganz anders ist als die engherzigen, kurzsichtigen Meinungen Jahrhunderte lang mit dogmatischer Sicherheit angenommen hatten, dem menschlichen Geist den Mut verliehen hätten, auch auf anderen Gebieten mit lange vererbten Ansichten zu brechen. Warum soll nicht auch hier falsch sein können, was Jahrhunderte lang vom Großvater auf den Enkel, von genialen, denkenden Männern auf die in Ehrfurcht nachbetende Menge überkommen ist? Das Buch des Kopernikus, 1543 in Nürnberg erschienen, eröffnet die neue Ära – ein gewaltiger Anstoß zum Denken und Beobachten. Dieser letztere Einfluss ist nicht zu unterschätzen. Aus dem Gewebe der philosophischen Spielereien, welche sich in der Zurückgezogenheit vom Leben soweit verirrt hatte, dass sie glaubte, mit logischen Syllogismen die Welt ergründen zu können, galt es sich zu retten auf den Boden der Tatsachen. Tatsachen, neue Erscheinungen, verbesserte Instrumente – dies waren die nächsten Ziele. Die Wissenschaft war wieder in richtige Bahnen gelenkt, sie trat heraus aus dem dumpfen Studierzimmer mit seinem träumerischen Denken, sie war frei, lebendig geworden, sie schüttelte die philosophischen Phantastereien ab, wie ein Junge, der aus dem dumpfen Zimmer, wo ihm alte Muhmen mit träumerischen Märchen und schauderhaften Gespenstergeschichten die Phantasie erhitzt haben, dies wieder von sich schüttelt auf dem Marsche in der frischen Waldesluft, wo die Sehnsucht Neues zu sehen, zu beobachten, ihn mit packender Gewalt überkommt. Wie der Blick ihm wieder klar wird, neues Leben ihn durchströmt, wenn es gilt, mit eigener Kraft ein fernes Ziel zu erreichen, statt stets nur zu hören, wie schön es in der sicheren, warmen Stube sei, wie gefährlich aber draußen in der großen Welt – so wird auch der Blick der Wissenschaft klarer, der Gesichtskreis immer freier und weiter, nachdem sie es einmal gewagt hatte, sich loszumachen vom Gängelbande scholastischer Syllogismen, welche zwar mit großer Bequemlichkeit formell richtige Schlüsse lieferten, dafür aber der Aussicht auf eine Erweiterung des Wissens leider vollständig entbehrten. Man ließ sich nicht mehr irre machen von der warnenden Stimme, dass man sich vom sicheren Pfade alter erprobter Wahrheit verirren und in dem Labyrinthe der Erscheinungswelt verlieren würde des Glaubens und jedes sicheren Rückhaltes bar.

Nach allen Gegenden der Erde strömten kühne Männer, zu fremden Landen den Weg zu finden – sollte man nicht auch Wege finden in dem so einladenden Gebiete der Naturerklärung?

Die Wissenschaft machte den Versuch selbstständig zu sein – und der Versuch gelang, besser, als sie gedacht hatte, unendlich viel besser als dem Vormunde, religiösen Dogmen und pedantischer Scholastik, genehm war. Ein Problem gab Anregung zu neuen. Die vervollkommnete Beobachtungskunst bedurfte neuer Rechnungsmethoden. Die Trigonometrie wurde weiter ausgearbeitet; die Erfindung der Logarithmen verkürzte die Zeit zur Berechnung der Beobachtungsdaten. Was früher nur mit Aufwand unendlicher Mühe und teilweise probierend gefunden wurde, dafür gab es jetzt einfache und sichere Wege. Wurzelausziehen und Potenziren wurden kurze Operationen. Das neue Leben, welches in die Wissenschaft gekommen, war so mächtig, dass die politischen Stürme, welche namentlich über Deutschland hereinbrachen, nicht im Stande waren, es nachhaltig zu schädigen. Mitten in den Wirren des 30jährigen Krieges entdeckte Keppler, mit dem Mangel oft am notwendigsten Lebensunterhalte ringend, seine unsterblichen Gesetze. Die Erfindung des Fernrohres, die Untersuchungen Galiläi's über die Natur der Erdschwere und unzähliges Andere gaben fortwährend neuen Anstoß. Die mathematischen

Anschauungen rangen sich zu immer höherem Standpunkte heraus. Cartesius verband inniger Geometrie mit Algebra; diese neue Methode führte zu anderen mathematischen Disziplinen von ungeheurer Anwendbarkeit. Der Gedanke, Größen und Figuren zu betrachten als entstanden durch kontinuierlichen Übergang in einander, erwies sich bei der großen Einfachheit von überraschender Fruchtbarkeit.

Das Ineinandergreifen vieler Einflüsse, welches sich im Resultat unendlich komplizieren kann, ließ sich noch einfach übersehen, wenn man auf unendlich kleine Größen und Zeiten zurückging. Newton gab der Lehre von den Bewegungen und Kräften durch einige einfache Ariome eine Grundlage, wie sie die selbstverständlichen Grundsätze der Geometrie ihrer Wissenschaft verleihen. Damit wurde die allgemeinste Theorie der Kräfte der mathematischen Behandlung zugängig und rasch zu einer ebenso klaren Lehre ausgebildet, wie die Geometrie. Nachdem derselbe geniale Mensch noch – wie eine Fabel erzählt, zufällig beim Anblick eines fallenden Apfels – auf die Idee gekommen war, dass sich der Fall aus der Anziehungskraft der Erde erkläre und dass in ähnlicher Weise auch alle Weltkörper sich anzögen, und es ihm gelungen war aus den Keppler'schen Gesetzen das nach ihm benannte Gesetz der allgemeinen Gravitation wirklich abzuleiten, so war bald die ganze Bewegung der Himmelskörper nur noch ein mathematisches Problem.

Wir können auf diese Fortschritte hier nicht eingehen; die Zeit würde ebenso wenig reichen als unsere Vorkenntnisse. Um die Ausbildung der mathematischen und naturwissenschaftlichen Disziplinen zu verstehen, bedarf es eben gründlicher Kenntnisse in diesen selbst. Nur ein Beispiel möge die neue Rechnungsweise erläutern.

Denkt Euch, ein schwerer Körper falle nach der Erde hin. Wenn der Fallraum nur klein ist im Verhältnis zu dem Halbmesser, so haben wir früher gesehen, dass die Fallräume sich verhalten wie die Quadrate der Zeiten; die Geschwindigkeit ist in jedem Moment proportional der Zeit. Diese beiden Gesetze lassen sich aber mit Hülfe der Mathematik nachweisen als die Folge eines viel einfacheren Gesetzes: die Anziehungskraft der Erde ist in jedem Punkte der Bahn des fallenden Körpers dieselbe, unabhängig von der Geschwindigkeit desselben.

Das ist noch einfach. Der Körper falle aber aus meilengroßer Höhe durch die Luft. Die Dichtigkeit derselben ist von Schicht zu Schicht verschieden. Durch den Widerstand derselben verliert der Körper an Geschwindigkeit und zwar einen umso größeren Bruchteil, je größer die schon erlangte Geschwindigkeit ist, umso mehr ferner, je dichter die Luftschicht ist, welche er eben durchfällt. Auch die Anziehung der Erde bleibt nicht ungeändert; nicht allein, dass die Erde stets strebt, den Körper in rascheren Gang zu setzen, nimmt diese Anziehung noch zu, je näher derselbe der Erde kommt, gleichzeitig nimmt aber auch der Luftwiderstand aus doppelten Gründen zu. Überlegt Euch dies und Ihr werdet merken, wie kompliziert die Bedingungen find.

Die gewöhnliche Rechnungsweise lässt uns hier im Stich. Wollten wir z.B. wissen, wie groß die Geschwindigkeit des fallenden Körpers ist eine Meile von seinem Ausgangspunkt entfernt und wieviel Zeit er braucht, um diese Strecke zu durchmessen, so müssten wir mit der Rechnung den Körper von Anfang an verfolgen, uns seine Bahn in Gedanken in Stücke zerlegen, für jeden dieser kleinen Wege die Rechnung durchführen – eine unsägliche Arbeit. Die neuen Methoden liefern das Resultat gleichsam mit wenigen Federstrichen. Unter Umständen kann die Rechnung auch sehr verwickelt werden, ist sie aber einmal durchgeführt, so liefert sie auch eine allgemeine Formel, aus der wir durch Einsetzen von dem betreffenden Werte (z.B. Abstand gleich einer Meile) sofort die Fragen beantworten können, welche uns für diese Stelle interessieren.

Was aber noch wichtiger ist, ist Folgendes. Wir können mit unseren Apparaten nur endliche Fallräume und endliche Zeiten messen. Werden sich in unserem Beispiele dafür einfache Gesetze finden? Angenommen, wir wären im Stande, die Fallräume (z.B. eines fallenden Meteorsteins) in verschiedenen Höhen mit aller Genauigkeit zu messen, so würden die Ausdrücke wahrscheinlich weit davon entfernt sein, ein einfaches Gesetz darzustellen es wäre nur eine Erfahrungsformel. Nur wenn wir im Stande wären, die Zunahme der Geschwindigkeit in einem unendlich kleinen Zeitraum zu messen, d.h. in einer Strecke, wo die Luftdichtigkeit und die Erdanziehung dieselbe bleiben, dürften wir ein einfaches Gesetz erwarten. Auf dieses einfache Gesetz aber lehrt uns die höhere Mathematik zurückschließen aus dem in endlichen Räumen und Zeiten gefundenen Resultat; umgekehrt lehrt sie, aus dem einfachen Gesetz die in der Gesamtheit der fortwährend geänderten Bedingungen höchst kompliziert gewordene, aber der Beobachtung zugängliche Erscheinung in der über endliche messbare Räume und Zeiten ausgedehnten Form, wie sich dieselbe uns wirklich bietet, ableiten. So bildet die Mathematik den Übergang von den Stellen, wo die Grenzen der Sinne erreicht sind, wo das bloße Experiment nicht weiterhelfen kann, zum tieferliegenden Grund; sie führt uns zu dem wahrhaft inneren Wesen, dem nur gedachten Gesetz – denn nur im unendlich Kleinen des Raumes und der Zeit, welche unseren Sinnen verschlossen sind, kann das einfache Gesetz herrschen, zu ihm vermag uns nur der Gedanke zu leiten, aber der Gedanke, welcher sich nicht in leere Phantasien verliert und die Welt der Erscheinungen aus seinem eigenen Inneren erklären will, sondern welcher fußt auf dem Boden der Erfahrung, der exakten Beobachtung. Immer mehr kommt man auch in den Gebieten, welche früher das sogenannte reine Denken für sich in Anspruch nahmen, auf diese sichere Basis zurück. Zwar gestattet sie nicht in kühnem Phantasiefluge mit wenig Arbeit die Geheimnisse des Seienden zu ergründen, gewährt aber dafür den unendlichen Vorteil, dass alles, was sie errungen hat, wohl gesichertes

Besitztum ist, welches uns durch keinen Angriff geistreicher Spekulationen entrissen werden kann.

Am heutigen Abend, wo alle Welt sich fragt, ,was wird uns die Zukunft bringen ?' – werden wir, besonnen geworden, diese Frage prinzipiell von der Hand weisen. Arbeit wird sie uns bringen, das können wir sagen, aber auch nach einem alten Erfahrungssatze und einem Grundgesetze der neueren Wissenschaft einen der Arbeit proportionalen Gewinn an lebendiger Kraft. Was die Arbeit errungen hat, es lebt als geistige Bewegung fort."

Zu den Aufgaben in der ersten Abendunterhaltung

1) Zur Aufgabe (Fig. 2 – 5) auf Seite 3 – 4. – Mit Hilfe der Anschauung sieht man es am einfachsten, wenn man sich ein Stück Papier von der Gestalt der Fig. 2 schneidet, die lange Seite in 6, die Höhe in 3 gleiche Teile zerlegt (die erstere vielleicht 60mm, die andere 30mm lang macht) und mittels

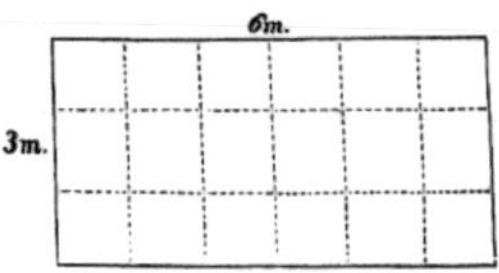

Fig. 217

Linien durch die Teilpunkte der Seiten das Rechteck in 18 Quadrate zerlegt (Fig. 217), dann durchschneidet wie Fig. 3 angibt und die beiden so entstandenen Dreiecke gegen einander verschiebt.

Der Grund ist folgender. Der Inhalt des gegebenen Brettes ist 18 Quadratmeter. Die 18 nächst gelegene gerade kleinere (da ja immer Stücke abfallen) Zahl ist 16. Diese lässt sich darstellen in Form eines Produkts zweier ganzen Zahlen, entweder als 2·8 oder 4·4. Ein Brett von 8 Meter Länge kann also höchstens 2m Breite haben und umgekehrt. Ein Bret von

Fig. 218

vielleicht 17 Quadratmeter Inhalt würde sich auch durch Verschiebung der Dreiecke darstellen lassen, seine

474

Seiten wären aber nicht in Metern ohne Brüche darzustellen und es kommt also hier nach den Bedingungen der Aufgabe nicht in Betracht.

2) Zur Aufgabe (Fig. 6) auf Seite 4. – Johann legt die Bretter wie Fig. 218 zeigt. Angenommen der Fluss mache an der Biegung genau einen rechten Winkel, so lässt sich außer durch Messung leicht zeigen, dass er über das Wasser kommen muss.

Bezeichnet man die Länge des Brettes (AB) mit a, so hat der Voraussetzung nach der Fluss gleichfalls die Breite a. Es ist also MR = a.

Ich berechne zunächst MN. – MRNQ ist ein Rechteck; da ferner $MQ = MR$ (Voraussetzung), so ist es gleichzeitig ein Quadrat. Folglich ist MRN ein gleichschenkliges, bei R rechtwinkliges Dreieck. Daher .

$$MN^2 = MR^2 + NR^2 = 2MR^2 = 2a^2$$

$$MN = a\sqrt{2} = 1,414 \cdot a$$

Da ferner AN = NB (so ist das Brett gelegt), so lässt sich daraus zeigen, dass auch ACN ein gleichschenkliges Dreieck ist. Es ist also
$$CN = AC = \frac{a}{2}.$$

Das Stück $MC = MN - AC = a\sqrt{2} - \frac{a}{2} = 1,414a - 0,5a$ ist also nur 0,914 von der ganzen Länge a des zur Verfügung stehenden zweiten Brettes CD. Ungefähr $\frac{1}{10}$ des ganzen Brettes kann also noch benutzt

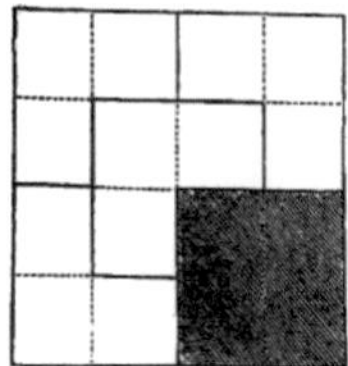

Fig. 219

Fig. 220

werden

als Auflage einerseits auf das erste Brett AB, andererseits auf das jenseitige Ufer.

3) Vgl. Seite 6 unten. – Johann teilte das Ganze in kleine Quadrate, deren er somit 12 erhielt; davon bekam jeder drei (Fig. 219).

4) Vgl. Seite 8 oben. – Auf eine Länge von 40m lassen sich, die beiden Endpunkte mit gerechnet, 41 Punkte in einem Abstande von je 1m auftragen. Daher die 41 Weinstöcke.

5) Vgl. Seite 11 oben. – Johann zog das Ende der Schlinge soweit durch den anderen Handgriff, bis die Schere heraus war (Fig. 220). – Wie hätte sich der Schneider trotzdem helfen können? Antwort: Wenn er die Länge der Kette bis zum Aufhängepunkt kürzer gemacht hätte als die Länge der Schere.

6) Vgl. S. 12 unten

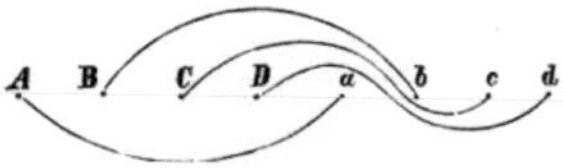

Fig. 221

7) Vgl. 13 oben

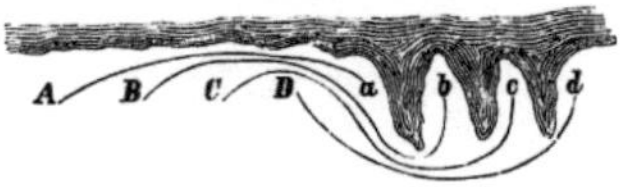

Fig. 222

Zum zweiten Abend

8) Vgl. S. 16. 11 Jahre, nicht 12. Da Max seinen vierzehnten Geburtstag gefeiert hat, so war er nunmehr 13 Jahre. Nach dem ersten Geburtstag ist Jemand 0 Jahre. . .Monate alt, es feiert seinen zweiten Geburtstag, wenn es ein Jahr alt wird usw.

Den Wert dreier gezogenen Karten zu erraten

Die Auflösung beruht einfach, wenn der Wert der Karte plus der zugelegten Anzahl von Karten für jeden Haufen 15 sein soll, auf folgenden Gleichungen (mit x den Gesamtwert der drei Karten bezeichnet)

(1) ... x+ Anzahl der zugelegten Karten = 45

(2) . . . Anzahl der zugelegten + Anzahl der restierenden Karten = 29.

Aus (2) folgt

(2ᵃ) . . . Anzahl der zugelegten Karten = 29 – Anzahl der restierenden.

Dies in (1) eingesetzt gibt,

$$x = 16 + \text{Anzahl der restierenden Karten.}$$

Ist diese Anzahl der restierenden Karten negativ, d.h. reichen die Karten nicht aus, so ist die Zahl der Karten, welche zu wenig da sind, von 16 zu subtrahieren.

Das Spiel lässt sich leicht variieren; z.B. Zahl der Häuschen ändern usw.

Zum dritten Abend

9) Vgl. S. 30

Fig. 223

Vgl. S. 33 (1)

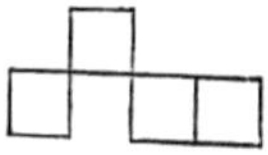

Fig. 224

Vgl. S. 33 (2)

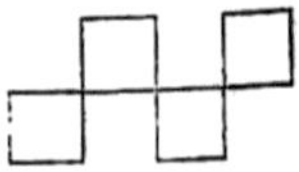

Fig. 225

Vgl. S. 34

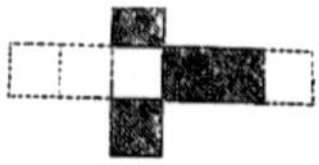

Fig. 226

10) Vgl. S. 34

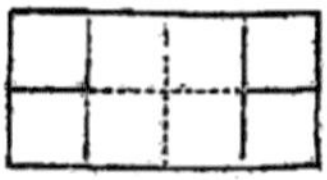

Fig. 227

11) Vgl. S. 41 oben

Fig. 228

12) Vgl. S. 35

Fig.229

13) Vgl. S. 36. 10 Hölzchen zu verlegen. 12 Hölzchen zu verlegen.

Lege	4	auf	1
„	7	„	3
„	5	„	9
„	6	„	2
„	8	„	10

Lege	1	auf	5
„	6	„	8
„	3	„	7
„	9	„	6
„	2	„	6
„	12	„	9(Kunstgriff)
„	8	„	11
„	4	„	9(über 3 Doppelhäufchen)

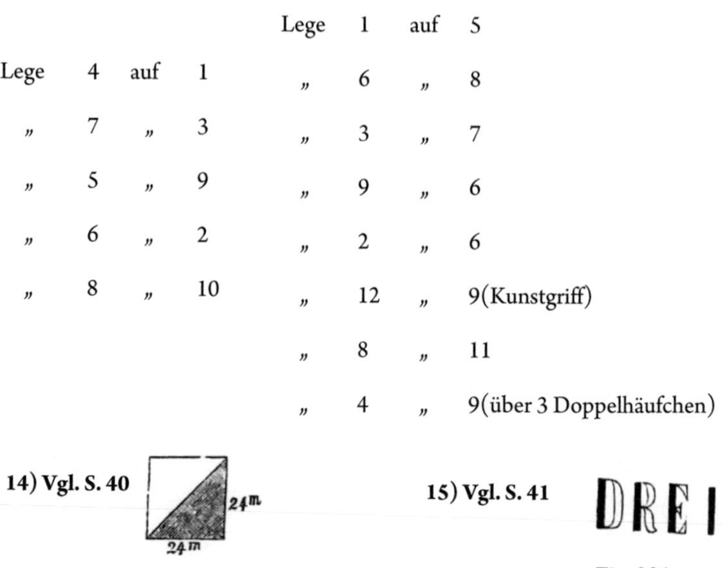

14) Vgl. S. 40

Fig. 230

15) Vgl. S. 41

Fig. 231

Zur vierten Abendunterhaltung

16) Die Erklärung der magischen Treppe(S. 56) folgt daraus, dass der Gefragte von seiner Zahl x zu zählen hat bis auf 3x+9, d.h. er hat noch hinzuzählen auf 2x+9. Die 9 zählt man ein für alle Mal ab; von da ab sind also noch 2x abzuzählen, was in der angegebenen Weise geschieht.

17) Vgl. 57 unten

Hauptmann Oberkommandan Du

Fig. 232

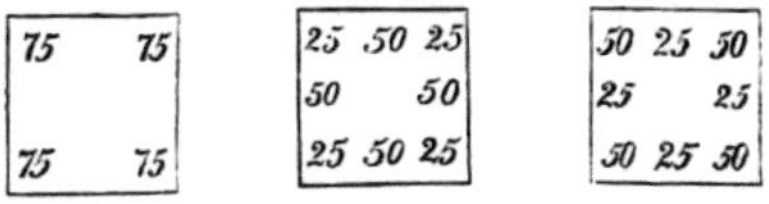

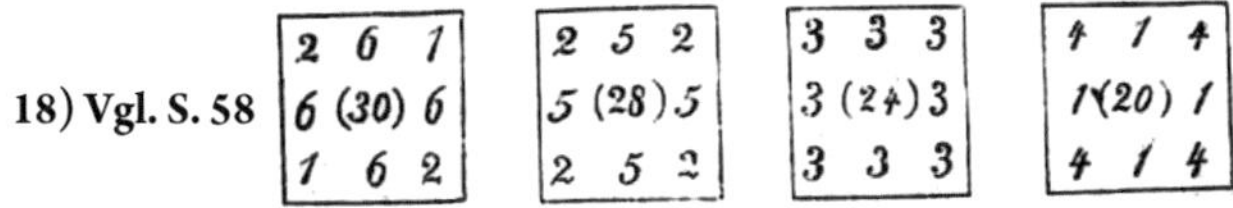

Fig. 233

Zur fünften Abendunterhaltung (vgl. S. 71)

19) Der scheinbar regellosen Folge der Zahlen 5, 3, 1, 4, 2 liegt folgende Anordnung zu Grunde: In der Mitte steht die Einheit und dann geht man nach rechts weiter und setzt die Zahlen in der Folge ihres Wertes, indem man nur je das zweite Feld besetzt. Ebenso wird die Folge 5, 15, 0, 10, 20 gebildet, nur geht man im entgegengesetzten Sinn. Dieses Quadrat ist schon von einem sehr alten Mathematiker angegeben worden; nur gab er die Regel in anderer Form und setzt das Quadrat nicht aus zwei anderen zusammen. Doch hierauf einzugehen würde uns zu weit führen.

Zur achten Unterhaltung (vgl. S. 114 oben)

20) Nimm ein möglichst dünnwandiges Medizinglas, welches etwa 150 Gr. Wasser fasst, und setze wasserdicht in den durchbohrten Kork eine enge Glasröhre von etwa 1mm innerer Weite und 300mm Länge. Nachdem Du dies Glas mit Wasser gefüllt hast, wird der Kork ausgesetzt. Dadurch steigt die Flüssigkeit etwa 250mm hoch im Glasrohr; steigt sie noch höher, so schadet es nichts. Wenn Du dieses Gefäß gleichzeitig mit einem Thermometer in ein größeres Gefäß voll Wasser setzt, das Du durch hineingeworfenes Eis (unter häufigem Umrühren) immer mehr abkühlst, so wirst Du sehen, wie das Wasser in der Röhre sinkt, bei 4°C seinen tiefsten Stand erreicht und dann wieder steigt.

Eine passende Empfindlichkeit dieses Wasserthermometers ist, dass der Wasserfaden im Rohr für 1°C. Temperaturänderung um ca. 10mm fällt. Damit Du stets diese Empfindlichkeit nahezu erreichst und also der Versuch nicht misslingt, beachte Folgendes. Suche Dir

479

erst eine Glasröhre, da Du eher in Gläsern als in Röhren Auswahl haben wirst. Danach bestimmst Du die Größe des Glases durch eine kleine Überlegung.

Wasser ändert bei Temperaturänderung um 1°C ungefähr sein Volum um $\frac{1}{20000}$. Ist der Halbmesser des Glasrohres r mm, so ist der Inhalt, welcher 10mm Länge entspricht

$$r^2\pi\cdot10=31,4\ r^2\text{Kubik-Milimeter}$$

Der Inhalt des Glasgefäßes muss also 20000 (bis 40000mal) größer sein. Wäre also das Glasrohr 2mm weit (r = 1mm), so würde das Gefäß 31,4·20000 = 628000 Kubik – Millimeter, d.h. 628 Kubik – Zentimeter oder 628 Gr. Wasser fassen müssen, um die oben angegebene Empfindlichkeit zu erreichen. – Beachte, dass die Empfindlichkeit abnimmt bei demselben Gehalt des Gesäßes nicht einfach proportional mit der Weite der Röhre, sondern mit dem Quadrate derselben, also bei doppelter Weite nur noch $\frac{1}{4}$ von der bei einfacher Weite ist. – Außerdem musst Du die Temperatur des umgebenden Wassers etwa ¼ Stunde nahezu ungeändert erhalten, ehe Du sicher sein kannst, dass das Wasser des Thermometers dieselbe angenommen hat. –

Einfacher lässt sich ein Versuch anstellen, welcher dasselbe beweist, wenn Du in ein hohes Gefäß voll Wasser Eis wirfst. Nach einiger Zeit ruhigen Stehens wird ein Thermometer, welches oben eingetaucht wird, nahezu 0 ° C zeigen, am Boden des Gefäßes dagegen 4°C, weil das schwerere Wasser von 4° unten lagert.

Zur zehnten Unterhaltung

21) Das auf Seite 147 erwähnte Zahlengesetz würde ganz allgemein so lauten: Bildet man von zwei relativen Primzahlen (d.h. Zahlen, welche keinen gemeinschaftlichen Teiler haben), z.B. 7 und 15, sämtliche Produkte 7·1, 7·2 . . .7·15, so müssen bei der Division mit

15 in diese Produkte sämtliche Zahlen von 1 bis 15 als Rest bleiben, ohne dass unter den Resten eine Zahl mehr als einmal vorkommt.

Nennt man die Zahl, mit welcher multipliziert ist, allgemein m, den bei der Division mit 15 bleibenden Rest r, so ist .

$$m \cdot 7 = n \cdot 15 + r,$$

wo n eine ganze Zahl bedeutet.

Dass ein Rest nicht mehr als einmal vorkommen kann, lässt sich indirekt beweisen. Angenommen für $m = m_1$ und $m = m_2$ käme derselbe Rest r_1 vor, so wäre

$$m_1 \cdot 7 = n_1 \cdot 15 + r$$

$$\underline{m_2 \cdot 7 = n_2 \cdot 15 + r}$$

$$(m_1 - m_2)7 = (n_1 - n_2)15$$

$$\frac{m_1 - m_2}{n_1 - n_2} = \frac{15}{7} \dots (1)$$

D.h. in Worten: Die Zahlen m_1, m_2, n_1, n_2, welche denselben Rest liefern, müssen in der durch (1) ausgesprochenen Beziehung zu einander stehen. Und da m und n ganze Zahlen sind, so können dieselben Reste nur vorkommen, wenn

$(m_1 - m_2) = 15$ oder $2 \cdot 15$ oder $3 \cdot 15$ etc. und gleichzeitig
$(n_1 - n_2) = 7$ oder $2 \cdot 7$ oder $3 \cdot 7$ etc. ist.

Nimmt man $m_1 = 1$, so ist die kleinste Zahl für m_2, welche denselben Rest liefert wie m_1 danach 16. Wie also oben behauptet kommt unter den Resten der Division $7 \cdot 1 : 15$, $7 \cdot 2 : 15$ usw. bis $7 \cdot 15 : 15$ derselbe Rest (die Null mit eingeschlossen) nur einmal vor oder die Reste bestehen aus den Zahlen 1 bis 15. – 22) Beachtet noch einen Zusammenhang dieser Regel mit anderen Kunststücken: „Wenn Ihr 21 Leute im Kreise aufstellt, jeden 8ten Mann abzählt und wollt, dass ein bestimmter schließlich übrig bleibt, bei welchem müsst Ihr zu zählen anfangen?"

Die Anordnung muss gemacht werden genau wie bei der Blattstellung $\frac{8}{21}$. Derjenige, bei welchem Ihr anfangt zu zählen, bleibt übrig. Wohlbemerkt, Ihr dürft die abgezählten nicht austreten lassen.

Zur zwölften Unterhaltung

23) Vgl. S. 174 Nr. 1. Herr Wind hatte 7 Kinder, einen Sohn und 6 Töchter.

24) Vgl. S. 174 Nr. 2. Nur Einer ging nach Stötteritz, die übrigen begegneten ihm.

Zur sechszehnten Unterhaltung

Fig. 234

25) Die Seite 221 gestellte Aufgabe ist leicht zu lösen, wenn man in die Endfläche eines Korkes einen Schnitt macht, in diesen ein Geldstück einklemmt und rechts und links in den Kork eine Gabel sticht, so, dass die beiden Stiele nach unten stehen. Der Schwerpunkt dieses ganzen Systemes liegt unterhalb des Pfennigs (Fig. 234).

Zur siebenzehnten Unterhaltung

26) Seite 242. Die Protuberanzen kennt man schon lange, konnte dieselben aber früher nur beobachten bei totalen Sonnenfinsternissen. Für gewöhnlich nämlich werden die lichtschwachen Erscheinungen von dem Lichte, welches benachbarte Teile der Sonnenscheibe in das Fernrohr schicken, überstrahlt, ähnlich wie Tags die Sterne vom Lichte der Sonne. Neuerdings ist man im Besitz von Apparaten, welche zu jeder

beliebigen Zeit Beobachtungen ermöglichen. Das sinnreiche Prinzip derselben ist folgendes:

Das Licht, welches die Sonnenscheibe ausstrahlt, enthält, ebenso wie das Licht glühender fester Körper, alle Regenbogenfarben, also Dunkelrot, Rot, Gelb, Orange, Grün, Blau, Violett und alle Übergänge zwischen diesen Grundfarben. Dies kann man nachweisen, wie zuerst Newton getan hat, indem man einen Sonnenstrahl auf irgend einen durchsichtigen festen oder flüssigen Körper fallen lässt. Die Lichtstrahlen erleiden dann beim Eintritt in diesen Körper eine Brechung, d.h. sie werden von ihrem geradlinigen Wege abgelenkt. Merkwürdigerweise ist diese Ablenkung verschieden groß für verschiedenfarbiges Licht, für Rot am kleinsten, größer für Gelb und so stetig wachsend in der oben angegebenen Reihenfolge. Lässt man Sonnenlicht durch ein dreikantiges Stück Glas (wie es z.B. zu Kronleuchtern benutzt wird) ein sog. Prisma fallen, so kann man auf einem weißen Blatt Papier die verschiedenen Farben, aus welchen Sonnenlicht zusammengesetzt ist, auffangen.

Mittels besonderer Hilfsmittel (mit dem elektrischen Funken) hat man auch glühende Gase hergestellt. Das Licht, welches dieselben ausstrahlen, ist aber ganz verschieden von dem, welches glühende feste Körper liefern. Es enthält nämlich meistens nur ein paar Farben; so z.B. glühender Wasserstoff nur Rot und Blau. Mit dem Lichte des glühenden Wasserstoffs stimmt überein das Licht, welches die Sonnenprotuberanzen ausstrahlen. Wenn man nun ein Fernrohr auf den Sonnenrand, wo sich Protuberanzen befinden, einstellt, vor dasselbe aber ein Prisma setzt, das die Farben recht stark zerstreut, so wird man bewirken können, dass das von der Sonnenprotuberanz ausgehende rote Licht in das Fernrohr fällt; das blaue Licht wird von dem Prisma neben das Fernrohr gelenkt. Man bekommt also nur die Hälfte des Lichtes der Protuberanz, macht dieselbe also durch das Prisma nochmals um die Hälfte lichtschwächer. Aber – und das ist die Absicht – das Licht, welches die benachbarte oder unter der Protuberanz gelegene

Sonnenscheibe ausstrahlt, wird so stark durch das Prisma zerstreut, dass man in das Fernrohr vielleicht nur den 100ten Teil des Ganzen Lichtes, nämlich nur das bisschen Rot bekommt, welches dieselbe Farbe hat wie das Rot der Protuberanz; alles andere Licht geht neben das Fernrohr. Während von dem Licht der Protuberanz also die Hälfte in das Fernrohr gelangt, kommt vom Licht der Sonnenscheibe nur der 100te Teil hinein. Wenn also auch das letztere, falls sämtliche Farben desselben zusammengenommen werden, 10mal stärker ist, so ist jetzt im Fernrohr doch 5mal mehr Licht von der Protuberanz als von der Scheibe, d.h. man sieht ein helles, rotes Bild der Protuberanz auf dunklerem rotem Grund. Der Kunstgriffs beruht also darauf, dass der mit dem Rot der Protuberanz genau gleichfarbige Teil des Sonnenlichtes weniger hell ist, als das Rot der Protuberanz; die Stärke des Sonnenlichtes überwiegt für gewöhnlich nur deshalb, weil es sehr viele Farben, das Licht der Protuberanz aber deren nur zwei, nur ein ganz bestimmtes Rot und Blau, enthält.

Zur neunzehnten und zwanzigsten Unterhaltung

27) In Fig. 188, Seite 266 sind die hellen und dunklen Quadrate gleich groß; trotzdem scheinen die hellen in der Mitte über die schwarzen zu greifen. In Fig. 189 erscheint das weiße Quadrat auf dunkelem Grunde größer als das schwarze. – . Man hat sich gefragt, ob auch photographische Apparate eine ähnliche Erscheinung zeigen, ob also die chemische Wirkung noch auf die der beleuchteten Stelle nächstgelegenen Punkte sich fortpflanze; Versuche, in diesem Sinne angestellt, haben aber eine entschieden verneinende Antwort gegeben.

28) Die Täuschungen der Figuren 200 und 202 auf S. 280 erklären sich sofort aus Fig. 198 und 199 und sind nur Komplikationen der einfacheren Erscheinung, welche die letzteren Figuren zeigen. Stets verhalten sich die Linien gewissermaßen wie Fäden oder Stäbe,

welche in der durch die äußeren Linien gegebenen Richtung auseinander gezogen werden. Bei Fig. 202 denke man sich die Kreisbögen in der Nähe der eingezogenen Linien durch gerade Linien ersetzt, so entstehen lauter Stücke, welche der Fig. 198 und 199 gleichen. – Auch Fig. 201 lässt sich so auf die beiden einfacheren Figuren zurückführen, wenn man, dem gewöhnlichen Gebrauch entsprechend, die schwarzen Striche als die Figur, das Helle als den Grund auffasst. Die andere, ungewöhnliche Auffassung als einer hellen Figur auf dunkelem Grund ergibt keine Ähnlichkeit mehr mit Fig. 198 und 199. Die Täuschung fällt dann weg.

Zur einundzwanzigsten Unterhaltung

29) Den Büchsenkauf betreffend, so liegt die Täuschung vorzugsweise darin; dass der Kauf und Umtausch als so unmittelbar zeitlich auf einander folgend dargestellt sind. Dadurch wird man leichter verleitet, zu vergessen, dass Käufer und Verkäufer nach gegenseitiger Ausgleichung sich wie zwei Leute gegenüber stehen, welche niemals etwas mit einander zu tun hatten. Lässt Jemand dies aus dem Auge, so wird er umso konfuser, je genauer er sich die Geschichte ansieht, weil er beim Kauf gleich an den später folgenden Umtausch denkt.

30) Zu Seite 285. Es können niemals zwei benannte Zahlen mit einander multipliziert werden. Das Produkt ist die abgekürzte Form einer Summe, deren Summanden gleich sind. Der Summand, welcher im Produkt Multiplikand wird, kann benannt sein. Der Multiplikator dagegen misst nur die Zahl der Summanden, muss also stets eine einfache Zahl sein.

31) „Was in Megara ist" abgekürzt—für „Was auf Megara beschränkt ist"

32) Es kommt darauf an, ob man die durch die Gleichung $3 \cdot 3 = 10$ designierte 3 gewissermaßen als eine neue Zahl, welche ganz

außerhalb des ganzen Zahlensystems steht, auffassen will oder ob sämtliche 3, welche in Zahlen vorkommen, als $=\sqrt{10}$ genommen werden sollen. Im letzteren Falle ist die Aufgabe unsinnig.

Denn es würde z.B. $3=\sqrt{10}$, also $1=\frac{1}{3}\sqrt{10}$, wo aber die 3 im Nenner wieder als $\sqrt{10}$ einzuführen wäre, so dass die identische Gleichung $1 = 1$ entstände. – Soll die Aufgabe überhaupt einen Sinn haben, so muss man die Frage stellen in der Form (für 3 führe ich a ein): Wenn eine Zahl a durch die Gleichung $a \cdot a = 10$ definiert ist, wie heißt die Zahl, welche sich zu o verhält wie 4:3?

Zur zweiundzwanzigsten Unterhaltung

Der Quotient zweier einander folgenden Glieder ist c. Daher

Erste Reihe. $c = 2$; $a = 3$; Endglied $= 262144 \cdot 3$; $x = 1572861$.

Zweite Reihe. $c = 3$; $a = 5$; Endglied $= 98415$; $x = 147620$.

Dritte Reihe $c = 2$; $a = 7$; Endglied $= 28672$; $x = 57337$

nebst Lösungen zu den Aufgaben

im

Anschlusse an die Unterhaltungen

I. Anschauungsaufgaben

im Anschluss an die ersten drei Unterhaltungen

1) Ein Tischler soll ein Loch in dem Fournier eines Tisches ausbessern, das 12 cm. lang und 12 cm. breit ist. Er bekommt dazu ein rechteckförmiges Fournier von 16 cm. Länge und 9 cm. Breite. Er berechnet, dass die Fläche gerade so viel Quadrat – Zentimeter enthält, wie das Loch; es fragt sich aber, wie ist es am besten zu zerlegen, so dass möglichst wenig einzelne Stücke entstehen?

2) Eine Fläche zu finden, welche man mit zwei Schnitten in sechs Stücke zerlegen kann.

3) Wie wird ein viereckiges Stück Papier, welches noch einmal so lang als breit ist, durch drei Schnitte so zerlegt, dass man dadurch 8 Stücke erhält, deren jedes ebenso breit wie lang ist, also ein Quadrat bildet?

4) Wie zerschneidet man ein quadratisches Stück Papier so, dass man aus den Stücken zwei andere, gleich große Quadrate zusammensetzen kann?

5) Ein paar Knaben kommen an einen gerad verlaufenden Wassergraben; am Ufer desselben liegen 4 Bretter, deren aber jedes etwas kürzer ist als der Graben. Es fehlt ihnen jedes Mittel, um zwei Bretter zu verbinden, trotzdem kommen sie über den Graben. Wie haben sie es angefangen?

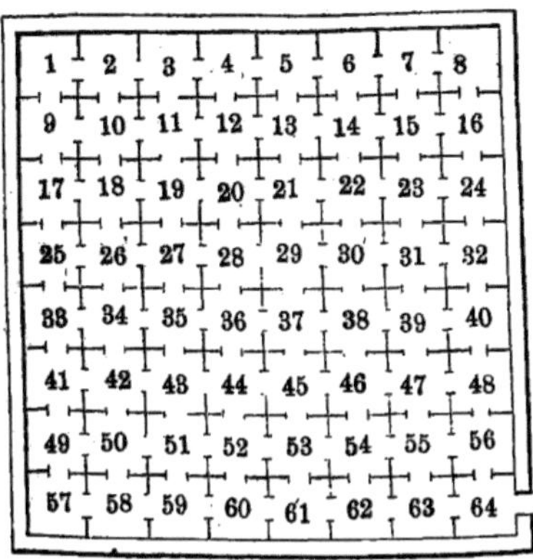

Fig. 236
Das Zellengefängnis

6) Ein Gefangener schmachtet in einem Gefängnisse von 64 Zellen. Das Gefängnis ist wie ein Schachbrett gebaut, doch sind alle Zwischenwände so durchbrechen, dass man aus jeder Zelle in jede Nachbarzelle durch eine Tür gelangen kann, es haben also die Randzellen jede 3, die inneren jede 4 Türen. Dem Gefangenen wird nun die Freiheit verheißen unter folgenden Bedingungen: 1. Er sitzt in Nr. 1. – 2. Er muss jede Zelle einmal betreten. – 3. Er darf nur eine Zelle zwei Mal durchschreiten. – 4. Die letzte von ihm betretene Zelle muss die mit dem Ausgange sein.

Wie hat der Gefangene zu gehen, um seine Freiheit zu erlangen?

7) Wie kann man diese Figuren (Fig. 237 und 238) in vier Teile so zerlegen, dass jeder Teil an die anderen in einer Linie anstößt?

8) Wie kann man ein Hufeisen (Fig. 239) mit 6 darin enthaltenen Nägeln durch zwei Schnitte teilen,

Fig. 237   Fig. 328   Fig. 239

dass das ganze Hufeisen in 6 Teile zerfällt und in jedem dieser Teile ein Nagel stecken bleibt?

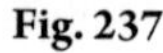

Fig. 240

9) Aus folgender punktierter Figur (Fig. 240), soll ein Kreuz in einem Zuge derart gezeichnet werden, dass jeder Punkt eingeringelt ist.

10) Wie kann man aus diesen einzelnen Figuren (Fig. 241) ein Kreuz bilden?

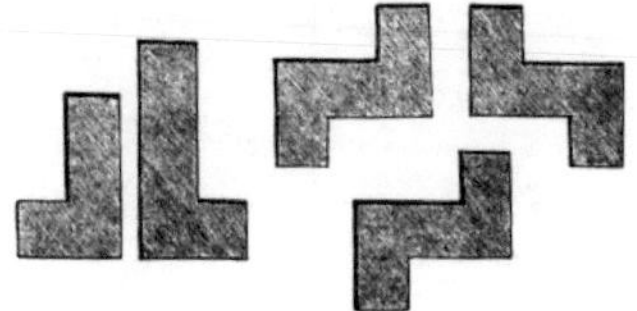

Fig. 241

11) Ein See, (Fig. 242) hat bei A und B einen Hafen hat; A hat nur einen Eingang, B aber zwei. 1, 2 und 3 sind Inseln. Von A fährt ein Schiff nach B, trifft die Inseln 1 und 2 und fährt in den Hafen B ein durch den Eingang n. Das Schiff soll nach der Insel 3 gelangen, ohne die erste

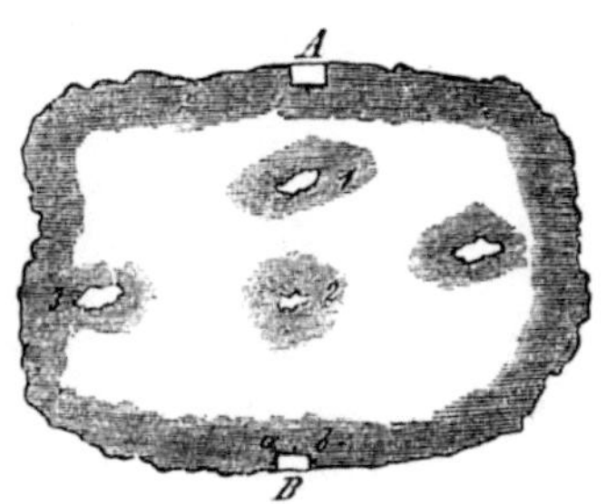

Fig. 242

Fahrt vor A nach B zu schneiden. Wie kann dies geschehen, da der Kahn durch b aus dem Hafen B ausfahren muss?

490

12) Wie zeichnet man beistehende Figuren (Fig. 243 bis 246) in
einem Zuge?

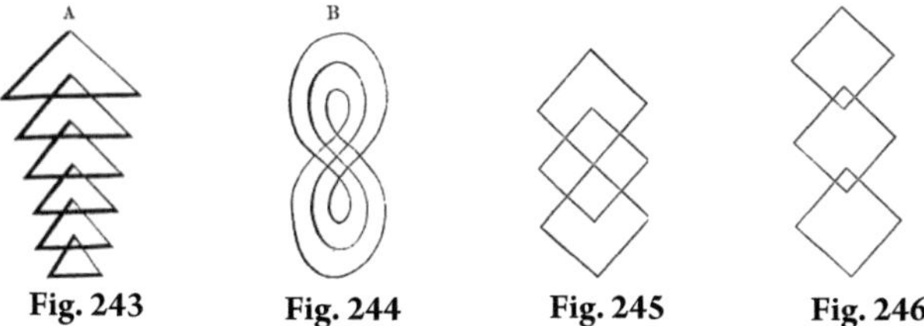

Fig. 243   **Fig. 244**   **Fig. 245**   **Fig. 246**

13) Frage: Wie zeichnet man mit drei Zügen einen Soldaten, der mit
seinem Hund zum Tore hinausgeht? Antwort:

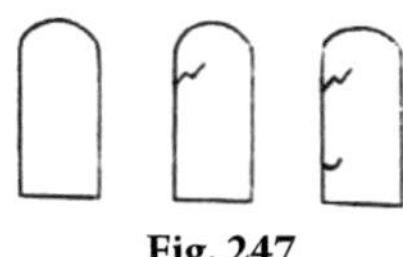

Fig. 247

14) Ein fröhliches und ein trauriges Schwein mit geraden Linien zu
konstruieren.

15) Wie unterscheidet man durch Zeichnung eine gehende von einer
stehenden Uhr? (ohne Spitzfindigkeiten).

16) Zeichne nebenstehende Figuren ab, schneide
dieselben aus und lege die Streifen so zusammen,
dass zwei im schnellsten Galopp jagende Hunde
entstehen.

Fig. 248a Fig. 248 b.

Fig. 248 c.

17) Auf einer gewissen Eisenbahnstrecke liegt nur ein Schienenstrang (so nennt man das fortlaufende Schienenpaar). Es können also nicht zwei Efeubahnzüge nebeneinander laufen. Damit aber zwei sich begegnende Züge einander ausweichen können, so befinden sich an einer Stelle zwei Schienenstränge nebeneinander, deren beide Enden sich vereinigen und wieder in den einen Strang zusammen laufen. Jeder dieser beiden nebeneinander liegenden

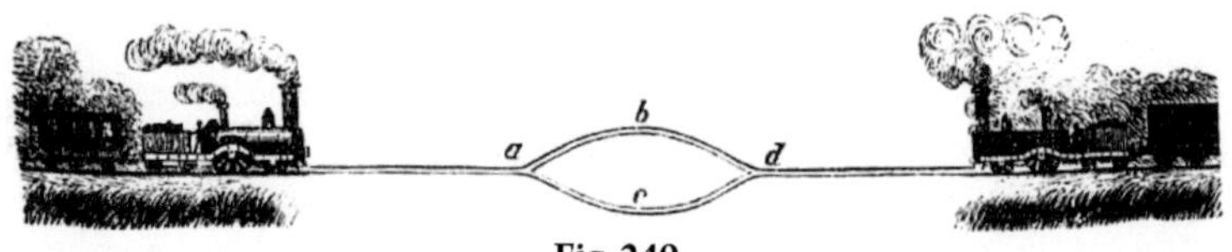

Fig. 249

Stränge ist so lang, dass ein Zug mit 16 Wagen darauf stehen kann. Während dann ein Zug mit 16 oder weniger Wagen auf dem einen Seitenstrange Platz nimmt, kann ein zweiter Ungehindert über den andern Strang neben ihm vorbeifahren. Es begegnen sich aber einmal zwei Züge mit je 20 Wagen. Die Zugführen wissen sich jedoch zu helfen und kommen glücklich aneinander vorüber. Wie machen sie das?

18) Ein Mann will einen Korb voll Kohl, eine Ziege und einen Bären über den Fluss fahren. Einen Strick, um die Ziege anzubinden, hat er nicht; im Kahn ist nur Platz jedes Mal für ein Stück. Nimmt er nun den Bär mit sich in das Fahrzeug, so frisst mittlerweile die Ziege den Kohl, nimmt er den Kohl mit sich, so frisst der Bär gar die Ziege auf – wie hat er es anzufangen, dass alle drei glücklich über den Fluss kommen?

19) Drei Fremde und drei Führer kommen an einen Fluss und müssen dort in einem Kahn, welcher nur zwei Leute fasst, übersetzen. Die Fremden fürchten von den Führern beraubt zu werden, wenn dieselben in der Überzahl sind. Wie richten sie es ein, dass niemals mehr Führer an derselben Stelle sind als Fremde?

20) „In diesem Teich", sagte Gustav, indem er die Umrisse eines solchen auf einem Blatt Papier mit einem Federstrich andeutete, „sind viele gute Fische, auch Enten sogar. Er ist aber von einer hohen Mauer umgeben. Einen Fuchs, welchen ich durch einen Tintenklecks in der Ecke des Papieres andeuten will, gelüstet sehr nach den Enten und Fischen. Wie aber soll er in den Teich kommen? Über die Mauer geht nicht, darunter durchgraben wieder nichts – die Mauer ist zu tief im Boden.

Wie bringst Du ihn hinein?"

21) Ein Bauer soll einem anderen Holz aus dem Walde fahren. Die ganze Fuhre müssen 10 Kubikmeter sein. Der Holz fahrende setzt seinem Auftraggeber auf den abschüssigen Hofraum – er wohnt an einem Bergabhange – 5 Holzhaufen, jeden 1m breit, 1m hoch und 2m lang. Trotzdem behauptet der Besitzer des Holzes, er sei betrogen worden, es sei nicht alles Holz, was er im Walde gekauft habe. Ist das möglich?

22) Wie ist es möglich, den Ball B (Fig. 250) mit dem Ball A nach dem Loche C zu bringen?

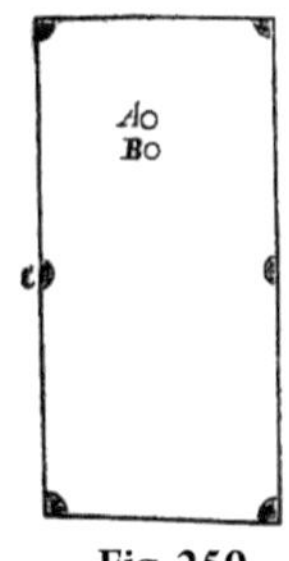

Fig. 250

23) Fenster und Türeneinhängen ist immer eine mühsame Beschäftigung. Bald ist der Haken oben, bald unten neben die Rinne geraten. Wie ist dem Missstand am einfachsten abzuhelfen?

24) Wie kann man den bekannten lateinischen Spruch: „ora et labora" mit acht Buchstaben schreiben?

25) Wie schreibt man lex, dux, lux, rex mit einem x.

26) Die Kreiswandlung. – Drei Paar Personen bilden einen Kreis, indem sie sich bei den Händen erfassen, so dass Jeder mit dem Gesichte nach Innen gewendet steht. Der Kreis soll nun derart

verwandelt werden, dass die entgegengesetzte Stellung stattfindet, d.h. dass Jeder mit dem Gesicht nach Außen gewendet steht. Wie kann dies geschehen, ohne dass je zwei Personen einander los lassen?

Man wird die Wandlung gewöhnlich zunächst dadurch versuchen, dass Jeder seinen rechten oder seinen linken Arm erhebt und darunter hindurchkriecht. Aber dann stehen Alle mit über einander gekreuzten Armen und dies darf nicht stattfinden. Die Verwandlung soll vielmehr eine solche sein, wie man z.B. beim Umwenden eines Muffes das Innere nach außen kehrt. Dies aber wird in unserem Falle dadurch erreicht, dass irgend ein Paar

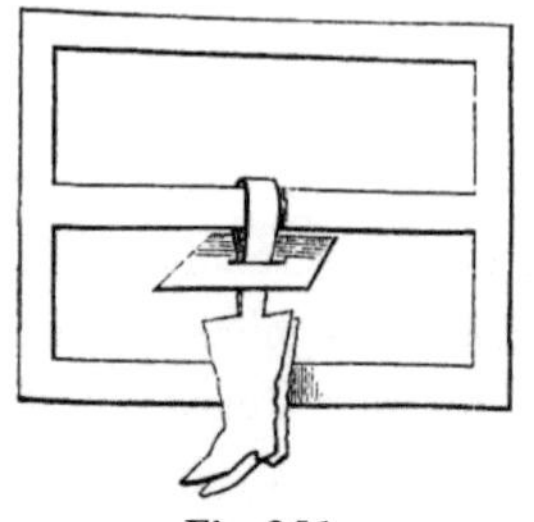

Fig. 251

fest stehen bleibt und unter den Händen, mit denen es sich angefasst hat, die sämtlichen andern vier Personen hindurchkriechen lässt.

27) *Diebessichere Aufhängung* von Gegenständen. Man schneide einen Papierrahmen mit einem Mittelstabe, ferner ein Paar Stiefeln aus Papier, die mit den Strippen zusammenhängen und sehr breite Schäfte haben; endlich ein Stückchen Papier mit nur so weiter Öffnung in der Mitte, dass der mittlere Stab des Rahmens gerade hindurch geht und die Öffnung kürzer ist als die Breite der Stiefelschäfte. Nun falte man den Mittelstab des Rahmens (und mit ihm den ganzen Rahmen) in der Mitte zusammen und schiebe die Biegung des Rahmens durch den Einschnitt in dem kleinen Papierstückchen. Durch die nun vom Mittelstab gebildete Schleife steckt man einen der Papierstiefel und hängt das Paar an den Strippen auf. Hierauf zieht man die Schleife durch die Öffnung zurück, schiebt das Papierstückchen auf die Stiefelstrippen und verwischt die etwa entstandenen Brüche im Mittelrahmen. Gibt man diese Stiefeln Jemanden zum Ablösen hin, so wird er lange zu sinnen

haben, ehe er das Verfahren findet, das beim Ablösen in umgekehrter Weise sich wiederholt.

28) Hölzchen verlegen. 15 Hölzchen sind so zu verlegen, dass am Ende nur 5 Häuschen zu je 3 Hölzchen daliegen. Jedes darf nicht mehr und nicht weniger als 3 Hölzchen überspringen. In jedem Häuschen zählt die Anzahl der in ihm liegenden Hölzchen. Von zwei oder drei in ein Häuschen zusammengelegten Hölzchen darf keines mehr springen.

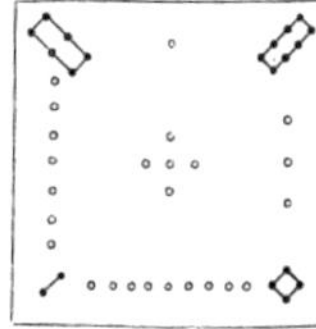

Fig. 252

29) Hier noch etwas historisch Interessantes. Für was haltet Ihr es? Es ist eine Abbildung der sog. Tafel Loschu, welche angeblich um 2200 v. Chr. in Honau aufgefunden wurde. „Die Chinesen nennen sie auch die mystische Schildkröte und meinen, sie drücke die erhabensten Lehren aus, indem sie, die Zahlen des Himmels und der Erde vorstellend, alles, was vollkommen und was unvollkommen ist, enthält." (Wuttke, Gesch. d. Schrift. 248.)

30) In einem Kartenblatt befinden sich die nebenstehenden Ausschnitte: Ein Kreis und ein gleichschenkliges Dreieck, dessen Grundlinie gleich dem Durchmesser des Kreises ist.

Es soll ein Körper aus weichem Material geschnitten (oder aus Wachs geknetet werden) werden, welcher je nach seiner Stellung durch alle diese Öffnungen

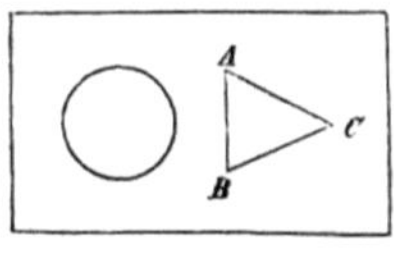

Fig. 253

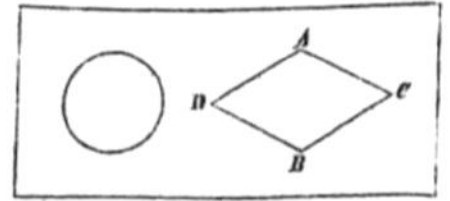

Fig. 254

hindurchgeht, so jedoch, dass er jede gerade ausfüllt.

Dasselbe soll gemacht werden, wenn die folgenden Öffnungen gegeben sind:

31) Ein Kreis und ein Parallelogramm. Die eine Diagonale desselben (AB) ist gleich dem Durchmesser des Kreises (Fig. 254).

32) Ein Kreis, ein Rechteck (Höhe desselben gleich Kreisdurchmesser), eine Ellipse (kleine Achse AB – vgl. 8. Unterhaltung – gleich Kreisdurchmesser; große Achse CD kleiner

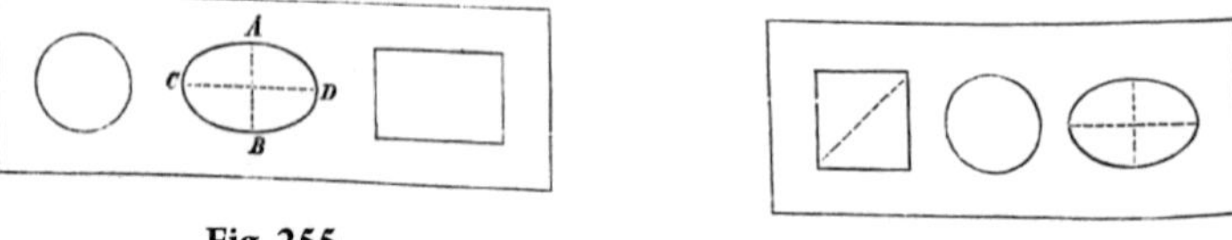

Fig. 255

Fig. 256

als die Länge des Rechtecks) (Fig. 255).

33) Ein Quadrat, ein Kreis (Durchmesser gleich Länge des Quadrates), eine Ellipse, deren kleine Achse gleich der Länge, deren große gleich der Diagonale des Quadrates ist (Fig. 256).

34) Ein Kreis, ein gleichschenkliges Dreieck (dessen Höhe CD gleich der Grundlinie AB ist) und ein Quadrat. Der Durchmesser des Kreises ist gleich der Grundlinie des Dreiecks und gleich der Seite des Quadrates (Fig. 257).

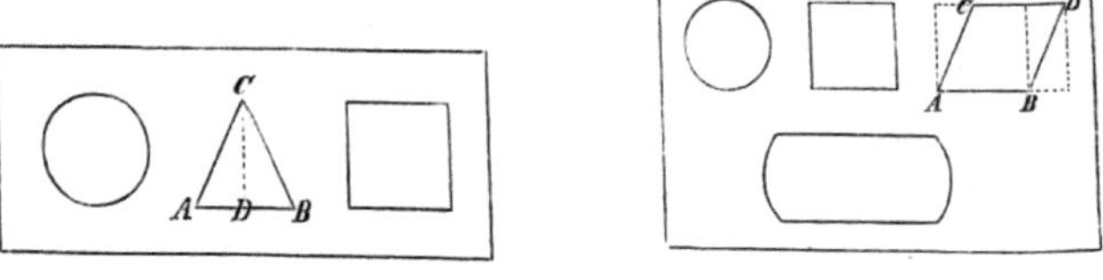

Fig. 257

Fig. 258

35) Ein Kreis, ein Quadrat, ein Parallelogramm und eine durch gerade Linien und Bögen begrenzte Figur. Der Durchmesser des Kreises ist gleich der Seite des Quadrates, gleich der Grundlinie A B und gleich der Höhe des Parallelogramms, endlich gleich der Höhe der letzten Figur (Fig. 258).

Die Aufgaben 30 bis 35 beruhen, wie Ihr Euch leicht überzeugen werdet, darauf, dass alle Körper mit Ausnahme der

Kugel, verschiedene ebene Figuren ergeben, wenn man Schnitte in verschiedener Richtung durch dieselben legt. Die hier angeführten gehören noch zu denkbar einfachsten; alle Körper sind nämlich von sog. Flächen zweiten Grades (Kugel, Ellipsoid etc.) begrenzt. Die Schnitte werden dann immer Kurven zweiten Grades (sich schneidende gerade Linien, Kreis, Ellipse). So gibt z.B. ein Kegel mit kreisförmiger Basis parallel der Achse durchschnitten eine Parabel, welche für einen Schnitt in der Achse selbst in 2 gerade Linien übergeht; schief zur Achse eine Ellipse, senkrecht dazu einen Kreis. Welche Kurve bildet danach der Schatten, der vom unteren Rand des Milchglases einer brennenden, stehenden Lampe an die Wand geworfen wird? – Antwort: eine Parabel.

Einige Zugaben für Zeichner

36) Der Doppeladler in einem Zuge gezeichnet.

Fig. 259

37) Ein Engländer und dessen Diener mathematisch konstruiert.

Der Herr ist nur aus geraden Linien konstruiert; der Diener, welcher sich noch nicht zu dieser Einfachheit der Konstruktion aufgeschwungen hat, aus Kreisbögen. Er geht

in den Herrn über, wenn der Radius der

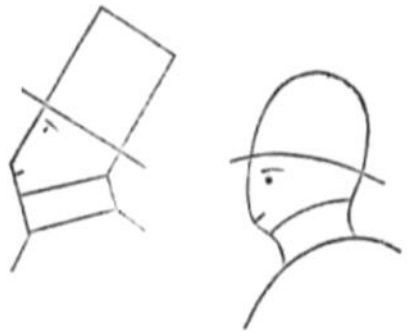

Fig. 260

Kreisbögen unendlich groß gesetzt wird.

II. Fadenkünste

Alle Fadenkünste, welche mit einem an den Enden zusammengeknüpften und somit in sich zurücklaufenden Faden gemacht werden, kommen darauf hinaus, den Faden so zu wickeln, dass er scheinbar sehr verschlungen ist, in Wirklichkeit aber die eine Hälfte hin und her gehend gewickelt ist und sich also nie zwei Stellen desselben kreuzen. Derselbe muss sich dann einfach abziehen lassen, ohne irgendwo schlingenförmig haften zu bleiben. Zwei einfache hierher gehörige Stückchen werden dies erläutern.

38) Nimm einen an den Enden zusammengebundenen Faden, schiebe über denselben einen Ring, lege die Enden des Fadens um die Mittelfinger der rechten und linken Hand und sage, Du könnest

Fig. 261

den Ring abschütteln, ohne den Faden zu zerschneiden. Stecke den Zeigefinger der rechten Hand bei a zwischen die beiden Fäden und ziehe, während Du die vorher um den Mittelfinger der rechten Hand gelegte Schleife fallen lässt, so ist der Faden noch zwischen beiden Händen ausgespannt, der Ring aber fällt zur Erde. – Du wirst leicht finden, wie das Stückchen auszuführen ist, wenn der Faden von einem anderen gehalten wird und Du den Ring abziehst.

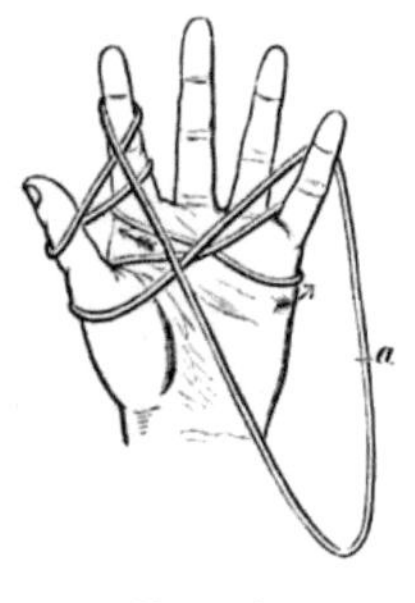

Fig. 162

39) Schlinge einen in sich zurücklaufenden Faden so um die linke Hand wie die Figur angibt. Lege erst den untersten Fadenteil auf die Innenseite der flachen Hand und wickele von da aus erst in der Richtung des rechten Pfeiles bis zum f Punkt a, dann in der Richtung des linken Pfeiles beim Zeigefinger. – Die beiden um den Daumen gelegten Schlingen lockere auf und stecke sie zwischen Zeige – und

498

Mittelfinger hindurch nach der Rückseite der Hand; klemme dann schwach Zeige – und Mittelfinger zusammen und ziehe an dem untersten, quer über die Innenseite der Hand gelegten Faden, so wird der ganze Fadenwirrwarr sich glatt abziehen lassen.

Andere Fadenkünste

Definitionen. Die Stelle, an welcher zwei verschiedene Teile desselben Fadens sich begegnen, nenne ich eine Kreuzungsstelle.

Liegt der eine Fadenteil vor und hinter der Kreuzungsstelle beide mal entweder über oder unter dem anderen Fadenteil,

Falsche   **Wahre**
Kreuzungsstelle
Fig. 263   **Fig. 264**

also im Ganzen zweimal darüber, einmal darunter, so nenne ich diese Stelle eine wahre Kreuzungsstelle. (Fig. 263 u. 264.) Eine jede andere Kreuzungsstelle heißt eine falsche.

Grundsätze. 1. Ist ein fester Punkt von einem Faden allseitig umschlossen, so kann der Faden durch Ziehen an der einen Seite stets abgezogen werden, wenn auf dem Umfang keine wahre Kreuzungsstelle vorkommt.

2. Umschließt ein Faden allseitig eine Fläche, so kann beim Ziehen an beiden Seiten nur dann ein Knoten entstehen, wenn sich auf demselben eine wahre Kreuzungsstelle findet. Jede wahre Kreuzungsstelle gibt Veranlassung zu einem Knoten.

3. Eine wahre Kreuzungsstelle wird zu einer falschen, wenn der Fadenteil, welcher zweimal über dem anderen lag später wieder in den vom Faden umschlossenen Raum eintritt indem er über dem Faden liegt wie Fig. 265 erläutert.

Fig. 265

Folgerungen. 4. Verwandelt man eine wahre Kreuzungsstelle durch das im Grundsatz 3 angegebene Verfahren in eine falsche, so kann der Faden durch einseitiges Ziehen abgezogen werden, wenn er mit seiner Fläche einen festen Punkt umschließt. Er kann ohne

Knoten in einen geraden Faden durch beiderseitiges Ziehen verwandelt werden, wenn er keinen festen Punkt umschließt.

5. Eine wahre Kreuzungsstelle wird nach dem in 3 angegebenen Verfahren auch dann in eine falsche verwandelt, wenn der von der Kreuzungsstelle weitergehende eine (oder beide) Fadenteil auf seinem Wege bis zur Rückkehr beliebig viele falsche Kreuzungsstellen besitzt.

Der dreifach verschlungene Faden

40) Befestige in einem Brettchen drei Nägel (abc – Fig. 266) und schlinge einen Faden um dieselben, wie nebenstehend angegeben. Du fängst dabei am besten an mit der durch einen Pfeil bezeichneten Stelle. Das nach links gehende kurze Ende des Fadens ist hell gelassen, das andere längere schraffiert. Der scheinbar sehr verschlungene Knoten löst sich ganz glatt auf, sobald Du bei M oder N ziehst, wie Fig. 265 erläutert.

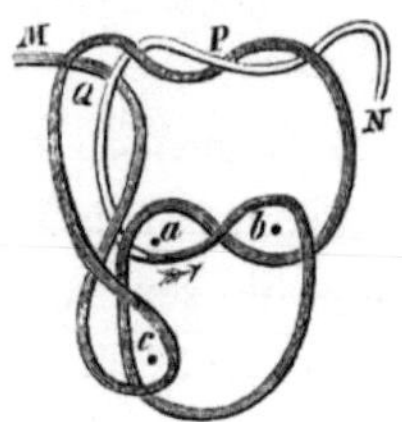

Fig. 266

Erklärung. Lass die rechts gelegene Umschlingung um den Punkt e fort. Sie kann keine Schwierigkeiten für das Kunststück haben, weil der Faden in ihr niemals wahre Kreuzungsstellen bildet. Die einzige derartige Stelle ist bei P. Diese muss also durch eine spätere Umschlingung wieder aufgehoben werden; d.h. der zweimal über dem weißen Faden gelegene dunkele Teil muss wieder einmal unter denselben kommen. Dies ist in der Tat bei Q der Fall. Da auf dem Wege von P bis Q keine wahre Kreuzungsstelle vorkommt, so ist damit nach Satz 5 auf der ganzen Länge, des Fadens keine wahre Kreuzungsstelle vorhanden.

Die zusammengeknüpften Stäbe

41) Das einfache Schema zu diesem Stücke ist nebenstehendes. In einen Faden wird eine Schlinge geknüpft (1) und um einen Stab

agelegt, das eine Ende (links) um den Stab B geschlungen und so wieder in die erste Schlinge zurückgelegt, dass der Faden, wenn er bei m über dem anderen lag, auch bei n wieder darüber liegt. –

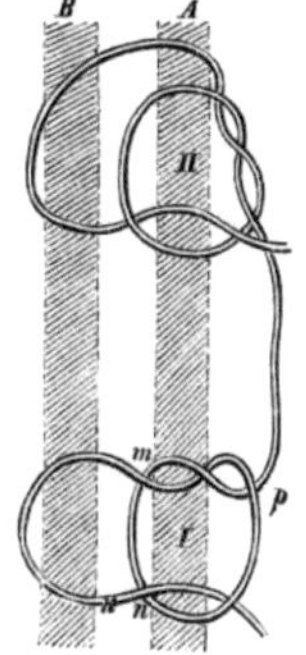

Fig. 267

Das andere Fadenende wird zu einer Schlinge II gebunden und in derselben Weise das Ende um B geschlungen und zurückgeführt. Gib dann den Stab A Jemanden an den Enden zu fassen, zeige, dass die Stäbe bei Anziehen der Schnur an beiden Enden fest verknüpft sind, ziehe dann B heraus, so wird sich der Faden ohne Schwierigkeit durch einseitiges Abziehen vom Stabe A lostrennen. Da der Faden oft wegen der Reibung schwer nachgibt, so ziehe man erst an dem einen, dann am andern Ende. Es wird so immer leicht gelingen.

Erklärung. Beide Schlingen I und II enthalten in Folge des rückkehrenden Fadens nur noch falsche Kreuzungsstellen. Wenn die Reibung des Fadens nicht so stark wäre (recht glatter Faden und dicke Stöcke sind dazu nötig), so würde der Faden sich auch abziehen lassen, ohne dass man nötig hätte, den Stab B vorher zu entfernen.

Fig. 268

Anmerkung. Noch besser gelingt der Versuch, wenn man den bei P austretenden Faden, ehe man ihn zur Schlinge II knüpft, um den Stab B herum – und wieder nach I zurückführt. Lag er bei p unter dem anderen Faden, so muss er auf dem Rückwege auch wieder unter denselben kommen und umgekehrt. Erst von da aus führt man ihn zur Schlinge II.

Dieser Umschlingungen können, namentlich wenn man jedes Mal so verfährt; wie zuletzt angegeben, beliebig viele gemacht werden.

42) Binde einen Faden wie beistehend um einen Stock, in welchen bei n ein Nagel geschlagen ist (stattdessen kann auch Jemand den Finger hinhalten). Ziehe den Nagel heraus, so wirst Du die scheinbar sehr verschlungene Schnur abziehen können, indem Du beide Enden M und N zusammenfassest (Fig. 268).

Einen um einen Stock geschlungenen Faden abzuziehen

43) Einen mit seinen beiden Enden zusammengeknüpften Faden schlinge man von A aus mehrere Mal, wie die Figur zeigt, um einen Stab, dessen Enden Jemand in den Händen hat. Kommt man zu dem Ende E, so bittet man die Hand dort los zulassen, schlägt den Faden dort über und lässt den Stock wieder mit der Hand umfassen. Man lässt Jemanden abziehen –

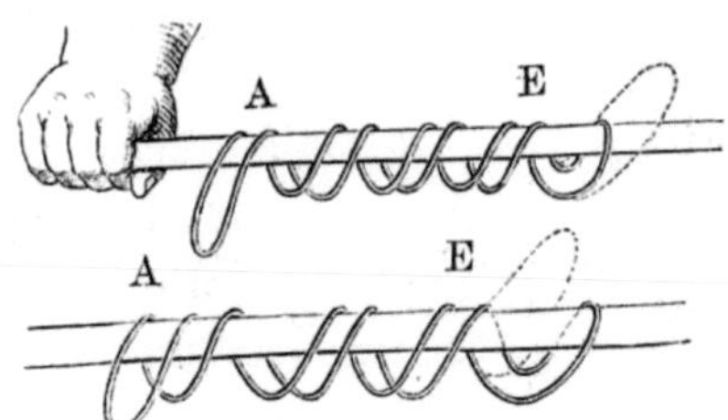

Fig. 269 u. 270

aber der Faden bleibt um den Stock geschlungen. Man wiederholt die Umwickelung, zieht selbst – und der Faden geht vom Stock ab.

Selbstverständlich ist der Faden das zweite Mal anders gewickelt. Bis zum Ende B bleibt Alles genau gleich, aber gerade diese Umwickelungen, auf welche gar nichts ankommt, mache man scheinbar mit besonderer Aufmerksamkeit Das Ganze, aber trotzdem täuschende Kunststück beruht einfach auf Folgendem: Bei der ersten Umwickelung steckt man das Ende des Stabes wirklich in die Schleife, welche von dem Fadenende gebildet wird. Bei der zweiten Umwickelung dagegen geht man mit der Schleife über den Stab hinaus und legt in Wirklichkeit das Ende desselben in zwei Bogen oben auf denselben (Fig. 270). Die Hand des den Stab Haltenden brauchte gar nicht weggenommen zu werden – es geschieht nur zur Täuschung. (Der Faden muss recht weich sein, am besten nimmt man lockeren dicken Baumwollenfaden.)

III. Schattenspiele

44) Eine köstliche Unterhaltung könnt Ihr bewirken, wenn ein gewandter Junge im Stande ist, einen ordentlichen Text zu einer komischen Situation, welche mit Schatten hergestellt wird, zu liefern. Die Türe zwischen zwei Zimmern wird mit einem leichten weißen Flor verhängt, der untere und obere Teil mit dicker—ein,

Fig. 271

undurchsichtigem Zeug. Während das eine Zimmer, welches die Zuschauer enthält, dunkel ist, wird das andere, mit den Schauspielern, beleuchtet. Der Schatten von verschiedenen Figuren, die aus Papier ausgeschnitten sind und hinter dem Flor bewegt werden, gibt die Schauspieler ab. Stattdessen können auch einfach Personen austreten. Von der vorteilhaften Eigenschaft, dass man im Schatten nicht die Folge, in der Gegenstände hinter einander stehen, unterscheiden kann, wird man, will man alles richtig ausnutzen, Gebrauch machen: Als Beispiel führe ich an, dass ein im Lehnstuhl sitzender Patient sehr über Magenleiden klagt. Nach mehrfachen kleineren Versuchen, das Übel zu heben, welche alle misslingen, wird der berühmte Doktor . . . . . bestellt. Er führt zunächst einen Stock in den Magen; indem der Stock gerade am Munde vorbeigeführt wird, macht es im Schatten den Eindruck, als ob derselbe direkt in den Magen gehe. Er stößt

Fig. 272

dabei auf allerhand verdächtige Gegenstände.

Deshalb werden Instrumente mit Angelhaken versehen eingeführt, ein am Rande stehender Gehilfe, dessen Schatten nicht auf den Flor fällt, steckt, während der Haken durch den

Körper des Patienten verdeckt ist, einen aus Papier geschnittenen Salamander daran, der Doktor zieht mit großer Anstrengung diesen Fang aus dem Munde. Etwas Erleichterung des Patienten, aber er ist noch nicht geheilt. Der Magen wird mit Tüchern, Flaschen etc. ausgefüllt, um die Tiere zu ersticken oder zu erdrücken ohne Erfolg und so geht es fort, bis endlich der Doktor mit seinem ganzen Arm dem stöhnenden Patienten in den Mund und Magen fährt und – einen fünfbändigen Roman herausholt, welchen der Patient als eine Lektüre anerkennt, die er bei seinem letzten Badeaufenthalt mit großer Gier verschlungen habe, aber allerdings nicht habe verdauen können.

45) Die Schattenspiele, welche Fig. 271 und 272 darstellt, bedürfen keiner Erklärung.

IV. Kartenkunststücke

welche auf Anordnung von Karten oder auf mathematischen Gesetzen beruhen.

Zwei von Jemand gedachte Karten zu erraten

46) Das Stück ist ähnlich dem im Text gegebenen. Sechszehn Karten werden, zu je zwei, in Häuschen verteilt. Man bittet Jemand, sich die Karten eines solchen Häufchens zu merken, verlegt dieselben dann nach dem Spruch (vgl. zweite Unterhaltung)

a r m a

m i s i

a g a s

r o g o

und beachte dabei, dass die beiden a in arma und die beiden a in agas zusammengehören. Je nach Belieben kann man auch zwei Karten verteilen erst auf die beiden a im Anfang der beiden Worte, dann auf die beiden letzten usw. Die Antwort auf die Frage, in welchen Horizontalreihen sich jetzt die beiden Karten befinden, erfolgt nach derselben Überlegung wie im Text der 2. Unterhaltung.

Unter 35 Karten, welche in verschiedene Reihen gelegt sind, eine von Jemand gedachte Karten erraten

47) Lege 7 Reihen, jede zu 5 Karten, die Bildseite nach oben, bitte Jemand, dass er sich eine Karte merkt und Dir sagt, – in welcher Reihe von rechts nach links die Karte liegt. Raffe dann die Karten jeder Reihe zusammen und achte darauf (auf etwas Anderes kommt es gar nicht an!), dass die bezeichnete Reihe in die Mitte des ganzen Kartenhaufens kommt. Die Karten des Haufens verteilst Du nun wieder so, dass je 5 der Reihe nach unter einander gelegt werden; also eine in die oberste Reihe, die zweite darunter in die zweite Reihe, die folgende darunter in die dritte Reihe und so fort bis zur fünften Karte; die sechste kommt wieder in die erste Reihe etc. Die Frage nach der Horizontalreihe, in welcher dieselbe jetzt liegt, das „Zusammenraffen und· Auseinanderlegen mache noch einmal; noch einmal dieselbe Frage, – so ist die gedachte Karte als die vierte in der betreffenden Horizontalreihe zu bezeichnen.

Oder Du wiederholst nochmals das Aufraffen in der früheren Weise, so liegt die Karte jetzt als die mittelste des ganzen Haufens, d.h. als die achtzehnte (vgl. die Bemerkungen in der zweiten Unterhaltung).

Erklärung. Die Karten seien

$$a_1 \quad a_2 \quad a_3 \quad a_4 \quad a_5 \quad a_6 \quad a_7$$

$$b_1 \quad b_2 \quad . \quad . \quad . \quad . \quad .$$

$$c_1 \quad c_2 \quad . \quad . \quad . \quad . \quad .$$

$$d_1 \quad d_2 \quad \cdot \quad \cdot \quad \cdot \quad \cdot \quad \cdot$$

$$e_1 \quad e_2 \quad \cdot \quad \cdot \quad \cdot \quad \cdot \quad \cdot$$

In welcher Reihe die gedachte Karte zuerst liegt, hat keinen Einfluss auf die ganze Erklärung, denn nach dem ersten Zusammenlegen liegt die betreffende Reihe stets mitten im Haufen. Angenommen, sie sei die *n*te der betreffenden Horizontalreihe, etwa der Reihe n, so ist sie im Haufen dann die $(2{\cdot}7+n)$te geworden. Durch das Verlegen kommen die 14 ersten Karten in die 3 ersten Vertikalreihen.

Abgesehen von den vorhergehenden und nachfolgenden Karten, auf welche es gar nicht ankommt, liegen dieselben jetzt:

$$\cdot \quad \cdot \quad \cdot \quad a_2 \quad a_7 \quad \cdot \quad \cdot$$

$$\cdot \quad \cdot \quad \cdot \quad a_3 \quad \cdot \quad \cdot \quad \cdot$$

$$\cdot \quad \cdot \quad \cdot \quad a_4 \quad \cdot \quad \cdot \quad \cdot$$

$$\cdot \quad \cdot \quad \cdot \quad a_5 \quad \cdot \quad \cdot \quad \cdot$$

$$\cdot \quad \cdot \quad a_1 \quad a_6 \quad \cdot \quad \cdot \quad \cdot$$

a) War die Karte die dritte bis sechste in ihrer Horizontalreihe, so ist sie also jetzt bereits in die mittelste Vertikalreihe gekommen. Wird also die zweite, dritte oder vierte Horizontalreihe bei der zweiten Frage angegeben, so ist die Sache schon entschieden, sie liegt als die vierte in der angegebenen Horizontalreihe. Nochmaliges Aufraffen und Auseinanderlegen ändert aber nichts an ihrer Lage, sie bleibt stets die vierte der genannten Horizontalreihe.

b) War sie dagegen eine der ersten, sechsten, zweiten oder siebenten, so ist noch eine Verwechselung möglich. Rafft man wieder in der früheren Weise zusammen, so wird die betreffende Karte entweder (wenn a_1 oder a_6) die $(2{\cdot}7+3$ oder $4)$te, oder (wenn a_2 oder a_7) die $(2{\cdot}7+4$ oder $5)$te. Stets liegt sie also nach der fünfzehnten und vor der zwanzigsten des Haufens. Beim neuen Auseinanderlegen nach Reihen je zu 5 wird sie also immer in die vierte Vertikalreihe kommen, d.h. sie wird die vierte der vom Gefragten angegebenen Horizontalreihe; oder wenn Du jetzt nochmals zusammenraffst, die mittelste des ganzen Haufens.

Es wird nicht mehr schwer fallen, die Regeln auch für andere Fälle zu bilden und zu erklären, z.B. wenn 5 Reihen von je 9 Karten gelegt sind.

Ein allgemeines Verfahren zu erraten, welche Karten von einer oder mehreren Person gemerkt worden sind

48) Die Regel für dieses Spiel ist, obschon dem ersten Anschein nach verwickelt, doch einfach zu merken und hat den Vorteil, dass man durch die Änderung der Anzahl der benutzten Karten eine große Abwechslung schaffen kann. Sie gilt nämlich allgemein für eine Zahl Karten, welche man durch Multiplikation zweier auf einer folgenden ganzen Zahlen erhält, also z.B. für $2 \cdot 3$, $3 \cdot 4$, $4 \cdot 5$, $5 \cdot 6$, $6 \cdot 7$ usw.

Angenommen, Du hättest $4 \cdot 5 = 20$ Karten genommen, so lege dieselben in Häuschen zu je zwei zusammen und lasse eine oder mehrere Personen jede sich ein Häuschen merken. Dann legst Du die Karten, je zwei eines Häufchens zusammen, in einen Haufen, die einzelnen Häuschen in beliebiger Reihenfolge. Du breitest dieselben wieder aus, so dass vier Reihen von je 5 Karten entstehen, und zwar in der hier angegebenen Reihenfolge.

1	2	3	5	7	B
4	9	10	11	13	D
6	12	15	16	17	
8	_14_	18	19	20	

A   C

Diese Anordnung scheint sehr kompliziert, ist aber sehr einfach. Die drei ersten Karten (1, 2, 3) werden neben einander gelegt, dann verteilst Du abwechselnd in die erste Vertikal – und erste Horizontalreihe, also 4, 5 und 6, 7. Wieder zurück in die erste Vertikalreihe, so kommt (denn 4 Karten müssen ja in jeder Vertikalreihe liegen) die achte Karte daran. Damit ist die erste Ecke AB fertig.

Nach derselben Regel geht es nun an die Ecke CD. Wieder drei Karten (9, 10, 11) neben einander, dann abwechselnd vertikal und horizontal verteilt, also 12, 13 und 14.

Dann wieder drei in eine Reihe (15, 16, 17); nun bleibt über 18, 19, 20 kein Zweifel mehr.

Nachdem die Karten so gelegt sind, fragst Du, in welcher Horizontalreihe die gedachten liegen. Wird Dir nur eine Reihe genannt, so ist es sehr einfach.

In der ersten Reihe ist es dann die erste und die darauf folgende.

		zweiten						zweite				
„	„	dritten	„	„	„	„	„	dritte	„	„	„	„
„	„	vierten	„	„	„	„	„	vierte	„	„	„	„

Diese Karten (die erste der ersten, zweite der zweiten Reihe etc.) wollen wir die Ausgangskarten nennen. – Werden zwei Reihen genannt, es sei z.B. die zweite und vierte Reihe angegeben, so suchst Du zuerst die Ausgangskarte der obersten Reihe auf. Dieselbe ist die neunte. Von dieser gehst Du vertikal herab, die Karte, auf welche Du dann in der anderen genannten Reihe stößest, ist die erste der gedachten. Dabei müsstest Du um zwei Karten herabgehen, so gehe nun auch horizontal von der Ausgangskarte weg, aber um eine Karte mehr, also hier um 3, so ist diese dritte Karte die andere gedachte, wie Du auch siehst.

Der Grund ist so nahegelegen, dass Du ihn bei einiger Aufmerksamkeit sofort finden wirst. Beachte nur, dass Du in jede neu angefangene Horizontalreihe zunächst immer drei Karten legst!

Hier noch die Reihenfolge für $5 \cdot 6 = 30$ und $6 \cdot 7 = 42$ Karten. Verfolge die Zahlen ihrer natürlichen Folge nach mit dem Bleistift, so werden die Tafeln zur Erläuterung des Stückes beitragen. Die Regeln für Legen und Auffinden sind wieder genau dieselben.

1	2	3	5	7	9
4	11	12	13	15	17
6	14	19	20	21	23
8	16	22	25	26	27
10	18	24	28	29	30

Fig. 273

1	2	3	5	7	9	11
4	13	14	15	17	19	21
6	16	23	24	25	27	29
8	18	26	31	32	33	35
10	20	28	34	37	38	39
12	22	30	36	40	41	42

Fig. 274

Zu erreichen, dass eine von Jemand gezogene Karte sich an einer bestimmten Stelle im Haufen befindet (vergl. 23. Unterhaltung)

49) Lass sich Jemanden in einem Spiele von 32 Karten eine beliebige wählen, während dieselbe im Spiel unverändert liegen bleibt, und sich die Nummer derselben von unten her gerechnet merken. Nenne die Nummer, welche nachher der Karte zukommen soll von oben her gerechnet, es sei dies etwa die achtzehnte (oder lass dies auch von der betreffenden Person angeben). Während dessen hast Du, ohne dass der Andere es merkt, 18 Karten abgezählt von unten her und oben ausgelegt. Du gibst die Karten der betreffenden Person und fragst, die wievielte sich dieselbe gemerkt habe. Sagt sie die 8te, so ist diese im Haufen zur $(18 - 8 + 1)$ten, d.h. zur elften geworden von oben an gezählt. Lässt Du 7 Karten unten wegnehmen und oben auflegen, so ist die gemerkte Karte jetzt zur achtzehnten geworden, wie Du angabst.

Allgemein: die gemerkte Karte sei die a – te von unten und soll die b – te von oben werden. Du zählst b Karten oben auf, so ist die gemerkte um b Karten, von oben an gezählt, nach unten gerückt. Vorher war sie die $(32 - a+1^1)$te von oben, jetzt ist sie die $(32 - a+1+b)$te von oben geworden. Lässt Du nun $(a - 1)$ Karten unten wegnehmen und oben auflegen, so ist die Karte wiederum $(a - 1)$ Karten gerückt und somit zur $(32 - a+1+b+a - 1) = (32+b)$ten Karte geworden. Was heißt dieses Resultat? Sie kann ja höchstens die zweiunddreißigste von oben sein und muss dem Rechnungsresultate nach die $(32+b)$te geworden sein. Es heißt, dass sie bereits um 32 Karten gewandert, d.h. durch den ganzen Haufen hindurch und wieder obenauf gekommen ist und außerdem von oben gerechnet noch die b – te ist, wie verlangt wurde.

Also die praktische Regel:

Soll die Karte die b – te von oben werden, so lege heimlich b Karten von unten oben auf; ist die Karte die a – te von unten gewesen, so lass noch a – 1 Karten von den anderen von unten wegnehmen und oben auflegen. Die Karte ist dann im Ganzen um a+b – 1 Karten gewandert; vorher stand sie um 32 – a von oben ab, jetzt steht sie also um $(32 - a+a+b - 1) = (32+b - 1)$ Karten von der obersten ab, ist also die bte.

Durch Verteilung von 27 Karten in kleinere Haufen kann man einer gedachten Karte eine bestimmte Stelle anweisen und dieselbe somit gleichzeitig erraten
(Ein Spiel mit großer Mannigfaltigkeit)

50) Nimm 27 Karten und verteile dieselben offen in 3 Haufen, indem Du der Reihe nach aus jedes Häuschen eine legst, so dass jedes Häuschen schließlich 9 Karten bekommt. Während dieser

---

[1] Da die erste von unten $(a = 1)$ die 32te von oben ist, also die $(32 - 1+1)$te.

Verteilung merkt sich Jemand eine Karte und gibt Dir an, in welchem Häuschen sich dieselbe befindet.

Du vereinigst die drei Häuschen in irgendeiner Reihenfolge, verteilst·die Karten wieder ebenso in drei Häuschen und fragst wieder, in welchem Häuschen die gedachte Karte liegt.

Wieder werden die drei Häuschen in irgendeiner Folge zusammengelegt, nochmals verteilt und gefragt, in welchem Häuschen die Karte liegt. Daraus vereinigst Du dieselben, so liegt jetzt die Karte an einer von Dir im Voraus bezeichneten Stelle (z.B. als die siebzehnte des ganzen Haufens). – Wie hat man dies anzufangen? Wohin muss man jedes Mal das Häuschen mit der gedachten Karte legen?

Ich will Dir es erst an einem Beispiel erläutern. Angenommen, die gedachte Karte soll die siebzehnte werden – so mögest Du oder Dein Mitspieler es bestimmt haben.

Nach der ersten Verteilung legst Du das bezeichnete Häuschen als das zweite. Wenn Du wieder verteilst, so muss die gedachte Karte in einem der drei Häuschen als die vierte, fünfte oder sechste liegen – das folgt ohne weiteres aus der Art, wie Du verteilst.

Jetzt legst Du das bezeichnete Häuschen als das dritte, so liegt die gedachte Karte im ganzen Haufen nach der $(2 \cdot 9 + 33)$ten, d.h. nach der einundzwanzigsten und es kann nur noch in Zweifel sein, ob sie die zweiundzwanzigste, dreiundzwanzigste oder vierundzwanzigste ist. Verteilst Du nochmals, so muss sie danach immer als die achte in dem Häuschen liegen, welches Dir nunmehr bezeichnet wird. War es die zweiundzwanzigste, so liegt sie im ersten Häuschen, war sie die dreiundzwanzigste, im zweiten, war es endlich die vierundzwanzigste, so ist sie die achte im dritten Häuschen.

Nun gibt Dir Dein Mitspieler an, in welchem Häuschen sie ist. Du hast weiter nichts zu tun, als dieses zu zweit zu legen, so ist die Karte, wie verlangt, die siebzehnte im ganzen Hausen.

Nun wollen wir die Sache allgemein machen, wodurch Dir vielerlei Abwechslung möglich wird.

Du legst das bezeichnete Häuschen zuerst als das a – te, so gehen (a – 1) Häuschen mit (a – 1) 9 Karten dem betreffenden voraus. Diese liefern bei der Verteilung 3 (a – 1) Karten in jedes Häuschen. Die gedachte muss also in ihrem Häuschen zwischen den 3 (a – 1)+3 ersten Karten liegen.

Legst Du jetzt das Häuschen als das b – te, so wird die Karte unter den 9 (b – 1)+3 (a – 1)+3 ersten Karten des ganzen Haufens liegen, sie kommt somit in ihr Häuschen immer als die $\{3(b\text{-}1)+(a\text{-}1)+1\}$te zu liegen. Ob sie in das erste, zweite oder dritte Häuschen gerät, hängt davon ab, ob sie im ganzen Haufen die Lage

$$9(b\text{-}1)+3(a\text{-}1)+\begin{cases}1\\ \text{oder } 2\\ \text{oder } 3\end{cases}$$

hatte.

Das nunmehr bezeichnete Häuschen lege als das c – te, so ist die Karte im ganzen Haufen die

$$\{9(c\text{-}1)+3(b\text{-}1)+(a\text{-}1)+1\}\text{te.}$$

Die in Klammer stehende Zahl soll die geforderte Nummer (im obigen Beispiel 17) sein; nennen wir sie allgemein n, so siehst Du, ist das a, b, o so einzurichten, dass

$$n=9(c\text{-}1)+3(b\text{-}1)+a$$

ist. Dies ist eine diophantische Gleichung (vgl. dreiundzwanzigste Unterhaltung), welche jederzeit leicht zu lösen ist, da a, b, c ganze Zahlen sind, welche mindestens = 1 und höchstens = 3 sein dürfen.

1. Beispiel. Die Karte soll die vierzehnte werden. Die Gleichung lautet dann

$$14=9(c-1)+3(b-1)+a$$

Dividiere mit 3, so wird

$$\frac{14}{3}=4+\frac{2}{3}=3(c-1)+(b-1)+\frac{a}{3}$$

Daraus schließest Du

$$a=2$$

Nun ist noch c und b so zu bestimmen, dass

$$4=3(c-1)+3(b-1)$$

Dies führt auf die Werte

$$b=2$$

$$c=2.$$

Das Beispiel ist besonders einfach geworden, Du hast jedes Mal das bezeichnete Häuschen als zweites zulegen.

2. Beispiel. Die Karte soll die dreiundzwanzigste werden. Bedingungsgleichung:

$$23=9(c-1)+3(b-1)+a$$

$$\frac{23}{3}=7+\frac{2}{3}=3(c-1)+(b-1)+\frac{a}{3}$$

$$a=2$$

Weitere Gleichung:

$$7=3(c-1)+(b-1)$$

Die Gleichung führt zu

$$b=2$$

$$c=3$$

In Worten:

Lege zuerst das bezeichnete Häuschen zu zweit $(a = 2)$, dann wieder zu zweit $(b = 2)$, endlich zu dritt $(c = 3)$.

3. Beispiel. Die Karte soll die fünfzehnte werden. Beachte hierbei, dass a nicht $= 0$ werden darf.

Gleichung:

$$15=9(c\text{-}1)+3(b\text{-}1)+a$$

$$\frac{15}{3}=5=3(c\text{-}1)+(b\text{-}1)+\frac{a}{3}$$

Zerlege also 5 in $4+\frac{3}{3}$ so wird

$$a=3$$

Es bleibt zu erfüllen

$$4=3(c\text{-}1)+(b\text{-}1)$$

$$b=2$$

$$c=2$$

In Worten: Zuerst wird das Häuschen als drittes, dann zweimal als zweites gelegt.

Bemerkung. Du kannst auch den Anderen, nachdem er Dir das Häuschen genannt hat, selbst legen lassen, wie er will. Du merkst Dir nur, wohin er es legt, so hast Du damit a, b und c und kannst dann nach der angegebenen Gleichung sofort angeben, als die wie vielste die gedachte Karte liegt.

V. Allerlei Zahlenkunststückchen

(im Anschluss an die 4te bis 6te Unterhaltung)

Das Zauberquadrat

51) Es dient dazu, eine gedachte Zahl zu erraten, ohne dass man irgendeine Zahl erfragt, und bietet viele Abwechslung. Lass eine gedachte Zahl, welche kleiner ist als 10, mit 4 multiplizieren, 8 addieren, was herauskommt mit 5 multiplizieren, 50 addieren und mit 10 dividieren. Die so entstandene Zahl heißt die berechnete.

Du legst dabei das nebenstehende Quadrat vor und kannst dasselbe zu folgenden Fragen und Ermittelungen benutzen:

1) In welcher Vertikalreihe steht die gedachte, in welcher Horizontalreihe die berechnete Zahl? Im Durchschnitt beider Reihen steht die gedachte Zahl.

2) Umgekehrt: In welcher Vertikalreihe steht die berechnete, in welcher Horizontalreihe die gedachte Zahl? Im Durchschnitt beider steht die berechnete Zahl.

3) Noch feiner ist: In welcher Vertikalreihe steht die gedachte Zahl, in welcher Horizontalreihe die berechnete? Im Durchschnitt beider steht die gedachte Zahl und 3 Zeilen links davon in gleicher Höhe steht die berechnete.

4) Am elegantesten ist folgende Form: In welcher Horizontalreihe steht die gedachte, in welcher Vertikalreihe die berechnete Zahl? Im Durchschnitt beider steht die berechnete Zahl, drei Zeilen links davon in gleicher Höhe die gedachte.

		19			5
11	21		1	6	
23		2	7		13
	3	8		15	25
4	9		17	27	
10			29		

Fig. 275

Bei Nr. 3 und 4 musst Du beachten, dass das Abzählen der drei Felder links herum wieder so zu nehmen ist, als wären das rechte und linke Ende des Quadrates mit einander verbunden und so die Horizontalreihen kreisförmig in sich geschlossen (vgl. fünfte Abendunterhaltung). In Folge dieses kleinen Kunstgriffes wird der Gefragte kaum im Stande sein, selbst wenn er im Besitz der Karten ist, Dir das Kunststückchen abzusehen, namentlich, wenn Du nur eine Zahl nennst und diejenige vermeidest zu sagen, welche im Durchschnitt der von ihm angegebenen Reihen sich befindet. Da Du dieselbe aber doch aus dem Quadrat gesehen hast, so kannst Du vom Papier aufsehend nach scheinbarem kurzen Überlegen auch diese nennen und er wird über Deine Fertigkeit im Rechnen staunen.

Erklärung. Du hast rechnen lassen

$$\frac{(4x+8)5+50}{10}=2x+9$$

Der Gefragte hat also seine Zahl nur mit 2 multipliziert und 9 addiert. Die Tabelle ist aber so angelegt, dass immer 3 Zeilen von den (gedachten) Zahlen 1 bis 10 sich in gleicher Höhe mit denselben die nach der obigen Formel berechneten Zahlen befinden; also z.B. 1 und 11, 7 und 23, 2 und 19 usw. Daraus erklärt sich alles andere von selbst, wie Du am besten übersiehst, wenn Du zu zwei solchen zusammengehörigen Zahlen gleiche Buchstaben, z.B. a und a_1, b und b_1 etc. hinzusetzest. Die leeren Felder des Quadrates kannst Du, wenn Du noch mehr verwirren willst, mit Zahlen ausfüllen, welche noch nicht im Quadrate vorkommen.

Anmerkung für die folgenden Nummern. Die mathematischen Regeln, auf welchen die folgenden Zahlenkunststücke beruhen, sind über den zugehörigen Text gesetzt. Dies benimmt zwar viel von der Überraschung, erleichtert aber sehr das Verständnis.

Eine Zahl erraten, indem man dem Gefragten die Rechenoperationen überlässt

$$x \cdot \frac{abc}{mnp} : \frac{abc}{mnp} = x$$

52) Du lässt sich Jemand eine Zahl denken und diese mit anderen Zahlen, welche Du willst, oder welche der Gefragte will, multiplizieren und dividieren ganz nach Belieben; nur muss er Dir jede der Operationen, welche er vornimmt, nennen. Aus Ende gekommen fragst Du nach der von ihm erhaltenen Zahl und nennst dann die gedachte.

Das Geheimnis, so tiefliegend es erscheint, ist höchst einfach. Du machst nämlich sämtliche Operationen an einer anderen von Dir gedachten Zahl, am besten der 1 oder 2 selbst mit durch. Die vom anderen genannte Zahl dividierst Du mit der von Dir berechneten. So oft die genannte Zahl größer ist als Deine berechnete, so oft ist die vom Ersteren gedachte Zahl größer als die von Dir gedachte; Bekämst Du also z.B. bei der Division 7 heraus und hättest Deine Rechnung selbst mit der Zahl 1 oder 2 ausgeführt, so wäre die gedachte Zahl beziehungsweise 7 oder 14. – Nämlich, wenn der Gefragte multipliziert mit abc. . . und dividiert mit mnp . . ., und Du rechnest dasselbe mit der Zahl 1, so bekommt der Gefragte $x \frac{abc...}{mnp...}$, Du dagegen $\frac{abc...}{mnp...}$.

Eine Zahl erraten, welche Jemand im Sinn hat, ohne ihn etwas zu fragen

$$\frac{x \cdot a + b}{c} - x \frac{a}{c} = \frac{b}{c}$$

53) Es denkt sich Jemand eine Zahl; Du lässt dieselbe mit 9 multiplizieren, 5 addieren, das Ganze durch 3 dividieren und von

dem, was herauskommt, die mit 3 multiplizierte gedachte Zahl subtrahieren. Die Zahl, welche dem Gefragten jetzt noch bleibt, kannst Du einfach erraten; sie ist $\frac{5}{3}$. Statt der hier gewählten Zahlen kannst Du ganz beliebige andere wählen, wie Du aus der obigen Formel ersiehst; stets bleibt als Rest die addierte Zahl (b) dividiert durch die Zahl c.

Mehrere gedachte Zahlen zu erraten, deren jede kleiner als zehn ist. Interessante und unterhaltende Anwendung davon

54) Das Kunststück benutzt die verschiedene Wertigkeit, welche den Zahlen je nach ihrer Stelle bei der Schreibweise des dekadischen Zahlensystems zukommt (vgl. fünfundzwanzigste Unterhaltung). Die Formel, ganz allgemein, ist für 4 unbekannte Zahlen xy zt

$$\{[(2x+m)5+y+n]10+z+p\}10+t+q=$$
$$(1000x+100y+10z+t)+(500m+100n+10p+q)$$

Beispiel. Die gedachten Zahlen seien 7, 5, 3, 9. Du lässt die erste Zahl 7 mit 2 multiplizieren, macht 14; 9 (m) addieren gibt 23; mit 5 multiplizieren, gibt 115; die zweite Zahl (5) addieren, gibt 120; dazu noch 4 (n), gibt 124z das Ganze mit 10 multiplizieren, gibt 1240; die dritte Zahl (3) addieren, gibt 1243; noch 8 (p) hinzu, kommt 1251; mit 10 multipliziert macht, 12510; die letzte Zahl (9) addirt, gibt 12519; endlich noch 6 hinzu, liefert 12525. Diese Zahl (die rechte Seite obiger Gleichung) lässt Du nennen und subtrahierst davon (500m+100n+10p+9)te, was bei den eben gewählten Zahlen gleich 9·500+4·100+8·10+6 = 4986 ist, so bleibt übrig (12525 – 4986) = 7539. Dieser Rest muss gleich 1000x+100y+10z+t sein.

In der Tat, die Anzahl der Tausender ist die erste, die Zahl der Hunderter die zweite, die Zahl der Zehner die dritte, die Zahl der Einer endlich die vierte gedachte Zahl. Mit anderen Worten: Die

Ziffern der so erhaltenen Zahl sind der Reihe nach die gedachten Zahlen.

Das hübsche Prinzip dieses Stückchens ist natürlich mannigfacher Abänderungen fähig. So könntest Du z.B. auch, statt die gedachte Zahl y, z immer mit 10 zu multiplizieren, sie auch erst mit 2 und dann mit 5 oder erst mit 5 und dann mit 2 multiplizieren lassen. Auch Subtraktionen der willkürlich hinzugefügten Zahlen m, n, p kannst Du anbringen usw. Wer die einfachsten arithmetischen Regeln kennt, wird sich selbst Abwechslung genug schaffen können.

55) Nur auf die Anwendung möchte ich Dich noch aufmerksam machen. Alle diese Kunststückchen gewinnen mehr an Lebhaftigkeit, wenn sie nicht einfach mit gedachten Zahlen ausgeführt werden, sondern sich auf Zahlen beziehen, welche noch irgendwie sonst Interesse haben, z.B. Geburtstag, Anzahl der Finger, welche zwei oder mehr Personen verdeckt ausstrecken etc. Oder Du lässt Karten ziehen (nur muss das Ass als 1 zählen und müssen die Zehner vorher entfernt werden) und errätst deren Augen. Oder aber, Du machst Dich verbindlich zu erraten, an welches Glied von welchem Finger und an welche Hand eine zu erratende Person einen Ring gesteckt hat. Angenommen, es säßen 10 oder 20, kurz beliebig viele Leute in einer Reihe, etwa an der Tafel. Jede Person besitzt eine Nummer (x); ferner die linke Hand wird als die erste, die rechte als die zweite bezeichnet (y). An den Händen (z) wieder bekommt der Daumen Nr. 1, der Zeigefinger Nr. 2 usw. bis zum kleinen Finger. Endlich die Glieder (t) eines jeden Fingers werden das oberste als erstes, das mittelste als zweites bezeichnet usw. Nun lässt Du einen von der Gesellschaft rechnen: Multipliziere die Nummer der Person mit 2, addiere 9, nimm das Ganze 5 mal; zähle die Nummer der Hand (y) und 4 hinzu, multipliziere das Ganze mit 10; addiere die Nummer des Fingers und außerdem noch 8, multipliziere mit 10, addiere 6 und die Nummer des Fingergliedes und nenne mir, was herauskommt. Davon subtrahierst Du, ganz wie oben – denn ich

habe absichtlich zur leichteren Erläuterung die obigen Zahlen benutzt – 4986.

Angenommen, es bliebe dann die Zahl 7243, so heißt dies: Die siebente Person hat den Ring an die zweite (rechte) Hand an den vierten Finger (Goldfinger) auf das dritte (der Handfläche nächste) Glied gesteckt. War also Adolf die Person, welcher die Nummer 7 zuerteilt war, so kannst Du sofort sagen: „Adolf, Du hast den Ring an das unterste Glied des Goldfingers der rechten Hand gesteckt. Zeig her" – und die Rechnung wird immer stimmen. – Bleibt eine fünfziffrige Zahl, was nur möglich ist bei 10 oder mehr Personen, so bezeichnen die beiden ersten Stellen links die Nummer der Person; z.B. 15,131 hieße: die fünfzehnte Person hat an der linken Hand am Mittelfinger den Ring auf das oberste Glied gesteckt.

Diese Bemerkung möge genügen. Du wirst selbst Erfindungsgeist genug haben, um die verschiedenartigsten Anwendungen zu machen.

Den Geburtstag von Jemanden zu erraten

56) Lasse das Datum verdreifachen, 5 hinzuzählen, das Ganze mit 4 multiplizieren, das Datum, dann die Monatszahl addieren, 20 abziehen und was herauskommt sagen. – In die genannte Zahl teile mit 13; was herauskommt ist das Datum, der Rest gibt die Monatszahl an. Es sei z.B. der $^{17}/_8$ der Geburtstag.

Das Datum	17	
mit	3	multipliziert
	51	
	5	addiert
	56	

mit	4	multipliziert
	224	
Datum	17 ⎫	addiert
Monatszahl	8 ⎭	
	249	
	20	subtrahiert
	229	= genannte Zahl
Du rechnest	229	:13=17; also ist der $^{17}\!/_8$ der Gesuchte Geburtstag
Rest	8	

Erklärung. Wird das Datum mit x, die Monatszahl mit $^{17}\!/_8$ bezeichnet, so ist die mit x und y vorgenommene Operation

$$(3x+5)4+x+y-20=13x+y=n$$

Dividiert man also in die rechte Seite mit 13, so muss x angeben, wie oft mal 13 darin aufgeht; y bezeichnet den Rest.

VI. Arithmetische Aufgaben

(vergl. 13te und 22te Unterhaltung)

57) Wieviel Pfennige sind 10 Mark, wenn man die Zahl in Form einer Potenz schreibt?

58) Ein Pferd hat 4 Hufeisen und jedes Hufeisen ist mit 8 Nägeln befestigt. Nun fragte einst Johann, welcher sich zu guten Verhältnissen hinaufgeschwungen hatte, einen Schmied, ob er sein Pferd mit Gold beschlagen würde, wenn er für die goldenen

Hufeisen gar nichts, aber für den ersten Nagel einen Pfennig, für den zweiten zwei, für den dritten vier und sofort für jeden folgenden das Doppelte vom vorhergehenden bekomme. Der Schmied lachte Johann aus. Wie erstaunte er aber, als ihm Johann ausrechnete, dass er ein steinreicher Mann wäre, selbst wenn er nur den letzten Nagel bezahlt bekäme, für alle übrigen aber gar nichts erhielt. Er hätte sich für den Preis des letzten Nagels beinahe ein Pferd aus Gold können machen lassen.

59) Ein Chemiker setzt 8 Tropfen Wasser zu einem Tropfen reiner Blausäure, nimmt sodann von der Mischung nur einen Tropfen und bringt diesen wieder zu 8 Tropfen reinen Wassers usw.5mal hinter einander. Wenn sich nun in einem Kirschenkerne so viel Blausäure befindet, als in einem Tropfen der letzten Verdünnung, wie viel Kirschen würde man brauchen, um aus deren Kernen einen Tropfen reiner Blausäure zu bekommen.

60) Wie heißt die Zahl, deren Hälfte, vierter und fünfter Teil zusammen 95 betragen? (vgl. Nr. 52 dieses zweiten Teiles).

61) **Regeln zum Schnellrechnen**
   Soviel Mark das Hundert kostet, soviel Pfennige kostet das Stück.
   Soviel Mark der Meter, soviel Pfennige der Zentimeter.
   Soviel Mark der Zentner, soviel Pfennige das Pfund.
   Soviel Mark der Hektoliter, soviel Pfennige der Liter.
   Soviel Mark das Kilo, soviel $\frac{1}{10}$ Pfennige das Gramm.
   Soviel Mark der Ballen, soviel 10 Pfennige das Ries.

Umgekehrt
   Soviel Pfennige das Stück, soviel Mark das Hundert.
   Soviel Pfennige der Zentimeter, soviel Mark der Meter.
   Soviel Pfennige das Pfund, soviel Mark der Zentner.
   Soviel Pfennige der Liter, soviel Mark der Hektoliter.
   Soviel $\frac{1}{10}$ Pfennige das Gramm, soviel Mark das Kilo.

62) Um Teile oder Vielfache eines Meters schnell in einander auszudrücken, beachte man, dass die Vielfachen durch griechische, die Teile durch lateinische Zahlwörter bezeichnet werden. Daher z.B.

1 Hektometer	wieviel	Zentimeter?	100·100
1 Kilometer	„	Dezimeter?	1000·10
1 Dezimeter	„	Millimeter?	1000:10
1 Kilometer	„	Dekameter?	1000:10

Allgemein also: Sollen Metermaße, welche mit griechischen Zahlwörtern gebildet sind, in anderen mit griechischen Zahlwörtern gebildeten Metermaßen ausgedrückt worden, so dividiert man. Desgleichen, wenn beide Zahlwörter lateinisch sind. Sind beide verschieden, so multipliziert man die Zahlen, welche durch die Zahlwörter bezeichnet werden.

63) Seht Euch einmal die drei nebenstehenden Zahlen an. Ihr werdet leicht finden, dass die Quersumme der mittleren Querreihe dieselbe ist wie die der untern; ebenso die der mittleren und der rechts stehenden senkrechten Reihe, auch die der drei links schräg laufenden Ziffern.

$$3$$
$$56$$
$$362$$

Sämtliche 5 genannten Reihen geben also eine gleiche Quersumme. Sucht nun eine eben solche Zusammenstellung dreier unter einander geschriebenen Zahlen, wenn ich sage, dass die Summe sämtlicher 6 Ziffern 38 betragen soll.

64) $1\genfrac{}{}{0pt}{}{85}{76}$ $8\genfrac{}{}{0pt}{}{46}{82}$ Wenn Ihr Euch die beiden nebenstehenden Zahlen genau anseht, so werdet ihr leicht finden, dass jede der Ziffern 0, 1, 2, 3, 4, 5, 6, 7, 8, 9 einmal in ihnen vorkommt und dass Ihr beim Addieren der Zahlen die Summe 10 erhaltet. Sucht nun 2 andere Zahlen der Art, deren Summe ebenfalls 10 beträgt und in denen jede der Ziffern 0, 1, 2, 3, 4, 5, 6, 7, 8, 9 auch nur einmal enthalten ist.

65) Zwei Brüche von gleichem Werte zu bilden, die aus denselben Ziffern (mit veränderter Stellung) bestehen, z.B.

$$\frac{113}{226} = \frac{116}{232} ; \frac{52}{416} = \frac{64}{512}$$

66) Drei Brüche zu bilden, in denen alle Zahlzeichen von 1 bis 9, jedes nur einmal vorkommt, und deren Summe gleich 1 ist.

VII. Einige einfache Gleichungen

(vergl. 23te Unterhaltung)

A. Bestimmte Gleichungen

67) Ein altes, klassisches Beispiel, obschon sehr verbreitet, möge hier doch Platz finden. Die pietätvolle Rücksicht des jungen Eselchens, welches sich zur Übernahme eines Pfundes erbietet, aber zart andeutet, dass es dadurch seine Last geradezu verdoppeln würde und hinzufügt, dass beide gleich viel tragen würden, wenn die keuchende Mutter dies Pfund dem Jungen abnähme – eine solche Eselspietät sage ich, kann nicht besser geschildert werden. Daher das alte Gewand das Beste: Schwer bepackt ein Eselchen ging und des Eselchens Mutter; Und die Eselin seufzte sehr, da sagte das Söhnlein: „Mutter, was klagst und stöhnest Du doch wie ein jammerndes Mägdlein?

Gib ein Pfund mir ab, so trag' ich doppelte Bürde; Nimmst Du es aber von mir, gleichviel dann haben wir Beide."

Rechne mir aus, wenn Du kannst, mein Bester, wieviel sie getragen.

68) Ein Schuster, ein Schreiner und ein Schneider kommen abends bei heißer Sommerzeit sehr durstig in die Herberge. Der Herbergsvater, welcher gerade seinen 40sten Geburtstag feierte, gab seinen einzigen drei Gästen 40 Glas Bier, für jeden Geburtstag eins

zum Besten. Der Schuster meinte, dass er sich getraue, diese 40 Glas in 10 Stunden hinabzuschustern; der Tischler meinte, sie in 14 Stunden abraspeln zu können und der Schneider glaubte, er könne sie in 20 Stunden hinter die Binde gießen. Zuletzt standen sie aber davon ab, einen allein mit dieser Aufgabe zu betrauen und fingen in dem angegebenen Maße an zu trinken. In wieviel Zeit waren sie wohl mit den 40 Glas Bier fertig?

69) Die freie Zeche. Sieben Freunde waren zugleich sieben Stammgäste in einem angesehenen Bierlokale. Der erste ging alle Tage ins Lokal, der zweite alle zwei Tage, der dritte alle drei Tage, der vierte alle vier Tage, usw.; der siebente alle sieben Tage. „Wenn ich Sie alle beisammen sehe", sagte der Wirt lächelnd, „so gebe ich Ihnen freie Zeche. Aber das wird schwerlich je vorkommen." Der Wirt irrte sich aber; es kam doch vor, dass alle Stammgäste versammelt waren.

Nach wie vielen Tagen geschah dies?

70) Einem Spaziergänger, der nichts wie lauter Groschenstücke in der Tasche hat, begegnet ein Blinder, dem schenkt er die Hälfte seiner Barschaft und noch einen halben Groschen darüber. Bald darauf spricht ihn ein Lahmer um eine Gabe an, dem schenkt er wiederum einen halben Groschen mehr als die Hälfte seines noch übrigen Geldes. Endlich kommt ein Taubstummer, der ebenso einen halben Groschen mehr als die Hälfte seiner Barschaft von ihm erhält, und wie er endlich am Ziel seines Spazierganges ankommt, findet er nichts mehr in seinen Taschen, um den Durst zu stillen, geht aber dennoch zufrieden mit seinem Ausfluge wieder nach Hause. Wie groß war die ursprüngliche Barschaft des Mannes?

NB. Der brave Mann hat bei seinen Geschenken kein Geld wechseln lassen, sondern dasselbe hergegeben, wie es ihm gerade in die Hand gekommen ist.

71) Zwei Spieler, wovon der eine 4 Taler, der andere 72 Taler hatte, spielten einige Zeit miteinander, und als sie sich trennten, war der Gewinn des erstern bereits achtmal so groß als der Rest des letztern war. Wie groß war der Gewinn desselben?

72) Ein Ökonom machte mit einem Lieferanten folgenden Zahlungsvertrag: Es zahlt nämlich der Lieferant gleich 97 Taler bar und leistet den Rest seiner Schuld in Ratenzahlungen, wovon die vorhergegangene Rate stets das doppelte der nachfolgenden ausmacht; mit der siebenten Rate muss die ganze Schuld bezahlt sein, ohne dass sich ein Bruch dabei ergibt. Wie groß ist nun die Schuld des Lieferanten, wenn derselbe nur gegen 150 Taler Kredit bei dem Ökonomen hat?

73) Drei reisende Handwerksgesellen kehren an einem Herbstabend ganz ermüdet in einer Dorfschenke ein. Zum Abendessen verlangten sie Kartoffeln. Während des Kochens legten sie sich mit dem Kopfe auf den Tisch und schliefen. Als die Wirtsjungfer die Kartoffeln brachte und auf den Tisch setzte, erwachte der Eine, aß seinen Anteil, ohne die Andern zu wecken, und schlief wieder. Bald darauf erwachte der Andere, und weil er glaubte, er sei der Erste, so aß er von den noch dastehenden Kartoffeln den dritten Teil und legte sich wieder zum Schlafen. Endlich erwachte der Dritte. Weil auch er glaubte, am ersten erwacht zu sein, so aß er vom Reste auch nur den dritten Teil und legte sich wieder zum Schlafen. Nun erwachte der Erste zum zweiten Male, und da er die Kartoffeln noch stehen sah, so rief er schnell die Andern zum Essen. Jetzt klärte sich auf, dass sie schon alle gegessen hatten, und auch wieviel jeder. Damit nun die sämtlichen Kartoffeln zur gleichheitlichen Verteilung kämen, so erhielt der Erste nichts von den noch übrigen 24 Kartoffeln, der Andere aber bekam davon drei Achtel und der Dritte nahm den Rest. Wieviel Kartoffeln waren gekocht worden?

74) Vermehrt Ihr Zähler und Nenner eines gewissen Bruches um 3, so erhaltet Ihr einen neuen Bruch, welcher gleich ⅔ ist. Vermindert Ihr aber Zähler und Nenner des zuerst gedachten Bruches um 7, so ist der neu erhaltene Bruch gleich ½.

Wie heißt der zuerst gedachte Bruch?

75) Es gibt eine vierziffrige Zahl, deren erste Ziffer gleich der dritten und deren zweite Ziffer gleich der vierten ist. Lest Ihr diese Zahl rückwärts, so ist die zuletzt erhaltene Zahl um 2727 größer als die ursprüngliche. Die Quersumme derselben beträgt 22.

Wie heißt die ursprüngliche Zahl?

76) Es gibt eine fünfziffrige Zahl, deren mittlere Ziffer 0 ist. Die erste Ziffer ist gleich der vierten, die zweite gleich der fünften. Multipliziert Ihr diese Zahl mit 9, so erhaltet Ihr eine Zahl, welche aus 6 gleichen Ziffern besteht. Jede von diesen letzteren ist gleich der ersten Ziffer (links) der ursprünglich gedachten Zahl.

Wie heißt diese fünfziffrige Zahl?

77) Welche Zahl ist um eben so viel kleiner als 91, als das Quadrat derselben größer als 91 ist?

78) Es sind 2 zweiziffrige Zahlen unter einander geschrieben. Die Quersumme der oberen beträgt 12, die der unteren 9, die Summe der beiden Zehner 11,“ die Summe des oberen Einers und des unteren Zehners 5.

Wie heißen die beiden Zahlen?

79) 200 soll so in 2 ungleiche Teile zerlegt werden, dass der eine um 17 größer ist als der andere.

80) Zerlege 720 in 2 ungleiche Teile und dividiere den größten Teil durch 3, den kleineren durch 5, so dass der eine Quotient den anderen um 112 übertrifft.

Wie heißen die beiden Teile?

81) Man teile 25 in 2 Teile, so dass der größere Teil 49mal mehr als der kleinere beträgt.

82) 52 soll in 3 Teile zerlegt werden; die beiden ersten Teile sind einander gleich; die Hälfte des dritten Teiles soll den zweiten aber um 8 übertreffen. Nenne die Teile!

83) Um wieviel ist der Nenner des Bruches $\frac{5}{8}$ zu vergrößern, wenn man dessen Zähler um 6 erhöht und der Wert des Bruches unverändert bleiben soll?

84) Welche Zahl muss man sowohl zu dem Zähler als zu dem Nenner von $\frac{a}{b}$ addieren oder subtrahieren, damit der neue Bruch die umgestürzte Form des gegebenen erhalte?

85) Ein Landwirt geht mit einem seiner mathematischen Freunde aus der Stadt auf dem Felde spazieren, wo sie eine Pflanze antreffen, deren Namen der Städter zu wissen wünscht. Der Landwirt antwortet ihm: „Ich gebe Ihnen vier Zahlen, wenn Sie dieselben deutsch aussprechen und von jeder Zahl den ersten Buchstaben nehmen, so haben Sie den Namen dieser Pflanze.“

„Diese vier Zahlen bestimme ich Ihnen folgendermaßen:

„Multipliziere ich das Quadrat der ersten Zahl durch sich selbst und addiere dazu 599, so kommen 3000. Addiere ich zur zweiten Zahl $\frac{1}{6}$, so bekomme ich eine Zahl von der Eigenschaft, dass, wenn ich zu ihr 7 addiere oder sie mit 7 multipliziere, Summe und Produkt gleich sind. Die dritte Zahl findet sich durch Ausziehung der Quadratwurzel aus einer Zahl, die 10,000mal so groß ist als sie selbst, wenn ich diese Wurzel mit 100 dividiere und den Quotient durch 3 multipliziere. Die vierte Zahl ist das erste Glied einer zunehmenden geometrischen Progression von drei Zahlen, deren Summe 35, deren Produkt 1000 ist.“

Welches sind die Zahlen und wie heißt die Pflanze?

86) Ein Zug auf der Pazifik – Bahn ist 7 Tage und 7 Nächte unterwegs.

Wenn jeden Tag von jeder der beiden Endstationen ein Zug abgeht – wie viel Züge trifft ein jeder Zug während seines ganzen Weges an?

87) Die Zöglinge einer Anstalt beschenken sich bei ihrem Abgange gegenseitig mit ihren Photographien. Von 77 Dutzend Bildern, welche sie hatten anfertigen lassen, bleiben 54 Stück übrig. Wieviel Zöglinge gingen ab?

88) Aus dem Grabmale des griechischen Mathematikers, nach dessen Namen die unbestimmten Gleichungen benannt sind, von welchen der nächste Abschnitt einige bietet, befand sich die folgende Aufschrift:

„Hier dies Grabmal deckt Diophantus' sterbliche Hülle,
Und in des Trefflichen Kunst zeigt es sein Alter Dir an.
Knabe zu sein, gewährt ihm der Gott ein Sechstel des Lebens,
Und ein Zwölftel der Zeit ward er ein Jüngling genannt.
Noch ein Siebentel schwand, da fand er des Lebens Gefährtin,
Und fünf Jahre darauf ward ihm ein liebliches Kind.
Halb nur hat der Sohn des Vaters Alter[2] vollendet,
Als ihn plötzlich der Tod seinem Erzeuger entriss.
Noch vier Jahre betrauerte er ihn in schmerzlichem Kummer.
Und nun sage das Ziel, welches er selber erreicht!

B. Unbestimmte (diophantische) Gleichungen

89) Ein Handelsmann hat in einem Beutel eine gewisse Anzahl Dukaten, sodass er mehrere Male hintereinander 2, 3, oder 4, auch 5

---

[2] Es ist das Alter gemeint, welches Diophant erreichte, nicht das Alter, in welchem er bei Tode seines Sohnes stand.

oder 6 herausnehmen konnte, und doch zuletzt stets ein Dukaten im Beutel bleibt. Wieviel Dukaten mögen wohl im Beutel gewesen sein?

90) Ein Schauspieler, B., war so glücklich, am Spieltische zu Homburg eine Summe Dukaten zu gewinnen. Diese Kunde kam auch zu den Ohren des Rentiers N., der durch diesen Glücksfall die kleinen und großen Vorschüsse von B. zurückzuerhalten hoffte. B., wohl wissend, dass R. ein schlechter Rechenmeister war, antwortete ihm auf seine Frage, wie viel er gewonnen habe, also: „Ich bezahle Sie, wenn Sie mir folgende Rechenaufgabe lösen: Lege ich die Dukaten, deren Anzahl weniger als 400 beträgt, zu zwei, drei, fünf und sieben Stück zusammen, so bleibt einer; lege ich sie aber zu zwölf, so bleiben sieben Dukaten übrig." R. wusste es, nicht, dass es 211 Stück waren, und soll heute noch sein Geld bekommen!

91) Es gibt eine zweiziffrige Zahl von folgender Beschaffenheit. Vertauscht Ihr die beiden Ziffern mit einander, so erhaltet ihr eine neue Zahl, welche um 1 kleiner ist als das Doppelte der gedachten.
Wie heißt die zuerst gedachte Zahl?
Systematische Lösung:

$$2\,(10x+y)=(10'+x)+1$$

$$19x-8y=1$$

x und y können nur zwischen 0 und 9 liegen. Rechnet man sich alle Vielfache der Zahlen 19 und 8 aus und vergleicht dieselben, so findet sich zwei, deren Differenz = 1 ist; das zugehörige x und y ist damit bestimmt. Man entwirft sich also folgende Tabelle:

	x		y
19	1	8	1
38	2	16	2
57*	3	24	3

76	4	32	4
95	5	40	5
114	6	48	6
133	7	56*	7
152	8	64	8
171	9	72	9

Die mit Sternchen versehenen Zahlen genügen der aufgestellten Bedingung;·es gehört zu ihnen x = 3, y = 7, folglich ist die gesuchte Zahl 37. In der Tat ist 73 = 2·37 – 1 wie verlangt wurde.

92) In einem Stalle befindet sich eine Anzahl Schafe; lässt der Hirt sie zu zwei und drei herausgehen, so bleibt eins übrig; ebenso bleibt eins, wenn er sie zu drei, vier, fünf und sechs herausgehen lässt. Lässt er sie zu sieben und sieben gehen, so bleibt keins übrig. Wie viel Schafe sind es?

93) Als ein Lehrer gefragt wurde, von wie viel Kindern ein Schulfest besucht war, antwortete er: Es waren noch nicht 1000 Kinder, aber genau weiß ich ihre Anzahl nicht, doch erinnere ich mich, dass 6 Kinder übrig blieben, als sie sieben Mann hoch Marschierten, ferner 7 Kinder übrig blieben, als sie acht Mann hoch heimkehrten, und 8 Kinder übrig blieben. als je neun einen Kuchen erhielten. Wie viel Kinder waren es?

C. Aufgaben, welche graphisch zu lösen sind

94) Ein Kurier, der stündlich 11 ⅓, Meilen zurücklegt, soll eine Nachricht von M nach N bringen. Nachdem er 2 Stunden abgereist ist, wird ihm in Folge mittlerweile eingetroffener Brief ein zweiter Kurier nachgeschickt, der ihn vor seiner Ankunft in N einholen soll und deshalb in jeder Stunde 174 Meilen abmachen muss. Wie lange

nach Abgang des ersten Kuriers und in welcher Entfernung von M wird ihn der zweite Kurier einholen? Wie viel Meilen müsste er in der Stunde machen, wenn er ihn gerade am Tore von N treffen wollte?

(Trage als Abskizzen die Stundenzahlen auf, als Ordinaten die Wege!)

95) Ein Schiff B wird von einem anderen A auf hoher See verfolgt. Ihre ursprüngliche Entfernung ist 6 Meilen. Das verfolgende A fährt in der ersten Stunde 1 Meile, in der zweiten $\frac{4}{3}$ mal so viel und so in jeder folgenden Stunde $\frac{4}{3}$ mal so viel als in der vorhergehenden. Der Kapitän von B dagegen überlegt, dass er in Folge seines Vorsprunges die Schiffsmaschine gar nicht so sehr abzudrängen braucht, um noch gleichzeitig mit B in einen zentralen Hafen zu kommen. Er richtet seine Geschwindigkeit so ein, dass die Entfernung der beiden Schiffe mit jeder Stunde auf $\frac{8}{9}$ des Wertes, welche sie eine Stunde vorher hatte, sinkt. Wie weit ist der Hafen entfernt und wie lange fahren die Schiffe, um dort hin zu kommen?

96) Ein Ort A ist vom Orte B 30 Meilen entfernt. Um 7 Uhr morgens fährt gleichzeitig von A und B ein Dampfschiff ab. Löse nun graphisch folgende Aufgaben:

a. Das von A abgehende Dampfschiff macht jede Stunde eine Meile, das von B abgehende jede Stunde zwei Meilen, hält aber am Ende jeder Stunde, die es gefahren ist, 5 Minuten an, wo und zu welcher Zeit treffen sich diese Schiffe?

b. Das von A abgehende fährt wie vorher, das von B abgehende aber erleidet, weil sein Kessel durch die übermäßige Inanspruchnahme gelitten hat, eine fortwährende Einbuße an Geschwindigkeit. Nur in der ersten Stunde kann es 2 Meilen zurücklegen, in der zweiten Stunde nur $\frac{3}{4}$ dieser Strecke und so in jeder folgenden Stunde nur $\frac{3}{4}$ von der Strecke, welche es in der Stunde vorher abmachte. Die Pausen fallen jetzt weg. Frage wie bei a.

(Trage die Zeiten als Abszissen, die Entfernungen als Ordinaten
auf!)

97) Die Abnutzung der Silbermünzen beträgt durchschnittlich per
Jahrhundert:

bei	den	Preußischen Doppeltalern	1,07%
„	„	„ Talern	2,42
„	„	Fünfgroschenstücken	7,11
„	„	Franz. 5 – Franzstücken	2,28
„	„	„ 1 – „	15,80
„	„	Engl. Kronen	7,45
„	„	½ „	15,92
„	„	Schillingen	30 bis 45

Nach wieviel Jahrhunderten würde 1) ein Fünfgroschenstück, 2)
ein 1 – Franzstück 3) ein Schilling ungefähr auf die Hälfte seines
Wertes (Gewichtes) gesunken sein?

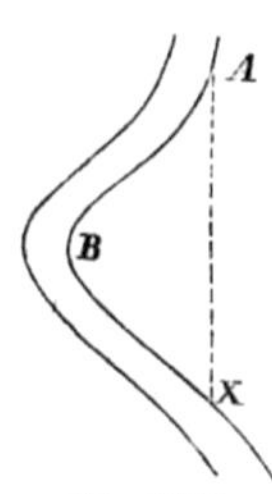

Fig. 276

98) Welches ist die günstigste Form für Münzen, d.h.
bei welcher Form würde die Abnutzung am kleinsten,
nämlich die Oberfläche im Verhältnis zum Inhalt
möglichst klein sein?

99) Ein Fluss, der wie nebenstehend im rechten
Winkel fließt, soll von A aus abgeleitet werden. Der
Meter gewonnenes Flussbett repräsentiert einen
Wert von 100 Tlr., der Meter zu graben (mit
Rücksicht auf den Verlust an Boden) kostet 120 Thlr.
Wie groß macht man am zweckmäßigsten die Strecke BX, wenn
BA = 100m ist.

VIII. Physikalische Versuche, Aufgaben und Vexierfragen

(vergl. 15te, 16te und 17te Unterhaltung)

Eine billige Wage zu machen

100) Aus der Art und Weise, wie unsere Gesellschaft sich bei ihrer 16. Unterhaltung half, werdet Ihr schon Alle darauf gekommen sein, dies Mittel noch mehr anzuwenden. In der Tat ist es außerordentlich einfach; nur müsst Ihr je nach dem Gewicht, welches Ihr wägen wollt, verschiedene Stäbe anwenden. Zu dem früher beschriebenen Versuche z.B. eignet sich recht gut ein spanisches Röhrchen von etwa 10mm Dicke, welches Ihr 400mm weit über eine Tischkante hervorragen lasst. Das andere Ende wird festgeklemmt oder mit Büchern belastet. Das Glas sei möglichst leicht.

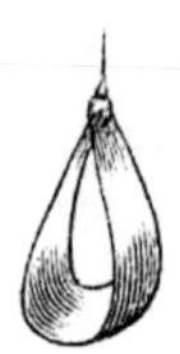

Wollt Ihr wirklich damit wägen, so hängt Ihr an das Stäbchen eine kleine, leichte Waagschale, im Notfall nur aus einer kleinen Papierschleife (Fig. 277) bestehend. Ihr legt erst den zu wägenden Körper in dieselbe, merkt Euch, wie tief sich der Stock bog (dies lest Ihr an einer daneben gestellten Millimeterskala ab)

Fig. 277 und ersetzt dann den Körper durch Gewichte. Ist der Stab wieder bis zu derselben Stelle herabgebogen, so sind die jetzt ausgelegten Gewichte gleich dem Gewicht des Körpers.

Ihr braucht auch nicht immer so zu wägen, sondern Ihr messt ab, wie vier Millimeter (es seien m) sich der Stab unter die Ruhelage bog unter der Last des unbekannten Gewichtes x, um wie viel er sich biegt (es seien n mm), wenn Ihr das Gewicht a auflegt und habt dann:

$$x:a=m:n; x=a\cdot\frac{m}{n}$$

101) Statt eines so einseitig befestigten Stabes bedient man sich oft noch zweckmäßiger eines Stäbchens (z.B. Stricknadeln, dünne Glasfäden für sehr kleine Gewichte, für größere immer sehr vorteilhaft des spanischen Rohres), welches mit beiden Enden auf den scharfen Kanten zweier Klötzchen aufliegt.

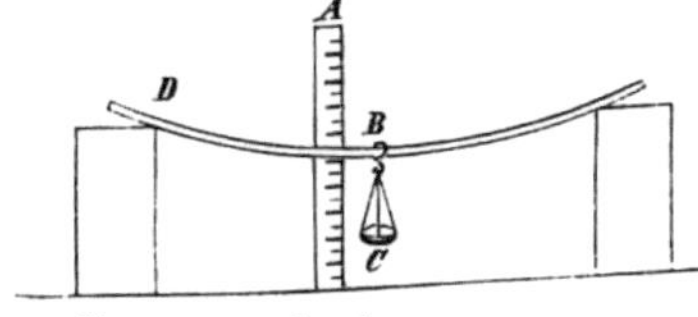

A Millimetermaßstab
C. Leichte Waagschale
D Dünner Metallreifen (Uhrfeder)

Fig. 278

Um ein Bild von der Genauigkeit des Apparates zu bekommen, beachtet, dass Ihr im Allgemeinen (z.B. bei Stahlstäben von 400mm Länge) nicht über 20mm am Biegung anwenden dürft, weil sonst der Stab nicht mehr genau in seine frühere Ruhelage zurückgeht. Angenommen Ihr lest, was ganz gut, namentlich mit Benutzung einer Lupe, geht auf $\frac{1}{10}$mm genau ab (die Zehntel werden geschätzt), so messt Ihr genau bis auf den 200ten Teil des Ganzen Gewichtes.

Ein einfaches Alkoholometer

102) Ihr wisst, dass man den Alkoholgehalt von Spiritus oder spirituösen Getränken nach dem spezifischen Gewicht beurteilt. Wenn Ihr wisst, wie man spezifische Gewichte bestimmt, so könnt Ihr leicht mittels der obigen Wage solche Bestimmungen vornehmen. Es genügt sogar, wenn Ihr Euch einen Stab dafür besonders zurechtmacht, an denselben eine kleine verschlossene Glasflasche zu hängen, welche so schwer ist, dass sie in Wasser tauchend den Stab vielleicht um 15mm biegt. Taucht Ihr sie in absoluten, d.h. wasserfreien Alkohol, so wird sich der Stab stärker biegen. Habt Ihr diese beiden Punkte bestimmt, so könnt Ihr für Gemenge von Alkohol und Wasser ungefähr auf deren Gehalt an Alkohol schließen.

Noch einfacher ist aber folgendes Verfahren: Ihr zieht eine Glasröhre von etwa 5mm Weite im Lichten und 150mm Länge am einen Ende über einer Gas – oder Spiritusflamme zu einer seinen Spitze aus. Auf der Röhre macht Ihr Euch in etwa 140mm Entfernung von einander mit einer Feile zwei Striche. Ihr füllt nun die Röhre mit destilliertem Wasser, lasst dasselbe aus der feinen Spitze austropfen und zählt, wieviel Tropfen ausfließen, während das Niveau des Wassers von der oberen bis zur unteren Marke sinkt. Dann macht Ihr die Röhre trocken, füllt sie mit absolutem Alkohol und zählt wieder, wieviel Tropfen jetzt dasselbe Flüssigkeitsvolum gibt. Es werden mehr sein.

Tragt Ihr Euch dann als Abszissen (vgl. 14. Unterhaltung) auf die Prozentgehalte an absolutem Alkohol (also reines Wasser = 0, absoluter Alkohol = 100) und als Ordinaten die zugehörige Anzahl Tropfen, verbindet die beiden Endpunkte der Ordinaten, welche zu dem Inhalt 0 und 1000% gehören, durch eine gerade Linie, so geben je zwei zusammengehörige Ordinaten und Abszissen resp. die Tropfenzahl und den zugehörigen Gehalt an Alkohol an. Aus einer solchen Tabelle könnt Ihr also sofort, wenn Ihr die Anzahl Tropfen gezählt habt, welche ein zu untersuchender Spiritus gab, indem er von der oberen bis zur unteren Marke Ausstoß, den Gehalt desselben an Alkohol entnehmen. Nennt man:

w	die	Anzahl	Tropf en,	welche	reines Wasser gab,
a	„	„	„	„	Absoluter Alkohol gab,
p	„	„	„	„	Der zu prüfende Spiritus gab,
x	den	Prozentgehalt		desselben	an Alkohol,

so ist

$$\frac{p-w}{a-w} = \frac{x}{100}; x = 100 \cdot \frac{p-w}{a-w}$$

Aber, so einfach es ist, Ihr müsst sehr sauber sein. Das Glasrohr muss vor dem Gebrauche sorgfältig mit Alkohol gereinigt und am besten stark über der Lampe erhitzt werden. Die geringste Spur Öl oder Fett bewirkt gleich, dass Ihr ganz andere Zahlen für die Anzahl der Wassertropfen erhaltet.

Physikalische Fragen, Scherze usw

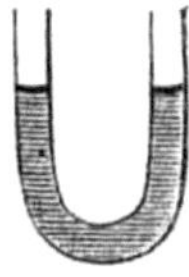

Fig. 279

105) In den beiden Schenkeln einer U – förmigen, sogenannten kommunizierenden Röhre steht Wasser gleich hoch. (Fig. 279). Denke Dir eine recht große kommunizierende Röhre, deren einer Schenkel am Äquator, deren anderer in unseren Breiten mündet. In der Röhre befindet sich Wasser. Würde auch jetzt noch dasselbe in beiden Schenkeln gleich hoch stehen?

(Soll die Frage exakt gedacht werden, so musst Du Dir vorstellen, der „horizontale" Schenkel laufe über den Meeresspiegel und man rechne die Höhen der Wassersäule vom Meeresspiegel ab.)

106) Es ist ein allgemein gültiger Satz, dass in einer ruhenden Flüssigkeitsmaße gleicher Druck besteht in derselben Entfernung von der Oberfläche. Denke Dir ein Gefäß, in welchem luftdicht, aber

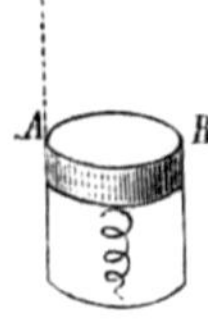

Fig. 280

ohne Reibung ein Stempel A B sich verschieben kann; unter demselben liegt eine kleine Spiralfeder. Tauchst Du den kleinen Apparat in einer Flüssigkeit unter, so wird auf der Platte AB eine gewisse Flüssigkeitsschicht stehen und durch ihren Druck (ihr Gewicht!) die Platte AB nach unten pressen so lange bis die Spannkraft der Feder dem darüber stehenden Flüssigkeitsgewicht Gleichgewicht hält. Je tiefer Du mit diesem Apparat unter die Oberfläche gehst, desto stärker wird die Feder zusammengepresst; bleibst Du aber in derselben Tiefe, so magst Du hingehen, wohin Du willst, ja den Apparat selbst neigen – der Druck bleibt immer derselbe, weil überall über der Platte AB eine gleich hohe Wassersäule steht.

So verhält es sich bei einer im Verhältnis zur Erdgröße kleinen Wasserfläche. Gilt der Satz, dass in einer Horizontalebene d.h. in gleicher Tiefe unter der Oberfläche gleicher Druck ist, auch noch für große, ausgedehnte Wassermassen, etwa an Stellen unter dem Äquator und dem Pol? Wir setzen dabei in Gedanken voraus, dass das Wasser gleiche Zusammensetzung und gleiche Temperatur hat.

107) Auch die Oberfläche einer Flüssigkeit muss eine Fläche gleichen Druckes sein. Was folgt daraus für die Oberfläche des Meeres, wenn an einer Stelle Barometeränderungen eintreten?

108) Die Artillerie besitzt Tafeln, woraus sie die Pulverladung ablesen kann, welche für eine bestimmte Elevation nötig ist, um ein Ziel in bestimmter Entfernung und Höhe zu treffen. Angenommen, für die englische Artillerie seien solche Tabellen berechnet. Sind dieselben noch in aller Strenge richtig beim Gebrauche in Ostindien? Durch welche Art von Wägung könnte man erreichen, dass dieselben noch richtig sind?

109)·Wie sind die Visiere einer nach dem Äquator gehenden Militärmannschaft umzuändern, wenn an den Patronen nichts zu ändern ist?

110) Ist es für das Zielen gleichgültig, ob man von Nord nach Süd oder umgekehrt, ob man von Nord nach Süd oder von Ost nach West schießt? Welcher Fehler kann bei einer Schussweite von einer Meile (7500m) und einer Geschwindigkeit der Kugel von 1500m pro Sekunde entstehen? Könnte man dies Mittel benutzen, um die Notation der Erde nachzuweisen und zu messen? Welche Breiten würden am günstigsten für den Versuch sein?

111) Quecksilber und Wasser, welche in einer kommunizierenden Röhre zusammenstoßen, stehen von der Grenzfläche an zu Höhen,

die sich umgekehrt wie die spezifischen Gewichte verhalten. Bleibt dies Verhältnis der Höhen ungeändert:

1) Bei verschiedenen Temperaturen?

2) Bei gleichen Temperaturen aber an verschiedenen Punkten der Erde?

112) Kugeln von Eisen, Blei, Wachs etc., kurz den verschiedensten Stoffen an gleich lange Fäden aufgehängt, zeigen pendelnd genau dieselbe Schwingungsdauer.

Was folgt daraus für die Natur der Erdanziehung?

113) Ihr werdet schon beobachtet haben, dass ein kleiner Springbrunnen, auf dessen Öffnung man einen Finger hält, im ersten Moment nach Wegnahme des Fingers von der Öffnung am höchsten springt. Ähnlich gilt es für den Wasserstrahl, welcher aus einer horizontalen Röhre fließt. – Woher rührt dies?

114) Weshalb glaubt man einen Sonnenstrahl, welcher in ein verdunkeltes Zimmer fällt, geradlinig zu sehen?

115) Wenn Ihr an einen Ast stoßt, so wird derselbe selten einfach in einer Richtung schwingen, sondern die wundersamsten Figuren beschreiben. Woher rührt dies?

116) Welchen Zweck haben die Schraubendampfer? Ein Vorteil liegt für Kriegsschiffe natürlich darin, dass die Schraube, welche ganz unter Wasser geht, nicht durch feindliche Geschosse zerstört werden kann. Weshalb muss es aber gerade eine Schraube sein, würde nicht ein ganz unter Wasser gehendes Schaufelrad dasselbe leisten. Ich will Euch die Antwort gleich geben, weil ich einige Versuche daran anschließen will. Ein gewöhnliches Schaufelrad, welches völlig unter Wasser taucht, könnte das Schiff nicht bewegen, weil die oberen Schaufeln dasselbe gerade so stark rückwärts treiben als die unteren vorwärts. Nur wenn die Flügel schief gegen die Achse stünden, würde eine Bewegung erfolgen, aber so, dass das Schiff mit

seiner Breitseite weggedrängt würde, also zur Seite führe. Dies ist das Prinzip des Schraubendampfers. Eine Schraube, deren Achse in der Längsrichtung des Schiffes liegt, dreht sich, wie ein Bohrer oder ein Korkzieher; da das Wasser ruht, bewegt sich das Schiff gegen das Wasser, wie ein Korkzieher, welchen man wieder herausschraubt.

Umgekehrt, lässt man die Schraube unbeweglich an ihrer Stelle und das Wasser strömen, so dreht sich die Schraube. Brächte man ein solches Flügelrad (mit schief gegen die Achse gestellten Flügeln) in strömendes Wasser, so müsste sich die Schraube drehen. Wassermühlen pflegt man so, nicht anzulegen, wohl aber Windmühlen. Bei ihnen muss also die Achse in der Windrichtung liegen. Achtet darauf, wenn Ihr Gelegenheit habt! Nun werdet Ihr leicht folgende Versuche verstehen:

1) Eine Schraube bildet Ihr Euch am einfachsten in der Euch vielleicht Allen bekannten Weise, wenn Ihr ein Blatt Pappe so schneidet, wie Fig. 281 zeigt.

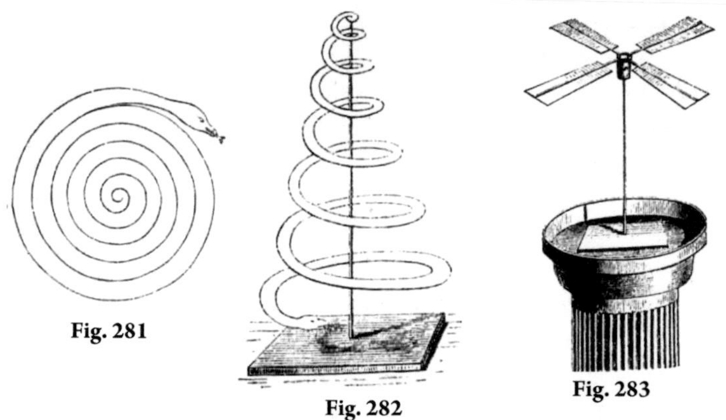

Fig. 281

Fig. 282

Fig. 283

Hängt Ihr dies auf eine Stricknadel, so entsteht durch das Gewicht der Pappe eine Schraube. Nun handelt es sich noch um den Wind. Diesen liefert uns am einfachsten der warme Luftstrom, welcher von einem geheizten Ofen aufsteigt. Stellt Ihr den kleinen Apparat aus den Ofen, namentlich wenn das Zimmer selbst noch kalt ist, so wird sich die Schraube drehen. Merkt Euch die Richtung, in welcher sie sich dreht. Wie es hier gezeichnet ist, so dass ein Mensch, der mit der Schlange in derselben Richtung herumgeht, stets den Stab zur Linken hat. Nehmt Ihr sie ab und hängt sie so, dass das, was vorher Oberseite des Papieres war, nach unten kommt, so läuft sie in der entgegengesetzten Richtung.

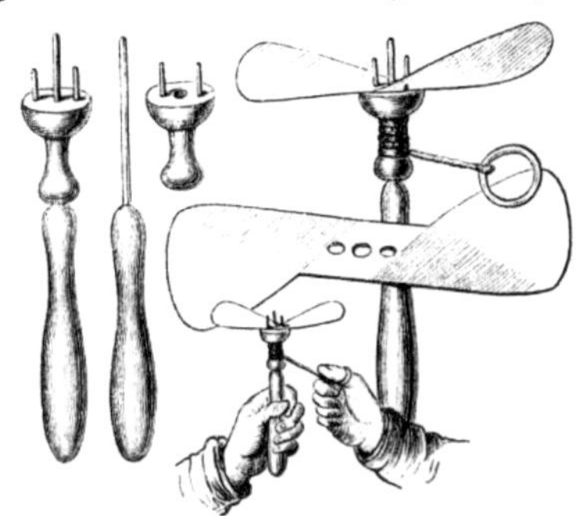

Fig. 284

2) Lasst Ihr umgekehrt die Luft ruhen und dreht die Schraube, so wird sie das Bestreben haben, sich in der Richtung der Achse, d.h. der Stricknadel, fortzubewegen. Da sie dies nicht kann, so schiebt sie sich wenigstens zusammen oder streckt sich nach unten. Befestigt oben mit etwas Siegellack einen Bindfaden, drillt denselben und lasst ihn dann sich aufdrehen, so wird bei der Drehung links herum die Schlange sich heben, bei der entgegengesetzten sich senken. Gibt man einem leichten Flügelrade recht schnelle umdrehende Bewegung, so steigt es in der Luft in die Höhe; es ist dies ein Spielzeug, welches Ihr vielleicht (Preis gewöhnlich 1 Mark) unter dem Namen Flugkreisel kennt.

Ein Elektroskop zu machen

117) Man wähle sich zu einem nicht zu enghalsigen Medizinglase einen gut passenden Kork, welchen man erweicht, indem man denselben in Papier einschlägt, auf den Fußboden legt und einige mal unter dem Fuße hin – und her rollen lässt.

In diesen wird mit der Korkfeile (einer runden Feile) ein Loch gebohrt, in das ein Stückchen Metallrohr (Gasrohr oder ein vom Klempner zusammengelötetes Stückchen Blechrohr) von ca. 5mm Weite im Lichten passt.

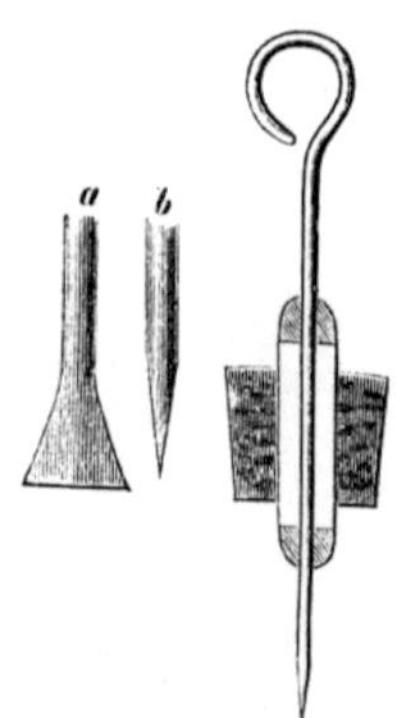

A zeigt das untere Drahtende von vorn, b von der Seite gesehen.

Fig. 285

In das ganz trockene Metallrohr wird mit etwas Schellack (dieser ist besser als Siegellack, welcher übrigens im Notfalle auch ausreicht, ein Messingdraht oder Kupfer - oder Eisendraht) von passender Länge gekittet, so dass er nirgends die Metallröhre berührt. Der Draht ist zweckmäßig oben zu einer Öse gebogen, unten muss er flach geschlagen und von beiden Seiten zu einer ziemlich scharfen Kante gefeilt sein. Man achte darauf, dass nirgends an dem Drahte sich Spitzen befinden, da aus diesen die Elektrizität ausströmt und das Elektroskop dann leicht seine Ladung verliert.

Um den Draht in die Metallröhre einzukitten wird der Draht an den betreffenden Stellen vorsichtig erwärmt, indem man immer probiert, bis Schellack an denselben gehalten von selbst an schmilzt. Man umgibt ihn dann an zwei Stellen mit einer Hülle von Schellack und schiebt ihn an dieser Stelle in das Metallröhrchen ein, wobei man wieder das Metallrohr so lange erwärmt, bis der Schellack, welcher den Draht umgibt, eben an dem Metallrohr schmilzt.

Zwei Blättchen von echtem Blattgold, etwa 4mm breit und 20mm lang, welche man sich vom Buchbinder schneiden lässt, werden mit dem schmalen Rande an der scharfen Kante des Messingdrahtes befestigt, so dass sie vertikal herabhängen. Man befeuchtet zu dem Ende die scharfe Kante des Drahtes mit einer Spur Speichel und drückt sie auf die Goldblättchen. Dies genügt vollständig zur Befestigung. Wenn der Kork noch auf das Glas gesetzt ist, so ist das Elektroskop fertig. Man elektrisiert den Draht durch eine geriebene Siegellackstange oder indem man mit dem oberen Ende des Drahtes über den Rockärmel führt. Die

Goldblättchen müssen sich aus einander spreizen und man lässt dieselben in dieser Stellung an den Draht antrocknen.

Sollte das Elektroskop die Elektrizität nicht halten oder nach einiger Zeit unbrauchbar sein, so wird dies meistens davon herrühren, dass der Schellack gesprungen ist. Neues Schmelzen desselben bringt dann den Apparat wieder in Ordnung. Das Springen des Schellacks ist umso weniger zu fürchten, je näher das Metallröhrchen dem Drahte ist. Also dies beachte und außerdem, dass das Glas vollständig trocken sein muss.

IX. Einige einfache und belehrende chemische Versuche

(vergl. 11te und 24te Unterhaltung)

Hübsche Kristalle herzustellen

118) Einer der billigsten Stoffe, welcher hübsche Kristalle liefert, ist Alaun. Löst man von demselben in warmem Wasser so viel auf, als das Wasser aufnimmt, gießt die klare Lösung ab und lässt dieselbe erkalten, so scheiden sich hübsche, aber kleine Oktaederförmige Kristalle ab (Fig. 123). Will man einen größeren Kristall ziehen, so muss man in ein Glas der aus die gewöhnliche Temperatur abgekühlten Lösung einen

Fig. 286

kleinen Kristall an einem Faden hängen und das Glas mit Papier bedeckt (damit kein Staub hereinfällt und die Verdunstung nicht zu rasch vor sich geht) an einen gleichmäßig warmen Ort stellen (Fig. 286). Es setzen sich dann die kleinen Teilchen, welche in der allmählich verdampfenden Lösung nicht mehr gelöst bleiben können, vorzugsweise an dem schon vorhandenen Kristall ab. Man kann denselben auch auf den Boden des Gefäßes legen, muss ihn dann aber jeden Tag umwenden, damit er nach allen Seiten gleichmäßig wächst.

119) Hängt man den Kristall abwechselnd in eine gesättigte (so heißt die Lösung, welche bei der betreffenden Temperatur kein Salz mehr auflösen kann) Lösung von farbigem Chromalaun und gewöhnlichem Alaun, so bilden sich abwechselnd farblose und gefärbte Schichten, der Kristall behält aber stets dieselbe Form. (NB. Dies ist nicht selbstverständlich, sondern findet nur statt, wenn die beiden Salze dieselbe Kristallform haben; z.B. bei Alaun und Kupfervitriol, abwechselnd benutzt, würde es nicht eintreten.)

120) In derselben Weise kann man sich aus anderen Salzlösungen deren Salze in Kristallform herstellen. Ich nenne Dir noch als billig und lohnend: Kupfervitriol (gibt Kristalle des fünften Systems); Zinkvitriol, schwefelsaure Magnesia (Bittersalz), schwefelsaures Natron (Glaubersalz), salpetersaures Kali (gewöhnl. Salpt.) rhombisch, weinsaures Natrom – Kali (Seignettesalz) (sehr hübsch), alle vier im dritten System kristallisierend. Unterschwefligsaures Natron (4tes System); Ferrocyankalium (Blutlaugensalz – nicht giftig und ziemlich billig) kristallisiert im 2ten System.

121) Wenn Du den Versuch machst, salpetersaures Kali aus heißer Lösung kristallisieren zu lassen, so wirst Du bemerken, dass die schönen säulenförmigen Kristalle, welche sich anfangs bilden, wenn sie mit der Lösung vielleicht 24 Stunden gestanden haben, verschwunden und in niedrige Kristallwarzen übergegangen sind. Es ist dies ein sehr beachtenswerter und häufig Vorkommender Übergang von einer Kristallform in eine andere, für den man meistens noch nicht den Grund anzugeben vermag.

Kristallisiert derselbe Stoff in verschiedenen Kristallsystemen, so nennt man denselben dimorph (zweigestaltig), die Eigenschaft den Dimorphismus. Ein ausgezeichnetes Beispiel zur Erläuterung des Dimorphismus ist der Versuch.

122) Beide Stoffe sind kohlensaurer Kalk; Kalkspat nennt man denselben, wenn er im beragonalen (6ten) System kristallisiert ist.

Man kann beide Stoffe künstlich verstellen; allerdings sind die Kristalle so klein, dass Du dieselben nur unter einem Mikroskop erkennen kannst. Aber glücklicherweise genügt schon die schwache Vergrößerung eines Instrumentes, wie man dieselben häufig für einen Taler zu kaufen bekommt. Löse eine Spur Chlorcalcium in etwas Wasser auf (oder übergieße etwas Kreide mit so wenig Salzsäure oder Essig, dass noch Kreide unaufgelöst bleibt), so genügt dies wenige bereits, um die folgenden Versuche zu machen.

1. Gieße zu einem Teile der Flüssigkeit ein paar Tropfen Von einer Auslösung einer Spur Soda (oder Pottasche) in Wasser, so bekommst Du einen weißen Niederschlag. Bringe davon etwas auf einem Glasplättchen unter das Mikroskop (fein ausgebreitet, also recht wenig!), so wirst Du erkennen, dass alle Kristalle aussehen wie kleine Rhomben, wie verschobene Vierecke. Dies ist Kalkspat.

2. Den anderen Teil der Lösung des Kalksalzes erhitze in einem Probierröhrchen (oder selbst in einem zusammengefalteten Blättchen Papier über einer Lichtflamme, wenn alle anderen Mittel fehlen) und setze nun während es kocht ganz wenig der Sodalösung hinzu, immer so wenig, dass es nicht aus dem Kochen kommt. Du erhältst wieder einen weißen Niederschlag, ganz wie zuvor und scheinbar gar nicht von ihm zu unterscheiden; aber, wenn Du ihn unter das Mikroskop bringst, so wirst Du sehen, dass er aus viel größeren, säulen – oder tafelförmigen Kristallen besteht – es ist Aragonit. Dass er zu einem System gehört, dessen Kristalle rechte Winkel zu bilden bestrebt sind, erkennst Du daraus, dass die einzelnen Kristallnadeln sich immer kreuzförmig zusammenlagern.

123) Wohnst Du in einer kalkreichen Gegend, wo es sogenanntes hartes Wasser gibt, so kannst Du die beiden Kristallformen auch erhalten, wenn Du aus einem Glasplättchen ein paar Tropfen

solchen Wassers verdunsten lässt, je härter es ist desto besser. Die sogenannte Härte des Wassers rührt von kohlensaurem Kalk, welcher in dem Wasser aufgelöst ist und sich beim Verdunsten niederschlägt (das Volk nennt es fälschlich meistens Salpeter). Ist das Wasser verdampft, so wirst Du unter dem Mikroskop kleine Kristalle von Kalkspat und (namentlich wo der Rand des Tropfens war) Aragonit erkennen.

Kristalle wachsen zu sehen

124) Einige Stoffe haben in besonders hervorragendem Maße die Eigentümlichkeit, sogenannte übersättigte Lösungen zu bilden, d.h. wenn man von dem Körper, z.B. schwefelsaurem Natron, möglichst viel in Wasser bei erhöhter Temperatur auflöst und diese Lösung erkalten lässt, so scheidet sich kein Salz aus, obschon die Lösung mehr enthält, als ihr eigentlich für die niedrigere Temperatur zukommt, d.h. mehr Salz, als aufgelöst würde, wenn man die Lösung bei der niedrigeren Temperatur herstellte. Solche Lösungen, welche auf die gewöhnliche Temperatur erkaltet sind, lassen dann bei Berührung mit einem Kristall des in der Lösung enthaltenen Salzes das überschüssig gelöste Salz auskristallisieren; dadurch erstarrt die ganze Masse im Laufe weniger Sekunden zu einer Kristallmasse.

Löse in 100 Teilen Wasser 100 bis 120 Teile kristallisiertes schwefelsaures Natron bei gelinder Temperatur (Wasser, in welches man noch ohne alle Unbequemlichkeit die Hand tauchen kann) auf, aber achte aus Folgendes: 1) Dass das Gefäß (etwa ein Medizinglas, welches in warmes Wasser gestellt wird) recht rein sei, am besten, dass es mit warmem Wasser mehrmals ausgespült ist. 2) Dass alles Salz sich auflöst. 3) Die günstigste Temperatur ist 33°C. (26° R·), nicht höher und nicht niedriger. Glaube nicht, weil warmes Wasser nötig ist, je wärmer, desto besser! – Löst sich nicht alles auf, so gießt man die klare Lösung in ein reines Glas über. Gieße dann auf die Flüssigkeit eine dünne Schicht Öl oder setze einen Baumwollenbausch auf die Öffnung des Glases.

Nach einigen Stunden ruhigen Stehens hat sich die Lösung abgekühlt, ohne dass sie kristallisiert ist – wenn Du nämlich recht sauber zu Werke gingst. Wenn nicht, so löse durch Einstellen des Glases in warmes Wasser das Salz wieder auf.

Dabei scheiden sich leicht am Boden dünne Schichten von weißem, undurchsichtigem Salz aus; diese schaden nicht. Gewöhnlich gelingt der Versuch besser, wenn die Lösung in demselben Gefäße zum zweiten Mal erhitzt wird. Tauchst Du nun in die Salzlösung einen Glas – oder Eisenstab, ein Stückchen Holz usw., so wird von dem eingetauchten Körper die Kristallisation ausgehen; lange spießförmige Kristalle schießen durch die ganze Lösung hindurch, und im Laufe von wenig Sekunden ist Alles kristallisiert. Es rührt dies daher, dass alle diese Körper, welche ja meist in der Nähe der Lösung gelegen haben, Spuren von schwefelsaurem Natron enthalten. Der geringste Kristallsplitter derselben zwingt aber sofort auf bisher unerklärte Weise die in der Lösung enthaltenen aufgelösten Salzteilchen, sich kristallisch abzuscheiden. Daher wirken ganz reine Körper, z.B. ein erwärmter und eben erkalteter Stab, nicht. – Bei dem Auskristallisieren erwärmt sich die ganze Masse sehr merklich.

125) Denselben Versuch kannst Du auch mit unterschwefligsaurem Natron machen, welches Du zu ziemlich billigem Preise bei jedem Droguisten bekommst. Du erhitzest die Kristalle in einem Probierröhrchen; sie schmelzen und lösen sich in ihrem eigenen Kristallwasser. Die Lösung erhitzest Du, bis sich alle Kristalle gelöst haben d.h. bis zum beginnenden Sieden und lässt dann erkalten. Es genügt vollständig, die Röhre mit ein bisschen Baumwolle zu verstopfen. Wird eine Spur unterschwefligsaures Natron in die überschmolzene Salzmasse gebracht, so kristallisiert sie.

126) Noch billiger kannst Du es in ähnlicher Weise machen, wenn Du im Winter bei einer Kälte von ungefähr 5 bis 10° ein lose überdecktes Gläschen mit Wasser vor das Fenster stellst. Es wird im

Laufe einer etwa halben Stunde nicht gefrieren, aber sofort Kristalle geben, wenn Du eine Spur Eis hineinwirfst, selbst wenn Du ein Holzstückchen, etwa von einem Federhalter (welches im Zimmer gelegen hat, also kein Eis enthält) eintauchst. Je reiner das Glas, desto sicherer der Versuch.

In engen Röhren ($\frac{1}{10}$ mm Durchmesser) kann man so Wasser bis auf – 20°C. „überkalten". Du siehst danach ein, weshalb Pflanzen mit recht engen Gefäßen schwieriger erfrieren als andere mit lockerem Gewebe. – Auch beim Kristallisieren des Wassers steigt die Temperatur, aber natürlich nur bis zum Gefrierpunkt des Wassers.

Ein mineralisches Moos zu machen

127) Um Dir auch zu zeigen, was man nicht für Kristalle erklären darf, führe ich Dir folgendes Stückchen an.

Wirf in ein Gläschen voll sogenannter Wasserglaslösung (d.h. kieselsaures Natron, was man zum Kitten porzellanener Gegenstände braucht), welcher Du, wenn nötig, so viel Wasser zugemischt hast, dass sie etwas dünnflüssiger ist als eine gute Auflösung von Gummi arabicum, ein kleines Stückchen Kupfervitriol, so werden von diesem aus kleine grüne Fäden nach oben hin wachsen, so dass das Ganze aussieht wie Moos. Es erinnert an die sogenannten Dendriten (d.h. baumförmigen Zeichnungen), welche sich oft auf Steinen finden und von Braunstein herrühren, der sich auf seinen Haarspalten, welche das Gestein durchziehen, abgesetzt hat. Ebenso wenig wie diese bizarre Formen Kristalle sind, ebenso wenig die Fäden unseres mineralischen Mooses. Es erklärt sich das Wunder einfach so:

Der Kupfervitriol zieht von dem Wasser der Lösung an sich, es löst sich etwas auf und diese Lösung, welche leichter ist als die Lösung des Wasserglases, steigt in Gestalt seiner Fäden in die Höhe. Bei der Berührung derselben mit dem kieselsauren Natron aber bildet sich unlösliches, grün gefärbtes kieselsaures Kupfer, aus welchem die obigen Moosfäden bestehen.

Stärke in Zucker zu verwandeln

128) Die Chemie kennt eine Reihe von Körpern, welche genau dieselbe Zusammensetzung, dabei aber ganz verschiedene Eigenschaften haben. Dass dies bei Elementen z.B. Schwefel, Phosphor, Kohle (Diamant, Graphit) der Fall ist, haben wir bereits erwähnt. Aber auch zusammengesetzte Körper zeigen dieselbe Eigenschaft. Eine der interessantesten Gruppen ist Holzfaser, Stärke, Gummi, Zucker. Man kann einzelne dieser Stoffe in andere überführen, ohne irgendetwas von denselben hinweg zunehmen oder hinzuzufügen. Versuchet Folgendes:

Mengt zu 100 Teilen Wasser etwa 2 Teile Schwefelsäure (aber wohlgemerkt, die Schwefelsäure wird langsam unter Umrühren in das Wasser gegossen, nicht umgekehrt; denn bei der Mischung würde so viel Wärme entstehen, dass die Schwefelsäure umherspritzen kann und wehe dem, welchem davon etwas ins Auge kommt); erhitzt dies bis zum Kochen und tragt dann langsam unter Umrühren in kleinen Portionen mit Wasser gerührte Stärke ein (etwa 40 Teile). Dann lasst Ihr noch einige Minuten kochen und nehmt die Mischung vom Feuer. Jetzt ist die Stärke bereits in Zucker umgewandelt, aber der süße Geschmack wird noch durch die Schwefelsäure verdeckt; denn diese ist genau noch ebenso vorhanden wie vorher, sie erleichtert nur das Umwandeln der Stärke. Um die Schwefelsäure zu entfernen, tragt Ihr etwas gepulverte Kreide ein, so lange als noch ein Aufbrausen erfolgt, und filtriert dann ab. Die jetzt süße Lösung wird eingekocht, bis sie sirupdick ist; der in ihr befindliche sogenannte Traubenzucker, welcher auch im Honig enthalten ist, ist nicht leicht kristallisierbar, sondern geht erst nach längerem Stehen in kristallinischen Zustand über.

X. Arithmetische Scherze

Wie man aus einer Mücke einen Eleplumten macht

129) Angenommen der Elefant wiege 80 Zentner. Ich bezeichne dieses Gewicht mit a. Das Gewicht der Mücke heiße x. Setzt man

$$a+x=y, \text{ so ist}$$

$$\left.\begin{array}{l} a=y-x \\ \text{und auch } a-y=x \end{array}\right\} \text{multiplizeirt mit einander}$$

$a^2-ay=x^2-yx$. Die linke Seite zum Quadrat ergänzt gibt

$$a^2-ay\left(\frac{y}{2}\right)^2 =x^2-yx+\left(\frac{y}{2}\right)^2$$

$$\left(a-\frac{y}{2}\right)^2 = \left(x-\frac{y}{2}\right)^2$$

$$a-\frac{y}{2}=x-\frac{y}{2}, \text{ also}$$

a=x, das Gewicht x der Mücke ist gleich

Dem Gewicht a des Elefanten. –
Wo steckt der Fehler?

130) Eine Dampfmaschine, welche jedes Mal abwechselnd in der einen Stunde (von ungerader Zahl) 9 Meilen vorwärts geht, in der folgenden 7 Meilen rückwärts, hat einen Weg von 255 Meilen zurückzulegen. Wie viel Zeit braucht sie hierzu?
(Beachte, dass sie in je 2 Stunden 4 Meilen zurücklegt!)

131) Drei Personen haben sich zu teilen in 21 Fässer; sieben derselben sind voll Wein, sieben andere halbvoll, die sieben letzten sind leer. Alle drei wollen gleichviel Wein und auch gleichviel Fässer;

es fehlt ihnen aber jede Vorrichtung zum Umfüllen. Wie helfen sich dieselben?

132) Ebenso zu verteilen zwischen 3 Personen 24 Fässer, von denen 5 voll, 11 halbvoll und 8 leer sind, so dass Alle gleichviel Wein und eine gleiche Anzahl Fässer bekommen.

133) Vier Teile (Fig. 287) sollen einzeln weggestrichen werden, und 19 soll übrig bleiben.134) Neulich starb ein Mann, der 99 Jahre alt ward, und trotzdem seinen Geburtstag nur 25mal erlebt hatte.

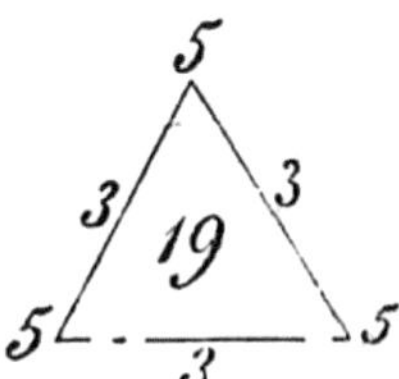

Fig. 287

    Wie ging das zu?

    135) Sagt, Rechenmeister, mir bestimmt
Wie man das Ganze schreibt:
Wenn man ein Siebentel mir nimmt,
Dass nur ein Achtel bleibt?

136) Ein Student schrieb einem anderen, welcher eine mathematische. Preisaufgabe gelöst hatte, auf einer Korrespondenzkarte die beistehenden Zeichen (Fig. 288). Was sollen sie bedeuten?

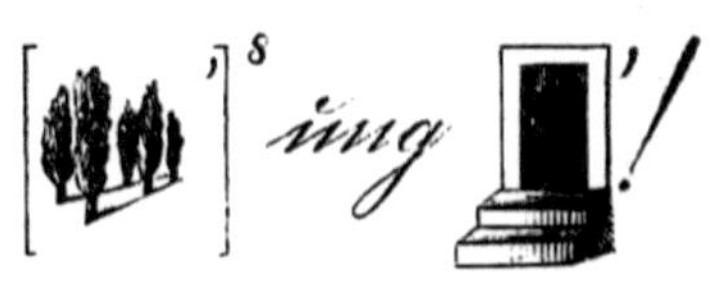

Fig. 288

137) Wie lassen sich rote Rüben mathematisch bezeichnen?

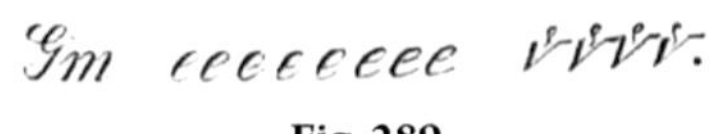

Fig. 289

    Antwort. Sie lassen sich bezeichnen als (Fig. 289)

138) Ein Student, welcher in München klassische Sprachen studierte, verkehrte öfters mit einem Mathematik Studierenden und bat ihn eines Abends, ob er nicht einmal Gedichte von kunstvollem Metrum, welche er gemacht habe, lesen und ihm seine Meinung

über dieselben mitteilen wolle. Den folgenden Tag bereits erhielt er
seine Gedichte zurück mit einem Zettel folgenden Inhaltes:

Nephilo log. = gar nit drin.

Was sollte dies heißen?

139) Die Dienerstelle an der Sternwarte einer Universität war
erledigt. Unter den vielen Gesuchen um Übertragung der Stelle war
auch ein sehr sonderbares an die Fakultät eingelaufen. Der Schreiber
desselben, welcher sehr hervorgehoben und mit Zeugnissen belegt
hatte, dass er ein reeller Mensch sei, hatte offenbar geglaubt, es
müsse einen günstigen Eindruck machen, wenn er die
mathematischen Kenntnisse, welche er sich einbildete zu besitzen, in
geistvoller Weise hervortreten ließe.

Er unterschrieb deshalb sein Bittgesuch:

$(R)^{n!}$

$(in)^{8ung}$

ergebenster, zukünftiger

 $N.\ N.$

Nach einigem Studieren fand man den Sinn der
Hieroglyphenheraus, bemerkte aber auch, dass sich der Bittsteller
in seinem Titel arg verschrieben hatte. Er hatte nämlich

 [(D in r = Diener) schreiben wollen, hatte aber

die Buchstaben verwechselt.
Die Antwort der Fakultät war:

$$\mathcal{D}^{r} = \sqrt{-1}\,\mathcal{R}^{d}$$

Was heißt dies?

Auflösungen

(Die Nummern beziehen sich auf die Nummern der Aufgaben)

1) Er teilt die lange Seite des Fourniers in vier gleiche Teile, die schmale in drei, zeichnet wie Figur 291 zeigt 12 Vierecke darauf und setzt wie nebenstehend zusammen; so wird die eine Seite aus 3Linien jede = 4cm, die andere aus 4Linien jede 3cm gebildet.

Fig. 291

Fig. 293

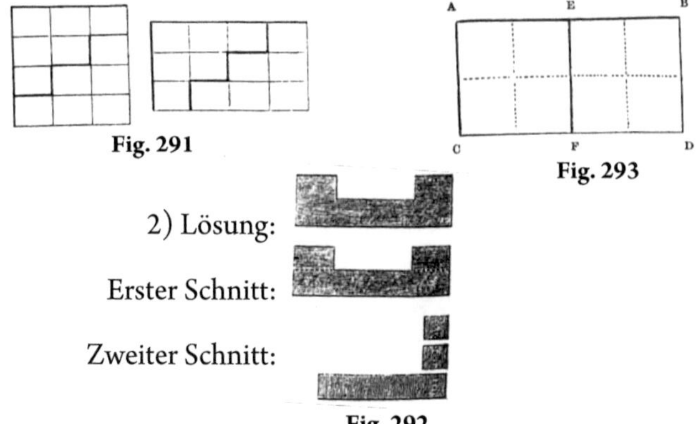

2) Lösung:

Erster Schnitt:

Zweiter Schnitt:

Fig. 292

3) Man lege das Stück Papier so zusammen, dass A auf B und C auf D zu liegen kommt, und schneide dann die dadurch entstandene Biegung im Papier durch. Hierdurch wird man zwei auf einander liegende Vierecke, jedes von der nebenstehenden, mit A E F C bezeichneten Größe, bekommen. Man lasse nun diese beiden Stücke auf einander liegen und breche sie wieder auf die Hälfte zusammen, dass abermals ein kleineres Rechteck entsteht. Schneidet man die Stücke in dem entstandenen Bruche wieder durch, so hat man vier Stücke von der Gestalt kleiner Rechtecke. Diese vier zusammenliegenden Rechtecke bricht man der Breite nach wieder zusammen und schneidet auch sie in der Mitte durch, und man wird auf diese Weise acht gleich große Rechtecke erhalten.

4)

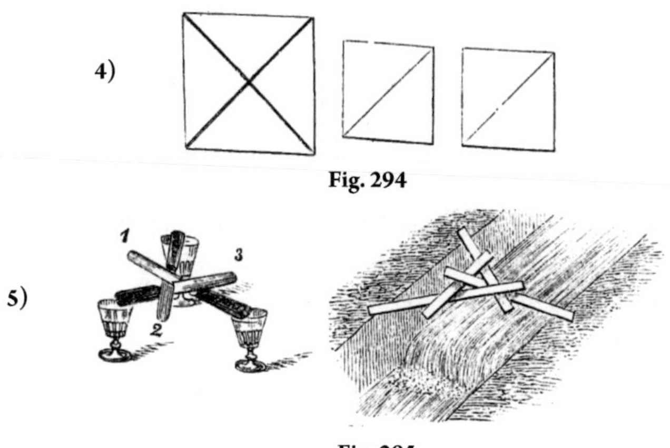

Fig. 294

Fig. 295

6) Der Gefangene geht folgende gerade Linien: Von 1 nach 8, von 8 nach 56, 56 nach 55, 55 nach 15, 15 nach 9, 9 nach 17, 17 nach 22, 22 nach 54, 54 nach 53, 53 nach 29, 29 nach 25, 25 nach 33, 33 nach 36, 36 nach 52, 52 nach 51, 51 nach 43, 43 nach 41, 41 nach 57, 57 nach 58, von 58 nach 50 und wieder zurück nach 58 und von da aus nach 64 und zum Ausgang.

7)

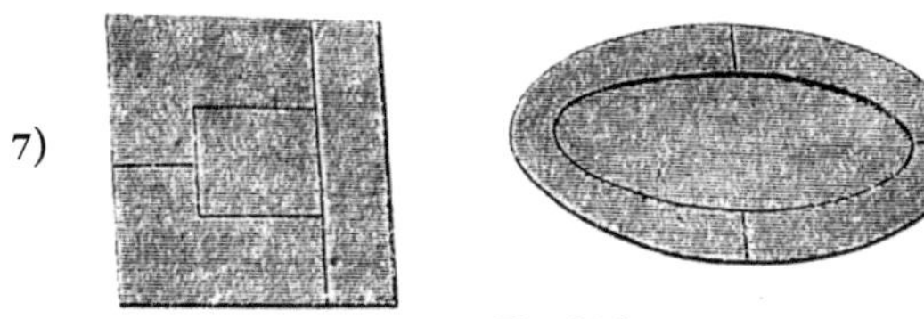

Fig. 296

Fig. 297

8) Auflösung: Der erste Schnitt gehe von a nach b; das abgeschnittene Stück lege man zwischen die beiden übrig gebliebenen Enden und führe den zweiten Schnitt zwischen den sechs Nägeln hindurch von c nach d.

9)

10)

11)

12)

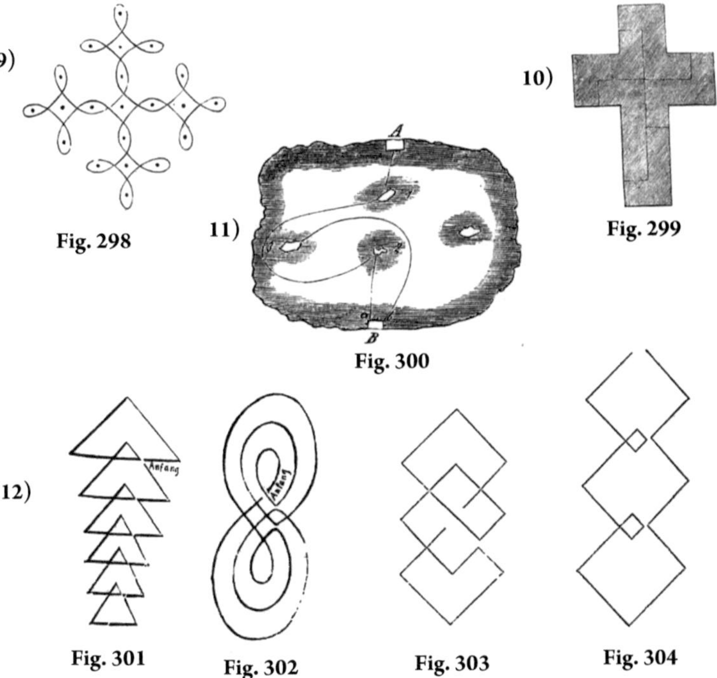

Fig. 298　**Fig. 299**

Fig. 300

Fig. 301　**Fig. 302**　**Fig. 303**　**Fig. 304**

14)

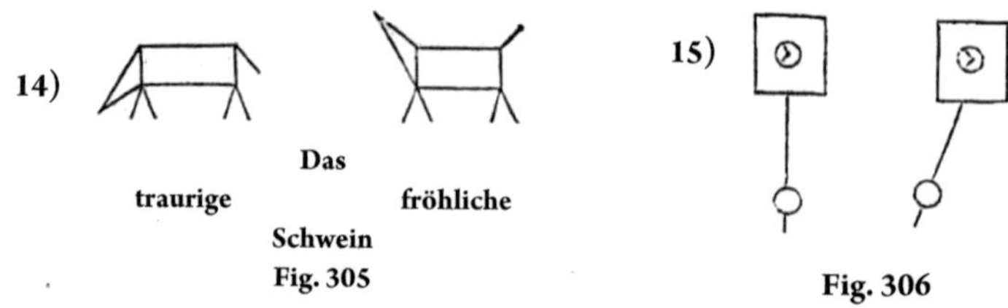

Das
traurige fröhliche
Schwein
Fig. 305

15)

Fig. 306

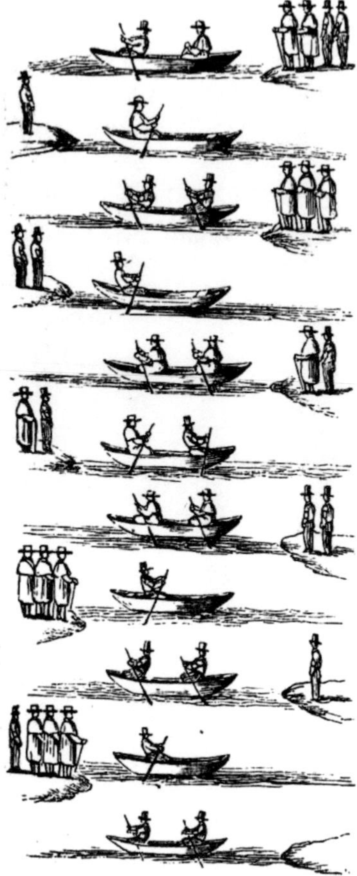

Fig. 307

16) Man lege beide Hunde mit dem Rücken an einander, den Kopf des einen also nach oben, den des anderen nach unten gerichtet. Auf beide den Streifen, mit den beiden Affen so, dass der eine nach oben, der andere nach unten sieht.

17) Der erste Zugführer fuhr von a über b nach d, während er vier Wagen von seinem Zuge auf dem Seitenstrange b stehen ließ, und fuhr dann mit den übrigen 16 Wagen über den Seitenstrang c wieder nach a zurück, und zwar noch etwas weiter. Nun fuhr der zweite Zugführer von d über c nach a, darauf rückwärts über den Seitenstrang b nach d, wobei er die vier Wagen vom ersten Zuge nach d mitfuhr. Hieran fuhr der erste Zugführer in den Seitenstrang b und der zweite über den Seitenstrang c, auf welchem er jene vier Wagen zurückließ, nach a, seinem Bestimmungsorte entgegen. Der erste

Zugführer endlich fuhr von b nach d, darauf noch einmal nach c zurück, hing die zurückgebliebenen vier Wagen an seinen Zug, und fuhr dann nach d, ebenfalls seiner Bestimmungsstation entgegen.

18) Er fährt erst die Ziege hinüber, holt dann den Kohl, lässt ihn am anderen Ufer stehen und nimmt die Ziege wieder zu sich in den Kahn, fährt zurück, lässt die Ziege da und fährt den Bär hinüber.
Endlich holt er die Ziege ab.

19) Siehe Fig. 307.

20) Gustav klappte die Ecke des Papieres so um, dass der Tintenklecks, welcher den Fuchs bedeutete, in den Teich kam.

21) Der Bauer war in der Tat betrogen. Nur wenn horizontal gemessen die Länge des Haufens 2m wäre, hätte jeder Haufen 2 Kubikmeter Inhalt gehabt (vergl. 1. Abend).

22) Man stößt den Ball A (Fig. 308) gegen den Punkt D in der Bande so, dass B durch den abschlagenden Ball geschnitten wird und nach C geht.

23) Es brauchen nur die oberen Haken etwa doppelt so lang zu sein als die unteren. Man hängt erst oben ein und kann dann seine ganze Aufmerksamkeit auf den unteren Haken richten, statt sie, wie gewöhnlich, zwischen beiden teilen zu müssen.

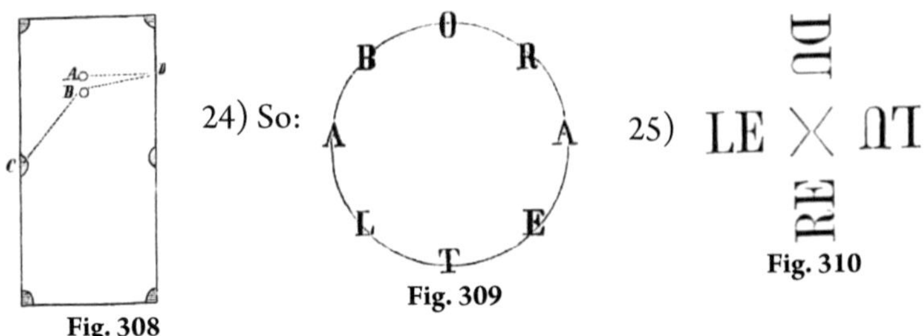

24) So:

25)

Fig. 308

Fig. 309

Fig. 310

27) Immer die Strichedeuten an, dass ein Häuschen fertig ist.

Legt	2	auf	6		
„	1	„	6		
„	8	„	12		
„	7	„	12		
„	9	„	5		
„	10	„	5		
„	4	zwischen	5	und	6
„	3	„	5	„	6
„	11	„	5	„	6
„	13	auf	11		
„	14	„	11		
„	15	„	11		

28) Es ist das magische Quadrat der Zahlen 1 bis 9.

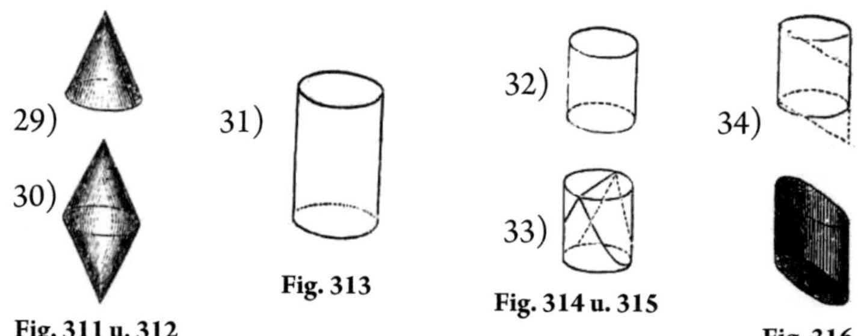

29)

30)

Fig. 311 u. 312

31)

Fig. 313

32)

33)

Fig. 314 u. 315

34)

Fig. 316

57) 10^3 Pfennige

59) 8^5 oder 32768 Kerne

60) Die Aufgabe ist einfach zu lösen, ohne sie als Gleichung zu behandeln.

Von jeder Zahl ist $\frac{1}{2} + \frac{1}{4} + \frac{1}{5} = \frac{19}{20}$. Nun sollen $\frac{19}{20}$ der gesuchten Zahl gleich 95 sein, d.h. ich muss zu 95 noch den 19ten Teil von 95 addieren, so bekomme ich die gesuchte Zahl; der 19te Teil von 95 ist 5 oder die gesuchte Zahl ist 100.

65) Scheiden wir diejenigen Brüche aus, bei welchen die Ziffern des Zählers dieselben bleiben ($\frac{12}{48} = \frac{21}{84}$ z.B.), so ergeben sich noch immer folgende Stellungen:

$$\frac{3}{24}=\frac{4}{32},\ \frac{6}{48}=\frac{8}{64},\ \frac{13}{26}=\frac{16}{32}=\frac{31}{62},\ \frac{48}{60}=\frac{64}{80},\ \frac{16}{128}=\frac{21}{168},\ \frac{22}{176}=\frac{27}{216},\ \left(\frac{30}{240}=\frac{40}{320}\right),$$

$$\frac{23}{184}=\frac{31}{248}=\frac{41}{328},\ \frac{33}{264}=\frac{42}{336},\ \frac{37}{296}=\frac{79}{632}=\frac{92}{736},\ \frac{44}{352}=\frac{53}{424},\ \frac{45}{360}=\frac{63}{504},\ \frac{46}{368}=\frac{83}{664},$$

$$\frac{52}{416}=\frac{64}{512},\ \frac{53}{106}=\frac{65}{130},\ \frac{53}{265}=\frac{65}{325},\ \frac{54}{432}=\frac{56}{448}=\frac{58}{464},\ \frac{59}{472}=\frac{74}{592},\ \frac{63}{126}=\frac{66}{132},\ \frac{64}{128}=$$

$$\frac{82}{164},\ \frac{66}{528}=\frac{82}{656},\ \frac{67}{134}=\frac{73}{146},\ \frac{67}{335}=\frac{73}{365},\ \frac{68}{136}=\frac{83}{166},\ \frac{69}{138}=\frac{93}{186},\ \frac{69}{345}=\frac{93}{465},\ \frac{78}{624}=\frac{84}{672},$$

$$\frac{87}{696}=\frac{96}{768},\ \frac{89}{712}=\frac{91}{728},\ \frac{113}{226}=\frac{116}{232},\ \frac{131}{262}=\frac{161}{322}=\frac{311}{622},\ \frac{123}{246}=\frac{132}{264}=\frac{162}{324}=\frac{213}{426}=\frac{231}{462}=\frac{312}{624},$$

$$\frac{133}{266}=\frac{163}{326}=\frac{166}{332}=\frac{331}{662},\ \frac{134}{268}=\frac{143}{286},\ \frac{164}{328}=\frac{182}{364},\ \frac{218}{436}=\frac{314}{682},\ \frac{413}{826}=\frac{416}{832},\ \frac{431}{862};\ \frac{138}{276}=$$

$$\frac{186}{372}=\frac{381}{762},\ \frac{167}{334}=\frac{173}{346},\ \frac{317}{634};\ \frac{168}{336}=\frac{183}{366},\ \frac{183}{366}=\frac{318}{636},\ \frac{169}{338}=\frac{193}{386},\ \frac{319}{638};\ \frac{175}{350}=\frac{335}{710};$$

$$\frac{176}{352}=\frac{356}{712},\ \frac{177}{354}=\frac{357}{714},\ \frac{718}{356}=\frac{358}{716};\ \frac{179}{358}=\frac{359}{718},\ \frac{208}{416}=\frac{406}{812};\ \frac{228}{456}=\frac{264}{528},\ \frac{282}{564}=\frac{426}{852};$$

$$\frac{238}{476}=\frac{364}{728},\ \frac{382}{764}=\frac{248}{496};\ \frac{446}{892}=\frac{482}{964};\ \frac{253}{506}=\frac{265}{530}=\frac{325}{650},\ \frac{263}{526}=\frac{266}{532}=\frac{326}{652};\ \frac{267}{534}=\frac{273}{546};\ \frac{268}{536}=$$

$$\frac{283}{566}=\frac{328}{656};\ \frac{269}{538}=\frac{293}{586};\ \frac{274}{548}=\frac{487}{854};\ \frac{338}{676}=\frac{368}{736}=\frac{383}{766};\ \frac{339}{678}=\frac{369}{738}=\frac{393}{786};\ \frac{345}{690}=\frac{453}{906}=\frac{465}{930};$$

$$\frac{346}{692}=\frac{466}{932};\ \frac{347}{694}=\frac{467}{934}=\frac{473}{946};\ \frac{348}{696}=\frac{468}{936}=\frac{483}{966};\ \frac{349}{698}=\frac{469}{938}=\frac{493}{986};\ \frac{367}{734}=\frac{373}{746};\ \frac{376}{1504}=\frac{754}{3016}$$

66)

$$\frac{13}{52}+\frac{7}{84}+\frac{6}{9};\ \frac{2}{14}+\frac{9}{378}+\frac{5}{6};\ \frac{12}{84}+\frac{5}{63}+\frac{7}{9};\ \frac{12}{48}+\frac{7}{36}+\frac{5}{9};\ \frac{21}{48}+\frac{7}{36}+\frac{5}{9};\ \frac{12}{48}+\frac{9}{63}+\frac{5}{7};\ \frac{12}{48}+\frac{9}{63}+$$

$$\frac{5}{7};\ \frac{21}{84}+\frac{9}{63}+\frac{5}{7};\ \frac{21}{49}+\frac{3}{7}+\frac{8}{56};\ \frac{27}{81}+\frac{4}{36}+\frac{5}{9};\ \frac{27}{81}+\frac{3}{6}+\frac{9}{54};\ \frac{19}{72}+\frac{4}{36}+\frac{5}{8};\ \frac{9}{12}+$$

$$\frac{5}{34}+\frac{7}{68};\ \frac{1}{3}+\frac{72}{648}+\frac{5}{9};\ \frac{35}{196}+\frac{2}{8}+\frac{4}{7};\ \frac{78}{351}+\frac{2}{6}+\frac{4}{9};\ \frac{3}{19}+\frac{2}{8}+\frac{45}{76};\ \frac{1}{4}+\frac{92}{736}+\frac{5}{8};$$

$$\frac{1}{4}+\frac{37}{296}+\frac{5}{8};\ \frac{1}{4}+\frac{79}{632}+\frac{5}{8};\ \frac{1}{4}+\frac{32}{896}+\frac{5}{7};\ \frac{14}{56}+\frac{9}{28}+\frac{3}{7};\ \frac{58}{174}+\frac{2}{6}+\frac{3}{9};\ \frac{54}{81}+\frac{2}{9}+\frac{7}{63};$$

$$\frac{45}{189}+\frac{2}{6}+\frac{3}{9};\ \frac{16}{48}+\frac{3}{27}+\frac{5}{9};\ \frac{1}{6}+\frac{39}{52}+\frac{7}{84};\ \frac{19}{76}+\frac{3}{24}+\frac{5}{8};\ \frac{19}{76}+\frac{4}{32}+\frac{5}{8};\ \frac{1}{8}+\frac{45}{72}+\frac{9}{36}.$$

67) Das Eselchen trug 7 Pfund, die Mutter 5.

68) Sie tranken es in $4\frac{16}{31}$ Stunden.

69) Die gesuchte Zahl muss durch alle Zahlen 1, 2, 3, 4, 5, 6, 7 ohne Rest aufgehen; denn es muss z.B. der 5te Gast zum ersten, zweiten etc. Male da sein, desgleichen der 7te und so alle anderen. Man suche also die kleinste Zahl, welche diese Eigenschaft hat, d.h. den kleinsten Generalnenner, so ist dieser $2^2 \cdot 3 \cdot 5 \cdot 7 = 420$. Es traf sich also nach 420 Tagen.

70) 7 Groschen; der erste erhielt 4, der zweite 2, der dritte 1 Groschen.

71) 64 Taler. – Die Barschaft des ersteren kommt gar nicht in Betracht.

72) Es ist eigentlich eine unbestimmte Gleichung. Bezeichnet man nämlich mit x die Größe der letzten (siebenten) Rate, mit y die ganze zu zahlende Summe, so ist die Gleichung

$$97+x+2x+2^2x+2^3x+\ldots 2^6x=y$$

$$97+127x=y$$

In Folge des letzten Zusatzes aber kann x nicht größer als 1 sein. Demnach ist die Schuld 127 Taler.

73) Es waren 81 Kartoffeln. – Die Verteilung der 24 übrig gebliebenen Kartoffeln hat direkt gar nichts mit der Gleichung zu tun, lässt sich aber zu einer eleganteren Lösung verwenden. Nämlich, nach dem Teile, welchen der zweite z.B. erhielt, hat man

$$\frac{3}{8} \cdot 24 + \frac{1}{3} \cdot \frac{2}{3} x = \frac{1}{3} x$$

$$9 = \frac{1}{9} x; x = 81$$

74) $\frac{17}{27}$ – Die Gleichungen sind $\frac{x+3}{y+3} = \frac{2}{3}; \frac{x-7}{y-7} = \frac{1}{2}.$

75) Die gesuchte Zahl ist 7474. – Die Zahl, dekadisch mit den Unbekannten geschrieben, würde aussehen xy xy, in Algebra übersetzt also 1000x+100y+10x+y. Daher sind die beiden Gleichungen

$$1000x+100y+10x+y+2727=1000y+100x+10y+x$$

$$2(x+y) = 22$$

76) Die Zahl heißt 37037. – Die Gleichung gehört eigentlich zu den unbestimmten Gleichungen leicht und sicher zu lösen.

Die unbekannte Zahl, dekadisch geschrieben, würde lauten xy 0 xy. Die Gleichung lautet daher

$$9(10000x+100y+10x+y)=100000x+10000x+1000x+100x+10x+x=111111x$$

Daraus folgt:

$$9009 \cdot y = 21021 \cdot x$$

Diese unbestimmte Gleichung löst sich durch die Bemerkung, dass x und y einziffrige, ganze Zahlen sein müssen; da man ferner sogleich sieht, dass die Gleichung identisch ist mit

$$3 \cdot 3003y = 7 \cdot 3003x, \text{ oder dass } x{:}y = 3{:}7$$

so folgt sofort, dass x = 3, y = 7 sein muss. (Über obige Zahl vgl. außerdem die 6te Abendunterhaltung.)

77) Die Gleichungen, wenn das „ebenso viel" mit y bezeichnet wird, die gesuchte Zahl mit x, lauten

$$x+y=91$$
$$x^2-y=91$$
$$\overline{x^2+x=182; x(x+1)=182}$$

Auch ohne die Theorie der quadratischen Gleichungen zu kennen, löst man dies einfach durch die Überlegung, dass $13^2 = 169$, $14^2 = 196$ ist, also x, wenn überhaupt eine ganze Zahl, nur 13 sein kann. In der Tat ist $13 \cdot 14 = 182$, also x = 13.

78) Die Zahlen dekadisch geschrieben, seien $\left.\begin{smallmatrix} x\,y \\ z\,t \end{smallmatrix}\right\}$, so sind die Gleichungen leicht zu bilden. Die Zahlen sind 93 und 27 (x = 9; y = 3; z = 2; t = 7.)

79) Die Teile sind $108\frac{1}{2}$ und $91\frac{1}{2}$.

80) 480 und 240.

81) $24\frac{1}{2}$ und $\frac{1}{2}$.

82) 9, 9, 34.

83) $9\frac{3}{5}$.

84) Die Gleichung $\dfrac{a\pm x}{b\pm x} = \dfrac{b}{a}$ gibt $x = \mp(a+b)$

85) Die Zahlen sind 7, 1, 9, 5. Der Name der Pflanze ist „Senf".

86) Er trifft 14 Züge, nämlich die sieben, welche in den vorhergehenden 7 Tagen abgegangen sind und dann noch die sieben, welche abgehen, während er selbst unterwegs ist.

87) Es waren 30 Zöglinge. Die Gleichung $x(x-1)=870$ kann·wieder wie die Gleichung 77) ohne Kenntnis der Theorie der quadratischen Gleichungen gelöst werden. Die Zahlen, zwischen deren Quadraten 870 liegt, sind 29 und 30; folglich $x=30$, da $30·29 = 906 - 30 = 870$ ist.

88) Diophant erreichte ein Alter von 84 Jahren.

89) Wie man sieht hat die Zahl $2^2·3·5+1$, allgemein die Zahl $n·2^2·3·5+1$ die verlangte Eigenschaft durch 2, 3, 4, 5 dividiert eine ganze Zahl zu geben und den Rest 1. Die kleinste Zahl Dukaten war also 61. Ebenso würden 121, 181 usw. der Gleichung genügen.

90) Die Zahl muss die Form haben $2·3·5·7+1$ und $a·12+7$

Diese zweite Form ist eine direkte Folge der ersten, da $2·3·5·7+1=2·3·(4+1)·7+1=2·3·4·7+6·7+1=2·3·4·7+3·12+7$; also muss die Division mit 12 stets den Rest 7 geben. Die kleinste Zahl, welche der ersten Form genügt, genügt also gleichzeitig der zweiten. Die Lösung ist 211.

92) Die Zahl hat die Form:

$$x=m·2^2·3·5+1 \text{ und}$$

$$x=n·7$$

Erst für $m = 6$ wird die Zahl durch 7 ohne Rest teilbar; die kleinste Zahl ist $x = 301$.

93) Die Zahl hat die Form:

$$x=a·7+6=(a+1)\,7-1$$

$$x=b·8+7=(b+1)8-1$$

$$x=c·9+8=(c+1)9-1$$

Damit ist die Aufgabe auf die Form der vorhergehenden zurückgeführt. Die Zahl muss die Form

$$m \cdot 2^3 3^2 \cdot 7\text{-}1 \text{ haben; sie ist } 503.$$

98) Die kleinste Oberfläche findet sich, wenn die Höhe des Zylinders gleich dem Durchmesser des Grundkreises ist. – Man lege dem Zylinder beispielsweise einen Durchmesser = 10mm eine Höhe = 1mm bei, berechne sich Inhalt und Oberfläche und trage die Oberfläche als Ordinate auf zu der Höhe = 1mm, welche als Abszisse genommen wird. Man gebe dann die doppelte Höhe und berechne sich den Durchmesser, welcher nötig ist, um denselben Inhalt wie vorher zu erhalten. Die zu diesem Durchmesser gehörige Oberfläche trage man als Ordinate auf zur Abszisse 2 usw. Die Kurve, welche die Endpunkte der Ordinaten verbindet, wird eine tiefste Stelle zeigen, d.h. eine Stelle, wo die Oberfläche ein Minimum ist. Diese ermittele man aus der Zeichnung (durch graphische Interpolation) und berechne sich den zugehörigen Durchmesser, indem man die zugehörige Höhe sofort aus der Kurve (Abszisse) abliest.

99) Durch rechnende oder graphische Interpolation findet sich der größte Vorteil, wenn $BX = \dfrac{5}{3} AB$, d.h. $AD = 2AB$ ist. Der Winkel ABD ist 90° vorausgesetzt.

105) Das Meeresniveau ist eine Oberfläche gleichen Druckes. Das Wasser in dem am Erdpol gelegenen Schenkel wird stärker von der Erde angezogen, es ist schwerer, d.h. es stände das Wasser in diesem Schenkel niedriger (es ist überall gleiche Temperatur und gleicher Lustdruck vorausgesetzt).

106) Dieselbe Frage in anderer Form; die Feder würde am Pol stärker zusammengedrückt werden.

107) Es stehe an einer Stelle das Barometer 20mm tiefer als an einer anderen, so muss das Wasser dort entsprechend steigen; je einem

Millimeter Quecksilber entsprechen 13,5mm Wasserhöhe, also steigt es um 270mm. Es ist dasselbe, als wenn man auf ein Gefäß voll Wasser bläst. In Folge des stärkeren Luftdruckes fällt an der Stelle, auf welche man bläst, das Wasser.

108) Die Kugel, deren Masse nicht geändert werden kann, wird leichter. Sie würde von derselben Menge Pulver noch dieselbe Anfangsgeschwindigkeit bekommen, aber weniger fallen in derselben Zeit. Es muss also die Elevation verringert werden. Nach der gewöhnlichen Art der Wägung (durch Vergleichung mit Gewichten) wägt man überall dieselbe Masse ab, also bleibt die Anfangsgeschwindigkeit stets dieselbe. – Für die Schussweite (bei Bogenschuss) nach einem Ziele, welches gleich hoch liegt mit dem Geschütz gilt, die Formel

$$\text{Wurfweite} = \frac{c^2 \cdot \sin \alpha \cdot \cos \alpha}{g}$$

wo c die Anfangsgeschwindigkeit,
α die Elevation,
g die Beschleunigung durch die Erdschwere

bedeutet. Da c innerhalb gewisser Grenzen der Pulverladung proportional gesetzt werden kann, so müsste man es so einrichten, dass die Pulverladung so geändert wird, dass sie stets proportional mit $\sqrt{g}$ ist.

109) Die Truppen müssen tiefer halten, die Visite werden also niedriger gemacht.

110) Je nachdem man nach Süden oder Norden, richtiger nach Gegenden schießt, welche einen größeren oder kleineren Bogen um die Erdachse in derselben Zeit beschreiben, wird die Kugel nach Westen gegen den Meridian zurückbleiben, umgekehrt beim Schuss nach Norden östlich dem Meridian vorauseilen. – Da die Radien der

Breitengrade proportional mit dem Sinus der geographischen Breite sind, so wird die Differenz der Radien für denselben Breitenunterschied ein Maximum am Pol, wovon man sich auch durch bloße Zeichnung leicht überzeugt. Ein Punkt des Äquators legt in der Sekunde $\frac{40000000}{24\cdot60^2}$ =465 Meter zurück. Daher legt ein Punkt, welcher 1° vom Pol entfernt ist, einen Weg zurück, welchen man erhält aus der Proportion:

$$465:x= \sin 90°: \sin 1°$$

$$x=465\cdot \sin 1°=465\cdot0{,}017=7{,}9m$$

Bei der angenommenen Entfernung würde die Kugel aber nur den 15ten Teil eines Meridiangrades durchlaufen, also in der Sekunde auch nur ungefähr 0,5m vom Ziele abweichen. Da sie aber 5 Sekunden unterwegs bleibt, so macht es im Ganzen eine Abweichung von 2,5m.

Man sieht, dass diese Größe zu gering ist, als dass sie zum Nachweis der Erddrehung benutzt werden könnte. Trotzdem will man stärkere Abspülungen des einen Flussrandes, welche manche Flüsse, z.B. der Rhein und Nil zeigen, auf diese Ursache zurückführen. Auch Eisenbahnen sollen öfters so entgleisen, dass ein Einfluss dieses Umstandes bemerkbar sein soll – eine nach diesen Rechnungen mehr als zweifelhafte Erklärung, wenn überhaupt die Beobachtungen richtig sind.

111) 1) Bei verschiedenen Temperaturen nicht, da sie sich verschieden ausdehnen, also ihre relative Schwere sich ändert.

2) An verschiedenen Punkten der Erde bleiben die Höhen genau dieselben, da sich die Schwere der beiden Stoffe genau in derselben Weise ändert (vergl. 18te Unterhaltung).

112) Es folgt daraus, dass alle Stoffe proportional ihrer Masse (ohne Unterschied der chemischen Natur) angezogen werden (erster Teil

des Newton'schen Gravitationsgesetzes). Es müssten nämlich alle Körper gleich schnell fallen, ohne Rücksicht auf ihr Gewicht und ihre chemische etc. Natur, wenn das Newton'sche Gesetz richtig ist. Die großen Fallräume sind aber zu schwer genau zu messen. Man kann dieselben verkleinern, wenn man die Körper eine schiefe Ebene herablaufen lässt. Nur ein Bruchteil der Erdanziehung wirkt dann. Auch jetzt müssten alle in gleichen Zeiten die Ebene durchfallen; aber die Reibung ist dabei ein sehr störender Umstand. Denkt man sich einer herabgehenden schiefen Ebene eine ebenso steil aufsteigende gegenüber gestellt, so müsste der fallende Körper wieder die zweite Ebene hinaufrollen, wieder herunterfallen und die Höhe der ersten erreichen usw. Alle Stoffe (Wachs, Gold, Holz usw.) müssten dieselbe Zeit zum Herab – und Hinaufrollen gebrauchen. Aber die Reibung würde jetzt noch mehr stören. Diese zu vermeiden hängt man die Körper an einen Faden auf und zwingt sie dadurch gleichsam erst eine kleine schiefe Ebene hinab und dann wieder hinaufzusteigen. Auch dann noch müssen die Zeiten zu einem solchen Hin – und Hergang (eine sogenannte ganze Schwingungsdauer) für alle Stoffe und alle Gewichte gleich groß sein. Dies ist der Gedanke, welcher der Anwendung des Pendels zu Grunde liegt.

113) Im ersten Moment stehen die Wasserteilchen unter dein vollen Druck der Wassersäule; der Druck nimmt aber sofort beim Fließen in Folge der Reibung an den Gefäßwänden ab, daher sinkt der Springbrunnen gleich.

114) Vom Sehen eines Lichtstrahles kann gar keine Rede sein. Man sieht nur den geradlinigen Schatten, welchen Staubteilchen werfen und diesen auch nur, weil andere Teilchen von demselben beschattet werden. In ganz staubfreien Räumen würde die Erscheinung wegfallen.

115) Es rührt daher, dass ein Ast niemals vollkommen rund ist. Derselbe macht nach physikalischen Gesetzen deshalb in einer Richtung (in welcher er am dünnsten ist) weniger Schwingungen in derselben Zeit als in einer Richtung senkrecht gegen die erste. Nun wenn Ihr eine dieser beiden Richtungen trefft, in welcher er die wenigsten oder meisten Schwingungen macht, schwingt er geradlinig; für jede andere Richtung setzen sich die Bewegungen aus den beiden ersteren zusammen (vergl. 15te Unterhaltung). Versucht dies graphisch zu zeichnen, indem Ihr annehmt, er mache nach der einen Richtung eine Schwingung in 1 Sekunde, nach der anderen eine Schwingung in 1,1 Sekunde. Überlegt und zeichnet Euch, wo der Ast in Folge der Bewegung nach der zweiten Richtung ungefähr sein müsste, wenn er in Folge der ersten Bewegung eine bestimmte Strecke von der Ruhelage entfernt ist usw. In Wirklichkeit muss er dann die Stelle einnehmen, welche er hätte, wenn er jeder Bewegung nach einander gefolgt wäre.

129) Der Fehler liegt darin, aus

$$\left(a-\frac{y}{2}\right)^2 = \left(x-\frac{y}{2}\right)^2 \text{ zu folgern}$$

$a-\frac{y}{2}=x-\frac{y}{2}$. Der richtige Schluss heißt

$$\pm\left(a-\frac{y}{2}\right)=\pm\left(x-\frac{y}{2}\right).$$ Welches Vorzeichen zu wählen ist kann nur aus dem Gang der Rechnung ersehen werden.

130) Gewöhnlich wird man die Frage beantworten, indem man sich so überlegt: Die Maschine legt in je 2 Stunden 4 Meilen zurück. Nun ist

$$\frac{255:4}{\text{Rest } 3}=63$$

also braucht die Maschine 2·63 Stunden; außerdem zu den drei restirenden Meilen, welche je in eine ungerade Stundenzahl fallen, also in eine Zeit, während welcher die Maschine vorwärts geht, nochmals $\frac{3}{11}$ Stunden. Diese Antwort ist aber falsch, denn die Maschine hat schon vorher ihr Ziel erreicht. Nämlich bereits nach 2·61 = 122 Stunden hat dieselbe den Weg von 4·61 = 244 Meilen gemacht; in der 123ten Stunde fährt sie wieder 11 Meilen vorwärts, ist also bereits nach Ablauf von 123 Stunden an dem 255 Meilen entfernten Ziel.

131) Jede Person muss 7 halbe Fass Wein und 7 Weinfässer bekommen. Es gibt demnach folgende Lösungen

1.A	3	volle,	1	halbes,	3	Leere,
B	1	volles,	5	halbe,	1	Leeres,
C	3	volle,	1	halbes,	3	Leere.

2.A	2	volle,	3	halbe,	2	Leere,
B	3	volle,	1	halbes,	3	Leere,
C	2	volle,	3	halbe,	2	Leere.

132) Jede Person bekommt 7 halbe Fass Wein aber 8 Tonnen. Die Lösungen sind:

1.	A	0	volle,	7	halbvolle,	1	leere
	B	2	„	3	„	3	„
	C	3	„	1	„	4	„
2.	A	1	„	5	„	2	„

	B	2	„	3	„	3	„
3.	C	2	„	3	„	3	„
	A	1	„	5	„	2	„
	B	1	„	5	„	2	„
	c	3	„	1	„	4	„

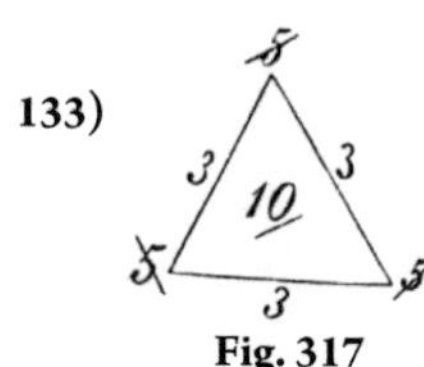

133)

Fig. 317

134) Er war am 29ten Februar geboren.

135) Wachtel. – (W) Achtel.

136) Alle Hochachtung vor Dir! (Alle(e) hoch 8 vor Tür[e].)

137) Eingemachte rote Wurzeln (1 gm 8e ọte Wurzeln).

138) Ne Philolog, a Rhythmus is gleich gar nit drin. (Ne Philo loga rithmus ist gleich gar nit drin).

139) Der Diener hatte unterschreiben wollen:

Einer hohen Fakultät

in Hochachtung

ergebenster, zukünftiger
Diener N. N.

(Ein r hoch n – Fakultät in hoch 8 usw.)

Aber statt „Diener" hatte er durch Versehen geschrieben: „Rind" (R. in D) Die Antwort der Fakultät lautet: Ein reelles Rind ist ein imaginärer (unmöglicher oder eingebildeter) Diener.